AF360391

DICTIONNAIRE

DES

SCIENCES NATURELLES.

TOME XLVIII.

SCA = SERQ.

DICTIONNAIRE

DES

SCIENCES NATURELLES,

DANS LEQUEL

ON TRAITE MÉTHODIQUEMENT DES DIFFÉRENS ÊTRES DE LA NATURE, CONSIDÉRÉS SOIT EN EUX-MÊMES, D'APRÈS L'ÉTAT ACTUEL DE NOS CONNOISSANCES, SOIT RELATIVEMENT A L'UTILITÉ QU'EN PEUVENT RETIRER LA MÉDECINE, L'AGRICULTURE, LE COMMERCE ET LES ARTS.

SUIVI D'UNE BIOGRAPHIE DES PLUS CÉLÈBRES NATURALISTES.

Ouvrage destiné aux médecins, aux agriculteurs, aux commerçans, aux artistes, aux manufacturiers, et à tous ceux qui ont intérêt à connoître les productions de la nature, leurs caractères génériques et spécifiques, leur lieu natal, leurs propriétés et leurs usages.

PAR

Plusieurs Professeurs du Jardin du Roi, et des principales Écoles de Paris.

TOME QUARANTE-HUITIÈME.

F. G. LEVRAULT, Editeur, à STRASBOURG,
et rue de la Harpe, N.º 81, à PARIS.

LE NORMANT, rue de Seine, N.º 8, à PARIS.

1827.

Liste des Auteurs par ordre de Matières.

Physique générale.

M. LACROIX, membre de l'Académie des Sciences et professeur au Collége de France. (L.)

Chimie.

M. CHEVREUL, Membre de l'Académie des sciences, professeur au Collége royal de Charlemagne. ([illegible])

Minéralogie et Géologie.

M. BRONGNIART, membre de l'Académie des Sciences, professeur à la Faculté des Sciences. (B.)

M. BROCHANT DE VILLIERS, membre de l'Académie des Sciences. (B. DE V.)

M. DEFRANCE, membre de plusieurs Sociétés savantes. (D. F.)

Botanique.

M. DESFONTAINES, membre de l'Académie des Sciences. (DESF.)

M. DE JUSSIEU, membre de l'Académie des Sciences, prof. au Jardin du Roi. (J.)

M. MIRBEL, membre de l'Académie des Sciences, professeur à la Faculté des Sciences. (B. M.)

M. HENRI CASSINI, associé libre de l'Académie des Sciences, membre de la Société philomatique de Paris. (H. CASS.)

M. LEMAN, membre de la Société philomatique de Paris. (LEM.)

M. LOISELEUR DESLONGCHAMPS, Docteur en médecine, membre de plusieurs Sociétés savantes. (L. D.)

M. MASSEY. (MASS.)

M. POIRET, membre de plusieurs Sociétés savantes et littéraires, continuateur de l'Encyclopédie botanique. (POIR.)

M. DE TUSSAC, membre de plusieurs Sociétés savantes, auteur de la Flore des Antilles. (DE T.)

Zoologie générale, Anatomie et Physiologie.

M. G. CUVIER, membre et secrétaire perpétuel de l'Académie des Sciences, prof. au Jardin du Roi, etc. (G. C. ou CV. ou C.)

M. FLOURENS. (F.)

Mammifères.

M. GEOFFROY SAINT-HILAIRE, membre de l'Académie des Sciences, prof. au Jardin du Roi. (G.)

Oiseaux.

M. DUMONT DE S.TE CROIX, membre de plusieurs Sociétés savantes. (CH. D.)

Reptiles et Poissons.

M. DE LACÉPÈDE, membre de l'Académie des Sciences, prof. au Jardin du Roi. (L. L.)

M. DUMERIL, membre de l'Académie des Sciences, professeur au Jardin du Roi et à l'École de médecine. (C. D.)

M. CLOQUET, Docteur en médecine. (H. C.)

Insectes.

M. DUMÉRIL, membre de l'Académie des Sciences, professeur au Jardin du Roi et à l'École de médecine. (C. D.)

Crustacés.

M. W. E. LEACH, membre de la Société roy. de Londres, Correspond. du Muséum d'histoire naturelle de France. (W. E. L.)

M. A. G. DESMAREST, membre titulaire de l'Académie royale de médecine, professeur à l'école royale vétérinaire d'Alfort, membre correspondant de l'Académie des sciences, etc.

Mollusques, Vers et Zoophytes.

M. DE BLAINVILLE, membre de l'Académie des sciences, professeur à la Faculté des Sciences. (DE B.)

M. TURPIN, naturaliste, est chargé de l'exécution des dessins et de la direction de la gravure.

MM. DE HUMBOLDT et RAMOND donneront quelques articles sur les objets nouveaux qu'ils ont observés dans leurs voyages, ou sur les sujets dont ils se sont plus particulièrement occupés. M. DE CANDOLLE nous a fait la même promesse.

M. PRÉVOT a donné l'article *Océan;* M. VALENCIENNES plusieurs articles d'Ornithologie; M. DESPORTES l'article *Pigeon domestique*, et M. LESSON l'article *Pluvier*.

M. F. CUVIER, membre de l'Académie des sciences, est chargé de la direction générale de l'ouvrage, et il coopérera aux articles généraux de zoologie et à l'histoire des mammifères. (F. C.)

DICTIONNAIRE

DES

SCIENCES NATURELLES.

SCA

SCABIEUSE ; *Scabiosa*, Linn. (*Bot.*) Genre de plantes dicotylédones monopétales, de la famille des *dipsacées*, Juss., et de la *tétrandrie monogynie*, Linn., qui présente les caractères suivans : Fleurs agrégées sur un réceptacle commun chargé de paillettes ou de filamens roides, ou nu, et environnées d'un involucre persistant, composé de folioles disposées sur un ou plusieurs rangs ; calice simple ou double : l'extérieur membraneux ; l'intérieur à cinq découpures subulées, ou capillaires : corolle monopétale, à quatre ou cinq divisions ; quatre ou cinq étamines à filamens subulés, insérés dans le bas du tube de la corolle, terminés par des anthères oblongues ; un ovaire infère, surmonté d'un style filiforme, à stigmate échancré ; graines solitaires, ovales-oblongues, diversement couronnées par les calices.

Les scabieuses sont des plantes herbacées, à racines le plus ordinairement vivaces, à feuilles opposées, simples ou découpées, et dont les fleurs sont rapprochées plusieurs ensemble, en têtes disposées à l'extrémité des tiges ou des rameaux. On en connoît aujourd'hui plus de cent vingt espèces, appartenant presque toutes à l'ancien continent, et dont un grand nombre se trouve en Europe. Beaucoup de ces plantes se ressemblent tellement par le port, que souvent il est difficile de les bien distinguer, au premier coup d'œil, les unes des autres. Cependant, en les considérant avec plus d'attention, on ne tarde pas à trouver, dans plusieurs d'entre elles, des différences très-remarquables. Ainsi, l'involucre commun, dans lequel les fleurs sont réunies, est composé d'un seul rang ou de plusieurs rangs de folioles ; le calice propre est tantôt simple, terminé par plusieurs paillettes ou soies roides, tantôt double : l'extérieur ordinairement membraneux, plissé, et l'intérieur divisé profondément en cinq découpures terminées par des soies subulées ou capillaires ; les corolles sont découpées en quatre ou cinq lobes réguliers ou irréguliers, et ces corolles sont toutes égales, ou celles de la circonférence sont plus grandes que celles du centre, et étalées de manière à avoir, en quelque sorte, l'aspect des demi-fleurons des fleurs radiées. Les graines, toujours couronnées par les calices, changent tout-à-fait d'aspect, selon que la forme de ces derniers a été modifiée, comme il a été dit ci-dessus ; enfin le réceptacle est garni de paillettes diversement conformées, ou il est chargé de poils. Ces différences, assez notables pour former les caractères de plusieurs genres, ont engagé des auteurs modernes à diviser les scabieuses en quatre genres, ainsi que cela avoit déjà été fait par Vaillant, il y a un peu plus de cent ans. L'un de ces quatre nouveaux genres a conservé le nom de *Scabiosa*, et les trois autres ont repris ceux de *Succisa*, d'*Asterocephalus* et de *Pterocephalus*, que Linné n'avoit point adoptés. D'autres, en modifiant plus ou moins ces quatre genres, n'ont conservé que le nom de *Scabiosa*, et ont donné aux autres les noms de *Cephalaria*, *Trichera* et de *Sclerostemma*. Nous avons cru qu'il suffisoit d'indiquer ici ces divisions sans les adopter, et nous avons conservé le genre *Scabiosa* dans son intégrité.

* *Involucre formé de deux rangs de folioles ; réceptacle chargé de paillettes ou soies ; corolle quadrifide ; graine couronnée par un seul rang de paillettes ou de dents.* (Scabiosa, Vaill.)

Scabieuse des champs : *Scabiosa arvensis*, Linn., Sp., 143 ; *Fl. Dan.*, t. 447. Sa tige est cylindrique, haute d'un pied et demi à deux pieds, un peu velue, plus ou moins rameuse, garnie de feuilles rarement entières et lancéolées, le plus souvent profondément pinnatifides et presque ailées, avec un

lobe terminal plus grand que les autres. Ses fleurs sont bleuâtres ou rougeâtres. portées sur de longs pédoncules terminaux, celles de la circonférence étant plus grandes que celles
du centre. Les graines sont couronnées par six à huit paillettes sétacées. Cette espéce est commune, en France et ailleurs en Europe, dans les prés ses et sur les bords des champs.

La scabieuse des champs est une des espèces les plus anciennement connues de ce genre ; c'est probablement elle qui a
valu à celui-ci le nom de *Scabiosa*, qui paroît être dérivé de
scabies. gale, et qui fut sans doute donné d'abord à l'espèce
dont il est ici question, à cause des propriétés antipsoriques
qui lui ont été attribuées. Cette plante a aussi été regardée
comme dépurative, apéritive, sudorifique et même alexitère;
mais depuis assez long-temps elle n'est plus employée sous les
trois derniers rapports; on en a seulement conservé l'usage
dans les maladies de la peau. C'est la décoction des feuilles
qu'on fait prendre, dans ce cas, ou le suc qu'on peut en exprimer, lorsqu'elles sont fraiches.

Scabieuse hybride; *Scabiosa hybrida*, All., *Auct. Fl. Ped.*, 9.
Sa racine est grêle, pivotante. annuelle ; elle produit une
tige cylindrique. un peu velue. haute d'un pied à dix-
huit pouces. rameuse, surtout dans sa partie supérieure ,
garnie. dans l'inférieure. de feuilles pinnatifides-lyrées, légèrement pubescentes, à lobes ovales, crénelés. Les feuilles
supérieures sont oblongues-lancéolées, entières ou seulement
munies de quelques grandes dents vers leur base ; quelquefois aussi les feuilles inférieures sont entières. ovales-oblongues, seulement crénelées en leurs bords. Les fleurs sont de
la même couleur que dans la scabieuse des champs, disposées de même. mais plus petites. La couronne qui termine
les graines est velue. divisée en un grand nombre de dents
très-courtes. Cette espèce croît dans les champs, en Languedoc et en Piémont.

Scabieuse des bois. *Scabiosa sylvatica*, Linn., *Spec.*, 143.
Cette espéce est voisine de la scabieuse des champs ; mais elle
paroît en différer d'une manière constante, parce que ses
tiges sont chargées de poils plus nombreux et roides; parce
que ses feuilles sont toujours entières, lancéolées. dentées ,
parce que les folioles de l'involucre sont ciliées en leurs

bords et égales à la grandeur des fleurs. Cette espèce croît,
en France et en Allemagne, dans les haies, les bois et les
lieux ombragés.

Scabieuse australe: *Scabiosa australis*, Wulff. *ex* Spreng.,
Syst. veget., 1, p. 378. Sa racine est rampante: elle produit
une tige redressée, glabre, haute d'un à deux pieds, garnie
de feuilles lancéolées, entières ou un peu dentées. Ses fleurs
sont bleuâtres ou rougeâtres, toutes composées de corolles
égales. L'involucre est beaucoup plus court que les fleurs,
et chacune d'elles est accompagnée, à sa base, d'une écaille
foliacée, lancéolée-linéaire. Les graines sont glabres, striées,
couronnées par un rebord court, inégal, à peine denté. Cette
espèce croît dans les lieux humides, en Autriche et en Italie.

** *Involucre formé de folioles imbriquées sur plu-*
sieurs rangs et se continuant en paillettes sur le
réceptacle ; corolle quadrifide; graine couronnée
par un seul rang de paillettes ou de dents. (Succisa, Vaill.)

Scabieuse succise: *Scabiosa succisa*, Linn., *Spec.*, 142 ; *Fl.*
Dan., t. 279. Sa racine est tronquée, comme rongée à son
extrémité ; elle produit une tige droite, cylindrique, haute
d'un à deux pieds, garnie de feuilles, dont les inférieures
sont ovales-oblongues, pétiolées, ordinairement glabres ou
chargées de quelques poils épars, et les supérieures ovales-
lancéolées ou oblongues-lancéolées, souvent dentées. Ses
fleurs sont bleues, portées, au sommet des tiges et de deux
ou trois rameaux, sur de longs pédoncules; elles ont leurs
corolles régulières. Cette espèce est commune, en France et
dans d'autres contrées de l'Europe, dans les bois et les pâturages
un peu humides. On la trouve quelquefois à fleurs blanches.

La racine de cette plante, qui est comme coupée, tronquée
ou rongée, lui a fait donner le nom vulgaire de *succise* et celui
de *mors-du-diable* (*morsus diaboli*), parce que, dans des siècles
d'ignorance, où on lui attribuoit de grandes vertus, on sup-
posoit en même temps que cette racine n'étoit rongée, ainsi
qu'elle le paroît, que parce que le diable, ennemi de l'homme
et envieux du bien que celui-ci pouvoit en retirer pour la gué-

..ison de plusieurs maladies, la mordoit et la rongeoit ainsi,
afin de la faire périr. et de priver par là les malheureux
mortels de son secours. Aujourd'hui, qu'on ne croit plus à ces
contes ridicules, la scabieuse succise a beaucoup perdu de la
réputation qu'elle avoit comme antidote, et on ne l'emploie
plus guère que contre les maladies de la peau. C'est assez
généralement la décoction des feuilles fraiches ou sèches que
l'on prescrit aux malades.

SCABIEUSE DE SYRIE: *Scabiosa syriaca*, Linn., *Sp.*, 141. Sa
racine est annuelle; elle produit une tige droite, roide, haute
de deux à trois pieds, un peu hérissée et rude au toucher,
divisée, dans sa partie supérieure, en rameaux effilés. Ses
feuilles sont oblongues-lancéolées, presque entières ou dentées
en scie. Ses fleurs sont bleuàtres, réunies en petites têtes arrondies à l'extrémité des rameaux ; elles ont leurs corolles
presque égales. Les folioles de l'involucre et les paillettes du
réceptacle sont arrondies, blanchàtres, surmontées d'un pointe
en forme d'arête. Cette espèce croit en Syrie, dans le Levant,
et elle a été trouvée, en France, dans les blés, aux environs
de Nimes.

SCABIEUSE DES ALPES ; *Scabiosa alpina*, Linn., *Sp.*, 141. Ses
tiges sont cylindriques, cannelées, fistuleuses, hautes de trois
à quatre pieds, médiocrement rameuses dans leur partie supérieure, garnies de feuilles grandes, pétiolées, ailées ou seulement pinnatifides, composées de folioles lancéolées, dentées
en scie, décurrentes à leur base. Ses fleurs sont d'un blanc
jaunâtre, disposées en têtes arrondies, solitaires à l'extrémité des rameaux et un peu inclinées avant la floraison ; leurs
corolles sont toutes égales. et les folioles de l'involucre sont
lancéolées. velues. Cette plante croit dans les montagnes du
Dauphiné, de la Provence, et en Suisse. en Italie, etc.

SCABIEUSE DE TARTARIE: *Scabiosa tatarica*, Willd., *Spec.*, 1,
p. 550. Cette espèce ressemble entièrement à la précédente,
si ce n'est qu'elle s'élève encore davantage (ses tiges ont jusqu'à dix pieds de hauteur), et que les corolles extérieures de
ses têtes de fleurs sont beaucoup plus grandes que les intérieures. Cette espèce croit naturellement en Tartarie : on la
cultive au Jardin du Roi, à Paris.

SCABIEUSE CENTAURÉE; *Scabiosa centauroides*, Lam., *Illust.*, n.° 1512. Sa tige est droite, cylindrique, glabre ou à peu près, haute de trois à quatre pieds, accompagnée, à sa base, de feuilles entières, et garnie, dans sa longueur, de feuilles profondément pinnatifides, à folioles lancéolées-linéaires, très-entières, décurrentes à leur base. Ses têtes de fleurs sont presque globuleuses, portées, à l'extrémité de la tige et des rameaux, sur des pédoncules alongés, roides, glabres et un peu quadrangulaires. Les corolles sont jaunâtres, presque égales, et les folioles de l'involucre sont ovales, glabres ou à peu près, et les paillettes du réceptacle lancéolées. Cette plante croît dans les montagnes, en Provence, dans le Midi de l'Europe, et sur le Caucase.

Scabieuse a fleurs blanches; *Scabiosa leucantha*, Linn., *Sp.*, 742. Sa tige est cylindrique, légèrement striée, glabre, haute de deux à trois pieds, garnie de feuilles pinnatifides, composées ordinairement de folioles oblongues, profondément incisées elles-mêmes et comme pinnatifides; quelquefois ces folioles sont moins nombreuses, seulement dentées, et la terminale est beaucoup plus grande que les autres. Les fleurs sont blanches, réunies en têtes globuleuses, portées sur de longs pédoncules au sommet de la tige et des rameaux; elles ont les corolles à peu près égales; les écailles de l'involucre et les paillettes du réceptacle ovales, légèrement pubescentes. Cette plante croît naturellement dans le Midi de la France et de l'Europe.

*** *Involucre formé d'un seul rang de folioles; corolle quinquéfide; graine couronnée par un calice double: l'extérieur scarieux; l'intérieur à cinq divisions terminées chacune par une longue soie ou arête.* (Asterocephalus, Vaill.)

Scabieuse de Gramont; *Scabiosa gramontia*, Linn., *Sp.*, 143. Ses tiges sont velues, ainsi que les feuilles, grêles, peu rameuses, hautes d'un pied à quinze pouces, garnies inférieurement de feuilles ovales-oblongues, pétiolées, et, dans leur partie moyenne et supérieure, de feuilles pinnatifides. Ses fleurs sont bleuâtres ou rougeâtres, portées sur de très-longs pédoncules; leur involucre est beaucoup plus court que les

...rolles. Le calice intérieur est à cinq dents plus courtes que
l'extérieur, et non terminées par des soies. Cette espèce croit
dans le Midi de la France, de l'Europe, et dans le Nord de
l'Afrique.

Scabieuse colombaire ; *Scabiosa columbaria*, Linn., *Sp.*, 145.
Sa tige est cylindrique, presque glabre, haute d'un à deux
pieds, rameuse dans le haut, garnie à sa base de feuilles
ovales-oblongues, crénelées, légèrement velues; les feuilles
moyennes et les supérieures sont pinnatifides, composées de
pinnules linéaires, le plus ordinairement entières, quelquefois elles-mêmes pinnatifides. Ses fleurs sont bleuàtres ou rou-
geàtres, terminées et portées sur de longs pédoncules grêles;
leur involucre est court. Les graines sont couronnées par le
double calice, dont l'intérieur est à cinq arétes une fois plus
longues que le calice extérieur. Cette espèce est commune,
en France et dans une grande partie de l'Europe, dans les
lieux secs, montueux et sur les bords des bois.

Scabieuse des Pyrénées ; *Scabiosa pyrenaica*, All., *Fl. Ped.*,
n.° 512, t. 25. fig. 2, et t. 26, fig. 1. Ses feuilles et ses tiges
sont abondamment chargées d'un duvet très-fin, très-serré,
qui les rend molles au toucher, et d'une couleur blanchâtre
ou grisâtre. Les feuilles inférieures sont ovales-oblongues,
crénelées, et les supérieures pinnatifides. Les fleurs sont
bleuâtres, et ont, comme dans les deux espèces précédentes,
les corolles de la circonférence plus grandes que celles du
centre. Dans la graine, les arêtes du calice intérieur sont
moitié plus longues que le calice extérieur. Cette espèce croit
dans les Alpes et les Pyrénées.

Scabieuse noir-pourpre, vulgairement Fleur des veuves ;
Scabiosa atropurpurea, Linn., *Spec.*, 144. Sa racine, annuelle
ou bisannuelle, produit une tige droite, cylindrique, haute
d'un pied et demi à deux pieds, garnie inférieurement de
feuilles ovales-oblongues, glabres, dentées en leurs bords,
et, dans sa partie supérieure, de feuilles pinnatifides, à divisions linéaires. Ses fleurs sont d'un pourpre foncé, noirà-
tres, quelquefois blanches, portées sur de longs pédoncules
au sommet des tiges et des rameaux; elles ont les corolles de
la circonférence très-inégales et beaucoup plus grandes que
celles du centre. Leur involucre est un peu plus court que

les fleurs, composé de folioles ovales-lancéolées, un peu disposées sur deux rangs. Cette plante passe pour être originaire
de l'Inde : on la cultive dans les jardins, où elle se multiplie
quelquefois spontanément.

SCABIEUSE DU CAUCASE ; *Scabiosa caucasica*, Marsch. , *Flor.
Caucas.*, 1, pag. 92. Ses tiges sont cylindriques, redressées,
pubescentes, ainsi que les feuilles, hautes d'un pied et demi
à deux pieds, simples ou divisées en deux à trois rameaux.
Ses feuilles sont oblongues-lancéolées, les radicales entières ;
les supérieures plus ou moins profondément dentées et même
pinnatifides. Ses fleurs, solitaires à l'extrémité de la tige ou
des rameaux et sur de longs pédoncules, sont d'un bleu clair ;
elles ont les corolles de la circonférence beaucoup plus
grandes que celles du centre. Les paillettes du réceptacle sont
linéaires - lancéolées, plumeuses. Cette plante croît dans l'O-
rient et sur le Caucase. C'est une des espèces les plus remarquables du genre par la grandeur de ses fleurs, qui se succé-
dent les unes aux autres pendant deux à trois mois. On la cultive en pleine terre.

SCABIEUSE GRAMINÉE ; *Scabiosa graminifolia*, Linn. , *Sp.*, 145.
Toutes les parties de cette espèce sont couvertes d'un duvet
soyeux et blanchâtre. Ses tiges sont couchées à leur base,
hautes de six pouces à un pied , quelquefois n'ayant qu'un
pouce ou deux dans les lieux stériles. Cette tige est garnie,
dans sa partie inférieure et moyenne, de feuilles linéaires,
très-entières, et terminée par une seule fleur bleuâtre, dans
laquelle les fleurettes de la circonférence sont plus grandes
que celles du centre. Cette scabieuse croît dans les montagnes
du Midi de la France, de l'Europe , et dans le Nord de
l'Afrique.

******** *Involucre simple, polyphylle; réceptacle chargé
de paillettes ; aigrette composée de poils plumeux.*
(PTEROCEPHALUS, Vaill.)

SCABIEUSE A DEUX ÉTAMINES: *Scabiosa diandra*, Lagasca ; *Pterocephalus diandrus*, Spreng. , *Syst. veget.*, 1, p. 383. Sa tige
est droite, simple ou peu rameuse, haute de six à dix pouces, garnie de feuilles ailées, à pinnules filiformes. Ses fleurs

forment une petite tête terminale, dont les fleurettes sont à
peu près égales, ordinairement quadrifides et à deux étamines.
Les folioles de l'involucre sont ovales, acuminées. Cette espèce
croit en Espagne et en Portugal.

SCABIEUSE A AIGRETTES; *Scabiosa papposa*, Linn., *Spec.*, p.
146. Ses tiges sont droites, grêles, légèrement pubescentes,
peu rameuses, garnies de feuilles ailées, composées de folioles
distantes, presque filiformes, trifides à leur sommet. Ses fleurs
sont petites, portées sur des pédoncules cotonneux. Les corolles sont inégales, à cinq lobes. Cette espèce croît dans le
Levant et l'île de Crète.

SCABIEUSE PTÉROCÉPHALE; *Scabiosa pterocephala*, Linn., *Sp.*,
146. Ses tiges sont un peu ligneuses, couchées, très-basses,
garnies de feuilles oblongues, blanchâtres, velues, laciniées
en leurs bords. Ses fleurs sont portées sur des pédoncules
simples, très-courts, et les corolles sont quinquéfides; celles
de la circonférence à peine plus grandes que celles du centre.
Cette espèce croît en Grèce. (L. D.)

SCABIEUSE FAUSSE. (*Bot.*) Nom vulgaire de la jasione
de montagne. (L. D.)

SCABIOSA. (*Bot.*) Voyez SCABIEUSE. (LEM.)

SCABRE, *Scaber*. (*Bot.*) Muni de petites aspérités rudes
au toucher; tels sont, par exemple, le *tournefortia scabra*,
l'*equisetum hyemale*, le *rhynanthus crista galli*, les feuilles du
xanthium stramarium, le fruit du *lithospermum arvense*, les
graines du *ruta graveolens*, etc. (MASS.)

SCABRE. (*Erpét.*) Voyez RUDE. (H. C.)

SCABRITA. (*Bot.*) Linnæus avoit d'abord donné ce nom
au *nyctanthes arbor tristis*, dans la famille des jasminées. (J.)

SCACK. (*Ornith.*) Voyez SCHACH. (DESM.)

SCÆVE. *Scæva*. (*Entom.*) Fabricius a décrit sous ce nom,
dans son Système des antliates, pag. 248, sous le n.° 57, un
genre de diptères de la famille des chétoloxes, et indiqué auparavant sous le nom de Syrphe. Tels sont ceux du gro-
seiller, du poirier sauvage, dont les larves se nourrissent,
en effet, de pucerons qui vivent sur ces plantes. Voyez le
genre SYRPHE. (C. D.)

SCÆVOLA. (*Bot.*) Voyez SÉVOLE. (POIR.)

SCAHAU. (*Ornith.*) Le nom turc écrit ainsi par Aldrovande, et *schahau* par Gesner, est celui du balbuzard. (Cʜ. D.)

SCALA. (*Conchyl.*) Nom latin sous lequel Klein, *Ostr.*, p. 52, avoit établi, dès 1753, le genre Scalaire des conchyliologistes modernes. (Dᴇ B.)

SCALAIRE, *Scalaria*. (*Malacoz.*) Genre de mollusques conchylifères, établi par M. de Lamarck pour un certain nombre de coquilles, sur la place desquelles les conchyliologistes du dernier siècle ont extrêmement varié : les uns, comme Gualtieri et de Favannes, en ont fait des tubes ou tuyaux analogues aux tubes de serpules, parce que la plus belle et la plus précieuse surtout semble une dentale tordue en spirale, sans que les tours de spire se touchent, et par conséquent sans columelle, partie qui leur paroissoit caractéristique des véritables coquilles. D'autres, comme d'Argenville, ont voulu que ce fussent des buccins et des vis; enfin, Linné les rangeoit parmi ses turbos, à cause de la forme de l'ouverture. C'est de ce genre, en effet, que M. de Lamarck les a séparées d'abord, pour les placer parmi ses cyclostomes, dont il les a bientôt retirées pour constituer un genre distinct. Quoiqu'une espèce au moins soit assez commune sur toutes les côtes d'Europe, l'animal des scalaires n'est pas encore suffisamment connu : nous ne l'avons jamais vu nous-même, et le peu que nous en savons est tiré de Bianchi (J. *Plancus*) et de Muller. Voici comment les caractères de ce genre peuvent être exprimés : Animal spiral; pied court, ovale, inséré sous le col et portant sur son dos un opercule corné, mince, grossier et paucispiré ; tentacules sétacés, renflés à la base et portant les yeux au sommet de ce renflement; une trompe? un long canal au bord antérieur et droit de la cavité respiratrice. Sexes séparés; organe excitateur mâle très-grêle. Coquille subturriculée, à tours de spire plus ou moins serrés et garnis de côtes longitudinales, interrompues, formées par la conservation des bourrelets successifs de l'ouverture, qui est petite, presque parfaitement ronde, à péristome continu et réfléchi en bourrelet.

Nous ne connoissons que très-incomplétement, avons-nous déjà dit, l'animal de ce genre. Nous voyons seulement, par les figures des auteurs cités, qu'il ne diffère pas beaucoup de celui qui habite les autres coquilles operculées du même

ordre des cricostomes. Nous trouvons dans une figure d'un
ouvrage, non publié, de notre ami M. le docteur Leach,
que la trompe. ou mieux probablement le labre est comme
lacinié ou divisé en languettes renflées à l'extrémité; mais
nous n'osons croire à une disposition aussi anomale. Nous
apprenons aussi de Bianchi que ce mollusque laisse échapper
de son corps une grande quantité de liqueur, qui teint les
doigts et le papier d'une belle couleur pourpre, ce qui lui a
fait penser que ce pourroit être un des conchylifères qui
fournissoient aux anciens la pourpre dont ils teignoient les
étoffes les plus précieuses. Linné et quelques autres auteurs
ont adopté cette opinion. (Voyez, pour plus de détails, au
mot Pourpre, où nous l'avons discutée.)

Les scalaires. comme les turbos, paroissent habiter de préférence les bords de la mer où se trouvent beaucoup d'an-
fractuosités et de rochers. Il en existe, à ce qu'il paroit,
dans toutes les mers. M. de Lamarck en caractérise déjà sept
espèces vivantes, et il est possible qu'il y en ait davantage;
malheureusement on ne connoit que les coquilles, sans distinction de sexes : la plupart ne sont pas figurées, en sorte
qu'il est fort difficile de les distinguer d'une manière un peu
certaine et fixe. Nous ajouterons que le nombre et la séparation des bourrelets paroissent considérablement varier, à
peu près comme dans les harpes.

A. *Espèces dont les tours de spire sont au moins*
contigus.

La Scalaire commune : *Scalaria communis*, de Lamk., vol. 6,
5.ᵉ part.. pag. 228, n.° 5 ; *Turbo clathratus*, Linn.. Gmel.,
p. 3605. n.° 63 ; Plancus, *Conch. min. nat.*, tab. 5, fig. 7, 8 ; vulgairement la fausse Scalata. Coquille turriculée, non ombiliquée. avec des côtes un peu épaisses. lisses, subobliques, de
couleur blanche ou fauve pâle, quelquefois avec des taches
pourpres sur les côtes et sur le fonds.

Des côtes de la Manche. où elle est assez commune dans
certains endroits de la mer du Nord, et surtout de celles d'Italie. de la mer Adriatique.

M. de Lamarck indique comme une variété de cette espèce
une coquille figurée. sous le nom de *Sc. clathrata*, dans l'Ency-

clopédie méthodique, pl. 451, fig. 5, *a*, *b*, et qui, plus grosse, plus élevée que celle de la Manche, est aussi plus vivement colorée en rose violacé, avec des taches pourpres sur les côtes.

La Scalaire couronnée : *S. coronata*, Lamk., *l. c.*, p. 227, n.° 3; Eucycl. méthod., pl. 451, fig. 5, *a*, *b*. Coquille turriculée, aiguë au sommet, non ombiliquée, scabriuscule, avec des côtes minces, lamelliformes, un peu fimbriées sur les bords, très-nombreuses, et une sorte de côte transverse couronnant le dernier tour : couleur blanche, ornée de linéoles et de points roux en séries.

M. de Lamarck, dont j'ai traduit exactement la phrase caractéristique de cette espéce, dit que c'est une coquille rare et assez précieuse, de seize lignes de hauteur et dont il ignore la patrie.

La S. lamelleuse; *S. lamellosa*, de Lamk., *loc. cit.*, n.° 2. Coquille subturriculée, non ombiliquée, lisse, avec des côtes minces lamelliformes, denticulées, et une sorte de carène transverse sur le dernier tour : couleur fauve ou roussâtre, quelquefois avec des lignes de points décurrens sur le dernier tour.

Patrie également inconnue; treize à quatorze lignes de hauteur. Ce n'est, à ce qu'il me semble, qu'une variété de la S. commune.

La S. australe; *S. australis*, de Lamk., *loc. cit.*, n.° 6. Coquille turriculée, grêle, obtuse au sommet, à suture à peine excavée, avec des côtes lisses, très-droites, tombantes, sur la carène du dernier tour.

Cette espéce, qui n'a qu'un pouce de long, glabre et sans taches, vient des mers de la Nouvelle-Hollande.

La S. variqueuse : *S. varicosa*, de Lamk., *loc. cit.*, n.° 4; *S. fimbriata*, Enc. méth., pl. 451, fig. 4, *a*, *b*. Coquille turriculée, non ombiliquée, obtuse au sommet, avec des côtes très-minces, couchées, denticulées, très-nombreuses, entremêlées avec des varices ou des côtes plus grosses, alternes et éparses : couleur toute blanche.

Cette espéce, que M. de Lamarck regarde comme parfaitement distincte, a quinze à seize lignes de hauteur. Sa patrie est inconnue.

La Scalaire a côtes rares : *S. raricosta*, Lamk., *l. c.*, n.° 7; du Chemn., *Conch.*, 4, tab. 155, fig. 1435? 1436? Coquille auriculée, ombiliquée, avec de petites côtes longitudinales peu marquées, et des varices costiformes rares, interrompues, et serrées dans quelques endroits : couleur blanche.

Patrie inconnue. Longueur, huit lignes.

B. *Espèces à tours de spire disjoints et ombiliqués.*
(Genre Acyonea, Leach.)

La S. précieuse: *S. preciosa*, de Lamk., *loc. cit.*, n.° 1; *Turbo scalaris*, Linn., Gmel., p. 3603, n.° 62; Enc. méth., pl. 451, fig. 1, *a, b*, vulgairement le Scalata. Coquille conique, un peu ventrue inférieurement, à sommet obtus, et comme formée par les tours lâches et ne se touchant en aucun sens d'un cône spiral, garnis d'espace en espace de côtes peu serrées et épaisses, blanches, sur un fond fauve pâle.

De l'océan des grandes Indes, d'après M. de Lamarck et la très-grande partie des conchyliologues anciens et modernes. Gmelin ajoute des côtes de Barbarie. Cependant M. Bosc dit que c'est à tort que, pendant long-temps, l'on a cru que cette coquille venoit des grandes Indes et de la Chine, et que l'on sait aujourd'hui qu'elle se trouve dans la Méditerranée, sur la côte de Barbarie : en sorte, ajoute-t-il, qu'on doute même qu'il s'en trouve à Amboine, malgré l'autorité de Rumph et de Valentyn. J'ignore absolument sur quoi est fondée cette assertion de M. Bosc; je me bornerai à faire observer que M. Poiret, le seul naturaliste qui jusqu'ici nous ait donné quelque chose d'un peu détaillé sur les animaux et les coquilles de la côte de Barbarie, parle bien de la scalaire commune, *turbo scalaris*, de Linné, mais nullement de la fameuse *scalata*. M. le docteur Leach, dans l'article de ses Mélanges de zoologie, tom. 2, p. 79, dit même qu'il croit qu'il pourroit bien y avoir plusieurs espèces confondues sous le même nom, les individus apportés de la Chine différant de forme et d'épaisseur avec ceux qui proviennent d'Amboine.

M. Bosc ajoute que c'est à sa découverte dans la Méditerranée qu'est due la grande diminution du prix de cette coquille, pendant long-temps si rare et si recherchée, surtout quand elle étoit d'un beau volume et bien conservée. Le fait est qu'on ne trouveroit probablement plus aujourd'hui d'amateur assez riche, ou du moins assez passionné, pour acheter une de ces coquilles, il est vrai, de quatre pouces de longueur, sur trois de diamètre à sa base, une somme de six mille livres, comme le dit Cubières, dans son Histoire abrégée des coquillages de mer, p. 101, du plus bel individu qu'il ait jamais vu ; mais je doute beaucoup qu'on ait dans une vente, pour douze francs, ce qui coûtoit cent louis il y a vingt-cinq ans. On en voit encore payer quatre ou cinq cents francs en Angleterre. La diminution du prix de cette coquille tient sans doute à ce que le commerce en a apporté un plus grand nombre dans les collections ; mais cela tient surtout à ce que les collections se faisant aujourd'hui, non plus par luxe et pour le seul plaisir des yeux, mais bien pour l'instruction et surtout pour l'étude de la géologie, on a pu la remplacer par une scalaire commune, sans que le genre Scalaire fût moins bien représenté; celle-là offrant tous les caractères de la scalaire la plus précieuse. Quoi qu'il en soit, ce nom de *scalata* lui a été donné par les Italiens, et veut dire dans leur langue *escalier*.

Je vois dans les auteurs du dernier siècle qu'on trouve les scalatas surtout sur la côte d'Amboine et à Batavia, où les femmes les emploient comme pendans d'oreilles ou dans la composition de leurs colliers, et qu'elles les mettent au rang de leurs bijoux les plus précieux. Je ne me rappelle cependant pas que ce fait ait été confirmé par le récit des voyageurs modernes.

On voit dans les collections de véritables scalatas qui ont depuis huit à dix lignes de longueur jusqu'à quatre pouces; mais il paroît que cette taille est extrêmement rare. On cite cependant un individu de la collection de la célèbre Catherine II, impératrice de Russie, qui étoit encore plus grand. La taille la plus ordinaire est d'un pouce et demi à deux pouces; à deux pouces et demi c'est déjà un volume fort rare. Pour qu'un individu de cette coquille soit beau, il faut qu'il soit un peu translucide, d'un brun clair, comme rosé, avec les côtes d'un beau blanc mat; que les tours soient bien disjoints, l'ombilic bien ouvert, et que les bourrelets, surtout celui de l'ouverture, soient bien entiers.

La Scalaire subprécieuse, *S. subpretiosa.* Coquille conique,

assez renflée inférieurement, ombiliquée, à tours assez disjoints, pourvue de bourrelets égaux, régulièrement espacés,
et plus nombreux que dans la précédente. Couleur toute
blanche.

J'ai vu un bel individu de cette espèce dans la collection
du prince d'Esling ; quoique ce ne soit peut-être qu'une
simple variété de la S. précieuse, elle m'a paru cependant
être aussi distincte que toutes les autres espèces établies dans
ce genre par M. de Lamarck.

Outre ces espèces de scalaires indiquées par M. de Lamarck,
il en est encore d'autres qui me semblent tout aussi distinctes.

La Scalaire principale ; *S. principalis*, Pall., *Spic. zool.*, 10,
t. 3, fig. 5 et 6. Coquille conique, à sommet pointu, assez
renflée inférieurement, subombiliquée, avec des bourrelets
sublamelleux, peu élevés, très-serrés et très-nombreux.

Cette coquille qui, d'après la figure de Pallas, paroît avoir
près de vingt-deux lignes de long, sur huit environ de diamètre, ne peut être comparée à la scalaire précieuse, ni à la
scalaire commune, ni à aucune de celles que M. de Lamarck
a figurées dans l'Encyclopédie méthodique. Gmelin en fait
une simple variété de son *turbo scalaris*. Pallas, qui n'en donne
pas de description, se borne à dire qu'elle est blanche, transparente, qu'elle vient du cabinet d'un riche amateur de Rot-
terdam, A. Gevers, et qu'elle est encore plus rare que le
turbo scalaris. J'ai vu dans la collection du prince d'Esling
une scalaire que je rapporte à cette espèce.

La S. ambiguë : *S. ambigua* ; *Turbo ambiguus*, Gmel., p. 3604,
n.° 64. Coquille turriculée, ombiliquée, à tours contigus lisses,
avec des côtes deux fois plus nombreuses que dans la scalaire
commune : couleur blanche, avec deux ou trois lignes ferrugineuses sur chaque tour.

De la Méditerranée.

La S. crénelée : *S. crenata* ; *Turbo crenatus*, Gmel., ibid.
n.° 65 ; Linn., *Mus. Lud. Ulr.*, 659, n.° 353. Coquille turriculée, subcancellée, de neuf lignes de long, à tours contigus, à côtes arrondies, çà et là effacées et crénelées : couleur
toute blanche.

C'est encore une coquille de la Méditerranée, et probablement, comme la précédente, une simple variété de la scalaire

commune. C'est du moins l'opinion d'Olivi pour la scalaire ambiguë.

La Scalaire lactée : *S. lactea; Turbo lacteus*, Gmel., *ibid.*, n.° 66 ; Ginnani, *Adriat.*, tab. 6 , fig. 35. Très-petite coquille, de la grosseur d'un grain d'orge, d'un blanc de neige, turriculée, avec des stries nombreuses, longitudinales, au lieu de côtes.

La S. substriée : *S. striatula; Turbo striatulus*, Gmel., *ibid.*, n.° 67. Petite coquille, de la grosseur d'un grain d'orge, turriculée, subcancellée, à tours de spire contigus, garnie de petites stries membraneuses, entremêlées de rugosités convexes et calleuses.

Ces deux dernières espèces, qui viennent l'une et l'autre de la Méditerranée, ne sont sans doute encore que des jeunes âges de la scalaire commune ; en effet, Olivi les cite , ainsi que *l'ambigua*, comme se trouvant dans le même sable des bords de l'Adriatique.

Je lis dans le Catalogue des coquilles trouvées sur les côtes du département de la Manche, par M. de Gerville, que cette espèce, qu'il dit microscopique, se trouve à Cherbourg, ainsi que sur les côtes d'Angleterre, d'après la citation qu'il fait de trois des principaux conchyliologues anglois.

La S. petite : *S. parva; Turbo parvus*, Maton et Rakett, *Linn. Soc. Lond.*, 8, p. 171, n.° 31 : *Turbo lacteus*, Donov., *British Shells*, t. 90 ; Pult., *Dors.*, p. 45, t. 19, fig. 4. Petite coquille turriculée, de cinq ou six tours de spire, avec des côtes élevées, distantes.

Des côtes d'Angleterre et du département de la Manche, où , suivant M. de Gerville, elle est très-commune avec le *turbo ulvæ*.

La S. conifère : *T. conifera; Turbo coniferus*, H. de Gerv., Catalog. ; Maton et Rakett, *loc. cit.*, p. 173, n.° 35 ; Pult., *Dors.*, pag. 45, t. 19, fig. 6. Coquille très-petite, microscopique, turriculée ; tours de spire garnis de côtes contiguës et subpapilleuses vers la suture.

M. de Gerville dit qu'elle se trouve à Quineville, où elle est très - rare. Il paroît qu'elle l'est moins en Angleterre.

On pourra encore distinguer dans ce genre, avec autant de raisons que les précédentes, les espèces suivantes que j'ai caractérisées dans la riche collection du prince d'Esling, et dont les dernières passent aux cyclostomes.

La Scalaire élancée, *S. turrita*. Remarquable par le grand élancement de sa spire, qui a dix-huit lignes de haut sur trois à quatre de large; elle a du reste beaucoup de rapports avec la S. commune; elle n'est pas ombiliquée; ses côtes sont peu élevées et assez serrées; sa couleur est toute blanche.

La S. bicrénelée, *S. bicrenata*. Coquille turriculée, assez renflée inférieurement, sans carène au dernier tour, garnie de côtes peu marquées, si ce n'est à la suture où elles forment une double série décurrente de dents ou crénelures. Couleur toute blanche.

La S. ovale, *S. ovalis*. Coquille subturriculée, non ombiliquée, à côtes peu marquées, si ce n'est vers la suture où elles forment une série noduleuse; ouverture ovale, oblique, à péristome rebordé, mais peu continu. Couleur toute blanche.

La S. cyclostome, *S. cyclostoma*. Coquille courte, à spire peu alongée, ombiliquée, cancellée par des stries décurrentes et des stries longitudinales, avec quelques bourrelets épars; ouverture fortement marginée. Couleur blanche.

Cette espèce passe évidemment aux cyclostomes. (De B.)

SCALAIRE. (*Foss.*) Les espèces de ce genre ne se sont jusqu'à présent présentées à l'état fossile que dans les couches plus nouvelles que la craie. Voici celles que nous connoissons.

Scalaire crêpue; *Scalaria crispa*, Lamk., Ann. du Mus., tom. 8, pl. 57, fig. 5. Coquille turriculée, non ombiliquée, à tours de spire ventrus et profondément séparés entre eux, à côtes longitudinales nombreuses, rapprochées, tranchantes, anguleuses dans la partie supérieure de chaque tour; longueur, dix lignes : fossile de Grignon, département de Seine-et-Oise, et d'Orglandes, département de la Manche. Il paroît que cette espèce est celle à laquelle M. Sowerby a donné le nom de *S. acuta*, et qu'on trouve à Barton en Angleterre. (Sow., *Min. conch.*, pl. 16, *two lower figures.*)

Scalaire dépouillée; *Scalaria denudata*, Lamk., *loc. cit.*, même pl., fig. 4. Nous pensons que l'individu dépouillé de ses côtes, que nous possédons, et qui a servi à établir cette espèce, dépend de celle qui précède, et que son mauvais état de conservation l'avoit fait regarder comme constituant une espéce particulière.

Scalaire treillissée ; *Scalaria decussata*, Lamk., *loc. cit.*, même pl., fig. 3. Coquille turriculée, non perforée, à tours contigus et arrondis, à côtes longitudinales nombreuses, rapprochées, peu élevées, dans l'intervalle desquelles on aperçoit des stries transverses, petites, mais bien distinctes, qui se croisent avec les côtes et font paroître la coquille élégamment treillissée à sa surface : longueur, treize lignes. Fossile de Beynes, près Grignon.

Scalaire monocycle ; *Scalaria monocycla*, Lamk., *loc. cit.*, vol. 4, p. 214, n.° 4. Coquille conique, non perforée, à tours rapprochés et bombés. Elle porte vers la base de son dernier tour une strie élevée et transversale, qui existe également dans le *turbo principalis* : longueur, dix lignes; fossile de Chaumont et de Mouchy-le-Châtel, département de l'Oise. M. de Lamarck dit qu'on trouve aussi cette espéce à Grignon. L'espèce qu'on trouve à Léognan, à laquelle M. de Basterot a donné le nom de *scalaria multilamella*, et qu'il a figurée dans son Mémoire géologique des environs de Bordeaux, pl. 1, fig. 25, paroît être une variété de celle-ci.

Scalaire plissée ; *Scalaria plicata*, Lamk., Ann., *ibid.*, n.° 5. Coquille turriculée, non perforée, portant des côtes longitudinales peu élevées, obtuses, et qui ne semblent que des plis. Fossile de Parnes, département de l'Oise.

Scalaire commune, *Scalaria communis*. M. de Basterot (*loc. cit.*) dit qu'on trouve à l'état fossile, dans le Plaisantin, à San Miniato, et à Volterra en Italie, cette espèce, qui vit dans les mers d'Europe et de l'Inde, et que la variété α, dont l'intervalle entre les côtes est strié, et qui se trouve à Bramerton en Angleterre, se rencontre aussi à l'état vivant. M. Brocchi dit, dans sa Conchyliologie fossile des Apennins, que le *turbo clathrus*, que M. de Lamarck rapporte au *scalaria communis*, qui vit dans la Méditerranée, dans l'Atlantique, dans la mer des Indes et dans l'Adriatique, se trouve fossile dans le Plaisantin et dans d'autres endroits ci-dessus cités.

En jugeant par analogie les scalaires comme les coquilles des autres genres, il est difficile de penser que celles qui vivent dans des localités si éloignées les unes des autres, puissent être identiques; et celles de ces coquilles que nous avons pu voir, et qui proviennent des pays étrangers, ne ressemblent pas à celles de l'espèce qui vit dans la Manche; comme aussi nous n'avons jamais vu cette dernière espèce à l'état fossile.

Le *scalaria similis* (Sow., *Min. conch.*, pl. 16, fig. 1), que M. de Basterot rapporte à sa variété α, étant strié transversalement dans l'intervalle qui se trouve entre les côtes longitudinales, paroît être assez différent du *scalaria communis* pour constituer une espèce particulière, jusqu'à ce qu'il soit convenu, comme il arrivera peut-être, de regarder les espèces différentes comme des variétés les unes des autres.

Scalaire lamelleuse; *Scalaria multilamella*, de Bast., *loc. cit.*, pl. 1, fig. 15. Coquille turriculée, couverte de côtes longitudinales, nombreuses, lamelleuses et peu élevées. L'intervalle qui les sépare est lisse. Longueur, un pouce; fossile de Léognan. Cette espèce paroît avoir les plus grands rapports : 1.° avec la scalaire monocycle; 2.° avec le *scalaria minuta*, Sow., *loc. cit.*, pl. 390, fig. 3 et 4, découvert à Ramsholt en Angleterre; et 3.° avec le *turbo pseudoscalaris*, Brocc., *loc. cit.*, tab. 7, fig. 1, qu'on trouve dans le Plaisantin.

Scalaire de Brocchi : *Scalaria Brocchii*, Def.; *Turbo lamellosus*, Brocc., *loc. cit.*, tab. 7, fig. 2. Coquille turriculée, non perforée, transversalement striée, couverte de côtes longitudinales, lamelleuses, crêpues; longueur, quatorze lignes : fossile du Plaisantin. Cette espèce est très-remarquable par les aspérités dont elle est couverte. On trouve en Corse une espèce qui paroît avoir beaucoup de rapports avec celle-ci.

Comme il existe déjà une espèce vivante à laquelle M. de Lamarck a donné le nom de scalaire lamelleuse, et qu'une autre à l'état fossile a reçu ce même nom de M. de Basterot, je n'ai pas cru devoir le conserver à celle-ci.

Scalaria pumicea; Turbo pumiceus, Brocc., *loc. cit.*, tab. 7, fig. 3. Coquille turriculée, non perforée, striée transversalement, couverte de côtes longitudinales, épaisses et calleuses, dont l'intervalle entre elles est lamelleux. Il règne une rampe contre la suture. Longueur, onze lignes; fossile du Plaisantin.

Scalaria torulosa; Turbo torulosus, Brocc., *loc. cit.*, même pl., fig. 4. Coquille turriculée, à tours aplatis, à côtes noduleuses, longitudinales et couvertes de fines stries transversales, et à ouverture peu saillante, près de laquelle est une varice. Longueur, un pouce ; fossile du Plaisantin. Cette espèce est remarquable par la varice qui se trouve à l'ouverture, et par une autre située à l'avant-dernier tour.

Scalaria cancellata ; Turbo cancellatus, Brocc., *loc. cit.*, même pl., fig. 8. Coquille turriculée, effilée, à tours convexes et réticulés et à ouverture ovale ; longueur, dix-sept lignes. Cette jolie espèce est couverte de côtes longitudinales qui sont coupées par des stries transverses un peu moins grosses que les côtes, en sorte qu'il semble qu'elle soit couverte d'un treillis. Fossile du Plaisantin. Cette coquille a une très-grande analogie avec le *scalaria decussata*, dont elle n'est probablement qu'une variété modifiée par la localité où elle a vécu.

SCALAIRE GROSSIÈRE ; *Scalaria rustica*, Def. Nous possédons un seul individu de cette espèce, qui est très-remarquable par l'épaisseur et la forme grossière de ses côtes longitudinales : longueur, six lignes. Ce fossile est indiqué venir de Dax.

SCALAIRE STRIÉE ; *Scalaria striata*, Def. Coquille turriculée, à tours un peu bombés, à côtes longitudinales peu saillantes, et marquée de très-fines stries transverses, qu'on n'aperçoit qu'à la loupe : longueur, quatre lignes. Cette espèce, dont nous ne connoissons que le seul individu que nous possédons, se fait remarquer par les très-fines stries dont elle est couverte. Fossile de Léognan.

SCALAIRE? TURRITELLÉE ; *Scalaria? turritellata*, Def. Coquille subulée, à tours arrondis et couverte de très-petites côtes longitudinales serrées les unes contre les autres. Quoique cette espèce n'ait que deux lignes et demie de longueur, sur moins d'une demi-ligne de diamètre, elle est composée de onze à douze tours de spire. L'ouverture n'étant pas très-arrondie, nous ne sommes pas certains si elle appartient au genre Scalaire. Fossile de Hauteville.

SCALAIRE AIGUILLONNÉE ; *Scalaria muricata*, Risso, Hist. nat. des princip. prod. de l'Europe mérid., tom. 4, pag. 113. Coquille lisse, translucide, à sept tours de spire presque contigus, avec de fortes côtes longitudinales, également distantes, terminées par une pointe aiguë, un peu courbe ; le sommet de la spire est aigu : longueur, dix millimètres. M.

Risso annonce que cette espéce vit et se trouve fossile et sub-fossile dans les environs de Nice. (D. F.)

SCALARUS. (*Conchyl.*) Nom employé par Denys de Mont-fort pour désigner le genre *Scalaria* ou Scalaire de M. de Lamarck. (DESM.)

SCALATA. (*Conchyl.*) C'est le *turbo scalaris*, Linn., Gmel. La scalaire préeieuse de M. de Lamarck. Voyez SCALAIRE. (DE B.)

SCALATA [FAUSSE]. (*Conchyl.*) C'est le *turbo clathrus*, Linn., Gmel.; la scalaire commune de M. de Lamarck; la sca-laire grillée de quelques auteurs. (DE B.)

SCALIA. (*Bot.*) Voyez, dans notre article PODOLÈPE (tom. XLII, pag. 62), ce que nous avons dit sur le *Scalia* de Sims. (H. CASS.)

SCALIGERA. (*Bot.*) Adanson désigne sous ce nom l'*aspa-lathus* de Linnæus, genre de la famille des légumineuses. (J.)

SCALO-BARRI. (*Ornith.*) Nom provençal du grimpereau de muraille ou échelette. *certhia muraria*, Linn. (CH. D.)

SCALOPE. *Scalops.* (*Mamm.*) M. Cuvier a formé sous ce nom un petit genre de mammifères carnassiers de la famille des insectivores, qui a été généralement adopté par les zoo-logistes. Il ne contient qu'une seule espéce, que Linné plaçoit dans le genre *Sorex* ou Musaraigne, et que Pennant et Shaw comprenoient dans le genre *Talpa* ou Taupe.

La scalope a en effet la plus grande ressemblance avec la taupe par la forme générale de son corps, et par la conforma-tion de ses membres, dont les antérieurs sont destinés à fouir la terre; mais elle en différe beaucoup par son système den-taire et par quelques parties de ses organes des sens.

La tête de cet animal est dans la proportion de celle de la taupe, relativement au volume du corps, et elle est sup-portée par un cou fort court et très-musculeux; le museau est extrêmement prolongé, encore plus que dans celui des musaraignes, cartilagineux, garni de plusieurs rangées de pores, terminé par un boutoir, et non flexible et mobile, comme celui du desman; les yeux sont aussi petits et aussi bien cachés que ceux de la taupe; il n'y a point d'oreilles externes; la gueule est assez fendue, et armée de trente-six dents, vingt en haut et seize en bas, qui montrent toutes les formes qui sont propres au système dentaire des animaux insectivores. A la mâchoire supérieure, les deux incisives intermédiaires sont très-fortes, très-larges, arrondies en devant, planes en arrière, perpendiculaires à la mâchoire, et tronquées en biseau; il n'y a point de canines, ce qui donne à cette mâchoire de la ressemblance avec celle des rongeurs; des neuf mâchelières qui la garnissent de chaque côté, les six premières sont des fausses molaires, deux très-petites et cylindriques, minces comme des fils; une troisième beaucoup plus grande, cylindrique et pointue; une quatrième plus petite et de même forme; une cinquième plus grosse que la troisième, pyramidale et tronquée obliquement au sommet, et enfin la sixième du double plus grande que la précédente et de même forme : les trois vraies molaires ont plus de largeur qu'aucune autre, et les deux dernières d'entre elles sont fort peu sorties de la mâchoire; toutes ont leur couronne garnie de tubercules pointus fort prononcés, et sont munies d'un talon intérieur qui ne consiste qu'en un tubercule. A la mâchoire inférieure on compte quatre incisives, dont les deux du milieu sont très-petites et tranchantes, et les deux latérales bien plus longues, pointues et crochues, presque comme des canines : sur les six mâchelières les trois premières ou fausses molaires sont à une seule pointe avec une petite dentelure postérieurement; elles sont un peu couchées en avant, et augmentent successivement de grandeur, depuis la première jusqu'à la troisième; les trois vraies molaires sont exactement semblables à celles de la chauve-souris, c'est-à-dire composées de deux prismes parallèles, terminés chacun par trois pointes, et présentant un de leurs angles au côté externe, et une de leurs faces au côté interne; les deux premières sont de même grandeur, et la dernière est un peu plus petite qu'elles.

Le corps est de forme alongée, cylindrique, musculeux dans toutes ses parties antérieures, qui concourent aux mouvemens des pattes de devant, et à ceux qui ont pour but de relever la tête. Les membres sont très-courts, pentadactyles, et ceux de derrière paroissent foibles et débiles, comparativement aux antérieurs, qui sont exactement semblables à ceux de la taupe, c'est-à-dire terminés par une large main nue et calleuse, dont tous les doigts, soudés intimement les uns aux autres, sont armés d'ongles fort longs, très-épais et durs, arqués en dessus, en gouttière en dessous, tranchans, arrondis au bout, et formant par leur réunion une lame coupante, une sorte de bêche, pour entamer et creuser la terre. Les pieds de derrière sont plantigrades, alongés, à talon bien marqué; les doigts en sont grêles, bien séparés et armés d'ongles minces et arqués; le plus long de ces doigts est celui du milieu, et les autres décroissent successivement jusqu'aux plus latéraux; l'interne ou le pouce est le plus court de tous. La queue est courte. Le poil qui couvre le corps est fort court et très-fin, perpendiculaire à la peau, comme celui de la taupe; mais il est moins doux au toucher, et son aspect est moins velouté.

La SCALOPE DU CANADA (*Scalops canadensis*, Cuv., Geoff., Desm., Mamm., esp. 245; *Sorex aquaticus* de Linné, ou *Talpa fusca* de Pennant et de Shaw) est un petit animal que l'on trouve aux États-Unis, depuis le Canada jusqu'en Virginie, et qui, fouissant la terre à la manière de la taupe, a, comme plusieurs espèces de musaraignes, l'habitude de ne point s'éloigner du bord des ruisseaux ou des rivières. Il a six pouces un quart de longueur totale pour le corps et la tête mesurés ensemble, et sa queue est longue seulement de neuf lignes; son pelage est d'un gris fauve tant en dessus qu'en dessous, chaque poil étant d'un gris de souris à sa base, et presque fauve à sa pointe. (DESM.)

SCALOPE. (*Mamm.*) Klein a donné le nom de *mus scalopes* au sarigue marmose. (DESM.)

SCALOPE A CRÊTE. (*Mamm.*) C'est le condylure ou taupe à museau étoilé. (DESM.)

SCALPEL. (*Foss.*) Luid a donné ce nom à une dent de poisson fossile. (D. F.)

SCALPELLE, *Scalpellum*. (*Malentomoz.*) Genre établi par M. le docteur Leach parmi les anatifes de Bruguière ou *lepas* de Linnæus, pour un petit nombre d'espèces qui, outre les cinq valves principales de l'enveloppe dermoïde, en ont encore sept à la base, et dont en outre le pédicule est entièrement écailleux. Telles sont:

L'Anatife scalpel : *Lepas scalpellum*, Linn., Gmel., p. 3210, n.° 11 ; *Scalpellum vulgare*, Leach ; le Pousse-pied scalpel de M. de Lamarck; le Polylèpe vulgaire de M. de Blainville, Encycl. méthod., pl. 166, fig. 7 et 8. Coquille comprimée, formée de treize pièces lisses, dont les cinq principales ne sont pas terminales ; pédoncule court, squameux et atténué inférieurement.

Assez petite espèce des côtes de Norwége.

L'Anatife couronné : *Lepas mitella*, Linn., Gmel., p. 3210, n.° 10 ; le Pousse-pied scalpel de M. de Lamarck ; le Polylèpe couronné de M. de Blainville; type du genre *Capitulum* de Klein, *Ostr.*, t. 12, fig. 100 ; du genre *Mitella* de M. Oken. Coquille comprimée, formée de huit valves principales terminales et fortement striées en travers, outre un rang de très-petites à la base; deux médianes et onze de chaque côté, en tout trente-quatre ; pédoncule court et squameux.

De l'océan Indien.

M. Gray, dans son Synopsis des cirrhipèdes, fait un genre distinct de chacune de ces espèces d'anatifes, adoptant pour la dernière le nom de *capitulum*. (De B.)

SCAMMONÉE. (*Bot.*) On distingue plusieurs racines de ce nom employées en médecine. La principale et la plus estimée est la scammonée d'Alep, ainsi nommée parce que le Liseron scammonée (voyez ce mot), auquel elle appartient, croît dans les environs de cette ville. C'est la même que l'on apporte de Smyrne, mais composée de morceaux plus compactes et détériorée par le mélange d'autres substances, suivant Murray. La scammonée de Montpellier ou Cynanque de Montpellier (voyez ce mot) est d'une qualité moindre et quelquefois substituée par fraude à la première. On ne confondra pas avec ces racines celle de la Périploque scammonée (voyez ce mot), *Secamone* de Prosper Alpin, qui croît en Égypte, où elle est employée comme purgatif moins actif. (J.)

SCAMMONÉE D'ALLEMAGNE. (*Bot.*) Nom vulgaire du liseron des haies. (L. D.)

SCAMMONÉE D'AMÉRIQUE. (*Bot.*) C'est la racine du liseron méchoacan. (L. D.)

SCAMMONÉE DE MONTPELLIER. (*Bot.*) Nom vulgaire du cynanque de Montpellier. (L. D.)

SCANARIA. (*Bot.*) Daléchamps cite ce nom latin ancien du *Scandix*. (J.)

SCANDALIDA. (*Bot.*) C. Bauhin dit que le *lotus tetrago-nolobus* est le *scandalida* ancien des Italiens. Adanson et Necker emploient ce nom pour séparer du *lotus* les espèces à gousse quadrangulaire. Scopoli et Mœnch ont préféré celui de *tetra-gonolobus*, qui plus récemment a été adopté par M. De Can-dolle. (J.)

SCANDEBEC. (*Conchyl.*) Rondelet a parlé sous ce nom vulgaire, usité probablement sur quelques points des rivages de la Méditerranée, et qui signifie, dit-il, à peu près *brûle-bec*, d'une espèce d'huître qui, autant qu'on en peut juger par sa figure, me paroit bien voisine de l'huître des rochers. Cette espèce d'huître n'a cependant pas sur les côtes de la Manche le goût piquant et échauffant la bouche jusqu'à l'ul-cérer aux personnes délicates, que Rondelet attribue à son huitre scandebec; en sorte qu'il faut croire que sur les bords de la Méditerranée il y a une huitre fort voisine de l'huître des rochers, dont la chair est salée, piquante, à moins qu'on ne suppose que cette qualité ne soit due à ce que cette huitre scandebec étoit d'étangs formés d'eaux douces et d'eaux sa-lées, de manière à prendre un peu de la saveur de nos huîtres vertes; opinion qui me paroit assez probable. (De B.)

SCANDELLA. (*Bot.*) Adanson cite ce nom italien de l'orge. (J.)

SCANDIX. (*Bot.*) Voyez CERFEUIL, tom. VII, pag. 489. (L. D.)

SCANDULACA. (*Ornith.*) L'oiseau que Schwenckfeld et Rzaczynsky désignent par le nom de *scandulaca arborum*, est le grimpereau commun, *certhia familiaris*, Linn. (CH. D.)

SCANDULATIUM. (*Bot.*) Nom ancien, donné par les Ro-mains, suivant Ruellius, au *thlaspi*, que les Égyptiens nom-moient *sintempsum*. (J.)

SCANGANII-BIROERONG. (*Bot.*) Nom indien du *melas-toma malabarica*, cité par Burmann. (J.)

SCANSORES. (*Ornith.*) Illiger, dans son *Prodromus avium*, donne ce nom, à un ordre d'oiseaux grimpeurs qui corres-pond aux *aves picæ* de Linnæus pour les espèces à deux doigts devant et deux derrière. (CH. D.)

SCANSORIPÈDES. (*Ornith.*) Ce nom désigne les oiseaux dont les pieds sont propres à grimper. (Cʜ. **D.**)

SCAPHA. (*Conchyl.*) Genre établi par Klein (*Ostrac.*, p. 22) pour les coquilles elliptiques, aplaties, composées d'un petit nombre de tours de spire, et qui, renversées, ressemblent à une chaloupe. Il cite pour exemple la coquille figurée par Bonnani (*Recr. ment.*, n.° 197) et qui est très-probablement une néritine. Ainsi c'est un genre caractérisé par le dos de la coquille. (Dᴇ **B.**)

SCAPHANDRE, *Scaphander*. (*Conchyl.*) Genre de coquilles établi par Denys de Montfort (*Conch. systém.*, tom. 2, p. 335) pour placer une espèce de bulle de Linné, *bulla lignaria*, que M. de Lamarck a fait entrer dans son genre Bulle, sous le nom de bulle oublie. Il est de fait que cette coquille diffère assez des autres espèces; parce que, étant extérieure, elle ressemble à une sorte de cornet un peu involvé, sans qu'il y ait de trace de spire ni en dehors ni en dedans. Voyez Bᴜʟʟᴇ et l'article Mᴏʟʟᴜsǫᴜᴇs. (Dᴇ **B.**)

SCAPHANDRE. (*Foss.*) Denys de Montfort (Conch. syst.) et M. Risso (Hist. nat. des princip. prod. de l'Europe mérid.) ont donné ce nom générique à des coquilles que Linné, MM. de Lamarck, de Blainville et autres, ont cru devoir ranger dans le genre Bulle.

M. Risso a trouvé, dans les environs de Nice, à l'état fossile, les trois espèces suivantes:

Sᴄᴀᴘʜᴀɴᴅʀᴇ ᴏᴜʙʟɪᴇ, *Scaphander lignarius*. Cette espèce, dont nous avons parlé dans le Supplément du tome V de ce Dictionnaire, pag. 132, a été trouvée fossile à la Trinité.

Sᴄᴀᴘʜᴀɴᴅʀᴇ ᴅᴇ Tᴀʀɢɪᴏɴɪ; *Scaphander Targionus*, Risso, *loc. cit.* Coquille lisse, opaque, couverte de lignes longitudinales profondes, inégalement distantes; longueur, trente-six millimètres. Fossile de la Trinité.

Sᴄᴀᴘʜᴀɴᴅʀᴇ ᴇ́ʟᴀʀɢɪ; *Scaphander patulus*, Risso, *loc. cit.* Coquille glabre, luisante, transparente, couverte de petites stries longitudinales, également distantes: longueur, huit millimètres. Fossile des terrains tertiaires de la Trinité. (D. F.)

SCAPHIDIE, *Scaphidium*. (*Entom.*) Nom d'un genre d'insectes coléoptères pentamérés, de la famille des clavicornes ou Hélocères, c'est-à-dire à élytres durs et à antennes ter-

minées par une masse alongée , dont les articles sont comme
percés d'outre en outre, perforés ou perfoliés, et dont le corps
est ové. un peu alongé en pointe aux deux extrémités, c'est-
à-dire du côté de la tête et de la fin des élytres.

Ce nom de scaphidie, employé d'abord par Olivier, est
emprunté de la forme du corps des insectes qui y sont rapportés. Le mot grec Σκαφη signifiant un *bateau*, et celui de
Iδεα en exprimant la *forme*.

Nous avons indiqué, à l'article Hélocères, comment les
scaphidies appartiennent véritablement à cette famille par la
structure et par les mœurs , et comment ils diffèrent de tous
les autres genres par la forme de leur corps, qui est ové,
c'est-à-dire presque aussi haut que large et pointu devant et
derrière; le seul genre des *Byrrhes* ayant la même forme, mais
ayant les extrémités arrondies ou obtuses; tandis que les *Sphé-*
ridies ont le corps hémisphérique; que les *Hydrophiles* , les
Parnes et les *Dermestes* sont ovales-aplatis, et que les *Nécro-*
phores , les *Boucliers* et les *Élophores* ont le corps alongé et
très-déprimé.

Les scaphidies se nourrissent de la séve corrompue ou fer-
mentée des arbres, sous les écorces desquels on les rencontre,
ou dans les caries ulcérées: on les retrouve aussi dans les
bolets et les champignons.

Nous avons fait figurer une espèce de ce genre dans l'atlas
de ce Dictionnaire, planche 5 , n.° 2 bis : c'est le

1. Scaphidie quatre-taches , *Scaphidium quadrimaculatum* ,
dont Olivier a aussi donné une figure dans son ouvrage sur
les coléoptères. sous le n.° 20, n.° 1 , *a*, *b*, *c*.

Car. Il est d'un beau noir brillant et poli; les élytres sont
pointillés et marqués chacun de deux taches rouges.

On le trouve, au premier printemps, dans les bolets des
bois, aux environs de Paris.

2. Scaph. quatre-pustules , *Scaph. quadripustulatum*.

Car. Il est aussi d'un noir luisant; mais il est plus petit. et
porte deux taches rouges sur le corselet et une sur chaque
élytre.

Cette espèce a été rapportée de l'Australasie.

3. Scaph. de l'agaric. *Scaph. agaricinum*.

Car. D'un noir brillant. avec les pattes et les antennes rousses.

C'est l'espèce la plus commune des environs de Paris. Elle se trouve dans plusieurs espèces de bolets et d'agarics.

4. SCAPHIDIE SANS TACHES , *Scaphidium immaculatum.*

Car. D'un noir lisse et poli ; élytres marqués de stries longitudinales, de points enfoncés ; antennes et pattes d'un beau noir. (C. D.)

SCAPHIS. (*Bot.*) Genre de la famille des lichens, établi par Eschweiller, et qui a de grands rapports avec les *opegrapha* et les *graphis* , dont même il n'est point séparé par Meyer. Il est caractérisé par son thallus crustacé adhérent, uniforme ; ses conceptacles ou apothéciums oblongs ou linéaires-alongés , presque simples et sessiles, ayant le périthécium presque entier dans la jeunesse, mais qui s'ouvre ensuite, et devient inférieur et latéral, en entourant en façon de rebord un peu flexueux le noyau qui forme le disque.

Eschweiller ramène à ce genre une partie des *opegrapha* qu'Acharius place dans sa division qu'il désigne par *alyxoria*. (Voyez OPEGRAPHA.)

Le *Canactis* est un autre genre, intermédiaire entre les *scaphis* et le *sclerophyton* , fondé par Eschweiller, très-voisin du *scaphis* , et qui en diffère par les apothéciums, qui s'alongent irrégulièrement , beaucoup plus enfoncés dans le thallus, de couleur noire , et dont le périthécium est soudé, par sa partie inférieure et latéralement, au bord du thallus. Le noyau a son sommet ou disque nu , plan , à peine convexe. (LEM.)

SCAPHITE. (*Foss.*) Les coquilles de ce genre paroissent ne différer des ammonites que par leur ouverture ou leur bouche, qui , à partir de la dernière cloison, s'élargit et se prolonge, d'abord en ligne presque droite, ensuite se recourbe ou plutôt se dirige vers le dernier tour.

. La spire est composée de quatre à cinq tours garnis de cloisons sinueuses, lobées et découpées. On voit extérieurement sur le moule du dernier, dont le têt ne s'est jamais conservé, des traces qui indiqueroient qu'il a existé un tube marginal, comme dans les ammonites; mais certaines parties de l'intérieur des autres tours que nous avons pu voir, et qui laissoient apercevoir les cloisons en nature, qui n'ont été ni dissoutes, ni remplies par la craie chloritée de la couche où l'on trouve ces coquilles, ne nous ont pas montré distinctement ce tube ou siphon ; en sorte qu'il nous reste encore de l'incertitude à son égard.

On connoit déjà plus de cent espèces d'ammonites, et à peine a-t-on vu l'ouverture de huit à dix de ces espèces. Les unes portent de chaque côté les traces d'une sorte de prolongement de la coquille ; quelques autres se terminent par un bourrelet ; mais, en général, les animaux qui les ont formées les rétrécissoient un peu pour les terminer. On voit les figures de ces ouvertures dans les planches de l'atlas de ce Dictionnaire.

Les auteurs qui ont établi les genres de coquilles univalves, uniloculaires, en ont presque toujours basé les caractères sur la forme de l'ouverture, et il n'est pas douteux que, si les ammonites s'étoient présentées avec leur coquille entière, ils n'eussent partagé ce genre en un plus grand nombre d'autres, eu égard à la forme de l'ouverture ; mais jusqu'à présent on n'a pas pris assez de précautions pour connoître cette dernière, quand on a trouvé ces coquilles ou leurs moules dans les couches pétrifiées.

A ma connoissance, les scaphites ne se sont rencontrés que dans les couches inférieures de la craie, et ils ont presque toujours conservé leur dernière loge, ou plutôt le moule de cette portion si singulière de la coquille qui a été formée postérieurement à la dernière cloison.

Ce genre nous prouve encore bien mieux que tous les autres que les coquilles cloisonnées ont dû être intérieures ; car on ne pourroit se figurer comment l'animal qui a formé celle des scaphites, auroit pu être contenu dans la portion recourbée qu'on regarderoit comme la dernière loge.

M. Sowerby, qui a signalé ce genre, a cru reconnoître deux espèces qui en dépendent, le *scaphites æqualis* et le *scaphites obliquus;* mais nous pensons qu'elles ne sont que des variétés l'une de l'autre. Il en a donné les descriptions et les figures dans son ouvrage, *Min. conch.*, tom. 1.⁽ᵉʳ⁾, p. 53, pl. 18. Toutes deux sont couvertes sur les côtés de cordons simples, qui deviennent doubles et quelquefois triples sur le dos de la coquille. Quelques individus, trouvés dans des turrilites et découverts avec précaution, ont conservé une jolie teinte nacrée, qui prouveroit que leur têt étoit nacré. Les moules de ces coquilles ont environ un pouce de longueur et quatre ou cinq lignes d'épaisseur. On les trouve dans la montagne Sainte-Catherine de Rouen ; près de Lewes, dans le comté de Sussex ; près de Brighton en Angleterre, et dans la montagne des Fis, qui fait partie des Alpes de Savoie. On en trouve des figures dans les planches de l'atlas de ce Dictionnaire, dans l'ouvrage de Parkinson (*Introduct. to the stud. of foss.*, pl. 6, fig. 6), et dans la Description géologique des environs de Paris par M. Brongniart, tab. 6, fig. 13. (D. F.)

SCAPHOÏDE. (*Foss.*) On a donné autrefois ce nom aux dents de poissons fossiles qui ont la forme d'un bateau. (D. F.)

SCAPHOPHORUM. (*Bot.*) Ehrenberg, *Hor. ph. Berol.*, p. 94, nomme ainsi le genre *Schizophyllus* de Fries, fondé sur l'*agaricus alneus*, Pers. Voyez SCHIZOPHYLLUS. (LEM.)

SCAPOLITE ou PIERRE EN BAGUETTE. (*Min.*) C'est la variété de wernerite prismatoïde en prisme très - alongé, à laquelle on a donné le nom de *bacillaire*, et que nous décrirons sous celui de WERNERITE SCAPOLITE. Voyez ce mot. (B.)

SCAPULAIRES. (*Ornith.*) Ce nom est donné aux plumes qui naissent sur l'humérus, près de la jonction de l'aile avec le corps, et s'étendent, de chaque côté, le long du dos, sans que le déploiement des ailes les fasse changer de direction. (CH. D.)

SCARABE, *Scarabus*. (*Conchyl.*) Nom sous lequel Denys de Montfort, Conchyl. systém., t. 2, p. 307, a établi un genre avec l'*Helix scarabæus*, Linn.; l'auricule aveline, *A. scarabæus* de M. de Lamarck, qui se distingue un peu des autres par son aplatissement ou sa dépression, et surtout parce que l'ouverture est considérablement rétrécie par deux gros plis et une dent sur le bord columellaire, et par les dents dont le bord droit, un peu retroussé en dehors, mais à peu près tranchant, est garni dans toute sa longueur.

J'ai fait connoître, dans le Journal de physique, l'animal d'une espèce ou variété de ce genre, qui m'a été rapporté de la mer des Indes par M. Marion de Procé. C'est bien certainement un pulmobranche, respirant l'air en nature dans une cavité pulmonaire, située obliquement sur le dos et s'ou-

vrant à droite par un orifice arrondi ; il n'est pourvu que
d'une seule paire de tentacules subcylindriques, un peu renflés au sommet et grossièrement contractiles. Les yeux sont
au côté interne de leur base, et la bouche est armée d'une
dent supérieure opposée à une langue à crochets ; enfin, cet
animal est hermaphrodite ou mieux monoïque, c'est-à-dire
que chaque individu porte les deux sexes, comme les limnées
et les limaçons.

On a dit avec raison que ces animaux sont terrestres; mais
ils le sont un peu à la manière des limnées, et surtout des
ambrettes, c'est-à-dire qu'ils se tiennent à terre sur les bords
de la mer, et qu'ils peuvent même être recouverts momen-
tanément par les eaux, comme au reste cela a lieu pour beaucoup d'espèces d'auricules, et entre autres pour l'*A. myosotis*
de nos côtes, que j'ai vue en grande abondance sur les plantes
de l'embouchure de la Somme.

Denys de Montfort, en établissant ce genre, dit qu'il en
distingue plusieurs espèces, mais qu'elles sont encore peu connues et bien moins décrites. Il me semble que ce ne sont probablement que des variétés locales, du moins si j'en juge
d'après quelques individus que je possède et que je vais cependant caractériser comme espèces, avec tout autant de
raison qu'on le fait pour beaucoup de coquilles d'autres genres.

Le Scarabe aveline : *S. imbrium*, Den. de Montf., *loc. cit.;*
l'Auricule aveline, de Lamk., t. 6, part. 2, p. 139, n.° 6 ; vulgairement la Gueule-de-loup, à cause des dents dont ses bords
semblent armés ; l'Aveline ou la Punaise, à cause de sa forme
et de sa couleur ; Gualt., *Test.*, tom. 4, fig. 5 ; Leach, *Zool.*
miscell., tom. 1, p. 495, pl. 42. Coquille ovale, convexe-dé-
primée, subcarinée de chaque côté, glabre, à spire assez
courte ; ouverture ringente, garnie de trois dents au bord
columellaire, et de quatre ou cinq à l'autre : couleur d'un
blanc sale, variée de taches de roux marron, quelquefois assez
serrées pour que la coquille soit presque toute brune.

Cette coquille vient des grandes Indes et des Moluques. Denys de Montfort dit qu'il en a vu de près de deux pouces de
long. M. de Lamarck cependant ne parle que de seize à dix-
sept lignes.

Le S. raccourci : *S. abbreviatus*, Lister, tab. 577, fig. 52 ;

copié par Klein, *Ostracolog.*, tab. 1, fig. 24, sous le nom d'*Angystoma fuscum et fasciatum*. Coquille subglobuleuse, déprimée, à spire courte ; les tours de spire plissés à leur bord supérieur seulement, et lisses dans le reste de leur étendue ; ouverture extrêmement étroite et prolongée anguleusement en avant au point de jonction du bord droit et du bord gauche ; plis et dents très-rapprochés ; le pli columellaire postérieur portant lui-même une dent en avant ; trois dents principales au bord droit, et trois intermédiaires très-marquées, formant une série peu enfoncée. Couleur d'un blanc sale, marbré agréablement de brun fauve ; le côté du bord droit d'un blanc mat, tacheté de roux marron, ce qui forme de chaque côté de la spire une ligne blanche bordée de roux en escalier.

Les plus grands individus que je possède ont neuf lignes de long sur six de large ; ils sont encore ombiliqués, tandis qu'un beaucoup plus petit, puisqu'il n'a que cinq lignes de long sur un peu moins de quatre, ne l'est pas.

Cette espèce locale ou cette variété est celle dont j'ai décrit l'animal. Elle m'a été donnée par M. Marion de Procé, qui l'a trouvée en abondance sur le rivage d'un petit îlot isolé de la mer des Indes. La figure de Lister que j'ai citée, me paroît parfaitement lui convenir. La coquille qui lui a servi de modèle étoit cependant fasciée transversalement.

Le Scarabe de Lesson ; *S. Lessonii*, Less., Voyage de la Coquille. Coquille ovale, un peu alongée, assez bombée, surtout en dessus, à sommet aigu, finement striée dans toute sa longueur, subombiliquée ; ouverture ovale, dilatée et arrondie en avant au point de jonction des deux bords ; plis de la columelle simples ; dents du bord droit peu marquées, très-enfoncées, au nombre de trois seulement, et une seule très-petite ou obsolète entre la première et la seconde. Couleur d'écaille beaucoup plus foncée et quelquefois presque toute d'un brun noir, avec des séries de taches blanches en escalier de chaque côté.

Les trois individus que je possède, et que je dois à la générosité de M. Lesson, médecin zoologiste à bord de la corvette la Coquille, commandée par le capitaine Duperrey, ont tous douze à treize lignes de long sur six à sept de largeur, proportion toute différente de celle de l'espèce précédente.

Le scarabe de Lesson a été trouvé, à ce qu'il paroit, en grande abondance à terre au port Praslin, dans la Nouvelle-Irlande.

La figure de Lister, *Conch.*, pl. 577, fig. 31, copiée dans Klein. tab. 1, fig. 25, représente assez bien le scarabe dont il est question dans cet article. (De B.)

SCARABEE. *Scarabæus*. (*Entom.*) Genre d'insectes coléoptères pentamérés, à antennes en masse feuilletée à l'extrémité. et par conséquent de la famille des pétalocéres ou lamellicornes.

Ce nom de scarabée est un des plus anciens dans la science. Emprunté du grec Σκάραβος, les Latins l'ont admis dans leur langue. comme nous le voyons par plusieurs passages de Pline; et il est évident que le mot escarbot en est dérivé en françois. D'après Aristote, on peut penser que le nom de scarabée étoit donné à tous les insectes à ailes membraneuses, recouvertes par des écailles ou des étuis, d'où leur venoit aussi le synonyme de Κολεόπτερον, coléoptère ou *vaginipenne*.

Quoi qu'il en soit. ce fut Linnæus qui réunit, dans un même genre et sous le nom de Scarabée, la plupart des coléoptéres qui sont aujourd'hui compris dans la famille des pétalocéres; et il est arrivé pour ce nom. comme pour celui de *carabe*, qu'au fur et à mesure que les naturalistes ont trouvé des caractéres suffisans pour retirer quelques espèces du genre primitif. afin d'en former autant de genres particuliers, le groupe qui portoit ce nom générique. n'a plus compris que quelques espèces peu distinctes. ou dont les analogies n'ont pas été aussi remarquables entre elles que parmi celles qui en avoient été successivement séparées. C'est ainsi qu'outre les genres qui correspondent principalement à ceux dits Hanneton. Cétoine et Trichie. qui ont été subdivisés en six ou sept autres. le genre Scarabée de Linnæus se trouve aujourd'hui partagé en une douzaine d'autres genres. outre celui qui conserve le nom de Scarabée. et dont nous traitons dans cet article: car c'est dans le nombre des espèces qui y avoient été primitivement inscrites. que l'on a retiré les genres dont les noms suivent: Ateuche. Gymnopleure. Sisyphe, Bousier, Onite. Onthophage. Aphodie. Géotrupe. Ægialie, Orycte, Trox. etc.

D'après le tableau synoptique que nous avons fait insérer à l'article Pétalocères (tom. XXXIX, pag. 194), nous comprenons dans le genre Scarabée les insectes que M. Mégerle a désigné sous les noms génériques d'*ochodée* et d'*odontée* ; M. Latreille, sous ceux de *géotrupe* et de *phileure* : enfin le genre que M. Illiger avoit décrit sous le nom d'*Oryctes*.

D'après l'analyse, toutes ces espèces se distingueroient des autres coléoptères pétalocères par la forme du chaperon placé au-dessus de la bouche, qui, au lieu d'être large, soit en croissant, comme dans les bousiers, les onites et les aphodies, ou quadrilatère, comme dans les géotrupes, les hannetons, les cétoines et les trichies, est, au contraire excessivement court. Le seul genre des Trox offre les mêmes caractères ; mais les insectes rangés dans ce dernier genre ont le premier article des antennes velu ou très-épineux, tandis qu'on n'aperçoit rien de semblable dans les scarabées.

D'ailleurs les métamorphoses et les mœurs de ces insectes sont à peu près les mêmes que celles dont nous avons présenté l'histoire dans l'article Pétalocères, auquel nous renvoyons le lecteur.

La principale espèce de scarabée est la suivante :

Scarabée nasicorne, *Scarabæus nasicornis*.

C'est l'espèce que nous avons fait figurer dans l'atlas de ce Dictionnaire, planche 4, n.º 5, et qui peut être regardée comme le type du genre. Swammerdam en a fait l'histoire dans sa Bible de la nature, et en a donné de très-bonnes planches anatomiques d'après la larve, planche 27.

Car. D'un brun marron ; corselet tronqué en devant, à trois dents ; sa tête est surmontée d'une corne recourbée ; ses élytres sont lisses et polis, avec une seule strie près de la suture.

On trouve la larve, la nymphe, ainsi que l'insecte parfait, dans les fumiers des couches et dans la tannée des serres. La femelle a la corne de la tête très-courte et peu de saillie dans les cornes du corselet. Cet insecte fait beaucoup de tort aux jardiniers, qui font en sorte d'en détruire les larves.

Presque toutes les autres espèces sont des pays chauds, principalement de l'Amérique méridionale, de Cayenne, du Brésil, de Saint-Domingue, du Sénégal, du cap de Bonne-Espérance. (C. D.)

SCARABÉE AQUATIQUE. (*Entom.*) Voyez Dytique et Hydrophile. (C. D.)

SCARABÉE CORNU ou CERF VOLANT. (*Entom.*) Voyez Lucane. (C. D.)

SCARABÉE DISSÉQUEUR. (*Entom.*) Voyez Dermeste. (C. D.)

SCARABÉE D'EAU. (*Entom.*) Voyez Hydrophile et Parne. (C. D.)

SCARABÉE ENTERREUR. (*Entom.*) Voyez Nécrophore. (C. D.)

SCARABÉE HÉMISPHÉRIQUE. (*Entom.*) Voyez Coccinelle. (C. D.)

SCARABÉE DU LIS. (*Entom.*) Voyez Criocère. (C. D.)

SCARABÉE DE MAI. (*Entom.*) Voyez Méloë et Mélolonthe. (C. D.)

SCARABÉE DES MARÉCHAUX. (*Entom.*) Voyez Méloë. (Desm.)

SCARABÉE MONOCÉROS. (*Entom.*) Voyez Scarabée nasicorne. (C. D.)

SCARABÉE ONCTUEUX ou HUILEUX. (*Entom.*) Voyez Méloë. (C. D.)

SCARABÉE PILULAIRE. (*Entom.*) Voyez Bousier. (C. D.)

SCARABÉE PUCE ou SAUTEUR. (*Entom.*) Voyez Altise et Orchestes. (C. D.)

SCARABÉE PULSATEUR. (*Entom.*) Voyez Vrillette. (C. D.)

SCARABÉE A RESSORT. (*Entom.*) Voyez Taupin. (C. D.)

SCARABÉE ROUGE DU LIS. (*Entom.*) Voyez Criocère. (C. D.)

SCARABÉE SONICÉPHALE. (*Entom.*) Voyez Vrillette. (C. D.)

SCARABÉE TORTUE. (*Entom.*) Voyez Casside. (C. D.)

SCARABÉE A TROMPE. (*Entom.*) Voyez Charanson et Rhinocères. (C. D.)

SCARABÉIDES. (*Entom.*) Nom sous lequel M. Latreille désignoit une tribu d'insectes coléoptères de la famille des lamellicornes, comprenant par conséquent tous les genres de notre famille des Pétalocères. Voyez ce mot. (C. D.)

SCARB. (*Ornith.*) Voyez Schare. (Ch. D.)

SCAR CHIR. (*Ornith.*) Nom arabe d'une sarcelle que

Forskal décrit, pag. 5, n.° 7, et dont Sonnini fait mention dans le 62.ᵉ volume de son édition de Buffon, pag. 231. C'est l'*anas arabica* de Linné et de Latham. (Cʜ. D.)

SCARCINE, *Scarcina*. (*Ichthyol.*) M. Rafinesque-Schmaltz a établi, sous ce nom et non loin des donzelles et des ammodytes, un genre de poissons apodes, reconnoissable aux caractères suivans :

Nageoires caudale, dorsale et anale, isolées les unes des autres ; corps très-comprimé ; catopes nuls ; des dents aux mâchoires : nageoire dorsale fort longue ; nageoire anale plus courte.

Les espèces de ce genre fréquentent les rivages de la Sicile. On distingue parmi elles :

La Sᴄᴀʀᴄɪɴᴇ ᴀʀɢᴇɴᴛᴇᴇ, *Scarcina argentea*. Museau tronqué ; mâchoire inférieure plus longue que la supérieure ; corps entièrement d'une teinte argentine ; nageoire caudale en croissant ; deux dents seulement à la mâchoire inférieure et quatre à la supérieure.

On mange ce poisson, dont l'enduit argentin remplace l'Essᴇɴᴄᴇ ᴅ'Oʀɪᴇɴᴛ. (Voyez ces mots.)

La Sᴄᴀʀᴄɪɴᴇ ᴘᴏɴᴄᴛᴜᴇᴇ, *Scarcina punctata*. Museau tronqué ; mâchoire inférieure plus longue que la supérieure ; corps blanchâtre, tacheté de points bruns ; queue fourchue.

Plus petit que le précédent, ce poisson a quelquefois été décrit sous le nom de *serpent de mer*.

La Sᴄᴀʀᴄɪɴᴇ ᴀ ǫᴜᴀᴛʀᴇ ᴛᴀᴄʜᴇs. Museau arrondi ; mâchoires presque égales ; d'un blanchâtre argenté, avec deux taches brunes de chaque côté du dos ; taille de près de deux pieds.

La Sᴄᴀʀᴄɪɴᴇ ɪᴍᴘᴇ́ʀɪᴀʟᴇ, *Scarcina imperialis*. Museau arrondi ; corps argenté, avec une bande longitudinale bleue de chaque côté ; nageoire caudale presque fourchue. (H. C.)

SCARDA. (*Ichthyol.*) Un des noms italiens de la Bʀᴇ̂ᴍᴇ. Voyez ce mot. (H. C.)

SCARE, *Scarus*. (*Ichthyol.*) Aristote, Athénée, Ælien, Oppien, et en général les premiers naturalistes grecs ont parlé sous le nom de Σϰάρος, d'un poisson de la mer Méditerranée, et spécialement des côtes de la Sicile et de la Grèce, dont la célébrité fut des plus grandes chez les peuples anciens, et que, sous l'empire de Claude, Optatus Élipertius, commandant d'une flotte romaine, répandit sur la côte de

Campanie, où il multiplia promptement. Ce poisson, que nous avons décrit comme une espèce de CHÉILINE aux pages 542 et 543 du tome VIII de ce Dictionnaire, n'appartient nullement au genre des SCARES que nous avons à faire connoitre ici, et qui paroît avoir été d'abord établi par Forskal.

Ce genre prend place dans la famille des Ostéostomes, parmi les Holobranches thoraciques de M. Duméril, et peut être ainsi caractérisé :

Catopes implantés sous les nageoires pectorales ; corps épais, comprimé ; nageoire dorsale unique, sans aiguillons ; mâchoires tout-à-fait osseuses, crénelées, très-avancées, convexes ; arrondies, garnies de dents disposées comme des écailles ; lèvres charnues ; dents pharyngiennes en lames transversales.

Il demeure donc facile de distinguer les SCARES des LÉIOGNATHES, qui ont la nageoire du dos armée d'aiguillons ; des LABRES, qui ont les dents pharyngiennes en pavés arrondis, et des OSTORHYNQUES, qui ont deux nageoires du dos. (Voyez ces mots, et OSTÉOSTOMES et THORACIQUES.)

Parmi les espèces de ce genre, qu'à cause de la forme de leurs mâchoires et de l'éclat de leurs couleurs on appelle communément *poissons-perroquets*, nous citerons :

Le SIDJAN, *Scarus siganus*, Forsk., Linn. ; denticules des mâchoires filiformes et d'autant plus courtes qu'elles sont plus éloignées du bout du museau ; écailles petites ; des appendices membraneuses derrière les rayons de la nageoire du dos, qui est précédée d'un aiguillon ; nageoire caudale fourchue.

Ce poisson a une teinte générale d'un bleu fort agréable, que relèvent des taches noires et des raies longitudinales d'un jaune clair ou doré. Il fréquente la mer Rouge, et, suivant Forskal, atteint jusqu'à une aune de longueur.

Sa chair a une bonne saveur ; les Arabes la regardent comme échauffante et se servent à l'extérieur de sa graisse pour soulager les douleurs de la goutte.

Le SCARE ÉTOILÉ, *Scarus stellatus*, Forsk. Ligne latérale non visible ; anus caché par les catopes ; un grand nombre de taches hexagonales ou de petites étoiles blanches ou jaunes, ou d'un beau noir, disséminées sur un fond noirâtre ; nageoires dorsale, anale et pectorales jaunes ; des raies dorées sur la caudale, qui est bilobée. Taille de neuf à dix pouces.

De la même mer que le précédent.

Le Scare ENNÉACANTHE ; *Scarus enneacanthus*, Lacép. Nageoire caudale en croissant ; ligne latérale interrompue ; denticules des mâchoires très-distinctes et arrondies : écailles très-grandes.

Observé par Commerson dans le grand océan équinoxial.

Le Scare POURPRÉ : *Scarus purpureus*, Forsk. ; *Labrus purpureus*, Linn. Ligne latérale rameuse ; trois lignes longitudinales pourpres de chaque côté du corps ; dos verdâtre ; ventre bleu ; chaque opercule bordée de pourpre et marquée d'une tache noire et carrée ; un croissant noir sur chaque pectorale et sur la dorsale ; nageoire caudale purpurine ; catopes et nageoire anale bleus.

Ce poisson vit près des côtes de l'Arabie, où il a été observé par Forskal. Sa chair est bonne à manger.

Le Scare HARID ; *Scarus harid*, Forsk. Deux lignes latérales ; deux denticules plus saillantes que les autres à chaque mâchoire.

De la mer Rouge.

Le Scare CHADRI : *Scarus chadri*, Lacép. ; *Scarus niger*, Forsk. Deux denticules plus saillantes que les autres à la mâchoire supérieure ; couleur générale noirâtre ou d'un beau bleu ; des raies ou des points pourpres, ou d'un vert foncé ou bleuâtre, sur la tête ; nageoires bordées de bleu ou de vert plus ou moins foncé ; écailles lisses.

Des mêmes parages que le harid.

Le Scare PERROQUET, *Scarus psittacus*. Deux lignes latérales rameuses ; deux denticules plus saillantes que les autres à la mâchoire inférieure et six à la supérieure ; teinte générale verte ; des traits bleus sur la tête ; les nageoires bordées de bleu.

Observé par Forskal dans la mer d'Arabie.

Le Scare KAKATOE : *Scarus kakatoe*, Lacép. ; *Labrus cretensis*, Linn. Ligne latérale fort rameuse ; nageoire caudale en croissant ; dos d'un vert foncé, ventre d'un vert jaunâtre ; point de taches.

De la mer des Indes et des côtes de la Syrie et de l'Égypte.

Le Scare DENTICULÉ ; *Scarus denticulatus*, Lacép. Nageoire

caudale en croissant; denticules maxillaires très-fines, très-séparées et égales.

Observé par Commerson, ainsi que le suivant, dans le grand océan équinoxial.

Le Scare bridé; *Scarus frenatus*, Lacép. Une seule ligne latérale; nageoire caudale en croissant, avec les premiers et les derniers de ses rayons beaucoup plus longs que les autres: mâchoires sans denticules sensibles; deux bandes, placées l'une au-dessus de l'autre, au-dessous du museau, réunies auprès de l'œil et prolongées ensuite jusqu'au bord postérieur de l'opercule.

Le Scare Catesby; *Scarus Catesby*, Lacép. Teinte générale verte: nageoire caudale en croissant, avec un croissant rouge; teinte générale d'un beau vert; opercules bleues, bordées de rouge et notées d'une tache jaune et éclatante: une raie rouge sur toute la longueur de la nageoire anale.

Des mers de la Caroline, où il a été observé par Catesby.

Le Scare vert; *Scarus viridis*, Lacép. Nageoire caudale rectiligne; écailles rayonnées, arrondies, bordées de vert.

Des mers du Japon.

Le Scare Ghobban; *Scarus Ghobban*, Forsk. Nageoire caudale rectiligne: deux lignes latérales de chaque côté: chaque écaille marquée de deux taches, l'une brune, l'autre bleue.

Des eaux de la mer d'Arabie.

Le Scare trilobé, *Scarus trilobatus*. Une petite tache sur presque toutes les écailles du corps et de la queue; nageoire caudale trilobée.

Observé par Plumier dans les mers de l'Amérique méridionale.

Le *Diastolon speciosus*, dont M. Bowdich a fait le type d'un nouveau genre, n'est probablement qu'un jeune scare de Sant-Iago.

Il faut aussi rapporter aux Scares, le *Sparus Abildgaardi*, de Bloch, et le *Sparus holocyaneose*, de Lacépède. (H. C.)

SCARE-CROW. (*Ornith.*) Ce nom anglois correspond, suivant Buffon, à la guiffette noire ou épouvantail, *sterna fissipes*, Linn. et Lath. (Ch. D.)

SCARIEUX. (*Bot.*) Membraneux, sec, presque transparent. Les stipules du *polygonum aviculare*, du *geranium cicu-*

tarium; les bractées du *catananche cærulea,* du *gnaphalium stæ-chas;* les spathelles du *phalaris canariensis,* etc., par exemple, sont scarieuses. (Mass.)

SCARINO. (*Ornith.*) C'est, à Gênes, le venturon, *fringilla citrinella,* Linn. (Ch. D.)

SCARITE, *Scarites.* (*Entom.*) Nom d'un genre d'insectes coléoptères pentamérés, de la famille des créophages ou carnassiers, caractérisé, par son port, de la manière suivante : Corps alongé, un peu aplati; tête engagée dans un corselet aussi large que les élytres, échancré en croissant en devant, arrondi en arrière : à mandibules fortes, avancées, dentelées, croisées : à jambes de devant aplaties, souvent palmées.

Tous ces caractères, ainsi qu'on peut le voir par le tableau analytique que nous avons fait insérer à l'article Créophages, distinguent parfaitement les Scarites des autres genres de la même famille : d'abord de tout le groupe des Cicindèles, tels que les Coliures, les Dryptes, les Manticores, les Bembidions, les Élaphres, qui tous ont le corselet plus étroit que les élytres. Secondement, les Scarites se trouvent naturellement séparés d'un grand nombre de genres de la même famille, chez lesquels la tête est constamment dégagée du corselet, comme les Anthies, les Carabes, les Cychres, les Calosomes, les Tachypes, les Brachins. Troisièmement, par la forme du corps et du corselet, les Scarites se distinguent des trois autres genres qui ont aussi la tête engagée dans le corselet : tels que les Omophrons, dont le corps est hémisphérique ou ovale-aplati; les Notiophiles, qui ont le corselet carré, et les Clivines, qui l'ont globuleux ; tandis qu'il est en croissant, comme nous l'avons dit, dans les Scarites.

Primitivement les scarites avoient été rangés par Linnæus dans le genre des Carabes. Ce fut Fabricius qui les en sépara et qui leur donna ce nom, tiré du grec Σκαρίζω, *je cours avec vitesse.* Nous avons fait figurer une espèce de ce genre, planche 2, n.° 5, de l'atlas de ce Dictionnaire.

La plupart des espèces de ce genre, d'ailleurs nombreux, sont étrangères au climat de Paris. Beaucoup atteignent de grandes dimensions. Leur couleur est en général sombre, tirant du brun au noir; leurs antennes ne sont pas très-longues. La plupart se trouvent dans les pays de sable, sur les bords de la mer; leurs pattes antérieures, dont les jambes sont larges et le plus souvent dentelées, sont destinées à creuser le sol. Ils courent avec vitesse, les uns de nuit, les autres en plein jour. Peu d'espèces volent : quelques-unes sont même tout-à-fait privées d'ailes membraneuses.

1. SCARITE PYRACMON ; *Scarites gigas*, Olivier.

Car. Noir. Jambes de devant à trois dentelures : élytres déprimés, plus larges en arrière, à séries de points enfoncés.

On le trouve dans le Midi de l'Europe, sur les bords de la mer Méditerranée, en France.

2. SCARITE DES SABLES, *Scarites arenarius*.

C'est l'espèce que nous avons fait figurer planche 11, n.º 3.

Car. Noir. Jambes antérieures à quatre dents ; élytres alongés, embrassant l'abdomen ; à stries longitudinales ponctuées.

Il se trouve dans le Midi de la France. (C. D.)

SCARLAGGIA. (*Bot.*) Nom italien de la sclarée, *salvia sclarea*, cité par Adanson. (J.)

SCARLATE. (*Ornith.*) Cette espèce de tangara est le *ramphocelus coccineus* de M. Desmarest. (CH. D.)

SCAROLE, *Scariola*. (*Bot.*) Espèce de laitue, *lactuca scariola*, cultivée dans les potagers comme plante économique. (J.)

SCARUS. (*Ichthyol.*) Nom latin du SCARE. Voyez ce mot. (H. C.)

SCARZAPEPA. (*Bot.*) Adanson cite ce nom italien de la menthe. (J.)

SCARZERINO. (*Ornith.*) Nom italien du cini, *fringilla serinus*, Linn. (CH. D.)

SCATERELLO. (*Ornith.*) L'oiseau ainsi nommé par les Bolonois, est, à ce qu'il paroît, la même fauvette que les Anglois appellent *pettichaps*. (CH. D.)

SCATOPHAGE, *Scatophagus*. (*Entom.*) Nom donné par Fabricius à un genre de diptères, auquel il a rapporté beaucoup de mouches, telles que les espèces désignées sous les noms de *cucularia*, *fimetaria*. Leur nom, emprunté du grec Σκατοφα-γος, a été employé par Aristophane dans une sale plaisanterie et comme une épithète, car il signifie *merdam comedens*. MM. Meigen et Latreille avoient déjà employé le nom de *scatophaga* pour l'appliquer à un genre dans lequel ils avoient rangé la *musca merdaria*. (C. D.)

SCATOPSE, *Scatopsus*. (*Entom.*) Nom donné par Geoffroy à un genre d'insectes diptères de notre famille des hydromyes ou bec-mouches. Ce genre, dont nous avons donné une figure, planche 50, n.° 6, de l'atlas de ce Dictionnaire, peut être ainsi caractérisé : Antennes courtes, grenues, de la longueur de la tête et du corselet; tête petite, penchée; corselet renflé; ailes. dans l'état de repos, couchées sur l'abdomen, qu'elles dépassent.

Le nom de scatopse vient du grec Σκωρ-σκατος, *stercus*, *oletum;* et l'imprimeur de Geoffroy a eu tort de l'orthographier *scathopse* en latin.

Geoffroy, qui l'a décrit le premier, en a donné une très-bonne histoire. Il en décrit deux espèces, l'une qui provient de larves, dont la vie se passe dans les latrines et les eaux corrompues des fumiers, et l'autre dans l'intérieur des feuilles du buis. Notre auteur a vu les nymphes de ces insectes former une véritable chrysalide à membres distincts, au lieu d'être enveloppés, comme ceux de la plupart des autres diptères, à l'exception des hydromyes.

Il nomme l'une des espèces :

1. SCATOPSE NOIR, *Scatopsus niger.*

Il est tout noir. On le trouve souvent sur les murs humides dans les environs des latrines. Les deux sexes restent long-temps unis dans l'accouplement, les deux têtes opposées. Le mâle est plus petit et plus foible; il est obligé de marcher à reculons et de suivre les mouvemens de la femelle lorsqu'elle fuit. Alors même les deux individus, dont les ailes se confondent, ne semblent constituer qu'un seul insecte d'une apparence bizarre.

2. SCATOPSE A AILES BLANCHES, *Scatopsus albipennis.*

C'est l'espèce que nous avons fait figurer avec les ailes étalées. Il paroît qu'elle est la même que celle du buis, décrite et figurée par Geoffroy, tome 2, pl. 18, fig. 5, avec la chrysalide et la branche de buis dans les feuilles de laquelle se développent les larves.

Meigen a nommé ce genre *Penthretia.* (C. D.)

SCAURE, *Scaurus.* (*Entom.*) Genre d'insectes coléoptères hétéromérés, de la famille des lucifuges ou photophyges, caractérisé par le nombre des articles aux tarses; par les élytres sondés, sans ailes ; par la forme des cuisses antérieures, qui sont gonflées, avec les jambes coudées (singularité qui leur a valu le nom qui les désigne : Σκαυρος, signifiant *qui a de gros pieds, de gros talons*), et, de plus, par la forme des antennes, dont le dernier article est plus long que les autres.

Les Scaures constituent un genre d'insectes voisins des Blaps et des Pimélies, et dont les mœurs paroissent absolument les mêmes. On les rencontre dans les lieux les plus secs et les plus arides, exposés à l'action la plus ardente des rayons solaires. La plupart des espèces habitent les pays chauds.

On distingue facilement les scaures des espèces des genres voisins par la seule inspection de la forme des pattes antérieures : car les blaps, les pimélies, les sépidies, les akides, les eurychores, les tagénies et les zophoses ont les pattes de devant semblables aux autres, et non renflées ; tandis que dans les scaures les cuisses sont gonflées, le corps alongé, le ventre bombé, et que les érodies ont le ventre aplati et le corps ovale.

Nous avons fait figurer une espèce de ce genre dans l'atlas de ce Dictionnaire, planche 14, n.º 5 : c'est

Le SCAURE STRIÉ, *Scaurus striatus.*

Car. Il est noir ; les élytres portent trois lignes saillantes ; les pattes antérieures sont munies de deux épines près du tarse dans les mâles.

On le trouve dans le Midi de la France. J'en ai rapporté beaucoup d'individus pris, à Cadix en Espagne, le long d'un mur exposé au soleil le plus ardent. (C. D.)

SCAVILLOS. (*Bot.*) Le jasmin jaune, *jasminum fruticans*, est ainsi nommé dans la Provence, suivant Garidel. (J.)

SCAVOLO. (*Ornith.*) Un des noms italiens de la sarcelle commune, *anas querquedula*, Linn. (Ch. D.)

SCEAU DE NOTRE-DAME. (*Bot.*) Un des noms vulgaires du taminier commun. (L. D.)

SCEAU DE SALOMON. (*Bot.*) Voyez SIGNET. (L. D.)

SCEBRAN. (*Bot.*) Voyez AISEBRAN. (J.)

SCEHA. (*Bot.*) Nom arabe de la herse, *tribulus*, cité par Mentzel. (J.)

SCELERATA. (*Bot.*) Ce nom a été donné par Apulée à une renoncule, *ranunculus sceleratus* de Linnæus, probablement parce qu'on lui attribue la propriété pernicieuse d'exciter le symptôme fâcheux du rire sardonique, lorsqu'elle est introduite dans l'estomac. C'est aussi pour cela qu'elle est nommée par plusieurs auteurs anciens *sardonia*, *sardoum*, *sardoa herba*. (J.)

SCÉLION. (*Entom.*) M. Latreille paroît avoir abandonné ce nom d'un genre, qu'il avoit formé de quelques espèces d'hyménoptères voisins des cynips et des béthyles. (C. D.)

SCELLAN. (*Ichthyol.*) Dans le 12.ᵉ siècle on mangeoit, sous ce nom, à Paris, un poisson dont on faisoit grand cas, et qu'on ne sait aujourd'hui à quelle espèce rapporter. (H. C.)

SCEMBRA-VALLI. (*Bot.*) Nom malabare, suivant Rhéede, d'une vigne, *vitis indica.* (J.)

SCENABRAN. (*Bot.*) Nom arabe du basilic, suivant Mentzel. (J.)

SCENICLE. (*Ornith.*) Nom du tarin, *fringilla spinus*, en vieux françois. (Cʜ. D.)

SCÉNOPINE. (*Entom.*) Nom de genre donné par M. Latreille à la mouche des fenêtres de Linnæus, qui est un némotèle de Degéer. Cet insecte est figuré par Schellenberg, planche 13 de ses Diptères de Suisse. (C. D.)

SCÉPINIE, *Scepinia.* (*Bot.*) Ce genre de plantes, proposé en 1791 par Necker, dans ses *Elementa botanica*, appartient à l'ordre des Synanthérées, à notre tribu naturelle des Astérées, à la section des Astérées-Baccharidées, et au groupe des Chrysocomées, dans lequel nous l'avons d'abord placé entre les deux genres *Pterophorus* et *Crinitaria.* (Voyez notre tableau des Astérées, tom. XXXVII, pag. 460 et 475.) Mais aujourd'hui nous le mettons à la tête de ce groupe. (Voyez nos *Opuscules phytologiques*, tom. I, pag. lxj.)

Voici les caractères du genre *Scepinia*, tels que nous les avons observés sur un échantillon sec de *Scepinia lepidophylla.*

Calathide incouronnée, équaliflore, pluriflore, régulariflore, androgyniflore. Péricline ovoïde-oblong, un peu inférieur aux fleurs ; formé de squames régulièrement imbriquées, appliquées, coriaces, arrondies au sommet, qui, sur les squames intérieures, est muni d'une bordure scarieuse. Clinanthe plan, alvéolé, à cloisons dentées ; quelques dents prolongées en fimbrilles inégales, courtes, épaisses, subulées. Ovaires comprimés bilatéralement, obovoïdes, tout couverts de poils très-longs, très-fins, biapiculés; aigrette composée de squamellules très-nombreuses, très-inégales, plurisériées, flexueuses, filiformes, barbellulées. Corolles à limbe également et profondément divisé en cinq lanières longues, linéaires. Étamines (d'Astérée) à anthère très-longue, privée d'appendices basilaires. Style (d'Astérée) à stigmatophores très-longs.

Scépinie dichotome : *Scepinia dichotoma*, H. Cass.; *Pteronia oppositifolia*, Linn., *Syst. veg.*; Gærtn., *De fruct. et sem. pl.*, tom. 2, pag. 408, tab. 167, fig. 2. C'est un petit arbuste du cap de Bonne-Espérance, haut d'environ trois pouces, rameux, à rameaux opposés, dichotomes, divariqués; ses feuilles sont opposées, petites, ovales-lancéolées, blanchâtres, un peu tomenteuses, comme pulvérulentes; les calathides, composées de fleurs jaunes, sont grandes, terminales, sessiles; les squames de leur péricline sont ovales, entières, un peu pubescentes au sommet. Le nom spécifique d'*oppositifolia* ne peut plus convenir à cette plante, parce que le caractère qu'il exprime est probablement commun à toutes les espèces de *Scepinia*, ou au moins à la plupart.

Scépinie a feuilles squamiformes : *Scepinia lepidophylla*, H. Cass.; *Pteronia glomerata*, Linn. fils, *Suppl. pl.* La tige est ligneuse, rameuse; ses rameaux sont opposés, subtétragones, glabres, à mérithalles longs d'environ une ligne; les feuilles sont opposées-croisées, rapprochées, presque imbriquées, sessiles, embrassantes, presque connées à la base, dressées, articulées-caduques; elles sont petites, squamiformes, longues d'environ une ligne, oblongues, très-obtuses, presque arrondies au sommet, très-entières, subtriquètres, très-épaisses, coriaces-charnues, très-glabres: leur face interne ou supérieure a sa partie inférieure amincie, concave, appliquée; les calathides, hautes d'environ huit lignes, sont solitaires et sessiles au sommet des rameaux: les squames du péricline sont glabres, presque toutes oblongues, et leur support, autour duquel elles sont attachées très-régulièrement en échiquier, est obconique ou turbiné, très-alongé; les plus grandes squames intérieures sont longues de six lignes; chaque calathide contient ordinairement onze fleurs, à corolle probablement jaune

Nous avons fait cette description spécifique, et celle des caractères génériques exposés plus haut, sur un échantillon sec de l'herbier de M. de Jussieu, où il était étiqueté *Pteronia glomerata*. Cette plante manifeste bien l'affinité qui existe entre les deux genres *Scepinia* et *Lepidophyllum*. Cependant le *Scepinia* est encore plus rapproché du *Crinitaria*, dont il se distingue à peine, si ce n'est par le port. Mais il diffère considérablement du vrai *Pterophorus*, avec lequel on l'avoit confondu. (Voyez notre article PTÉROPHORE, tom. XLIV, pag. 44.) Il est probable que la plupart des espèces rapportées par les botanistes à ce genre *Pterophorus*, qu'ils nomment *Pteronia*, sont réellement des *Scepinia*. (H. CASS.)

SCEPTRUM CAROLINUM. (*Bot.*) C'est une espèce de pédiculaire. (L. D.)

SCEURA. (*Bot.*) Ce genre de Forskal, qui le désigne aussi sous le nom de *schura*, a été réuni à l'*avicennia*. (J.)

SCHABEL. (*Ornith.*) Ce nom allemand, qui paroit s'écrire aussi *schnabel*, est celui de l'avocette, *recurvirostra avocetta*, Linn. (CH. D.)

SCHACH. (*Ornith.*) Ce nom, qui s'écrit aussi *scack*, est celui d'une pie-grièche de la Chine, qu'Osbeck a décrite, dans son Voyage, comme ayant le dessus de la tête et du cou gris, le front et les ailes noirs, et le reste du plumage jaunàtre, avec une teinte de rouge de brique sur le dos et sous le ventre. C'est le *lanius schach*, Linn. et Lath. (CH. D.)

SCHACHAL. (*Mamm.*) Nom que l'on applique à plusieurs quadrupèdes du genre Chien, mais qui appartient plus particulièrement à une espèce. Voyez CHACAL et CHIEN. (DESM.)

SCHACK. (*Bot.*) Nom sous lequel étoit connu dans la Syrie, suivant Rauwolf, l'*acacia vera* d'Égypte, *mimosa nilotica* de Linnæus, *acacia nilotica* de Willdenow. Rauwolf ajoute que c'est le *sant* ou *schamuth* des Arabes, et que c'est presque le seul arbre de l'Arabie pétrée. C'est encore le *schittha*, cité par Celsius dans son *Hiærobotane*, et peut-être le *schittum* cité par Shaw. Voyez HORG. (J.)

SCHADA-VELI-KELANGU. (*Bot.*) Nom malabare, cité par Rhéede, d'une asperge, *asparagus sarmentosus*. (J.)

SCHADAK. (*Mamm.*) L'un des noms du pika ou lagomys chez les Tartares de Krasnojar et de Tomen. (DESM.)

SCHADE. (*Ichth.*) Nom anglois de l'espèce d'alose qu'on nommoit autrefois *pucelle* en France. Voyez PUCELLE. (H. C.)

SCHADIDA CALLI. (*Bot.*) Nom malabare, suivant Rhéede, de l'*euphorbia antiquorum* de Linnæus. (J.)

SCHADJARET. (*Bot.*) Ce nom arabe est cité par Forskal pour plusieurs plantes différentes, distinguées par un surnom. Son *ærua tomentosa* est le *schadjaret-el-ennagi;* son *achyranthes villosa,* maintenant *ærua lanata,* est le *schadjaret-el-œthleb;* l'*amaranthus hybridus* est le *schadjaret-erraaf;* son *urtica palmata* est le *schadjaret-el-ni hahor.* Un basilic, *ocimum tenuiflorum* est le *schadjaret-eszirr;* une asperge. *asparagus retrofractus.* est le *schadjaret-ennemr.* Il cite aussi sous le nom de *schadjaret-attua* une sensitive, *mimosa,* assez élevée pour fournir un ombrage et dont les rameaux se rabaissent sur le voyageur qui passe au-dessous. Il nomme encore *shadjaret-edjæmal* son *avena pensilvanica, avena Forskalii* de Vahl, qui est le *schasuret-el-gemel* de M. Delile. Ce dernier nous apprend de plus que son *mimosa habbas,* nommé *mimosa polyacantha* par Willdenow, est le *sagaret-el fas* de la province de Sokko, trouvé par M. Caillaud, et mentionné par lui dans son Voyage à Meroë, récemment publié. (J.)

SCHÆFERMULLER. (*Ichthyol.*) Voyez SCHIEFERMULLER. (H. C.)

SCHÆLI. (*Bot.*) Voyez ONNEB. (J.)

SCHÆRBIN. (*Bot.*) Voyez SCHERBIN. (J.)

SCHAFAN ou SAPHAN. (*Mamm.*) Voyez DAMAN. (DESM.)

SCHAFEF. (*Bot.*) Mentzel cite ce nom hébreu de la rue. (J.)

SCHAFFIELT. (*Ornith.*) C'est, d'après Willughby et Klein, le nom que les Autrichiens donnent à la petite chouette ou chevêche. *strix pygmea,* Bechst. (CH. D.)

SCHAGA-RAG. (*Ornith.*) Nom que porte le rollier d'Europe en Barbarie. (DESM.)

SCHAGAV. (*Bot.*) Voyez OUD-ESSYM. (J.)

SCHAGECK. (*Bot.*) Voyez SAKALICK. (J.)

SCHAGERI-COTTAM. (*Bot.*) Nom malabare du *microcos paniculata* de Linnæus, maintenant réuni au *grewia.* (J.)

SCHAHAU. (*Ornith.*) Voyez SCAHAU. (CH. D.)

SCHAHIÆ. (*Ornith.*) Nom arabe de l'épervier. suivant Forskal. *Descript. animal.,* pag. 11. (CH. D.)

SCHAHIN. (*Ornith.*) Ce nom arabe est donné par Forskal, pag. 8 , comme synonyme de *falco gentilis*. (Cн. D.)

SCHAITAN. (*Ornith.*) Les Tartares donnent ce nom au freux, *corvus frugilegus*, Linn. (Cн. D.)

SCHAKAKEL. (*Bot.*) Nom égyptien, cité par Forskal, du panicaut ou chardon roulant, *eryngium campestre*. (J.)

SCHAKAL. (*Mamm.*) Voyez Cнаcal. (Desм.)

SCHAKERI-SCHORA. (*Bot.*) Cette plante du Malabar, citée par Rhéede, est une cucurbitacée à gros fruit, dont le genre n'est pas déterminé. (J.)

SCHAKETH. (*Bot.*) Nom hébreu de l'amandier, cité par Mentzel. (J.)

SCHALAC. (*Ornith.*) Un des noms hébreux du coucou, *cuculus canorus*, Linn. , qui étoit aussi appelé *schaschaph*. (Cн. D.)

SCHALACH. (*Ornith.*) Nom hébreux du héron, selon Sonnini. (Desм.)

SCHALL. (*Ichthyol.*) Voyez Sнal. (H. C.)

SCHALL-ENTE. (*Ornith.*) Nom allemand du canard souchet commun, *anas clypeata*, Linn. (Cн. D.)

SCHALLAGAI. (*Mamm.*) Le pika ou lagomys, selon Pallas, porte ce nom dans le canton d'Azinza en Sibérie. (Desм.)

SCHAMA-PUSPI. (*Bot.*) Nom brame, cité par Rhéede, du *tandale-cotti* du Malabar, *crotalaria retusa* de Linnæus. (J.)

SCHAMAR. (*Bot.*) Nom arabe du fenouil, cité par Forskal. (J.)

SCHAMBU. (*Bot.*) Nom brame du l'*eugenia malaccensis*, cité par Rhéede. (J.)

SCHAMUTH. (*Bot.*) Voyez Scнack. (J.)

SCHANDAF. (*Bot.*) Nom arabe de l'*erica scoparia*, cité par Forskal. (J.)

SCHANEPUE. (*Ornith.*) La Chesnaye-des-Bois donne, dans son Dictionnaire universel des animaux, ce nom comme synonyme du *pitanga guacu* des Brésiliens. (Cн. D.)

SCHANGA - CUSPI. (*Bot.*) Le *clitoria ternatea* est ainsi nommé au Malabar, suivant Rhéede. Il dit encore que dans la langue brame on donne le même nom au *nanschera canschabu* du Malabar, que nous avons indiqué comme voisin du *torenia*. (J.)

SCHANGANAM-PULLU. (*Bot.*) Nom malabare, cité par Rhéede, d'une herbe croissant dans les lieux sablonneux, qui paroît avoir de l'affinité avec l'*hedyotis*. (J.)

SCHANKAR. (*Ornith.*) Ce nom et celui de *schonker* désignent, suivant l'Histoire générale des voyages, tom. 7, in-4.°, pag. 587, un oiseau de proie fameux en Tartarie. (Ch. D.)

SCHAOUALOU. (*Bot.*) Nom caraïbe, suivant Nicolson, de l'herbe à chiques, *tournefortia nitida*. (J.)

SCHARB. (*Ornith.*) Dans Albert ce nom est l'un de ceux qui sont attribués au cormoran. (Desm.)

SCHARCHOESCHI. (*Mamm.*) Les Tartares mongoux désignent par ce nom l'antilope tzeiran. (Desm.)

SCHASCHAPH. (*Ornith.*) Voyez Schalac. (Ch. D.)

SCHASMARIA. (*Bot.*) Acharius donne ce nom à la troisième division de son genre *Cenomyce*, qui comprend des espèces très-voisines du Scyphophorus (voyez ce mot); mais qui en diffèrent par l'entonnoir qui termine chaque podétion, lequel a l'ouverture libre, ouverte ou entr'ouverte, et par conséquent non close par un diaphragme. Du reste, ces plantes se rapprochent plus des *Bœmyces*, auxquels Acharius les avoit d'abord réunies; il en décrit quatre espèces que nous ne ferons que nommer : *cenomyce* (*schasmaria*) *cenotea*, *parecha*, *crispata* et *sparassa*, qu'on trouve sur les bois pourris, les troncs d'arbres morts, ou sur les terres stériles, âpres, montueuses. (Lem.)

SCHAUCH. (*Bot.*) Mentzel cite ce nom arabe du pêcher. (J.)

SCHAUFELFISCH. (*Ichthyol.*) Nom danois du Pantouflier. Voyez ce mot. (H. C.)

SCHAYA-RAG. (*Ornith.*) Nom que porte, en Barbarie, le rollier, *coracias*, et qui est écrit *sahga-rag* dans le tome 1.ᵉʳ des Oiseaux de Paradis de Levaillant, pag. 94. (Ch. D.)

SCHEBER. (*Bot.*) Nom hébreu du froment, cité par Mentzel. (J.)

SCHEBETTE. (*Bot.*) Nom arabe du *galium aparinoides*, suivant Forskal. Il le nomme aussi *schobodh-bodha*. (J.)

SCHECHADD, KALIBE. (*Bot.*) Noms arabes d'une carmentine, *justicia bispinosa* de Forskal. (J.)

SCHECH-MADJAR. (*Bot.*) Nom arabe du capillaire ordinaire, *adiantum capillus veneris*, cité par Forskal. (J.)

SCHECKICHTE ENTE. (*Ornith.*) Nom allemand de la sarcelle, *anas querquedula*, Linn. (Cʜ. D.)

SCHEDACH. (*Bot.*) Forskal cite ce nom arabe pour l'*amaranthus blitum*, et celui de *scheda enhindi* pour l'*amaranthus
oleraceus*. Il nomme *schedach*, le *ruta graveolens*. (J.)

SCHEDENEGI. (*Bot.*) Nom arabe de la graine de chanvre,
cité par Mentzel. (J.)

SCHEEL-ENTE. (*Ornith.*) Nom allemand du canard moril-
lon, *anas fuligula*, Linn. (Cʜ. D.)

SCHÉELIN. (*Min.*) C'est Schéele qui a découvert le métal
qui est considéré comme base dans les espèces minérales que
nous allons décrire. Il l'a reconnu dans une pierre qui avoit
frappé les minéralogistes suédois par sa pesanteur, et qu'ils
avoient désigné par l'épithète de *Tungstein*, c'est-à-dire,
pierre remarquablement pesante.

Ce n'étoit pas un nom : cependant cette pierre n'a pas eu
d'autre dénomination pendant long-temps ; mais, ce qui est
bien plus anomal, c'est d'avoir donné le même nom au métal qui y joue le rôle d'acide, et d'en avoir fait, par conséquent, la souche de tous les dérivés, acides et sels. On a
eu, et on a encore l'acide tungstique, les tungstates, etc.

Il faut que l'influence des noms admis, quelque ridicules
qu'ils soient, ait une grande puissance, puisqu'elle a résisté
aux deux chefs d'école, dont l'autorité a fait passer le plus
de noms. Leurs déterminations, souvent discordantes, ont
souvent mis les minéralogistes dans l'embarras du choix ;
mais, ici, ces deux illustres chefs sont tombés d'accord,
pour dédier le métal découvert à l'homme célèbre qui
l'avoit fait connoître, en lui donnant le nom de Schéelin, et
cependant ils n'ont pu réussir à faire admettre par tous les
savans qui avoient occasion de l'employer, un nom si recom-
mandable, et les compatriotes de cet homme illustre sont
précisément ceux qui conservent le plus opiniâtrément le
nom de *Tungstein*.

Nous n'hésitons pas à adopter celui de Schéelin, admis par
Werner et Haüy.

Le Sᴄʜᴇ́ᴇʟɪɴ, considéré comme métal autopside, forme ici
le principe de réunion des espèces minérales dont il fait
partie constituante, mais c'est une sorte d'anomalie dans

l'établissement des genres parmi les métaux autopsides; car, dans les espèces du genre Schéelin, ce métal y joue le rôle d'acide et non pas celui de base.

Le Schéelin, a l'état métallique, est presque inconnu. On n'a jamais pu l'obtenir en globules assez volumineux pour en observer les propriétés. On présume, d'après les petites parties qu'on croit en avoir mis à nu, qu'il est grisâtre, très-dur, et qu'il a une pesanteur spécifique au moins égale à 17.

Son oxide est jaune et insoluble, et le caractère commun de ses minérais est de donner cette poudre jaune par l'action de l'acide nitrique, lorsqu'on a suffisamment dégagé l'oxide de ses combinaisons pour que ses caractères deviennent dominans.

Il y a dans ce genre trois espèces :

1. SCHÉELITE OU SCHÉELIN CALCAIRE. = Schélate de chaux. [1]

C'est un minérai d'apparence entièrement pierreuse, remarquable par sa pesanteur, transparent ou translucide, ayant une teinte jaunâtre.

Le schéelite a quelquefois une structure laminaire, dont les joints conduisent à un octaèdre symétrique, dans lequel l'incidence de P sur P' est de $130^d\ 20'$ (Haüy [2]). La cassure est imparfaitement conchoïde et un peu raboteuse.

Il est facile à casser ; sa dureté est inférieure à celle du phosphorite et supérieure à celle du fluorite ; sa pesanteur spécifique est de 6,07.

Il a un éclat vitreux, accompagné d'un éclat gras adamantin.

Il est très-difficilement fusible au chalumeau ; mais avec le borax et le sel de phosphore il se fond aisément en un verre transparent, qui, chauffé à la flamme intérieure, devient d'un beau bleu en refroidissant.

Le schéelite pulvérisé donne une poudre jaune dans l'acide nitrique au bout de quelques heures.

---

[1] *Tungstein, Schwerstein, Scheelerz.*

[2] M. Phillips donne 128° 40′ et M. Brooke 129° 2′. M. Haidinger adopte la détermination d'Haüy.

Composition. = Ca W². Berz.

	Acide schéelique.	Chaux.	Silice.	
De Suède , de Osterstor-grufve...............	80,41	19,40	—	Berzelius.
De Schlakenwald.......	77,75	17,60	3	Klaproth.
De Cornouailles........	75,25	18,70	1,5	*Idem.*
De Huntington........	76,05	19,36	2,5	Bowen.

Variétés de formes.

1.° *Schéelite dioctaèdre.*

L'octaèdre primitif, réuni avec un autre octaèdre, dans lequel l'incidence de *g* sur *g* est de 107,26.

2.° *Schéelite unitaire.*

Ce second octaèdre complet.

Le schéelite se présente en morceaux qui atteignent rarement la grosseur d'un œuf de poule. Ils dérivent de cristaux implantés ou de petites masses engagées dans les roches qui forment ordinairement des filons dans les terrains primordiaux de cristallisation.

On le trouve principalement dans les filons de ces terrains qui renferment en même temps de l'étain, des topazes, du mica, du fluorite, du fer oxidulé, du schéelin ferruginé.

C'est un minérai peu répandu et qui a été autrefois très-rare et très-recherché.

On le connoît :

En France, non loin de Limoges, au Puy-les-vignes près Saint-Léonard: en très-petits cristaux. — Dans l'Erzgebirge en Bohème, à Zinnwald et à Schlakenwald, et en Saxe, à Ehrenfriedersdorf. — En Cornouailles, dans les mines de Pengellycroft, paroisse de Breage, avec du fer hydroxidé brun. — En Salzbourg, dans la mine dite Gangthal, près Schellgaden.—Dans le pays d'Anhalt-Bernbourg, à Neudorf: dans des filons qui traversent un terrain de traumate. — En Hongrie, à Pösing : dans un lit engagé dans le gneiss et exploité pour l'or. — Dans le Connecticut, à Huntington : sur un filon de quarz, accompagné de fer oxidé, de bismuth natif, de galène, de plomb blanc, etc. — En Suède, à Rid-

Garhyttan et à Bisberg en Dalécarlie : sur un lit de fer magnétique dans le gneiss.

2. SCHÉELIN WOLFRAM. = Schéelin ferruginé manganésifère. [1]

Ce minérai de Schéelin a l'opacité et l'éclat métallique. Sa structure est très-sensiblement laminaire, et le clivage conduit a un prisme droit rectangulaire, dans lequel les trois côtés $G : B : C$ sont entre eux comme les nombres $12 : 6 : 7$, HAÜY [2]. Le clivage, parallèle à la face T, est le plus facile, et par conséquent le plus net. La surface des cristaux est striée parallèlement à l'axe.

Il est plus dur que le fluorite et même que le felspath. Sa pesanteur spécifique varie entre 7,33, HAÜY; 7,15, MOHS, pour la variété de Zinnwald, et 5,94 pour celle de Chanteloube.

Il est absolument opaque. Sa couleur noir-grisâtre tire sur le violâtre. Sa poussière est quelquefois de cette même couleur ou quelquefois d'un brun rougeâtre.

Il n'a aucune action sur le barreau aimanté.

Il est assez facile à casser. Sa cassure transversale est raboteuse.

Le wolfram est presque infusible seul; il donne dans le matras une petite quantité d'eau : il se dissout dans le borax avec les couleurs caractéristiques du fer et du manganèse; il se dissout dans l'acide muriatique à chaud, et laisse précipiter une poudre jaune, qui est de l'acide schéelique.

---

[1] *Wolfram*, WERNER, HAUSMANN, LEONHARD, JAMESON. — Tungstate de fer, PHILLIPS, BERZELIUS, BEUDANT, CLEAVELAND. — *Prismatic scheelium ore*. MOHS-HAIDING.

Ce nom de *Wolfram* est si étrange, qu'il doit être regardé comme un nom univoque insignifiant. Nous avons dû le prendre, dans l'impossibilité où l'on est d'exprimer, par un nom significatif et court, la véritable composition de ce minérai. Il suffit de lire les discussions des chimistes à ce sujet, pour voir dans quelle incertitude on est sur les vrais principes de sa composition.

[2] C'est, suivant M. Phillips, un prisme droit obliquangle, dans lequel l'incidence du pan M sur T est de 117^d 22'. Cette différence paroît n'être que dans les expressions, M. Phillips prenant pour le pan des prismes une des faces qu'Haüy avoit attribuée à la base, en déclarant que la position des bases n'étoit que présumée

Composition. $= \ddot{Mn} \, \overset{...}{W}{}^{2} + 5 \, \ddot{Fe} \, \overset{...}{W}{}^{2}$. Berz.

	Acide schéél.	Fer oxidulé.	Mang. oxidul.	Silice, etc.	
	64	13	22	—	D'Elhuyar.
	67	18	6,25	1,5	Vauquelin et Hecht.
De Limoges............	78,77	18,32	6,22	1,3	Berzelius.
	77,3	16,9	5,8	—	L. Gmelin.
De Cumberland........	74,6	17,6	5,6	2	Berzelius.
De Chanteloube........	73,2	13,0	13,0	—	Vauquelin, 1825.

Variétés de forme.

Haüy en compte cinq, parmi lesquelles nous choisirons les deux suivantes :

1.° *Wolfram progressif.*

C'est un prisme oblique, à quatre pans, terminé par deux facettes culminantes, sur lequel il ne reste aucune facette de la forme primitive.

2.° *Wolfram unibinaire.*

C'est la forme précédente, combinée avec les faces de la forme primitive.

Il se présente assez souvent cristallisé, même en cristaux très-volumineux, dont les prismes ont quinze à seize centimètres dans leur plus grande dimension.

Il se rencontre aussi en masse amorphe, à structure laminaire ou à texture lamellaire ; mais je ne crois pas qu'on l'ait encore trouvé à l'état compacte ou terreux.

Le wolfram appartient presque exclusivement aux terrains primordiaux de cristallisation, et on n'en trouve guère que dans les filons, amas ou veines de quarz et de calcaire spathique, principalement manganésifères, qui sont engagés dans ces terrains ou qui les traversent. Les roches qui le présentent le plus ordinairement, sont : le gneiss et le pegmatite.

On le cite cependant dans les filons des terrains de traumate (*Grauwacke*) du Harz.

Il y est accompagné très-souvent de topazes, de béryl, d'étain, de fer arsenical, de fer oligiste, de schéelite, de mica en grandes lames agrégées et formant des cristaux prismatiques. On rencontre aussi avec lui, mais plus rarement, le

fluorite, la tourmaline (Cornouailles), le phosphorite (Chanteloube), le fer carbonaté, la dolomie spathique, la blende,
la galène, l'antimoine, le cuivre gris, etc.

Il est assez abondamment répandu dans les différentes
parties de la terre. Nous citerons particulièrement :

En France. — Le Puy-les-vignes près Saint-Léonard, dans
les montagnes de Blon, et Chanteloube dans le département
de la Haute-Vienne.

En Allemagne. — Le Harz, à Neudorf, et Suderholz dans
le pays d'Anhalt : dans un phyllade pailleté. — L'Erzgebirge,
tant de la Saxe que de la Bohème, à Zinnwald, Schlakenwald, Geyer, Ehrenfriedersdorf. — Le district de Schnéeberg, à Muldenberg. — La Hongrie, à Turrach.

En Angleterre. — Une multitude de lieux, surtout dans
le pays de Cornouailles, tels que : Wheal Mandlin, Huel
Fanny près Redruth, Kithill, etc. — En Écosse, l'île de Rona
dans les Hébrides : il est engagé dans des filons de pegmatite qui traversent un gneiss.

En Suède. — Dans le granite de la province de Wermeland.

En Daourie. — Odontschelon et près le lac d'Achta-
ragda : avec des béryls et des topazes.

Dans l'Amérique septentrionale. — Huntington dans le
Connecticut : en petites masses cristallisées dans du quarz,
avec du bismuth et de l'argent natif. (Silliman.)

3. Schéelin oxidé. [1]

Cette espèce se présente sous la forme d'une poudre jaunâtre, qui enduit différens minérais de wolfram, et qui a été
reconnue pour être plutôt de l'acide que de l'oxide schéelique.

On le cite sur le schéelite et le wolfram de Huntington,
en Connecticut. Il a été reconnu et décrit par M. Silliman,
et déterminé par M. G. Bowen. Il est d'une couleur jaune
orangée; infusible et indissoluble dans les acides; mais il se
dissout à chaud dans l'ammoniaque. Celui que M. Hayden
indique sur du wolfram est engagé dans du quarz. Dans le
Tennessée à l'état massif, à cassure conchoïde, et néanmoins
friable. Sa pesanteur spécifique étoit de 6. M. Berzelius con-

---

1 *Yellow oxide of tungsten.* Silliman dans Cleaveland.

sidère comme différent de cette espèce, la matière pulvérulente qui accompagne le wolfram de Zinnwald. (B.)

SCHÉELITE. (*Min.*) C'est le schélate de chaux naturel. Voyez cette espèce à l'article Schéelin. (B.)

SCHEFFÉRIE, *Schœfferia*. (*Bot.*) Genre de plantes dicotylédones, à fleurs dioïques, polypétalées, de la famille des *rhamnées*, de la *dioécie tétrandrie* de Linnæus, offrant pour caractère essentiel : Des fleurs dioïques; dans les fleurs mâles, un calice à quatre folioles, quatre pétales, quatre étamines insérées latéralement à la base de l'ovaire, un ovaire stérile, bifide; dans les fleurs femelles le calice et la corolle comme dans les mâles, un ovaire supérieur, deux styles courts, les stigmates simples; une baie pulpeuse, uniloculaire, renfermant deux semences.

Schefférie arbrisseau : *Schœfferia frutescens*, Jacq., *Amer.*, 259; Lamk., *Ill. gen.*, tab. 809. Arbrisseau qui s'élève à la hauteur de huit pieds sur une tige droite, chargée de rameaux alternes, fort longs, glabres, striés, luisans et verdâtres. Les feuilles sont alternes, médiocrement pétiolées, ovales, quelquefois un peu arrondies, glabres, luisantes, un peu grasses au toucher, aiguës ou un peu obtuses, longues de deux pouces, souvent réunies au nombre de trois au même point d'insertion ou sur le même tubercule ; les pétioles très-courts. Les fleurs paroissent un peu avant les feuilles : elles sont latérales, solitaires ou agrégées, pédonculées, réunies par petits paquets; les pédoncules simples, uniflores; la corolle est petite, à quatre pétales blancs, ovales ou arrondis, obtus; les baies petites, de la grosseur d'un pois, d'un rouge mêlé de jaune, un peu pulpeuses, à une seule loge, renfermant deux semences blanchâtres. Cette plante croît en Amérique : elle est très-commune parmi les buissons, aux environs de Carthagène. Les insectes et les petits oiseaux sont très-avides de la pulpe des baies, qu'ils dévorent, et laissent à nu les semences persistantes sur le pédoncule. (Poir.)

SCHEFFIELDIA. (*Bot.*) Voyez Sheffieldie. (Poir.)

SCHEFFLERA. (*Bot.*) Ce genre de Forster a été réuni, par M. Kunth, à *l'aralia*, dont il diffère cependant par son fruit non charnu et à cinq loges, mais capsulaire, à huit ou dix loges. (J.)

SCHEHA. (*Bot.*) Rauwolf et Daléchamps citent ce nom arabe pour une espèce d'absinthe, qui est aussi le *sheah* des Arabes, et que Celsius nomme *lannah*. (J.)

SCHEIBENDORSCH. (*Ichthyol.*) A Hambourg on appelle ainsi le Muschebout. Voyez ce mot. (H. C.)

SCHEID. (*Ichthyol.*) Un des noms allemands du mal, ou *silurus glanis* de Linnæus. (H. C.)

SCHEILAN. (*Ichthyol.*) Nom arabe du *silurus clarias* de Linnæus. Voyez Shal. (H. C.)

SCHEILEN. (*Bot.*) Nom arabe de l'ivraie, cité par Mentzel. (J.)

SCHEITEREGI. (*Bot.*) Daléchamps cite ce nom arabe pour la fumeterre officinale. J. Bauhin la nomme *sebetengi*; Mentzel *seteregi*, d'après Avicenne. Forskal, dans sa Flore d'Égypte, la nomme *sjæhtaredi*, et dans celle d'Arabie, *summina*. Selon M. Delile c'est le *chahtreg* des Arabes. (J.)

SCHELAMERIA. (*Bot.*) Ce nom, qui appartient maintenant à un genre de la famille des cypéracées, avoit été donné primitivement par Heister à des plantes crucifères, et Adanson le cite comme synonyme de son *leucoium*, différent, selon lui, de son *cheiri*, mais confondu avec lui, par Linnæus, dans le genre *Cheiranthus*. (J.)

SCHELAU. (*Ornith.*) Nom hébreu de la caille, *tetrao coturnix*, Linn. (Ch. D.)

SCHELFISCH. (*Ichthyol.*) D'après les Allemands et les Danois, Anderson appelle ainsi l'Égrefin. Voyez ce mot et Morue. (H. C.)

SCHELHAMMERA. (*Bot.*) Genre de plantes monocotylédones, à fleurs incomplètes, de la famille des *mélanthacées* (Rob. Brown), de l'*hexandrie monogynie* de Linnæus, offrant pour caractère essentiel : Point de calice; une corolle (calice, Juss.) campanulée, à six divisions profondes ou six pétales; six étamines insérées à la base des pétales; un ovaire supérieur; un style; trois stigmates; une capsule à trois loges, à trois valves; des semences renflées.

Les espèces renfermées dans ce genre sont des herbes vivaces, dont les racines sont fibreuses; les tiges un peu ligneuses à leur base, simples ou ramifiées, anguleuses, garnies de feuilles alternes, un peu élargies, nerveuses, embrassantes ou médiocrement pétiolées. Les fleurs sont terminales, solitaires ou agrégées, droites, blanches ou purpurines. Les pédoncules sont uniflores, dépourvus de bractées, articulés avec les fleurs. La corolle est campanulée, composée de six pétales égaux, caducs, onguiculés, roulés, et renfermant chacun une étamine; les anthères sont purpurines; l'ovaire à trois loges polyspermes; le style terminé par trois stigmates recourbés. Ces plantes ont été découvertes par M. R. Brown à la Nouvelle-Hollande. Il en cite deux espèces.

1.° Le *Schelhammera undulata*, Rob. Brown, *Nov. Holl.*, 1, page 274. Ses tiges, à plusieurs divisions, sont garnies de feuilles alternes, sessiles, embrassantes, ovales, ondulées; les fleurs presque solitaires; les onglets des pétales alvéolés.

2.° Le *Schelhammera multiflora*, Rob. Brown, *loc. cit.* Ses tiges sont simples et flexueuses, garnies de feuilles alternes, médiocrement pétiolées, retournées, planes, elliptiques, acuminées; les pédoncules agrégés, recourbés à l'époque de la fructification. (Poir.)

SCHELLER. (*Ornith.*) On appelle ainsi, à Zurich, le coracias huppé ou le sonneur de Buffon, espèce qui paroît n'être qu'imaginaire, et qui probablement se rapporte au crave d'Europe, *corvus graculus*, Linn. (Ch. **D.**)

SCHELVERIA. (*Bot.*) Le genre de plantes ainsi nommé par MM. Nées et Martius, paroît congénère de l'*angelonia* de M. Kunth. (J.)

SCHEMBRA-VALLI. (*Bot.*) La plante malabare de ce nom est reportée par Linnæus à son *vitis indica*; mais la figure qu'en donne Rhéede est inexacte, parce qu'elle ne met pas les feuilles toujours opposées aux grappes ou aux vrilles, comme elles devroient l'être. (J.)

SCHENA. (*Bot.*) Rhéede cite ce nom malabare d'une plante à feuilles composées, de la famille des aroïdes, qui paroît être une espèce de *caladium*. (J.)

SCHENAF. (*Bot.*) Nom arabe, suivant Forskal, de son *cynoglossum lanceolatum*. (J.)

SCHENANTHE. (*Bot.*) Voyez à l'article Schœnanthus. (Lem.)

SCHENNA. (*Bot.*) Nom grec, suivant Rauwolf, de l'alcanna ou henné des Arabes, *lawsonia*. (J.)

SCHENODORUS. (*Bot.*) Ce genre de graminées a été établi par Palisot de Beauvois (Agr., 99, tab. 19, fig. 2), pour
plusieurs espéces de *festuca* et de *bromus* de Linné, qui en
diffèrent par une panicule dont les pédicelles sont enflés, cunéiformes: la valve inférieure de la corolle légèrement échancrée ou bidentée au sommet, souvent munie d'une soie en
arête ; la valve supérieure à deux dents. L'auteur y rapporte
les *festuca altissima, aurata, glauca, inermis*, etc.; le *bromus ela-
tior*, etc. Ces caractères sont un peu trop minutieux pour
autoriser la dilacération du genre de Linné. Voyez Brome et
l'Érucce. (Poir.)

SCHEORAH. (*Bot.*) Nom hébreu de l'orge, mentionné par
Mentzel. (J.)

SCHEPPERIA. (*Bot.*) Sous ce nom Necker séparoit du
genre Mozambé, *Cleome*, les espèces dont la silique ou capsule n'est pas élevée sur un pivot, ou dont le pivot est très-
court. (J.)

SCHERADI. (*Bot.*) Nom arabe de la clématite ordinaire,
clematis vitalba, suivant Forskal. (J.)

SCHERADJEDJA. (*Bot.*) L'*ipomœa scabra* de Forskal est
ainsi nommé dans l'Arabie, selon lui. (J.)

SCHERA-PUNCA. (*Bot.*) Nom brame du *colinil* du Malabar, espèce d'indigo. (J.)

SCHERATAT. (*Bot.*) Nom arabe du *gnaphalium fruticosum
flavum* de Forskal. (J.)

SCHERBIN. (*Bot.*) Celsius, dans son Hierobotanicon, cite ce
nom pour le cèdre du Liban, qui est le *sebin* des Arabes,
suivant Rauwolf; le *zerbin*, selon Daléchamps. On trouve aussi
le nom égyptien *schœrbin*, cité par Forskal pour un cyprès employé à Constantinople pour faire des planches de bateau. (J.)

SCHERMAN. (*Mamm.*) Ce nom, écrit par erreur au lieu
de *Schermaus*, désigne, dans l'histoire naturelle de Buffon,
un rongeur du genre Campagnol, voisin du rat d'eau, et qui
a été découvert aux environs de Strasbourg par Hermann.
(Desm.)

SCHERMAUS. (*Mamm.*) Voyez l'article précédent et Campagnol. (Desm.)

SCHERU-BULA. (*Bot.*) Nom malabare de l'*achyranthes lanata* de Linnæus, maintenant réuni au genre *Ærua*, dans la

famille des amarantacées. Le *scheru-cadelari* est l'*achyranthes prostrata* dans la même famille. Le *scheru-schunda* est le *solanum indicum*, conséquemment reporté aux solanées. Le *scheru-valli - caniram* est un *cansjera*, dans la famille des thymélées ; le *scheru-katu-valli-caniram* paroît être un *strychnos*; et le *scheru-padavalam* est le *trichosanthes cuspidata* de M. de Lamarck. (J.)

SCHERU - PADAVALAM. (*Bot.*) Nom malabare d'une plante figurée tome 8, pl. 16, de l'*Hortus malabaricus* de Rhéede. Cette plante est le *trichosanthes caudata*, Linn. Le *padavalam* de Rhéede est le *trichosanthes cucumerina*, Linn. (Lem.)

SCHERU-PARITI. (*Bot.*) Nom malabare, cité par Rhéede, de la rose de Chine, *hibiscus rosa sinensis*. (J.)

SCHERU-SCHUNDA. (*Bot.*) Nom malabare du *solanum indicum*, de Lamk., espèce de morelle. (Lem.)

SCHERUNAM - COTTAM. (*Bot.*) Nom malabare du *clutia retusa* de Linnæus. M. de Lamarck rapporte ce synonyme à son *clutia squammosa*. (J.)

SCHESCHUK. (*Ichthyol.*) Un des noms russes du *brochet*. Voyez Ésoce. (H. C.)

SCHET. (*Ornith.*) Ce nom a été appliqué, avec diverses épithètes, à plusieurs oiseaux qui font partie des genres Moucherolle, Batara, Platyrhynque. Le *schet-bé* est un batara, et les *schet* de Madagascar, *schet-all*, *schet-vouloulou*, sont des platyrhynques. (Ch. D.)

SCHETTI. (*Bot.*) Nom malabare de l'*ixora coccinea*, suivant Rhéede ; c'est celui qu'Adanson a adopté pour ce genre. L'*ixora alba* est nommé *ben-schetti*. Le *schetti-codiveli* est une dentelaire, *plumbago rosea*. (J.)

SCHEUCHZÉRIE ; *Scheuchzeria*, Linn. (*Bot.*) Genre de plantes monocotylédones de la famille des *joncées*, Juss., et de l'*hexandrie trigynie*, Linn., dont les principaux caractères sont d'avoir : Un calice de six folioles étroites, égales, pétaloïdes ; point de corolle ; six étamines à peine plus longues que le calice, et à anthères alongées ; trois ovaires ovoïdes, comprimés, de la grandeur du calice, terminés chacun par un stigmate oblong, adné au côté externe de l'ovaire ; trois capsules renflées, s'ouvrant en deux valves, et contenant chacune une seule graine oblongue. Le nombre des ovaires et des capsules varie d'un à six; mais il est le plus souvent de trois. Ce genre ne comprend qu'une seule espèce.

Scheuchzérie des marais: *Scheuchzeria palustris*, Linn., *Sp.*, 482; *Fl. Dan.*, t. 76. Sa racine est rampante, blanchâtre, vivace; elle produit une ou plusieurs tiges droites, simples, hautes de quatre à six pouces, garnies de quelques feuilles linéaires, très-étroites, canaliculées, alternes, sessiles et engainantes à leur base. Ses fleurs sont d'un jaune verdâtre, pédonculées, un peu distantes les unes des autres, et disposées, au nombre de cinq à six, en une petite grappe terminale. Cette plante croît dans les marais tourbeux de la France, de la Suisse, de l'Allemagne, de la Suède, etc.; on la trouve aussi dans l'Amérique septentrionale. (L. D.)

SCHIBT. (*Bot.*) Voyez Sekamar. (J.)

SCHICKINAM. (*Bot.*) Nom hébreu du mûrier, selon Mentzel. (J.)

SCHIEFERKOHLE [Houille schisteuse]. (*Min.*) C'est la houille ancienne ou filicifère, et en même temps celle qui réunit le plus complétement les qualités technologiques qu'on recherche dans le combustible. Ce mot allemand est quelquefois employé sans traduction dans des ouvrages françois. Voyez Houille. (B.)

SCHIEFERMULLER. (*Ichthyol.*) Nom spécifique d'une Truite. Voyez ce mot. (H. C.)

SCHIEFERSPATH. (*Min.*) C'est le calcaire (chaux carbonatée) spathique nacré. Voyez Chaux carbonatée. (B.)

SCHIEFERTHON. (*Min.*) Quoique notre intention n'ait pu être de donner un vocabulaire polyglotte, nous avons cru devoir citer les noms allemands ou de toute autre langue qui sont employés dans les ouvrages françois, sans traduction, ou ceux dont la traduction en françois demande quelque considération scientifique. Le *Schieferthon* n'est point du schiste argileux, mais de l'argile schisteuse, dont le caractère est d'avoir une structure fissile et schistoïde, et de se délayer dans l'eau. Le *Thonschiefer* est du schiste argileux, qui ne se délaie jamais par la simple action de l'eau, et qui, même broyé dans ce liquide, ne donne jamais une masse pâteuse. (B.)

SCHIEL. (*Ichthyol.*) Nom autrichien du Sandat. Voyez ce mot. (H. C.)

SCHILBÉ, *Schilbe*. (*Ichthyol.*) M. Cuvier a séparé sous ce nom, des Silures de Linnæus et de la plupart des ichthyologistes, un genre de poissons osseux holobranches abdominaux, reconnoissable aux caractères suivans :

Corps conique; opercules des branchies mobiles; bouche au bout du museau; nageoire dorsale unique, ordinaire, courte, à premier rayon épineux, fort et dentelé; tête petite, déprimée; nuque subitement relevée; yeux placés très-bas; premier rayon de chaque nageoire pectorale épineux comme celui de la dorsale.

On distinguera aisément les Schilbés, qui appartiennent à la famille des Oplophores de M. le professeur Duméril, des Silures proprement dits, qui n'ont point d'épines à leur nageoire dorsale; des Malaptérures, dont la nageoire dorsale est adipeuse; des Cataphractes, des Plotoses, des Pimélodes, des Bagres, des Schals, des Hétérobranches, des Doras, des Trachiures, des Macroramphos, qui tous ont deux nageoires dorsales; des Loricaires et des Hypostomes, qui ont la bouche sous le museau; des Asprèdes, qui ont les opercules des ouïes immobiles. (Voyez ces différens noms de genres et Oplophores.)

Le genre Schilbé ne renferme encore que des poissons du Nil, qui tous ont huit barbillons.

Parmi eux nous citerons :

Le Schilbé ou Schilde : *Schilbe vulgaris*, N.; *Silurus mystus*, Linnæus. Nageoire caudale fourchue; mâchoire supérieure armée de deux rangées de petites dents aiguës et recourbées; un seul rang de ces dents à l'inférieure.

Ce poisson, d'un gris noirâtre uniforme, avec des nuances rouges sur le devant de la tête, à la base des opercules et sur les nageoires anale et caudale, est assez commun dans le Nil.

Décrit d'abord par Hasselquist, il a été figuré depuis par Sonnini et par le professeur Geoffroy.

C'est encore au même genre qu'il faut rapporter le *Silurus auritus* de ce dernier savant, et qui est également d'Égypte.

La chair de ces deux poissons est mangeable. (H. C.)

SCHILBI. (*Ichthyol.*) Nom arabe du *Silurus mystus* de Linnæus. Voyez Schilbé. (H. C.)

SCHILDÉ. (*Ichthyol.*) Voyez ci-avant Schilbé et Schilbi. (H. C.)

SCHILFERZ ou SCHILFGLASERZ, de Freiesleben. (*Min.*) Il paroît que c'est une simple sous-variété d'une variété ou espèce d'argent antimonié et sulfuré, qui a déjà reçu les noms de *Sprödglaserz*, de *Röscherz*, etc. Voyez Argent rouge. (B.)

SCHILLERSPATH. (*Min.*) Ce nom s'applique également dans quelques minéralogies allemandes au felspath chatoyant ou Labrador, à l'hypersténe et à la diallage métalloïde, et même plus particulièrement à cette dernière substance. (B.)

SCHILLERSTEIN. (*Min.*) C'est la Diallage bronzite. Voyez ce mot. (B.)

SCHINAN. (*Bot.*) Nom syrien de l'*anabasis aphylla*, employé aux mêmes usages que la soude, suivant Rauwolf. (J.)

SCHINAR. (*Bot.*) Nom égyptien du platane d'Orient, suivant Forskal. (J.)

SCHINDEL. (*Ichthyol.*) Voyez Sandat. (H. C.)

SCHINDELNÆGEL. (*Min.*) Nom allemand du Fer oligiste bacillaire. Voyez ce mot. (B.)

SCHINOIDES. (*Bot.*) Linnæus avoit primitivement donné ce nom à un arbrisseau qui est devenu ensuite son *fagara tragodes*. Le nom de *schinus*, qu'il lui avoit aussi substitué, a été plus tard transporté à un autre genre, qui est le *molle* ou poivrier des Espagnols. (J.)

SCHINOSTROPHUM. (*Bot.*) Un des noms anciens donnés au chanvre cultivé, suivant Ruellius. (J.)

SCHINUS. (*Bot.*) Ce nom grec, sous lequel Dioscoride désignoit le lentisque, *pistacia lentiscus*, a été transporté par Linnæus au *Molle* de Clusius, genre de la même famille. Voyez Mollé. (J.)

SCHIOLEBINA. (*Bot.*) Voyez Stæchas. (J.)

SCHIRA. (*Bot.*) Rochon cite sous ce nom un palmier de Madagascar, dont on brûle l'écorce pour en tirer du sel propre aux assaisonnemens. (J.)

SCHIRDEL. (*Min.*) C'est la tourmaline schorl. Voyez Tour-maline. (B.)

SCHIRL. (*Min.*) C'est un nom allemand, synonyme de *schorl*.

mais qui s'applique tantôt à l'amphibole, tantôt au schéelin wolfram. (B.)

SCHIRLKOBALT. (*Min.*) Ce n'est point un minérai de cobalt, comme son nom sembleroit l'indiquer ; mais un minérai d'Arsenic natif bacillaire. (B.)

SCHIRON. (*Ornith.*) Nom vulgaire de la grive litorne, *turdus pilaris*, Linn., en Italie. (Ch. D.)

SCHIRRING. (*Ornith.*) Nom que porte, en Suisse, le sterne pierre-garin, *sterna hirundo*, Linn. (Ch. D.)

SCHISANDRE, *Schisandra*. (*Bot.*) Genre de plantes dicotylédones, à fleurs monoïques, de la famille des *ménispermées*, de la *monoécie syngénésie* de Linnæus, offrant pour caractère essentiel : Des fleurs monoïques ; dans les fleurs mâles, un calice à neuf folioles caduques ; point de corolle ; cinq étamines presque sessiles ; les anthères contiguës à leur base, conniventes au sommet : dans les fleurs femelles, un calice semblable à celui des mâles ; plusieurs ovaires acuminés par le stigmate. Le fruit est constitué par plusieurs baies disposées presque en épi sur un réceptacle alongé ; chaque baie ne renferme qu'une semence.

Schisandre a fleurs écarlates : *Schisandra coccinea*, Mich., *Fl. bor. amer.*, 2, pag. 219, tab. 47 ; Poir., *Ill. gen.*, Suppl., tab. 995. Arbrisseau dont les tiges sont souples, cylindriques, glabres, grimpantes, rameuses, garnies de feuilles alternes, pétiolées, distantes, glabres, ovales, lancéolées, à peine dentées ou un peu sinuées à leurs bords, acuminées au sommet, rétrécies à leur base ; les supérieures, longues de deux ou trois pouces, à nervures latérales simples et alternes ; les pétioles plus courts que les feuilles. Les fleurs sont solitaires ou disposées en une petite grappe courte, à l'extrémité d'un long pédoncule grêle, axillaire. Le calice est d'une belle couleur écarlate, composé de neuf folioles concaves, arrondies, disposées sur trois rangs ; les intérieures plus fortement colorées. Les baies sont petites et présentent, à l'époque de la maturité, un petit épi alongé par le prolongement du réceptacle commun ; les semences ovales, oblongues, arrondies, presque lisses. L'embryon est droit, renfermé dans une substance charnue et verdâtre ; la radicule oblongue, cylindrique ; les cotylédons plans, ovales, rapprochés. Cette plante croît aux lieux ombragés dans la Caroline et la Nouvelle-Géorgie. (Poir.)

SCHISMATOPTÉRIDES. (*Bot.*) Willdenow donne ce nom à la quatrième division de sa famille de gonoptéridées, qui comprend les fougères munies de fronde, roulée en crosse dans leur naissance, et dont les capsules, incomplétement annulées, s'ouvrent par une fente, rarement sessile sur la partie postérieure et inférieure de la fronde, et le plus souvent disposées en épi ou en panicule. Il y place les genres *Angiopteris*, *Gleichenia*, *Mertensia*, *Todea*, *Mohria*, *Hydroglossum*, *Schizæa*, *Anemia* et *Osmunda*. (Lem.)

SCHISMUS. (*Bot.*) Palisot de Beauvois, dans son Agrostographie, pag. 72, tab. 15, fig. 4, a établi ce genre de graminées pour le *festuca calycina* de Linné. Ses fleurs sont disposées en une panicule simple, resserrée en forme d'épi. Le calice renferme trois à six fleurs. Ses valves sont aussi longues et même plus longues que les fleurs; la valve inférieure de la corolle est échancrée en deux lobes à son sommet, mucronée dans le milieu par une pointe très-fine. La semence est libre, obtuse, à peine sillonnée. Voyez Fétuque. (Poir.)

SCHISMUS. (*Mamm.*) L'un des noms latins de la fouine. (Desm.)

SCHISOLITHE. (*Min.*) M. Hausmann donne ce nom à un genre de minéraux qui se compose du mica, de la chlorite, du talc et de la lépidolithe, et auquel il attribue pour caractère d'être essentiellement composé de silice, d'alumine et de potasse, et d'avoir pour noyau de cristallisation un prisme droit à quatre pans, dont les angles sont de 60^d et 120^d. (B.)

SCHISTE. (*Min.*) Il y a parmi les minéralogistes deux opinions sur la valeur de ce nom.

Les uns le regardent comme simplement qualificatif, comme indiquant seulement une structure feuilletée ou fissile, et pouvant, par conséquent, être appliqué adjectivement à tous les minéraux qui présentent cette structure. C'est ainsi que l'a considéré Werner.

Aussi le mot *Schiefer* (schiste) ne se trouve-t-il jamais seul, il est toujours réuni, et avec des noms qui indiquent des mi-

néraux de toutes les natures. On a le *Kieselschiefer*, silex schisteux ; le *Glimmerschiefer*, mica schisteux ; le *Talkschiefer*, talc
schisteux ; le *Hornblendeschiefer*, amphibole schisteux, etc.
Ces noms et leur traduction s'accordent bien avec la qualité
adjective, attribuée au mot schiste ; mais dans les suivans,
Brandschiefer, schiste combustible ; *Klebschiefer*, schiste happant ; *Polierschiefer*, schiste polissant, et d'autres semblables,
où il est lié avec un adjectif, il joue le rôle de substantif ;
il indique en même temps une qualité et une structure,
sans indiquer un corps ; et remarquons que cette double
disposition se trouve dans les ouvrages des élèves de Werner,
par conséquent des naturalistes qui établissent que le mot
schiste indique une structure et non pas un corps.

Nous eussions donc été maître de choisir celle de ces deux
acceptions qui nous auroit paru préférable. Or, l'usage où
sont depuis long-temps les minéralogistes françois, de considérer les schistes comme une sorte particulière de pierre,
nous auroit décidé, lors même que nous n'eussions pas eu
l'autorité puissante de Wallerius, qui s'est expliqué à cet
égard d'une manière formelle, et nous dirons, comme lui,
qu'en restreignant à une espèce de roche d'apparence homogène, le nom substantif de schiste, cela n'empêchera pas
d'ajouter l'épithète de schisteuse ou fissile aux pierres de différente nature qui ont la structure feuilletée ou fissile.

Le Schiste est une roche homogène ou d'apparence homogène, d'une nature argiloïde et d'une structure fissile,
qui ne se délaie pas dans l'eau.

Le nom de roche indique déjà qu'il n'est pas susceptible
de donner des cristaux réels et rigoureusement déterminables.
Il a une structure principale fissile, tantôt tabulaire, tantôt
feuilletée. Les feuillets sont quelquefois très-droits, dans d'autres cas ils sont sinueux et même très-contournés. Outre cette
structure essentielle, les schistes présentent des joints obliques
aux joints principaux qui divisent la masse en parallélipipèdes
obliquangles irréguliers.

La texture est généralement terreuse, à grain fin. L'analyse mécanique y fait distinguer presque toujours une multitude de lamelles imperceptibles de mica, en sorte que cette
roche semble n'être dans quelque cas qu'un mica compacte.

La cassure est généralement fragmentaire ou esquilleuse. Elle s'opère assez facilement. Le schiste est toujours assez tendre pour se laisser rayer par le cuivre ; c'est pour ainsi dire ce qui constitue son caractère argiloïde. Sa rayure est toujours grise. Il ne fait jamais pâte avec l'eau, lors même qu'il a été trituré long-temps avec ce liquide. C'est ce qui le distingue des argiles et des marnes feuilletées.

Sa pesanteur spécifique varie de 1,9 à 3,8.

Il est toujours complétement opaque, sans éclat, ou n'ayant qu'un foible éclat soyeux.

Ses couleurs varient entre le noir , le gris, le brun-bleuâtre foncé, le verdâtre, le jaunâtre et le rougeâtre. Toutes ces couleurs sont sales, quelquefois répandues uniformément dans la masse, quelquefois disposées par taches, veines, zones ou dendrites.

La composition du schiste ne peut pas être indiquée d'une manière précise, cette pierre n'étant souvent homogène qu'en apparence ; mais on peut dire que la silice, l'alumine et le fer en sont généralement les principes dominans. Presque toutes ses variétés sont fusibles en émail noir ou brun ; quelques-unes font effervescence avec les acides ; d'autres indiquent, par l'action du feu, la présence d'une matière charbonneuse ou bitumineuse.

Lorsque les schistes renferment une assez grande quantité de pyrites disséminées pour donner par la calcination et l'efflorescence des sels sulfuriques, alumineux ou ferrugineux , ils constituent pour nous une autre sorte de roche, que nous avons décrite sous le nom d'AMPÉLITE (voyez ce mot).

Lorsque quelques parties composantes des schistes, qui ne sont pas réellement homogènes, viennent à se développer et à dominer, elles font passer ces roches aux phyllades [1] , calschiste, psammite ou macigno.

---

1 M. d'Aubuisson a appliqué le nom de *phyllade* à tous les schistes, en les considérant tous comme des roches hétérogènes, mais à parties indiscernables à l'œil nu. Nous avons donné ailleurs nos motifs pour conserver le nom de *schiste* à ces roches d'apparence homogène , et pour appliquer celui de *phyllade* aux roches distinctement et par conséquent évidemment hétérogènes.

1. Schiste luisant [1]. Il est luisant et comme soyeux dans le sens des lames. Ses lames sont souvent courbes ou plissées et comme gaufrées, rarement parfaitement planes. Ses couleurs sont le gris-bleuâtre foncé, le gris de perle, le verdâtre, le jaunâtre tirant sur le vert, etc. Il ne fait aucune effervescence, et se fond assez facilement en un émail gris ou jaunâtre rempli de bulles.

Le schiste luisant passe au micaschiste par des nuances insensibles, au point qu'il n'est pas possible d'établir une ligne précise de démarcation entre ces deux substances.

Ce schiste appartient aux terrains primordiaux de sédiment. Sa stratification est oblique, il ne renferme aucun débris de corps organisés ; mais il contient souvent des sulfures métalliques en grains disséminés ou en veinules : il est quelquefois traversé par des filons puissans de diverse nature, et c'est un des gîtes de minérai le plus ordinaire. On en trouve dans tous les pays. Nous citerons comme exemple : le schiste luisant verdâtre, et à feuillets presque droits, des environs de Cherbourg ; — d'un brun foncé et satiné, à feuillets presque droits, des environs de Servoz, en Savoie ; il renferme des filons de plomb et de cuivre sulfurés ; — de la même couleur, mais à feuillets comme gaufrés, de Hermersdorf, près de Freiberg en Saxe ; — d'un gris rougeâtre, avec des taches oblongues, et d'un rouge plus brun, de Schnéeberg ; — d'un gris brunâtre et donnant des fragmens *esquilleux*, de Hartestein en Saxe.

2. Schiste ardoise [2]. Le caractère de cette variété est de se présenter en grands feuillets minces, très-droits, faciles à séparer, et sonores, lorsqu'on les frappe avec un corps dur. Leur aspect est terne, quelquefois un peu luisant. Ce schiste est souvent assez dur pour recevoir la trace du cuivre ; il est généralement plus dur et plus compacte que la variété suivante ; il ne fait point effervescence avec les acides, et fond facilement au chalumeau en une scorie luisante ; sa couleur

---

1 Variété du schiste argileux (*Thonschiefer*). Breith., Leonh.

2 Argile schisteuse tabulaire et argile schisteuse tégulaire. Haüy. — Variété du schiste argileux (*Thonschiefer*). Broch. — *Schistus mensalis et ardesia tegularis.* Wall. — Argillite. Kirw.

ordinaire est le brun bleuâtre, mais il y en a aussi de verdâtre, de rougeâtre, etc. L'ardoise a été analysée par Kirwan
et par M. d'Aubuisson. La différence notable des résultats
peut tout aussi bien provenir de la différence des ardoises
examinées que de l'imperfection des procédés.

	Silice.	Alumine.	Oxide de fer.	Magnésie.	Chaux.	Eau.	Perte et corps étrang. à la pierre.	
Ardoise rougeâtre d'Anglesey....	38	26	14	08	04 Potasse	—	—	Kirwan.
Ardoise d'Angers.	48,6	23.5	11,3	01,6	04,7	07,6	02,7	D'Aubuisson.
Ardoise de Bally-nahinch......	59,4	17,4	11,6	02,2	02,1	06,4	—	Stokes.

On trouve ce schiste en grandes masses, séparées par des
fissures nombreuses et parallèles. Sa stratification est toujours
très-inclinée à l'horizon, et quelquefois même verticale. Ces
couches appartiennent aux terrains primordiaux de sédimens.
Elles présentent très-fréquemment des empreintes de corps
organisés, notamment de végétaux, plus rarement d'animaux ; tels que poissons trilobites. ammonites, etc.; elles
renferment aussi des noyaux et des cristaux de fer sulfuré.
Les couches d'ardoise sont presque toujours traversées et
comme coupées par des filons minces de quarz ou de chaux
carbonatée, qui divisent la masse en grandes pièces, ordinairement rhomboïdales.

Les ardoises propres à être employées pour couvrir les
édifices, ne sont pas aussi répandues que le schiste ardoise,
considéré minéralogiquement, parce qu'on exige dans ces
pierres des qualités qui n'accompagnent pas nécessairement
tous les échantillons qui appartiennent à cette variété. On
exploite des carrières d'ardoise :

En France, aux environs d'Angers. Cette ardoise est d'une
qualité excellente : elle fait partie d'une couche qui s'étend
de l'ouest à l'est, entre Avrillé et Trelazé, dans l'espace de
huit kilomètres. Cette couche est exploitée sur plusieurs points

à ciel ouvert. Les premières parties sont trop fendillées, et les secondes trop solides pour être employées comme ardoise. Ce n'est qu'à cinq mètres de profondeur que se trouve la bonne ardoise, qui est divisée en rhombes par des veines de quarz et de chaux carbonatée spathique. Cette ardoise renferme les animaux fossiles de la famille des trilobites, qu'on a désignés sous le nom d'ogygie; elle est souvent pénétrée de fer sulfuré. — A la Ferrière près de Cherbourg, et près de Saint-Lo, département de la Manche; — à Rimogne, et à Rocroy, près de Charleville, sur les bords de la Meuse, département des Ardennes; la couche est épaisse d'environ vingt mètres et fort étendue; elle est inclinée de 40^d à l'horizon. Il n'y a guère que la partie moyenne de cette couche qui donne de bonne ardoise; la partie supérieure est trop friable et la partie inférieure trop dure. Cette ardoise est traversée de nombreuses veines de quarz blanc; on n'y trouve ni empreinte, ni débris de corps organisés. Elle est exploitée par puits et galeries souterraines. On est parvenu à une profondeur de cent trente mètres environ. — On trouve aussi des petites carrières d'ardoise dans les vallées qui sont au pied de la chaîne des Pyrénées. Elles sont abondantes dans le département de la Lozère, qui en a pris son nom.

Il y a des ardoisières en Angleterre, dans le Derbyshire. — Dans le Westmoreland; l'ardoise y est bleuâtre. — Dans l'île d'Anglesey; elle y est d'un rouge purpurin, etc. (KIRWAN.) Les ardoises qui sont employées à Londres, viennent principalement de Bangor, dans le Caernawanshire, pays de Galles. Elles sont grisâtres. L'Écosse a deux carrières d'ardoise, remarquables dans l'Argyleshire : celle d'Éasdale, qui fournit par an environ cinq millions d'ardoises, et celle de Dunmeniss près Ballynahinch en Downshire, qui n'en produit que cinq cent mille. — En Suisse, au Plattenberg, à deux lieues de Schwanden, dans la vallée de Sernft, canton de Glaris. C'est plutôt un phyllade pailleté, qui renferme des débris de poissons fossiles. Les ardoises sont taillées en grandes plaques, destinées pour écrire, pour faire des poêles, des tables, etc. — En Italie, à Lavagna, sur la côte de Gênes : l'ardoise y est tellement dense, qu'on en forme les parois des citernes où l'on conserve l'huile. Elle donne des tables d'une très-grande dimension. Quelques peintres italiens l'ont employée pour y peindre des sujets à fond noir, ou à figures noires sur un fond de couleur. Pietro Dandini y a peint une adoration des mages. Il a laissé le ton de la pierre pour faire le ton du roi Maure et celui de la nuit; dans l'enlévement de Proserpine et dans la délivrance d'Euridice, ce même peintre a su tirer parti de la surface noire de l'ardoise pour représenter les ténèbres de l'enfer, etc. (Targionni.) On n'y a encore découvert aucuns débris de corps organisés.

On peut encore indiquer des carrières de schiste ardoise au Harz, près de Goslar, de Lauthenthal, de Blankenburg, et sur les bords du Rhin, au-dessous de Mayence, depuis Kempten, sur la rive gauche de ce fleuve, jusqu'à Bacharach.

Elle est très-répandue dans les États-Unis d'Amérique. [1]

Pour que les ardoises soient regardées comme de bonne qualité, il faut que les blocs d'où on les extrait puissent se diviser facilement en feuillets minces et droits. On remarque qu'ils perdent cette propriété s'il y a long-temps qu'ils sont sortis de la carrière. Les ardoises doivent aussi être assez compactes pour ne point absorber l'eau, on juge qu'elles ont cette qualité lorsqu'après avoir été plongées quelque temps dans ce liquide, elles n'ont point augmenté de poids d'une manière remarquable. Les ardoises spongieuses se détruisent promptement par l'action successive de l'humidité et de la gelée. Les pyrites que renferment les ardoises les rendent difficiles à tailler et hâtent leur destruction en se décomposant.

La partie supérieure des masses de schiste ardoise est toujours friable, et ne peut être employée. On l'appelle *cosse*.

M. Vialet a proposé de rendre les ardoises plus compactes, plus dures, et, par conséquent, plus durables, en les faisant cuire dans un four à brique.

3. Schiste argileux[2]. Ce schiste est plus tendre que l'ar-

---

1 Voyez dans la Minéralogie de Cleaveland, édit. de 1822, les nombreuses localités citées pag. 449.

2 *Thonschiefer*, le schiste argileux. Broch. Les minéralogistes et géognostes de l'école allemande réunissent sous cette dénomination le schiste luisant, le schiste ardoise, et même plusieurs phyllades, en sorte que les caractères minéralogiques qu'ils donnent, sont beaucoup

doise ; ses feuillets sont moins minces ; ils n'ont ni la même solidité, ni la même étendue que ceux de cette pierre, et se divisent en petits fragmens rhomboïdaux, qui sont quelquefois d'une grande régularité. Il répand une odeur argileuse très-sensible ; il absorbe l'eau promptement et assez abondamment ; il ne fait aucune effervescence, et fond au chalumeau, comme les variétés précédentes ; enfin il se laisse toujours rayer par le cuivre, et n'en reçoit jamais la trace. [1]

Sa couleur la plus ordinaire est le gris bleuâtre ; cependant il y en a aussi de brun foncé, de rougeâtre, de rubigineux, de jaune d'ocre, de vert sale et de brun, etc. La rivière de Roya, département des Alpes maritimes, près de Fontano, entre Saorgio et Tende, est bordée de masses d'un schiste argileux en feuillets très-inclinés, généralement rouges, mais offrant de grandes parties d'un vert poireau. (Ans. Desmarest.)

Ce schiste diffère peu du schiste ardoise, et il appartient, comme lui, aux terrains primordiaux de sédiment ; il fait quelquefois partie des terrains de houillers et est imprégné de bitume, au point de devenir combustible. Il entre alors dans la variété désignée sous le nom de Schiste bitumineux.

On doit rapporter à cette variété plusieurs schistes homogènes, qui sont d'un gris verdâtre ou brunâtre, et que l'on emploie avec de l'eau pour préparer certains métaux au poli. On les nomme dans les arts *pierres à l'eau tendre*. Elles se délaient promptement dans l'eau par le frottement qu'on leur fait subir. Leur poussière est douce, assez fine, et assez dure pour user les métaux ; mais les molécules ne sont pas agrégées assez puissamment dans la pierre en masse, pour qu'elle puisse résister au frottement du cuivre sans être rayée.

La plupart des schistes argileux nommés *pierres à l'eau*, viennent d'Allemagne. On ne dit pas de quelle contrée.

On fait aussi avec ce schiste argileux des crayons gris,

---

plus étendus que ceux que nous attribuons au schiste argileux. — *Schistus fragilis.* Wall. — Killas. Kirw.

[1] Ces caractères excluent de cette variété et les pierres à aiguiser et les pierres de touche, dont la propriété essentielle est d'être assez rudes pour user les métaux et en conserver la trace.

destinés à écrire sur les ardoises. Le plus grand nombre de ceux qu'on emploie en France, viennent d'Allemagne par Nuremberg. Mais M. Brard a trouvé dans la mine de Saint-Lazare, département de la Dordogne, des schistes propres à donner de très-bons crayons.

4. Schiste coticule[1]. Cette variété est plus compacte et plus dure que les autres ; elle se laisse cependant rayer par le fer, et même par le cuivre, lorsqu'on agit avec un angle ; mais elle use les métaux et en reçoit la trace lorsqu'on la frotte avec une partie plane ou arrondie. La structure du schiste coticule est moins feuilletée que celle des autres schistes ; elle paroît même massive dans les échantillons peu volumineux ; en sorte que sa cassure est tantôt schisteuse, tantôt inégale, et tantôt conchoïde et écailleuse, comme celle du pétrosilex. Ce schiste est translucide sur ses bords minces ; il ne fait aucune effervescence avec les acides, et se fond en un émail brun, un peu boursouflé.[2]

Il a été analysé par M. Faraday, qui a trouvé dans l'échantillon soumis à ses recherches, les principes suivans :

        Silice 71,3
        Alumine 15,5
        Oxide de fer 9,5
        Eau . . . . 5,5.

Le schiste coticule fait partie des terrains primordiaux de sédiment, composés d'ailleurs de schiste argileux ; il passe quelquefois au talc endurci, et présente même des efflorescences de magnésie sulfatée. (Brochant.)

On trouve des schistes coticules : au Harz, à Altenau, Zorge, etc. — En Saxe, à Seifendorf, près de Freiberg ; — en Bohême ; — en Styrie. — On en exploite à Lauenstein, dans le margraviat de Bareith et dans les Ardennes. On l'a trouvé aussi dans différentes contrées des États-Unis d'Amé-

---

1 *Schistus coticula.* Wall. — *Wetzschiefer*, le schiste à aiguiser. Broch. — Argile schisteuse novaculaire. Haüy. — Novaculite. Kirw. — Cos. Delaméth.

2 J'ai vérifié ce caractère sur le schiste à rasoir de la Belgique, sur le schiste vert à Lincette, sur la pierre à polir, dite *pierre à l'eau dure*, etc.

rique et dans la même situation géognostique qu'en Europe.

On ne connoît pas exactement les lieux où se trouvent les pierres à aiguiser schisteuses qui sont dans le commerce de Paris, et qui viennent presque toutes d'Allemagne par Nuremberg. On y désigne les sortes suivantes :

La *pierre à rasoir*. Elle est formée de deux lits superposés, l'un jaune et l'autre noirâtre ; sa cassure, dans le sens des feuillets, offre une texture striée. Ce schiste vient de Vieil-Salm dans les Ardennes. Il en vient aussi de Düsseldorf. La présence des deux couches, jaune et brune, est un caractère si reconnu dans le commerce, qu'on ajoute une couche brune aux petites pierres qui en sont privées.

La *pierre à lancette*. Elle est d'un gris verdâtre ; sa texture est à peine schisteuse, et sa cassure conchoïde et écailleuse. Elle vient d'Allemagne, par Nuremberg. On prétend qu'il s'en trouve aussi dans le pays d'Aunis (Charente inférieure).

La *pierre à l'eau dure*. Elle est compacte, à cassure écailleuse, verdâtre ; mais plus pâle que la précédente, et elle passe au psammite schistoïde. On la tire de Nuremberg.

5. SCHISTE MARNEUX. Cette variété se distingue facilement des autres, parce qu'elle fait effervescence avec les acides ; elle est opaque, assez tendre ; sa structure est schisteuse, à feuillets plans ou courbes. Ce schiste est d'un blanc jaunâtre sale, rougeâtre ou même brunâtre. Dans le premier cas il se rapproche des marnes proprement dites, mais encore plus des marbres argileux ; dans le second, il renferme un peu de bitume, qui se reconnoît par son odeur au moyen du feu : il fond au chalumeau en une scorie brune.

Les schistes marneux appartiennent, les uns aux terrains de sédiment moyen jurassique (Pappenheim, Eichstedt), les autres aux terrains de sédiment supérieur (Bolca près Vérone, etc.) ; les uns et les autres renferment entre les feuillets de nombreux restes organiques de poissons, de mollusques, etc.

6. SCHISTE BITUMINEUX [1]. Il est noir, perdant en partie sa

---

1 *Brandschiefer*, WERN., et aussi *Kohlenschiefer, bituminöser Mergelschiefer, Kupferschiefer.*

On voit qu'on réunit *minéralogiquement* sous cette dénomination des schistes bitumineux qui appartiennent à des terrains très-différens.

couleur par l'action du feu, en répandant une odeur de bitume.

Il est généralement solide, à feuillets quelquefois très-épais. contournés ; il fait dans plusieurs cas effervescence avec l'acide nitrique, ce qui indique la présence du calcaire ; enfin il renferme souvent du minérai de cuivre disséminé en particules presque invisibles. Ces circonstances, quand elles sont réunies. ont fait donner à cette roche le nom de *schiste marneux. bitumineux, cuivreux.*

Le schiste bitumineux est principalement composé, d'après une analyse de Klaproth, de silice, d'alumine, de chaux, de fer oxidé et de bitume.

Sa pesanteur spécifique varie de 1,99 à 2,06, suivant qu'il est simplement terreux ou métallifère.

Ce schiste alterne avec le schiste argileux, l'argile schisteuse, les phyllades pailletés et les psammites dans les terrains houillers. Dans ce cas il est souvent pénétré d'une très-grande quantité de bitume et rarement marneux. On indique comme exemple de localité de ce schiste le Kammerberg près de Manebach en Thuringe, Neustadt dans le Harz, Fitfirran dans le Fifeshire en Écosse.

Il fait aussi partie des roches de terrains de sédiment inférieur, qui sont placées entre le pséphite et le calcaire pénéen. Il renferme souvent dans cette position du minérai de cuivre et des débris de poissons pénétrés de pyrites. Celui-ci est ordinairement marneux. Il se montre principalement en Thuringe, près d'Eisleben, de Saugerhausen, d'Ilmenau, etc. : en Hesse, à Riegelsdorf ; — dans le Palatinat, à Münster-appel ; — à Muse près d'Autun, avec des ichthyolites ; — dans les États-Unis d'Amérique, à Westfield aux environs de Middletown en Connecticut. Il renferme également des ichthyolithes des mêmes genres que ceux de la Thuringe et des environs d'Autun : considération géognostique très-remarquable.

7. SCHISTE FERRUGINEUX. Il est rougeâtre, souvent solide, luisant, et très-pesant : sa pesanteur spécifique allant jusqu'à 3.8 et même 4.

C'est un mélange intime. à parties indiscernables, de schiste argileux et de fer oligiste.

Il est quelquefois accompagné de vrai minérai de fer.

On trouve des exemples de cette variété près de Cherbourg, où il a été employé pour faire de la pouzzolane artificielle, et à l'usine de Sundwig dans le comté de la Mark.

8. Schiste siliceux [1]. Solide; structure très-évidemment fissile, dure au point de rayer le fer, très-difficile à fondre.

Il est ordinairement noir; ses fissures de stratification sont souvent enduites d'un vernis brillant, qui paroît être de même nature que le graphite.

C'est un mélange en parties non distinctes de silice et de schiste argileux. Il ne faut pas le confondre avec le phtanite, dont il se rapproche en effet beaucoup, mais qui n'est qu'un silex noir, opaque, schistoïde.

Il se présente dans plusieurs parties du Thuringerwald.

Les schistes homogènes sont généralement en couches continues, fort étendues, d'une épaisseur très-variable et presque jamais horizontales. Tantôt ils forment à eux seuls des montagnes entières et même des chaînes de montagnes. Tantôt leurs couches sont interposées entre des couches de pierres ou de roches de diverse nature. Ils recouvrent généralement les granites. Quelquefois ils semblent liés avec ces roches et même s'y répandre en veines ramifiées; mais alors ils acquièrent plus de dureté et passent au trapp, au phtanite, etc. Les schistes luisans alternent quelquefois avec les roches primordiales de cristallisation, tels que les syénites, les gneiss, les micaschistes, la chaux carbonatée saccaroïde, etc. Les débris de corps organisés qu'on rencontre fréquemment dans les schistes, appartiennent la plupart au règne végétal, principalement aux plantes monocotylédones, et plus particulièrement à celles de la famille des fougères. Ces plantes y sont très-bien conservées, et leurs feuilles sont souvent complétement développées. On doit observer que la même feuille ne fait jamais voir ses deux faces, et que des deux fragmens du schiste, entre lesquels elle étoit située, l'un présente le relief et l'autre le creux de la même surface. Bruguière a fait remarquer aussi que, lorsqu'on découvre une empreinte de fougère dans un schiste, ce n'est jamais la face inférieure de cette plante, celle qui porte les fructifications, que l'on

---

1 *Hornsteinschiefer.* DZHRIUS.

met à nu, mais toujours la face supérieure. Parmi les produits du règne animal, on n'y voit guère que des poissons, et il est très-rare d'y rencontrer des coquilles.

Les schistes forment une grande partie de la croûte du globe. Les montagnes schisteuses bordent en général les montagnes de granite, de gneiss et de micaschiste. Elles ont une forme arrondie qui les fait aisément reconnoître. Ce sont ordinairement celles qui offrent les pâturages les plus unis, les plus étendus et les plus beaux. Les schistes solides et à feuillets épais, forment assez souvent des collines élevées et roides, qui resserrent entre elles des vallées étroites. (B.)

SCHISTE ALUMINEUX. (*Min.*) Voyez Ampélite. (B.)

SCHISTE CUIVREUX. (*Min.*) Voyez Schiste bitumineux, (B.)

SCHISTE GRAPHIQUE. (*Min.*) Voyez Ampélite. (B.)

SCHISTE HAPPANT [Klebschiefer]. (*Min.*) C'est la marne argileuse fissile. Voyez Marne. (B.)

SCHISTE MICACÉ. (*Min.*) Rapporté quelquefois et très-improprement au *Glimmerschiefer*, qui est notre Micaschiste. (Voyez ce mot.) Le schiste micacé est une roche hétérogène tout-à-fait différente du *Glimmerschiefer*. C'est un Phyllade. Voyez ce mot. (B.)

SCHISTE NOVACULAIRE. (*Min.*) Voyez Schiste coticule. (B.)

SCHISTE A POLIR [Polierschiefer]. (*Min.*) Voyez Tripoli schistoïde. (B.)

SCHISTE TÉGULAIRE. (*Min.*) Voyez Schiste ardoise. (B.)

SCHISTEUSE ou ARDOISÉE. (*Erpét.*) Nom spécifique d'une couleuvre décrite dans ce Dictionnaire, tom. XI, pag. 207. (H. C.)

SCHISTIDIUM [Fendillette]. (*Bot.*) Genre de la famille des mousses, qu'on doit à Bridel, voisin du *Gymnostomum*, et qui appartient à l'ordre des mousses à péristome nu. Il se distingue par sa coiffe en forme de mitre ou campanulée, mais un peu conique, découpée à la base en plusieurs lanières presque égales, rarement entières ou seulement à une seule fente longitudinale ; capsule sans apophyse et sans anneau.

Les fleurs sont monoïques ; les mâles gemmiformes, axillaires ou terminales, avec six à douze anthères entremêlées, avec des paraphyses un peu en massue, aigus, également articulés, rarement nuls; les fleurs femelles sont terminales et renferment des paraphyses filiformes, régulièrement articulés, entremêlés avec deux à huit corps reproducteurs. Les séminules sont brillantes, ponctuées, très-petites; une seule espèce les a beaucoup plus grandes.

Ces mousses forment des touffes ou des gazons : les unes imitent le *phascum* par leur petitesse et leur position droite, quelques-unes sont un peu rameuses, comme le *grimmia*, et d'autres rampantes. Les feuilles sont rapprochées, entassées, le plus souvent terminées par un poil blanc-grisâtre, denticulé; la capsule est droite, ovale ou arrondie, presque sessile et comme enfoncée dans les feuilles périchétiales, ou peu élevée au-dessus. Ces mousses se plaisent sur les rochers, sur les grandes masses de granite, dans les lieux ombragés, sur la terre nue; on les trouve dans les zones tempérées et sous les tropiques. Bridel, dans sa Bryologie universelle, en décrit neuf espèces, dont quelques-unes ont été placées, avant lui, dans les genres *Anoectangium* par Hedwig, Rœhling, Hooker; *Hedwigia, Gymnostomum*, par Hedwig, Schwægrichen, Bridel, lui-même, Weber et Mohr, Sprengel, etc.; *Bryum* et *Fontinalis*, Linnæus, Gmelin, etc.; *Harrisona*, Adanson, etc. Bridel, ayant d'abord considéré le *schistidium* comme une simple division du genre *Gymnostomum*, tel qu'il est dit dans notre article GYMNOSTOMUM, il en résulte que nous y avons indiqué les espèces principales du *schistidium*. Voyez GYMNOSTOMUM, tom. XX, p. 150, de ce Dictionnaire. (LEM.)

SCHISTOSTEGA [BRISE-COUVERCLE]. (*Bot.*) Genre de la famille des mousses, établi par Weber et Mohr, adopté depuis par la majorité des muscologues, rejeté, puis rétabli par Bridel, qui lui assigne pour caractères ceux qui suivent : Bouche nue; coiffe conique, étroite, entière; capsule égale, munie d'une apophyse, ainsi que d'un anneau composé, qui, en se détachant, déchire l'opercule en plusieurs lanières presque égales.

Ce genre offre des fleurs mâles et des fleurs femelles sur des pieds distincts; elles sont terminales. Les mâles forment des rosettes et contiennent quatre à six anthères sans paraphyses. Les femelles, moins nombreuses, souvent solitaires, sont également privées de paraphyses. Les séminules sont très-exiguës, à surface lisse.

Une seule espéce, le *Schistostega osmundacea*, compose ce genre. Elle avoit été confondue avec les *Gymnostomum*, près desquels elle se place, ainsi que les *Rottleria* et *Pyramidium*, également tirés du *Gymnostomum;* elle est décrite à l'article GYMNOSTOMUM, tom. XX, p. 147, sous le nom de *Gymnostomum pennatum*. Nous avions suivi alors l'opinion de Bridel, qui, à cette époque encore, regardoit comme douteux le caractére fourni par l'opercule des *Schistostega*, et avoit cru devoir, dès-lors, annuler ce genre.

C'est avec doute qu'Arnolt rapporte au *schistostega* le *drepenophyllum fulvum*, Hook., *Musc. exot.*, pl. 145. Nous ajouterons ici deux mots sur le *gymnostomum pennatum*, décrit à l'article GYMNOSTOMUM.

Quelques auteurs ont annoncé que cette plante avoit été recueillie dans des grottes sablonneuses, et qu'elle répandoit alors une certaine lumière. Cette propriété ne lui est point particulière, car Plaubel et Bridel se sont assuré que cet éclat est produit par un végétal d'une simplicité extrême, que Bridel désigne par *catopridium smaragdinum* (Brid., Bryol., 1, 112), lequel est d'un beau vert d'émeraude, et composé uniquement de corpuscules infiniment petits, ronds ou presque ronds, puis irréguliers, presque diaphanes, et privés totalement de base, étant seulement répandus abondamment sur la mousse. La lumière disparoît aussitôt qu'on transporte cette cryptogame de l'obscurité où elle étoit, au grand jour. Cette plante paroît être d'une nature aqueuse, quoique tenace, et sa clarté est présumée produite, selon Bridel, par la réflexion que la lumière du jour éprouve à la surface des globules. (LEM.)

SCHISTURUS. (*Entoz.*) Rudolphi nomme ainsi un genre d'Entozoaires, composé d'une seule espéce qui vit dans les intestins du *tetrodon mela*, et qui est caractérisé ainsi: Corps alongé, cylindrique, fourchu à son extrémité; bouche inconnue. (DESM.)

SCHIT-ELU. (*Bot.*) Nom malabare du sésame du Levant. (J.)

SCHITER. (*Bot.*) Voyez Mscheter. (J.)

SCHITTHA, SCHITTIM. (*Bot.*) Voyez Schack. (J.)

SCHIVERECKIA. (*Bot.*) Genre de plantes dicotylédones, à fleurs complètes, polypétalées, de la famille des *crucifères*, de la *tétradynamie siliculeuse* de Linnæus, offrant pour caractère essentiel : Un calice à quatre folioles égales à leur base, un peu lâches ; quatre pétales oblongs ; six étamines didynames ; les quatre plus grandes ont les filamens membraneux, munis d'une dent ; dans les deux plus petites les filamens sont filiformes. Le fruit est une petite silique ovale, à deux loges, à deux valves convexes, déprimées longitudinalement dans leur milieu, un peu fermes, obtuses, surmontées d'un style court et d'un stigmate en tête ; dans chaque loge huit ou dix semences un peu comprimées, point bordées, disposées sur deux rangs ; les cotylédons elliptiques.

Schivereckia de Podolie ; *Schivereckia podolica*, Dec., *Syst. veg.*, 2, pag. 300. Cette plante est une herbe vivace, qui offre le port d'un *alyssum* ou d'un *draba*, couverte d'un duvet blanchâtre ; les poils ouverts en étoile. Ses feuilles radicales sont ovales, oblongues, dentées, disposées en une rosette étalée ; les feuilles caulinaires sont sessiles, peu nombreuses, presque embrassantes. Les fleurs sont disposées en une grappe terminale, munies de pédicelles sans bractées ; la corolle blanche ; les ovaires et les silicules couverts d'un duvet mou, court et blanchâtre. Cette plante croît dans la Podolie, sur les montagnes de la Sibérie, etc. (Poir.)

SCHIZÆA. (*Bot.*) Genre de plantes de la famille des fougères, établi par Smith et adopté par les naturalistes. Il avoit été également créé par Bernhardi sous la désignation de *Ripidium*, et par Richard sous celle de *Lophidium*.

Ce genre a pour base quelques fougères, confondues autrefois dans le genre *Acrostichum*, dont il diffère beaucoup par les caractères suivans, qui le placent dans une division différente, caractérisée par la présence d'un anneau élastique, organe qui manque dans l'*Acrostichum*.

Le Schizæa a pour caractères génériques, d'après Willdenow, d'offrir des capsules un peu en toupie ou turbinées, sessiles, marquées à leur sommet de stries rayonnantes ; elles s'ouvrent par une fente ou un pore oblong et latéral ; elles

sont disposées en épis terminaux, unilatéraux, digités ou flabelliformes, et recouvertes par un indusium continu, formé
par le repli du bord des épis.

Cette disposition en épis de la fructification du *schizœa*
le ramène dans le groupe des fougères à épi ou des schis-
matoptéridées de Willdenow, chez lesquelles les capsules
s'ouvrent par une fente.

Ce genre comprend une quinzaine d'espéces de fougéres
exotiques, la plupart d'Asie, des Indes orientales, de la
Nouvelle-Hollande et des iles de la mer du Sud; on en rencontre également au cap de Bonne-Espérance et dans l'Amérique méridionale. Leurs frondes sont simples ou dichotomes;
les épis terminaux, réunis cinq à six, et même douze ou
quinze, et généralement droits; ils offrent chacun deux rangées
de dents, à la surface interne desquelles sont fixées les capsules. Ces plantes ne sont pas très-élevées; elles sont roulées
en crosse dans leur premier développement.

1. Le Schizæa pectiné : *Schizœa pectinata*, Swartz, Willd.;
Acrostichum pectinatum, Linn., *Amœn. acad.*, 1, page 154,
fig. 4 et 5; Moris.. *Hist.*, 3, page 233, sect. 8, pl. 9, fig. 30;
Pluk., *Alm.*, 200, pl. 95, fig. 7. Fronde très-simple, li-
néaire-filiforme. comprimée, triangulaire à la base; épis
terminaux. latéraux, rapprochés deux à deux et au nombre
de quinze couples environ. Cette espéce, figurée par Plukenet
et Morison, a été comparée à un petit jonc, à cause de son
aspect et de son port. Sa fructification est terminale, portée
sur les extrémités de la fronde redressée et nue. Les épis
imitent, par leur disposition, les dents d'un petit peigne;
ils forment de très-petits paquets. Cette plante croit au
cap de Bonne-Espérance.

2. Le Schizæa fistuleux; *Sch. fistulosa*, Labillard., *Nov. Holl.*,
2. page 103, pl. 250, fig. 3. Fronde très-simple, filiforme,
presque cylindrique: épis terminaux, presque au nombre
de douze paires rapprochées. Écailles de la racine fistuleuses. Cette espéce croit au cap Van-Diémen, à la Nouvelle-Hollande. Elle est très-voisine de la précédente et
en diffère essentiellement par les épis plus régulièrement
distiques et plus grands, ainsi que par la présence des écailles
fistuleuses de la racine.

3. Le Schizæa digité : *Sch. digitata*, Swartz, *Fil.*, pl. 4 ; fig. 1 ; *Acrostichum digitatum*, Linn., *Amœn. acad.*, 1 , p. 157, pl. 1. Fronde très-simple, nue, linéaire, presque triangulaire, fort longue ; fructification en petits épis digités, linéaires, droits. Cette plante croît à Ceilan et à Tranquebar. Hermann (*Zeyl.*, 194) la compare au bouquet des feuilles qui termine certaines graminées ou cypéracées, et qui seroit divisé en plusieurs feuilles, longues de deux pouces. Linnæus, dans sa description, nomme stipe, ce que nous désignons ici avec les auteurs par le nom de fronde, et il nomme fronde, l'ensemble de la fructification : ce qui est, en effet, exact jusqu'à un certain point. M. Mirbel a fait sur cette fougère son genre Belvisia, dont il a été donné la description à ce mot dans le tom. IV de ce Dictionnaire, p. 249, et au Supplément, page 72.

4. Le Schizæa crêté : *Sch. cristata*, Willd., *Spec. pl.*, 5 ; page 88 ; *Ripidium dichotomum*, Bern. in Schrad., Journ., 1802, 2, page 127, pl. 2, fig. 3 ; *Acrostichum dichotomum*, Forst., *Prod.* Fronde linéaire, dichotome, marquée d'une nervure glabre, demi-cylindrique à sa base, très-atténuée à son extrémité ; cinq paires d'épis terminaux, secondaires, en façon de crête. Cette fougère croit aux îles de la Société, dans la mer du Sud.

5. Le Schizæa dichotome : *Sch. dichotoma*, Swartz, Willd., *Act. acad. Erford.*, 1802, p. 30, pl. 3, fig. 2 ; *Spec. pl.*, 5, page 87 ; *Lophidium lanceolatum*, Richard, *Filix cochine*, Pétiv., *Gazoph.*, pl. 70, fig. 12. Fronde linéaire, dichotome, atténuée à l'extrémité, un peu velue sur ses bords ; épis terminaux, secondaires, au nombre de sept paires environ. Cette fougère croit dans les Indes orientales, en Chine et à l'ile Maurice.

Nous terminerons cet article en faisant remarquer que le *schizæa spicata* de Smith est maintenant reporté au genre *Lomaria*. (Lem.)

SCHIZANTHE, *Schizanthus.* (*Bot.*) Genre de plantes dicotylédones, à fleurs complètes, monopétalées, irrégulières, de la famille des *rhinanthées*, de la *didynamie angiospermie* de Linnæus, caractérisé par un calice persistant, à cinq divisions linéaires ; une corolle irrégulière, tubulée, presque à deux lèvres ; la supérieure à cinq lobes, l'inférieure à trois ; quatre étamines, dont deux stériles, sans anthères ; un ovaire supérieur ; un style subulé ; une capsule à deux valves, à deux loges polyspermes.

Schizanthe ailé ; *Schizanthus pinnatus*, Ruiz et Pav., *Flor. Per.*, 1, pag. 15, tab. 17. Plante herbacée, chargée de très-longs poils terminés par une petite glande. Ses racines sont fibreuses et diffuses ; les tiges droites, hautes d'environ deux pieds, cylindriques, un peu rameuses ; les rameaux alternes ; les feuilles amples, velues, médiocrement pétiolées, alternes, ailées ; les folioles sessiles, opposées ou alternes ; celles des feuilles inférieures plus grandes, pinnatifides ou laciniées ; elles sont linéaires-lancéolées aux feuilles supérieures, munies de quelques dents rares et obtuses. Les fleurs forment une panicule droite, terminale, médiocrement étalée ; les rameaux ou pédoncules presque simples, velus, filiformes, munis à leur base de deux petites bractées sessiles, opposées, lancéolées, aiguës ; la corolle d'une grandeur médiocre, d'un bleu violet, tubulée ; le limbe presque à deux lèvres ; la supérieure panachée, marquée dans son centre d'une tache purpurine, supportant deux filamens stériles et velus ; deux autres fertiles sur la lèvre inférieure, à trois lobes linéaires, courbés en faucille, celui du milieu tronqué, en carène ; dans la lèvre supérieure les quatre lobes latéraux sont bifides, celui du milieu plus grand, entier, lancéolé ; l'ovaire oblong ; le stigmate échancré ; la capsule un peu plus longue que le calice, à deux loges, à deux valves bifides ; les semences rudes, presque en rein. Cette plante croit au Chili, dans les terrains incultes. (Poir.)

SCHIZODERMA. (*Bot.*) Genre de la famille des hypoxylées, qui n'est qu'un démembrement du genre *Xyloma*. Il a été établi par Ehrenberg, qui y place les *xyloma* dont les sporidies sont distinctes, et dont il décrit deux espèces : les *schizoderma scirpinum* et *filicinum* ; la première forme de petites taches noires sur le *scirpus lacustris*, et la seconde se trouve sur les pétioles de la fougère femelle, *athyrium filix fœmina.*

Ces deux plantes ont été rapportées depuis par Fries à son Leptostroma (voyez ce mot), qui paroît être le même.

Fries admet, avec Kunze, un autre genre *Schizoderma*, qui,

quoique ayant aussi des rapports avec les *xyloma*, se rapproche infiniment plus du *næmaspora*. Dans ce genre les sporidies sont globuleuses, simples, aglutinées et agrégées dans une pulpe, avec laquelle elles forment une masse granuleuse; elles s'échappent par le disque de cette masse, qui se déchire à cet effet. Les espèces croissent sous l'épiderme des plantes; le *schizoderma pinastri*, Kunze, est la principale, et le type de ce genre, qui, selon Fries, renferme des espèces confondues avec des *phacidiums* non encore développés. (Lem.)

SCHIZOLŒNA. (*Bot.*) Genre de plantes dicotylédones, à fleurs complètes, polypétalées, régulières, de la famille des *clénacées* (Pet. Thouars), de la *monadelphie polyandrie* de Linnæus, ayant pour caractère essentiel : Un involucre frangé, renfermant deux fleurs; pour chaque fleur un calice persistant, à trois folioles; cinq pétales; des étamines nombreuses, monadelphes, insérées sur un urcéole court; un ovaire supérieur; un style; un stigmate en tête, à trois lobes; une capsule à trois loges, renfermée dans l'involucre agrandi et visqueux.

Schizolœna a fleurs roses; *Schizolæna rosea*, Pet. Thou., Vég. des îles austr. d'Afr., fasc. 2, pag. 42, tab. 11. Arbrisseau d'environ douze pieds de haut, dont la tige supporte une cime touffue, médiocrement étalée, garnie de rameaux alternes. Les feuilles sont pétiolées, éparses, ovales, longues de trois ou quatre pouces, d'un vert brillant en dessus, terminées par une pointe mousse; les pétioles canaliculés, accompagnés de deux stipules lancéolées, caduques, chargées, dans leur jeunesse, de poils blanchâtres, ouverts en étoile. Les fleurs sont axillaires, portées sur des pédoncules deux ou trois fois bifurqués, munis à chaque articulation de deux bractées; un involucre en forme d'un petit plateau crénelé, renfermant deux fleurs sessiles, munies chacune d'un calice à trois folioles concaves, blanchâtres, membraneuses; une corolle composée de cinq pétales ouverts, obtus, couleur de rose. Les étamines sont membraneuses, insérées à la base d'un urcéole en forme d'anneau; les filamens grêles, élargis en spatule au sommet, soutenant des anthères soudées des deux côtés; l'ovaire est supérieur, terminé par un style plus long que les étamines, et un stigmate en tête, à trois lobes. Le fruit est une capsule rude, à trois valves, portant chacune une cloison qui se réunit au réceptacle central. Chaque fleur renferme une ou deux semences renversées. L'embryon est enfoncé dans un périsperme corné. Cette plante croît à l'île de Madagascar.

M. du Petit-Thouars y ajoute deux espèces : 1.° le *Schizolæna elongata;* 2.° le *Schizolæna cauliflora.* La première se distingue par les rameaux de sa panicule plus alongés, par son involucre à cinq lobes laciniés, à peine de la longueur des capsules; la seconde a ses feuilles rudes; les fleurs disposées en grappe, sortant du tronc même et des grosses branches. Ces deux plantes croissent également à l'île de Madagascar. (Poir.)

SCHIZOLOMA. (*Bot.*) Genre de la famille des fougères, établi par M. Gaudichaud, caractérisé par sa fructification en lignes continues, marginale, recouverte par un double tégument ou indusium, s'ouvrant par le côté extérieur.

1. Le Schizoloma a fronde en cœur; *Schizoloma cordatum,* Gaud., Ann. des scienc. natur., 5, pag. 507. Frondes stériles, ovales-oblongues, en cœur à la base, obtuses au sommet; les fertiles hastées ou demi-hastées, ou même cordiformes; stipe cylindrique, canaliculé, velu à la base. Cette espèce croît aux Moluques, dans l'île de Rawak.

2. Le Schizoloma de Labillardière : *Schizol. Labillardieri,* Gaud., *loc. cit. ; Lindsæa lanceolata,* Labill., Nouv. Holl., pl. 248; Brown, *Prodr.,* pag. 156; Willd., *Sp. pl.,* 5, p. 421. Frondes ailées, à frondules pétiolées, linéaires-lancéolées, obtuses, dentées en scie, cunéiformes à la base, quelquefois auriculées; frondule terminale alongée, trilobée ou pinnatifide; stipe tétragone, luisant; souche rampante, écailleuse. Cette espèce croît dans les îles de Tinian, Golta et Guan aux Marianes.

3. Le Schizoloma de Guérin; *Schizoloma Guerinianum,* Gaud., *loc. cit.* Frondes lancéolées, ailées, à frondules oblongues, obtuses, demi-hastées à la base; stipe triangulaire, à angle marginé; souche rampante, écailleuse. De l'île Rawak, aux Moluques. (Lem.)

SCHIZOPETALON. (*Bot.*) Genre de plantes dicotylédones, à fleurs complètes, polypétalées, de la famille des *crucifères,*

de la *tétradynamie siliqueuse* de Linnæus, offrant pour caractère essentiel : Un calice à quatre folioles serrées; quatre pétales pinnatifides; six étamines tétradynames; quatre glandes
à la base de l'ovaire; un style très-court; un stigmate mamelonné : une silique toruleuse; les semences disposées sur un
seul rang; quatre cotylédons.

Ce genre, composé d'une seule espéce, est très-remarquable, tant par la forme de ses pétales, que par le nombre de
ses cotylédons.

Schizopetalon de Walker : *Schizopetalon Walkeri*, *Botan.
Magaz.*, tab. 2379; Ann. des sc. nat., vol. 1, p. 90. Plante
annuelle, originaire du Chili, dont les feuilles sont alternes,
pubescentes, sinuées, pinnatifides. Les fleurs, blanches, disposées en une grappe terminale, foliacée, ont le calice pubescent, à quatre folioles bordées de blanc, les deux latérales
plus inférieures par leur insertion; les pétales ovales, pinnatifides; leur onglet un peu plus long que le calice; les étamines presque égales, dépourvues de dents; les anthéres linéaires, sagittées; quatre glandes hypogynes, linéaires, opposées aux pétales, confluentes deux par deux à leur base,
accompagnant les filamens latéraux; le style très-court; le
stigmate composé de plusieurs mamelons rapprochés et connivens, courans sur le style, libres à leur base, et formant,
par leur ensemble, une sorte d'éteignoir. Le fruit est une
silique sessile, à deux loges, étroite, linéaire, pubescente;
les semences sphériques, lenticulaires; l'embryon verdâtre;
la radicule blanchâtre, arquée; les cotylédons égaux, verticillés, alongés, roulés séparément, presque en spirale. (Poir.)

SCHIZOPHYLLUS. (*Bot.*) Genre de la famille des champignons, confondu autrefois avec les *agaricus*, et qui en a été
séparé par Fries, sur la considération que les feuilles ou lamelles
qui garnissent le dessous du chapeau, sont longitudinalement
bifides et enroulées; de plus, que les sporidies sont blanches
et que le chapeau est coriace, mais d'une contexture floconn-
neuse. Il convient que ce genre est vaguement caractérisé.
Ehrenberg, en l'adoptant, propose de le nommer *Scaphophorum*, à cause de la forme en coupe ou bateau que prend le
chapeau de ce champignon. L'espèce unique de ce genre, le
schizophyllus alneus (Fries, *Syst. mycol.*, 1, p. 330) est l'aga-

ricus alneus, Linn., décrit dans ce Dictionnaire à l'article
Fonge. Depuis lors Ehrenberg, dans les *Horæ phys. Berol.*,
p. 94, le nomme *scaphophorum agaricoides*, et en décrit deux
variétés, l'une grise, l'autre blanc de neige, recueillies sur les
troncs pourris des *pandanus*, par M. A. de Chamisso, pendant son voyage autour du monde. (Lem.)

SCHIZOPODES. (*Crust.*) M. Latreille a fondé sous ce nom
une famille de crustacés décapodes macroures, comprenant
principalement les genres Mysis et Nébalie, caractérisé ainsi :
Tous les pieds divisés jusqu'à leur base, ou jusque près de
leur milieu, en deux branches très-grêles uniquement propres à la natation ; pieds-mâchoires extérieurs servant au
même usage. Voyez l'article Malacostracés, tome XXVIII,
page 555. (Desm.)

SCHIZOXYLON. (*Bot.*) Genre de la famille des lichens,
proposé par M. Persoon (Actes de Wettéravie, vol. 2, p. 11,
pl. 10, fig. 7). Il se trouve fondé sur le *limboria sepincola*,
Achar., ou *patellaria sepincola*, Decand., Fl. fr., n.° 952 *a*.
Fries le caractérise ainsi : Périthécium (scutelle) entier,
d'abord clos, puis s'ouvrant par des fentes partant du centre
et enveloppant des sporidies enfoncées dans la substance
formant le disque.

Le *schizoxylon sepincola* est décrit à notre article Limboria.
M. Fée pense que le *schizoxylon* doit faire partie de son genre
Acolium, où viennent se rassembler les espèces des genres
Calycium, *Limboria*, *Coniocybe*, *Cyphelium*, qui diffèrent du
vrai *Calycium* par les conceptacles presque sessiles, munis d'un
rebord très-mince. (Lem.)

SCHIZOXYLUM. (*Bot.*) Voyez Schizoxylon. (Lem.)

SCHKUHRIE, *Schkuhria*. (*Bot.*) Ce genre de plantes, établi
en 1797 par Roth, dans ses *Catalecta botanica* (tom. 1, p. 167),
appartient à l'ordre des Synanthérées, à la tribu naturelle des
Hélianthées, et à notre section des Hélianthées-Héléniées,
dans laquelle il est voisin des *Florestina* et *Hymenopappus*.
Voici ses caractères, tels que nous les avons observés sur des
individus vivans, cultivés au Jardin du Roi.

Calathide semi-radiée : disque pauciflore (six fleurs), régulariflore, androgyniflore ; couronne dimidiée, uniflore, liguliflore, féminiflore. Péricline obovoïde, un peu inférieur aux

fleurs du disque; formé 1.º de cinq squames unisériées, un peu inégales, appliquées, obovales. foliacées, membraneuses sur les bords, parsemées de petites glandes, 2.º de deux squamules surnuméraires, inégales, appliquées, linéaires, obtuses. Clinanthe ponctiforme, inappendiculé. Ovaires obpyramidaux, tétragones. hispidules, striolés, à base atténuée en une sorte de pied grêle; aigrette composée de huit squamellules unisériées, inégales, paléiformes. larges. ovales, denticulées, membraneuses, à base épaisse et charnue.

On ne connoit qu'une seule espèce de ce genre : c'est la *Schkuhria abrotanoides* de Roth, plante mexicaine, herbacée, annuelle. très-amère, rameuse, à feuilles alternes, pinnatifides, divisées en lanières nombreuses, très-étroites, linéaires, à calathides terminales et latérales, pédonculées, ayant la languette blanchâtre.

Cette plante, attribuée au genre *Pectis* par Lamarck, Ortega, Cavanilles, a été justement considérée par Roth comme type d'un nouveau genre qu'il a dédié à Schkuhr.

Remarquons que Mœnch avoit déjà proposé, en 1794, un genre *Schkuhria*, fondé sur la *Siegesbeckia flosculosa*, et qu'en conséquence, dans son *Supplementum*, publié en 1802, il a nommé *Tetracarpum* le genre *Schkuhria* de Roth. Nous examinerons, dans l'article Sigesbeckie, si le *Schkuhria* de Mœnch mérite d'être adopté.

Celui de Roth, décrit dans le présent article, pourroit être rapporté à la tribu des Tagétinées, presque aussi bien qu'à la section des Hélianthées-Héléniées, dans laquelle nous le plaçons; et il prouve ainsi l'affinité de ces deux groupes naturels. (H. Cass.)

SCHLÆGEL-FISCH. (*Ichthyol.*) Un des noms allemands du Pantouflier. Voyez ce mot. (H. C.)

SCHLAG-TUB. (*Ornith.*) Nom du pigeon ramier, *columba palumbus*, Linn., en Suisse. (Ch. D.)

SCHLAMMWELS. (*Ichthyol.*) Nom allemand du *silure d'étang* ou *silure fossile* de Bloch. Voyez Silure. (H. C.)

SCHLECHTENDALIA. (*Bot.*) Ce nom, de prononciation difficile. donné par Willdenow à un genre de composées, a été changé par M. Persoon en celui d'*adenophyllum*, qui paroît préférable. (J.)

SCHLEICHERA. (*Bot.*) Le genre fait sous ce nom par Willdenow, a le port et tous les caractères du *Melicocca,* genre de la famille des sapindées, et n'en diffère que par l'absence des pétales, qui ne nous avoit pas paru un caractère suffisant pour la séparer ; et dans un mémoire sur ce dernier genre, faisant partie des Annales du Muséum, nous les avions réunis, et M. De Candolle avoit adopté ce rapprochement. Plus récemment M. Kunth a pensé qu'ils devoient rester distincts. Voyez KNÉPIER. (J.)

SCHLEYER-EULE. (*Ornith.*) C'est l'effraie, *strix flammea,* Linn., en allemand. (CH. D.)

SCHLOSSERIA. (*Bot.*) Miller nommoit ainsi le *guiabara* de Plumier, *coccoloba* de Linnæus, genre de la famille des polygonées. (J.)

SCHLOSSÉRIEN. (*Ichthyol.*) Nom spécifique d'un périophthalme. (H. C.)

SCHLOTHEIMIA [VOLUTELLE]. (*Bot.*) Genre de la famille des mousses, qui appartient à l'ordre des mousses à péristome double, et dont les espèces principales étoient autrefois placées dans le genre *Orthotrichum.* Le *schlotheimia,* établi par Bridel et adopté par Schwægrichen, Hooker, Hornschuh, etc., est voisin du *Macromitrium,* Bridel, et offre pour caractères génériques les suivans : Péristome double ; l'extérieur à seize dents ou plus, simples, rapprochées par paires, tordues en spirale par l'effet de la sécheresse ; l'intérieur à seize découpures plus ou moins irrégulières, dentiformes, presque droites, rapprochées en cône, naissant d'une membrane conique, plissée, adhérente à l'opercule et s'en détachant avec promptitude en se déchirant ; coiffe en forme de mitre un peu conique, glabre, lisse, ayant à sa base quatre ou plusieurs appendices trapéziformes, convergens : la capsule privée d'anneau.

Ces mousses sont dioïques, à fleurs terminales ; les femelles sont nombreuses : elles offrent des paraphyses pédicellés, filiformes, articulés et blancs. Bridel en décrit six espèces : elles ont le port des *Macromitrium,* des *Hypnum,* et quelquefois des *Orthotrichum.* Leur tige est rampante, rarement droite, très-rameuse, à rameaux droits et branchus. Les feuilles sont imbriquées, munies d'une nervure continue, entières, marquées d'aréoles distinctes, circulaires ou parallélogramr.es; le pédoncule ou pédicelle est alongé : il porte une cap.ule droite, lisse ou sillonnée, munie d'un opercule droit, acuminé. Ces mousses, d'une couleur jaune-brunâtre ou ferruginense, et même dans leur vieillesse comme brûlées, croissent sous la zone torride et dans son voisinage, en Amérique et dans les îles qui regardent les côtes orientales et méridionales de l'Afrique. Elles sont vivaces et croissent sur les arbres. Ce genre est dédié à M. Schlotheim, connu par ses excellens travaux sur l'histoire naturelle, et particulièrement par ceux que nous lui devons sur les corps fossiles, dont la connoissance est maintenant si essentielle en géologie.

1. Le SCHLOTHEIMIA QUADRIFIDE : *Sch. quadrifida*, Bridel, *Bryol. univ.*, vol. 1, page 321 ; Schwægr., *Suppl.*, 1, 2.ᵉ part., page 41, pl. 57. Petite mousse à tige droite, peu rameuse, garnie de feuilles oblongues, terminées en une longue pointe ; les capsules sont ovales, fermées par un opercule convexe, subulé, et une coiffe tétragone, munie à sa base de quatre appendices. La découverte de cette plante est due à M. Aubert du Petit-Thouars, qui l'a cueillie aux îles Bourbon, de France et de Tristan d'Acunha, sur les arbustes : elle y formoit de petits gazons ou coussinets vivaces.

2. Le SCHLOTHEIMIA TORDU : *Schlotheimia torquata*, Bridel, *Bryol. univ.*, 1, page 323 ; *Neckera torta*, Swartz ; *Hypnum torquatum*, Hedw., *Spec. Musc.*, tab. 83, fig. 4 — 7 ; Swartz, *Prod.*, page 142, *idem* et *Orthotrichum lœve*, Pal. Beauv., *Prodr.*, 71 — 80. Tige rampante, à rameaux droits et subdivisés, garnis de feuilles denses, imbriquées, oblongues, obtuses, mucronées, se tortillant par la sécheresse ; feuilles périchétiales plus grandes ; capsule ovale, ayant un opercule conique acuminé, et une coiffe dont la base offre cinq à sept appendices. Cette mousse se trouve sur les vieux arbrisseaux à la Jamaïque, selon Swartz ; aux îles Mascarena et au Brésil, d'après M. Chamisso, et au cap de Bonne-Espérance, suivant Bergius.

Ce genre comprend encore le *Schlotheimia squarrosa*, découvert à l'île Bourbon par M. Bory de Saint-Vincent, et le *Schlotheimia rugifolia*, Schwægr., *Suppl.*, page 139, découvert par Swainson sur les arbres, aux environs de Rio-Janeiro. (Lem.)

SCHMALTZIA. (*Bot.*) Sous ce nom générique , M. Des-
veaux a désigné le *rhus aromaticum* de M. Aiton. dont M. Rafinesque-Schmaltz avoit aussi fait un genre , sous celui de *Tur-
pinia*. (J.)

SCHMEL-VOGEL. (*Ornith.*) L'oiseau appelé ainsi en Styrie,
est la farlouse. *alauda pratensis*, Gmel., et *anthus pratensis* ,
Bechst. (Cʜ. D.)

SCHMEY. (*Ornith.*) On appelle ainsi. sur le Rhin, le canard siffleur. *anas penelope*, Linn. (Cʜ. D.)

SCHMIDELIA. (*Bot.*) Linnæus, qui donnoit ce nom générique à l'*usubis* de Burmann. n'en décrivoit point le fruit.
Plus tard nous avons publié l'*Ornitrophe* de Commerson,
complet dans toutes ses parties, en indiquant avec doute le
rapport du *schmidelia* avec ce genre. Ce rapport a été confirmé, mais les auteurs ont varié sur l'adoption du nom; les
uns ont préféré l'ancien ; les autres ont adopté celui qui étoit
lié à un caractère plus complet, observant d'ailleurs que
l'*Allophyllus,* autre genre incomplet de Linnæus, est congénère des précédens. Voyez Oʀɴɪᴛʀᴏᴘʜᴇ. (J.)

SCHMIDTIA. (*Bot.*) Le genre de graminées ainsi nommé
par M. Trattenick, est le même que le *coleanthus* de M. Seidelius.
Le même nom avoit été donné antérieurement par Mœnch à
un genre de Chicoracées décrit ci-après. (J.)

SCHMIDTIE, *Schmidtia.* (*Bot.*) Ce genre de plantes, proposé en 1802 par Mœnch, dans le Supplément de sa Méthode,
appartient à l'ordre des Synanthérées, à la tribu naturelle des
Lactucées. et à notre section des Lactucées-Hiéraciées, dans
laquelle nous l'avons placé entre les deux genres *Hieracium*
et *Drepania*. (Voyez notre tableau des Lactucées, tom. XXV,
pag. 65.)

Voici les caractères du genre *Schmidtia*, tels que nous les
avons observés sur une plante vivante, cultivée au Jardin du
Roi. où elle est étiquetée *Hieracium fruticosum*, Willd.

Calathide incouronnée. radiatiforme, multiflore, fissiflore,
androgyniflore. Péricline inférieur aux fleurs extérieures ,
formé, 1." de squames unisériées. contiguës, égales, appliquées, étroites, linéaires. foliacées : 2." de quelques petites
squamules surnuméraires. irrégulièrement disposées à la base
du péricline, appliquées. linéaires - lancéolées. Clinanthe

plan, alvéolé. Ovaires obovoïdes-cylindracés, glabres, munis de côtes longitudinales et d'un bourrelet apicilaire ; aigrette composée d'un très-petit nombre de squamellules unisériées, distancées, très-inégales, roides, filiformes, barbellulées, un peu élargies et laminées à la base. Corolles à tube hérissé de poils.

On ne connoît qu'une seule espèce de ce genre.

Schmidtie arbrisseau : *Schmidtia fruticosa*, Mœnch , *Suppl. ad meth.*; *Hieracium fruticosum* , Willd.; Pers., *Syn. pl.* , tom. 2 . pag. 375. C'est un arbuste qu'on croit originaire de l'île de Madère ; sa racine produit plusieurs tiges ligneuses , presque droites, rameuses, cylindriques, glabres et lisses; les feuilles sont alternes, persistantes, oblongues-lancéolées, étrécies en pétiole vers la base , dentées , glabres, très-lisses, épaisses ; les calathides , composées de fleurs jaunes , sont portées sur des pédoncules terminant les rameaux , alongés , divisés en deux ou trois pédicelles cylindriques, glabres, presque tomenteux au sommet, qui est, en outre, garni de petites écailles et un peu épaissi; le péricline est oblong, à peu près cylindrique, couvert d'un duvet blanc, et composé de douze à vingt squames ; les fruits sont bruns ; leur aigrette est formée de dix à douze soies.

Les observations que nous avons faites sur l'*Hieracium fruticosum* du Jardin du Roi , nous ont pleinement convaincu que cette plante est la *Schmidtia fruticosa* de Mœnch.

Ce botaniste a dédié le genre dont il s'agit à Schmidt, auteur d'une Flore de Bohème.

Le genre *Schmidtia* , quoique très-rapproché de l'*Hieracium* , s'en distingue suffisamment par le péricline et par l'aigrette. (H. Cass.)

SCHNARR. (*Ornith.*) Nom allemand du canard chipeau ou ridenne , *anas strepera* , Linn. (Ch. D.)

SCHNARRE. (*Ornith.*) On donne, en allemand, ce nom, qui s'écrit aussi *schnarrer*, à la draine, *turdus viscivorus*, Linn. (Ch. **D.**)

SCHNARRER. (*Ornith.*) C'est, dans Meyer, le nom générique des râles, *rallus*, Linn. (Ch. D.)

SCHNÉE-AMMER. (*Ornith.*) C'est , en allemand, suivant Blumenbach, l'ortolan de neige, *emberiza nivalis*, Linn. (Ch. **D.**)

SCHNÉE-AMSEL. (*Ornith.*) Nom allemand du merle à plastron blanc. (Сн. D.)

SCHNÉE-FINK. (*Ornith.*) Nom allemand du pinson d'Ardennes, *fringilla montifringilla*, Linn. Ce nom est écrit dans Buffon *schaszin*. (Сн. D.)

SCHNÉE-GANS. (*Ornith.*) Nom allemand qui se rapporte au pélican et à l'oie sauvage. (Сн. D.)

SCHNÉE-HUHN. (*Ornith.*) Nom du lagopède, *tetrao lagopus*, en allemand. (Сн. D.)

SCHÉE-LERCHE. (*Ornith.*) Nom allemand donné au hausse-col noir. (Сн. D.)

SCHNÉE-LESCHE. (*Ornith.*) Nom allemand donné au jaseur. (Сн. D.)

SCHNEIDÉRIENNE. (*Erpét.*) Nom spécifique d'une couleuvre décrite dans ce Dictionnaire, tom. XI, pag. 210. (H. C.)

SCHNEPFE. (*Ornith.*) Nom allemand du genre Bécasse, *scolopax*. (Сн. D.)

SCHNOT. (*Ichthyol.*) Voyez Dobule. (H. C.)

SCHOÆKA. (*Bot.*) Voyez Schoucki. (J.)

SCHOBERA. (*Bot.*) Sous ce nom Scopoli fait un genre de l'*heliotropium parviflorum*, dont les quatre graines, très-rapprochées, paroissent former une capsule unique. (J.)

SCHOBOADH-BODHA. (*Bot.*) Voyez Scherette. (J.)

SCHOCCHAM. (*Bot.*) Voyez Schoucham. (J.)

SCHOCHAR, UNZAL. (*Bot.*) Noms arabes, cités par Forskal, de son *justicia trispinosa*. (J.)

SCHŒFFIA. (*Bot.*) Voyez Codonium. (Poir.)

SCHOEGHAGHA. (*Ornith.*) Forskal cite, à la page 1.re (chiff. ar.) de ses *Descriptiones animalium*, n.° 3, ce nom arabe, comme étant celui d'un guépier d'Égypte, quoique les caractères par lui indiqués paroissent ne pas se rapporter à ceux du genre *Merops*. (Сн. D.)

SCHŒNANTHUS. (*Bot.*) Espèce de graminée, *andropogon schœnanthus*, dont les sommités odorantes entrent dans la thériaque et dans d'autres préparations alexitères. (J.)

SCHŒNICLUS. (*Ornith.*) Ce nom, qui s'appliquoit à l'alouette de mer, ou *cincle*, avant que ce dernier mot désignât plus particulièrement le merle d'eau, *sturnus cinclus*, Linn., et *turdus cinclus*, Lath., est devenu le nom spécifique du bruant de roseaux, *emberiza schœniclus*, Linn. (Ch. D.)

SCHŒNIOSTROPHUS. (*Bot.*) Nom grec de la prêle, *equisetum*, cité par Mentzel. (J.)

SCHŒNOBŒNUS. (*Ornith.*) La fauvette nommée par Linné *motacilla schœnobœnus*, et à laquelle on a donné, comme synonyme, la fauvette des bois, ou roussette de Buffon, est regardée par M. Cuvier comme une variété non tachetée sur la poitrine du *motacilla nævia*, Albin, tom. 5, p. 26, et de Nozeman, tom. 2, pl. 53. (Ch. D.)

SCHŒNODORUS. (*Bot.*) Ce genre de graminées, établi par Beauvois, a été réuni par M. Kunth au *Bromus*, dont il diffère seulement par ses deux glumes presque parallèles, et par la paillette inférieure, terminée par une soie très-courte. Ce dernier caractère le rapprocheroit peut-être davantage du *festuca*. (J.)

SCHŒNODUM. (*Bot.*) M. Labillardière avoit fait sous ce nom un genre dioïque, dans la famille des restiacées. Suivant M. R. Brown, les deux individus rapportés à ce genre n'appartiennent pas à la même espèce, et doivent même former deux genres différens. Pour éviter toute confusion, il supprime le nom de *schœnodum* et rapporte à son *leptocarpus* le *schœnodum fæmina*, et à son *tyginia* le *schœnodum mas*, ajoutant à chacune des deux plantes l'indication de l'individu mâle pour la première et de l'individu femelle pour la seconde. Voyez Leptocarpe. (J.)

SCHŒNOPRASUM. (*Bot.*) Dodoëns désignoit sous ce nom un ail, que Linnæus a nommé pour cette raison *allium schœnoprasum*. (J.)

SCHŒNUS. (*Bot.*) Voyez Choin. (Lem.)

SCHŒPFIA. (*Bot.*) Nom donné par Schreber et Willdenow au *Codonium* de Rohr et Vahl, genre de la famille des loranthées. (J.)

SCHOHARITE. (*Min.*) M. Macneven a désigné et décrit sous ce nom une barytine ou baryte sulfatée silicifère, qui donne à l'analyse :

> De sulfate de baryte . . . 90,371
> De silice. . . . . 9,629.

Sa structure est fibreuse; sa pesanteur spécifique est de 4,36.

Elle se trouve dans les États-Unis d'Amérique, aux environs de New-York.

On regarde ce minéral comme résultant d'un simple mélange et ne présentant pas des caractères assez précis pour être érigé en espèce et désigné par un nom particulier. (B.)

SCHOÏDEN, SCHODEN. (*Ichthyol.*) Deux des noms allemands du *glanis.* Voyez Silure. (H. C.)

SCHOK. (*Bot.*) Ce nom arabe, qui signifie épine, est donné à la chaussetrape ou chardon étoilé, *calcitrapa,* suivant Forskal. On la nomme aussi *morrejr.* (J.)

SCHOKAB. (*Bot.*) Nom arabe du *phlomis alba* de Forskal. (J.)

SCHOKARI. (*Erpét.*) Nom spécifique d'une couleuvre décrite dans ce Dictionnaire, tom. XI, pag. 197. (H. C.)

SCHOKR EL HOMAR. (*Bot.*) Nom arabe du *chenopodium botrys,* suivant Forskal. (J.)

SCHOKUR. (*Ichthyol.*) Nom spécifique d'un Corégone que nous avons décrit dans ce Dictionnaire, tom. X., p. 563. (H. C.)

SCHOLLERA. (*Bot.*) Ce nom a été donné à trois genres différens. Roth s'en est servi pour désigner le *Microtea* de Swartz, de la famille des atriplicées. Le *schollera* de Schreber a été rapporté par Willdenow au *Leptanthus* de Michaux ou *Heteranthera* de la Flore du Pérou, genre voisin des commélinées. Un troisième *schollera* est l'*Oxycoccus* de Tournefort, réuni par Linnæus au *Vaccinium,* mais qui pourroit en être séparé à cause de sa corolle presque polypétale. Dans ce dernier cas le nom de Tournefort, plus ancien, devroit être conservé; et dès-lors celui de *schollera* reste sans emploi. Voyez Microtea. (J.)

SCHOLLIA. (*Bot.*) M. Jacquin fils a donné ce nom au genre d'apocinées désigné auparavant sous celui d'*Hoya,* par M. R. Brown. (J.)

SCHOLVAER. (*Ornith.*) Ce mot est, chez les Flamands, un des noms génériques du plongeon, *mergus.* (Ch. D.)

SCHOMBURGER. (*Ornith.*) L'oiseau ainsi appelé dans Edwards se rapporte au troupiale olive de Cayenne, pl. enlum. de Buffon, n.° 606, fig. 2. (Ch. D.)

SCHOMERLIN. (*Ornith.*) La litorne, *turdus pilaris*, Linn., se nomme ainsi dans la Lorraine allemande. (Cн. **D.**)

SCHOPF-LERCHE. (*Ornith.*) C'est l'alouette cochevis ou huppée, *alauda cristata*, Linn., en Autriche. (Cн. **D.**)

SCHORIGERAM. (*Bot.*) Nom malabare du *tragia involu-crata*. (J.)

SCHORL. (*Min.*) Schorl est un mot allemand dont les minéralogistes ont abusé de la manière la plus étrange, puisqu'ils l'ont appliqué indifféremment à des minéraux qui n'avoient pas le plus léger trait de ressemblance, et à plus forte raison la moindre analogie de composition. Aussi l'école moderne a-t-elle rayé cette expression vicieuse de la nomenclature, pour la remplacer par les noms spécifiques dont elle avoit usurpé la place ; dans l'origine, il est vrai, le mot *schorl* ne s'appliquoit qu'à notre tourmaline, mais bientôt on l'étendit à l'amphibole, puis à plus de vingt minéraux différens : la confusion fut à son comble, et l'on en pourra juger par la récapitulation suivante.

Schorl aigue-marine. Épidote du Saint-Gothard.

Schorl argileux. Variété d'amphibole qui a l'odeur argileuse quand elle est humectée.

Schorl basaltique. Amphibole en cristaux prismatiques et pyroxène volcanique.

Schorl blanc. Topaze picnite, pyroxène du lac Baïkal, néphéline du Vésuve, béryl, etc.

Schorlblende. Variété d'amphibole.

Schorl bleu. Disthène et titane anatase de l'Oysans.

Schorl en colonne ou *balsatique.* Amphibole et pyroxène.

Schorl commun. Tourmaline noire et quelquefois l'amphibole, par méprise.

Schorl cristallisé. Tourmaline, amphibole et épidote.

Schorl cruciforme. Staurotide et harmotome.

Schorl électrique. Tourmaline schorl par excellence.

Schorl feuilleté. Diallage, axinite.

Schorl fibreux blanc. Amphibole grammatite.

Schorl en gerbe. Prehnite flabelliforme du Cap ou de l'Oysans.

Schorl granatique. Axinite, amphigène et tourmaline.

Schorl lamelleux. Amphibole noir ou vert.

Schorl lamelleux chatoyant. Diallage.

Schorl en màcle. Staurotide.

Schorl de Madagascar. Tourmaline.

Schorl noir. Tourmaline.

Schorl octaèdre. Titane anatase.

Schorl olivâtre. Péridot granulaire des volcans.

Schorl opaque noir. Amphibole.

Schorl opaque noir rhomboïdal. Amphibole noir cristallisé.

Schorl pourpre en aiguilles. Titane oxidé rouge.

Schorl radié. Amphibole actinote et épidote.

Schorl rhomboïdal. Axinite.

Schorl rouge. Titane oxidé de Hongrie ou de Madagascar.

Schorl spatheux. Triphane.

Schorl spathique. Diallage et amphibole.

Schorl de Sibérie. Tourmaline apyre.

Schorl transparent lenticulaire. Axinite.

Schorl tricoté. Épidote et titane en aiguilles croisées.

Schorl vert du talc. Amphibole actinote.

Schorl vert du Dauphiné. Épidote de l'Oysans.

Schorl vert du Vésuve. Pyroxène vert volcanique.

Schorl vert du Zillerthal. Amphibole actinote.

Schorl violet. Axinite.

Schorl vitreux. Axinite et épidote.

Schorl volcanique. Pyroxène.

Haüy disoit qu'en proscrivant à jamais ce mot schorl de la nomenclature minéralogique, où il auroit pu à la rigueur le conserver à une espèce, il avoit voulu *faire un exemple;* et l'on voit, en effet, qu'il avoit bien mérité cette espèce de bannissement par le désordre qu'il avoit causé dans la science. (BRARD.)

SCHORLITE. (*Min.*) C'est le nom que Kirwan a donné au minéral nommé ailleurs picnite, et qu'on a rapporté à l'espèce de la TOPAZE. Voyez ce mot. (B.)

SCHORUR. (*Bot.*) Nom arabe de l'*euphorbia fruticosa* de Forskal, et de son *euphorbia cespitosa.* (J.)

SCHOTIA. (*Bot.*) Genre de plantes dicotylédones, à fleurs polypétales, de la famille des *légumineuses,* de la *décandrie monogynie* de Linnæus, offrant pour caractère essentiel : Un calice turbiné, à cinq lobes : cinq pétales connivens, rapprochés en un tube ventru; dix étamines libres; les filamens inégaux ; un ovaire supérieur, pédicellé ; un style filiforme ; une gousse pédicellée.

Schotie élégante : *Schotia speciosa*, Jacq., *Icon. rar.*, 1, tab. 75 ; Lamk., *Ill. gen.*, tab. 331 ; *Guaiacum afrum*, Linn., *Spec.* Petit arbrisseau auquel la belle couleur rouge de ses fleurs donne de l'éclat. Sa tige est dure, presque tuberculée, divisée en rameaux diffus, roides, inégaux. Les feuilles sont alternes, pétiolées, ailées, composées de folioles fort petites, ovales, un peu oblongues, opposées, très-entières, fermes, roides, persistantes, glabres à leurs deux faces, mucronées et piquantes au sommet ; le pétiole commun est articulé, canaliculé, bordé latéralement, muni à la base de stipules fort petites, subulées, appliquées contre les rameaux. Les fleurs sont d'un rouge vif, assez grandes, placées le long des rameaux, vers leur extrémité, formant un épi court, sur lequel elles sont presque fasciculées ou en bouquets. Le calice est coloré, caduc, divisé à son bord en cinq lobes peu profonds ; la corolle composée de cinq pétales égaux, ovales, oblongs, obtus, quelquefois un peu crénelés, insérés sur le bord du calice, rapprochés en un tube ventru. Les étamines sont libres ; les filamens inégaux ; les plus longs dépassent un peu les pétales ; les anthères sont inclinées ; l'ovaire est oblong, pédicellé ; le style plus long que les étamines ; le stigmate obtus. Le fruit est une gousse pédicellée, qui a été peu observée. Cette plante croît au Sénégal et au cap de Bonne-Espérance.

Schotie a larges feuilles ; *Schotia latifolia*, Jacq., *Fragm.*, tab. 15, fig. 4. Cette plante se distingue par la forme, la grandeur, le nombre de ses folioles pédicellées, en ovale renversé, longues de deux ou trois pouces, larges de deux pouces, entières, très-obtuses, fermes, coriaces, mucronées au sommet. Les tiges sont ligneuses, épaisses d'un pouce, droites, rameuses, cylindriques, glabres, d'un brun cendré ; les feuilles sont composées de trois ou quatre paires de folioles, accompagnées de petites stipules lancéolées, caduques. Cette plante croît au cap de Bonne-Espérance.

Schotie a feuilles de tamarin : *Schotia tamarindifolia*, Ait., *Hort. Kew.*, édit. nouv., 3, p. 33 ; *Botan. Magaz.*, tab. 1153. Cette belle espèce, rapprochée de la première, en diffère

par le caractère de ses folioles. Sa tige est brune, épaisse,
noueuse, divisée en rameaux courts, très-ouverts. Les feuilles
sont ailées, composées de huit à dix paires de folioles très-
rapprochées, sessiles, opposées, courtes, ovales, obtuses, la
plupart échancrées au sommet, longues de six à sept lignes,
larges de quatre. Les fleurs sont pédicellées, disposées en
grappes courtes et touffues ; le calice est coloré, particulièrement à son limbe, à cinq découpures arrondies; la corolle
d'un rouge vif: les gousses sont comprimées, rayées à leurs
deux sutures, médiocrement pédicellées. Cette plante croît
au cap de Bonne-Espérance. (Poir.)

SCHOTOR. (*Mamm.*) Ce nom, en Perse, est employé pour
désigner le dromadaire, *camelus dromedarius*. Linn. (Desm.)

SCHOUALBÉE, *Schwalbea*. (*Bot.*) Genre de plantes dicotylédones, à fleurs complètes, monopétalées, de la famille
des *personées*, de la *didynamie angiospermie* de Linnæus, dont
le caractère essentiel consiste dans un calice ventru, tubulé,
à quatre lobes inégaux; le lobe supérieur fort petit; les latéraux plus longs ; l'inférieur plus grand, échancré; une corolle tubulée, à deux lèvres; la supérieure droite, concave,
entière; l'inférieure à trois lobes obtus ; quatre étamines didynames; un ovaire supérieur; un style; un stigmate presque
globuleux; une capsule biloculaire, renfermant des semences
fort petites, un peu comprimées.

Schoualbée d'Amérique : *Schwalbea americana*, Linn., *Spec.*;
Lamk., *Ill. gen.*, tab. 520; Gærtn., *De fruct.*, tab. 55. Pluk.,
Mant., tab. 348, fig. 2. Plante herbacée, dont la tige est très-
simple, droite, presque quadrangulaire, pubescente. Les
feuilles sont alternes, sessiles, lancéolées, entières, aiguës,
élargies et presque à demi embrassantes à leur base, pubescentes et légèrement ciliées à leurs bords; les feuilles supérieures ou florales sont fort petites, presque ovales, faisant
presque la fonction de bractées, d'où résulte un épi droit,
simple ou terminal. Ses fleurs sont solitaires, alternes, axillaires; le pédoncule commun est court et velu, ainsi que le
calice. La corolle est d'un rouge pourpre, un peu inclinée,
presque une fois plus longue que le calice ; le tube renflé,
de la longueur du calice ; le limbe à deux lèvres concaves.
Le fruit est une capsule ovale, aiguë, divisée en deux loges

séparées par une double cloison, renfermant des semences
en forme de paillettes aiguës, comprimées, fort petites. Cette
plante croît dans l'Amérique septentrionale et dans la Caroline inférieure. (Poir.)

SCHOUCHAM, SCHOCCHAN. (*Bot.*) Nom arabe du *festuca mucronata* de Forskal, *festuca pungens* de Vahl. (J.)

SCHOUINQUE, *Schwenkia*. (*Bot.*) Genre de plantes dicotylédones, à fleurs complètes, monopétalées, de la famille
des *personées*, de la *diandrie monogynie* de Linnæus, caractérisé par un calice persistant, tubulé, à cinq dents; une
corolle tubulée; l'orifice renflé, fermé par cinq plis glanduleux; cinq étamines: trois plus courtes stériles; un ovaire
globuleux, supérieur; un style; une capsule comprimée, enveloppée par le calice renflé, à deux loges, à deux valves
polyspermes; une cloison parallèle aux valves, qui devient
libre.

Schouinque d'Amérique: *Schwenkia americana*, Linn. ? *Syst.
veg.*; Gærtn., *De fruct.*, tab. 214? Kunth *in* Humb. et Bonpl.,
Nov. gen., 2, p. 375, tab. 180. Petite plante herbacée, dont
la tige est droite, rameuse, haute d'un pied, un peu pileuse, à rameaux alternes, ascendans, presque fastigiés;
les feuilles sont alternes, médiocrement pétiolées, lancéolées, aiguës, très-entières, rétrécies à leur base, un peu hérissées de chaque côté, longues de quatre ou six lignes. Les
fleurs sont disposées à l'extrémité des rameaux en une panicule très-lâche. Le calice est tubulé, presque glabre, à cinq
dents lancéolées, égales, à trois nervures; la corolle trois fois
plus longue que le calice, à cinq dents courtes, autant de
glandes oblongues; les étamines ne sont point saillantes; la
capsule est ovale, un peu globuleuse, très-glabre, renfermée
dans le calice. Cette plante croît dans l'Amérique, aux lieux
très-chauds, dans les grandes forêts de l'Orénoque.

Schouinque étalée; *Schwenkia patens*, Kunth, *loc. cit.*,
tab. 179. Cette espèce est une plante herbacée, droite, haute
de deux pieds, à tige et rameaux pubescens, étalés. Les
feuilles sont alternes, pétiolées, oblongues, lancéolées, un
peu acuminées, aiguës à leur base, rudes et hispides à leurs
deux faces, longues d'un pouce et demi; les pétioles courts,
pubescens; les fleurs sont disposées en une panicule rameuse,

étalée; elles ont le calice glabre, tubulé, à cinq dents ovales, lancéolées; la corolle tubulée, trois fois plus longue que le calice, purpurine, à cinq angles, divisée à son limbe en cinq dents arrondies, échancrées; trois glandes très-petites, deux autres plus alongées et charnues; cinq étamines non saillantes, insérées sur le tube de la corolle, dont trois sont stériles. L'ovaire est oblong; le style glabre, de la longueur de la corolle; le stigmate presque en tête. Cette plante croît dans la province de Vénézuéla, entre Caracas et la Cumbre, aux lieux tempérés.

Schouinque a fleurs solitaires; *Schwenkia browallioides.* Plante herbacée, à tige droite, rameuse, pubescente et blanchâtre, ainsi que les rameaux; les feuilles sont alternes, pétiolées, ovales, acuminées, très-entières, arrondies à leur base, quelquefois un peu échancrées ou un peu courantes sur le pétiole, membraneuses, couvertes de poils très-courts, longues de deux pouces environ, larges d'un pouce et demi; les pétioles pubescens, longs d'un pouce et demi; les pédoncules axillaires, solitaires, courts, pubescens, à une, deux ou trois fleurs. Le calice est blanchâtre, pubescent, tubulé, à cinq dents ovales, lancéolées, égales; la corolle tubulée, deux et trois fois plus longue que le calice, à cinq dents ovales, aiguës, ciliées, autant de glandes très-longues, en massue. Cette plante croît dans la province de Caracas, proche Porto-Cabello. (Poir.)

SCHOUKI, SCHOÆKA. (*Bot.*) Noms arabes du *fagonia arabica* de Forskal. (J.)

SCHOUKIE. (*Ichthyol.*) Forskal a parlé, sous ce nom, d'un poisson de la mer Rouge, qui est armé d'aiguillons éloignés les uns des autres, et dont la peau, hérissée de tubercules très-serrés, est employée, dans la ville arabe de Suaken, pour revêtir des fourreaux de sabres.

Ce poisson paroît faire une espèce distincte dans le genre des Raies. (H. C.)

SCHOUSBŒA. (*Bot.*) Willdenow a voulu substituer ce nom générique à celui de *cacocoua* ou *cacucia* d'Aublet. (J.)

SCHOUWIA. (*Bot.*) Genre de plantes dicotylédones, à fleurs complètes, polypétalées, régulières, de la famille des *crucifères,* de la *tétradynamie siliculeuse* de Linnæus, dont le caractère essentiel consiste dans un calice à quatre folioles droites, égales à leur base; quatre pétales onguiculés; leur limbe en ovale renversé; six étamines tétradynames, dépourvues de dents; les anthères très-aiguës; un ovaire supérieur; un style subulé, persistant; une petite silique plane, comprimée, ovale, obtuse à ses deux extrémités, terminée par le style, à deux loges, à deux valves naviculaires, très-comprimées, ailées sur le dos; une cloison très-étroite; chaque loge occupée par plusieurs semences lisses, comprimées, horizontales.

Schouwia d'Arabie : *Schouwia arabica*, Dec., Syst. vég., 2, pag. 644; *Subularia purpurea*, *Flor. ægypt. arab.*, 117; *Thlaspi arabicum*, Vahl, *Symb.*, 2, pag. 76. Cette plante a des tiges herbacées, rameuses, diffuses, très-glabres, ainsi que sur toutes les parties. Les feuilles sont alternes, longues de deux pouces; les inférieures sessiles, un peu rétrécies à leur base; les supérieures embrassantes, oblongues, en cœur à leur base, assez semblables à celles du *brassica perfoliata* : les dernières rétrécies à leur base, oblongues, en cœur, embrassantes, la plupart entières, quelquefois à dents rares et distantes. Les fleurs sont disposées en grappes opposées aux feuilles, d'abord presque en corymbe, prolongées après la floraison, dépourvues de bractées; les pédicelles filiformes, longs de deux lignes; les folioles du calice droites, inégales: deux lancéolées, deux linéaires, étroites; l'onglet des pétales est de la longueur des calices; leur limbe d'un rose pourpre, en ovale obtus renversé; les étamines sont presque égales, très-aiguës, presque aristées; l'ovaire ovale; une petite silique comprimée, longue de neuf lignes, large de six, ovale. Cette plante croit dans l'Arabie heureuse, sur les montagnes, aux lieux humides et argileux. (Poir.)

SCHOVANNA-NUDELA-MUCCU. (*Bot.*) Nom malabare d'une renouée, *polygonum barbatum* de Linnæus; le *schovanna-adamboe* est son *convolvulus pes capræ*. (J.)

SCHOWELER. (*Ornith.*) Nom anglois de la spatule, *platalea leucorodia*, Linn., qu'on appelle *schuffler* en Suisse. (Ch. D.)

SCHRADERA. (*Bot.*) Sous ce nom Willdenow a séparé le *croton trilobatum* de son genre primitif, qui appartient aux euphorbiacées; mais il a été aussi employé par Vahl pour un genre de Rubiacées maintenant admis : il y a aussi un *schraderia* de Heister et Mœnch, qui est le *salvia canariensis*, offrant de légères différences dans les divisions du calice et de la corolle. (J.)

SCHRADERA. (*Bot.*) Genre de plantes dicotylédones, à fleurs complètes, monopétalées, de l'*hexandrie monogynie* de Linnæus, offrant pour caractère essentiel : Un involucre à plusieurs fleurs ; un calice urcéolé; la corolle campanulée, à cinq ou six divisions, hérissée à son orifice; cinq ou six étamines ; un ovaire inférieur ; un style ; une baie polysperme.

Il avoit été établi un autre genre sous le nom de *Schradera*, qui a été réuni aux *crotons*.

Schradère a fleurs en tête : *Schradera capitata*, Vahl, *Ecl.*, 1, pag. 35, (*excluso synonymo*); Willd., *Spec.*, 2, pag. 238. Arbrisseau grimpant et parasite, dont les rameaux sont tétragones, revêtus d'une écorce cendrée, garnis de feuilles lancéolées, opposées, arrondies ou elliptiques, coriaces, très-entières, un peu obtuses. Le pédoncule est terminal, long d'un pouce et demi, soutenant des fleurs en tête, environnées d'un involucre coriace, d'une seule pièce, à cinq découpures arrondies, obtuses, renfermant environ quinze fleurs. Le calice est coriace, campanulé, persistant, entier et tronqué à son bord. Le nombre des étamines, ainsi que celui des autres parties de la fleur, varie de cinq à six. Cette plante croît à l'île de Montferrat, dans l'Amérique.

Schradère a grosse tête : *Schradera cephalotes*, Willd., *Spec.*, 2, p. 258 ; *Fuchsia involucrata*, Swartz, *Fl. Ind. occid.*, pag. 674 et 1973. Cette espèce, quoique très-rapprochée de la précédente, en diffère par son involucre entier et non denté. glabre, tronqué, épais, tétragone, renfermant quatre ou huit fleurs. Le calice est droit, ovale, campanulé, un peu plus long que l'involucre, presque tronqué, à huit dents fort petites. Les feuilles sont plus minces, plus aiguës. Les fleurs renferment de cinq à neuf étamines, mais plus ordinairement huit. Cette plante croît à la Jamaïque, dans les forêts et sur les montagnes. (Poir.)

SCHRAITZER. (*Ichthyol.*) Nom spécifique d'une Gremille. Voyez ce mot. (H. C.)

SCHRANKIA. (*Bot.*) Médicus et Mœnch ont donné ce nom générique au *myagrum perenne* de Linnæus, reporté par Bergius et M. De Candolle au genre *Rapistrum*. Le *Goupia* d'Aublet, genre de rhamnées, a reçu le même nom de Scopoli. Le *Schrankia* de Willdenow, genre conservé, est une subdivision du *mimosa*. (J.)

SCHRANKIA. (*Bot.*) Genre de plantes dicotylédones, à fleurs incomplètes, de la famille des *légumineuses*, de la *polygamie monoécie* de Linnæus, caractérisé par des fleurs polygames; les hermaphrodites offrent un calice à cinq dents; une corolle monopétale, à cinq divisions; huit ou dix étamines; un ovaire supérieur; un style; une gousse à quatre valves; point de pistil dans les fleurs mâles.

SCHRANKIA A AIGUILLONS; *Schrankia aculeata*, Willd., *Spec.*, 4: *Mimosa quadrivalvis*, Linn., *Spec.*; Banks, *Reliq. Houst.*, tab. 25; Mill., *Icon.*, tab. 182, fig. 1. Plante herbacée, dont la racine est tubéreuse, la tige herbacée, foible, quadrangulaire, parsemée d'aiguillons courts et crochus, ainsi que les pétioles et les pédoncules. Les feuilles sont deux fois ailées, composées de trois ou quatre paires de pinnules, portant chacune dix-huit à vingt paires de folioles oblongues, fort rapprochées les unes des autres; les pétioles partiels sont pileux et n'ont d'aiguillons que vers leur base. Les pédoncules sont axillaires, solitaires, et soutiennent chacun une tête globuleuse de fleurs purpurines. Les fruits qui leur succèdent naissent trois ou quatre ensemble : ce sont des gousses grêles, alongées, aiguës, un peu tétragones, à quatre valves, chargées de petites épines éparses. Cette plante croît à la Vera-Cruz.

SCHRANKIA A CROCHETS : *Schrankia uncinata*, Willd., *Spec.*, *loc. cit.; Mimosa horridula*, Mich., *Amer.*, 2, p. 254; Vent., Choix des pl., tab. 28; *Mimosa intsia*, Walt., *Flor. Carol.*, 252. Cette plante est toute couverte d'aiguillons nombreux et crochus. Sa tige est herbacée, cannelée, presque pentagone, armée d'aiguillons comprimés, inégaux, d'un jaune pâle. Les feuilles sont deux fois ailées, composées de six paires de pinnules opposées; chaque pinnule chargée de dix à douze paires de folioles presque sessiles, linéaires, obtuses, fort petites, tronquées à un des côtés de leur base, surmontées

d'une glande peu apparente , traversées inégalement par la
nervure du milieu. Le pétiole commun est tétragone, articulé à sa base : chaque paire de folioles inférieures est munie
d'une glande saillante ; les stipules sont capillaires, de couleur
purpurine. Les fleurs sont fort petites, axillaires, réunies en
une tête globuleuse ; les bractées très-courtes, d'un pourpre
foncé, linéaires, très-caduques ; le calice est glabre, très-petit,
d'un vert blanchâtre, à cinq dents d'un beau pourpre ; les
cinq pétales sont de même couleur, lancéolés, aigus. Les
gousses sont étroites, oblongues, un peu cylindriques, creusées
de quatre sillons, à une seule loge, à quatre valves opposées,
hérissées d'aiguillons crochus ; les semences nombreuses, noirâtres, comprimées, presque quadrangulaires, disposées sur
un seul rang. Cette plante croît dans l'Amérique septentrionale, depuis la Virginie jusque dans la Floride.

Schrankia a hameçon ; *Schrankia hamata*, Willd., *Spec.*,
loc. cit. Cette espèce a des tiges herbacées, pentagones, munies de nombreux aiguillons comprimés, crochus. Les feuilles
sont deux fois ailées, composées de quatre paires de pinnules, chargées de folioles nombreuses, linéaires, aiguës,
rétrécies au côté intérieur de leur base, tronquées à angle
aigu, veinées en dessus, à nervures un peu saillantes en dessous ; le pétiole commun est armé de nombreux aiguillons ;
les partiels en sont presque dépourvus. Les fleurs sont réunies
en petites têtes globuleuses, axillaires, médiocrement pédonculées ; les pédoncules munis d'aiguillons. Les gousses sont
tétragones, à quatre valves : sur chaque valve sont trois rangs
d'aiguillons très-rapprochés. Cette plante croît dans l'Amérique méridionale. (Poir.)

SCHREBERA. (*Bot.*) Le genre que Linnæus nommoit
ainsi, est maintenant un *hartogia* dans les rhamnées. Le *schrebera* de Retz est un *elæodendrum* dans la même famille. On a
conservé le *schrebera* de Roxburg et de M. Persoon, qui est
une jasminée. Voyez Senacia. (J.)

SCHTCHALBISCH. (*Ichthyol.*) Nom de l'esturgeon, en
Sibérie. (H. C.)

SCHUAF, GHORÆJEH. (*Bot.*) Noms arabes de l'arbre
nommé *ixora occidentalis* par Forskal, et *pavetta longiflora* par
Vahl. (J.)

SCHUBERTIA. (*Bot.*) M. Mirbel a établi sous ce nom un nouveau genre pour le *cupressus disticha*, Linn., que Richard a nommé *taxodium* dans les Annales du Muséum. C'est une des plus grandes espèces que l'on connoisse parmi les cyprès, qui a été figurée par Commelin, *Hort.*, 1, tab. 59; par Michaux, Hist. des arbr., 3, tab. 1; Catesby, *Carol.*, 1, tab. 11; Duhamel, Arb., 1, t. 82, etc. Son feuillage a presque l'aspect de celui d'un acacia; il est fin, léger, élégant, comme celui du mélèze, également caduc. Les feuilles sont linéaires, petites, aiguës, très-rapprochées les unes des autres, disposées sur deux rangs opposés, longues de six ou sept lignes, planes, un peu arquées. Le tronc s'élève à la hauteur de soixante ou soixante-dix pieds, en diminuant de grosseur jusqu'à son sommet; quelquefois on lui a reconnu, à sa base, environ trente pieds de circonférence; le bois est rougeâtre; les rameaux s'étendent horizontalement. Ce que cet arbre offre de plus particulier, sont des protubérances, des espèces de chicots ou d'exostoses, qui croissent de distance en distance sur les racines, s'élèvent, comme des bornes milliaires, au-dessus de la surface de la terre, depuis un pied jusqu'à quatre et plus, recouvertes à leur sommet d'une écorce rouge, très-lisse; elles ne produisent ni feuilles, ni branches; les habitans les creusent et les façonnent pour en faire des ustensiles de ménage.

Cet arbre fournit un excellent bois de charpente; il est souple, léger, d'un grain délié, facile à travailler; il résiste bien plus long-temps que le chêne à l'humidité de l'air : on en fait de la volige, on le débite en petites planches dont on couvre les maisons; l'écorce sert au même usage : les habitans du pays fabriquent avec le tronc des pirogues qui portent jusqu'à quatre milliers. Ce bois est pénétré d'une substance balsamique et odoriférante.

Cet arbre ne croît bien que dans les marais et sur le bord des rivières sujettes aux inondations périodiques. J'en ai vu en Caroline, dit M. Bosc, qui avoient plus de cent pieds de hauteur, et plus de douze pieds d'eau sur leurs racines pendant six mois de l'année. Ce cyprès a été introduit dans les jardins des environs de Londres dès 1640. Il n'y a guère qu'un siècle qu'il se voit dans ceux des environs de Paris. Long-

temps on a ignoré qu'il croissoit dans l'eau. Duhamel, le premier, imagina d'en planter dans les terrains tourbeux de son
domaine du Monceau, où ils réussirent : c'est à M. de Males-
herbes qu'on doit la recherche que l'on fit de cet arbre, et
c'est aux Michaux, père et fils, qu'on a l'obligation de l'immense quantité de graines qui ont été semées en France,
surtout dans les pépinières de Trianon, mais qui ont péri en
grande partie pour n'avoir pas été plantées dans des lieux
convenables. On en voit cependant quelques beaux pieds à
Rambouillet, où il devroit y en avoir beaucoup plus, si on les
eût mis dans le marais, au lieu de les mettre dans la berge
des fossés qui le traversent, d'après l'observation de M. Bosc.
Les graines nous sont apportées de la Louisiane et des États-
Unis d'Amérique. On les sème au printemps dans des ter-
rines remplies de terre de bruyère, ou dans des plates-bandes
de la même terre exposées au nord ; des arrosemens fréquens
sont indispensables. On garantit les jeunes plants du soleil,
et on les couvre pendant l'hiver, après lequel on peut les
transporter en pépinière dans une terre légère et humide ;
il faut ensuite les planter à demeure dans l'eau. On multiplie
également ce cyprès de marcottes et de boutures : il repousse
du pied quand on le coupe. Sa multiplication en France seroit d'autant plus avantageuse qu'il croît dans des terrains
abandonnés, et qu'on pourroit en employer le bois à un grand
nombre d'usages. (Poir.)

SCHUDJARA. (Bot.) Voyez Næggæssi. (J.)

SCHUEK. (Bot.) Nom syrien du coquelicot, *papaver rhœas*,
cité par Rauwolf, qui ajoute qu'on en fait à Alep une conserve pour la toux. (J.)

SCHUFFLER. (Ornith.) En Suisse, ce nom est employé
pour désigner la spatule. (Desm.)

SCHULTEZIA. (Bot.) Ce genre de graminées, fait par
M. Sprengel, est réuni au *chloris* par M. Trinius ; c'est le
chloris petræa de Swartz. (J.)

SCHULTZIA. (Bot.) Genre de la *didynamie angiospermie*,
et voisin de l'*Obolaria*. Il est caractérisé par son calice bipartite ; la corolle tubulée, à deux lèvres, la supérieure bifide et l'inférieure entière ; le stigmate sessile ; la capsule uniloculaire, bivalve et polysperme.

Le *Schultzia obolarioides* est la seule espéce de ce genre, créé par Rafinesque-Schmaltz. On la trouve en Pensylvanie, dans le pays de Beks. Ses feuilles sont opposées, sessiles et ovales : ses fleurs en épi, garni de bractées triflores. (Lem.)

SCHULZIA (*Bot.*), Spreng., *Prodr. umbell.*, 3o. Genre de la famille des *ombellifères*, que Sprengel propose pour le *sison crinitum* de Pallas, et auquel il attribue pour caractère : Un fruit presque linéaire, anguleux, solide, à cinq angles émoussés, couronné par le style persistant, subulé. Les involucres universels et partiels sont deux fois ailés ; les divisions presque capillaires. (Poir.)

SCHUNAMBU-VALLI. (*Bot.*) Nom malabare du *cissus vitiginea*. (J.)

SCHUNDA-PANA. (*Bot.*) Voyez Saguaster. (J.)

SCHUNF-EDDIK. (*Bot.*) Nom arabe, cité par Forskal, de son *cytisus pinnatus*. (J.)

SCHUNTOB, SCHANTOB. (*Bot.*) Noms arabes de l'*asclepias spiralis* de Forskal. (J.)

SCHURREDI. (*Bot.*) Forskal cite ce nom arabe pour une plante cucurbitacée, qu'il nomme *citrullus, cucurbita citrullus.* (J.)

SCHURTAN. (*Ichthyol.*) Voyez Scheschuk. (H. C.)

SCHUSCH. (*Bot.*) Dans le royaume de Darfour, au Midi de l'Égypte, ce nom est celui d'une plante qui, selon le voyageur Browne, ressemble à l'ivraie, et dont les graines, dures, luisantes, écarlates, à ombilic noir, servent aux femmes pour faire des colliers, des bracelets et d'autres ornemens. Le voyageur Browne ne nomme pas cette plante, qui est peut-être un *erythrina*, et nullement une espéce d'ivraie. (Lem.)

SCHUTZITE. (*Min.*) Nom qu'on a proposé de donner à la strontiane sulfatée, en l'honneur de Schütz, qui en a décrit une variété de l'Amérique du Nord en 1791. Ce nom eût beaucoup mieux valu que celui de célestine, qui lui a été donné par l'école allemande. Voyez Strontiane sulfatée. (B.)

SCHWÆGERICHENIA. (*Bot.*) M. Sprengel nomme ainsi l'*anigosanthos* de M. Labillardiére, qui rentre dans notre genre *Argolasia*, de la famille des dilatridées. (J.)

SCHWALBE. (*Ornith.*) Nom générique des hirondelles, en allemand. (Ch. D.)

SCHWALBEA. (*Bot.*) Voyez Schoualbée. (Poir.)

SCHWALEN. (*Ornith.*) Nom de l'hirondelle, en Suisse. (Ch. D.)

SCHWALLOW. (*Ornith.*) Nom anglois de l'hirondelle. (Ch. D.)

SCHWAN. (*Ornith.*) C'est le cygne, en allemand. (Ch. D.)

SCHWARZ-KEHLCHEN. (*Ornith.*) Nom allemand du rossignol de muraille, *motacilla phœnicurus*, Linn. (Ch. D.)

SCHWARZ-RINGEL. (*Ichthyol.*) Un des noms allemands du Sparaillon. Voyez ce mot. (H. C.)

SCHWARZ-SPECHT. (*Ornith.*) Nom allemand du pic noir, *picus martius*. Linn. (Ch. D.)

SCHWARZ-UMBER. (*Ichthyol.*) Nom allemand du *corb* ou *corbeau*, *sciœna umbra*. Voyez Sciène. (H. C.)

SCHWATZER. (*Ornith.*) Nom allemand du merle d'eau, autrement cincle ou aguassière, *cinclus*, Bechst. (Ch. D.)

SCHWEDERLE. (*Ornith.*) Nom suisse du cini. (Ch. D.)

SCHWEINITZIA. (*Bot.*) Ce genre de champignons, établi par Greville, est le même que le Podaxis de M. Desvaux. Voyez ce mot, et Mycologie, tom. XXXIII, pag. 557. (Lem.)

SCHWEINITZIA (*Bot.*), Elliot-Nutt., *Gen. of North-Amer.*, 2, addit. Genre de plantes dicotylédones, de la *décandrie monogynie* de Linnæus, qui a des rapports avec les *monotropa* et se rapproche beaucoup du *pterospora*. Il offre pour caractère essentiel : Un calice à cinq folioles concaves, de la longueur de la corolle ; celle-ci monopétale, campanulée, à cinq dents ; à la base interne de la corolle un appendice à cinq dents ; dix étamines ; les anthères soudées sur les filamens, à une seule loge, s'ouvrant à la base par deux pores nus. Le stigmate presque globuleux, renfermé, intérieurement à cinq dents ; une capsule à cinq loges? semences...

Petite plante herbacée, qui paroît parasite, de couleur pâle, sans feuilles, pourvue d'une hampe écailleuse : les fleurs sessiles, terminales, agrégées, accompagnées de larges bractées : la corolle odorante, d'un blanc rougeâtre. Elle croît dans la Caroline. (Poir.)

SCHWENKFELDIA. (*Bot.*) Schreber avoit substitué ce

nom à celui du *sabicea* d'Aublet, qu'il regardoit comme bar-
bare, et il a fait ainsi beaucoup d'autres substitutions d'après
le même motif. (J.)

SCHWENKIA. (*Bot.*) Voyez Schouinque. (Poir.)

SCHWERT - FISCH. (*Mamm.*) Anderson rapporte ce nom
au dauphin gladiateur de feu de Lacépède. (Desm.)

SCHWEYCHERTA. (*Bot.*) Gmelin, cité dans le *Nomencla-
tor* de M. Steudel, a donné ce nom au *nymphoides* de Tournefort, réuni par Linnæus au *menyanthes*, mais séparé depuis, avec raison, puisqu'il appartient à une autre famille.
Il est nommé définitivement *villarsia*, et il est rapporté à la
suite des gentianées. (J.)

SCHWONETZ. (*Ornith.*) On appelle ainsi, en Bohème,
le verdier, *loxia chloris*, Linn., qui se nomme, en Prusse,
schwentzke. (Ch. D.)

SCHYBUM. (*Bot.*) Suivant Rauwolf, la plante nommée ainsi
par Dioscoride, est celle dont Tournefort a fait son genre
Gundelia, de la famille des composées ou synanthérées. (J.)

SCHYTE. (*Erpét.*) On a donné ce nom à une vipère. Voyez
Vipère. (H. C.)

SCIÆNA. (*Ichthyol.*) Voyez Sciène. (H. C.)

SCIAMTA. (*Ornith.*) Nom donné par Vansleb (Relation
d'un voyage en Égypte, pag. 102) à un gypaëte, ou vautour
barbu gigantesque, dont parle M. Savigny, pag. 20 des Oiseaux d'Égypte et de Syrie, et dont l'indication se trouve au
tome XXXIX de ce Dictionnaire, pag. 470, sous le nom de
phène. (Ch. D.)

SCIAPHILE. (*Entom.*) Ce nom, qui signifie *qui aime l'ombre*,
de Σκία et de Φιλος, a été employé par M. Schœnherr pour
indiquer un sous-genre de la famille des rhinocères à antennes brisées, qui comprend en particulier le *curculio mu-
ricatus* de Fabricius. Voyez, à l'article Rhinocères, dans l'analyse que nous y avons donnée de l'ouvrage de M. Schœnherr,
le n.° 46. (C. D.)

SCIARA. (*Bot.*) Mentzel cite ce nom grec de la cardère,
dipsacus. Le même étoit adopté, suivant Ruellius, pour la
même plante, dans la Daourie, qui répond à la Valachie actuelle et aux pays voisins. (J.)

SCIARA. (*Entom.*) M. Meigen a désigné sous ce nom un

genre de diptères de la famille des tipules, que Fabricius a
adopté pour y ranger plusieurs rhagions et des Hirtées, tels
que l'*hirtea Thomæ*, les *rhagio morio*, *tipuliformis*, *longicornis*,
etc. (C. D.)

SCIE, *Pristis*. (*Ichthyol.*) Dans le second volume des Actes
de la société linnéenne de Londres, J. Latham, le premier,
a établi sous ce nom, parmi les poissons cartilagineux, un
genre particulier, qu'il a formé aux dépens de celui des
squales de Linnæus, et que l'on a généralement adopté
depuis lui.

Ce genre, qui appartient à la famille des plagiostomes du
professeur Duméril, est reconnoissable aux caractères suivans :

*Squelette cartilagineux; opercules et membranes des branchies
nulles; quatre nageoires latérales ; bouche large, située en travers
sous le museau ; corps alongé, aplati en avant, couvert d'une
peau coriace et rude au toucher; museau fort long, déprimé en
forme de bec, armé de chaque côté de fortes épines osseuses, pointues, tranchantes, implantées comme des dents dans des alvéoles;
dents véritables des màchoires en petits pavés, comme dans les
émissoles; nageoire anale nulle; deux évents derrière les yeux;
deux nageoires dorsales fort écartées; cinq paires de trous branchiaux en dessous.*

A l'aide du prolongement osseux et en forme de scie de la
tête, on distinguera facilement les Scies de tous les autres
genres de la famille des PLAGIOSTOMES. (Voyez ce dernier
mot.)

Les Scies, dont l'organisation interne est presque la même
que celle du requin (voyez CARCHARIAS), ont été plus d'une
fois rangées avec les cétacés, spécialement à cause de leur
ressemblance extérieure avec le narwhal. Personne ne doute
aujourd'hui qu'elles n'appartiennent à la classe des poissons.

Parmi elles nous nous attacherons particulièrement aux espèces suivantes :

La SCIE COMMUNE : *Pristis antiquorum*, Lath. ; *Squalus pristis*, Linnæus; *Vivelle*, Rondelet. Prolongement rostriforme,
armé, comme un rateau de jardinier, de dix-huit à vingt-
quatre grosses dents de chaque côté, recouvert d'une sorte
de cuir, égalant en longueur le tiers de la longueur totale

de l'animal, et allant en se rétrécissant de la tête à son extrémité, qui n'est cependant point aiguë et dont le contour
est arrondi; dos d'un gris foncé ou presque noir; côtés cendrés; ventre blanchâtre; peau couverte de tubercules, dont
l'extrémité est tournée vers la queue; nageoires pectorales
très-étendues; première dorsale au-dessus des catopes; caudale très-courte.

Ce poisson, qui atteint la taille de douze à quinze pieds,
fréquente presque toutes les mers des deux hémisphères,
sous les glaces du pôle comme sous les feux de l'équateur.
On le rencontre auprès des côtes d'Afrique et du Bengale
comme dans le voisinage de celles du Spitzberg et de l'Amérique septentrionale. Sa force et sa hardiesse ne le caracté-
risent pas moins que l'arme redoutable dont il est pourvu,
mais jamais, malgré l'assertion de Pline, il ne parvient aux
énormes dimensions attribuées aux baleines, et ne sauroit
présenter, comme on l'a écrit et répété, la longueur éton-
nante de deux cents coudées. Attaquant sans crainte, et,
souvent même, combattant avec avantage les géans de l'empire de Neptune, animé par une espèce de haine contre les
cétacés en général, on l'a vu se mesurer à la surface de l'o-
céan septentrional avec la baleine franche et sortir fréquemment victorieux d'une lutte dans laquelle il pouvoit être
anéanti par un seul coup de queue de son ennemi. Tous les
pêcheurs du Nord sont d'accord sur ce point; tous peignent
avec énergie le combat opiniâtre où la scie, réunissant l'a-
gilité à la vigueur, bondit, s'élance au-dessus des eaux,
échappe aux coups qui la menacent comme la tempête, re-
tombe sur le cétacé, lui enfonce dans le dos son espèce de
bec dentelé, et teint l'onde amère de son sang. Mertens
a été témoin, derrière la Hitlande, d'une rencontre de ce
genre entre une scie et un nord-caper : il les vit s'agiter,
s'élancer, se poursuivre, se heurter avec tant de force que
l'eau jaillissoit au loin et retomboit en pluie; mais le mauvais temps l'empêcha de reconnoître le côté en faveur duquel
se déclara la victoire. Don Ulloa et le capitaine Stedmann
racontent des faits analogues dans leurs intéressans ouvrages.

Quelquefois, jetée avec violence par la tempête contre la
carène d'un vaisseau, ou la prenant pour une baleine, la

scie y enfonce son arme, et celle-ci se brise et reste enchâssée dans le bois, tandis que l'animal s'éloigne avec son museau tronqué. On conserve dans les galeries du Muséum d'histoire naturelle de Paris, un fragment considérable d'une pareille arme, qui a été trouvé implanté dans le flanc d'un grand cétacé, et qui a été envoyé par le capitaine de Capellis.

La chair de ce poisson est dure, coriace et de mauvaise saveur. On ne la mange guère qu'en cas de disette et à défaut d'autres alimens. Les Nègres de la côte occidentale d'Afrique s'en abstiennent universellement, mais par un motif particulier : leur imagination, frappée de la grande taille, de la figure extraordinaire, de la force prodigieuse de la scie, fait qu'ils la regardent comme une sorte de divinité et qu'ils conservent, comme un fétiche précieux, les petits fragmens de son museau dentelé. Lorsque la tempête vient à jeter sur la grève un animal de ce genre, ils lui coupent la tête et la portent religieusement dans un temple.

La Scie pectinée, *Pristis pectinata*, Lath. Trente-quatre dents aiguës de chaque côté du bec ; queue longue ; nageoire dorsale excavée ; mêmes couleurs que la précédente ; taille de quatre à six pieds.

De l'Océan et de la mer Méditerranée.

La Scie cuspidée, *Pristis cuspidata*, Lath. Vingt-huit dents larges et pointues de chaque côté du bec, qui est à peu près de la même largeur dans toute sa longueur.

Du grand Océan.

La Scie microdon, *Pristis microdon*. Bec garni de chaque côté de petites épines à peine saillantes et au nombre de dix-huit seulement.

Ce poisson ne parvient qu'à la taille de dix-huit pouces. Il habite le grand Océan.

La Scie anisodon : *Pristis anisodon*, N. ; *Pristis cirratus*, Lath.; *Squalus anisodon*, Lacép. Scie garnie de chaque côté de dents très-inégales, un peu recourbées ; un filament flexible et très-long en dessous du museau à droite et à gauche.

Des parages de la Nouvelle-Hollande. (H. C.)

SCIE ou CAME SCIE. (*Conch.*) Les marchands d'objets d'histoire naturelle et les amateurs de coquilles du dernier siècle paroissent avoir désigné sous ce nom quelques espèces

de cardiums comme tronqués en arrière et dont les canne-
lures se terminent par des dents aiguës, qui ressemblent un
peu aux dents de scie, mais plus spécialement au *donax denticulatus*. (De B.)

SCIENCE DE L'ORGANISATION. (*Physiologie générale.*)
L'étude des corps, c'est-à-dire de tous les êtres étendus et
mobiles qui peuvent frapper nos sens et dont l'ensemble
constitue l'univers ; l'examen des phénomènes auxquels leurs
propriétés, leurs mouvemens, soit de masses, soit de molécules, donnent journellement lieu ; celui de leur composition
et de l'action réciproque de leurs élémens ; la connoissance
des causes actives des effets qu'ils produisent, ou des lois
générales, des forces qui les régissent : voilà le sujet de l'histoire naturelle, science immense et trop compliquée pour
que le génie de l'homme le plus heureusement né puisse
venir à bout de l'embrasser dans sa vaste étendue.

Mais parmi les corps quelques-uns, pendant un espace
de temps déterminé, sont doués de l'admirable faculté de
résister jusqu'à un certain point aux lois de la nature,
qui régissent la matière depuis les astres qui roulent dans
leurs orbites jusqu'aux grains de sable qui couvrent le rivage des mers ; à ces lois dont la puissance tend sans cesse à
les détruire, et avec lesquelles ils sont dans une sorte de
lutte continuelle : cette faculté, qui caractérise la *vie* dont
ils jouissent, trouve sa source dans les *organes* qui les composent. (Voyez VIE.)

De la connoissance de ce fait est née la science de l'organisation, composée elle-même de l'anatomie et de la physiologie, et qui s'occupe de l'examen des *instrumens de la vie*,
de l'art de les séparer mécaniquement les uns des autres,
de celui d'en mettre à découvert, d'en isoler toutes les parties, d'en apprécier les fonctions, d'en signaler le mode
d'action.

Tous les êtres organisés rentrent donc dans le domaine de
cette science.

Elle peut, d'ailleurs, être appliquée à chaque corps orga-
nisé en particulier, ou bien, comparativement à plusieurs,
à un grand nombre, et même à la totalité des corps organisés
connus.

Dans ce dernier cas, c'est-à-dire lorsqu'on l'applique à l'universalité des êtres dont elle peut s'occuper, la science de l'organisation a reçu les noms d'*anatomie* et de *physiologie comparatives* ou *philosophiques*, parce qu'elle compare, dans les différens êtres, les parties organisées diversement modifiées; parce qu'elle cherche à découvrir ainsi, dans chaque organe, ce qui lui est essentiel et commun dans tous les êtres, et ce qui lui est spécial, de manière à varier dans chaque classe, et à n'appartenir qu'à telle ou telle espèce. Elle a pour objet alors de rechercher, par la comparaison, ce en quoi les êtres organisés se ressemblent, ce en quoi ils diffèrent les uns des autres.

Or, comme on a divisé les êtres vivans en deux grandes sections, les *végétaux* et les *animaux*, de même on distingue deux sortes d'*anatomies comparatives*, de *physiologies comparatives*.

L'une concerne les végétaux : c'est la *Phytotomie*, la *Biologie végétale*, la *Phytonomie*.

L'autre a rapport aux animaux : c'est la *Zootomie*, la *Biologie animale*, la *Zoonomie*.

Cette dernière a donc pour objet spécial la connoissance de l'organisme animal, considéré matériellement, l'étude de l'ensemble et du rapprochement de toutes les qualités apparentes des organes qui entrent dans la composition du corps des animaux : elle indique le nombre, la situation, les formes, les proportions, les connexions, la structure, le tissu interne de chacun d'eux ; elle découvre et elle explique les lois qui régissent les fonctions qu'il est appelé à remplir. (H. C.)

SCIÈNE, *Sciæna*. (*Ichth.*) Linnæus a établi sous ce nom un genre de poissons que les ichthyologistes modernes rangent dans la famille des acanthopomes, parmi les holobranches du sous-ordre des thoraciques, ou dans la seconde tribu de la seconde section de la quatrième famille des acanthoptérygiens.

Ce genre, caractérisé d'abord par Linnæus d'une manière très-vague, a depuis été réformé par de Lacépède, qui en a séparé les Centropomes, les Pomadasys et les Chéilodiptères, et par M. le baron Cuvier, qui en a distingué les Cingles, les Ombrines, les Lonchures, et qui leur a assimilé les Johnius de Bloch. (Voyez ces divers mots.)

Les Sciènes se reconnoissent aujourd'hui aux caractéres suivans :

Corps oblong, épais, comprimé, écailleux; opercules épineuses et non dentelées; calopes situés sous les nageoires pectorales; deux nageoires dorsales, la seconde à plus de cinq rayons; museau un peu proéminent, mousse, écailleux; dents en crochets inégaux.

Il est, d'après cela, facile de distinguer les Sciènes des Holocentres, des Ténianotes, des Bodians, des Lutjans, qui n'ont qu'une seule nageoire dorsale; des Persèques, dont les opercules sont dentelées; des Microptères, qui n'ont que cinq rayons à la seconde nageoire dorsale; des Sandres, qui n'ont point les opercules épineuses, etc. (Voyez ces différens noms de genres, et Acanthopomes dans le Supplément du tome I.ᵉʳ de ce Dictionnaire. Voyez aussi Holobranches et Thoraciques.)

Parmi les espèces de ce genre, qui fréquentent en général les eaux de la mer, nous citerons les suivantes :

Le Corbeau de mer; *sciæna umbra*, Linn. Nageoire caudale arrondie; deux aiguillons à la pièce postérieure de chaque opercule; mâchoires également avancées; l'inférieure dépourvue de barbillon; teinte générale d'un brun noirâtre, argenté vers le ventre; nageoires noires; tête courte, à écailles finement dentelées, et resplendissante des teintes de l'or, de l'azur et de l'améthyste, moelleusement fondues les unes dans les autres; yeux bruns, à iris argenté; deux orifices à chaque narine.

Ce poisson est l'un des plus communs de la mer Méditerranée. Il fréquente aussi l'Adriatique et remonte dans le Nil et quelques autres fleuves. C'est le beau noir dont il est paré qui l'a fait comparer au corbeau, qui l'a fait nommer dans divers lieux et à diverses époques *corb*, *coracinus*, κοραϰίνος, *corvo*, et qui lui a mérité l'épithète d'*argiodonte* de la part du poëte Marullus, de Seide en Pamphylie.

Il parvient à la taille de vingt-huit pouces et au poids de six livres environ. Il vit en troupes plus ou moins nombreuses.

C'est au printemps, lorsqu'une douce température vient animer d'une nouvelle vie tous les êtres organisés, que la scième, dont il s'agit, s'approche des rivages pour payer son tribut à la nature et propager son espèce. Alors en effet elle

dépose ses œufs sur les fonds ombragés et sur les bas-fonds
garnis d'algues et de conferves.

Elle cherche les eaux échauffées par les rayons du soleil, et
s'enfonce, dès les premières gelées de l'hiver, dans les profondeurs de la mer ou des grands fleuves. Aussi n'est-ce que
pendant la belle saison que l'on peut s'occuper de sa pêche,
qui se fait avec des lignes amorcées de chair de crustacés,
de mollusques à coquilles ou de petits poissons.

Sa chair est d'une saveur agréable et de facile digestion,
surtout quand la sciène a été pêchée à l'embouchure des
fleuves. Dès le temps de Pline les umbres du Nil étoient pré-
férées aux autres pour l'excellence de leur chair, et l'on esti-
moit les jeunes individus à un prix plus élevé que les adultes.

Quand on avoit pêché un grand nombre de poissons de cette
espèce, autrefois on les imprégnoit de sel et on les transpor-
toit au loin ainsi préparés. Les anciens Grecs, au dire de
Xénocrate, tiroient d'Égypte, et sous le nom de *κορακῖνα*,
des sciènes ainsi apprêtées, et avec lesquelles ils faisoient un
garum appelé *κορακίνιον* ou *ταρίχιον*.

Aujourd'hui, suivant Bloch, pour les conserver, on les grille
et on les plonge dans du vinaigre épicé.

Le PÉGARO. MAIGRE ou AIGLE DE MER: *Sciæna aquila*, Cuv.
Teinte générale d'un gris argenté; taille de trois à cinq pieds.

Ce poisson, qui fréquente la mer Méditerranée et le golfe
de Biscaye, et qui s'égare aussi quelquefois sur les côtes de
la Manche, est remarquable par sa grande vessie hydrostatique, qui produit de chaque côté plusieurs prolongemens
coniques et branchus.

Sa chair est ferme et très-bonne.

C'est cette espèce de sciène que de Lacépède a décrite
sous le nom de *chéilodiptère aigle* (voyez CHÉILODIPTÈRE),
d'après une figure inexacte et faite de mémoire, qu'on lui
avoit envoyée.

Le *léiostome queue jaune* du même savant doit être aussi,
dit M. Cuvier, rapproché des sciènes. (Voyez LÉIOSTOME.)

On doit en rapprocher également la *perca undulata* de Catesby, ainsi que les *johnius coralla*, *cirrus*, *maculatus* de Bloch,
et les *nalla katchelée*, *kareclère* et *pilla katchelée* de Russel.

Dans ses Excursions aux îles de Madère et de Porto-Santo,

Bowdich a décrit , sous la dénomination de *sciæna elongata* , une nouvelle espèce du genre que nous décrivons , remarquable par l'extrême alongement de son corps. Sa couleur est d'un gris argenté , teint de jaune : ses nageoires sont jaunes.

Ce poisson a été observé à Porta-Praya.

Le même naturaliste a aussi trouvé dans la Gambie une nouvelle espèce de sciène , qu'il a appelée *sciæna dux.* Celle-ci est recherchée des naturels comme un excellent mets. (H. C.)

SCIÈNE A CIRRHES, *Sciæna cirrhosa.* (*Ichthyol.*) Voyez Ombrine. (H. C.)

SCIÈNE CORO , *Sciæna coro.* (*Ichthyol.*) Voyez Sandre. (H. C.)

SCIÈNE CYLINDRIQUE ; *Sciæna cylindrica*, Bloch. (*Ichth.*) Voyez Percis. (H. C.)

SCIÈNE A GRANDES ÉCAILLES ; *Sciæna macrolepidota*, Bloch. (*Ichthyol.*) Voyez Prochilus. (H. C.)

SCIÈNE GIGANTESQUE, *Sciæna gigas* , Mitch. (*Ichthyol.*) Voyez Pogonias. (H. C.)

SCIÈNE A LIGNES; *Sciæna lineata* , Bloch. (*Ichth.*) Voyez Persèque. (H. C.)

SCIÈNE NÉBULEUSE ; *Sciæna nebulosa*, Mitch. (*Ichthyol.*) Voyez Ombrine. (H. C.)

SCIÈNE DE PLUMIER ; *Sciæna Plumierii* , Bloch. (*Ichthyol.*) Voyez Persèque. (H. C.)

SCIÈNE A TACHES ; *Sciæna maculata* , Bloch. (*Ichthyol.*) Voyez Prochilus. (H. C.)

SCIÈNE UNDÉCIMALE , *Sciæna undecimalis.* (*Ichthyol.*) Voyez Centropome. (H. C.)

SCILLE ; *Scilla* , Linn. (*Bot.*) Genre de plantes monocotylédones , de la famille des *asphodélées* , Juss. , et de l'*hexandrie monogynie* , Linn. , qui présente les caractères suivans : Point de calice ; corolle divisée profondément en six divisions , formant presque autant de pétales ; six étamines à filamens subulés , terminés par des anthéres oblongues ; un ovaire supère , arrondi , surmonté d'un style simple , terminé par un stigmate également simple ; une capsule à trois loges , à trois valves , contenant plusieurs graines arrondies.

Les scilles sont des plantes à racines bulbeuses , à feuilles toutes radicales, et à fleurs ordinairement bleues, quelquefois blanches, disposées en grappe terminale et en général d'un joli aspect. On en connoit trente et quelques espèces, dont la plus grande partie croît naturellement en Europe.

* *Bractées très-courtes ou nulles.*

Scille a deux feuilles : *Scilla bifolia*, Linn., *Sp.*, 442 ; Jacq., *Fl. Aust.*, tab. 117. Sa racine est une petite bulbe solide, de laquelle naissent le plus souvent deux feuilles lancéolées-linéaires, canaliculées, très-glabres, et du milieu d'elles s'élève une hampe nue, terminée par quatre à six fleurs, rarement davantage, ouvertes en étoile, et disposées, sur des pédoncules inégaux, en une grappe courte, resserrée en corymbe. La couleur des fleurs est sujette à varier : elle est le plus souvent d'un beau bleu assez foncé ; quelquefois elle est d'un bleu pâle ou cendré, et quelquefois entièrement blanche. Cette espèce est commune dans les bois, en France et dans le Midi de l'Europe ; elle fleurit au commencement du printemps. C'est une jolie plante, qui mérite d'être cultivée pour l'ornement des jardins.

Scille agréable : *Scilla amœna*, Linn., *Sp.*, 443 ; Jacq., *Fl. Aust.*, tab. 218. Sa racine est une bulbe solide, de la grosseur d'une noix ou environ, blanche intérieurement, d'un rouge noirâtre extérieurement ; elle produit plusieurs feuilles linéaires-lancéolées, planes, souvent couchées sur la terre, aussi longues que la hampe, qui est anguleuse, terminée par quatre à dix fleurs, également pédonculées, disposées en grappe lâche. Les corolles sont ouvertes en étoile, d'un bleu un peu clair, et les bractées, situées à la base des pédoncules, sont très-courtes, obtuses. Cette plante croît naturellement dans le Midi de l'Europe et dans le Levant. On la cultive dans les jardins, où elle fleurit en Mars et Avril.

Scille ondulée ; *Scilla undulata*, Desf., *Fl. Atl.*, 1, p. 300, tab. 88. Sa bulbe est ovoïde, composée de tuniques qui s'enveloppent mutuellement ; elle produit plusieurs feuilles lancéolées-linéaires, canaliculées, ondulées en leurs bords, étalées sur la terre. Du milieu de ces feuilles s'élève une hampe grêle, haute d'un pied ou environ, terminée par une grappe composée d'un assez grand nombre de fleurs bleues, accompagnées, à leur base, par des bractées subulées, beaucoup plus courtes que les pédoncules. Cette scille croît dans le Nord de l'Afrique, aux environs de Tunis et d'Alger; elle a aussi été trouvée en Corse, près de Bonifacio. Elle fleurit à l'automne, et ses feuilles ne paroissent qu'après la floraison.

Scille hyacinthe; *Scilla hyacinthoides*, Ait., *Hort. Kew.*, 1, p. 445. Ses racines sont de grosses bulbes composées de tuniques blanchâtres, cotonneuses extérieurement; elles produisent plusieurs feuilles lancéolées-linéaires, canaliculées, longues d'un pied ou davantage. Du milieu de ces feuilles s'élève une hampe droite, cylindrique, haute de deux pieds ou environ, nue dans sa moitié inférieure, chargée, dans la supérieure, d'un grand nombre de fleurs bleues, portées sur des pédoncules filiformes, presque disposées par verticilles et formant une longue grappe terminale. Les bractées sont tronquées, très-courtes. Cette espèce croît dans le Levant et dans l'île de Madère. Elle a été retrouvée aux environs de Grasse et de Toulon par MM. Jauvy et de Pouzolz. On la cultive dans les jardins, où elle fleurit très-rarement, parce que, dit-on, elle produit un trop grand nombre de cayeux, mais plutôt parce qu'il paroît qu'elle a besoin d'être dans le voisinage de la mer.

** *Bractées simples.*

Scille maritime: *Scilla maritima*, Linn., *Sp.*, 442; Red., *Lil.*, vol. 2, p. et tab. 116. Sa racine est une bulbe rougeàtre ou blanchâtre, composée de tuniques charnues, très-épaisses, et grosse comme les deux poings ou même beaucoup plus; elle donne naissance à une tige droite, cylindrique, haute de deux à trois pieds, nue dans sa partie inférieure, garnie, dans les deux tiers ou les trois quarts du reste de sa longueur, d'un très-grand nombre de fleurs blanches, de grandeur médiocre, ouvertes en étoile, et disposées en une belle grappe un peu resserrée en épi. Les bractées, situées à la base des pédoncules, sont réfléchies en arrière. Les feuilles, qui ne paroissent qu'après les fleurs, sont toutes radicales, ovales-lancéolées, très-grandes, charnues, glabres et d'un vert foncé. Cette plante croît sur les côtes sablonneuses de la Méditerranée et de l'Océan ; elle fleurit en Août et Septembre.

L'oignon de la scille maritime, connu vulgairement sous les noms de *squille rouge*, *scipoule*, *oignon marin*, *oignon de scille*, etc., a une saveur âcre et amère très-prononcée ; il agit d'une manière très-marquée sur l'économie animale. Pris à l'intérieur, il provoque, à haute dose, le vomissement, et à petite dose il devient seulement un stimulant assez énergique du poumon, des reins, des vaisseaux absorbans, et il agit alors comme expectorant, diurétique, incisif, apéritif. Les chimistes modernes ont donné le nom de scillitine à un principe amer auquel l'oignon de scille doit ses propriétés, et qu'ils sont parvenus à séparer de ses autres parties constituantes. Cet oignon, préparé de différentes manières, est très-employé en médecine. On l'administre principalement dans l'asthme humide, dans les affections catarrhales chroniques, dans les obstructions des viscères du bas-ventre, et surtout dans l'hydropisie. Souvent, au lieu de la donner en nature, on fait usage des préparations qu'on trouve dans les pharmacies, et qui portent les noms de vin, de vinaigre, d'oxymel scillitiques, etc.

Scille printanière : *Scilla verna*, Huds., *Angl.*, 142 ; *Scilla bifolia*, Fl. Dan., t. 568 ; *Scilla umbellata*, Ram., Bull. philom., n.° 41, p. 150, t. 8, fig. 6. Sa bulbe est petite, solide ; elle produit plusieurs feuilles linéaires, canaliculées, lisses, du milieu desquelles s'élève une hampe grêle, haute de trois à six pouces, terminée par quatre à dix fleurs d'un bleu clair, disposées en corymbe ombelliforme. Les bractées sont linéaires-lancéolées, égales aux pédoncules ou même plus longues. Cette espèce fleurit en Avril et Mai ; elle est commune dans les pâturages et sur les collines de la Bretagne, du Limousin, de la Guyenne, des Pyrénées ; on la trouve aussi en Espagne, en Angleterre et en Danemarck.

Scille a racine de lis : *Scilla lilio-hyacinthus*, Linn., Sp., 442. Sa racine est une bulbe ovoïde-oblongue, composée d'écailles imbriquées, jaunâtres ; elle produit cinq à six feuilles oblongues-lancéolées, étalées en rond. La hampe est haute de six à douze pouces, terminée à peu près par le même nombre de fleurs d'un bleu clair, disposées en grappe lâche, et dont les pédoncules sont plus longs que les bractées placées à leur base. Cette plante croît dans les bois des montagnes du Midi de la France et de l'Europe.

Scille du Pérou; *Scilla peruviana*, Linn., *Sp.*, 442. Sa bulbe est grosse, ovale-oblongue, munie en dessous d'un plateau épais, d'où partent un grand nombre de fibres simples; elle produit, de sa partie supérieure, six à huit feuilles lancéolées, un peu canaliculées, étalées en rond sur la terre, du milieu desquelles s'élève une hampe cylindrique, haute de six à huit pouces, et plus courte que les feuilles, terminée par un grand nombre de fleurs d'une belle couleur bleue, ou blanches dans une variété, disposées d'abord en une sorte de corymbe conique et s'alongeant en une longue grappe. Les bractées sont plus longues que les pédoncules. Quoique cette plante porte le nom de scille du Pérou, elle ne se trouve pas dans cette contrée: elle croît naturellement dans le Nord de l'Afrique et en Portugal. On la cultive dans les jardins; elle craint les fortes gelées.

*** *Deux bractées.*

Scille d'Italie; *Scilla italica*, Linn., *Sp.*, 442. Sa bulbe est ovoïde, assez petite; elle produit quatre à six feuilles linéaires-lancéolées, étalées en rond, du milieu desquelles s'élève une hampe cylindrique, haute de quatre à huit pouces, terminée par une grappe conique, composée de fleurs d'un bleu clair, quelquefois d'un bleu cendré, ou même blanchâtres. Cette espèce croît dans le Midi de la France, aux environs de Grasse, et en Italie. On peut la cultiver en pleine terre dans les jardins.

Scille lingulée; *Scilla lingulata*, Poir., Voyag. en Barb., tom. 2, p. 151; Desf., *Fl. Atl.*, tom. 1, p. 292, tab. 85, fig. 1. Sa bulbe est ovoïde, petite, blanchâtre; elle donne naissance à cinq ou six feuilles lancéolées-linéaires, molles, glabres, un peu ciliées en leurs bords et longues seulement d'un pouce et demi à deux pouces; la hampe, une fois plus longue que les feuilles, est terminée par une grappe courte, composée de six à huit petites fleurs bleues. Cette plante croît naturellement en Barbarie. (L. D.)

SCIMBRON. (*Bot.*) Nom arabe de la menthe aquatique, suivant Mentzel. (J.)

SCIMPHE. (*Bot.*) Nom grec d'un apocin, mentionné par Mentzel. Le même est cité par Ruellius et Adanson pour le *nerium*. (J.)

SCINAIA. (*Bot.*) Genre de la famille des algues, très-voisin du *spongodium* de Lamouroux, établi par Bivona - Bernardi, botaniste sicilien très-habile, qui y rapporte une seule espèce, le *Scinaia porcellata*. Ce genre est indiqué dans la Gazette botanique de Ratisbonne, et ne nous est pas connu autrement. (LEM.)

SCINCHUS. (*Bot.*) Nom grec, donné par Dioscoride au fragon, *ruscus*, suivant Mentzel et Adanson. (J.)

SCINCOÏDIENS. (*Erpét.*) M. Cuvier a établi sous ce nom parmi les sauriens une famille de reptiles, reconnoissables à leurs pieds courts, à leur langue non extensible, aux écailles imbriquées et égales, qui recouvrent tout leur corps.

Cette famille est composée des genres BIMANE, BIPÈDE, CHALCIDE, SEPS et SCINQUE. Voyez ces mots. (H. C.)

SCINCUS. (*Erpét.*) Voyez SCINQUE. (H. C.)

SCINDALMA. (*Bot.*) Hill donnoit ce nom au genre de champignon qu'Adanson a nommé MISON. Voyez ce mot. (LEM.)

SCINQUE, *Scincus*. (*Erpét.*) Aux dépens de celui des lézards de Linnæus, M. Al. Brongniart a créé sous ce nom un genre de reptiles qui appartiennent à l'ordre des Sauriens et à la famille des urobènes de M. Duméril, ou à celle des scincoïdiens de M. Cuvier. (Voyez UROBÈNES et SCINCOÏDIENS.)

On reconnoit ce genre aux caractères suivans :

Mâchoires garnies tout autour de petites dents serrées, dont on retrouve aussi deux rangées sur le palais; queue conique, arrondie, non distincte du corps; écailles uniformes, luisantes, disposées comme celles des carpes ou comme des tuiles; corps fusiforme ou presque cylindrique; pieds courts, au nombre de quatre; doigts libres et onguiculés; cou de la largeur de la tête, qui est oblongue et peu obtuse; tympan apparent, quoique assez enfoncé.

Il est donc facile de distinguer les SCINQUES des HYSTÉROIS et des CHIROTES, qui n'ont que deux membres; des OPHISAURES et des ORVETS, qui en sont privés; des TACHYDROMES, dont les écailles sont verticillées; des CHALCIDES, où elles sont rectangulaires et disposées par bandes transversales nullement imbriquées; des CAMÉLÉONS, des STELLIONS, des

Iguanes, des Lézards, des Agames, des Anolis, des Dragons, des Crocodiles, des Geckos, des Basilics, des Tupinambis, qui ont la queue distincte. (Voyez ces différens noms de genres.)

Parmi les diverses espèces de scinques nous nous attacherons plus particulièrement aux suivantes.

Le Scinque ordinaire, le Scinque d'Égypte ou Scinque des boutiques : *Scincus officinalis*, Laurenti ; *Lacerta scincus*, Linn. Tête lisse ; bout du museau pointu et un peu relevé ; yeux petits et un peu saillans : mâchoire supérieure plus longue que l'inférieure ; dents petites, nombreuses, égales, mousses ; rachis faisant une légère saillie sur toute la longueur du dos ; flancs comprimés ; queue grosse à la base, mince et comprimée à l'extrémité, comme cunéiforme et pas plus longue que la tête et le cou réunis ; membres amincis, de longueur égale et munis chacun de cinq petits doigts plats, séparés, dentelés en scie sur leur bord extérieur et terminés chacun par un ongle plat et pointu ; écailles arrondies, lisses, plus larges que longues, disposées par rangées longitudinales, toutes luisantes, grisâtres et marquées d'un double trait plus clair ; teinte générale d'un jaunâtre argenté ; des bandes transverses noirâtres, au nombre de sept ou huit.

Ce saurien, qui ne dépasse point la taille de six à huit pouces, vit dans la Nubie, l'Abyssinie, la Syrie, l'Égypte, d'où, par Alexandrie, le commerce le répand dans toute l'Europe et surtout en Asie. Il paroit aussi fréquenter les côtes de Barbarie, et peut-être même la Sicile, quelques-unes des îles de l'Archipel, les environs de Smyrne, quelques provinces de l'Inde. Lorsqu'il est menacé, il met tant de promptitude à se creuser un trou dans le sable, que, selon Bruce, on croiroit qu'il a plutôt trouvé l'occasion de disparoitre dans une retraite déjà existante, que le moyen de s'en préparer une. Il aime à s'étendre au soleil et semble ramper quand il court.

En Arabie il se nomme *el adda*, et *dhab* en Abyssinie.

Pendant long-temps le scinque a été, par les médecins arabes et par leurs sectateurs, regardé comme un remède souverain contre certaines maladies. Pline l'avoit déjà vanté comme un spécifique contre les blessures faites par des flèches empoisonnées. On l'a préconisé depuis comme aphrodisiaque, et le charlatanisme ou l'ignorance l'ont placé au rang des médicamens qui ont mérité l'insigne honneur d'être appelés à ranimer des forces épuisées, à rallumer les feux de l'amour éteints sous les glaces de l'âge ou par les suites funestes des excès. On a administré sa chair comme dépurative, excitante, anthelminthique, analeptique, anti-cancéreuse, sialagogue, antisyphilitique, et, quoique cet amas de propriétés médicales, entassées sans choix, comme pour faire partie du *Vade mecum* de quelque empirique, nous paroisse complétement ridicule, on débite encore tous les jours, en certaines contrées, des fables plus ou moins bien ourdies sur les succès obtenus à l'aide de ce remède, qui, du reste, n'est pas entièrement dénué parfois de toute efficacité, malgré le discrédit dans lequel, en France spécialement, il est tombé aux yeux des gens de l'art.

Les médecins orientaux le recommandent encore de nos jours contre l'éléphantiasis et toutes les maladies cutanées, contre les ophthalmies et même contre la cataracte.

D'après tant de vertus, ou vraies ou supposées, il n'est donc nullement étonnant que dans le Midi de l'Égypte le scinque soit chassé avec une sorte de fureur. Les habitans des déserts le font sécher et l'envoient ainsi au grand Caire et à Alexandrie, où les pharmaciens d'Europe et d'Asie vont s'en approvisionner.

Sous la dénomination angloise de *the scincoid*, J. White a parlé d'un reptile de la Nouvelle-Hollande, qui a avec le scinque d'Égypte les plus grands rapports de forme, de taille et même de couleur, et que Daudin croit n'en être qu'une variété.

Il en est de même d'un saurien d'Afrique, qui a le dos couleur de suie, avec des bandes transversales noires.

Le Brochet de terre des François; le Galley-wasp des Anglois: *Scincus gallivasp*, Daud.; *Lacerta occidua*, Shaw. Taille de plus d'un pied; volume du bras à peu près; queue grosse, conique, presque pointue et longue au plus de quatre pouces; forme générale et écailles du scinque ordinaire; anus recouvert en devant par une plaque transversale; tête mousse; deux petits lobes au-devant du tympan.

Ce scinque est roux, avec des bandes transverses de taches blondes.

Il fréquente les Antilles et surtout la Jamaïque, où, selon Sloane, il est amphibie et recherche les lieux marécageux. Il aime au moins l'humidité et se tient caché sous les rochers.

Le nom anglois de *galley-wasp*, qu'on lui donne dans les colonies, signifie *guêpe de cuisine*. Il partage aussi, avec plusieurs autres sauriens, celui de *mabouya*, que les Nègres esclaves donnent à tous les êtres hideux et malfaisans.

On croit à la Jamaïque, mais sans preuves suffisantes, que la morsure de ce grand scinque est des plus venimeuses et cause promptement la mort.

Selon Dutertre, sa chair est alexipharmaque et alexitère.

Le Scinque mabouya ; *Scincus mabouya*, Daud. Taille de sept à huit pouces ; queue grosse à la base, conique, pointue, longue de trente lignes environ.

La couleur de ce reptile est d'un cendré brunâtre et luisant, avec des taches brunes en dessus ; d'une teinte plus pâle en dessous et sur les flancs ; une ligne blanchâtre règne le long de chacun de ses côtés.

Ainsi que le précédent, il vit dans les Antilles, où les Nègres le nomment également *mabouya* et le regardent comme malfaisant. Il grimpe aux arbres avec adresse et court avec rapidité sur les cases des naturels ou des esclaves ; mais il se retire plus ordinairement dans les trous des vieux troncs pourris, d'où il ne sort que pendant la chaleur.

Le Scinque schneidérien : *Scincus Schneiderii*, Daud. ; *Lacerta scincoides*, Schneid. Queue plus longue que le corps ; écailles lisses, d'un jaune verdâtre ; une ligne pâle de chaque côté ; une triple dentelure au-devant de l'oreille : taille d'un pied trois à quatre pouces.

Très-commun dans tout le Levant.

Le Scinque algire ou algérien : *Scincus algira*, Daudin ; *Lacerta algira*, Linn. Écailles dorsales carénées et un peu aiguës sur leur bord postérieur ; une raie longitudinale jaune sur chaque côté du dos, qui est brun ; queue un peu plus longue que le corps ; une raie jaune séparant chaque flanc de l'abdomen ; ventre jaunâtre ; taille de trois à quatre pouces, la queue comprise.

Ce saurien a été trouvé en Mauritanie par Brander, qui

l'a envoyé à Linnæus. M. Poiret l'a observé en Barbarie, et
M. Marcel de Serres aux environs de Montpellier.

Il paroît être le même animal que le *lézard zermoumeas* de
Shaw.

Le Scinque tiligugu : *Scincus tiligugu*, Daud. ; *Lacerta tiligugu*, Gmelin. Taille de huit pouces, en y comprenant la
queue, qui en a trois et demi; corps épais, brun et parsemé
de points noirs rapprochés et très-nombreux en dessus, blanchâtres en dessous; queue cylindrique et conique; pattes antérieures beaucoup plus courtes que celles de derrière.

Ce scinque, décrit par Francesco Cetti, vit en Sardaigne.

Le Scinque ocellé de Chypre et d'Égypte : *Scincus ocellatus*,
Daud.; *Lacerta ocellata*, Gmel. Queue cylindrique, courte;
peau très-luisante, recouverte d'écailles imbriquées; corps
un peu déprimé, blanc en dessous, d'un gris verdâtre avec
des points blancs entourés et comme ocellés de brun en dessus; taille d'une palme; grosseur du doigt.

Cette jolie espèce anime les ruines de l'Égypte, où elle a
été observée par Forskal. Petiver l'a décrite comme venant
de Chypre.

Le Scinque ensanglanté : *Scincus cruentatus*, Daud.; *Lacerta
cruenta*, Pall., Gmel. Queue verticillée, cendrée en dessus,
écarlate en dessous, blanchâtre à l'extrémité; un pli transversal sous le cou; ventre blanc; dos brun; sept stries blanches
sur le sommet de la tête; pattes marquées de taches arrondies et lactées.

Pallas a trouvé ce saurien, beaucoup plus petit que le lézard gris de nos murailles, autour des lacs salés de la Sibérie
australe.

Le genre Scinque renferme encore plusieurs espèces de
diverses tailles et proportions, les unes rayées, les autres
tachetées, et toutes assez mal déterminées dans les ouvrages
des naturalistes. (H. C.)

SCIOBIE. (*Entom.*) Nom que M. Schœnherr a imposé, dans
sa disposition méthodique des charansons, au genre qu'il a
inscrit sous le n.° 109, pour y ranger deux espèces décrites
par Sparrman. Voyez Rhinocères. (C. D.)

SCIODAPHYLLE, *Sciodaphyllum*. (*Bot.*) Genre de plantes
dicotylédones, à fleurs complètes, monopétalées, de la fa-

mille des *araliacées*, de l'*heptandrie heptagynie* de Linnæus, offrant pour caractère essentiel : Un calice persistant, entier à ses bords; une corolle en forme de coiffe, s'ouvrant transversalement et avec élasticité vers les bords du calice; cinq ou sept étamines; un ovaire inférieur surmonté de sept styles; une baie à sept angles, à sept loges, couronnée par le calice et les styles; une semence presque osseuse dans chaque loge.

Sciodaphylle anguleux : *Sciodaphyllum angulosum*, Poir., Enc.; Gronov., *Virg.*, 190, tab. 19, fig. 1, 2; *Actinophyllum angulatum*, Ruiz et Pav., *Fl. per.*, 3, tab. 307. Cet arbre s'élève à la hauteur de vingt-quatre à trente pieds, sur un tronc droit, cylindrique, marqué de cicatrices en anneau, portant à son sommet des rameaux droits, étalés, granuleux; les feuilles sont alternes, composées, à longs pétioles, divisées en folioles radiées, presque longues d'un pied, larges d'environ trois pouces, pédicellées, oblongues, entières, acuminées, concaves à leur base, vertes, luisantes en dessus, pulvérulentes et lanugineuses en dessous, d'un jaune de rouille, rabattues pendant le jour depuis dix heures du matin jusqu'à la nuit; les pédicelles longs d'un pouce, renflés à leur base et à leur sommet. Les fleurs sont disposées en grappes terminales, solitaires ou géminées, droites, longues d'un pied. Les pédoncules sont courts, épais, munis de petites bractées ovales, soutenant une grosse tête de fleurs sessiles. Ces têtes sont au nombre de cinq à neuf sur chaque grappe, de la grosseur d'un œuf de poule, jaunâtres pendant la floraison, puis d'un pourpre noirâtre. Le réceptacle est alvéolé; la corolle oblique, anguleuse, en coiffe, tronquée à ses deux extrémités, s'ouvrant transversalement avec élasticité. Les étamines varient depuis sept jusqu'à neuf; les styles de quatre à sept. Le fruit est composé de baies d'un pourpre noirâtre, cunéiformes, anguleuses, à quatre, cinq ou six loges, quelquefois sept, couronnées par les styles; les semences sont oblongues, presque obtuses, solitaires dans chaque loge.

Cet arbre produit une gomme transparente, entièrement soluble dans l'eau. Il croit sur les montagnes froides et dans les forêts, au Pérou : il fleurit depuis le mois de Juillet jusqu'en Octobre.

Sciodaphylle pédicellé : *Sciodaphyllum pedicellatum*, Poir., Enc.; *Actinophyllum pedicellatum*, *Flor. per.*, *loc. cit.*, tab. 308. Arbrisseau grimpant, dont les tiges sont radicantes, cylindriques, médullaires, marquées de cicatrices en anneau. Les rameaux sont étalés, de couleur purpurine, granulés, garnis vers leur sommet de feuilles composées, alternes; les pétioles très-longs, d'un pourpre obscur, renflés à leurs deux extrémités, soutenant neuf ou treize folioles radiées, planes, ouvertes, oblongues, sinuées, ondulées à leurs bords, glabres, entières, acuminées, longues d'environ six pouces, larges d'un pouce et demi; les pédicelles velus en dessous, comprimés latéralement; les stipules solitaires, à demi lancéolées, conniventes avec les pétioles, glanduleuses en dehors, longues d'un pouce. Les fleurs sont disposées en grappes étalées, purpurines, longues d'un pouce et demi; les pédoncules en ombelle, au nombre de sept à treize, courts, ouverts; chaque fleur est munie d'une petite bractée en écaille, ovale, ciliée; la corolle fort petite, purpurine, hémisphérique, s'ouvrant transversalement par le redressement des étamines; les filamens sont pourpres; six, plus souvent sept styles. Les baies sont arrondies, un peu anguleuses, d'un vert pourpre, couronnées par les styles; les semences oblongues, relevées en bosse en dehors. Cet arbrisseau croît dans les forêts au Pérou. Il découle de l'aisselle des rameaux, des pétioles et des pédoncules, une gomme transparente.

Sciodaphylle conique : *Sciodaphyllum conicum*, Poir., Enc.; *Actinophyllum conicum*, *Flor. per.*, *loc. cit.*, tab. 309. Cet arbrisseau a des tiges radicantes et grimpantes, granulées, cylindriques, chargées de rameaux un peu violets, munis vers leur sommet de feuilles alternes, composées de sept à treize folioles radiées, pédicellées, oblongues, glabres, entières, coriaces, luisantes, réticulées, longues d'un pied, larges de trois pouces, surmontées au sommet d'une petite pointe oblique; le pétiole est rougeâtre, renflé à ses deux extrémités; les pédicelles sont longs d'un pouce; les stipules embrassantes, en forme de spathe, soudées avec le pétiole, rougeâtres, à demi lancéolées, longues d'un pouce et plus. Les fleurs sont disposées en deux ou trois grappes droites, terminales, longues d'un pied et plus; les pédoncules tomenteux, munis de petites bractées ovales, aiguës; environ quarante fleurs sessiles, réunies en tête, séparées par autant d'écailles; elles ont la corolle petite et conique, d'un blanc rougeàtre; de six à dix étamines, selon le nombre des stigmates et des semences. Le fruit est composé de baies globuleuses, luisantes, de la grosseur d'un pois. Cette plante croît au Pérou, dans les forêts.

Sciodaphylle acuminé : *Sciodaphyllum acuminatum*, Poir., Enc.; *Actinophyllum acuminatum*, *Fl. per.*, *loc. cit.*, tab. 310. Ses tiges sont cylindriques, cendrées, grimpantes, radicantes, divisées en rameaux diffus, garnis vers leur sommet de feuilles composées de sept à onze folioles radiées, pédicellées, coriaces, oblongues, glabres, entières, terminées par une pointe oblique, les intérieures plus alongées; les pétioles un peu plus longs que les feuilles; les pédicelles longs de deux pouces; les stipules solitaires, embrassantes, à demi lancéolées, longues d'un pouce et plus. Les fleurs sont disposées en deux ou cinq grappes terminales, blanchâtres, tomenteuses; les pédoncules épars, distans, munis de petites bractées ovales, longues à peine de trois lignes. Chaque pédoncule supporte à son sommet des fleurs sessiles, d'un blanc jaunàtre, ramassées en têtes globuleuses, séparées par autant d'écailles ovales, membraneuses, fort petites; le réceptacle des fleurs est alvéolé et velu. La corolle est jaune, hémisphérique, surmontée d'une petite pointe recourbée; les étamines sont au nombre de six, sept ou huit; les styles de cinq ou plus. Les baies sont anguleuses, à cinq loges, quelquefois six, sept ou huit; les semences ovales, oblongues. Il découle des aisselles, des pétioles et des pédoncules une gomme transparente, soluble dans l'eau. Cette plante croît dans les grandes forêts du Pérou.

Sciodaphylle a cinq étamines : *Sciodaphyllum pentandrum*, Poir., Enc.; *Actinophyllum pentandrum*, *Flor. per.*, *loc. cit.*, tab. 311. Arbrisseau à tige droite, haute de quinze à dix-huit pieds, rameuse, cylindrique; les rameaux sont garnis vers leur extrémité de feuilles alternes, à longs pétioles, composées de sept à onze folioles ouvertes en rayons, graduellement plus longues, entières, oblongues, terminées par une pointe subulée, oblique, longue d'un pouce, toutes ces feuilles sont coriaces, glabres en dessus, aiguës, cartilagineuses et repliées à leurs bords, couvertes en dessous d'un duvet d'un brun noirâtre, longues d'un pied et demi, larges de six pouces; les pétioles de la longueur des feuilles, renflés à leurs deux extrémités; les pédicelles comprimés latéralement, longs de deux ou trois pouces; les stipules solitaires, en forme de spathe, conniventes avec les pétioles, à demi lancéolées, longues d'un pouce et plus. Les fleurs sont disposées en très-longues grappes terminales, solitaires ou ternées, lanugineuses, d'un rouge pâle; ces fleurs forment de petites têtes éparses, globuleuses, presque sessiles, chacune d'elles est séparée par trois écailles ovales, membraneuses. Le réceptacle est alvéolé et velu; la corolle conique, obtuse, anguleuse, d'un blanc pourpre. Les étamines sont au nombre de cinq; les anthères jaunes, inclinées; les baies ovales, blanchâtres, à cinq angles. Cette plante croit dans les forêts du Pérou. (Poir.)

SCIOLEBINA. (*Bot.*) Nom ancien, donné par les Romains au *sticas* de Dioscoride ou *stæchas* de Matthiole et C. Bauhin; *lavandula stæchas*, suivant Ruellius et Mentzel. (J.)

SCIONGHA. (*Ornith.*) Ce nom est celui qu'en Piémont on donne aux pie-grièches en général. (Desm.)

SCIPOULE. (*Bot.*) Un des noms vulgaires de la scille rouge, *scilla maritima*, dont l'oignon est couvert de tuniques rouges. (J.)

SCIRPE; *Scirpus*, Linn. (*Bot.*) Genre de plantes monocotylédones, de la famille des *cypéracées*, Juss., et de la *triandrie monogynie*, Linn., dont les principaux caractères sont les suivans : Glumes calicinales univalves, uniflores, disposées en épi ou en plusieurs épillets, et imbriquées en tout sens; point de corolle; trois étamines à filamens terminés par des anthères oblongues; un ovaire supère, surmonté d'un style filiforme, terminé par trois stigmates capillaires; une seule graine ovale, à trois faces, nue ou environnée à sa base par quelques poils plus courts que la glume calicinale. Les scirpes sont des plantes herbacées, à feuilles graminiformes, engaînantes par leur base, dont les tiges sont cylindriques ou anguleuses, nues en général, et dont les fleurs sont disposées en un ou plusieurs épis terminaux ou situés latéralement. Ils croissent en général dans les lieux humides, marécageux et dans les eaux.

Ce genre est très-nombreux, puisqu'on en connoît environ deux cents espèces répandues dans les diverses parties du monde , et parmi lesquelles un assez grand nombre croît naturellement en Europe. D'après quelques légers caractères, observés dans les parties de la fructification, des auteurs modernes ont divisé les *scirpus* en plusieurs autres genres, comme : *Dichostylis*, *Echinolytrum*, *Eleocharis*, *Fimbristylis*, *Hypœlytrum* et *Isolepis*; mais comme ces nouveaux genres ne sont établis que sur des caractères minutieux, ils n'ont pas été généralement adoptés. Il eût suffi, peut-être, de distinguer les uns des autres , les scirpes à graine nue et ceux à graine munie de poils à sa base, et d'après cela de les séparer seulement en deux genres. Ces plantes ne présentant que peu d'intérêt sous le rapport de leurs propriétés, nous nous bornerons beaucoup dans le nombre des espèces que nous mentionnerons ici.

§. I. *Graine munie de poils à sa base.*

* Épi unique, simple et terminal.

Scirpe ovale ; *Scirpus ovatus*, Roth, *Fl. Germ.*, vol. 2 , page 562. Sa racine est fibreuse, annuelle ; elle produit plusieurs chaumes simples, un peu comprimés, venant en gazon, hauts de trois à six pouces, et dont la base est resserrée par des gaînes tronquées, dépourvues de feuilles. L'épi est ovoïde, brunâtre, à glumes calicinales obtuses. Cette espèce croît dans les marais, en France, en Allemagne et dans le Nord de l'Amérique.

Scirpe des tourbières ; *Scirpus bœotryon*, Linn., *Suppl.*, 103. Sa racine est plus ou moins rampante, vivace ; elle produit des chaumes très-simples, cylindriques, hauts de trois à six pouces, rassemblés en gazon, et dont la base est resserrée par des gaînes tronquées, dépourvues de feuilles. L'épi est ovale-oblong, brunâtre, composé de quatre à sept fleurs seulement. Ce scirpe croît dans les marais tourbeux aux environs de Paris et dans plusieurs autres parties de la France et de l'Europe.

Scirpe des marais. (Voyez Éléocharis des marais, t. XIV , page 330.)

Scirpe en épingle. (Voyez Éléocharis en épingle, t. XIV , page 551.)

** Épi composé, terminal.

Scirpe faux - carex : *Scirpus caricinus*, Schrad., *Fl. Germ.*, 1, page 152 ; *Schœnus compressus*, Linn., *Spec.*, 65. Sa racine est rampante, vivace ; elle produit des chaumes à peu près cylindriques, hauts de six à douze pouces, garnis à leur base de feuilles linéaires, canaliculées et terminées à leur sommet par un seul épi ovale - oblong, composé de huit à quinze épillets brunâtres, disposés sur deux rangs opposés. Cette espèce croît dans les pâturages humides.

*** Plusieurs épis situés latéralement.

Scirpe des lacs : *Scirpus lacustris*, Linn., *Spec.*, 72 ; *Fl. Dan.*, tab. 1142. Sa racine est rampante, vivace ; elle donne naissance à des chaumes cylindriques, longs de quatre à huit pieds et même plus, entourés à leur base par plusieurs gaines, dont la supérieure se prolonge en une feuille courte. Les fleurs sont disposées en épis ovales - oblongs, roussâtres, les uns solitaires, les autres réunis par petits groupes inégalement pédonculés et disposés en une sorte de corymbe latéral, muni à sa base d'une espèce d'involucre formé de deux folioles inégales, dont la plus longue n'est que le prolongement de la tige. Cette plante croît dans les lacs, les étangs et les rivières en France, et dans la plus grande partie de l'Europe ; elle se trouve aussi en Asie et en Amérique.

Scirpe maritime ; *Scirpus maritimus*, Linn., *Spec.*, 74. Sa racine, qui est rampante, vivace, produit un chaume triangulaire, haut d'un à trois pieds, garni, dans sa partie inférieure, de feuilles longues, planes, avec une côte saillante sur leur dos. Les épis de fleurs sont brunâtres, ovales - oblongs, réunis en plusieurs groupes, les uns sessiles, les autres pédonculés, et munis, à leur base commune, d'un involucre composé de plusieurs feuilles longues et inégales. Les glumes calicinales sont tridentées à leur sommet. Cette plante est commune en France, dans les fossés aquatiques, les marais, sur les rivages de la mer, et elle est répandue dans les quatre parties du monde.

Scirpe des bois ; *Scirpus sylvaticus*, Linn., *Spec.*, 75, *Fl.*

Dan., t. 3o7. Sa racine est rampante, vivace; elle produit des chaumes triangulaires, hauts de deux pieds ou environ, garnis, dans leur partie inférieure, de feuilles planes, rudes en leurs bords lorsqu'on les glisse à contresens entre les doigts. Les épis de fleurs sont petits, ovales, d'un vert grisâtre ou brunâtre, ramassés plusieurs ensemble sur des pédoncules rameux, disposés en une panicule corymbiforme, munie à sa base d'un involucre de deux à trois feuilles, dont une plus grande que la panicule. Cette plante croît dans les bois, les prés humides, dans les fossés aquatiques et sur les bords des étangs, en France et en d'autres contrées de ʼErope.

§. II. *Graine dépourvue de poils à sa base.*

* Épi unique et terminal.

SCIRPE FLOTTANT : *Scirpus fluitans*, Linn., *Spec.*, 71 ; *Fl. Dan.*, t. 1082. Sa racine est fibreuse, vivace; elle produit plusieurs chaumes grêles, rameux, feuillés, flottans dans l'eau, de longueur variable, selon la hauteur des eaux. Ses fleurs sont disposées en épis ovales, petits, verdâtres, portés sur des pédoncules axillaires. Cette espèce croît dans les eaux stagnantes; il n'est pas rare de la trouver dans les lieux dont les eaux se sont retirées : alors ses tiges sont plus courtes, couchées sur la terre, où elles prennent racine à chacune de leurs articulations. On la trouve en France et en d'autres contrées de l'Europe; elle croît aussi à la Nouvelle-Hollande.

** Plusieurs épis latéraux; chaume cylindrique.

SCIRPE SÉTACÉ : *Scirpus setaceus*, Linn., *Spec.*, 73 ; *Fl. Dan.*, t. 311. Sa racine est fibreuse, annuelle; elle produit plusieurs chaumes presque capillaires, disposés en gazon, hauts de deux à quatre pouces ou un peu plus, enveloppés à leur base par une gaîne qui se prolonge en une petite feuille subulée. Les fleurs forment de petits épis ovales, d'un vert mêlé de brun, sessiles, solitaires ou le plus souvent au nombre de deux, sortant d'une spathe de deux folioles dans la partie supérieure et latérale des tiges, et paroissant quelquefois terminer celle-ci. Les graines, vues à la loupe, paroissent rayées dans le sens de leur hauteur. Cette plante croît dans les pâturages humides des bois, en France et en d'autres contrées de l'Europe.

SCIRPE JONC; *Scirpus holoschænus*, Linn., *Spec.*, 72. Sa racine est horizontale, vivace; elle donne naissance à plusieurs chaumes cylindriques, hauts d'un à deux pieds, entourés à leur base par plusieurs gaines, dont la supérieure se prolonge en une feuille roide, de longueur très-variable. Les fleurs forment de petits épis d'abord verdâtres, ensuite roussâtres, réunis plusieurs ensemble en têtes arrondies, portées sur des pédoncules inégaux et sessiles ou presque sessiles dans une variété que Linné a nommée *scirpus romanus.* Cette espèce croît dans les lieux humides et marécageux du Midi de la France et de l'Europe. On la trouve aussi en Afrique et en Asie.

*** Plusieurs épis; chaume triangulaire.

SCIRPE PUBESCENT: *Scirpus pubescens*, Desfont., *Fl. Atl.*, 1, page 52, tab. 10. Sa racine est horizontale, vivace; elle produit un chaume triangulaire, garni de feuilles, légèrement pubescent dans sa partie supérieure, et haut d'un pied et demi à deux pieds. Ses fleurs sont disposées en petits épis ovales-oblongs, d'un vert grisâtre, pubescens, réunis trois à huit ensemble en deux à trois groupes, dont l'un termine la tige et les autres sont portés sur des pédoncules qui sortent de la gaine de la dernière feuille. Cette espèce croît dans les lieux humides en Corse et dans le Nord de l'Afrique.

SCIRPE DE MICHÉLI; *Scirpus Michelianus*, Linn., *Spec.*, 76. Sa racine est fibreuse, annuelle; elle produit plusieurs chaumes triangulaires, feuillés à leur base, hauts de deux à quatre pouces. Ses fleurs sont disposées en petits épis verdâtres, très-nombreux, ramassés en une tête arrondie ou un peu conique, terminale, sessile sur un involucre de plusieurs feuilles aussi longues ou plus longues que les tiges elles-mêmes. Cette espèce croît dans les prés marécageux et les sables humides du Midi de la France et de l'Europe.

Les scirpes forment souvent avec les autres cypéracées la plus grande partie des plantes des prairies marécageuses. Leur herbe n'est en général bonne qu'à faire de la litière, parce que les bestiaux la repoussent comme nourriture, soit à cause de sa dureté, soit à cause de son goût peu agréable. Quelques espèces seulement font exception, et parmi elles il faut compter le scirpe des marais et le scirpe des bois, dont les tiges et les feuilles sont mangées avec plaisir, quand elles sont jaunes, par les chevaux et les vaches. Les cochons aiment aussi les racines du premier, et on en tire parti en Suède, en les arrachant en automne, afin de les donner pour nourriture à ces animaux pendant l'hiver.

Le scirpe des lacs, qui couvre quelquefois des espaces considérables dans les eaux, n'est pas brouté par les bestiaux ; mais la base de ses jeunes tiges est tendre et n'est pas désagréable au goût. Les cochons la mangent avec avidité quand ils peuvent en trouver à leur portée. Les tiges entières se coupent quand elles ont pris tout leur accroissement, et, après les avoir fait sécher, on les emploie à quelques ouvrages économiques. On en fabrique des paniers, des corbeilles, des nattes ; on s'en sert au lieu de paille pour former les siéges des chaises communes ; on en couvre les toits des chaumières.

Tous les scirpes à racines vivaces qui croissent dans les étangs et les marais, contribuent, par la décomposition de leurs tiges et de leurs racines, à la formation de la tourbe, par laquelle les terrains marécageux se trouvent à la longue élevés et comblés. (L. **D.**)

SCIRPÉAIRE. (*Actinoz.*) Nom donné par M. Cuvier à un sous-genre de pennatules, dont le caractère consiste à avoir le corps très-long et très-grêle, et les polypes isolés, rangés alternativement des deux côtés. Le *pennatula mirabilis* de Linn. (*Mus. Adolph. Frid.*, xix, 4), est l'espèce qu'il cite comme exemple de ce sous-genre. (Desm.)

SCIRPOÏDES. (*Bot.*) Le genre *Carex*, appartenant à la famille des cypéracées, a ordinairement des fleurs mâles et des fleurs femelles sur le même pied, tantôt réunies dans le même épi, tantôt séparées sur des épis distincts. Vaillant, d'après ce caractère, partageoit ce genre en deux ; il nommoit le premier *scirpoides* et conservoit au second le nom de *cyperoides*, adopté par Tournefort: Linnæus les a réunis. M. de Lamarck avoit aussi nommé *scirpoides*, le *scirpus holoschœnus*. (J.)

SCIRPUS. (*Bot.*) Nom latin du genre Scirpe. (L. D.)

SCIRTE. (*Entom.*) Illiger a décrit sous ce nom un genre d'insectes coléoptères voisin des CYPHONS ou des ÉLODES, de la famille des APALYTRES. Voyez ces mots. (C. D.)

SCIRUS. (*Entom.*) Hermann fils a décrit sous ce nom, dans ses Mémoires aptérologiques, quelques espèces de cirons ou d'acarus, tels que le *longicornis* de Linnæus, et plusieurs autres, qu'il nomme *longi-*, *lati-*, *setirostris*. On les trouve dans les lieux humides, sous les pierres, les mousses, les écorces. (C. D.)

SCISSIMA. (*Bot.*) Gaza nommoit ainsi le pin, au rapport de Daléchamps. (J.)

SCITAMINÉES. (*Bot.*) Linnæus, dans la série de ses fragmens naturels, a donné ce nom à la réunion des musacées et des amomées sous le même titre, probablement parce que le fruit du bananier, *musa*, est bon à manger, et parce que des cardamomes et autres amomées sont employés en assaisonnement. Le nom de *scitamenta* signifie des mets choisis. (J.)

SCIURIENS. (*Mamm.*) Dans la table méthodique des genres et espèces de mammifères, que nous avons placée dans le 24.ᵉ volume de la première édition du Nouveau Dictionnaire d'histoire naturelle, nous avons formé sous ce nom une famille de rongeurs correspondante au genre *Sciurus* de Linné, et qui a été d'abord partagée en deux genres : celui des Écureuils proprement dits et celui des Polatouches, auxquels Illiger ajouta le genre *Tamia*. Depuis lors M. Fréd. Cuvier a porté leur nombre à cinq ; savoir : *Tamia*, Guerlinguet ou *Macroxus*, Écureuil ou *Sciurus*, *Pteromys* et *Sciuropterus*. (DESM.)

SCIURIS. (*Bot.*) Nom générique, substitué par Schreber à celui de *raputia* d'Aublet, que M. De Candolle place avec doute dans sa famille des simarubées. Le *sciuris* de MM. Nées et Martius est regardé par le même auteur comme synonyme du *ticorea*, qu'il reporte à la famille des rutacées. Les opinions des auteurs sur ces réunions et ces distinctions, sont encore incertaines. (J.)

SCIURIS. (*Bot.*) Voyez RAPUTIER. On s'est servi de la même dénomination pour le *galipea* d'Aublet. (POIR.)

SCIUROPTÈRE. (*Mamm.*) Genre de rongeurs établi par M. F. Cuvier, qui comprend quelques espèces pourvues d'un développement de la peau des flancs, étendu, de chaque côté, entre les extrémités antérieures et les postérieures, pouvant servir comme de parachute à ces animaux lorsqu'ils sautent de branche en branche, et leur ayant fait donner le nom d'*écureuils volans*.

Ce caractère leur est commun avec les Ptéromys (voyez ce mot), qui, ainsi qu'eux, composoient anciennement le genre Polatouche de MM. G. Cuvier et Geoffroy; mais ils en diffèrent par les formes du crâne et par le système dentaire. Ainsi ils s'éloignent de ces animaux, sous le premier rapport, en ce que toute la partie antérieure de la ligne de profil de leur tête est droite jusqu'au milieu des frontaux, où elle prend une direction courbe très-arquée, sans dépression intermédiaire, au lieu d'en avoir une très-marquée, comme les ptéromys; en ce que l'occiput est bien saillant, au lieu de ne commencer à se courber que fort en arrière; en ce que les frontaux sont alongés, et ont le rapport de leur longueur à leur largeur comme deux est à un, au lieu de l'avoir comme trois est à deux; enfin, en ce que la capacité du crâne remplit les trois cinquièmes de la longueur de la tête, au lieu de n'en occuper que la moitié.

Les molaires ressemblent à celles des tamias, des écureuils et des guerlinguets, plutôt qu'à celles des ptéromys, c'est-à-dire qu'elles sont analogues à celles des marmottes et des spermophiles. Il y a quatre grosses dents à la mâchoire d'en bas, et une très-petite, antérieure et caduque de bonne heure, à chaque côté de celle d'en haut. A la mâchoire supérieure les trois premières vraies molaires présentent chacune deux collines transverses, à sommet mousse et séparées par des sillons aussi transversaux, et ces collines sont réunies, sur le bord interne seulement, par une crête large et circulaire; la dernière ne montre qu'une colline antérieure, et sa partie postérieure est aplatie. Toutes les molaires inférieures ont la même forme entre elles, c'est-à-dire qu'elles présentent, dans leur milieu, un creux circulaire, et, dans leur pourtour, une crête divisée par une échancrure au bord interne et par une autre au bord externe, et du centre de chacune de ces échancrures naît un petit tubercule. Avec l'âge, ces dents n'offrent plus qu'une surface unie à leur couronne. Les incisives supérieures sont unies et arrondies en devant; les inférieures ont la même forme, à cela près qu'elles sont plus étroites.

Les molaires des ptéromys sont fort différentes de celles des sciuroptères, en ce qu'elles semblent participer de la nature des dents simples et des dents composées, quoiqu'elles ne soient toujours composées que de matière osseuse et d'émail sans matière corticale, ainsi que M. F. Cuvier l'a observé.

Nous plaçons trois espèces dans ce genre, mais les deux premières seulement lui appartiennent sans aucun doute; les caractères tirés des dents et de la forme du crâne n'ayant pas été constatés sur la troisième.

Extérieurement toutes se ressemblent par leur petite taille, les membranes velues de leurs flancs, leur physionomie, qui est généralement celle des écureuils, bien qu'elles aient les yeux plus gros que ceux de ces animaux, la longueur de leur queue, qui est aplatie, couverte de poils distiques, et non ronde, comme celle des écureuils.

Des trois espèces deux habitent les contrées septentrionales de l'Europe et de l'Amérique, et la troisième est propre à l'île de Java. La manière de vivre des premières est très-analogue à celle des écureuils, si ce n'est que ces espèces sont éminemment nocturnes. L'on n'a point recueilli de renseignemens sur les habitudes naturelles de la dernière.

Le Sciuroptère de Sibérie : *Sciuropterus sibiricus* ou *Pteromys sibiricus*, Desm., Mamm., esp. 553; *Sciurus volans*, Pallas, Linn.: Écureuil volant de Sibérie de Brisson. Il a le corps et la tête, ensemble, longs de six pouces et demi; la queue (sans poils) longue de trois pouces dix lignes. Sa tête est arrondie; son museau court et obtus; ses yeux sont grands et saillans, à iris noir et pupille très-grande; ses oreilles courtes et arrondies; ses moustaches de la longueur de la tête, roides et noires; les membranes de ses flancs forment, derrière le poignet, une légère avance arrondie en lobe et non anguleuse; le pelage est d'un gris-blanchâtre cendré aux parties supérieures et d'un très-beau blanc sur les inférieures; la base des poils et le duvet intérieur sont bruns; la membrane des flancs est bordée, près du corps et dans toute sa longueur, par une bande de gris-brun ; l'extrémité des pieds est blanche ; la queue est couverte de longs poils d'un gris cendré et légèrement obscur vers leur pointe. Il en existe une variété toute blanche.

Ce joli animal fait son nid dans des creux d'arbres, et sa femelle y dépose, vers le mois de Mai, de deux à quatre petits. Il vit isolé, et ne sort de sa retraite que la nuit pour rechercher sa nourriture, qui consiste principalement en bourgeons et jeunes pousses de pins et de bouleaux.

Son espèce se trouve en Sibérie, en Finlande, en Livonie et en Laponie.

Le Sciuroptère d'Amérique ou Assapan : *Sciuropterus americanus; Pteromys volucella,* Desm., Mamm,, esp. 554; *Sciurus volucella.* Pallas; le Polatouche. Buff., tom. 10, pl. 21 ; Assapan, F. Cuvier, Hist nat. des Mamm., 8.ᵉ livraison. Il a le museau moins épais que celui de l'espèce précédente : sa taille est plus petite (4 pouces 10 lignes) et sa queue proportionnellement plus longue (5 pouces 7 lignes) sans les poils. Le dessus de sa tête, de son corps et de ses prolongemens de la peau des flancs, est couvert de poils d'un gris plus foncé et comme glacé de nuances de roussâtre, ces poils étant cendrés près de la racine et d'un jaune roussâtre à l'extrême pointe : les yeux sont entourés de cendré noirâtre, et l'on remarque une tache blanche au-dessus de chacun ; le bord de la peau des flancs est, en dessus, plus brun que le milieu ; tout le dessous du corps est d'un blanc légèrement teint de jaune sur le bord des membranes et sur le dedans des cuisses et des jambes ; le dessus de la queue est d'un brun très-clair et le dessous d'un blanc jaunâtre ; les moustaches sont noires et longues de deux pouces.

Cet animal se trouve dans les États-Unis, depuis le Canada jusqu'en Virginie, où il est nommé *assapan,* d'après les rapports des voyageurs. Il vit par petites troupes sur les arbres, et se nourrit de noix, de graines et de bourgeons. En domesticité, ou plutôt en captivité, il entasse toutes les provisions qu'on lui donne dans son réduit, et les cache sous de la mousse, ainsi que le font les écureuils de nos bois. Il ne sort que la nuit et a des mouvemens très-brusques.

Le Sciuroptère flèche : *Sciuropterus sagitta* ; le Polatouche flèche, Geoff. ; *Pteromys sagitta*, Cuv. ; Desm. , Mamm. , esp. 552. Celui-ci a le corps long de cinq pouces et demi, et sa queue a cinq pouces. Son pelage est d'un brun foncé en dessus. légèrement mêlé de blanchâtre sur la membrane près des bras. et de jaune sur le dos et sur la tête ; ses yeux sont entourés de brun ; ses oreilles sont brunes ; toutes ses parties inférieures , le bord de la membrane des flancs excepté, sont d'un blanc pur ; la membrane de ses flancs forme, comme chez les ptéromys, un angle assez aigu derrière le poignet ; la queue, d'une couleur brune peu foncée dans la plus grande partie de son étendue, est blanchâtre à son origine.

Cette espèce habite l'île de Java. (Desm.)

SCIURUS. (*Mamm.*) Nom latin des écureuils proprement dits. Il a aussi été appliqué aux animaux qui composent maintenant les genres Guerlinguet , Tamia , Sciuroptère et Ptéromys. Voyez ces mots. (Desm.)

SCLAREA. (*Bot.*) Ce genre de Tournefort, maintenant réuni par Linnæus à la sauge , n'en diffère que par le filet arqué des étamines. plus long par une de ses extrémités. Voyez Sauge. (J.)

SCLAVE. (*Ichthyol.*) Nom que les pêcheurs de la mer Adriatique donnent à la Mendole. Voyez ce mot. (H. C.)

SCLERANTHUS. (*Bot.*) Nom latin du genre Gnavelle. (L. D.)

SCLÉRIE, *Scleria*. (*Bot.*) Genre de plantes monocotylédones. à fleurs incomplètes, monoïques, de la famille des *cypéracées*, de la *monoécie triandrie* de Linnæus, offrant pour caractère essentiel : Des fleurs monoïques ; dans les fleurs mâles une sorte d'involucre de deux à six écailles stériles, renfermant plusieurs fleurs accompagnées chacune de deux valves, contenant une ou trois étamines, sans ovaire ; dans les fleurs femelles une balle calicinale à deux ou quatre valves uniflores. persistantes ; un ovaire surmonté d'un style filiforme, entier ou trifide ; une semence dure, luisante. presque osseuse, entourée à la base par les valves calicinales.

Sclérie flabelliforme : *Scleria flabellum*, Swartz, *Fl. Ind. occid.*, 1 ; pag. 88. Lamk.. *Ill. gen.*, tab. 752 ; *Scleria mar-*

garitifera, Gærtn., tab. 2 ; *Carex lithosperma*, Linn., *Spec.*, 2 ; pag. 65 ; *Scirpus lithospermus*, Linn., *Spec.*, 1 ; Sloan., *Jam. Hist.*, 1, tab. 77, fig. 1 ; *Caden-pullu*, Rhéed., *Malab.*, 12, tab. 48. Cette plante a des tiges triangulaires, grimpantes, hérissées de poils très-fins, munies sur leurs angles de petits aiguillons recourbés, ainsi que les feuilles. Celles-ci sont linéaires, longues d'un pied ; leurs gaînes courtes, velues à leur orifice. Les fleurs sont disposées en épis ou en panicules axillaires ; les pédoncules comprimés, chargés d'aiguillons, sortant de la gaîne des feuilles ; les ramifications simples, étalées, un peu velues, munies à leur base de bractées sétacées. Les fleurs mâles sont mélangées avec les femelles : les premières sont entourées de six écailles aiguës, inégales ; dans l'intérieur, d'autres écailles accompagnent les fleurs munies de trois étamines : dans les femelles l'ovaire est oblong, à trois faces, surmonté d'un style filiforme : il en résulte une petite semence globuleuse, panachée de blanc et de brun, tuberculée au sommet. Cette plante croît à la Jamaïque.

SCLÉRIE A LARGES FEUILLES ; *Scleria latifolia*, Swartz, *loc. cit.* Cette espèce a des tiges simples, feuillées, hautes de huit à dix pieds, triangulaires ; les feuilles sont longues d'un à deux pieds, larges d'un pouce et demi ou deux pouces, roides, plissées, lancéolées, très-lisses ; leur gaîne est terminée en avant par une petite saillie mucronée. Les fleurs sont disposées en une ample panicule terminale, roide, droite ; les rameaux presque simples, alternes ; les fleurs mâles mêlées avec les femelles, toutes presque sessiles, munies chacune à leur base d'une petite foliole sétacée. Les fleurs mâles sont peu nombreuses, terminales ; les femelles inférieures, en plus grand nombre ; les styles trifides ; les stigmates réfléchis, velus et blanchâtres ; les semences luisantes, très-blanches, globuleuses. Cette plante croît dans les forêts et sur les montagnes arides de la Jamaïque.

SCLÉRIE NON ÉPINEUSE : *Scleria mitis*, Swartz, *loc. cit.*; Berg., *Act. Holm.*, 1765, tab. 5. Cette plante s'élève à la hauteur de deux à quatre pieds sur une tige droite, grimpante, triangulaire, glabre, point articulée, très-lisse sur ses angles. Les feuilles sont linéaires-lancéolées, un peu élargies, glabres, striées ; les gaînes fort longues, un peu rudes sur leurs angies. Les fleurs forment une panicule alongée et serrée, à rameaux simples, alternes, triangulaires; les épillets sont fort petits, un peu pédicellés; les étamines au nombre de trois dans les fleurs mâles. Les semences sont globuleuses, d'un blanc de neige, tuberculées, noirâtres au sommet, environnées à leur base d'une petite membrane ciliée. Cette espèce croit à Surinam, à la Jamaïque, à Porto-Ricco.

Sclérie réticulée : *Scleria reticularis*, Mich., *Fl. bor. amer.*, 2, p. 167; Poir., Enc. Dans cette espèce les tiges sont droites, glabres, à trois angles tranchans, hautes d'un ou deux pieds, garnies de feuilles alternes, étroites, assez semblables à celles des graminées, très-glabres, longues, aiguës, striées; leurs gaines lisses, tronquées à la partie supérieure de leur orifice. Les fleurs sont latérales et terminales, disposées en petites panicules courtes, distantes, axillaires, pédonculées ou presque sessiles, médiocrement rameuses; les épillets fort petits, pédicellés, étroits, presque subulés, pauciflores, de couleur roussâtre, munis à leur base d'une bractée sétacée, très-fine, une fois plus longue que l'épillet; les valves étroites, aiguës; les semences globuleuses, réticulées, marquées de petites fossettes. Cette plante croît à la Caroline.

Sclérie a feuilles sétacées; *Scleria setacea*, Poir., Encycl. Les racines sont courtes, fibreuses, fasciculées : elles produisent un grand nombre de tiges réunies en gazon, hautes de huit à dix pouces et plus, fines, sétacées, glabres, triangulaires, très-simples. Les feuilles sont alternes, vaginales, glabres, très-fines, assez semblables aux tiges, mais un peu plus larges, médiocrement striées. Les gaines sont longues, très-étroites, très-lisses, tronquées à leur partie supérieure; de l'orifice de chaque gaine, à partir de celles du bas, sort un pédoncule droit, fluet, long d'un pouce et plus, terminé par deux ou quatre épillets pédicellés, quelquefois un ou deux sessiles, étroits, fort petits, ovales-oblongs, aigus, d'un roux clair, munis de petites bractées courtes, sétacées, à peu près de la longueur de l'épillet. Cette plante a été découverte à Porto-Ricco par M. Ledru.

Sclérie de Ceilan; *Scleria zeylanica*, Poir., Enc. Ses tiges sont simples, droites, hautes de quatre ou cinq pieds, foibles, triangulaires, un peu rudes, particulièrement sur leurs angles. Les feuilles sont alternes, rudes à leurs bords, assez larges, linéaires, striées, très-aiguës; les gaines sont triangulaires, et la base des feuilles supérieures un peu courante, formant comme une sorte d'aile sur les deux angles opposés des tiges. De l'aisselle des feuilles sortent des panicules de fleurs droites, peu étalées, plusieurs fois ramifiées : ces fleurs sont mâles, les unes sessiles, d'autres pédicellées; ces dernières placées ordinairement à la partie supérieure des rameaux, nombreuses, réunies sur des épillets fort petits, roussâtres, aigus, solitaires ou réunis deux à trois; une bractée sétacée à la base des ramifications, une autre très-courte à chaque épillet. Les valves sont glabres, un peu aiguës, étroites; trois étamines; les filamens courts; les anthères aiguës, formant une sorte de houpe après la fécondation. Les fleurs femelles sont axillaires, pourvues d'un ovaire trigone et de trois stigmates pubescens, alongés. Les semences sont globuleuses, très-blanches, luisantes, munies au sommet d'un petit tubercule en forme de mamelon. Cette plante croît à l'île de Ceilan et dans celle de Madagascar.

SCLÉRIE A GAINES PURPURINES; *Scleria purpurea*, Poir., Enc. Cette plante a de longues tiges grêles, triangulaires, hautes d'un à deux pieds, à angles très-saillans et un peu rudes. Les feuilles sont alternes, vaginales, très-étroites, longues, subulées, striées, presque glabres, d'un vert pâle; les gaines alongées, rudes sur leurs angles, de couleur rougeâtre ou purpurine. Les fleurs sont placées dans les aisselles des feuilles supérieures, en petits épis courts, presque solitaires, peu garnis, longs d'un à deux pouces; les épillets sessiles, alternes, presque uniflores; les valves roussâtres, très-aiguës, munies d'une bractée sétacée, plus longue que l'épillet. Les semences sont blanches, luisantes, petites, globuleuses. Cette plante croît à l'île de Saint-Thomas.

SCLÉRIE A GRANDES BRACTÉES; *Scleria bracteata*, Cavan., *Ic. rar.*, 5, tab. 457. Cette plante a des tiges trigones, hautes d'environ six pieds; les feuilles radicales sont longues de trois pieds, larges d'un demi-pouce, striées, très-aiguës, rudes à leurs bords et sur leur carène; les autres munies d'une gaine tomenteuse, longue d'un pouce. Les fleurs sont sessiles, paniculées; les fleurs mâles, terminales et nombreuses, forment

une ample panicule; la panicule des fleurs femelles est beaucoup plus courte, axillaire ; à la base des fleurs est une bractée subulée très-étroite, longue d'un pouce et plus; les fleurs
mâles sont composées d'écailles imbriquées en pyramide, ovales, aiguës; elles ont trois étamines; les filamens d'un brun
rouge. Dans les fleurs femelles est un ovaire fort petit, entouré de trois écailles concaves, très-aiguës; un style brun
à trois stigmates capillaires. La semence est dure, globuleuse,
percée d'une fossette à son sommet. Cette plante croît aux
lieux inondés ou humides, à l'isthme de Panama. (POIR.)

SCLERNAX. (*Bot.*) Rafinesque-Schmaltz a donné ce nom
à des plantes marines qui, d'après ses observations, offrent
des séminules isolées dans des capsules celluleuses et nullement éparses dans la substance même. Il en désigne deux espèces: le *sclernax truncatus*, qui est violet, difforme, alongé,
tronqué, et dont les capsules, arrondies et blanchâtres, contiennent des séminules roussâtres; l'autre espèce est le *sclernax
lutescens*, qui est jaunâtre, oblong, obtus, fixé par le côté;
les capsules et les séminules sont jaunes. Ces deux espèces se
trouvent dans la mer, sur les côtes de la Sicile, attachées aux
rochers. Rafinesque rapproche le *Sclernax* de son *Pexisperma*:
tous deux ne sont pas connus des botanistes. (LEM.)

SCLÉROBASE, *Sclerobasis*. (*Bot.*) Ce genre de plantes, que
nous avons proposé dans le Bulletin des sciences de Mai 1818
(pag. 75), appartient à l'ordre des Syhanthérées, et à notre
tribu naturelle des Sénécionées, dans laquelle il est immédiatement voisin du genre *Jacobæa*, dont il ne se distingue
que par la forme singulière de la face inférieure ou extérieure
du clinanthe.

Voici les caractères du genre ou sous-genre *Sclerobasis*.

Calathide radiée: disque multiflore, régulariflore, androgyniflore; couronne unisériée, pauciflore, liguliflore, féminiflore. Péricline inférieur aux fleurs du disque, cylindrique;
formé de squames unisériées, contiguës, appliquées, égales,
oblongues-aiguës, foliacées, membraneuses sur les bords latéraux, attachées au sommet du clinanthe : quelques squamules surnuméraires, bractéiformes, attachées à la base du
clinanthe. Clinanthe à face supérieure ou interne plane, al-
véolée, ayant les cloisons membraneuses, peu élevées; à face

inférieure ou externe subhémisphérique , couverte de grosses côtes subéreuses (après la floraison), rayonnantes, confluentes au centre, distinctes à la circonférence, en nombre égal à celui des squames du péricline, alternant avec elles, et aboutissant à leurs bases. Ovaires cylindriques , striés ; aigrette composée de squamellules filiformes, capillaires, barbellulées.

Nous connoissons deux espèces de ce genre.

Sclérobase de Sonnerat ; *Sclerobasis Sonneratii* , H. Cass., Bull. de la Soc. philom., Mai 1818 , pag. 74. La tige est herbacée, haute de deux pieds au moins, droite, cylindrique, striée, pubescente ; les feuilles sont alternes, sessiles, semi-amplexicaules, longues de deux pouces, larges d'un pouce, obovales-elliptiques, irrégulièrement dentées-sinuées, rudes, à face supérieure glabre et scabre, à face inférieure réticulée et couverte de filamens imitant la toile d'araignée; les calathides sont disposées en une grande panicule terminale , irrégulière ; les corolles sont jaunes ; les ovaires sont presque entièrement glabres ; les squames du péricline ne sont point ou presque point brunes au sommet.

Nous avons fait cette description spécifique , et celle des caractères génériques exposés plus haut, sur un échantillon sec, recueilli par Sonnerat dans ses voyages, et qui se trouve dans l'herbier de M. de Jussieu. Il est probable que cette espèce habite, comme la suivante, le cap de Bonne-Espérance.

Sclérobase roide : *Sclerobasis rigida*, H. Cass. ; *Senecio rigidus*, Linn., *Sp. pl.*, pag. 1224. C'est un arbrisseau d'environ sept pieds, à tige épaisse , cylindrique, grisâtre , rameuse ; les jeunes rameaux sont cylindriques, striés, velus, garnis de feuilles peu espacées, alternes, étalées; ces feuilles, longues d'environ deux pouces, larges d'environ quinze lignes , sont sessiles, semi-amplexicaules, roides , subcoriaces, elliptiques, oblongues ou obovales, souvent étrécies inférieurement et alors subspatulées ; leurs bords sont ondulés, sinués-denticulés, à dents spinescentes ; la face supérieure est scabre , velue ; l'inférieure réticulée, velue, et pourvue, en outre, de quelques poils aranéeux très-peu manifestes ; mais la pubescence de la feuille varie beaucoup suivant son âge ; les calathides, larges de quatre à cinq lignes, hautes de trois lignes, et composées de fleurs jaunes, sont nombreuses , et disposées , à

l'extrémité de chaque rameau, en corymbes larges d'environ
deux pouces et demi; la calathide est radiée; son disque est
composé de fleurs nombreuses, régulières, hermaphrodites;
sa couronne n'a que cinq fleurs ligulées, femelles, à languette
étalée, large, elliptique, tridentée au sommet; le péricline
est plus court que les fleurs du disque, cylindracé, étréci de
bas en haut, formé de squames égales, unisériées, contiguës,
appliquées, linéaires-oblongues, brunes au sommet; ce péricline est accompagné, autour de sa base, de trois squamules
surnuméraires, appliquées, linéaires-subulées; la face extérieure du clinanthe forme une calotte hémisphérique, épaisse,
charnue, qui déborde la base du péricline, et se divise, à la
circonférence, par des sillons rayonnans, en côtes qui alternent avec les squames de ce péricline; les ovaires sont cylindriques, à bandes alternativement glabres et velues; leur
aigrette est longue, composée de squamellules nombreuses,
filiformes, capillaires, barbellulées.

Nous avons fait cette description sur un individu vivant,
cultivé au Jardin du Roi, où ses calathides ne parviennent
presque jamais à une parfaite maturité, en sorte que le caractère essentiellement distinctif du genre, qui ne se trouve
que légèrement indiqué pendant la fleuraison, est ici peu
manifeste ordinairement.

Ce singulier caractère est au contraire très-évident sur les
calathides mûres et sèches de la première espèce : la face externe du clinanthe y représente assez bien la moitié inférieure
d'un melon-cantaloup, qu'on auroit coupé transversalement,
et qui porteroit les squames du péricline en dedans des bords
de sa coupe circulaire. Les côtes sont vertes, charnues, suc-
culentes, et bien moins apparentes, pendant la fleuraison;
mais à l'époque de la maturité des fruits, elles deviennent
blanchâtres, dures, sèches, subéreuses ou calleuses, très-
larges, très-épaisses, très-saillantes. C'est donc seulement
à cette époque, qui termine la végétation de la calathide
parvenue à son dernier âge, que notre caractère générique ou sous-générique peut être bien observé et justement apprécié. C'est aussi à cette époque que le nom de *Sclerobasis*, qui signifie *base dure*, se trouve exactement appliqué,
parce que les grosses côtes rayonnantes et en partie con

fluentes, qui recouvrent, en l'épaississant, la base de la calathide, sont alors endurcies et forment ensemble une sorte
de croûte ou d'écorce calleuse. Ces callosités si remarquables
ont-elles quelque destination relative à la dissémination des
fruits ou à leur conservation? Il semble qu'elles doivent, au
moins à une certaine époque, forcer le péricline à demeurer
clos, sans lui permettre de s'étaler pour laisser échapper les
fruits. (H. Cass.)

SCLÉROCARPE , *Sclerocarpus*. (*Bot.*) Ce genre de plantes,
proposé en 1786 par Jacquin, dans ses *Icones plantarum rario-
rum* et dans les *Nova acta helvetica*, appartient à l'ordre des
Synanthérées , à la tribu naturelle des Hélianthées, et à notre
section des Hélianthées-Millériées , dans laquelle il est voisin
du genre *Biotia*.

Voici les caractères génériques du *Sclerocarpus* , tels que
nous les avons observés sur des individus vivans, cultivés au
Jardin du Roi.

Calathide quasi-radiée : disque pluriflore , régulariflore ,
androgyniflore ; couronne très-irrégulière , interrompue, pauciflore, anomaliflore, neutriflore. Involucre très-grand , très-
irrégulier , composé de quelques bractées foliiformes , pétiolées , très-inégales , étalées. Péricline très-irrégulier , interrompu , formé d'environ trois squames non contiguës , mais
distancées , correspondant seulement aux fleurs de la couronne , inégales , très-variables , surmontées d'un appendice
foliacé. Clinanthe convexe , garni de squamelles accompagnant les fleurs du disque , plus courtes qu'elles , acuminées,
coriaces , étroitement et complétement enveloppantes. Ovaires
du disque obovoïdes , lisses , épais et arrondis supérieurement,
ayant l'aréole apicilaire oblique-intérieure et portée sur un
col épais , extrêmement court. Faux-ovaires de la couronne
stériles , alongés , grêles. Corolles de la couronne à tube
long , à languette courte, large , orbiculaire, irrégulière,
variable.

La couronne n'a que deux ou trois fleurs, et elles ne sont
pas plus longues que celles du disque ; l'involucre est composé
d'environ quatre bractées.

Le Sclérocarpe africain (*Sclerocarpus africanus* , Jacq.) , seule
espèce de ce genre, est une plante de Guinée, herbacée , an-

nuelle, un peu ligneuse, à feuilles alternes, ovales, dentées, trinervées. et à calathides terminales, solitaires.

Les caractères génériques du *Sclerocarpus*, quoique très-faciles à observer, sont très-difficiles à décrire méthodiquement, à cause des anomalies que présentent l'involucre, le péricline et la couronne. On comprendra cette difficulté, si l'on compare avec la description ci-dessus celle de notre *Biotia*, insérée dans ce Dictionnaire (tom. XXXIV, pag. 3o8) : cette comparaison fera aisément sentir que les deux genres *Sclerocarpus* et *Biotia*, quoique décrits très-différemment, se ressemblent beaucoup, et que la description technique de l'un ou de l'autre est vicieuse, en ce qu'elle masque cette affinité. En décrivant le *Biotia*, nous avons dit que le péricline étoit formé de squames subunisériées, alternativement plus longues et plus courtes, les premières correspondant aux fleurs femelles de la couronne, les secondes aux fleurs hermaphrodites du disque ; et en conséquence nous avons admis un clinanthe nu. Cependant nous exprimions nos doutes à cet égard. en disant (pag. 3o9) : « Les squames plus courtes, « qui. dans le *Biotia*, embrassent les fleurs du disque, sont-« elles convenablement attribuées au péricline ? ou bien faut-« il les considérer comme des squamelles appartenant au « clinanthe, qui, dans ce second cas, ne seroit pas nu ? Au « premier cas, le péricline doit-il être dit simple ou dou-« ble ? » Il est bien certain qu'il faudroit mettre en harmonie la description du *Sclerocarpus* et celle du *Biotia*, en modifiant l'une ou l'autre. Reste à savoir laquelle des deux doit être conservée intacte pour servir de modèle à l'autre. Cette question ne pouvant être bien résolue que par la méthode sûre et féconde des analogies, nous la traiterons dans un autre article. destiné à présenter le tableau méthodique et complet des genres de la section des Millériées.

En attendant nous ferons remarquer que, si l'on accorde la préférence au système adopté dans la description du *Biotia*, il faut alors admettre que le péricline du *Sclerocarpus* est formé de squames unisériées, squamelliformes, enveloppantes, à l'exception des trois squames qui correspondent aux trois fleurs neutres. et qui participent, par leur structure, de la nature des squames du péricline et de celle des bractées de l'involucre. La différence qui existeroit entre les squames correspondant aux fleurs neutres et les squames correspondant aux fleurs hermaphrodites, n'est pas le plus fort argument qu'on puisse opposer à ce système : car il est démontré pour nous que la nature de la fleur détermine souvent celle de la squame ou squamelle qui l'accompagne, c'est-à-dire, par exemple, que dans certaines synanthérées, la squame ou squamelle, qui seroit foliacée ou membraneuse et plane auprès d'une fleur stérile, sera nécessairement coriace et enveloppante auprès d'une fleur fertile. On pourroit donc concevoir un péricline simple, formé de squames unisériées et pourtant dissemblables, si ce péricline entouroit des fleurs neutres et des fleurs hermaphrodites exactement disposées sur le même rang. Mais cette dernière condition peut-elle se réaliser ? Nous en doutons beaucoup, et c'est ici la véritable objection à opposer contre le système dont il s'agit. Les trois fleurs neutres formant la couronne interrompue du *Sclerocarpus* sont certainement placées plus extérieurement ou plus bas qu'aucune fleur hermaphrodite. Donc, si l'on suppose que les intervalles existant entre ces trois fleurs soient remplis par d'autres fleurs semblables, on aura une couronne unisériée, complète; et infailliblement, au lieu de trois squames distancées, on aura aussi un péricline complet de squames plus nombreuses, unisériées, contiguës, protégeant extérieurement les fleurs de la couronne. Dès-lors il sera évident que les prétendues squames enveloppant les fleurs hermaphrodites les plus extérieures n'appartiennent point au péricline, et que ce sont des squamelles du clinanthe. Mais dans l'hypothèse que nous venons de poser, l'involucre existeroit-il encore en dehors et indépendamment du péricline ? ou bien les bractées de cet involucre ne seroient-elles pas alors converties en squames pour compléter le péricline ? C'est un autre problème, dont la solution n'est pas nécessaire pour décider la question que nous venons d'agiter, et sur laquelle ce que nous avons dit peut faire pressentir que notre opinion actuelle tend à confirmer la description du *Sclerocarpus* et à infirmer celle du *Biotia*.

L'ovaire du *Sclerocarpus* est comprimé bilatéralement, ob-ovale, pointu en bas, large et arrondi en haut, glabre, blanc, marqué d'une multitude de lignes parallèles très-peu apparentes; son sommet, qui est oblique et situé sur le côté intérieur, se rétrécit subitement en un col extrêmement court, formant à son extrémité un bourrelet arrondi et un peu saillant autour et au-dessus de l'aréole apicilaire, qui porte un très-petit nectaire blanc; le péricarpe futur, c'est-à-dire celui de l'ovaire en floraison, est très-épais et charnu. Cet ovaire a une analogie remarquable avec celui des *Xanthium*, tant par lui-même que par la squamelle dans laquelle il est enfermé. L'affinité des Millériées et des Ambrosiées se trouve ainsi confirmée chaque jour de plus en plus par toutes nos observations sur les plantes qui composent ces deux groupes naturels. (H. Cass.)

SCLEROCCUM. (*Bot.*) Genre de la famille des champignons, voisin de l'*œgerita* de Persoon, et qui en diffère par ses sporidies formant entre elles et avec leur réceptacle, qui est mince, un seul et même corps dur, tuberculeux, arrondi et agglutiné. Dans l'*œgerita* les sporidies recouvrent lâchement un réceptacle arrondi, grumeleux et entièrement libre.

Le *spiloma sphærale*, Ach., est donné pour type du genre *scleroccum* par Fries, qui l'a créé. Cet auteur ajoute que ce genre a de l'analogie avec le *sphinctrina* et le *coniosporium* réunis. (Lem.)

SCLÉROCHLOÉ. *Sclerochloa.* (*Bot.*) Genre de la famille des graminées et de la *triandrie digynie*, établi par Palisot de Beauvois pour placer les *Poa dura*, Linn., *procumbens*, Schreb., *Divaricata*, etc., et des *Cynosurus*. Ce genre est caractérisé ainsi par Palisot de Beauvois : Fleurs en épis simples ; locustes unilatérales ou dichotomes; glumes contenant trois à cinq fleurs obtuses, plus courtes que les fleurs; celles-ci hermaphrodites, à paillettes mutiques, dont l'inférieure en cœur, émarginée, obtuse : la supérieure entière ; ovaire terminé en bec; style bipartite, à stigmate plumeux ; graine terminée par une pointe bifide. L'auteur ne décrit aucune espèce de ce genre. Voyez Pal. de Beauv., Agrostogr., page 96. (Lem.)

SCLÉRODERMA. (*Bot.*) Genre de la famille des champignons, établi par Persoon dans la division des lycoperdacées, et voisin des lycoperdons ou vesse-loups. Il est caractérisé par son péridium globuleux, subéreux, fixé par des racines, et ayant une écorce verruqueuse qui s'ouvre irréguliérement pour laisser échapper les sporidies; celles-ci sont d'abord rassemblées en petites globules ou amas, et retenues par des fibrilles entrelacées. Dans les lycoperdons les sporidies ne sont point agrégées.

Ce genre, adopté par Link, Ehrenberg, Nées, Fries, a subi quelques modifications de la part de ces auteurs, qui n'y rapportent point toutes les espèces indiquées par Persoon. L'on doit faire observer qu'il comprend les *lycoperdoides* et *lycoperdastrum* de Michéli, et qu'on y avoit réuni le *polysaccum*. Enfin ces espèces ont été comprises parmi celles du lycoperdon par beaucoup d'auteurs, même après l'établissement du *Scleroderma*. Les espèces décrites par Persoon sont au nombre de douze, et presque toutes européennes : elles se rencontrent dans les mêmes lieux et les mêmes circonstances que les lycoperdons. Nous ferons remarquer les suivantes :

1. *Espèces munies d'un stipe.*

SCLÉRODERMA PISTILLAIRE : *Scl. pistillare*, Pers., *Synops.*, p. 151; *Lycoperdon pistillare*, Linn. Il est jaune, en forme de massue, porté sur un stipe tortueux, composé de fibres longitudinales. Ce champignon a été observé dans les Indes orientales.

SCLÉRODERMA DES TEINTURIERS : *Scl. tinctorium*, Pers.; *Lycoperdoides*, Michéli, *Gener. plant.*, 98, fig. 1. Grand, blanc; stipe épais, fendu, finissant en racine épaisse; péridium presque rond, lisse; sporidies grandes, glomérulées. Cette espèce remarquable a six à sept pouces de hauteur : elle croit en Toscane.

SCLÉRODERMA ORANGÉ : *Scl. aurantium*, Pers.; *Lycoperdon aurantium*, Linn.; Bull., Champ., pl. 270; Decand., Fl. fr.; Vaill., Par., pl. 16, fig. 9, 10. Il est grand, d'un beau jaune orangé, sphérique, rude à sa partie inférieure, portée par un stipe ou collet sillonné, comme plissé, terminé par des racines membraneuses, réunies en touffe; le péridium se déchire en lanières obtuses et émarginées; sa chair, d'abord jaune, devient ensuite bleue, tachée de rougeâtre. Cette belle espèce croit à terre, dans les bois, et en automne elle n'est point rare dans les environs de Paris.

Le *Scleroderma verrucosum*, Pers., ou *Lycoperdon verrucosum*, Bull., appartient à cette division, et se rencontre aussi aux environs de Paris.

2. *Espèces sessiles.*

(Hypogeum, Pers., Champ. commest., p. 264.)

Scléroderma des cerfs: *Scl. cervinum*, Pers., *Synops.*; *Lycoperdastrum tuberosum*, Michéli, *Gen. pl.*, 99, fig. 4; *Tuber cervinum*, Nées, *Syst. fung.*; Truffe de cerf, Paul., *Trait.*, 2. page 461, *Syn.*, n.° 7. Il a la forme d'un tubercule assez gros et privé de racines; son écorce est dure, épaisse, granuleuse, fauve, ou grise, ou brune; sa chair ou pulpe est d'abord blanche, farineuse, et finit par devenir bleuâtre ou purpurine, enveloppant des sporidies noires. Ce champignon croît sous terre, à la manière des truffes, dans les forêts de sapin, dans les bois de hêtres, etc., en diverses parties de l'Allemagne, en Toscane, etc. Ses tubercules acquièrent jusqu'à un pouce et demi de diamètre : ils répandent une odeur forte et telle qu'elle a donné lieu autrefois à attribuer leur naissance aux accidens du rut des cerfs, et cette erreur avoit conduit à leur accorder une vertu éminemment aphrodisiaque. C'est dans ce but qu'autrefois on vendoit ce champignon fort cher en Allemagne, et qu'on en préparoit une teinture spiritueuse dans le même but. Ce champignon a une saveur désagréable et doit être placé au nombre des espèces pernicieuses.

M. Persoon rapproche de cette espèce une autre, qu'il nomme fausse truffe ou *hypogeum tuber*, qui ressemble à la précédente quant à son extérieur; mais qui ressemble encore plus à la vraie truffe, car elle est aussi noire et également chagrinée de petites éminences. On la trouve dans le Périgord, et elle doit être soigneusement distinguée de la truffe proprement dite; car, loin de posséder les qualités qui font rechercher celle-ci, elle a fortement incommodé les personnes qui en ont mangé. (Idem.)

SCLÉRODERME. (*Entom.*) M. Klüg a donné ce nom de genre à une petite espèce de mutille dont il n'a connu que la femelle. (C. D.)

SCLÉRODERMES. (*Ichthyol.*) M. Cuvier a donné ce nom

à la seconde famille de ses poissons plectognathes, recon-noissables à leur museau conique ou pyramidal, prolongé depuis les yeux, terminé par une petite bouche armée de dents distinctes en petit nombre à chaque mâchoire.

Cette famille est composée des genres Baliste, Monacanthe, Aluthère, Triacanthe et Coffre. Voyez ces mots. (H. C.)

SCLERODERRIS. (*Bot.*) Premier sous-genre ou tribu dans le *Cœnangium* de Fries, qui avoit d'abord été compris dans son *Dermea.* Il renferme des plantes cryptogames, confondues jusque-là avec les *peziza.* Ces champignons sont presque sti-pités, d'abord sphériques, ensuite il se forme une ouverture orbiculaire et entière en son bord. Les *peziza ribesia, cerasi, prunastri, pulveracea* de Persoon. et plusieurs autres, en font partie. Le *Scleroderris* forme la sixième division du genre *Peziza* dans la Mycologie européenne de Persoon. (Lem.)

SCLERODONTIUM. (*Bot.*) Genre de la famille des mousses, établi par Schwægrichen ; mais qui n'a pas été adopté par tous les botanistes. Il est fondé sur une mousse que Hooker a décrite et figurée sous le nom de *leucodon pallidus*, dans sa Muscologie exotique, pl. 172. C'est le *trematodon pallidus* de Curt Sprengel, *Syst.*, 4, 1.re part., page 162, et le *sclero-dontium pallidum*, Schwægr., *Suppl.*, 2, 2.e part., page 124, pl. 134. Cette mousse croît à la Nouvelle-Hollande : elle a le port des leucodons et nous paroît ne devoir pas en être séparée. Sa tige, rameuse, couchée, est garnie de feuilles ovales-oblongues, acuminées, très-entières, marquées d'une nervure médiane, qui se prolonge jusqu'au bout ; les feuilles du périchèze sont enroulées, pilifères ; les capsules sont in-clinées et munies d'un opercule ayant un long bec. (Lem.)

SCLEROGLOSSUM. (*Bot.*) Nom donné par Persoon au genre *Acrospermum* de Tode, qu'il avoit d'abord appelé *Xy-loglossum.* (Lem.)

SCLEROLÆNA. (*Bot.*) Genre de plantes dicotylédones, à fleurs incomplètes, de la famille des *atriplicées*, de la *pen-tandrie monogynie* de Linnæus, dont le caractère essentiel consiste dans un calice d'une seule pièce, à cinq divisions ; point de corolle ; cinq étamines insérées au fond du calice ; un ovaire supérieur ; un style bifide ; une capsule (utricule, Brown) renfermée dans le calice, dont les divisions sont épineuses ou mutiques: une semence comprimée verticalement, n'ayant qu'un seul tégument.

Ce genre renferme des sous-arbrisseaux couverts d'une laine blanchâtre, à feuilles alternes. étroites, linéaires. Les fleurs sont axillaires, solitaires ou agglomérées. M. Rob. Brown en cite deux espèces : 1.º le *sclerolæna paradoxa*, Rob. Brown. *Nov. Holl.*, 1. pag. 410. Les fleurs sont réunies en tête ; le fruit renfermé dans le calice persistant, connivent avec la semence; ses découpures épineuses; 2.º dans le *sclerolæna uniflora* les fleurs sont solitaires. Ces plantes croissent sur les côtes de la Nouvelle-Hollande. (*Poir.*)

SCLÉROLÈPE. *Sclerolepis*. (*Bot.*) Ce genre de plantes, que nous avons proposé dans le Bulletin des sciences de Décembre 1816 (pag. 198), appartient à l'ordre des Synanthérées, à notre tribu naturelle des Eupatoriées, et à la section des Eupatoriées-Agératées, dans laquelle nous l'avons placé entre les deux genres *Alomia* et *Adenostemma*. (Voyez notre Tableau des Eupatoriées, tom. XXVI, pag. 227 et 253 ; voyez aussi notre article LAVÉNIE, *Adenostemma*, tom. XXV, p. 365.)

Le genre *Sclerolepis* a déjà été caractérisé par nous de la manière suivante :

Calathide incouronnée, équaliflore, multiflore, régulariflore, androgyniflore. Péricline à peu près égal aux fleurs, formé de squames bisériées, à peu près égales, lancéolées-acuminées, foliacées. Clinanthe conoïdal, inappendiculé. Ovaires oblongs, grêles, pentagones; aigrette courte, composée de cinq squamellules unisériées, égales, un peu entregreffées à la base, paléiformes, oblongues, larges, comme tronquées au sommet, épaisses, cornées, un peu concaves sur la face interne. Styles d'eupatoriée.

Nous ne connoissons qu'une seule espèce de ce genre.

SCLÉROLÈPE VERTICILLÉE : *Sclerolepis verticillata*, H. Cass.; *Sparganophorus verticillatus*, Mich., *Fl. bor. amer.*, vol. 2, p. 95, tab. 42. C'est une plante herbacée, haute d'environ douze à quinze pouces: sa tige est très-simple, dressée, grêle, cylindrique, striée, glabre, garnie presque d'un bout à l'autre de verticilles de feuilles distans l'un de l'autre d'environ six lignes: chaque verticille est composé de cinq ou six feuilles sessiles, étalées, longues d'environ six lignes, étroites, linéaires, uninervées, glabres, à bords entiers, à sommet obtus ; il n'y a qu'une seule calathide, large de quatre lignes, située au sommet de la tige, dont la partie terminale est nue, très-grêle, pédonculiforme ; les corolles nous ont paru être jaunes ; mais comme elles étoient sèches, leur vraie couleur pouvoit être altérée.

Nous avons fait cette description spécifique, et celle des caractères génériques, sur un échantillon sec, de l'herbier de M. de Jussieu.

La sclérolèpe verticillée habite l'Amérique septentrionale, où elle croît sur des terrains inondés. M. Nuttal, qui a pu l'observer vivante, dit que ses fleurs sont d'une couleur purpurine pâle, et que la tige porte quelquefois trois calathides.

Cet habile botaniste doutoit avec raison que la plante dont il s'agit appartint réellement au vrai genre *Sparganophorus.* Mais lorsqu'il exprimoit ce doute, dans le second volume de son *Genera of North American plants,* publié à Philadelphie, en 1818, il y avoit déjà deux ans que nous avions publié à Paris notre genre *Sclerolepis,* en le rapportant à notre tribu des Eupatoriées. Cette attribution incontestable et principalement fondée sur la structure du style, dont M. Nuttal ne s'est point occupé, prouve invinciblement la nécessité d'admettre ce genre, puisque le véritable *Sparganophorus* appartient à une autre tribu naturelle. qui est celle des Vernoniées.

Le nom de *Sclerolepis,* composé de deux mots grecs, qui signifient *écailles dures,* fait allusion aux squamellules de l'aigrette. (H. Cᴀss.)

SCLEROPHYTON. (*Bot.*) Genre de la famille des lichens, établi par Eschweiller et caractérisé ainsi par lui : Thallus crustacé adhérent, uniforme, coloré ; apothécium ou conceptacle linéaire-alongé, rameux. enfoncé dans le thallus, privé de bordures, à périthécium presque inférieur et contenant un noyau très-mince, à disque un peu plan. Les thèques sont un peu stipitées, un peu en massue, et formées de trois ou quatre anneaux. Ce genre est encore du nombre de ceux du même auteur que Meyer propose de supprimer et de comprendre dans le genre *Graphis.* Les espèces qui le composent croissent sur les écorces des arbres entre les tropiques et dans les climats tempérés. Fries, qui avoit eu l'intention d'établir ce genre avant Eschweiller, lui donne pour type l'*arthonia dendritica* de M. Léon Dufour. Il le rapproche du *pyrochroa* d'Eschweiller. Voyez PLATYGRAMMA. (LEM.)

SCLÉROPTÈRE. (*Entom.*) Ce nom, qui signifie *ailes dures*, de Σκληρός et de Πτερον, a été donné par M. Schœnherr à un genre qui ne comprend qu'une seule espèce de charanson, qui étoit le *Cryptorhincus serratus* de Germar, et qui est inscrit dans la disposition méthodique des curculionides, sous le n.° 169. (C. D.)

SCLÉROSTOMES ou HAUSTELLÉS, *Diptera sclerostomata.* (*Entom.*) Ce sont les noms sous lesqeuls nous avons désigné, dans la Zoologie analytique, une famille d'insectes à deux ailes, dont la bouche forme une sorte de trompe cornée, sortant de la tête dans l'état de repos, quelquefois alongée, mais le plus souvent coudée ou articulée.

Le nom de sclérostomes indique donc ce caractère, car il est tiré des mots grecs Σκληρός, *dur comme la corne*, et Στόμα, *bouche.* Celui d'haustellés est dérivé du nom latin *haustellum*, qui signifie une pipette, un suçoir, un siphon.

La plupart de ces insectes se distinguent, au premier aperçu, de tous les autres diptères; d'abord, des astomes ou des oestres, parce que ceux-ci n'ont aucune apparence de trompe; secondement, des aplocères et des chétoloxes, comme des stratyomes et des mouches, qui ont tous une trompe charnue, ou qui sont tous de véritables sarcostomes avec des antennes munies d'un poil tantôt latéral, tantôt terminal : troisièmement, enfin, des hydromyes, tels que les tipules, qui ont une bouche saillante, en museau plat, garni de palpes articulés.

Les mœurs de ces insectes, sous l'état parfait, sont indiquées par la forme de leur bouche, qui leur permet d'ouvrir la peau des animaux pour en sucer le sang. Mais leurs larves se développent dans des circonstances fort différentes : les unes dans l'eau, comme celles des cousins; d'autres dans le corps des animaux, comme celles des conops; d'autres sous les fumiers, dans la terre ou dans les sables. Leurs métamorphoses paroissent aussi varier, ce qui indiqueroit que cette classification ne seroit pas tout-à-fait naturelle, et qu'on sera obligé, par la suite, d'en séparer en particulier les cousins,

dont toute l'histoire est si différente de celle des autres diptères. (Voyez Cousin.)

Nous avons fait représenter une espèce de chacun des
genres qui ont été rapportés à cette famille, sur les planches
46 et 47 de l'atlas des insectes qui fait partie de ce Dictionnaire. Voici le tableau analytique à l'aide duquel on par-
viendra facilement à reconnoître les genres auxquels on
pourra rapporter les diverses espèces de diptères à suçoir
saillant et corné.

Famille des HAUSTELLÉS *ou* SCLÉROSTOMES.

```
                    ┌ latéral ┌ plumeux ; suçoir presque horizontal....... 6. STOMOXE.
        ┌ à poil   │         │ simple ; abdomen ┌ aplati-ovale, obtus..... 7. RAINGIE.
        │ isolé.... │         └                 └ presque rond, en masse.  5. MYOPE.
        │          └ terminal ; antennes très-courtes ; corps plat..... 3. HIPPOBOSQUE.
Antennes│                    ┌ vertical ; tête ┌ plus large que le corselet ; ┌ arrondi. 8. CHRYSOPSIDE.
        │          ┌ en alène;│                │ antennes à dernier article └ denté.. 9. TAON.
        │          │ suçoir   │                └ plus étroite que le corselet....... 11. EMPIDE.
        │ sans poil│          └ horizontal ; corps très-velu ; ventre plat... 2. BOMBYLE.
        └ isolé .. │          ┌ plus longues que le corselet ; suçoir oblique.  1. COUSIN.
                   │ en fil,  └ plus courtes que le corselet ; suçoir vertical. 10. ASILE.
                   └ en fuseau ; abdomen en massue, comme pédiculé.  4. CONOPS.
```

Voyez les noms de chacun de ces genres. (C. D.)

SCLEROTAMNUS. (*Bot.*) Genre de plantes dicotylédones,
à fleurs complètes, papilionacées, de la famille des *légumineuses*, de la *décandrie monogynie* de Linnæus, offrant pour
caractère essentiel : Un calice à deux lèvres, à cinq divisions, muni de deux bractées à la base; une corolle papilionacée; la carène de la longueur des ailes; dix étamines;
un ovaire pédicellé, à deux ovules; le style filiforme, ascendant; le stigmate simple. Le fruit est une gousse ventrue. On
n'en cite qu'une seule espèce, le *sclerotamnus microphyllus*,
arbrisseau de la Nouvelle-Hollande, à très-petites feuilles,
qui a des rapports avec les *dillwinia*, Rob. Brown, *in* Ait.,
Hort. Kew., édit. nouv., 3, pag. 16. (POIR.)

SCLÉROTIUM. (*Bot.*) Genre de la famille des champignons,
établi par Tode, adopté par Persoon, puis par tous les botanistes; mais qui a été singulièrement modifié dans ses caractères et ses espèces. Ce sont tous des champignons qui croissent sur les plantes mortes; ils sont arrondis ou de formes
variables, cartilagineux ou charnus; leur intérieur est homo-

gene, et leur écorce très-mince, membraneuse, inséparable, rugueuse dans la sécheresse; les sporidies sont peu apparentes, répandues dans la substance intérieure, et sortent ensuite de toute part.

C'est aux dépens des *sclerotium* qu'ont été faits les genres *Erysiphe*, Hedw. et Decand. (*Erysibe*, Link; *Alphitomorpha*, Wall.); *Rhizoctonia*, Decand. (*Thanatophyton*, Nées); *Spermodermia*, Kunze; *Dithiola*, Fries; *Periola*, Fries; *Acinula*, Fries; *Pachyma*, Fries; *Centospora*, Fries; *Astoma*, Gray; *Leptostroma*, Fries; mais, d'une autre part, le *sclerotium* s'est augmenté d'espèces placées dans les genres *Tremella*, *Sphæria*, *Xyloma*, *Lycoperdon* et *Coccopleum*, Ehrenb. Ce dernier genre, le *Coccopleum*, est donné par Fries comme le vrai type du *sclerotium*.

Les plantes de ce genre sont très-difficiles à distinguer; elles sont des plus petites, tantôt libres, tantôt distinctes: elles sont parasites des plantes vivantes, et se trouvent aussi sur les plantes mortes ou pourries et encore sur le bois. Fries porte à cinquante-cinq le nombre des espèces de ce genre. Nous suivrons son travail dans l'indication de quelques-unes, comme le plus récent et le plus complet. On doit aussi à M. De Candolle une bonne monographie de ce genre.

I. *Espèces libres, quelquefois adhérentes.*

A. *Espèces épiphytes, nues, presque régulières, glabres, dont la fructification devient externe.*

1. SCLÉROTIUM GRAINE : *S. Semen*. Tode, *Meckl.*, 1, pl. 1, fig. 6; Pers., Nées, *Syst.*, fig. 138. Libre, sphérique, glabre, d'abord blanc jaunâtre, puis brun, enfin noir, avec la surface marquée de rides transversales. Il est charnu, solide, et sa substance est blanche. On le trouve en automne, en hiver et au printemps, sur les feuilles et les tiges pourries de la pomme de terre et d'autres herbes. Cette plante parasite ressemble à la graine du chou; les anciens auteurs l'ont même donnée pour telle.

D'après Fries, le *sphæria brassicæ*, Bolt., pl. 119, fig. 2, et Sowerb., pl. 393, fig. 5, est une variété du *sclerotium Semen*, qui croît au printemps en partie enfoncé dans les feuilles ou la tige du chou: il s'en distingue par son intérieur moins blanc, et parce qu'il forme des réunions de plusieurs individus.

2. Sclérotium des bouses : *S. stercorarium*, Dec., Fl. franç., n.° 744; Mém. du Mus., 2, pl. 14, fig. 4. Il est libre, presque rond et noir, et devient rugueux par la sécheresse; sa chair est blanche; il est plus gros qu'un pois, charnu et mou. On le trouve en été et en automne sur les excrémens humains, plus rarement ailleurs, comme sur les bouses de vaches, etc.

B. *Espèces presque souterraines ou cachées sous une peau ou épiderme, difformes, adhérentes aux racines, aux mousses, aux champignons pourris.*

3. S. des luzernes ; *S. medicaginum*, Biv. Bernh. , *Stirp. rar.*, 4, pag. 26, pl. 6, fig. 2. Il est en forme de tubercule comprimé, plan, cunéiforme, à deux à cinq lobes obtus; sa surface est recouverte d'une peau saupoudrée d'une poussière blanc-grisâtre ; sa chair est fauve ou rose. On le trouve au printemps sur les racines de diverses espèces de luzernes (*medicago echinata*, *orbicularis*, etc.), auxquelles il ne cause aucun dommage.

4. S. des étuves : *S. vaporarium*, Alb. et Schwein. , *Meckl.*, pl. 10, fig. 3 ; Nées, *Syst.*, fig. 136. Il est grand, très-dur, presque globuleux, oblong ou réniforme, semblable à une féve, brun-fauve, ensuite noir et tout ridé; sa chair est blanche, puis un peu jaunâtre. Il a un pouce et plus de long sur quatre à six lignes de largeur. On le trouve sous les écorces des conduits d'eau en bois, dans les étuves.

5. S. des mousses : *S. muscorum*, Pers., Fries, *Syst.*, 2, p. 252; *S. subterraneum*, Tode, *Fung. Meckl.*, pl. 1, fig. 5, *a b*. Il est difforme, lobé, glabre, tuberculeux, d'un jaune d'or en dehors comme en dedans. On le trouve en automne et au printemps sur les fibrilles radicales des mousses, et plus rarement sur le bois; on en a fait même alors une variété distincte.

6. S. des champignons; *S. fungorum*, Pers., Decand., Fries, *Syst. myc.*, 2, pag. 252. Il est difforme, lobé, glabre, d'abord blanchâtre, puis fauve; sa chair est blanche. Il varie beaucoup dans sa forme; il est tantôt lisse, tantôt lacuneux, et sa couleur passe du fauve au noirâtre. On le trouve entre les

lames ou feuillets des agarics en putréfaction, en automne, en Europe et aux États-Unis.

C. *Espèces fixées par une base floconneuse velue.*

7. Sclérotium pubescent; *S. pubescens*, Pers., Dec., Fries. Globuleux, libre, pâle, muni d'une base radiculaire velue. Il croît en petites réunions de plusieurs individus. Il a une ligne de large: il est souvent excavé dans son milieu. On le trouve sur les feuillets des agarics en automne, et il n'est pas rare.

II. *Espèces d'abord cachées sous l'épiderme, puis le déchirant, presque libres ensuite, glabres, déprimées ou globuleuses.*

8. S. enfoncé : *S. immersum*, Tode, Meckl., pl. 1, fig. 5; Dec., Fl. franç., 744, *a*; Fries, *Syst. mycol.*, 2, 255. En petits tubercules d'un jaune pâle, presque ovales, glabres, lisses et fermes, de la grosseur d'une tête d'épingle. Il naît sous l'épiderme des jeunes rameaux morts du pin sauvage, qu'il déchire bientôt pour se développer : il se montre au printemps.

9. S. du salsifis : *S. tragopogi*, Alb. et Schwein.; Decand., Mém. du Mus., 2, pag. 419. Il est presque globuleux; son disque étant enlevé, il est noir et assez semblable à un *peziza;* sa chair est blanche. Il naît caché sous l'épiderme des tiges du salsifis et d'autres plantes herbacées. Il paroît que le *sphœria nigra*, Sowerb., *Engl. bot.*, pl. 393, fig. 1, doit lui être rapportée.

10. S. de l'euphorbe-cyprès : *S. cyparissiæ*, Dec., Fl. franç., n.° 746, *e*; Mém. du Mus., 2, pl. 14, fig. 2. Il est presque globuleux, charnu, dur, violet en dehors, noirâtre en dedans. Cette jolie espèce croît à la surface inférieure des feuilles vivantes de l'euphorbe à feuilles de cyprès.

III. *Espèces qui naissent à la surface des plantes, dures, solides, glabres, adhérentes par leur base, nues ou quelquefois d'abord recouvertes par l'épiderme, qui se déchire ensuite.*

11. S. variable : *S. varium*, Pers., *Synops.*; Rebent. Neom., pl. 4, fig. 16; Nées, *Syst.*, fig. 158 *B; Elvella brassicæ*, Hoffm.,

48.   11

Crypt., 2, pl. 5, fig. 2. Arrondi ou oblong, ou divisé et tuberculiforme ; d'abord blanc, puis noir ; à chair compacte, blanche. On le trouve, en hiver et au printemps, sur la tige et les nervures du chou ; en été, il croît sur les racines de la même plante.

12. SCLÉROTIUM COMPACTE : *S. compactum*, Decand., Fl. fr., n.° 745 *b*, et Mém. du Mus., 2, p. 416, pl. 14, fig. 5. Oblong ou ovale, ou formant des plaques réticulées, larges de deux à trois pouces ; il est dur, compacte, plutôt ligneux que charnu ; à surface chagrinée et noire, et intérieurement d'un blanc mat. Il croît sur le réceptacle de l'hélianthe annuel ou soleil, se montre sur les graines, s'insinue entre les fleurons, dans les loges des graines avortées, pénètre dans le réceptacle et jusque dans le pédicule. Une variété se rencontre, en automne, dans l'intérieur des courges mûres sous forme de plaques moins irrégulières.

13. S. PUSTULE : *S. pustula*, Decand., Fl. fr., n.° 746 *b* ; Mém. du Mus., 2, pl. 14, fig. 7. Hypophylle épars, hémisphérique, rond ou oblong, proéminent, noirâtre, rugueux, dur, ayant la chair blanche et cornée. Il a une ligne et demie ou deux lignes de diamètre ; il est fixé par le centre à la surface inférieure des feuilles sèches du chêne, du hêtre, du charme, du poirier, du noyer. On le trouve, au printemps et en été, en Europe et en Amérique.

IV. *Espèces contenues dans les feuilles mortes ou mourantes, situées sous l'épiderme, qui demeure entier et avec lequel elles font corps, de forme variable, bulleuses, brunes. Ce sont les Sclerotium xyloma,* Fries, *Syst. mycol.*

Cette division ou tribu s'éloigne des précédentes, et contient des plantes qui demandent à être examinées de nouveau sous le rapport de leurs caractères génériques et qui peut-être doivent former un genre particulier. (*Phyllœdia*, Fries, *Syst. orb. veg.*, 1, pag. 139.)

14. S. DES PEUPLIERS ; *S. populinum*, Pers., Decand., Fries. Il est sous forme de très-petites pustules, souvent fort nombreuses, d'abord rougeâtres, puis noires, arrondies ou angu-

teuses, planes ou à peine convexes. Il croît communément,
en hiver et au printemps, sur les deux surfaces des feuilles
languissantes ou mortes du peuplier commun ou noir, du
tremble en Europe, et en Amérique sur les *populus dilatata,
candicans,* etc. On assure qu'il se trouve aussi en Caroline,
sur le laurier sassafras.

15. SCLÉROTIUM DES HERBES : *S. herbarum,* Fries. *Syst. mycol.,*
2. p. 263. Il est oblong ou presque rond, confluent, convexe,
d'abord roussâtre, puis d'un brun noir. Il croît sur les feuilles
et les tiges mourantes de diverses plantes herbacées, des po-
tentilles, du lin, des *cerastium,* des euphorbes. Il paroît en
automne et persiste jusqu'au printemps.

L'ergot, qui infeste le seigle, est considéré comme une espèce de ce genre par M. De Candolle. Quelques naturalistes
doutent que ce soit une plante. Fries en fit d'abord son genre
SPERMŒDIA (voyez ce mot), que depuis il n'ose établir définitivement et qu'il présente seulement comme des graines malades. C'est aussi dans ce genre qu'on avoit placé ce champignon parasite du safran et qui cause sa mort, le *sclerotium
crocorum,* Linn.; il est maintenant type du genre *Rhizoctonia.*
(LEM.)

SCLEROXYLUM. (*Bot.*) Ce genre a été proposé pour plusieurs espèces de *sideroxylon.* Il comprend celles qui ont un
calice à cinq dents; une corolle campanulée, à cinq découpures; point d'écailles intermédiaires; un stigmate simple;
un drupe monosperme. Ce genre diffère très-peu du BUMELIA
et des SIDEROXYLON. Voyez ces mots. (POIR.)

SCOBIFORMES [GRAINES]. (*Bot.*) Alongées et fines comme
de la sciure de bois; telles sont, par exemple, celles des or-
chidées, du *rhododendrum,* du *metrosideros,* etc. (MASS.)

SCODELLE, SCODELLINE et SCODELLARIA. (*Bot.*)
Selon Michéli, ces noms sont donnés, en Toscane, à diverses
espèces de *péziza,* qu'il décrit dans son *Nova genera.* (LEM.)

SCOLECTI LAPIDES. (*Conchyl.*) Nom que quelques auteurs
anciens paroissent avoir employé pour désigner les dentales.
(DE B.)

SCOLÉSITE. (*Min.*) M. Haüy avoit rejeté le nom de zéolithe, donné par Cronstedt à une espèce de pierre fort remarquable, parce qu'on l'avoit appliqué ensuite à un nombre

assez considérable de minéraux, qui étoient très-différens les uns des autres. Il l'avoit remplacé par celui de mésotype, qu'il avoit cherché à définir rigoureusement.

Mais on est tombé dans l'excès contraire : au lieu de réunir sous un même nom des pierres très-différentes l'une de l'autre, on a peut-être établi comme espèces et sous des noms particuliers, des minéraux qui ne diffèrent entre eux que par de foibles caractères. Ainsi, dans l'espèce mésotype d'Haüy, on a fait natrolithe, höganit, *Nadelstein*, scolésite, mésolithe, mésole et mésoline, etc.; en sorte qu'on a remis cette espèce dans une nouvelle confusion.

On cherchera à l'en sortir en établissant dans la famille des zéolithes deux types simples et un type de mélange, fondés sur la double considération de la composition et de la forme. Le premier renfermera les zéolithes à base de soude, ou les mésotypes d'Haüy; le second, les zéolithes à base de chaux ou les scolésites; le troisième, les zéolithes qui résultent de la présence de ces deux bases, ou les mésolithes. On peut voir les caractères des mésotypes et des scolésites à l'article Mésotype. Nous reviendrons sur les caractères de la famille, sur la séparation en espèces et sur les exemples qu'on peut attribuer à chaque espèce, à l'article Zéolithe. Voyez ces mots. (B.)

SCOLEX. (*Entom.*) C'est le nom grec sous lequel Aristote désigne les larves des insectes ou les vers, Σκώληξ : c'est sous ce nom qu'il parle des larves d'oestres, livre 2, chapitre 5. Il nomme encore ainsi les chenilles des lépidoptères, livre 3, *De la génération*, chapitre 9. (C. **D.**)

SCOLEX. (*Entoz.*) Nom latin du genre Massette, appartenant aux Vers intestinaux. Voyez ces deux mots. (De B.)

SCOLICOTRICHUM. (*Bot.*) Genre de la famille des champignons, établi par Kunze dans l'ordre des moisissures, *mucedines*, et caractérisé ainsi par Fries : Fibres entrelacées, nues, continues, vermiformes, sur lesquelles sont éparses des sporidies oblongues, divisées chacune par une cloison. Il ne comprend qu'une espèce, le *scolicotrichum virescens*, Kunze, *Mycol.*, part. 1, pag. 10; Link *in* Willd., *Syst.*, vol. 6, part. 1, pag. 55. Il forme sur les branches mortes du mérisier à grappe, *prunus padus*, de petites touffes très-minces, d'un vert jaunâtre ; ses sporidies sont oblongues. On l'a observé dans la Haute-Lusace.

Fries rapproche ce genre du *Chloridium* de Link, et du *Campsotrichum* d'Ehrenberg, chez lequel les fibres sont droites, rameuses, continues, et les sporidies simples, agglomérées à l'extrémité des rameaux. Ce genre comprend deux espèces :

Le *C. unicolor*, Ehrenb., *Hor. Ber.*, p. 83, pl. 17, fig. 2 ; Link *in* Willd., *Syst.*, 6, part. 1, p. 72. Il a été observé sur des feuilles coriaces inconnues, rapportées du Brésil par M. de Chamisso. Il forme des flocons denses, agrégés, tout noirs, ainsi que les sporidies.

Le *C. bicolor*, Ehrenb., *Jahrbuch der Gewächse*, 2, pl. 1, fig. 4 ; Pers., *Mycol.*, 1, p. 20. Il est aussi en flocons agrégés et noirs ; mais les extrémités des fibres sont pellucides, et les sporidies d'un brun roux. On le trouve parasite sur l'*usnea plicata*, plante de la famille des lichens. Il paroît que le *ceratonema bicolor*, Pers., pourroit être la même espèce. (Lem.)

SCOLIE, *Scolia*. (*Entom.*) Nom d'un genre d'insectes hyménoptères, de la famille des anthophiles ou floriléges, c'est-à-dire, ayant l'abdomen pédiculé, arrondi, conique ; les antennes non brisées, et la lèvre inférieure ayant au plus la longueur des mandibules : ces insectes sont en outre caractérisés par la forme de leurs antennes, qui sont en fuseau alongé, insérées entre les yeux, qui sont échancrés, et par leur abdomen velu, à poils roides. Le nom de scolie, emprunté du grec par Fabricius, nous paroît incertain, pour son étymologie, le mot Σκώληξ signifiant un *ver*, et Σκολεος, qui paroît en être dérivé, correspondant à *disloqué* ou *tordu*.

Les scolies ressemblent, au premier aspect, à des guêpes dont les ailes supérieures sont épaisses et souvent colorées. Le pédicule qui lie l'abdomen au corselet, est très-court. Les femelles sont munies d'un aiguillon, et les mâles offrent à l'extrémité du ventre trois petites pointes. Leur corps est moins gros, plus étroit et plus alongé : il en est de même de leurs antennes, qui sont généralement plus droites.

On n'a pas encore décrit les mœurs de ces insectes, dont les larves n'ont pas été observées. On trouve les scolies sur les fleurs, particulièrement sur celles des oignons et de quelques ombellifères.

Il est facile de distinguer les scolies des autres genres de la même famille, d'abord des crabrons et des mellines, dont les antennes ne sont pas en fuseau, et ensuite des philanthes, qui ont l'abdomen lisse et la tête supportée sur un prolongement du corselet qui leur forme une sorte de col.

On trouve peu d'espèces de scolies en France ; la plupart sont des climats chauds.

Nous avons fait figurer une espèce de ce genre dans l'atlas de ce Dictionnaire, pl. 31, n.° 2 ; c'est :

1.° La Scolie quatre-taches, *Scol. quadrimaculata.*

Car. Noire, abdomen à deux taches jaunes souvent réunies sur les deux premiers anneaux. Les ailes d'une teinte violette.

2.° La Scolie quatre-points, *Scol. quadripunctata.*

Car. Semblable à la précédente, mais plus petite ; les ailes supérieures jaunâtres, avec la côte et l'extrémité libre d'un noir luisant.

3.° La Scolie des jardins, *Scol. hortorum.*

Car. Noire ; abdomen à deux bandes jaunes au milieu.

C'est une petite espèce, qu'on trouve souvent sur les fleurs du chardon roulant et de la chausse-trape. Ses ailes sont rousses, noires à l'extrémité libre.

4.° La Scolie front jaune, *Scol. flavifrons.*

Car. Tête d'un jaune roux, avec le front plus clair.

Elle ressemble beaucoup à celle dite à quatre taches. (C. D.)

SCOLIÈTES. (*Entom.*) M. Latreille avoit désigné sous ce nom une famille d'insectes hyménoptères, à laquelle il rapportoit les deux genres Scolie et Sapyge. Depuis il les a réunis à la famille des fouisseurs ou guépes-ichneumons, avec les sphéges, les tiphies, etc. (C. D.)

SCOLITE. (*Entom.*) Voyez Scolyte. (C. D.)

SCOLOPAX. (*Ornith.*) Ce mot est le nom générique de la bécasse, en grec et en latin. Voyez Bécasse. (Ch. D.)

SCOLOPAX MARINA. (*Ichthyol.*) Voyez Bécasse de mer. (H. C.)

SCOLOPENDRE. (*Bot.*) Voyez Scolopendrium. (Lem.)

SCOLOPENDRE, *Scolopendra.* (*Entom.*) Genre d'insectes sans ailes, de la famille des mille-pieds ou myriapodes, introduit depuis long-temps dans la science. On trouve, en effet, ce nom dans les ouvrages de Théophraste et d'Aristote,

pour désigner certainement les mêmes animaux. Ce mot est
tout-à-fait grec, Σκολοπένδρα. Il paroit avoir eu pour synonyme en grec le nom de μυριοπῆς, et en latin ceux de *cen-
tipeda*, *multipeda*, *millepeda*. (Voyez l'article MYRIAPODES.)

Les scolopendres ne sont pas de véritables insectes, parce
qu'elles ont plus de six pattes. Leur corps est composé d'une
suite d'anneaux à peu près semblables entre eux, de sorte
qu'on ne distingue pas le corselet de l'abdomen et que chacun
des anneaux porte une paire de pattes, terminées par un seul
ongle en crochet. Cette structure les fait aisément distinguer
de quelques genres de la même famille, qui ont deux paires
de pattes supportées par chacun des anneaux du corps. En
outre les Scolopendres et quelques autres genres voisins qu'on
en a séparés depuis, ont le corps aplati, souvent mou ou peu
coriace; elles fuient en général la lumière. On les trouve
dans les lieux humides; elles se retirent dans les fentes des
murailles, sous les pierres, dans la terre : elles paroissent carnassières; elles attaquent les lombrics, les petits mollusques,
les larves molles, qu'elles déchirent à l'aide de leurs fortes
mandibules, qui paroissent elles-mêmes percées à leur extrémité libre d'un trou ou d'un pore comme dans les araignées.

On ne connoit pas encore très-bien le mode de reproduction des scolopendres. M. Latreille croit qu'elles sont fé-
condées plusieurs fois, et qu'elles produisent ainsi à diverses
époques de leur vie, ce qui les distingueroit tout-à-fait des
insectes.

Les scolopendres de Linnæus et de Geoffroy ont été sub-
divisées en quatre genres; savoir : les *Polyxènes*, qui ont,
comme les iules, deux paires de pattes à chaque anneau,
qui sont en outre munis de petites aigrettes ou de pinceaux
qui se développent et s'étalent à la volonté de l'animal.

Les *Scutigères*, qui ont les antennes et les dernières paires
de pattes très-longues. Les *Lithobies*, qui ont les anneaux du
corps alternativement plus longs et plus courts, au moins du
côté du dos. Enfin les *Scolopendres*, qui ont en général le corps
très-alongé, à articulations égales entre elles pour la longueur.

Nous avons fait figurer une espèce de ce genre sur la
planche 57 de l'atlas de ce Dictionnaire. sous le n.° 4 : c'est

1.º La Scolopendre mordante, *Scolopendra morsitans.*

Séba en a donné plusieurs figures, t. 1, pl. 81, et t. 2, pl. 25.

Car. D'un jaune-fauve foncé; vingt paires de pattes de chaque côté, sans compter celles de la queue.

Elle se trouve aux Indes orientales. On prétend que, lorsqu'on saisit cet insecte et qu'il mord, la piqûre en est très-douloureuse et donne lieu à des accidens.

2.º La Scolopendre électrique, *Scol. electrica.*

Car. Elle est brune ou fauve, avec une ligne dorsale plus foncée.

Elle a soixante-dix anneaux, et, par conséquent, cent quarante pattes en tout. Pendant la nuit on a observé cette espèce brillante d'une lueur phosphorique. Elle atteint de neuf lignes à un pouce de longueur.

3.º La Scolopendre de Gabriel, *Scolop. Gabrielis.*

Car. Jaune-fauve ; très-alongée, atteignant jusqu'à trois pouces.

Elle a soixante-quatorze pattes de chaque côté.

Cette espèce se trouve dans le Midi de la France et à Paris. Son nom lui a été donné parce qu'elle a été communiquée par le frère Gabriel Baron, capucin à Marseille.

4.º La Scolopendre phosphorique, *Scol. phosphorea.*

On a décrit sous ce nom une espèce que l'on croit être tombée du ciel sur un vaisseau qui naviguoit en Asie, dans la mer des Indes. Elle étoit phosphorique comme un lampyre, de couleur rouge, de la grosseur d'une plume d'oie, avec deux lignes longitudinales jaunes. Quoique Eckenberg l'ait décrite et indiqué quatorze articles à ses antennes, il se pourroit que c'eût été une néréide. Pour les autres espèces voyez les articles Lithobie, Polyxène, Scutigère. (C. D.)

SCOLOPENDRE DE MER. (*Chétop.*) On trouve dans un grand nombre d'auteurs anciens cette dénomination pour indiquer les néréides, qui ont en effet quelque ressemblance apparente avec les véritables scolopendres, à cause de leur forme, du grand nombre d'articulations de leur corps et même des appendices.

On l'a aussi donnée à quelques espèces de chétopodes qui vivent dans des tuyaux, comme aux térébelles, et par la même raison. (De B.)

SCOLOPENDRE A PINCEAUX. (*Entom.*) C'est le nom donné par Geoffroy aux insectes du genre Polyxène. Voyez ce mot. (C. D.)

SCOLOPENDRIA. (*Bot.*) Ce nom est quelquefois synonyme de *scolopendrium* ou *scolopendrion*, dans nos vieux auteurs botanistes. Tragus le donne au cétérach. (Lem.)

SCOLOPENDRION. (*Bot.*) Cette plante, citée par Hippocrate, Dioscoride et les auteurs Grecs, a, selon Dioscoride, des feuilles semblables à l'animal nommé *scolopendre*, naissant plusieurs de la même racine et éparses; elle est privée de tige, de fleurs et de graines. Ses feuilles sont découpées à la manière de celles du polypode, jaunâtres et velues en dessous, vertes en dessus. Cette courte description est suffisante pour se refuser à admettre que cette plante ait été notre *scolopendrium officinale*, ou *asplenium scolopendrium*, Linn., pour lequel l'ont donnée Brunfelsius et d'autres auteurs, ses contemporains. La majorité des anciens botanistes veut que ce soit le cétérach, autre espèce de fougère, comprise long-temps dans le genre *Asplenium*, et qui maintenant en est séparée. (Voyez Cétérach.) C'est le *scolopendria vulgaris*, Trag.

Lonicerus a désigné par *scolopendrium majus* une fougère que les botanistes nomment *osmunda spicant* avec Linnæus, et *blechnum spicant* avec Willdenow.

Breyne a décrit aussi plusieurs fougères sous le nom de *scolopendrium*, fixé depuis par Linnæus à une espèce d'*asplenium*, devenu ensuite le type du genre de ce nom. (Voyez Scolopendrium.)

Le *scolopendria leguminosa* de Clusius est le *bisserula pellecinus*, Linn. (Lem.)

SCOLOPENDRITE. (*Foss.*) Mercati a donné ce nom aux échinites. (D. F.)

SCOLOPENDRIUM [Scolopendre]. (*Bot.*) Genre de la famille des fougères, voisin de l'*asplenium* (voyez Doradille), dont il a même fait partie, et qui s'en distingue par sa fructification disposée en paquets ou sores dorsaux, linéaires, épars et transversaux, situés entre deux nervures secondaires, recouverts par deux tégumens ou indusiums superficiaires parallèles, fixés à l'un et l'autre bord de chaque sore et s'ouvrant par une fissure longitudinale. Ce genre, confondu avec l'*asplenium* par Linnæus et quelques auteurs, en avoit été retiré par Adanson, Smith, Swartz, De Candolle, Willdenow, qui, ainsi que la généralité des botanistes, l'ont définitivement admis. Il comprend un très-petit nombre d'espèces, dont une est très-commune, très-remarquable et mérite d'être signalée.

1. La Scolopendre officinale ou des boutiques, ou Langue-de-cerf : *Scolopendrium officinale*, Smith, *Act. Taur.*, 5, pl. 9, fig. 5 ; *Scolopendrium officinarum*, Swartz, Willd., *Sp.*, pl. 5, pag. 549 ; *Asplenium scolopendrium*, Linn. ; *Lingua cervina*, C. Bauh., *Pin.*, 555 ; Tournef., *Inst.*, pl. 319 ; Plum., *Filic.*, pl. *A*, fig. 4 ; Blackw., pl. 138 ; Bolt., *Filic.*, pl. 11 ; Bull., Herb., pl. 167. Fronde largement lancéolée ou oblongue, en cœur à la base, portée sur un stipe ou pétiole écailleux. Cette belle fougère croit en Europe, particulièrement dans les lieux humides et couverts, dans les bois pierreux, les haies à l'ombre, quelquefois dans les fentes des murailles et dans les puits. Elle forme des touffes de frondes vertes, lisses, un peu coriaces, qui naissent cinq, six et plus ensemble, d'un pied ou un peu plus de longueur, et portées sur un pétiole ou stipe long de quatre à cinq pouces, le plus souvent chargé d'écailles roussâtres. Elles naissent d'une racine fibreuse. Cette fougère offre beaucoup de variétés : on distingue celle à fronde entière sur les bords ; une seconde, chez laquelle ces mêmes bords sont ondulés, incisés, et comme frisés (Morison, Hist., 5, sect. 14, pl. 1, fig. 5 ; Plukenet, *Phyt.*, pl. 248, fig. 1) ; une troisième, dont l'extrémité est palmée, découpée et déchiquetée ; une quatrième, remarquable par son pétiole ou stipe rameux et sa fronde divisée, ondulée au sommet.

La scolopendre passe pour être un peu astringente ; elle a été employée autrefois en médecine pour arrêter les hémorrhagies, les diarrhées : elle est béchique, apéritive et vermifuge ; elle entroit dans la composition des bouillons altérans, les remèdes propres aux maladies du bas-ventre, telles que les obstructions, les engorgemens, la nouure et les maladies qui en dépendent, l'hydropisie, les affections catarrhales des voies urinaires ; appliquée extérieurement, elle calme les brûlures, dessèche et mondifie les ulcères, etc.

2. La Scolopendre sagittée : *Scolopendrium sagittatum*, Dec.,

Fl. fr., 6, n.° 1407 : *Hemionitis vera*, Clus., *Hist.*, 2, p. 214, fig. 1 ; *Hemionitis*, Matth., *Comm.*, 6-6, fig. 2 ; J. Bauh., *Hist.*, 5, 755, fig. ; Daléch., *Lugdb.*, 1217, *Icon.*; *Hemionitis vulgaris*, C. Bauh., *Pin.*; *Asplenium hemionitis*, Lois., *Fl. Gall.*, 170 ; *Scolopendrium officinarum*, var. γ ; Willd., *Sp.*, pl. 5, 550. Fronde lancéolée, fortement échancrée en cœur à sa base, à oreillettes larges, arrondies, entières, à sommet pointu, à bords entiers ou bien à peine crénelés. Cette jolie espèce, confondue avec la précédente, ou considérée comme une de ses variétés par la plupart des auteurs, croît sur les rochers humides, dans les grottes, dans les puits, etc., en Italie, aux environs de Rome ; en Provence, à Marseille-Vaire, près Marseille ; en Roussillon, etc. Les frondes croissent plusieurs ensemble, elles sont portées sur des pétioles longs de six à douze lignes et garnis souvent d'écailles roussâtres ; elles ont un à deux pouces de longueur, lorsqu'elles sont fertiles, et trois pouces, quand elles sont stériles. Leur largeur est moitié de leur longueur, caractère à remarquer ici, puisque le *scolopendrium officinale* n'a en largeur que le quart au plus de sa longueur, et que dans le *scolopendrium hemionitis* vrai la largeur de la fronde égale sa longueur. On emploie cette fougère aux mêmes usages que la scolopendre officinale.

L'*Asplenium palmatum*, Lamk., Enc., n'ayant qu'un seul tégument sur chaque sore, ne doit pas être confondu ni avec le *scolopendrium sagittatum*, ni avec le *scolopendrium hemionitis*, Linn., et rester dans l'*asplenium*.

5. La Scolopendre hémionite : *Scolopendrium hemionitis*, Willd.; Swartz, Cav., Ann. des scienc. nat., 5, pag. 150, pl. 11, fig. 2 ; Schkuhr, *Crypt.*, 79, pl. 84 ; *Asplenium hemionitis peregrina*, Clus.; Tourn., *Inst.*, pl. 522, fig. *A* ; Moris., *Hist.*, 5, sect. 14, pl. 1, fig. 2 ; Petiv., *Gazoph.*, pl. 126, fig. 5. Ses frondes sont lancéolées ; elles ont leur base échancrée en cœur et en fer de flèche, avec les lobes latéraux bilobés et anguleux ; les pétioles sont lisses. Cette petite fougère, très-distincte des précédentes par les caractères ci-dessus, croît en Espagne. (Voyez Hémionite, tom. XX, p. 551.)

On doit à M. Raddi la connoissance d'une quatrième espèce, le *scolopendrium ambiguum* ; on a exclu de ce genre scolopendrium les *asplenium germanicum*, *ruta muraria*, *septen-*

trionale, que Roth y avoit placés, et le *ceterach*, lequel maintenant est un genre distinct. Le *glossopteris* de Rafinesque-Schmaltz, que nous ne connoissons que de nom, est annoncé par lui comme intermédiaire entre l'*asplenium* et le *scolopendrium*. (Lem.)

SCOLOPENDROÏDES [Astéries]. (*Actinoz.*) Substantif adjectif employé par quelques auteurs pour indiquer une division des astéries, dont les rayons ont en effet quelque ressemblance grossière avec les scolopendres : ce sont celles qui constituent le genre Ophiure de M. de Lamarck. Voyez ce mot et Stellérides. (De B.)

SCOLOPIER, *Scolopia*. (*Bot.*) Genre de plantes dicotylédones, à fleurs complètes, polypétalées, de l'*icosandrie monogynie* de Linnæus, offrant pour caractère essentiel : Un calice persistant, à trois ou quatre divisions profondes; une corolle à trois ou quatre pétales; un grand nombre d'étamines insérées sur le réceptacle; un ovaire supérieur; un style, un stigmate épais, à trois lobes, marqués en dessous de trois fossettes; une baie couronnée par le style, à une seule loge; plusieurs semences enveloppées d'un arille membraneux et pulpeux.

Scolopier nain : *Scolopia pusilla*, Willd., *Spec.*, 2, p. 981; *Limonia pusilla*, Gærtn., *De fruct.*, tab. 58. Cette plante est peu connue : elle paroît être un fort petit arbuste, dont les feuilles ressemblent un peu par leur forme aux folioles de celles du lentisque. Les fleurs sont disposées en une longue grappe, dont les pédoncules sont très-longs. Leur calice est d'une seule pièce, à trois ou quatre découpures ovales, concaves, obtuses, très-ouvertes. La corolle est composée de trois ou quatre pétales un peu coriaces, ouverts, oblongs, obtus, persistans, une fois plus longs que le calice; les étamines ont les filamens filiformes, un peu aplatis à leur partie inférieure, velus à leur base, persistans, de la longueur de la corolle; les anthères linéaires; l'ovaire est arrondi : il lui succède une baie ordinairement à une seule loge; les semences sont un peu arrondies, presque à quatre faces, entourées d'une enveloppe pulpeuse, placées les unes sur les autres souvent deux par deux. Cette plante croît dans les Indes orientales.

Le *scolopia composita* de Linn., *Suppl.*, est le *daphne composita*. (Poir.)

SCOLOPSIS, *Scolopsis*. (*Ichthyol.*) M. Cuvier a créé sous ce nom, et avec des espéces nouvelles, un genre de poissons, voisin de celui des pristipomes, ayant les mêmes dents, la même forme, les mêmes écailles, les mêmes dentelures à l'opercule, mais des épines, de plus, au sous-orbitaire.

C'est à ce genre qu'appartiennent le *kurite* et le *botche* de Russel. (H. C.)

SCOLOSANTHE, *Scolosanthus*. (*Bot.*) Genre de plantes dicotylédones, à fleurs complètes, monopétalées, de la famille des *rubiacées*, de la *tétrandrie monogynie* de Linnæus, dont le caractère essentiel consiste dans un calice à quatre divisions; une corolle monopétale, tubulée; le limbe à quatre lobes rabattus en dehors; un ovaire inférieur; un style; un drupe monosperme.

SCOLOSANTHE VERSICOLORE : *Scolosanthus versicolor*, Vahl. *Ecl.*, 1, pag. 11, tab. 10; non *Catesbœa parviflora*, Lamk. Petit arbrisseau rameux, haut d'environ deux pieds, qui a presque le port du *justicia spinosa*. Les rameaux sont épineux et portent des fleurs dans leur jeunesse; puis les épines s'alongent et deviennent des rameaux. Les fleurs sont axillaires, d'un jaune de safran : elles produisent des fruits blancs, monospermes. Les feuilles sont fort petites, entières, en ovale renversé, rétrécies, aiguës à leur base. Cette plante croît à l'île de Sainte-Croix. (Poir.)

SCOLYME, *Scolymus*. (*Bot.*) Genre de plantes dicotylédones, à fleurs composées, de l'ordre des *semi-flosculeuses*, de la *syngénésie polygamie égale* de Linnæus, offrant pour caractère essentiel : Un calice composé de folioles ovales, nombreuses, roides, épineuses, accompagnées de bractées souvent pinnatifides, renfermant des demi-fleurons tous hermaphrodites; les semences enveloppées par des paillettes longues, tridentées; le réceptacle convexe; l'aigrette composée de quelques poils écailleux, caducs, quelquefois nuls.

Ce genre, borné jusqu'à présent à un très-petit nombre d'espèces, est très-naturel. Les plantes qu'il renferme ont toutes un port qui leur est particulier; elles sont dures; les feuilles fermes, coriaces, à nervures blanches, armées de

fortes épines ; les tiges ailées ; les calices entourés de bractées roides, assez grandes, presque semblables aux feuilles ;
les corolles amples et jaunes ; les semences enveloppées par
les paillettes du réceptacle.

Scolyme a grandes fleurs : *Scolymus grandiflorus*, Desf. ,
Flor. atlant. , 2, pag. 240 , tab. 218 ; *Scolymus hispanicus*,
Poir., Voy. en Barb., 2. Cette grande et belle espèce, que
nous avons recueillie, M. Desfontaines et moi, sur les côtes
de Barbarie, et que j'ai confondue avec le *scolymus hispanicus*, est remarquable par ses grandes fleurs latérales et sessiles. Sa racine est blanche, charnue, fusiforme. Elle produit
une tige droite, un peu velue, simple ou médiocrement rameuse, ailée sur ses angles par une membrane sinuée, dentée, épineuse. Les feuilles sont alternes, sessiles, courantes,
étroites, lancéolées, dures, très-roides, d'un beau vert,
traversées par des veines blanchâtres, pinnatifides, ou profondément sinuées et lobées; chaque dent est terminée par une
épine roide, très-dure. Les fleurs sont solitaires, axillaires,
très-rapprochées à l'extrémité des tiges au nombre de six à
huit, environnées chacune de trois bractées et plus, très-
épaisses, coriaces, lancéolées, à grosses nervures blanches,
un peu velues; le calice est ovale, garni d'écailles imbriquées, glabres, linéaires, lancéolées, membraneuses à leurs
bords, terminées la plupart par une épine courte ; la corolle
est fort grande, d'un beau jaune; les demi-fleurons terminés
par une languette lancéolée, rétrécie au sommet, denticulée. Les semences sont glabres, placées entre les paillettes
du réceptacle, surmontées d'une aigrette à deux ou trois poils
fragiles, caducs; le réceptacle est garni de paillettes comprimées et obtuses. Cette plante est commune en Barbarie, dans
les sols incultes, stériles, particulièrement aux environs de
Bonne et de la Calle.

Scolyme d'Espagne : *Scolymus hispanicus*, Linn., Sp.; Clus.,
Hist., 2, p. 153 ; Dodon., *Pempt.*, 725. Cette espèce se distingue de la précédente par ses tiges rameuses, plus élevées,
par ses feuilles à demi courantes, par ses fleurs plus petites,
plus nombreuses; ses tiges sont hautes de trois ou quatre pieds,
divisées en rameaux étalés et velus, garnis d'ailes épineuses
et dentées. Les feuilles sont étroites, sessiles, oblongues, lan-

céolées, d'un vert blanchâtre, un peu velues en dessous sur
leurs principales nervures, traversées par des veines blanchâtres: les dents armées de fortes épines subulées: les fleurs
sont solitaires, presque agrégées; les bractées foliacées, plus
longues que les fleurs, épineuses et dentées: le calice ovale,
un peu alongé; ses écailles linéaires, lancéolées: la corolle
jaune, composée de demi-fleurons hermaphrodites, linéaires:
les semences lisses, renfermées entre les paillettes courtes,
obtuses du réceptacle: l'aigrette a deux ou trois filets simples
et caducs. Cette espèce croît dans les sols arides des départemens méridionaux de la France, et dans la Barbarie.

Scolyme maculé : *Scolymus maculatus*, Linn., *Spec.*; Clus.,
Hist., 1, p. 155; Dodon., *Pempt.*, 725. Ses racines sont fusiformes, souvent rameuses; ses tiges médiocrement velues,
ailées dans toute leur longueur, hautes au moins de trois
pieds: les ailes épineuses, inégalement dentées: les rameaux
nombreux, étalés: les feuilles inférieures lancéolées, les supérieures plus étroites, longues de six ou dix pouces, roides,
épineuses, marquées de taches blanches, sinuées, lobées et
dentées à leur contour: les dents épineuses. Les fleurs sont
ou solitaires ou agrégées le long des rameaux et dans leur
bifurcation. Le calice est ovale, composé d'écailles imbriquées, linéaires, lancéolées, munies de cinq à six bractées
coriaces, pectinées, cartilagineuses à leurs bords, plus longues que la corolle, armées de longues dents épineuses, inégales, subulées. Les fleurs sont jaunes, toutes à demi-fleurons
hermaphrodites, linéaires, dentés au sommet; les anthères
brunes; les stigmates réfléchis; les semences lisses, sans aigrette, enveloppées par les paillettes du réceptacle. Cette
plante croît au milieu des champs, dans les sols arides des départemens méridionaux de la France, ainsi que le long des
côtes de Barbarie. (Poir.)

SCOLYMOCEPHALUS. (*Bot.*) Ce genre de Protéacées, de
Hermann et Weimann, est refondu dans les genres *Protea*
et *Leucospermum* de M. R. Brown. (J.)

SCOLYMOS, SPLINCIOS. (*Bot.*) Noms anciens de la cy-
noglosse, suivant Ruellius. (J.)

SCOLYTAIRES. (*Entom.*) Sous ce nom de tribu M. Latreille a réuni quelques genres de Coléoptères tétramérés

voisins des Scolytes, qu'il a subdivisés en six genres sous les noms de Platype, Tomique, Hylurgue, Scolyte, Hylésine, Phloïotribe. Voyez ces mots. (C. D.)

SCOLYTE, *Scolytus*. (*Entom.*) Nom d'un genre d'insectes coléoptères à quatre articles à tous les tarses, ou tétramérés, à corps cylindrique, à antennes en masse, non portées sur un bec, et par conséquent de la famille des cylindroïdes.

Ce genre est caractérisé par la manière dont le tronc semble être coupé obliquement en arrière ; par le corselet, qui est excavé pour recevoir la tête dans une sorte de capuchon, et par les antennes courtes, terminées par une masse solide.

Le nom de scolyte a été employé d'abord par Geoffroy dans son Histoire des insectes des environs de Paris, et évidemment pour y ranger l'espèce principale, dont il donne la description et la figure : mais, soit par inadvertance, soit par la faute de l'imprimeur, le nom est orthographié en françois par un *I* simple et en latin par un *Y*. Or, cette différence est importante pour assigner la véritable étymologie du mot, qui est évidemment tiré du grec ; car le mot σκολιώ͑της signifie *obliquité*, *tortuosité*, et ce nom indiqueroit les traces que laisse l'insecte sous les écorces où se développe sa larve, qui offrent en effet des galeries tortueuses, tandis que le verbe Σκολυπ͑τῶ signifie *j'arrache*, *je déchire*.

Une autre difficulté que fait naître ce nom dans la science, c'est que Fabricius, n'adoptant pas le genre Scolyte de Geoffroy, dont il laissoit les espèces avec les bostriches, a usurpé d'une manière fort répréhensible cette dénomination de scolyte pour l'appliquer à un genre de coléoptères pentamérés créophages, dont nous avions formé le genre *Hydrocarabe*, que M. Latreille a depuis nommé Omophron, que nous avons cru devoir adopter pour éviter encore la confusion. (Voyez tome XXVI, page 105 de ce Dictionnaire.)

Linnæus avoit confondu les scolytes, auxquels cet article est consacré, avec les *dermestes*. Degéer les laissoit avec les *ips*; Fabricius en a fait depuis le genre *Hylésine*; Herbst les a désignés sous le nom d'*ekkoptogaster*. Depuis, M. Latreille les a distribués en six autres genres, tels que *Hylurgus*, *Tomicus*, *Platypus*, *Hylesinus*, *Scolytus*, *Phloiotribus*, principalement d'après la structure des antennes.

Comme nous l'avons dit, les scolytes, sous l'état parfait, ont le corps arrondi, court, cylindrique, tronqué, à tête enfoncée dans le corselet, sans trompe ni museau. Leurs pattes sont courtes, avec les jambes, surtout les antérieures, crénelées ou dentelées. On les rencontre sur les écorces ou dans le bois, qu'ils carient et détruisent comme les vrillettes ; mais souvent pendant la vie du végétal. Quelques espèces attaquent ainsi les branches inférieures des conifères pour les priver de la végétation, de sorte que Linnæus les a appelés poétiquement les jardiniers de la nature, parce qu'ils élaguent les branches inutiles.

Nous avons fait figurer une espèce de ce genre dans l'atlas de ce Dictionnaire, pl. 17, n.° 3 ; c'est

Le Scolyte de l'orme, *Scolytus ulmi.*

C'est aussi celui que Geoffroy a décrit, tome 1, pag. 310.

Car. Noir, à tête et corselet polis, mais finement ponctués ; à élytres d'un brun-rougeâtre terne, striés, plus courts que la tête et le corselet.

Cette espèce se trouve très-communément aux environs de Paris ; car elle se développe sous les écorces de l'orme champêtre.

Les autres espèces ont beaucoup de rapports pour la forme générale et ne s'en distinguent que par les couleurs et les habitudes. Celle du frêne, *S. fraxini,* est grise, avec des taches noires sur le sommet de la tête, le dos du corselet et sur les élytres. Elle vit en société sous les écorces du tronc du frêne, et y produit ainsi des tumeurs. Celle des pins, *S. pini-perda,* est noire, velue, avec les pattes rousses. On la trouve dans les forêts de sapins, où sa larve attaque de préférence la base des branches inférieures et les perfore ; ce qui les fait dessécher et casser au moindre effort ou par leur propre poids. (C. D.)

SCOMBER. (*Ichthyol.*) Voyez Scombre. (H. C.)

SCOMBÉROÏDE, *Scomberoides.* (*Ichthyol.*) De Lacépède a donné ce nom à un genre de poissons que M. Cuvier confond avec les Liches, et qui offre les caractères suivans :

Des épines libres en avant de la nageoire du dos ; de fausses nageoires ; écailles lisses ; plus de quatre rayons aux catopes ; ni carène, ni armure à la ligne latérale ; une ou deux épines libres

au-devant de la nageoire anale; corps généralement assez élevé et comprimé.

Le genre Scombéroïde appartient à la famille des atractosomes de M. Duméril, parmi les poissons holobranches thoraciques, et à la 2.ᵉ tribu de la famille des scombéroïdes de M. Cuvier, parmi les poissons acanthoptérygiens.

A l'aide des caractères indiqués, on le distinguera facilement des LICHES, qui n'ont point de fausses nageoires ; des SCOMBÉROMORES, qui n'ont point d'aiguillons au-devant de la dorsale ; des SCOMBRES, des THONS, des GERMONS, des TRACHINOTES, qui ont deux nageoires dorsales ; des GASTÉROSTÉES, des CARANX, des CARANXOMORES, des SÉRIOLES, etc., qui, de même que les LICHES, sont dépourvus de fausses nageoires. (Voyez ces divers noms de genres, et ATRACTOSOMES, dans le Supplément du tome III de ce Dictionnaire.)

Parmi les espèces qui composent ce genre, nous remarquerons :

Le SCOMBÉROÏDE NOËL; *Scomberoides Noelii*, Lacép. Dix petites fausses nageoires au-dessus et quatorze au-dessous de la queue; sept aiguillons recourbés au-devant de la nageoire du dos; deux seulement au-devant de celle de l'anus; nageoire de la queue fourchue ; couleurs du maquereau.

Lacépède, qui nous a fait connoître ce poisson d'après un individu desséché, et dont la patrie étoit ignorée, l'a dédié à Noël de la Morinière, récemment enlevé à l'ichthyologie, qu'il cultivoit avec fruit.

Le SCOMBÉROÏDE COMMERSONNIEN ; *Scomberoides commersonnianus*, Lacép. Douze fausses nageoires au-dessus et au-dessous de la queue; six aiguillons au-devant de la nageoire du dos; nageoire caudale très-fourchue ; deux épines au-devant de l'anale; mâchoire inférieure plus avancée que la supérieure.

Ce poisson, qui est d'un grand volume, offre, de chaque côté du dos, des taches d'une nuance très-foncée, rondes, ordinairement au nombre de huit et inégales en surface.

On le trouve dans la mer voisine du fort Dauphin de l'île de Madagascar. C'est là qu'il a été observé par l'infatigable Commerson.

Le SCOMBÉROÏDE SAUTEUR : *Scomberoides saltator*, Lacép. ; *Scomber saliens*, Bloch. Sept petites nageoires au-dessus et huit au-dessous de la queue; quatre aiguillons au-devant de la nageoire du dos; nageoires dorsale et anale falciformes.

Plumier, le premier, a parlé de ce poisson, qui est fort commun dans la mer des Antilles, et lui a donné le nom de *petite pélamide*, de *petite bonite* et de *sauteur*.

La chair de ce scombéroïde est aussi bonne que celle du maquereau. Lorsqu'il se sent pris dans les filets, il cherche à s'échapper en sautant, et c'est de là que lui vient son nom.

Il faut encore rapporter à ce genre le *scomber aculeatus* de Bloch, 555, le *scomber Forsteri* de Schneider, le *scomber lysan* de Forskal, et le *tol-parah* de Russel. (H. C.)

SCOMBÉROÏDES. (*Ichthyol.*) M. Cuvier a donné ce nom à la cinquième famille de ses poissons acanthoptérygiens. Elle répond presque exactement à celle des atractosomes de M. Duméril. Voyez Atractosomes dans le Supplément du tome III de ce Dictionnaire. (H. C.)

SCOMBÉROMORE, *Scomberomorus*. (*Ichthyol.*) De Lacépède a donné ce nom à un genre de poissons qui paroît ne différer de celui des Scombéroïdes que par l'absence des aiguillons au-devant de la nageoire dorsale. (Voyez Atractosomes, dans le Supplément du tome III de ce Dictionnaire et Scombéroïde.)

Ce genre ne renferme encore qu'une espèce; c'est

Le Scombéromore de Plumier; *Scomberomorus Plumierii*, de Lacép., qui a huit petites nageoires au-dessus et au-dessous de la queue, et qui vit dans les eaux de la Martinique, où il a été dessiné par Plumier. Son dos brille de l'éclat de l'azur; son ventre semble argenté; une bande dorée s'étend le long de sa ligne latérale entre deux rangées longitudinales de taches irrégulières d'un jaune doré.

M. Cuvier range ce poisson parmi les thons et le regarde comme le même que le *tazard* de Plumier ou le *scomber regalis* de Bloch. Voyez Thon. (H. C.)

SCOMBRE, *Scomber*. (*Ichthyol.*) Aristote désignoit le maquereau par le mot σκόμβρος, que Pline, Rondelet, Belon, Gesner, Artédi et tous les naturalistes ont traduit en latin par celui de *scomber* ou *scombrus*, et qui a été employé par Linnæus pour désigner un genre de poissons très-nombreux en espèces, mais caractérisé si vaguement et composé d'élémens si hétérogènes, qu'il est devenu indispensable de le réformer ; ce que M. de Lacépède a opéré en partie, en en séparant les Caranx, les Caranxomores, les Trachinotes et les Scombéroïdes (voyez ces divers mots), et ce que M. Cuvier vient d'achever, en en distinguant les Thons, les Germons, les Citules, les Sérioles, les Liches et les Pasteurs.

Le nombre des espèces qui entroient dans ce genre a été ainsi considérablement diminué, et, mieux déterminés, ses caractères sont devenus les suivans :

Squelette osseux ; branchies complètes ; catopes thoraciques ; corps épais, fusiforme ; deux nageoires dorsales, assez écartées l'une de l'autre ; des fausses nageoires très-distinctes au-dessus et au-dessous de la queue ; point d'aiguillon au-devant des nageoires dorsales ; une carène saillante à chacun des côtés de la queue ; une rangée de dents pointues à chaque mâchoire ; écailles petites partout ; nageoires pectorales ordinaires.

Il devient donc ainsi facile de distinguer les Scombres des Scombéroïdes, des Scombéromores, des Gastérostées, des Centronotes, des Atropus, des Cæsiomores, des Céphalacanthes, des Lépisacanthes, des Cæsions et des Caranxomores, qui n'ont qu'une seule nageoire dorsale ; des Trachinotes, chez lesquels ces nageoires sont précédées d'aiguillons ; des Thons, chez lesquels elles sont rapprochées ; des Germons, qui ont les nageoires pectorales extraordinairement longues ; des Pomatomes, des Centropomes, des Caranx, des Sérioles, des Pasteurs et des Istiophores, qui n'ont point de fausses nageoires. (Voyez ces différens noms de genres, et Atractosomes dans le supplément du III.ᵉ volume de ce Dictionnaire.)

En général, les scombres ont les écailles petites et souvent même imperceptibles : leur intestin est ample et leur estomac en cul-de-sac ; ils ont de nombreux cœcums.

Ils vivent en grandes troupes, et paroissent à certaines époques dans chaque parage, où ils donnent lieu à d'excellentes pêches.

Parmi eux nous citerons :

Le Maquereau commun ; *Scomber scombrus*, Linn. Cinq petites fausses nageoires au-dessus et au-dessous de la queue ; tête alongée ; ouverture de la bouche grande ; palais garni dans

son contour de petites dents aiguës ; mâchoire inférieure un
peu plus longue que la supérieure ; nuque large ; ouvertures
des branchies étendues ; tronc comprimé ; ligne latérale voisine du dos, dont elle suit la courbure ; anus plus rapproché
de la tête que de la queue ; nageoire caudale fourchue ; yeux
ronds.

Ce poisson, dont la taille varie de quinze à trente pouces,
a le dos bleu et marqué de petites raies ondulées, noires, avec
un reflet doré ; son abdomen brille de l'éclat de l'argent, et
est nuancé de jaune, de vert et de violet ; il offre de grandes
taches bleuâtres sur les flancs et la queue, et presque toutes
ses nageoires sont grises ou blanchâtres.

Ses écailles, fort petites, sont en outre minces et molles.

C'est au sein de l'Océan polaire, loin déjà de la zone tem-
pérée, près de ces rivages désolés que couvrent des frimas
amoncelés et des glaces éternelles, que la nature a placé le
berceau des maquereaux. C'est sur cette mer endurcie par le
froid que vivent, au moins pendant une saison assez longue,
les troupes innombrables, les cohortes pressées de ces poissons : c'est dans les régions hyperboréennes que leurs légions
comprennent des milliers d'individus réunis et comme agglomérés.

On les trouve néanmoins également dans presque toutes les
mers chaudes ou tempérées des autres parties du monde, dans
le grand Océan, auprès du pôle antarctique, dans l'Atlantique,
dans la Méditerranée, aux îles Sorlingues ou de Scilly, sur les
côtes de la Crimée, dans la mer de Constantinople ; en Dal-
matie, sur les rivages de Primorie ; en Espagne, à Carthagène ;
à Sainte-Croix, l'une des Açores ; au cap de Bonne-Espérance ;
sur la côte d'Halifax, à la Nouvelle-Angleterre ; sur celle de
la Nouvelle-Zélande. C'est au moins ce qui résulte des observations d'Anderson, de Fabricius, de Bloch, de Pontoppidan, de Borlase, de Pallas, d'Olivier, de l'abbé Fortis, de
Dampier, d'Adanson, de Barrow, de Vieillot, de Marion,
de Parkinson et autres. Et, en effet, leurs tribus se transportent avec une vitesse incroyable d'une plage vers une autre,
se livrent à de rapides évolutions, et semblent soumises à des
émigrations périodiques, qui les ramènent chaque été le long
de nos côtes de l'Océan et jusque dans la Méditerranée, qui

leur permettent de s'étendre par myriades depuis le cercle polaire jusqu'aux environs des tropiques, qui les font s'avancer de la zone glaciale vers la zone torride, et revenir ensuite auprès du pôle, leur habitation d'hiver.

Quelques auteurs ont écrit que vers le printemps la grande armée des maquereaux côtoie l'Islande, le Hitland, l'Écosse et l'Irlande, et là se divise en deux colonnes, dont l'une passe devant l'Espagne et le Portugal, pour se rendre dans la Méditerranée, tandis que l'autre, suivant les rivages de France et d'Angleterre, s'enfonce dans la Manche, se montre devant la Hollande et la Frise, et arrive en Juillet vers les côtes de Jutland, où elle se subdivise en deux grandes troupes voyageuses, partagées entre la Baltique et les mers de Norwége.

Mais Bloch, Noël de la Morinière et le comte de Lacépède ont regardé une pareille assertion comme tenant plutôt du roman que de l'histoire. Ils ont cru qu'elle étoit inconciliable avec des observations sûres, précises, rigoureuses, avec les époques auxquelles les maquereaux se montrent sur les divers rivages de l'Europe : ils ont pensé, au contraire, que ces poissons passoient l'hiver dans des fonds de la mer plus ou moins rapprochés des côtes qu'ils fréquentent au printemps; qu'au commencement de la belle saison ils s'avancent vers celles qui leur conviennent le mieux, se montrent souvent, comme les thons, à la surface de l'onde, parcourent une route plus ou moins directe, plus ou moins sinueuse, mais ne suivent pas le cercle périodique auquel on a voulu les assujettir.

Jusqu'au temps de l'amiral françois Pléville-le-Peley, on n'avoit que des idées vagues sur la manière dont les maquereaux étoient renfermés dans leur asile sous-marin durant les mois rigoureux de la mauvaise saison, et particulièrement auprès des contrées polaires. Ce brave marin, le premier, en l'apprenant à de Lacépède, a appris au monde savant que vers le tiers du printemps, époque où l'on commence à pouvoir naviguer dans les eaux du Groënland, de Terre-Neuve, de la baie d'Hudson, on trouve encore les maquereaux enfoncés par milliers la tête la première dans la vase molle et dans les thalassiophytes des *barachouas*, c'est-à-dire des petites criques, si communes dans ces contrées boréales : leur queue, redres-

sée au fond de ces bassins, semble le hérisser, et lui donnent,
pour un œil peu exercé, l'aspect d'un écueil d'une nature
particulière. Il est probable qu'ensevelis sous la glace et la
neige, ces poissons échappent en partie aux effets de la rigueur
du froid dans ces retraites, qu'ils ne quittent pas avant Juillet.

Ni la taille ni les armes des maquereaux ne les rendent redoutables : ils ont cependant un appétit violent ; et, par suite
peut-être de la confiance que leur inspire le grand nombre
d'individus dont est composée chacune de leurs troupes, ils
sont voraces et même hardis, attaquant fréquemment des
poissons plus grands et plus forts qu'eux, et se jetant même
avec une audace aveugle sur des pêcheurs qui vouloient les
saisir ou qui se baignoient au milieu d'eux. C'est ainsi que
Pontoppidan raconte qu'un matelot, se baignant dans le port
de Larcule en Norwége, vit disparoître tout à coup un de
ses compagnons, et, quelques minutes après, le retrouva
mort, le corps déchiré et couvert d'une multitude de maquereaux acharnés sur ses restes. Le facteur de la cour de
Prusse, Danz, a pareillement rapporté à Bloch, que, durant
son séjour en Norwége, on avoit pêché deux malheureux
dans le corps desquels on avoit trouvé des maquereaux.

Mais si les maquereaux cherchent à nuire, de combien
d'ennemis à leur tour ne sont-ils pas entourés ! Les géans de
la mer les dévorent, les engloutissent en grand nombre à
la fois ; des poissons, assez foibles en apparence, les murènes
et les murenophis, par exemple, les attaquent avec avantage, et ils sembleroient déjà n'exister qu'au milieu du trouble
des combats et des embarras de la fuite, quand bien même
l'homme, avec tous les fruits de son industrie, ne viendroit
pas mettre le comble à leurs maux et les détruire par milliers à la fois.

La pêche de ces poissons est effectivement des plus productives sur toutes les côtes de la haute et de la basse Norman-
die, sur celles de Flandre et de Bretagne, et spécialement
à l'ile de Bas, dans la baie de la Hogue, à Dieppe, à Saint-
Vallery, au port des petites Dalles, à Fécamp. Commençant
en Mai et finissant en Juillet, elle se fait jusqu'à quatre lieues
en mer, soit à l'appelet ou au libouret, soit aux haims, à
la belée et aux battudes. Pour certains cantons elle est un

objet d'industrie nationale, et dans les mois de Juin et d'Août, les marchés de Hollande et d'Angleterre sont remplis de maquereaux, seuls poissons qu'il soit même permis de vendre publiquement les jours de fêtes dans ce dernier pays, et cela en raison de la facilité avec laquelle leur chair se corrompt.

Sur les côtes occidentales de l'Angleterre les pêcheurs de maquereaux, surtout lorsqu'il règne un vent fort, qu'ils appellent pour cette raison *vent des maquereaux*, prennent jusqu'à quatre cents ou cinq cents de ces poissons à la fois, en attachant à un pieu fiché dans le sable, non loin du bord, le bout d'un filet, dont l'autre extrémité est conduite au large par un bateau, qui la ramène en cercle vers le rivage.

A Sainte-Croix, c'est à l'entrée de la nuit et par un temps calme que les pêcheurs se dispersent sur des bateaux dans toute la rade, et sur une étendue de plus de deux milles. Arrivés au lieu de la pêche, ils font arrêter leurs bateaux et allument des flambeaux ou des fanaux, qui attirent les maquereaux dans leurs filets, par lesquels ils sont aussitôt enveloppés.

Les Dalmates de Primorie suivent à peu près la même marche, et vont à cette pêche sur des barques nommées *illuminatrici*, qui portent à la proue un feu de bois de sapin ou de genévrier.

Anciennement les pêcheurs normands avoient l'habitude de venir prendre et saler une grande quantité de maquereaux à Roscoff: mais depuis bien des années déjà ils n'abandonnent plus leurs côtes et y imprègnent le produit de leur pêche du sel de Croisic ou de Brouage. De nos jours, en effet, on sale peu de maquereaux en France, le commerce de ces poissons frais étant beaucoup plus lucratif.

Il n'en est point, sous ce rapport, des Anglois comme des François. Ils salent encore une énorme quantité de maquereaux, soit en les vidant, en les remplissant de sel, en les liant et en les mettant en paquets dans des tonnes, un lit de sel et un lit de poissons alternativement, soit en les plongeant dans une saumure; méthode qui a été connue des anciens.

En Écosse on prépare les gros maquereaux de la même manière que les harengs, et en Italie on les marine.

C'est aussi avec le maquereau que les Romains composoient principalement leur si célèbre Garum. (Voyez ce mot.)

C'est l'excellente saveur de la chair du maquereau, c'est l'estime dont elle jouit auprès des gourmets, qui ont déterminé la plupart des peuplades maritimes à se livrer avec ardeur à la pêche de ce poisson, qui devient ainsi d'un intérêt général. Cependant, comme cette chair est grasse et de difficile digestion, elle doit être interdite aux personnes dont l'estomac est délicat.

Le petit Maquereau : *Scomber pneumatophorus*, Laroche; *Colias*, Belon. Cinq fausses nageoires anales et dorsales; corps alongé, verdâtre; dos marqué de bandes transversales, qui ont une double inflexion angulaire; taille de sept à dix pouces au plus.

Quoique beaucoup plus petit que le précédent, ce scombre lui ressemble tellement que la plupart des ichthyologistes l'ont confondu avec lui, ce qui peut, jusqu'à un certain point, leur être pardonné, puisqu'il n'en diffère essentiellement que par des caractères tirés de son organisation intérieure, et spécialement par la présence d'une vessie natatoire, organe qui manque absolument au maquereau ordinaire.

Le petit maquereau est commun dans la Méditerranée. Il fréquente surtout les côtes des îles Baléares et Pythiuses et les rivages de la Provence. C'est au commencement de Janvier qu'il se montre à Iviça, où on le nomme *cavalla*. Peut-être est-il aussi le même poisson que celui qu'on appelle *sansonnet* dans les marchés de Paris.

Le *Guara pucu* de Marcgrave paroît une sorte de scombre très-voisine du maquereau, et probablement la même que l'*Albacore* de Sloane, lequel est long de quatre pieds dix pouces et a trois pieds de circonférence à l'endroit le plus gros du corps.

Il faut aussi rapporter à ce genre le *Kanagurta* de Russell, qui se trouve au Bengale, tandis que l'albacore est des Antilles. (H. C.)

SCOMBRE AIGUILLONNÉ ; *Scomber aculeatus*, Bloch. (*Ichthyol.*) Voyez Scombéroïde. (H. C.)

SCOMBRE ALALUNGA. (*Ichthyol.*) Voyez l'article Germon. (H. C.)

SCOMBRE AMIE ; *Scomber amia*, Bloch. (*Ichthyol.*) Voyez Liche. (H. C.)

SCOMBRE BONITE. (*Ichthyol.*) Voyez Thon. (H. C.)

SCOMBRE BONITE RAYÉE. (*Ichthyol.*) Voyez Thon. (H. C.)

SCOMBRE BONITOL. (*Ichthyol.*) Voyez Thon. (H. C.)

SCOMBRE CARANGUE. (*Ichthyol.*) Voyez Caranx. (H. C.)

SCOMBRE CHLORIS. (*Ichthyol.*) Voyez Caranx. (H. C.)

SCOMBRE COMMERSON. (*Ichthyol.*) Voyez Thon. (H. C.)

SCOMBRE CORDYLE. (*Ichthyol.*) Voyez Caranx. (H. C.)

SCOMBRE CRUMÉNOPHTHALME. (*Ichthyol.*) Voyez Caranx. (H. C.)

SCOMBRE DAUBENTON. (*Ichthyol.*) Voyez Caranx. (H. C.)

SCOMBRE DORÉ. (*Ichthyol.*) Linnæus a, sous la dénomination de *Scomber auratus*, parlé d'un poisson des mers du Japon, remarquable par la richesse de sa parure resplendissante d'or, mais qui pourroit bien n'être qu'une variété du maquereau commun. Voyez Scombre. (H. C.)

SCOMBRE FAUCILLE; *Scomber falcatus*, Forsk. (*Ichthyol.*) Voyez Trachinote. (H. C.)

SCOMBRE FORSTER ; *Scomber Forsteri*, Schn. (*Ichthyol.*) Voyez Liche et Scombéroïde. (H. C.)

SCOMBRE GERMON. (*Ichthyol.*) Voyez Germon. (H. C.)

SCOMBRE A GOUTTELETTES. (*Ichthyol.*) Voyez Thon. (H. C.)

SCOMBRE HIPPOS. (*Ichthyol.*) Voyez Caranx. (H. C.)

SCOMBRE LYSAN, Forsk. (*Ichthyol.*) Voyez Liche. (H. C.)

SCOMBRE PLUMIER; *Scomber Plumierii*, Bloch. (*Ichthyol.*) Voyez Caranx. (H. C.)

SCOMBRE RAYÉ ; *Scomber fasciatus*, Bloch. (*Ichthyol.*) Voyez Sériole. (H. C.)

SCOMBRE ROTLER; *Scomber Rotleri*. (*Ichthyol.*) Voyez Caranx. (H. C.)

SCOMBRE ROUGE; *Scomber ruber*, Bloch. (*Ichthyol.*) Voyez Caranx. (H. C.)

SCOMBRE ROYAL, *Scomber regalis*. (*Ichthyol.*) Voyez Scombéromore et Thon. (H. C.)

SCOMBRE SANSUM. (*Ichthyol.*) Voyez CARANX. (H. C.)

SCOMBRE SAUREL. (*Ichthyol.*) Voyez CARANX. (H. C.)

SCOMBRE SAUTEUR , *Scomber saliens*. (*Ichthyol.*) Voyez SCOMBÉROÏDE. (H. C.)

SCOMBRE SUPERBE; *Scomber speciosus* , Lacép. (*Ichthyol.*) Voyez SÉRIOLE. (H. C.)

SCOMBRE TACHETÉ, *Scomber maculatus*. (*Ichthyol.*) Voyez THON. (H. C.)

SCOMBRE TAZARD. (*Ichthyol.*) Voyez SCOMBRE ROYAL et THON. (H. C.)

SCOMBRE A ZONES , *Scomber zonatus* , Mitchill. (*Ichthyol.*) Voyez PASTEUR. (H. C.)

SCOMBRÉSOCE , *Scombresox*. (*Ichthyol.*) On a donné ce nom à un genre de poissons osseux, holobranches, de la famille des siagonotes et reconnoissable aux caractères suivans :

Branchies complètes, opercules lisses; rayons pectoraux réunis; sept nageoires dorsales, une grande et six petites ; plusieurs fausses nageoires anales ; mâchoires ponctuées, très-longues, très-minces, très-étroites et comme filiformes ; une rangée d'écailles carénées de chaque côté le long du ventre.

On distinguera facilement ce genre de ceux des ÉLOPES, des SYNODONS, des MÉGALOPES, des ÉSOCES, des LÉPISOSTÉES, qui n'ont qu'une seule nageoire dorsale, des SPHYRÈNES, qui n'en ont que deux, et des POLYPTÈRES, qui en possèdent seize ou dix-huit. (Voyez ces divers noms de genres et SIAGONOTES.)

Une seule espèce est encore connue dans le genre SCOMBRÉSOCE ; c'est

Le SCOMBRÉSOCE CAMPÉRIEN ; *Scombresox Camperii*, Lacép. Nageoire caudale fourchue ; mâchoires rappelant la forme du bec de l'avocette, la supérieure plus courte et plus étroite ; catopes très-petits et très-éloignés de la gorge ; teinte générale d'un blanc nacré ou argentin. Taille d'un pied environ.

Ce poisson paroît être le même que l'*esox saurus* de Schneider. (H. C.)

SCOMBRO. (*Ichthyol.*) Nom vénitien du maquereau. Voyez SCOMBRE. (H. C.)

SCOMBROS. (*Ichthyol.*) Σκόμβρος est le nom donné au maquereau par Aristote. Voyez SCOMBRE. (H. C.)

SCOMBROVOLO. (*Bot.*) Nom donné dans l'île de Lemnos, suivant Belon, au *scolymus*, qui est l'*ascolimbros* de l'île de Crète, dont on mange les racines avant que la tige soit sortie, et il ajoute que l'on ne connoît de racine cultivée de meilleur goût. (J.)

SCOMBRUS. (*Ichthyol.*) Voyez Scombre. (H. C.)

SCOOPER. (*Ornith.*) Nom de l'avocette, *recurvirostra avocetta*, en anglois. (Ch. D.)

SCOPAIRE, *Scoparia*. (*Bot.*) Genre de plantes dicotylédones, à fleurs complètes, monopétalées, régulières, de la famille des *personées*, de la *tétrandrie monogynie* de Linnæus, offrant pour caractère essentiel : Un calice persistant, à quatre divisions égales ; une corolle en roue, à quatre lobes réguliers ; quatre étamines d'égale longueur ; un ovaire supérieur ; un *style* ; le stigmate subulé ; une capsule à deux loges, à deux valves, séparées par une cloison parallèle aux valves, qui devient un placenta libre, central, auquel sont attachées des semences nombreuses.

Scopaire doux : *Scoparia dulcis*, Linn., *Spec.;* Lamk., *Ill. gen.*, tab. 85 ; Herm., *Parad.*, tab. 241 ; Pluk., *Alm.*, tab. 215, fig. 1. Cette espèce a des tiges droites, hautes de deux pieds, divisées, dès leur base, en rameaux effilés, droits, anguleux, glabres, verdâtres, presque à six angles. Les feuilles sont distantes, verticillées, réunies trois par trois à chaque verticille, glabres, lancéolées, longues de six à sept lignes, larges de deux, vertes, entières, aiguës, médiocrement denticulées vers le sommet ; les pétioles de moitié plus courts que les feuilles. Les fleurs sont petites, placées trois par trois à chaque verticille, une dans l'aisselle de chaque feuille ; les pédoncules capillaires, uniflores. Le calice est glabre, verdâtre, divisé en quatre découpures un peu aiguës ; la corolle petite, de couleur blanche, en roue ; le tube court, velu à son orifice ; le limbe à quatre lobes ovales, obtus ; les quatre étamines sont droites, plus courtes que la corolle ; l'ovaire est un peu globuleux ; la capsule petite, ovale ; les semences sont fort petites, ovales-oblongues. Cette plante croit dans les contrées méridionales de l'Amérique, au Pérou.

Scopaire couchée : *Scoparia procumbens*, Jacq., *Amer.;* Willd., *Spec.* Cette espèce est à peine haute d'un pied et

demi, assez semblable à la précédente ; mais ses tiges sont dichotomes, couchées à leur partie inférieure, relevées vers
leur sommet. Les feuilles sont subulées, sessiles, un peu
roides, acuminées, réunies quatre par quatre ; les deux intérieures opposées, un peu plus courtes que les extérieures.
Les fleurs sont petites, blanches, sessiles ; elles naissent dans
la bifurcation des rameaux, et quelquefois dans l'aisselle des
feuilles ; le tube de la corolle est un peu frangé à sa partie
supérieure et parfaitement glabre. Cette plante croît en Amérique, dans les environs de Carthagène, au milieu des sables
des côtes maritimes.

Scopaire en arbre ; *Scoparia arborea*, Linn. fils, *Suppl.*,
125. Cette plante paroît être un arbrisseau fort élevé, qui
offre l'aspect d'un olivier ou d'un *phyllircea*, dont la tige est
arborescente, à rameaux garnis de feuilles alternes, lancéolées, très-entières. Ses fleurs sont très-nombreuses, disposées en une ample panicule, très-ramifiée, à ramifications
trichotomes ; la corolle est petite. Cette plante croit au cap
de Bonne-Espérance. (Poir.)

SCOPARIA. (*Bot.*) Ce nom ancien, désignant une plante
propre à faire des balais, avoit été donné, par Gesner et Lobel, à une ansérine, *chenopodium scoparia*, de la famille des
atriplicées. Linnæus l'a employé pour un autre genre, appartenant aux scrophularinées. Voyez Scopaire. (J.)

SCOPELE. *Scopelus*. (*Ichthyol.*) M. Cuvier a donné ce nom
à un genre de poissons malacoptérygiens abdominaux, de la
famille des salmones, et de celle des dermoptères de M. Duméril.

Les caractères de ce genre sont les suivans.

*Deux nageoires dorsales, la seconde adipeuse ; bord de la mâ-
choire supérieure formé entièrement par les os intermaxillaires ;
langue et palais lisses ; de très-petites dents aux deux mâchoires ;
museau court et obtus ; gueule et ouïes extrêmement fendues ; ventre
non caréné ; catopes abdominaux et petits ; neuf ou dix rayons aux
branchies ; corps comprimé.*

Il devient aisé de distinguer les Scopèles des Truites et des
Corégones, qui ont le bord de la mâchoire supérieure formé
en grande partie par les os maxillaires : des Argentines et des
Éperlans, qui ont la langue hérissée de dents crochues ; des

Anostomes et des Curimates, qui ont la gueule peu fendue, des Characins, dont les ouïes ne sont soutenues que par quatre ou cinq rayons; des Serrasalmes, des Piabuques et des Raiis, qui ont le ventre caréné et dentelé en scie. (Voyez ces divers noms de genres, et Dermoptères et Salmones.)

Les scopèles connus jusqu'à présent habitent la mer Méditerranée, où on les nomme vulgairement *mélettes*, comme les anchois et plusieurs autres petits poissons.

M. Risso les a rangés dans son genre Serpe, en même temps que sa serpe microstome, qui, suivant M. Cuvier, est sûrement d'un autre genre et de la famille des brochets. (Voyez Microstome et Siagonotes.)

Le Scopèle crocodile : *Scopelus crocodilus*, N.; *Serpa crocodilus*, Risso. Écailles grandes, très-minces, peu adhérentes, d'un azur argentin; museau terminé en pointe; nuque relevée au milieu par une ligne saillante; les deux mâchoires, dont la supérieure couvre l'inférieure, garnies de plusieurs rangs de très-petites dents peu aiguës; yeux petits et argentés.

La longueur de ce poisson est de sept à huit pouces, et sa largeur de deux pouces.

Il habite la plage de Nice.

Le Scopèle Humboldt ; *Scopelus Humboldti*, N.; *Serpa Humboldti*, Risso. Corps aplati, d'un jaune rougeâtre, teint de noir et couvert d'écailles d'un argent azuré, qui se détachent facilement; museau court, d'un bleu nacré; yeux gros, argentés, à iris doré; opercules offrant l'éclat du platine poli; des points argentés brillans le long du ventre et de la queue; nageoires d'un gris noirâtre; la caudale fourchue, bordée de chaque côté de vingt aiguillons.

Un peu plus petit que le précédent, ce poisson ne parvient qu'à la taille de cinq à six pouces.

On le prend à Nice avec les anchois, depuis le mois de Mai jusqu'en Septembre.

Sa chair, comme celle du précédent, est molle et sans saveur.

M. Cuvier croit qu'il doit être confondu avec l'*argentina sphyræna* de Pennant. (H. C.)

SCOPETINO. (*Bot.*) Nom qu'on donne en Toscane à un champignon qu'on y mange. Voyez Polypore brun. (Lem.)

SCOPION. (*Bot.*) Nom grec, donné par Dioscoride à l'elaterium des anciens et de Tournefort, *momordica elaterium* de Linnæus. (J.)

SCOPOLIA. (*Bot.*) Plusieurs botanistes, pour conserver la mémoire de Scopoli, célèbre professeur de botanique à Turin, ont donné ce nom à des genres dont ils proposoient l'admission; mais, par une espèce de fatalité, aucun n'a été adopté. Le *scopolia* de Linnæus fils est un *daphne;* celui de Jacquin, un *hyoscyamus;* celui de Forster, un *griselinia;* celui de M. Smith, un *toddalia;* celui d'Adanson est le *ricotia ægyptiaca.* Celui de M. de Lamarck, inscrit dans les planches de ses Illustrations, est nommé *scolopia* dans le texte, d'après Schreber. (J.)

SCOPS. (*Ornith.*) Mœhring, n.° 84, a donné ce nom, comme générique, à la demoiselle de Numidie, *ardea virgo,* Linn. (Ch. D.)

SCOPS. (*Ornith.*) Le hibou scops ou petit duc, *strix scops,* Linn., pl. enlum. 436, a été décrit au tome IX de ce Dictionnaire, pag. 109. L'auteur de cet article n'a eu que postérieurement connoissance du mémoire de Spallanzani sur cet oiseau, qui est inséré dans ses Voyages aux deux Siciles, traduction de M. Toscan, tom. 6, pag. 112 et suiv.; mais les observations de cet auteur sont trop intéressantes pour n'en pas faire ici l'analyse.

Le scops, qui se nomme en italien *chivini,* n'est pas, comme la chevêche, le grand duc, l'effraie, de résidence habituelle dans la Lombardie; il n'y est que de passage, et il y arrive en Avril, le plus souvent apparié: il choisit son domicile dans les cantons parsemés de collines boisées, mais rarement sur les hautes montagnes. Spallanzani a reconnu, en ouvrant l'estomac de plusieurs individus et en diverses occasions, que sa nourriture consiste en vers de terre et en insectes. Cet oiseau se tient, durant le jour, à l'ombre, dans les bois; juché sur une branche d'arbre, il y reste immobile, avec ses oreilles pointues, dressées en l'air. On peut l'approcher de très-près, et il ne fuit que pour aller se cacher de nouveau dans l'épaisseur des feuillages. Vers le soir, il sort de sa retraite, se perche sur un arbre, dans un lieu ouvert, et chante. Sa voix, qui se fait entendre chaque nuit dans la belle saison, consiste dans un sifflement court et fréquent, qui rend à peu près le son du mot *chivi*.

La femelle dépose cinq ou six œufs dans des creux d'arbres, sans se donner la peine d'y faire de nid. Les petits, qui sont déjà adultes et peuvent voler au mois de Juillet, suivent, la nuit, les père et mère, pour en recevoir la becquée, jusqu'à ce qu'ils aient appris à manger seuls et à poursuivre les sauterelles, les grillons, les scarabées et autres insectes. Ils se séparent alors, et chacun vit solitairement, sans cependant s'éloigner encore du pays natal.

Quoique les scops ne fassent qu'une seule ponte par an, ils habitent la Lombardie jusqu'au commencement d'Octobre. A cette époque ils deviennent très-gras, surtout ceux de l'année précédente, et leur chair seroit un fort bon manger, si elle n'avoit une odeur un peu sauvage. Les chasseurs, pour les attirer, imitent leur cri, vers le crépuscule du soir, et ces oiseaux viennent se percher sur les arbres les plus voisins. Leur émigration particulière doit probablement être attribuée à la disette des insectes dont ils se nourrissent; tandis que les autres oiseaux de nuit chassent, en tout temps, les taupes, les rats et les petits oiseaux. On a lieu de croire qu'ils passent en Afrique.

Spallanzani a élevé plusieurs scops qu'il a pris à l'époque où ils étoient à peine couverts d'un léger duvet. Au bout d'un mois ils étoient devenus très-familiers; mais quand ils n'ont plus eu besoin des soins de l'homme pour se procurer leur nourriture entomophage, ils se sont échappés.

Le même observateur a élevé en commun deux nichées, l'une de petits ducs et l'autre de chevêches. Ces oiseaux ont des instincts différens. La chevêche déchire sa proie avec le bec, à la manière des faucons, et l'engloutit immédiatement; le petit duc, après l'avoir détachée, la saisit avec les articulations du pied, et la porte à la bouche, comme le fait le perroquet. Le naturel de la chevêche est aussi rebelle que celui du petit duc est docile; et les chevêches sont si féroces, que non-seulement elles ont dévoré deux de leurs compagnons petits ducs, mais que plusieurs chevêches, placées dans une même cage, ont dévoré l'une d'elles: tandis que les scops, qui ont dans le bec et les ongles des armes à peu près égales, ne font que pourchasser les insectes: ce qui montre que c'est, non la force précisément, mais le courage et la hardiesse, qui décident de la supériorité chez les animaux.

Des expériences faites par Spallanzani lui ont prouvé que les petits ducs ne discernoient aucunement les objets dans une obscurité totale; aussi leur a-t-on donné le nom d'*oiseaux crépusculaires*. En effet, la clarté d'une chandelle placée contre un petit trou de la pièce où l'on en avoit renfermé, suffisoit pour les faire approcher à l'appel; et sans lumière ils ne bougeoient pas à cet appel, quoique pressés par la faim et ayant de la viande près d'eux. Quand la clarté de la lune donnoit dans la chambre, on les trouvoit changés de place après la nuit, mais ils étoient restés à la même, quand l'obscurité avoit été complète. Enfin, un de ces oiseaux ayant éteint la lumière avec son aile, le premier qui étoit en l'air tomba au même instant par terre. Mais quoique la clarté des étoiles soit suffisante pour le scops, l'épithète de crépusculaire ne lui convient pas tout-à-fait, parce que, bien qu'insuffisante pour nous, elle peut suffire pour diriger le vol de l'oiseau dans les champs et lui donner les moyens d'exercer ses petites rapines.

La diminution de la lumière est ce qui détermine les oiseaux de nuit à sortir de leur retraite, comme l'augmentation les oblige à y rentrer.

Ainsi que les autres oiseaux de rapine, les petits ducs que Spallanzani avoit chez lui ne buvoient point; cependant ils cherchoient l'eau pour se baigner, et ils en étoient tellement avides, que partout où ils en trouvoient un bassin plein, ils ne manquoient pas de s'y jeter, même au cœur de l'hiver.

Les mâles chantoient souvent la nuit, durant le mois de Mai, et les femelles restoient toujours silencieuses.

Le grand et le moyen duc portent toujours leurs aigrettes très-relevées; le petit duc rabaisse souvent les siennes.

Quoique Buffon regarde comme un fait constant que les oiseaux de proie mâles sont d'un tiers plus petits que leurs femelles, Spallanzani n'a remarqué aucune différence dans les deux sexes, chez les petits ducs et chez les chevêches.

Suivant Buffon, quand les scops, qui sont très-rares, émigrent, ils ont coutume de se réunir en troupes. Le savant

Italien, qui a vu très-communément ces oiseaux dans les Alpes ou dans les Apennins, ajoute qu'ils viennent tout appariés au printemps, qu'ils s'en retournent solitaires en automne, et qu'ils disparoissent successivement, sans qu'on les voie jamais, ni se rechercher, ni se réunir, pour effectuer leur départ. (Ch. D.)

SCOPULA LITTORALIS. (*Foss.*) Luid a donné ce nom à une dent fossile qui paroît avoir appartenu à une raie ; Luid, *Lit. Brit.*, n.° 1599, Mém. de l'Acad. roy. des sciences, an 1721, pl. 4, fig. 7 et 8. (D. F.)

SCOPUS. (*Ornith.*) Nom latin donné par Brisson à l'ombrette, et que Latham a transformé en désignation générique pour cet oiseau de l'ordre des échassiers. Voyez Ombrette. (Desm.)

SCORANZE. (*Ichthyol.*) Sur le lac de Scutari on donne ce nom à un petit poisson que l'on prend par immenses quantités à la fois, et qu'on exporte après l'avoir salé. C'est probablement l'*agono* ou la prétendue *sardine du lac de Come*, qui est une jeune alose. Voyez Agono, dans le Supplément du tome I.er de ce Dictionnaire. (H. C.)

SCORDIUM. (*Bot.*) La plante désignée sous ce nom par Dioscoride et la plupart des auteurs anciens, est la germandrée d'eau, nommée aussi *chamaras*, *teucrium scordium* de Linnæus. Il a été encore donné par quelques-uns au *teucrium scorodonia*; par Daléchamps au *salvia sclarea*; par C. Bauhin au *nepeta scordotis*; par Rai à un *molucella*, et par Sloane au *stemodia*, de la famille des scrophularinées. (J.)

SCORDIUM [Faux]. (*Bot.*) C'est la germandrée sauvage. (L. D.)

SCORDOTIS. (*Bot.*) Cette plante de Pline, citée par Prosper Alpin et regardée par C. Bauhin comme un *scordium*, est le *nepeta scordotis* de Linnæus. Voyez aussi Scordium. (J.)

SCORIAS. (*Bot.*) Nouveau genre de champignons, dû à E. Fries (*Syst. orb. veget.*, 1, pag. 171), et voisin du *ceratium*, dans la cohorte des coniomycètes, et qui, avec les genres *Ceratium*, Alb. et Schw.; *Epichysium*, Tode; *Dacrina*, Fries (*Dacridium?* Link), forme une tribu, celle des scoriadées, dans l'ordre des coniomycètes tuberculeux dans la Nouvelle méthode mycologique de Fries. Il est caractérisé par son réceptacle gélatineux, corné, rempli et bourré de filamens tubuleux, presque parallèles, ramuleux et semblable à une petite grappe , et recouvert de fibrilles granuleuses. Fries n'indique pas les espèces de ce genre : il fait observer que le *botrytis spongiosa* en doit peut-être faire partie. (LEM.)

SCORIES. (*Min.*) Ce mot ne s'applique en histoire naturelle qu'aux produits des feux volcaniques.

Les scories indiquent une manière d'être et non pas une substance, et de même que nous avons supprimé les laves de la série des roches, on doit aussi en ôter les scories : c'est un état de boursouflement dans lequel le volume des cavités est beaucoup plus considérable que celui des parties compactes.

Quoique la nature des scories puisse beaucoup varier, on n'en connoit cependant de véritables que dans quatre sortes de roches volcaniques : les *pumites*, qui sont elles-mêmes presque toutes à l'état scoriacé : les *téphrines*, auxquelles appartiennent la plupart des scories; les *basanites* et les *gallinaces*. Voyez les caractères de ces roches volcaniques, et par conséquent des scories qu'elles donnent, à l'article LAVES. (B.)

SCORODITE. (*Min.*) C'est le nom univoque du fer arseniaté. Cependant les chimistes qui ont examiné les minérais composés de fer, d'arsenic et d'eau, croient avoir aperçu qu'il y avoit des différences assez notables dans leur composition, due, 1.° à l'état d'oxidation du fer ; 2.° à la présence de l'eau.

La scorodite de Villa-Ricca, au Brésil, seroit de l'arseniate neutre de protoxide de fer avec de l'eau. Sa formule de composition, d'après M. Berzelius, est :

$$\ddot{F}e\ \overset{\cdot\cdot\cdot}{A}s\ +\ 2\,\ddot{F}e\ \overset{\cdot\cdot\cdot}{A}s\ +\ 12\,Aq,$$

et sa forme, un prisme à base rhombe.

Tandis que le fer arseniaté cubique (*Würfelerz*) est du sous-arseniate ordinaire de protoxide, dans lequel, suivant M. Berzelius, les deux tiers de protoxide sont convertis en deutoxide ; sa formule est :

$$\ddot{F}e^{3}\ \overset{\cdot\cdot\cdot}{A}s^{2}\ +\ 2\,\ddot{F}e^{3}\ \overset{\cdot\cdot\cdot}{A}s^{2}\ +\ 36\,Aq.$$

La scorodite de Saxe seroit encore différente des deux arseniates précédens.

Voyez, pour les autres caractères et pour l'histoire générale de ce minérai, l'article FER ARSENIATÉ, t. XVI, pag. 417. (B.)

SCORODON. (*Bot.*) Ancien nom grec de l'ail. (LEM.)

SCORODONIA. (*Bot.*) On donnoit ce nom à une germandrée, distinguée maintenant sous celui de *teucrium scorodonia*, en françois vulgaire la mélisse des bois. Voyez SCORDIUM. (J.)

SCORODOPRASUM. (*Bot.*) Michéli a donné ce nom à quelques espèces d'ail, et il est devenu nom spécifique pour l'*allium scorodoprasum* de Linnæus. (J.)

SCORPÈNE ou RASCASSE, *Scorpæna*. (*Ichthyol.*) Artédi et Linnæus avoient donné ce nom à un genre de poissons osseux holobranches, qui rentre dans la famille des céphalotes de M. Duméril, et que depuis on a partagé en plusieurs autres genres, les SCORPÈNES proprement dites, les SYNANCÉES, les PTÉROÏS et les TÆNIANOTES. (Voyez ces mots et CÉPHALOTES.)

Ce genre est reconnoissable aux caractères suivans :

Corps épais, quoique comprimé ; tête très-grosse, très-hérissée d'épines au-devant des yeux, au vertex, au préopercule, au-dessus des orbites, sur la joue et au sous-orbitaire, et dépourvue d'écailles ; nageoire dorsale unique et longue ; gueule très-fendue ; dents en velours ; nageoires pectorales très-larges, embrassant une partie de la gorge, mais à rayons non prolongés ; point de vessie hydrostatique.

A l'aide de ces caractères, il devient facile de distinguer les SCORPÈNES proprement dites des ASPIDOPHORES, des ASPIDOPHOROÏDES et des LÉPIDOLÈPRES, qui ont de grandes écailles osseuses ; des SYNANCÉES, qui, au lieu d'épines, ont la tête hérissée de tubercules ; des PTÉROÏS, chez lesquels les rayons des nageoires pectorales sont prolongés au-delà des membranes ; des GOBIÉSOCES, dont la nageoire dorsale est courte ; des COTTES, qui ont deux nageoires dorsales. (Voyez ces divers mots et CÉPHALOTES.)

Toutes les scorpènes ont un estomac en cul-de-sac, et ne possèdent qu'un petit nombre de cœcums.

Parmi elles, nous décrirons en particulier :

La RASCASSE : *Scorpæna porcus*, Linnæus. Des barbillons sous les yeux et le long de la ligne latérale ; écailles rudes.

et petites : tête grosse ; yeux grands et rapprochés ; langue courte et lisse.

Ce poisson n'a guère plus de quinze pouces de longueur ; le dessus de son corps est brun avec quelques taches noires ; le dessous est d'un blanc mêlé de rougeâtre. Ses nageoires, rougeâtres ou jaunâtres, sont tachetées de brun, à l'exception des catopes, qui ont une teinte unie, et des pectorales, qui sont grises.

Il fréquente les eaux de la Méditerranée et de plusieurs autres mers, où il se tient à l'affût de sa proie sous les fucus et les autres plantes marines. Sa chair est d'une saveur agréable, mais elle est dure et coriace ; aussi est-elle généralement bannie des bonnes tables.

On lui attribuoit autrefois de grandes vertus médicamenteuses. On croyoit que le vin dans lequel on avoit fait périr une rascasse, étoit salutaire dans la lithiasie et l'hépatalgie.

La Scorpène truie ; *Scorpæna scrofa*, Linn. Des barbillons à la mâchoire inférieure et le long de chaque ligne latérale ; langue hérissée de petites dents ; écailles assez grandes ; tête volumineuse ; yeux gros ; ouverture de la bouche très-large ; des dents aiguës et recourbées sur le palais, le gosier et les deux mâchoires, qui sont également avancées ; anus plus près de la nageoire caudale que de la gorge.

Cette scorpène parvient à de plus grandes dimensions que la rascasse, et atteint quelquefois la taille de douze pieds. Sa teinte générale est un rouge blanchâtre, plus foncé et même presque brun sur le dos, et relevé d'ailleurs par des bandes brunes et transversales. Les rayons des nageoires sont jaunes et bruns ; leur membrane est bleue.

On la trouve dans l'océan Atlantique, dans la Méditerranée et dans quelques autres mers, où elle se nourrit de poissons et d'oiseaux d'eau, et surtout de mouettes.

Sa chair est maigre et sèche ; on la recherche néanmoins dans quelques cantons méridionaux. Les Norwégiens ne la mangent jamais, et se contentent de tirer de l'huile de son foie.

La Scorpène dactyloptère ; *Scorpæna dactyloptera*, Laroche. Corps rouge en dessus, avec des bandes transversales de la même couleur sur les côtés ; point de barbillons ; rayons inférieurs des nageoires pectorales libres dans près de la moitié de leur longueur.

Ce poisson pourroit bien être le même que ceux qui ont été appelés *perca marina* par Pennant; *cottus massiliensis* par Gmelin, et *scorpæna massiliensis*, par de Lacépède.

Sa longueur est en général de six à neuf pouces, et sa forme rappelle celle de la scorpène truie, quoique sa tête soit moins difforme.

Il habite les grandes profondeurs de la Méditerranée et spécialement auprès d'Iviça et dans le voisinage de Barcelonne.

Sa chair est peu estimée.

La Scorpène Plumier; *Scorpæna Plumierii*, Lacép. Quatre barbillons frangés à la mâchoire supérieure; quatre autres entre les yeux; d'autres encore le long de chaque ligne latérale; des piquans triangulaires sur la tête et les opercules. Couleur générale d'un brun presque noir; quelques taches petites et rondes sur les catopes.

Décrite par de Lacépède d'après un dessin de Plumier.

La Scorpène gibbeuse; *Scorpæna gibbosa*, Schn. Tête monstrueuse, à épines fendues en plusieurs pointes à leur sommet; bouche relevée; point d'appendices mous.

M. Cuvier pense qu'on pourroit regarder cette espèce comme analogue au *Scorpæna aculeata*, de Lacépède.

La scorpène gibbeuse fréquente nos côtes de l'Océan et celles de l'Amérique. (H. C.)

SCORPÈNE ANTENNÉE. (*Ichthyol.*) Voyez Ptéroïs. (H. C.)

SCORPÈNE DIDACTYLE. (*Ichthyol.*) Voyez Synancée. (H. C.)

SCORPÈNE HORRIBLE. (*Ichthyol.*) Voyez Synancée. (H. C.)

SCORPÈNE VERRUQUEUSE. (*Ichthyol.*) Voyez Synancée. (H. C.)

SCORPÈNE VOLANTE. (*Ichthyol.*) Voyez Ptéroïs. (H. C.)

SCORPIDES. (*Ichthyol.*) Quelques auteurs, Charleton en particulier, ont donné ce nom à la *rascasse*. Voyez Scorpène. (H. C.)

SCORPINA. (*Ichthyol.*) Nom sarde de la rascasse. Voyez Scorpène. (H. C.)

SCORPIO. (*Ichthyol.*) Quelques auteurs, Rondelet spéciale-ment, ont ainsi appelé les Scorpènes. Voyez ce mot. (H. C.)

SCORPIŒN VARKENTJÉ. (*Ichthyol.*) Nom hollandois de la rascasse. Voyez Scorpène. (H. C.)

SCORPIOIDES. (*Bot.*) A ce nom d'un genre de Tourne-fort a été substitué, par Linnæus, celui de *scorpiurus*. Il avoit aussi été donné antérieurement à des espèces d'*Ornithopus*, genre voisin, et à des *myosotis*, dont l'épi des fleurs est con-tourné en queue de scorpion. Voyez Scorpiura. (J.)

SCORPION ; *Scorpio, Scorpius.* (*Entom.*) C'est le nom donné de toute antiquité et même par les Grecs, Σκορπίος, Σκορπί-διον, à un genre d'insectes aptères, de la famille des araignées ou des acères, qui sont caractérisés par le défaut des an-tennes, le nombre des pattes, qui forment quatre paires at-tachées uniquement au corselet, qui est confondu avec la tête.

Le genre Scorpion est, en outre, caractérisé ainsi: Palpes en forme de pinces ou de serres d'écrevisses ; abdomen sessile, garni à la base de deux sortes de branchies ou de peignes ; queue articulée, terminée par un crochet ou aiguillon veni-meux.

Nous avons fait figurer sur la planche 36, n.° 3 , de l'atlas de ce Dictionnaire, une espèce de scorpion, et il sera facile au lecteur, en la comparant avec les autres insectes que re-présentent cette planche et la précédente, de suivre les dif-férences que va nous offrir l'analyse. D'abord les araignées, les mygales et les trombidies, ont les mandibules garnies d'un simple crochet ; tandis qu'elles représentent des tenailles for-mées de deux pièces mobiles dans tous les autres genres. Parmi ces genres celui des Scorpions a seul l'abdomen pro-longé en articulations distinctes, dont la dernière forme un crochet en ongle. De plus, les Galéodes et les Faucheurs n'ont pas les palpes en pince ; et dans les Phrynes et les Chélifers ou Porte-pinces, l'abdomen est comme obtus. (Voyez, au tome II de ce Dictionnaire, l'article Aranéides et le tableau synop-tique qui le termine.)

Pour donner une idée générale de la forme des scorpions, nous dirons que leur corps, en général alongé, aplati, porte en avant les deux pattes ou palpes en forme de pince ou serres formées de deux crochets, dont l'un seul est mobile sur l'autre; que leur abdomen se prolonge en une longue queue mobile, faite de six articulations anguleuses, mais susceptibles de se mouvoir en dessus ou de se redresser pour diriger le dernier anneau, armé d'un crochet venimeux, dans tous les sens que l'insecte le désire.

M. le docteur Léon Dufour a donné sur l'anatomie d'une espèce de scorpion un très-bon mémoire dans le numéro de Juin du Journal de physique, en 1817. C'est celle du scorpion roussàtre, que nous avons eu nous-même occasion d'observer souvent en Espagne.

C'est dans les lieux exposés à l'ardeur la plus vive du soleil qu'on rencontre le plus souvent ce scorpion, en soulevant les pierres, sous lesquelles on le trouve tapi pendant le jour. Il semble s'y creuser des sortes de galeries, et il est rare d'en rencontrer plusieurs sous une même pierre. Ils ne sortent guère de leur retraite que pendant la nuit. Alors ils marchent en tous sens, dirigeant leurs palpes en pince en avant, et traînant après eux leur longue queue. Ce n'est que quand ils sont saisis de crainte, ou qu'ils s'aperçoivent du danger, qu'on les voit dresser cette queue et porter l'aiguillon qui la termine vers la tête. Ils se nourrissent principalement de larves et d'insectes parfaits, qu'ils saisissent avec leurs pinces et qu'ils piquent avec l'arme empoisonnée qui termine leur queue, pour les sucer ensuite ou les dévorer à la manière des grosses araignées.

Les mâles sont plus petits que les femelles. Celles-ci paroissent conserver leurs œufs en dedans : elles sont ovovivipares; et lorsque les petits éclosent, ils grimpent et se fixent sur le dos de leur mère, qui les transporte avec elle.

M. Dufour a décrit des sortes de sacs pulmonaires ou des cavités correspondantes à des stigmates et dans lesquelles on distingue un grand nombre de lames ou de feuillets, placés en recouvrement les uns sur les autres. Au reste, cette organisation a beaucoup de rapports avec celle des grosses araignées.

M. Marcel de Serre, de Montpellier, a consigné, dans les Annales du Muséum, des détails curieux sur la distribution des vaisseaux qui sont fournis par le gros tronc, qu'il consi-

nière comme une sorte de cœur. Les nerfs des scorpions sont
à peu près disposés comme ceux des autres insectes; et quant
aux autres parties de l'organisation , elles n'offrent pas de
grandes différences d'avec celles qui ont été décrites dans les
araignées et quelques gros insectes.

Quant au venin qui est sécrété par l'animal, les glandes qui
le préparent n'ont pas été assez étudiées pour que nous en
puissions donner une idée exacte : on sait seulement qu'il
aboutit dans deux sortes de vésicules, qui elles-mêmes se
rendent sur la partie inférieure et concave de l'aiguillon , et
qu'il suinte là sous la forme de deux petites gouttelettes lim-
pides : que quand on est piqué par cette arme , il en résulte
une douleur vive, analogue à celle de la piqûre d'une abeille
ou d'un réduve. Il est probable que cette humeur produit
sur les insectes le même effet que le venin de la vipère sur
les petits animaux, qu'il paralyse, et dont probablement il
émousse la sensibilité ou même les énerve et les paralyse
complétement.

On ignore encore les véritables fonctions que les peignes
des scorpions sont appelés à remplir. Nous les avons vus dans
de grosses espèces , et surtout dans le scorpion d'Afrique que
nous avons observé. Ces lames pectinées étoient douées d'une
sorte de mouvement général et de mobilité partielle dans les
lames ou feuillets qui les composent, toutes les fois que l'a-
nimal faisoit des mouvemens ou que nous le renversions ;
tandis que dans le repos ces parties étoient aussi dans l'im-
mobilité.

M. Leach a subdivisé le genre des Scorpions en espèces qui
ont huit yeux , et il les a décrites sous le nom de *Buthus* :
tels sont le scorpion d'Afrique et le scorpion roussâtre ; les
autres n'ont que six yeux, tels que le scorpion maure et celui d'Europe. Nous allons décrire brièvement ces quatre
espèces.

1. Le Scorpion roussâtre, *Scorpio occitanus.*

C'est celui qui a été figuré sur la planche 56 , n.° 3, de
l'atlas de ce Dictionnaire, sur lequel Maupertuis a fait beaucoup d'expériences, et que l'on connoît sous le nom de *sou-
ïguorgue.* Il atteint jusqu'à deux pouces de longueur.

Car. D'un gris roux ; serres des palpes en masse ovale , à doigts alongés; queue plus longue que le tronc, à anneaux munis d'arêtes raboteuses; peignes à quatorze dentelures.

2. Le Scorpion africain, *Scorpio africanus*.

Il atteint jusqu'à deux pouces et demi de longueur.

Car. D'un brun-marron lisse; queue aux deux derniers anneaux plus longs; serres des palpes presque en cœur, comprimées; peignes à treize dents ou lames seulement.

Cette espèce vient des Indes.

3. Le Scorpion d'Europe, *Scorpio europæus*.

Il se trouve dans le Midi de la France, vers le 43.ᵉ degré de latitude; il n'atteint guère qu'un pouce de longueur.

Car. D'un brun-foncé noirâtre; serres anguleuses; queue plus courte que le corps; peignes à neuf dentelures.

4. Le Scorpion maure, *Scorpio maurus*.

Car. Queue plus courte que le tronc; dix dentelures aux peignes.

Cette espèce se trouve à Alger. (C. D.)

SCORPION. (*Erpét.*) On a quelquefois ainsi appelé la tortue à longue queue, *emys serpentina.* Voyez l'article Émyde. (H. C.)

SCORPION. (*Conchyl.*) Dénomination presque générique employée par les conchyliologistes et par les marchands du dernier siècle, pour désigner les coquilles univalves dont les deux côtés, armés de digitations plus ou moins nombreuses, leur donnent quelque ressemblance avec un scorpion dont les pattes sont étalées.

Ces coquilles sont des genres Murex et Strombe ou Ptérocère des conchyliologistes modernes.

Le Scorpion heptadactyle ou a pattes noueuses est le strombe scorpion, *S. scorpio*, Linn.; *Pterocera scorpio*, de Lamk.

Le Scorpion femelle hexadactyle ou a six pattes est aussi une variété du *S. scorpio*, Linn.

Le Scorpion (grand) est le *pterocera pseudo-scorpio* de M. de Lamarck.

Le Scorpion goutteux est aussi le *strombus scorpio*, Linn.; *pterocera scorpio*, de Lamk.

Le Scorpion orangé ou le Sc. non goutteux est le *pterocera aurantia* de M. de Lamarck, dont n'a pas parlé Gmelin.

Le nom de scorpion est aussi donné à une espèce de murex,

le *murex scorpio*, Linn., vulgairement la Patte-de-crapaud. (De B.)

SCORPION AQUATIQUE. (*Entom.*) Voyez Nèpe. (C. D.)

SCORPION-ARAIGNÉE. (*Entom.*) Voyez Chélifer ou l'Porte-pince. (C. D.)

SCORPION FAUX. (*Entom.*) Voyez Pince. (C. D.)

SCORPION DE MER. (*Ichthyol.*) On a donné vulgairement ce nom à plusieurs poissons de genres différens, entre autres à un cotte. Voyez Cotte, Gal et Scorpène. (H. C.)

SCORPION MOUCHE. (*Entom.*) Voyez Panorpa. (C. D.)

SCORPIONE. (*Bot.*) Voyez Myosotide, tome XXXIV, page 5o. (L. D.)

SCORPIONIDES. (*Entom.*) M. Latreille désigne sous ce nom de famille le genre Scorpion. (C. D.)

SCORPIONS D'EAU ou AQUATIQUES. (*Entom.*) Sous ce nom M. Latreille a réuni la plupart des hémiptères de la famille des rémitarses ou hydrocorées, tels que les ranatres, naucores, nèpes. (C. D.)

SCORPIS. (*Ichthyol.*) Voyez Scorpio. (H. C.)

SCORPIT BALUK. (*Ichthyol.*) Nom turc de la rascasse. Voyez Scorpène. (H. C.)

SCORPIURA. (*Bot.*) Fronde cylindrique, gélatineuse, presque diaphane : rameaux alternes, flexueux, à divisions capillaires, ayant, lors de la maturité, leurs extrémités enroulées. Les *fucus amphibius* et *incrustatus*, Stackh., sont des espèces de ce genre de la famille des algues, établi par Stackhouse et non admis par les botanistes. Agardh les rapporte à son *rhodomela scorpioides*. Roussel (Fl. du Calv.) avoit fait avant Stackhouse un genre *Scorpioides*, fondé sur le *fucus scorpioides* des auteurs, qui est encore la même plante que celle d'Agardh. (Lem.)

SCORPIUROS, SCORPIOCTONOS, SESAMANAGRIOS. (*Bot.*) Ruellius cite ces noms anciens donnés à l'héliotrope, dont l'épi des fleurs est contourné comme la queue d'un scorpion. (J.)

SCORPIURUS. (*Bot.*) Voy. Chenillette et Scorpioides. (Lem.)

SCORPIUS. (*Bot.*) Quelques anciens nomment ainsi l'ajonc ou jonmarin, *ulex europæus*, et quelques genets épineux, ainsi que l'*ephedra distachya*. Adanson cite sous le nom de *scorpios* de Théophraste un *doronicum*, qui est probablement l'*arnica scorpioides* de Linnæus. (J.)

SCORPONE, SCORPI. (*Ichthyol.*) Noms provençaux de la rascasse. Voyez Scorpène. (H. C.)

SCORSONÈRE ou SCORZONÈRE, *Scorzonera*. (*Bot.*) Genre de plantes dicotylédones, à fleurs composées, de l'ordre des *semi-flosculeuses*, de la *syngénésie polygamie égale* de Linnæus, offrant pour caractère essentiel : Un calice composé d'écailles inégales, imbriquées, scarieuses sur leurs bords; les fleurs semi-flosculeuses, hermaphrodites; le réceptacle nu; les semences alongées, terminées par une aigrette plumeuse, entremêlée de poils écailleux.

Plusieurs réformes ont été établies pour ce genre, qui ont donné lieu à la formation de quelques autres genres, tels que le Picridium, par M. Desfontaines, et le Podospermum, par M. De Candolle, dans la Flore françoise. (Voyez ces deux mots.)

Scorsonère d'Espagne : *Scorzonera hispanica*; Linn.; Gærtn., *De fruct.*, tab. 159; Clus., *Hist.*, 2, pag. 137, fig. 1; Dod., *Pempt.*, 257, fig. 1; vulgairement Salsifis, Cercifis, Salsifis noir d'Espagne. Cette plante est très-bien connue par l'usage que l'on fait de ses racines noirâtres en dehors, blanches en dedans, longues, fusiformes. Sa tige est glabre, haute de deux ou trois pieds, rameuse; les feuilles sont alternes, sessiles, à demi embrassantes, vertes, médiocrement dentées ou ondulées à leurs bords; les inférieures ovales, oblongues, rétrécies à leur base, et comme en spatule dans leur milieu; les supérieures lancéolées, étroites, acuminées. Les fleurs sont solitaires, terminales, portées sur de longs pédoncules cylindriques et fistuleux; le calice est oblong, un peu cotonneux à sa base, composé d'écailles larges, imbriquées, scarieuses à leurs bords; les corolles sont grandes, hermaphrodites, de couleur jaune; les semences étroites, alongées, cannelées, surmontées d'une aigrette plumeuse. Cette plante croît dans les départemens méridionaux de la France, en Espagne et en Italie, dans les pâturages des montagnes.

Quoique l'usage que l'on fait aujourd'hui de la racine de cette plante soit très-ancien, il ne paroît pas qu'elle ait été connue du temps d'Olivier de Serres, qui n'en fait aucune mention. Aujourd'hui elle est préférée presque partout aux véritables salsifis dont il a été question précédemment, et même elle en porte le nom. Cette racine peut se manger dès le premier hiver qui suit le semis de ses graines ; elle est alors très-tendre et très-délicate ; mais comme elle n'a pas encore acquis toute sa grosseur, beaucoup de personnes préfèrent en faire usage à la fin de la seconde année, quoiqu'elle acquière de la dureté et de l'âcreté avec l'âge. Pour combiner ces deux avantages, dit M. Bosc, au lieu de semer la graine, comme on le fait ordinairement, dès le commencement d'Avril, on retarde jusqu'au mois d'Août ; alors aucune tige ne s'élève la première année, et les racines, dix-huit mois après, sont grosses, tendres et savoureuses ; leurs mauvaises qualités viennent de la floraison. Pour que la scorsonère prospère, il faut que la terre où on la sème soit en même temps légère et un peu humide : il faut de plus qu'elle soit profondément labourée et fortement engraissée avec du terreau très-consommé ; car ses racines prennent facilement le goût du fumier frais. En général on sème la graine de scorsonère par rangées, pour faciliter les binages du plant qui en provient, binages qui concourent si puissamment à la croissance de ce dernier, et qu'on ne doit pas ménager ; cependant, lorsqu'on la sème en Avril pour consommer le plant en Octobre, on peut la semer à la volée. On doit arroser les semis lorsque la sécheresse se prolonge, la graine ayant besoin de beaucoup d'eau pour germer. Dans la même circonstance on arrosera également le plant, si le terrain n'est pas également humide. Dès que le plant provenu du semis a acquis des feuilles de deux ou trois pouces de long, on l'éclaircit, en arrachant tous les pieds qui sont à moins de deux ou trois pouces des autres, puisque ce n'est qu'autant que les pieds pourront s'étendre aisément qu'ils prendront toute la grosseur désirable. Si cette pratique n'est pas la plus générale, elle est certainement la meilleure ; on donne ensuite un binage, et successivement trois ou quatre autres. Les tiges qui se montreront seront rigoureusement pincées près du collet de la racine, pour les empêcher de s'élever et de fleurir, par la raison indiquée plus haut. Couper les feuilles des scorsonères, est très-nuisible à la grosseur des racines.

On ne commence à manger les racines de la scorsonère
qu'à la fin d'Octobre, et on continue jusqu'en Mars. Quand
les gelées ne sont pas à craindre, on les laisse en terre pour
ne les lever qu'à mesure du besoin ; mais dans le cas contraire on les arrache toutes, pour les rentrer dans une serre
à légumes, où on les dépose par lits alternatifs avec du sable.
Les planches qu'on veut garder pour l'hiver suivant sont recouvertes alors d'une couche de feuilles sèches ou de fougères, qu'on enlève dès que le temps est devenu doux. Passé
la seconde année, les racines de scorsonère deviennent ligneuses et se couvrent de chancres qui leur donnent de l'amer-
tume. Les bestiaux aiment beaucoup les racines et les feuilles
de cette plante. Elles augmentent le lait des vaches et des
brebis. Pour avoir de bonnes graines l'année suivante, il faut
laisser en place les plus beaux pieds, les couvrir, pendant
l'hiver, de feuilles sèches. On cueille cette graine tous les ma-
tins vers onze heures, au moment où elle se montre hors du calice qui la recouvroit, et on la dépose de suite dans des sacs de
papier, où elle se dessèche et se conserve bonne pendant
trois ou quatre ans. Celle des premières fleurs épineuses est
la meilleure ; celle des dernières doit être rejetée.

Scorsonère a fleurs purpurines : *Scorzonera purpurea*, Linn. ;
Jacq., *Aust.*, 1, tab. 35 ; Clus., *Hist.*, 2, pag. 159, fig. 1,
et *Pann.*, 639 ; Lamk., *Ill. gen.*, tab. 647, fig. 3. Cette plante
a des racines ovales, épaisses, charnues, oblongues, blanchâtres en dedans ; sa tige est droite, cylindrique, presque
simple ou médiocrement rameuse, feuillée, particulièrement
à sa partie inférieure, haute de huit à dix pouces, uniflore.
Les feuilles sont très-étroites, glabres, linéaires, vertes, entières, subulées, presque aussi longues que les tiges. Ses fleurs
sont solitaires, terminales, de couleur bleue ; les calices ovales,
oblongs, presque cylindriques ; leurs écailles imbriquées, les
intérieures beaucoup plus longues, acuminées ; la corolle au
moins une fois plus grande que le calice ; les étamines blanchâtres ; les semences alongées, surmontées d'une aigrette
plumeuse. Cette plante croît en Allemagne, en Autriche,
dans la Sibérie. Je l'ai également observée sur les côtes de
la Barbarie.

Scorsonère ondulée ; *Scorzonera undulata*, Desf., *Fl. Atl.*,

2 , page 219. Cette espéce a de grands rapports avec la précédente : elle en diffère par ses feuilles ondulées, souvent
tomenteuses, lancéolées, plus larges. Les racines sont charnues, presque fusiformes; les tiges droites, hautes d'un pied
et plus, simples ou divisées vers leur sommet en trois ou
quatre rameaux élancés, uniflores, plus ou moins tomenteux.
Les feuilles sont lancéolées, alongées, glabres ou un peu
velues, fortement ondulées à leurs bords, très-rétrécies et
subulées à leur sommet, vaginales et en gouttière à leur base,
à trois ou cinq nervures longitudinales. Les fleurs sont solitaires, terminales, d'un bleu violet; les écailles du calice
ovales, imbriquées; les extérieures médiocrement tomenteuses,
les anthères brunes, les semences alongées, couronnées par
une aigrette sessile, plumeuse, dont les poils sont inégaux,
entremêlés comme une toile d'araignée. J'ai recueilli cette
plante dans les terrains sablonneux, sur les côtes de Barbarie.
Je l'ai mentionné dans mon *Voyage en Barbarie* comme une
variété de la précédente. Les feuilles sont très-variables dans
leur forme.

Scorsonère corne-de-cerf : *Scorzonera coronopifolia*, Desf.,
Fl. Atl., 2, page 220, tab. 212; *Scorzonera brevicaulis*, Vahl,
Symb., 2, page 88, tab. 44. Cette plante a des racines fusiformes, de la grosseur du petit doigt, même du pouce. Sa
tige est droite, simple, striée, haute de huit à dix pouces,
nue, garnie seulement à sa base de quelques feuilles pubescentes, laciniées ou pinnatifides, élargies dans leur milieu,
aiguës, renversées, plus courtes que la tige; les pinnules linéaires, un peu écartées, quelques-unes laciniées; les pétioles canaliculés, striés, dilatés à la base. Les fleurs, terminales et solitaires, ont le calice ovale, oblong; ses écailles
souvent tomenteuses, membraneuses à leurs bords; les corolles jaunes, une fois plus longues que le calice; les anthères brunes; les semences rudes, alongées, cylindriques,
couronnées par une aigrette sessile, plumeuse. Cette plante
a été découverte par M. Desfontaines sur les montagnes, le
long des côtes de la Barbarie.

Scorsonère tubéreuse : *Scorzonera tuberosa*, Willd., *Spec.*,
Pallas, *Itin.*, 5, *App.*, tab. 7, fig. 3; Moris., *Hist.*, 5, §. 7,
tab. 6, fig. 16. Petite espéce, pourvue d'une très-grosse racine

tubéreuse, presque globuleuse, qui en produit plusieurs autres moins grosses. Sa tige est haute de deux ou quatre pouces, cylindrique, presque simple, quelquefois chargée de deux ou trois rameaux. Les feuilles sont alternes, linéaires, aiguës, relevées en carène, pubescentes en dessous. Les fleurs sont terminales, inclinées avant la floraison ; le calice est pubescent, muni extérieurement d'environ huit petites écailles très-courtes, lâches, réfléchies, sétacées au sommet ; les écailles intérieures presque en même nombre, aussi longues que la corolle, membraneuses à leurs bords ; les demi-fleurons jaunes, de couleur purpurine en dessous, tronqués et crénelés au sommet. Les semences sont striées, de la longueur du calice, surmontées d'une aigrette sessile. Cette plante croît dans les terrains limoneux desséchés, sur les bords du Volga et dans la Syrie. Les Turcs et les Calmouks mangent les racines de cette plante, qu'on dit être d'un excellent goût.

Scorsonère a feuilles étroites : *Scorzonera angustifolia*, Linn., *Sp.*; Clus., *Hist.*, 188 ; et *Pann.*, tab. 637 ; Moris., *Hist.*, 5, §. 7, tab. 9, fig. 10. Sa racine est épaisse, charnue, brune an dehors ; sa tige simple, grêle, quelquefois un peu rameuse et souvent velue à sa base, haute de sept à huit pouces et plus. Les feuilles sont nombreuses, presque toutes radicales, en touffe, linéaires, très-étroites, glabres ou un peu velues, aiguës, subulées. Les fleurs sont solitaires, terminales ; le pédoncule cotonneux, un peu renflé au sommet ; le calice médiocrement pubescent ; les écailles de la base un peu tomenteuses, plus petites ; les autres lancéolées, aiguës ; la corolle une fois plus grande que le calice, jaune en dedans, légèrement purpurine en dehors ; les semences oblongues, étroites, couronnées par une aigrette très-fine ; les poils entremêlés comme une toile d'araignée. Cette plante croît dans les pâturages, sur les collines, en France, en Espagne, aux environs de Montpellier. Je l'ai également observée dans les environs d'Avranches.

Scorsonère a feuilles de pin : *Scorzonera pinifolia*, Willd., *Spec.*, Barrel., *Icon. rar.*, tab. 496. Cette espèce a beaucoup de rapports avec les *scorzonera angustifolia* et *purpurea*. Elle diffère de la première par son port, par ses feuilles subulées ;

de la seconde, par la couleur de sa corolle. Sa racine est simple, fusiforme; sa tige droite, haute de cinq à six pouces, très-feuillée, couverte d'un duvet blanc et tomenteux. Les feuilles sont très-serrées, étroites, subulées, nerveuses, striées, tomenteuses à leur base, à peine larges d'une ligne sur trois ou quatre pouces de long. Le pédoncule est court, terminal, lanugineux, renflé au sommet, uniflore; le calice cylindrique, cotonneux, à écailles larges, imbriquées, acuminées, les intérieures plus grandes, presque longues d'un pouce; la corolle d'un jaune de soufre, assez semblable à celle de la scorsonère d'Espagne, mais un peu plus grande, d'une couleur violette ou purpurine en dessous; les demi-fleurons sont dilatés au sommet; les semences glabres, couronnées par une aigrette blanche. Cette plante croît en Espagne et dans les départemens méridionaux de la France.

Scorsonère basse : *Scorzonera humilis*, Linn., *Spec.*; *Scorzonera nervosa*, Lamk., Fl. fr.; Clus., 2, page 138, fig. 2; J. Bauh., 2, page 1061. Sa racine est épaisse, un peu pivotante; sa tige presque simple, tendre, peu feuillée, glabre, cylindrique, un peu cotonneuse; les feuilles sont presque toutes radicales, pétiolées, lancéolées, oblongues, aiguës, rétrécies à leurs deux extrémités, glabres, marquées de nervures longitudinales, assez semblables à celles du plantain; les feuilles caulinaires rares, étroites, linéaires, sessiles. Les fleurs sont solitaires, terminales; les écailles du calice glabres, ou un peu cotonneuses, lancéolées, aiguës; les corolles jaunes, plus grandes que les calices; les semences étroites, alongées, striées, surmontées d'une aigrette plumeuse. Cette plante croît en France, en Allemagne. Je l'ai recueillie dans les environs de Laon.

Scorsonère velue; *Scorzonera villosa*, Scop., *Carn.*, 2, n.° 952, tab. 46. Cette plante est pourvue d'une racine épaisse, charnue; elle produit une tige droite, striée, haute d'un pied, rameuse, couverte, ainsi que toutes les autres parties, d'un duvet tomenteux, garnie jusque sur les rameaux de feuilles alternes, sessiles, à demi embrassantes, étroites, linéaires, relevées en carène, courbées en faucille, nerveuses, très-entières. Les fleurs sont solitaires, terminales, les calices composés d'écailles imbriquées, légèrement tomenteuses, rougeâtres sur leur dos, jaunâtres à leurs bords ; les corolles jaunes, un peu rougeâtres en dehors à la circonférence, beaucoup plus longues que le calice, d'environ un pouce de diamètre ; les semences velues, surmontées d'une aigrette roussâtre, légèrement plumeuse. Cette plante croît dans la Carniole.

Scorsonère rude : *Scorzonera aspera*, Desf., Annal. du Mus. de Paris, 1, page 153, tab. 9. Ses racines sont pivotantes, de la grosseur du doigt ; ses tiges divisées, dès leur base, en quelques rameaux simples, effilés, pubescens, longs d'un pied et demi, munies vers leur base de quelques feuilles rudes, d'un blanc cendré, les inférieures en spatule, courantes sur un pétiole triangulaire, inégalement dentées, presque pinnatifides ; les supérieures sessiles, lancéolées, aiguës ; la partie supérieure des tiges couverte de petites écailles courtes, foliacées, aiguës. Les fleurs sont solitaires ; le calice ovale, alongé ; ses écailles lisses, oblongues, obtuses, blanches et membraneuses à leurs bords ; les demi-fleurons jaunes, tronqués ; le tube velu, filiforme ; les anthères brunes ; les semences velues, cannelées ; leur aigrette roussâtre, à poils roides et barbus ; le réceptacle plan, alvéolé. Cette plante, originaire du Levant, a été découverte par Olivier et Bruguière. (Poir.)

SCORSONÉRÉES. (*Bot.*) Voyez nos articles Lactucées et Semi-flosculeuses. (H. Cass.)

SCORTEA. (*Bot.*) Plukenet cite sous ce nom un raisinier. *coccoloba rubescens* de Linnæus. (J.)

SCORTIME, *Scortimus*. (*Conchyl.*) Genre de Coquilles microscopiques, établi par Denys de Montfort (Conch. systém., tom. 2, p. 251), d'après une ou deux figures de Soldani, et entre autres d'après celle de la table 55, vas. 187 *D*, qu'il a interprétée comme il a voulu. En effet, il veut qu'il y ait une veine carinée sur les deux flancs, avec une carène dorsale, armée en molette d'éperon ; une bouche alongée, recouverte par un diaphragme fendu dans sa longueur et terminé par un siphon figuré en sphincter ou bourse : choses qui tiennent les unes à la manière dont le dessinateur a rendu la coquille, comme la veine carinée, et d'autres, qui sont tout-à-fait fausses ou qu'il n'a pu voir, comme l'ouverture, et sa

cloison. Le fait est que cette coquille, de deux ou trois
lignes de diamètre, et qu'il nomme le SCORTIME NAVICULAIRE,
S. navicularis, est fossile, d'après Soldani, qui n'en dit presque rien; et suivant Denys de Montfort elle vient des Canaries, ce qui paroît assez douteux. Elle peut être rangée
parmi les cristacées de M. de Lamarck. (DE B.)

SCORTIO. (*Ichthyol.*) Un des noms italiens du KERTE. Voyez
ce mot. (H. C.)

SCORZONE. (*Ichthyol.*) A Rome on donne ce nom à la
roussette femelle. Voyez ROUSSETTE. (H. C.)

SCORZONERA. (*Bot.*) Ce nom latin de la scorsonère,
plante potagère, est aussi donné, par les habitans espagnols
de la province de Venezuela, en Amérique, au *craniolaria
annua*, dont ils emploient la racine pour faire une boisson
amère et rafraîchissante. (J.)

SCORZONEROIDES. (*Bot.*) Mœnch a fait sous ce nom un
genre du *leontodon autumnale*, qui est l'*apargia autumnalis* de
Willdenow. (J.)

SCORZONÉROÏDES de Vaillant. (*Bot.*) Ce genre comprenoit le *scorzonera laciniata* de Linn., et les autres espèces caractérisées par leurs feuilles découpées et laciniées. (LEM.)

SCOTANUM. (*Bot.*) Suivant Césalpin on nomme ainsi vulgairement, dans la Toscane, le fustet, *rhus cotinus*. Adanson,
dans la table de ses familles, établit le même rapport; mais
dans le texte de l'ouvrage, séparant du *ranunculus* la plante
que nous avons nommée *ficaria* d'après Dillenius, il la distingue sous le nom de *scotanum*, probablement par inadvertance. (J).

SCOTER. (*Ornith.*) C'est le nom du macareux, *alca arc-
tica*, Linn., et *labradorica*, Gmel. (CH. D.)

SCOTH-GOOSE. (*Ornith.*) Nom anglois de la bernache,
anas erythropus, Gmel., et *anser leucopsis*, Bechst. (CH. D.)

SCOTIA. (*Bot.*) Voyez SCHOTIA. (POIR.)

SCOTIAS. (*Entom.*) Ce nom, tout-à-fait grec, Σκοτίαις,
et qui signifie *vivant dans l'obscurité*, a été donné à une espèce
de pline, petit coléoptère dont Schrank a formé un genre,
sans se rappeler que déjà Scopoli l'avoit établi sous le nom
de GIBBIE. Voyez ce mot. (C. D.)

SCOTTIA. (*Bot.*) Genre de plantes dicotylédones, à fleurs

complètes, polypétalées, irrégulières, de la famille des *légumineuses*, de la *diadelphie décandrie* de Linnæus, offrant pour caractère essentiel : Un calice à cinq dents un peu inégales, entouré de bractées imbriquées; une corolle papilionacée; l'étendard plié, plus court que les ailes; celles-ci sont de la longueur de la carène ; dix étamines diadelphes ; un ovaire supérieur; un style. Le fruit est une gousse pédicellée, comprimée, épaisse à ses bords, renfermant trois ou quatre semences. Ce genre est mentionné dans la nouvelle édition du *Hort. Kew.*, 4. page 268. On n'en cite qu'une seule espèce, sous le nom de *scottia dentata*; mais sans aucune autre description. (Poir.)

SCOURATOUN. (*Ornith.*) Voyez Couratoun. (Ch. D.)

SCOURJON. (*Bot.*) C'est le même que l'escourgeon, espèce d'orge. (J.)

SCOUT. (*Ornith.*) Le pingouin, *alca*, Linn., est ainsi appelé en Écosse. (Ch. D.)

SCRABER. (*Ornith.*) L'oiseau ainsi nommé à Saint-Kilda, est rapporté au petit guillemot, vulgairement colombe de Groënland, *alca alle*, Linn., et *uria alle*, Temm. (Ch. D.)

SCRAPTIE, *Scraptia*. (*Entom.*) M. Latreille décrit sous ce nom un genre de coléoptères hétéromérés, de la famille des sylvicoles ou ornéphiles. Il n'en a fait connoître qu'une espèce, voisine des serropalpes ou des mélandryes: il la nomme scraptie brune, *scraptia fusca* ; c'est le *serropalpus fusculus* d'Illiger. C'est un petit insecte d'un brun-noirâtre velu, avec les élytres lisses et les pattes plus claires. On le trouve aux environs de Paris. Ses métamorphoses ne sont pas connues. (C. D.)

SCREECH-OWL. (*Ornith.*) Browne désigne par cette dénomination l'engoulevent à lunettes ou haleur, *caprimulgus americanus*, Linn. (Ch. D.)

SCRIBÆA. (*Bot.*) C'est le même genre que le Lychnanthus. Voyez ce mot. (Poir.)

SCRICCIOLO. (*Ornith.*) L'oiseau que les Toscans nomment ainsi est le troglodyte, *motacilla troglodytes*, Linn. (Ch. D.)

SCROBICULAIRE, *Scrobicularia*. (*Conchyl.*) M. Schumacher, dans son Nouveau système de conchyliologie, forme sous cette dénomination un genre avec le *mya arenaria* de

Gmelin. la même chose que sa *mactra Listeri*, dont M. de Lamarck a fait sa *lutraria compressa*, type du genre *Arenaria* de
Megerle, et enfin de celui que le docteur Leach a nommé
Ligula. C'est une coquille toute blanche qui vit dans le sable
ou la vase de l'embouchure de nos rivières, non-seulement
sur les côtes de la Manche, mais très-probablement sur celles
de l'Océan et de la Méditerranée; car la *M. piperata* de Linnæus. *lutraria piperata* de M. de Lamarck, est la même espèce. (De B.)

SCROBICULÉ. (*Bot.*) Creusé de fossettes irrégulières; exemples: graines de l'*arum italicum*, clinanthe (support des fleurs)
du *tussilago farfara*, noyau de la pêche, etc. (Mass.)

SCROFANELLO. (*Ichthyol.*) Nom italien de la Scorpène.
Voyez ce mot. (H. C.)

SCROFANO. (*Ichthyol.*) Nom italien de la *truie de mer*.
Voyez Scorpène. (H. C.)

SCROPHULAIRE; *Scrophularia*, Linn. (*Bot.*) Genre de
plantes dicotylédones monopétales, de la famille des *scrophu-
lariées*, Juss.. et de la *didynamie angiospermie*, Linn., dont
les principaux caractères sont les suivans : Calice monophylle, à cinq divisions arrondies; une corolle monopétale,
irrégulière, à tube renflé, presque globuleux, et à limbe
partagé en cinq découpures. formant presque deux lèvres,
la supérieure à deux lobes arrondis, et l'inférieure à trois
divisions, dont la moyenne réfléchie; quatre étamines à filamens didynames, terminés par des anthères à une seule
loge, s'ouvrant transversalement par le sommet; un ovaire
ovale, surmonté d'un style à stigmate simple; une capsule
arrondie, acuminée, à deux valves, à deux loges, dont la
cloison est formée par les bords rentrans des valves, et qui
contiennent des graines nombreuses.

Les scrophulaires sont des plantes herbacées ou plus rarement des arbrisseaux, dont les feuilles sont le plus souvent
opposées et dont les fleurs, portées sur des pédoncules rameux, sont disposées en petits bouquets axillaires ou en
grappes alongées et terminales. On en connoit une cinquan-
taine d'espèces, dont la plus grande partie appartient à l'ancien continent, et dont douze croissent naturellement en
France.

* *Feuilles simples.*

Scrophulaire du printemps; *Scrophularia vernalis*, Linn., *Sp.*, 864. Ses tiges sont droites, quadrangulaires, hautes de deux pieds ou environ, plus ou moins velues ou pubescentes, ainsi que les feuilles. Celles-ci sont cordiformes, pétiolées, opposées ou quelquefois ternées, doublement dentées en leurs bords. Ses fleurs sont jaunes, disposées, dans les aisselles des feuilles supérieures, en petites grappes corymbiformes; leur corolle est ovoïde, très-resserrée à son ouverture. Cette plante est bisannuelle : on la trouve dans les bois et les lieux ombragés des montagnes en France, en Suisse, en Allemagne, en Italie, etc.

Scrophulaire noueuse, vulgairement Scrophulaire des bois, Grande scrophulaire; *Scrophularia nodosa*, Linn., *Spec.*, 865. Sa racine est horizontale, noueuse, vivace; elle produit une tige quadrangulaire, d'un rouge brun, droite, ordinairement simple, haute de deux à quatre pieds, garnie de feuilles ovales-lancéolées, à peine échancrées en cœur à leur base, pétiolées, opposées, glabres, d'un vert sombre, bordées de dents inégales et aiguës. Ses fleurs sont d'un pourpre noirâtre, portées sur des pédoncules rameux, opposés, et disposées en une grappe droite, paniculée et terminale. Cette espèce croît dans les bois des montagnes et dans les lieux ombragés en France et dans d'autres contrées de l'Europe.

La scrophulaire des bois a une odeur fétide, nauséabonde, et sa saveur est amère. Elle passoit autrefois pour résolutive, tonique, sudorifique, vermifuge, et ses racines ainsi que ses feuilles s'employoient, surtout à l'extérieur, contre les tumeurs scrophuleuses, les hémorrhoïdes, la gale, les dartres. Mais cette plante et les différentes préparations qu'on en faisoit dans les pharmacies sont aujourd'hui tombées en désuétude.

Scrophulaire aquatique, vulgairement Bétoine d'eau, Herbe du siége; *Scrophularia aquatica*, Linn., *Spec.*, 864. Cette espèce diffère de la précédente par sa racine fibreuse, par ses feuilles plus alongées, bordées de crénelures arrondies et non pas de dents aiguës. Elle croît dans les fossés aquatiques et sur les bords des ruisseaux en France et dans d'autres pays de l'Europe.

C'est à de prétendues vertus vulnéraires et à l'utilité dont
elle fut, dit-on, pour guérir toutes sortes de blessures,
pendant le long siége que La Rochelle soutint sous Louis
XIII, que cette plante doit un de ses noms vulgaires. Boul-
duc lui suppose la propriété de corriger, lorsqu'elle est mêlée
au séné, la saveur désagréable des infusions ou des décoctions
de cette dernière drogue; mais il ne paroît pas probable
qu'avec l'odeur nauséeuse qui lui est propre à elle-même,
elle puisse avoir une telle influence sur le séné.

*** *Feuilles munies d'appendices à leur base, ou
ternées, ou laciniées.*

SCROPHULAIRE TRIFOLIÉE ; *Scrophularia trifoliata*, Linn., *Spec.*,
865. Sa racine est vivace; elle produit une tige simple ou
peu rameuse, quadrangulaire, glabre, haute d'un pied et
demi à deux pieds, garnie de feuilles ovales, pétiolées, échancrées en cœur à leur base, glabres et luisantes des deux côtés,
inégalement et doublement dentées; les inférieures sont souvent munies à leur base d'oreillettes, qui les font paroître
trifoliées. Les fleurs sont d'un pourpre obscur, disposées en
petites grappes latérales, alternes, dont l'ensemble forme
une longue grappe terminale. Cette espèce croît sur les bords
des champs, dans le voisinage de la mer, en Corse et sur les
côtes de Barbarie.

SCROPHULAIRE TRÈS-RAMEUSE ; *Scrophularia ramosissima*, Lois.,
Fl. Gall., 581. Sa tige est un peu ligneuse à sa base, presque
cylindrique ou peu anguleuse, divisée en rameaux nombreux
étalés, les inférieurs opposés, les supérieurs alternes. Ses
feuilles sont oblongues, très-glabres, dentées profondément,
quelquefois même pinnatifides. Ses fleurs sont petites, d'un
pourpre foncé, avec les découpures latérales blanches, solitaires ou deux à deux sur les pédoncules, et disposées dans
leur ensemble en grappes paniculées et terminales. Cette
espèce a été trouvée dans l'île de Corse et en Provence, par
M. G. Robert.

**** *Feuilles ailées.*

SCROPHULAIRE MELLIFÈRE ; *Scrophularia mellifera*, Desf., *Fl.
Atl.*, 2. page 55, t. 143. Sa racine est vivace : elle produit

une ou plusieurs tiges glabres, ainsi que toute la plante, à quatre angles saillans, rameuses, hautes de quatre à six pieds, garnies de feuilles opposées, pétiolées, composées, les inférieures de neuf à sept folioles, et les supérieures de cinq à trois seulement. Ces folioles sont ovales ou ovales-oblongues, inégalement dentées, quelquefois incisées, d'un vert foncé. Ses fleurs sont verdâtres intérieurement, d'un pourpre foncé à l'extérieur, disposées en petits bouquets axillaires, corymbiformes, formant dans leur ensemble une longue grappe paniculée. Cette espèce croît dans les lieux humides en Barbarie et en Corse.

Scrophulaire canine ; *Scrophularia canina*, Linn., *Spec.*, 865. Sa racine est vivace ; elle produit une tige droite, rameuse, haute de quinze à dix-huit pouces, garnie de feuilles ailées, à folioles incisées ou pinnatifides, glabres, ainsi que toute la plante. Les fleurs sont d'un pourpre noirâtre, portées, dans la partie supérieure des tiges, sur des pédoncules bifurqués, rameux, et formant dans leur ensemble une longue grappe terminale. Les bractées qui sont à la base de chaque fleur, sont linéaires, et les divisions du calice sont membraneuses et blanchâtres en leurs bords. Cette plante croît dans les terrains secs et pierreux en France et dans le Midi de l'Europe.

Scrophulaire luisante ; *Scrophularia lucida*, Linn., *Spec.*, 865. Cette espèce ressemble beaucoup à la précédente ; elle en diffère par ses feuilles un peu charnues, luisantes, souvent deux fois ailées, et à découpures plus larges ; par ses fleurs d'un rouge plus pâle, ayant l'orifice du tube de leur corolle muni d'une petite lame orbiculaire, et, enfin, parce que les bractées sont oblongues et non linéaires. Cette scrophulaire croît dans le Midi de l'Europe, dans le Levant et en Barbarie. (L. **D.**)

SCROPHULAIRE [Petite]. (*Bot.*) C'est la ficaire. (L. **D.**)

SCROPHULARINÉES. (*Bot.*) Cette famille de plantes, nommée d'abord scrophulaires et ensuite Personées (voyez ce mot), à cause du limbe irrégulier de la corolle conformé dans quelques genres en masque, *persona*, a été rétablie par M. R. Brown sous celui de scrophularinées, qu'elle conservera probablement. Elle le tire d'un de ses principaux

genres, et sa place est marquée dans la classe des hypocorollées ou dicotylédones à corolle monopétale insérée sous
l'ovaire. Son caractère général est formé de la réunion des
suivans :

Calice d'une seule pièce, ordinairement persistant, divisé
en plusieurs lobes. Corolle hypogyne monopétale, irrégulière, divisée à son limbe en lobes inégaux. Étamines insérées au tube de la corolle, tantôt au nombre de quatre didynames, c'est-à-dire dont deux sont plus courtes, tantôt
seulement au nombre de deux, quelquefois par suite d'avor-
tement. Ovaire simple, libre, non adhérent au calice, à deux
loges contenant plusieurs ovules; style unique; stigmate simple ou bilobé. Fruit capsulaire (rarement un peu charnu),
s'ouvrant de haut en bas, entièrement ou à moitié, en deux
valves, divisé intérieurement en deux loges séparées tantôt
par les bords rentrans des valves, qui s'appliquent contre un
réceptacle ou placentaire central qui ne leur adhère que
par ce point et s'en détache plus tard, tantôt par une cloison distincte, parallèle aux valves, s'appliquant sur leurs
bords non rentrans, s'en détachant à l'époque de la maturité et portant un placentaire sessile ou plus rarement relevé
sur le milieu de chacune de ses faces. Quelquefois ces valves,
d'abord séparées l'une de l'autre, se subdivisent ensuite en
deux et présentent, dans la maturité plus avancée, la forme
d'une capsule à quatre valves. Graines plus ou moins nombreuses, portées sur les placentaires. Embryon petit, presque
cylindrique, occupant le centre d'un périsperme charnu et
ordinairement très-mince, à radicule droite, plus longue et
plus grosse que les lobes, dirigée vers l'ombilic de la graine.
Tiges herbacées ou rarement s'élevant en arbrisseaux. Feuilles
opposées ou alternes. Fleurs accompagnées de bractées, présentant rarement le rudiment d'une cinquième étamine avortée. Inflorescence non uniforme.

M. R. Brown a réuni à cette famille les Rhinanthées (voyez
ce mot), qui ont de même une corolle hypogyne, monopétale et irrégulière, des étamines au nombre de deux ou
de quatre, didynames; un fruit capsulaire à deux loges et un
périsperme charnu contenant l'embryon; mais leur embryon,
plus court, n'occupe que la partie supérieure de l'axe du

périsperme, et la cloison qui sépare les loges est, non parallèle, mais opposée aux valves, adhérente dans leur milieu, se partageant, à l'époque de la maturité avancée, en deux parties restant adhérentes aux valves, sur lesquelles elles forment une demi-cloison, portant les graines sur son point de suture. Cette différence nous paroît suffisante pour maintenir la distinction ancienne, adoptée aussi par M. Kunth, entre les deux familles, qui devront cependant être rapprochées, et qui pourroient tout au plus être regardées comme deux sections tranchées : nous avions placé ailleurs les rhinanthées, à cause de leur affinité avec les orobanches, les acanacées et les jasminées capsulaires. Ce changement exigera une nouvelle distribution des familles de la classe des hypocorollées, plus conforme à ces diverses affinités.

Les scrophularinées, ayant le caractère de famille indiqué ci-dessus, peuvent se partager en deux sections principales, d'après le nombre des étamines.

Dans la première, plus nombreuse, distinguée par quatre étamines didynames, on place les *Nuxia* de Commerson ; *Buddleia*, *Gomara* de la Flore du Pérou ; *Russelia* de Jacquin ; *Scoparia* ; *Leucophyllum* de M. Kunth ; *Capraria* ; *Borkhausenia* de Roth, très-voisin du précédent ; *Xuaresia* de la Flore du Pérou ; *Stemodia*, *Conobea* d'Aublet ; *Mecardonia* de la Flore du Pérou ; *Virgularia* de la même ; *Halleria* ; *Diceros* de Loureiro ; *Scrophularia* ; *Dodartia*, auquel sont réunis le *Nigrina* de Linnæus et peut-être le *Seymeria pectinata* de M. Pursh ; *Gerardia* ; *Cymbaria* ; *Sopulina* de M. Don ; *Chirita* du même ; *Maurandia* d'Ortega, avec lequel se confondent l'*Usteria* de Cavanilles et le *Reichardia* de Roth ; *Mitrasacme* de M. de Labillardière ou *Mitrogyne* de M. Brown ; *Anarrhinum* de M. Desfontaines ; *Simbuleta* de Forskal ; *Linaria* de Tournefort, détaché du suivant ; *Antirrhinum* ; *Collinsia* de M. Nuttal ; *Nemesia* de Ventenat ; *Digitalis* ; *Pentstemon* de Mitchell et Willdenow ; *Hemimeris* ; *Angelonia* de MM. de Humboldt et Bonpland ; *Adenosma* de M. R. Brown ; *Limnophila* du même ; *Herpestis* de Gærtner (*Gratiola monniera* de Linnæus), dont le *Morgania* de M. Brown est presque congénère ; *Torenia*, auquel le *Nortenia* de M. du Petit-Thouars doit rester uni ; *Vandellia*, dont le *Matourea* d'Aublet est congénère, selon Vahl ; *Lin-*

ternia; Limosella; Haleranthia de MM. Nées et Martius; *Bro-wallia; Schwenckia* et son congénère *Chætochilus* de Vahl. Plusieurs de ces derniers genres avoient été laissés par nous à la suite de la famille, comme différant en quelques points, ou non suffisamment connus; et c'est d'après l'autorité de MM. Brown et Kunth qu'ils ont été insérés dans cette section.

La seconde, distinguée par le nombre d'étamines réduit à deux, renferme les genres *Pæderota; Curanga* établi par nous et adopté par Vahl; *Calceolaria; Bæa* de Commerson; *Schizanthus* et *Jovellana* de la Flore du Pérou; auxquels on ne peut se dispenser de joindre le *Columellia* de la même Flore, dont le nom, déjà employé ailleurs, a été changé par nous en celui d'*Uluxia*, qui a tous les caractères de la section, et diffère seulement par l'adhérence du bas de l'ovaire avec le tube du calice. Dans cette section très-naturelle on observe que la capsule, d'abord partagée en deux valves, se subdivise ensuite souvent en quatre et laisse dans son milieu la cloison séminifère libre.

On cite encore à la fin de la famille, comme ayant avec elle quelques rapports et surtout les étamines ordinairement didynames avec une capsule biloculaire, mais qui ont besoin d'être examinées de nouveau; les genres *Rottlera* de Vahl, dont il faudra changer le nom employé ailleurs; *Diplanthera* de M. Brown qui n'en décrit pas les fruits; *Schwalbea* de Linnæus, dont l'intérieur de la capsule n'est pas connu; *Cybanthera* de MM. Hamilton et Don, dont la situation de la cloison relativement aux valves n'est pas suffisamment indiquée; *Gratiola* de Linnæus, composé de plusieurs espèces peut-être non congénères, dont la cloison présente des directions différentes relativement aux valves, surtout le *Gratiola officinalis*, peut-être plus voisin des rhinanthées. (J.)

SCROSENO. (*Ichthyol.*) Nom italien du PANTOUFLIER. Voyez ce mot. (H. C.)

SCUDDÆID. (*Bot.*) Voyez NUGGD. (J.)

SCULFISH. (*Mamm.*) Les pécheurs, dans les mers du Nord, donnent ce nom aux jeunes baleines, quand elles ont atteint deux années d'âge. (DESM.)

SCURAPOLA. (*Ornith.*) C'est, en grec moderne, le crave, *corvus graculus.* Linn., ou *fregilus*, Cuv. (CH. D.)

SCURRULA. (*Bot.*) Ce genre de plantes, établi par P. Browne, d'abord adopté par Linnæus, a été ensuite réuni par lui au *loranthus*, type de la famille des loranthées. (J.)

SCUTALE. (*Erpét.*) Voyez SCYTALE. (H. C.)

SCUTELLÆ ORBICULARES. (*Foss.*) On a quelquefois nommé ainsi les mamelons des cidarites. (D. F.)

SCUTELLAIRE ou SCUTELLÈRE, *Scutellera*. (*Entom.*) Genre d'insectes hémiptères de la famille des frontirostres, ou rhinostomes, c'est-à-dire voisin des punaises, avec lesquelles la plupart des espèces avoient été rangées, à cause de leurs élytres demi-coriaces, de leur bec paroissant naître du front, de leurs longues antennes non en soie, et de leurs tarses propres à marcher.

M. de Lamarck a employé, le premier, ce nom tiré du latin *Scutellum*, un bouclier, un écusson, qui indique en effet le caractère essentiel de ce genre, dont l'écusson, énormément développé, couvre les élytres, les ailes membraneuses, et protège la partie supérieure de l'abdomen. Les antennes, en fil, sont d'ailleurs, comme dans les pentatomes, composées de cinq articles.

Nous avons fait graver la figure d'une espèce de ce genre dans l'atlas de ce Dictionnaire, pl. 37, n.° 2.

Comme la plupart des genres de cette famille, les espèces de scutellères se trouvent uniquement sur les plantes, dont elles sucent exclusivement la séve. La plupart sont ornées des couleurs les plus vives, quelquefois même des plus brillantes, comme des reflets métalliques d'or, d'argent et d'acier bronzé.

On trouve des espèces dans tous les pays du monde.

Fabricius n'a point adopté le genre Scutellaire, au moins pour le nom; il a cependant réuni les mêmes espèces sous la dénomination de *Tetyra*.

Les espèces de France les plus connues sont les suivantes : d'abord celle que nous avons fait figurer, qui est

1. La SCUTELLÈRE SIAMOISE, *Scutellera nigrolineata*.

C'est la punaise siamoise de Geoffroy, t. 1, pag. 468, n.° 68.

Car. Rouge ; à corselet marqué de cinq lignes noires en long et trois sur l'écusson; l'abdomen rouge est tacheté en dessous de points noirs.

On la trouve dans les potagers.

2. La Scutellère semi-ponctuée, *Scutell. semi-punctata.*

Car. Rouge ; dix points noirs ou taches sur le corselet ; quatre lignes noires sur l'écusson.

On la trouve sur les choux, dans le Midi de la France ; on la rencontre aussi sur le raifort , où elle vit en société.

3. La Scutellère hottentote. *Scutell. hottentota.*

C'est la punaise *porte-chappe brune* de Geoffroy.

Car. D'un brun plus ou moins foncé ; pattes jaunâtres.

On la trouve communément sur les seigles , mais elle vit isolément.

4. La Scutellère scarabéoïde , *Scutell. scarabœoides.*

C'est la punaise *cuirasse* de Geoffroy , tom. 1 , n.° 2 , p. 455.

Car. Noir-bronzé, hémisphérique , et même plus large que longue.

On la trouve sur la vesce , *vicia multiflora.*

Parmi les espèces étrangères les plus brillantes nous citerons :

5. La Scutellère noble , *Scutell. nobilis.*

Car. Oblongue ; d'un beau bleu métallique à reflets dorés et à taches noires.

Elle vient d'Asie et des Indes orientales.

6. La Scutellère royale , *Scutell. regalis.*

Car. Dorée , avec deux taches bleues brillantes sur le corselet et sur l'écusson.

Elle est de la Nouvelle-Hollande. (C. D.)

SCUTELLARIA. (*Bot.*) La toque, nommée *cassida* par Columna et ensuite par Tournefort, et *scutellaria* par Cortusius , a été conservée sous ce dernier nom latin par Linnæus. Voyez Toque. (J.)

SCUTELLARIA. (*Bot.*) Baumgarten a formé sous ce nom un genre dans la famille des lichens , qui se trouve être le même que le *Lecanora* d'Acharius ; avant lui Hoffmann avoit établi également un *scutellaria* dans la même famille, caractérisé par les conceptacles en forme d'écusson ; mais il n'a pas été admis, et les espèces ont été dispersées par les auteurs modernes dans les genres *Stereocaulon* , *Urceolaria* , *Verrucaria* , *Patellaria* , etc. (Lem.)

SCUTELLATI. (*Foss.*) Luid a donné ce nom aux dents de poissons fossiles orbiculaires et ovales. (D. F.)

SCUTELLE. (*Bot.*) Dans les lichens, le corps qui contient les organes reproducteurs offre assez fréquemment la forme d'un disque, lequel tantôt adhère immédiatement à la thalle (fronde de la plante), et tantôt en est éloigné au moyen d'un support particulier. Lorsque, adhérant à la thalle, ce disque n'est pas bordé d'un bourrelet, on le désigne par le nom de céphalode ; lorsqu'il a un bourrelet qui résulte d'un renflement de sa propre substance, on le nomme patellule ; lorsqu'il a un rebord formé par la substance même de la fronde, c'est une scutelle. Cette espèce de conceptacle paroît dans l'origine comme un simple pore à la surface de la thalle ; il s'élargit peu à peu en forme de petit disque corné. (MASS.)

SCUTELLE, *Scutella.* (*Actinoz.*) Dénomination substituée par M. de Lamarck à celle d'*echinodiscus*, donnée par Leske, dans son édition des Oursins de Klein, à un genre d'Échinides, que l'on peut caractériser ainsi : Corps irrégulièrement circulaire, plus large du côté de l'anus ou en arrière, à peu près plan en dessous, légèrement convexe en dessus, et par conséquent très-aplati ; à bord mince, presque tranchant, souvent digité ou perforé ; composé de grandes plaques polygones ; épines très-fines, extrêmement serrées, surtout en dessus, et éparses ; ambulacres bornés, très-courts, formés de chaque côté d'un double rang de pores, réunis entre eux par un sillon transversal, de manière à imiter assez bien une fleur à cinq pétales subégaux ; bouche inférieurement centrale, ronde, armée de cinq dents et vers laquelle convergent cinq sillons plus ou moins ramifiés, quelquefois bifurqués dès la base, ce qui en fait paroître dix ; anus également inférieur, quelquefois dans le bord ; pores génitaux au nombre de quatre ou de cinq.

Ce genre d'Echinides est extrêmement rapproché de celui que M. de Lamarck a nommé Clypéastre : il n'en diffère un peu essentiellement que parce que le corps est beaucoup plus déprimé, que la face inférieure est presque plane, qu'elle est labourée par des espèces de sillons vasculaires ; et enfin, que le disque est très-souvent ou digité, ou perforé vers les bords, mais sans que les trous les atteignent.

L'organisation de ces singuliers animaux ne m'est pas connue, et je ne connois même aucun auteur qui en ait parlé.

D'après la structure de leur tét, qui est presque plein dans
tout ce qui dépasse les ambulacres, il est probable que la
masse viscérale est extrêmement petite.

Il me paroît que toutes les espèces connues jusqu'ici viennent des mers des pays chauds, et surtout de celles de l'Inde.
Je les répartirai en cinq sections, dont la dernière pourra
très-bien former un genre distinct.

A. *Espèces dont le disque seul est perforé.*

La Scutelle a six trous : *Scutella sexforis*, de Lamk., Anim.
sans vert., tom. 3. pag. 9, n.° 4 ; *Echinus hexaporus*, Linn.,
Gmel., p. 3189, n.° 66 ; *Echinodiscus sexies perforatus*, Leske,
Klein. p. 199, tab. 50, fig. 3 et 4, copiée dans l'Enc. méth.,
pl. 149, fig. 1 et 2. Tét suborbiculaire, tronqué en arrière,
percé de six trous oblongs, dont cinq à l'extrémité des cinq
ambulacres, et le sixième, plus interne, dans la ligne médiane
du bord postérieur. Anus très-rapproché de la bouche.

De l'océan Indien et Américain.

La S. a cinq trous : *S. quinquefora*, de Lamk., *loc. cit.*,
n.° 5 ; *Echinus pentaphorus*, Linn., Gmel., p. 3189, n.° 65,
Echinodiscus quinquiesperforatus, Leske, Klein, p. 197, tab.
21. fig. C, D, copiée dans l'Enc. méth., pl. 149, fig. 3 et 4.
Tét orbiculaire, subréniforme ou tronqué, et un peu échancré en arrière, percé de cinq trous seulement, l'antérieur
n'existant pas.

On ne connoit pas la patrie de cette espèce, que M. de
Lamarck pense n'être probablement qu'une variété de la précédente. Elle a cependant une autre forme et est un peu
plus petite.

La S. a deux trous : *S. bifora*, de Lamk., *loc. cit.*, n.° 7 ;
Echinus biforis. Linn., Gmel., p. 3188, n.° 64 ; Leske, Klein.
Echinodiscus biperforatus, p. 196, tab. 21, fig. A et B ; Enc.
méth., pl. 147. fig. 7 et 8. Tét un peu irrégulier, paroissant
le plus souvent subtrigone ; deux ouvertures oblongues postérieures : l'anus très-éloigné de la bouche.

Cette espèce, qui paroît varier beaucoup, quant à la forme
de son bord, ainsi qu'à celle des deux trous postérieurs qui
sont quelquefois ovales et très-courts, offre aussi, comme la

précédente, son ambulacre antérieur plus grand que les autres. On ignore sa patrie.

B. *Espèces dont le disque est troué et le bord échancré.*

La Scutelle a quatre trous : *S. quadrifora*, de Lamk., *l. c.*,
n.º 6; *Echinus tetraporus*, Linn., Gmel., p. 3190, n.º 70; *Echinodiscus quatuorperforatus*, Leske, Klein, p. 204; Séba, *Mus.*,
3, tab. 15, fig. 5 et 6; Enc. méth., pl. 148, fig. 1 et 2. Têt
suborbiculaire, un peu plus large en arrière, percé de quatre
trous seulement, les trois antérieurs et l'anal, et de deux
échancrures en place des trous postérieurs de la scutelle à
six trous.

Cette espèce, dont on ignore la patrie, pourroit bien n'être
qu'une variété de la scutelle à six trous; en effet, c'est la
même position de l'anus.

La S. émarginée : *S. emarginata*, de Lamk., *loc. cit.*, n.º 5;
Linn., Gmel., p. 3189, n.º 67; *Echinodiscus emarginatus*, Leske,
Klein, p. 202, tab. 50, fig. 5 et 6; Enc. méth., pl. 150, fig. 1
et 2. Têt de la même forme que dans l'espèce précédente,
c'est-à-dire suborbiculaire et tronqué en arrière, avec le seul
trou anal complet, les cinq autres atteignant et échancrant
le bord.

Cette espèce, qui vient de l'océan Austral et plus particulièrement de l'île Bourbon, est pour ainsi dire le passage de
l'espèce précédente à la *S. hexapora*.

C. *Espèces dont le disque est plein et dont le bord seul est échancré.*

La S. double-entaille : *S. bifissa*, de Lamk., *loc. cit.*, n.º 8;
Echinus auritus et *inauritus*, Linn., Gmel., p. 3189 et 3190,
n.ºs 68 et 69; *Echinodiscus auritus*, Leske, Klein, p. 202; Enc.
méth., pl. 151, fig. 5 et 6, et pl. 152, fig. 1 et 2, d'après
Séba, *Mus.*, 3, tab. 15, fig. 3, 4, 5 et 6. Têt suborbiculaire,
très-élargi et comme tronqué en arrière; aucun trou complet; mais deux entaillures profondes au lieu des postérieurs
et formant entre elles deux une sorte de lobe, quelquefois

un peu auriculé de chaque côté. L'anus au milieu de l'espace compris entre la bouche et le bord.

De l'océan des grandes Indes.

D. *Espèces dont le têt est plein dans son disque et dans ses bords.*

La Scutelle entière; *S. integra*, Enc. méth., pl. 146, fig. 4 et 5. Têt très-déprimé, orbiculaire, tronqué en arrière, avec des traces seulement des deux entaillures postérieures : l'anus tout près du bord.

Cette espèce, que je crois fort distincte, ne m'est connue que par la figure citée de l'Encyclopédie. J'ignore même d'où elle a été copiée, et il me semble que M. de Lamarck l'a passée sous silence, à moins que ce ne soit la suivante, ce qui est douteux.

La S. large-plaque; *S. latissima*, de Lamk., *loc. cit.*, n.° 16. Têt déprimé, elliptique, subpentagonal, tronqué en arrière, de très-grande taille; ambulacres oblongs-ovales; anus voisin du bord.

On ignore la patrie de cette espèce, qui est véritablement énorme. Elle existe maintenant dans le cabinet du prince d'Esling, et ressemble à une grande assiette.

E. *Espèces dont le disque arrondi, subpentagonal, un peu convexe en dessus, concave en dessous, est entier et présente ses ambulacres partagés en deux par la séparation complète des deux branches à leur extrémité.* (Les Placentules : Genres Arach-noïdes, Klein; Echinarachnius, Leske; Echino-discus, Breyer.)

La S. arachnoïde : *S. placenta*, de Lamk., *loc. cit.*, n.° 12; *Echinus placenta*, Linn., Gmel., p. 3195, n.° 76; Klein, Leske, p. 218, tab. 20. fig. *A B*, copiée dans l'Enc. méth., pl. 145, fig. 11 et 12. Têt déprimé, subconique en dessus, subéchancré en avant et en arrière dans sa circonférence, un peu concave en dessous, avec cinq sillons profonds partant de la bouche et allant à la circonférence; anus tout-à-fait marginal; épines très-fines, très-serrées et semblables à du velours.

De l'océan Austral, d'après Péron et Lesueur.

La Scutelle rondache; *S. parma*, Lamk., n.° 13. Têt orbiculaire, assez convexe en dessus, à bords un peu épais, échancré en arrière; ambulacres disjoints, mais moins que dans l'espèce précédente, généralement plus courts, et surtout plus larges et plus rapprochés à l'extrémité; sillons rameux en dessous; anus marginal; épines comme dans la Scutelle arachnoïde.

Cette espèce, qui vient de l'océan des Indes, comme la précédente, n'en diffère qu'assez peu; cependant elle en est véritablement distincte par la forme de ses ambulacres.

La S. de Rumph; *S. Rumphii*, Rumph., *Mus.*, tab. 14, fig. G. Têt orbiculaire, comme dans la Scutelle rondache, mais dont les ambulacres sont encore plus larges, avec chaque branche plus arquée, quoique non réunie à l'extrémité; orifices de la génération formés de quatre grands pores, figurant un trapèze, et en interceptant quatre beaucoup plus petits.

J'ai vu de cette espèce deux individus dans la collection du prince d'Esling; en les comparant avec ceux-mêmes sur lesquels M. de Lamarck a établi les deux espèces précédentes, il m'a été facile de m'assurer des différences.

F. *Espèces dont le têt déprimé, orbiculaire, composé d'un grand nombre de plaques disposées en rayons, est régulièrement denté en arrière.* (Les Demi-Soleils.)

La S. dentée : *S. dentata*, de Lamk., n.° 1; *Echin. orbiculus*, Linn., Gmel., p. 3192, n.° 17; *Echinodiscus dentatus*, Klein, Leske, p. 212, tab. 22, fig. E, F, cop. dans l'Enc. méth., pl. 151, fig. 1 et 2. Têt orbiculaire, déprimé, garni de neuf digitations anguleuses en arrière; ambulacres grands et assez pointus.

Des mers de l'Inde.

La S. demi-soleil; *S. semisol*, Enc. méth., pl. 151, fig. 3 et 4. Têt circulaire, composé de vingt-cinq rayons, de plaques régulières, dont les neuf postérieures sont dentées; ambulacres très-courts et disposés régulièrement en une étoile à cinq rayons.

J'établis cette espèce, dont M. de Lamarck n'a pas parlé, non plus que Gmelin, du moins à ce que je crois, d'après une fort bonne figure de l'Encyclopédie : j'ignore si elle est originale. Je ne la trouve pas dans l'ouvrage de Klein, édition de Leske.

G. *Espèces à disque très-mince, presque circulaire, un peu plus large en arrière, où son bord est plus ou moins denticulé ; ambulacres pétaliformes, mais bien moins que dans les autres scutelles ; bouche centrale avec sillons ramifiés ; anus inférieur et plus ou moins voisin de la bouche.* (Les ROTULES, Klein ; ECHINODISCUS, Leske.)

La SCUTELLE DÉCADACTYLE : *S. decadactylos* ; la S. DIGITÉE, *S. digitata*, de Lamk., n.° 2 ; *Echinus decadactylos*, Linn., Gmel., pag. 3191, n.° 75 ; *Echinodiscus deciesdigitatus*, Leske, Klein, pag. 209, tab. 22, fig. *A*, *B*, cop. dans l'Enc. méth., pl. 150, fig. 5 et 6. Têt orbiculaire, déprimé, à ambulacres clos, divisé à son bord postérieur par des digitations ou lobures, formant deux palmures de quatre chaque et une solitaire ; deux paires d'entaillures plus ou moins marginales dans le reste du disque.

On ne connoît pas la patrie de cette singulière espèce, qui est très-voisine des scutelles de la première section.

La S. OCTODACTYLE : *S. octodactylos*, *S. digitata*, var. *b*, de Lamk., n.° 2 ; *Echinus octodactylus*, Linn., Gmel., p. 3192, n.° 76 ; *Echinodiscus octiesdigitatus*, Leske, Klein, p. 911, tab. 22, fig. *C*, *D*, cop. dans l'Enc. méth., pl. 150, fig. 5 et 4. Têt orbiculaire, déprimé, à ambulacres plus prolongés que dans l'espèce précédente et non complétement fermés ; bord postérieur divisé en deux palmures chacune, quadrilobé peu profondément ; disque antérieur percé de deux trous seulement.

Patrie inconnue.

Quoique M. de Lamarck ait regardé cette échinite comme une simple variété de sa scutelle digitée, il est évident qu'il

en est distinct par un grand nombre de caractères, et entre
autres par la forme des ambulacres.

H. *Espèces à disque circulaire ou ovale, à bord bien
entier, assez épais, un peu concave en dessous et
convexe en dessus; à ambulacres réguliers, pétaloïdes fermés ou à peu près; ouverture buccale
centrale; ouverture anale entre elle et le bord.*
(Les Beignets.)

La Scutelle orbiculaire: *S. orbicularis*, Lamk., n.° 10; *Echinus
orbicularis*, Linn., Gmel., p. 3191, n.° 73; *Echinodiscus orbicularis*, Leske, Klein, p. 207, tab. 45, fig. 8 et 9, cop. dans
l'Enc. méth., Vers, pl. 147, fig. 1 et 2. Têt circulaire, sub-
convexe au milieu, à bords arrondis, assez épais; ambulacres
ovales, aigus, bien fermés; ouverture buccale ronde, grande,
avec dix sillons divergens : ouverture anale bien avant le
bord.

Des mers de l'Inde.

La S. réticulée : *S. reticulatus*, *Echinus reticulatus*, Linn.,
Gmel., p. 3191, n.° 15; *Echinoglycus ovalis*, Phels., Leske,
Klein, p. 207, tab. 45, fig. 8 et 9, cop. dans l'Enc. méth.,
pl. 144, fig. 5 et 6. Têt ovale, assez alongé, à bords assez épais;
ambulacres bien pétaloïdes, le postérieur plus grand que les
autres : des sillons divergens de l'ouverture buccale; anus
très-voisin du bord.

De l'océan Indien et Américain.

I. *Espèces à disque tronqué en arrière, un peu bombé
en dessus et concave en dessous.*

La S. beignet : *S. laganum*, *Clypeaster laganum*, de Lamk.,
loc. cit., p. 15; Linn., Gmel., *Echin. laganum*, p. 3190, n.° 71;
Echinodiscus laganum, Leske, Klein, p. 104, tab. 22, fig. *a*,
b, *c*. Têt suborbiculaire, obscurément pentagone, aplati sur
les deux faces; ambulacres ovales, très-finement striés, incomplétement fermés; ouverture anale très-voisine du bord.

Des mers de l'Inde?

La S. clypéastriforme : *S. clypeastriformis*, *Clypeaster scuti-
formis*, de Lamk., loc. cit., p. 14; n.° 4; *Echinus planus scu-*

tiformis, Séba, *Mus.*, 3, tab. 15, fig. 3 et 4, cop. dans l'Enc. méth., pl. 147, fig. 3 et 4. Têt elliptique, aplati en dessus, submarginé, avec l'ouverture anale très-voisine du bord.

Il paroît que cette espèce, qui provient aussi probablement des mers de l'Inde, est très-voisine de la précédente; mais qu'elle est toujours plus grande et constamment plus elliptique.

La Scutelle ambigène: *S. ambigena*, Lamk.; Séba, *Mus.*, 3, tab. 15, fig. 13 et 14; et avec doute Leske, Klein, p. 186, tab. 19, fig. *C*, *D*, cop. dans l'Enc. méth., pl. 145, fig. 3 et 4. Têt ovale, elliptique, à dos un peu convexe, à bord un peu sinueux, à ambulacres ovales-oblongs, en forme de coussin; orifice anal marginal.

Ces trois dernières espèces font le passage aux clypéastres.

K. *Espèces dont le disque est un peu bombé au milieu du dos, et dont la circonférence est régulièrement polygonale, avec les ambulacres pétaliformes fermés.*

La S. décagonale; *S. decagonalis*, Lesson, Voyage de l'Uranie. Têt très-déprimé, un peu pyramidal au milieu du dos, à peu près plan en dessous; le bord bien entier, partagé en dix côtés alternativement inégaux, un petit en avant et un grand en arrière; ambulacres pétaloïdes bien fermés, bien égaux; quatre pores génitaux; bouche centrale, avec cinq sillons convergens, courts et peu marqués; anus presque marginal; couleur d'un rose agréable, plus foncé dans les sutures en dessus, plus clair en dessous.

Cette jolie espèce, dont je dois un individu à M. Lesson, a environ un pouce et demi de diamètre sur une ligne environ d'épaisseur aux bords; ses piquans sont extrêmement fins, comme de l'amianthe, si ce n'est autour de la bouche, où ils sont un peu plus gros. Elle vient des rivages de l'île Waigiou. (De B.)

SCUTELLE. (*Foss.*) On trouve des scutelles à l'état fossile dans la Touraine, dans l'Anjou, dans le Dauphiné et dans d'autres endroits. Les couches où on les rencontre sont plus nouvelles que la craie; mais il paroît qu'on n'en trouve pas dans cette substance où le têt des échinites s'est conservé, et nous ne sommes pas certains si on en rencontre dans des couches plus anciennes.

Scutelle ronde : *Scutella subrotunda*, Lamk., Anim. sans vert., tom. 5, pag. 11, n.° 14; *Echinodiscus subrotundus*, Leske, *Ap.*, Klein. pag. 206. tab. 47, fig. 7 : *Echinus melitensis*, Scilla, *De corp. marin.*, tab. 8, fig. 1 — 3. Corps orbiculaire, à dos un peu convexe, sur lequel se trouvent cinq ambulacres ovales, rétrécis au sommet; anus au-dessous, près du bord ; diamètre, deux ou trois pouces. Fossile des environs de Doué et de Sou- langes en Anjou, de Mantelan en Touraine, de Chevaigne, près d'Angers, de l'île de Malte et de Saint-Paul-Trois-Châ- teaux en Dauphiné ; mais avec quelques modifications de formes dans quelques-unes de ces localités.

Cette espèce porte six légères échancrures dans son bord : l'une est située vis-à-vis de l'anus, et les cinq autres répon- dent aux ambulacres.

Scutelle de Faujas ; *Scutella Faujasii*, Def. Cet échinite est très-aplati ; ses ambulacres sont plus raccourcis et plus fine- ment exprimés, et l'anus est plus rapproché du centre que dans l'espèce précédente ; mais, du reste, elle a avec elle beau- coup de rapports, et pourroit n'en être qu'une variété. Dia- mètre, trois pouces et demi. Nous ignorons où elle a vécu.

Scutelle lenticulaire ; *Scutella lenticularis*, Lamk., *loc. cit.*, pag. 9, n.° 11. Corps orbiculaire, un peu convexe, portant cinq ambulacres courts, ouverts au sommet; anus dans le bord. Ces caractères sont ceux assignés à cette espèce par M. de Lamarck ; mais, en l'examinant attentivement, il est difficile de la reconnoître, attendu que les ambulacres, qui sont très- peu apparens, ne paroissent pas ouverts au sommet, c'est-à- dire au point de leur réunion au milieu du disque, et qu'au contraire ils sont ouverts aux bouts qui regardent le bord. Cette espèce se trouve à Grignon, département de Seine-et- Oise ; elle est souvent suborbiculaire et son plus grand dia- mètre est de quatre lignes : quelques individus ont jusqu'à sept lignes de diamètre ; mais il est difficile d'être assuré qu'ils dépendent de la même espèce.

Scutelle enflée ; *Scutella inflata*, Def. Cette petite espèce diffère de la précédente en ce qu'elle est ovale, enflée, un peu concave en dessous, et que l'anus est placé en dessous, près du bord. Son plus grand diamètre est de deux lignes. Fossile de Grignon et de Parnes, département de l'Oise, dans la couche du calcaire grossier.

SCUTELLE NUMMULAIRE ; *Scutella nummularia*, Def. Ces échinites ressemblent en dessus à des nummulites. Souvent les ambulacres ne sont pas marqués : ils sont plus grands que les scutelles lenticulaires. Du reste, ils ont beaucoup de rapports avec cette espèce. Fossile de Grignon. On trouve à Massillac, département de la Loire-Inférieure, dans une couche qui paroîtroit appartenir au sable vert, des scutelles qui ont de très-grands rapports avec la scutelle nummulaire.

SCUTELLE DE HAUTEVILLE : *Scutella altavillensis*, Def. Corps ovale, un peu épais, aplati en dessus, où il se trouve cinq ambulacres ouverts à celui des bouts qui regarde le bord ; l'anus est entre ce dernier et la bouche. Le plus grand diamètre est de sept lignes. Fossile de Hauteville, département de la Manche.

SCUTELLE ÉCHANCRÉE ; *Scutella incisa*, Desf. Corps orbiculaire, mince, et sur lequel les ambulacres ne sont presque point apparens ; l'anus est placé en dessous, près du bord, où il se trouve une petite échancrure. Diamètre, plus de sept lignes. Fossile de Hauteville.

SCUTELLE DU LANGUEDOC : *Scutella occitana*, Desf. ; Parkinson, *Org. rem.*, tom. 5, pl. 5, fig. 8. Corps ovale, un peu épais, aplati, portant en dessus cinq ambulacres très-marqués, ouverts aux bouts qui vont aboutir jusqu'au bord ; l'anus est placé entre ce dernier et la bouche : le plus grand diamètre est de sept lignes et demie. Ce fossile est indiqué avoir été trouvé dans le Languedoc. Parkinson annonce qu'on l'a trouvé à Vérone.

SCUTELLE D'ESPAGNE ; *Scutella hispana*, Desf. Corps ovale, épais, un peu aplati, portant en dessus cinq ambulacres peu apparens ; l'anus est placé entre le bord et la bouche : diamètre, cinq lignes. Ce fossile est indiqué avoir été trouvé en Espagne. Il a de très-grands rapports avec une espèce qui vit dans la Manche et qu'on trouve sur les côtes du département de Calvados. (D. F.)

SCUTELLÈRE. (*Entom.*) Voyez SCUTELLAIRE. (C. D.)

SCUTELLITES. (*Conchyl.*) Nom donné par Denys de Montfort à des coquilles fossiles appartenant au genre Pavois, qu'il a séparé de celui des patelles. (Desm.)

SCUTELLUM. (*Entom.*) Voyez Écusson. (Desm.)

SCUTIBRANCHES. *Scutibranchiata*. (*Malacoz.*) Sous cette dénomination M. G. Cuvier, qui le premier l'a employée, forme un ordre de sa classe des Gastéropodes, dans lequel il place les genres Haliotide, Stomate, Cabochon. Crépidule, Fissurelle, Émarginule, Septaire ou Navicelle, Carinaire et Firole.

M. de Blainville, dans son Système de malacologie, emploie le même nom pour désigner le troisième ordre de sa sous-classe des Paracéphalophores hermaphrodites ou uni-sexuels, et il y comprend deux familles, celle des Otidés pour les genres Haliotide, Ancyle; celle des Calyptraciens pour les genres Crépidule, Calyptrée, Cabochon et Hippo-nyce. Voyez l'article Mollusques. (De B.)

SCUTIGER. (*Bot.*) Paulet propose ce nom pour désigner comme genre distinct les champignons qu'il décrit sous les noms d'escudarde et de savatelle; il le caractérise ainsi : Champignon terrestre, à chapeau charnu en général, de forme ovale ou en écu, garni inférieurement de tubes, ou de pores, ou de feuillets, ou de papilles, ou de pointes; tige pleine, latérale ou non centrale. D'après cette définition, ce genre Scutiger, très-artificiel, renfermeroit des espèces de *Boletus*, de *Polyporus*, et d'autres genres voisins. Voyez Escudarde. (Lem.)

SCUTIGÈRE, *Scutigera*. (*Entom.*) Genre d'insectes aptères de la famille des myriapodes ou mille-pieds, confondu d'a-bord avec les scolopendres; mais séparé, avec juste raison, par M. de Lamarck. qui lui a donné ce nom tiré du latin et qui signifie *porte-écusson*, parce que l'espèce principale a les anneaux ou segmens du tronc placés en recouvrement les uns sur les autres.

Illiger a indiqué le même genre sous le nom de *Cermatia*, dont nous ignorons l'origine.

Les scutigères, comme tous les myriapodes, ont des mâchoires, les anneaux du corps à peu près semblables, sans distinction de corselet ni d'abdomen, et munis chacun d'une paire de pattes au moins; mais, en outre, ces anneaux sont dilatés en dessus et placés en recouvrement les uns sur les autres: leurs pattes et leurs antennes sont très-longues, très-déliées, et se détachent très-facilement du corps.

Nous avons fait figurer une espèce de ce genre sur la planche 58, n.º 6, de l'atlas de ce Dictionnaire.

C'est la Scutigère aranéide , *Scutigera araneoides*.

Car. D'un jaune roussâtre, mielleux, transparent, avec trois lignes longitudinales brunes, dont une plus large au milieu; pattes de même couleur, avec des bandes transversales.

Cette espèce se trouve assez communément dans les maisons : elle reste immobile dans les greniers ou dans les fentes des boiseries, pendant le jour : la nuit elle court très-vite. Elle se nourrit d'insectes, qu'elle paroît blesser, comme les araignées, en insinuant un poison dans leur corps ; car ils cessent bientôt de remuer lorsqu'ils sont attaqués par le crochet de leur ennemi.

En général , cet insecte inspire une sorte d'effroi, autant par la célérité de sa marche qu'à cause de la grande étendue de la surface qu'il couvre, lorsqu'il a les pattes développées, et qu'il ramasse et pelotonne à volonté.

On connoit maintenant quatre espèces de ce genre. Celle que nous venons d'indiquer est la scolopendre à vingt-huit pattes de Geoffroy. (C. D.)

SCUTIPÈDES. (*Ornith.*) On nomme ainsi les oiseaux dont les tarses sont recouverts d'une peau divisée par anneaux plus ou moins larges et nombreux. (Ch. D.)

SCUTOÏDES. (*Bot.*) Nom donné par Palisot-Beauvois à l'un des ordres qu'il introduit dans la famille des algues, classé d'après sa méthode. Voyez Algues, Suppl. au tom. I.ᵉʳ (Lem.)

SCUTULE. *Scutula.* (*Bot.*) Genre de plantes dicotylédones, à fleurs complètes, polypétalées, régulières, de la famille des myrtées, de l'*octandrie monogynie* de Linnæus, offrant pour caractère essentiel : Un calice tronqué, persistant, en forme de bouclier; cinq pétales connivens, insérés sur le bord du calice; huit étamines; un ovaire adhérent; un style; une baie en bouclier, formée par le calice épaissi, à huit loges monospermes.

Scutule a écusson : *Scutula scutellata.* Lour., *Fl. Coch.*, 1, page 290. Arbrisseau rameux, haut de huit pieds. Les rameaux sont étalés, garnis de feuilles glabres, opposées, lancéolées, très-entières, épaisses à leurs bords. Les fleurs sont latérales, disposées en grappes sur des pédoncules solitaires; toutes les parties de la fructification de couleur violette; le calice est étalé, coloré, lisse en dehors, muni en dedans de huit cavités; les pétales sont arrondis, acuminés; les étamines insérées au-dessous du bord du calice; les filamens courbés, subulés, presque de la longueur de la corolle; les anthères courbées. oblongues, placées dans le pli convexe des cavités du calice; l'ovaire est à huit loges, adhérent avec le calice; le style fili orme, presque aussi long que les étamines; le stigmate simple. Le fruit est une baie en forme de bouclier, formée par le calice épaissi, à huit loges monospermes: les semences sont solitaires, un peu comprimées. Cette plante croît dans les champs, a la Cochinchine.

Scutule en ombelle; *Scutula umbellata*, Lour.. *Fl. Coch.*, *loc. cit.* Arbrisseau très-rameux, qui s'élève à la hauteur de quatre pieds. Ses feuilles sont glabres, sessiles, épaisses, opposées, ovales-lancéolées, très-entières; les fleurs petites, terminales. mélangées de blanc et de violet. disposées en ombelles, ou plutôt en cimes amples, terminales; le pédoncule commun est fort long; les partiels sont courts; le calice est tronqué, à huit cavités; la corolle n'a souvent que quatre pétales insérés sur le calice; les huit étamines ont les anthères courbées et bleuâtres. Cette plante croît parmi les buissons, à la Cochinchine. Elle passe pour astringente et fortifiante. (Poir.)

SCUTUS. (*Conchyl.*) Nom latin du genre Pavois, proposé par Denys de Montfort (Conchyl. systém., tom. 2, pag. 58), et que nous avons établi d'après la considération complète de l'animal sous la dénomination de Parmophore, adoptée par M. de Lamarck. Voyez ce mot. (De B.)

SCYDMENE, *Scydmenes.* (*Entom.*) M. Latreille a fait connoître sous ce nom un genre d'insectes coléoptères pentamérés. Ce sont de très-petites espèces, voisines des anthices de Fabricius, avec lesquels cet auteur les avoit rangées. Illiger et Paykull les avoient placées avec les psélaphes. (C.D.)

SCYDMÉNIDES. (*Entom.*) M. Leach a fait une petite famille sous ce nom des genres Psélaphe et Scydmène, qu'il rapproche des Staphylins ou des Brachélytres. (C.D.)

SCYLLARE. (*Crust.*) Nom d'un genre de crustacés décapodes macroures, fondé par Fabricius, et dont nous avons
donné la description dans l'article MALACOSTRACÉS de ce Dictionnaire, tom. XXVIII, pag. 290. (DESM.)

SCYLLÉE. *Scyllæa.* (*Malacoz.*) Genre de Malacozoaires nus
de la famille des Dicères, ordre des Polybranches, dans le
Système malacologique de M. de Blainville, de l'ordre des
Nudibranches de MM. Cuvier et de Lamarck, établi depuis
long - temps par Linné, et que l'on peut caractériser ainsi :
Corps alongé, très-comprimé. très-convexe en dessus, plat et
pourvu d'un pied étroit et canaliculé en dessous : tête distincte. avec deux petits tentacules insérés dans la fissure d'un
appendice auriforme très-grand ; bouche en fente entre deux
lèvres longitudinales et armée d'une paire de dents latérales
semi-lunaires fort grandes : organes de la respiration en forme
de petites houppes répandues irrégulièrement sur des appendices pairs de la peau. D'après cela, il est aisé de voir que
c'est un genre bien rapproché de celui que M. Cuvier a établi
sous le nom de Tritonie, et, en effet. leur organisation est
presque semblable. L'enveloppe extérieure est comme gélatineuse ou demi-transparente ; à la face inférieure est un disque contractile assez épais, formé en demi-canal dans toute
sa longueur et dont les bords sont renflés en bourrelet ; la
tête. assez distincte, et bordée en avant par un labre en fer
à cheval. ne porte que deux petits tentacules en forme de
tubercule conique, placé chacun dans une fissure qui occupe
le bord antérieur d'un grand lobe foliiforme, attaché de
chaque côté de la tête. et qui semble un premier lobe branchial. Sur la partie la plus convexe du dos sont deux autres
paires d'appendices charnus, ovales. comprimés, à bords
irréguliers. festonnés, à la surface supérieure desquels sont
les branchies. Enfin. l'extrémité postérieure du corps se termine par une crête dorsale de la même nature que les lobes
branchiaux, mais moins considérable. Les flancs sont très-
étendus et couverts de quelques tubercules peu saillans, et,
dans l'état de contraction dans l'esprit de vin, disposés en
cinq ou six rangs.

La bouche. située derrière le bourrelet labial en fer à
cheval. est en forme de fente longitudinale bordée à droite

et à gauche par une lèvre assez épaisse ; la masse buccale, à laquelle elle conduit, est assez considérable : elle contient sur ses bords une paire de grandes dents cornées, alongées, arquées, et qui se croisent comme des lames de ciseaux, et inférieurement une petite masse linguale en forme de tubercule, garnie, comme à l'ordinaire, de crochets très-fins, dirigés en arrière. L'œsophage se continue presque de suite en un premier estomac plissé dans sa longueur, et paroît en conséquence susceptible d'une grande dilatation. Le foie, composé de six lobes, y verse la bile par trois orifices situés à l'entrée du gésier. Ce second estomac, en forme de cylindre creux, a ses parois très-charnues et armées de douze petites écailles ou lames cornées, tranchantes, disposées en rangées longitudinales. L'intestin proprement dit est gros et court ; il vient se terminer à l'anus, qui est situé sur le côté droit, entre la racine des deux lobes branchiaux de ce côté.

L'appareil respiratoire consiste en un grand nombre de petites houppes touffues, composées de filamens très-fins, et qui, irrégulièrement répartis à la surface interne ou supérieure des lobes branchiaux, se développent dans l'eau de manière à ressembler à une forêt de palmiers, du moins d'après Forskal, qui a observé ces animaux vivans.

L'appareil circulatoire ne diffère probablement pas beaucoup de ce qu'il est dans les autres mollusques de cet ordre. Le système veineux, provenant des ramifications qui sortent des viscères et de l'enveloppe cutanée, se termine dans deux grosses veines latérales qui envoient les vaisseaux aux branchies. De celles-ci reviennent autant de veines branchiales, qui s'ouvrent séparément dans l'oreillette du cœur : celui-ci, contenu dans son péricarde, est médian et situé au dos, entre la racine de la première paire de lobes branchiaux ; il en naît une seule aorte, qui se subdivise de suite en avant et en arrière, et forme les artères des viscères et de l'enveloppe cutanée.

L'appareil générateur est aussi comme dans tous les genres de Malacozoaires subcéphalés hermaphrodites. L'ovaire, situé au côté droit du foie, à la partie postérieure du corps, est de forme globuleuse ; l'oviducte qui en naît se réunit au canal particulier de la vessie, qui est assez grande et se termine dans un tubercule commun, situé un peu en arrière de la racine du tentacule droit. Le testicule, situé sous l'œsophage, est divisé en lobules; il y a une petite vésicule séminale oblongue qui se joint au canal commun de l'oviducte et de sa vessie. Quant à l'organe excitateur, il est en forme de long cordon replié et tortillé sur lui-même dans le repos: il sort par un orifice percé dans le tubercule commun.

Le système nerveux n'offre non plus rien de bien particulier. Le cerveau formant une paire de ganglions qui envoie des filets à la bouche, un à chaque tentacule, est très-rapproché de la paire de ganglions locomoteurs, qui fournit trois ou quatre filets aux parties latérales du corps. En outre, il y a une paire de petits ganglions en dessous de l'œsophage, d'où part le filet de communication avec celui des viscères.

Les scyllées sont de petits animaux pélagiens, qui viennent assez rarement sur nos côtes, mais qui ne sont pas rares sur les masses de fucus de l'Atlantide. Ils vivent, à ce qu'il paroit, dans la profondeur des eaux, où ils rampent sur la tige des fucus, comme l'indique la forme canaliculée de leur pied. Il est cependant probable qu'ils peuvent également nager avec quelque facilité au moyen des appendices foliacés dont leur corps est pourvu, et surtout des deux paires branchiales. Le reste de leurs mœurs et de leurs habitudes est encore inconnu: mais très-vraisemblablement elles ne diffèrent guère de celles des Doris, des Cavolines et genres voisins.

Le premier auteur qui ait fait mention de ce petit mollusque, est Séba (*Thes.*, tom. 1.ᵉʳ, pl. 74, fig. 7); mais ce qu'il y a de remarquable, c'est qu'il en fait une espèce de poisson du genre Lophie: et, pour confirmer ce rapprochement, il l'a figuré le dos en bas et le ventre en haut.

Linné, dans sa Description du muséum du prince Adolphe-Frédéric, en 1754, en parla sous le nom de *lièvre de mer*, mais le laissa encore parmi les Lophies, toutefois en faisant l'observation que ce pourroit bien être quelque espèce de Zoophyte.

Osbeck, dans son Voyage à la Chine, imprimé en 1757, rétablit la vraie position de l'animal, et même en fit un genre sous le nom de *Zoopterygius*; mais il a pris les branchies pour des nageoires, et il exprima beaucoup de doutes sur l'opinion de Séba.

Linné, dans la 10.ᵉ édition du *Systema naturæ*, en 1757, et dans les suivantes, en fit un genre de ses vers mollusques; mais il le décrivit encore renversé.

Forskal, en 1775, donna la première description complète que nous ayons de la scyllée pélagique, en se bornant toutefois aux caractères extérieurs.

Pallas adopta cette rectification dans ses *Miscellanea*, 1778, p. 75, en note, et montra que c'étoit un genre extrêmement voisin des Doris.

Gmelin, dans son édition du *Systema naturæ*, admit le genre Scyllée avec les caractères de Linné, et il copia la description de Forskal, quoique entièrement contradictoire.

Bruguière, dans l'Encyclopédie méthodique, passa ce genre tout-à-fait sous silence.

M. Cuvier donna la description de cet animal, avec une bonne figure, en 1798, dans son Tableau des animaux. Cependant M. de Lamarck n'en parla pas dans la première édition de ses Animaux sans vertèbres, et par suite le confondit avec les Tritonies.

M. Bosc, dans son Histoire naturelle des mollusques, attribua le nom de scyllée au *glaucus* de Forster et de Blumenbach, en l'appelant scyllée nacrée; et, dans la première édition du Nouveau Dictionnaire d'histoire naturelle, il ajouta que la scyllée pélagique de Linné étoit incertaine et devoit être rejetée. Ce fut à peu près l'opinion de M. de Roissy, dans son Histoire naturelle des mollusques, puisqu'il dit que ce mollusque n'a pas été revu depuis Linné.

Enfin, M. Cuvier, dans un mémoire sur ce genre d'animaux, inséré dans les Annales du Muséum, a fait cesser toutes les incertitudes, bien gratuites sans doute, depuis l'excellente description de Forskal, en traitant d'une manière spéciale de la synonymie et de l'organisation de la scyllée. Aussi, depuis ce temps, tous les zoologistes ont-ils adopté ce genre, qu'ils placent à côté des théthys. Nous en avons reçu plusieurs individus de la mer Atlantique.

Ce genre ne contient encore qu'un petit nombre d'espèces, et peut-être même qu'une seule.

La Scyllée pélagique : *S. pelagica*, Linn., Gmel., p. 5147, n.° 1 ; Cuv., Mém. des Ann. du Mus., tom. 6, p. 416. pl. 61, fig. 1 — 3, 4. Corps translucide, à peu près lisse ou couvert de tubercules extrêmement fins et d'une couleur jaune roussâtre, immaculée.

De la mer Atlantique.

La S. de Ghomfoda : *S. Ghomfodensis*, Linn., Gmel., p. 5147, n.° 2 ; d'après Forskal, *Faun. Arab.*, pag. 105. Corps d'un pouce de long environ sur cinq à six lignes de hauteur ; de couleur d'un fauve pâle, pellucide, tacheté de brun ferrugineux et de bleu, avec une série longitudinale de chaque côté de cinq papilles blanches très-petites.

Cette espèce, qui a été observée dans la mer Rouge, diffère-t-elle de la précédente ? Cela n'est pas probable, et, suivant l'opinion de M. Cuvier, c'est la même. Cependant les trois individus de la scyllée pélagique que je possède, n'ont pas les tubercules dont parle Forskal dans sa S. de Ghomfoda ; en sorte que c'est encore un fait à éclaircir.

La S. fauve : *S. fulva*, Quoy et Gaim., Voyage de l'Uranie, Zoolog., pl. 66, fig. 12. Corps oblong, canaliculé inférieurement, pourvu de quatre appendices aliformes, fimbriées à l'extrémité, et de deux tentacules fort longs et dilatés au sommet : couleur fauve.

Cette espèce, d'un pouce et demi de long, a été observée sur des fucus, sous l'équateur, auprès de la Nouvelle-Guinée ; diffère-t-elle bien certainement de la scyllée pélagique ? (De B.)

SCYLLION. (*Bot.*) Voyez Limonium. (J.)

SCYLLIORHIN, *Scylliorhinus*. (*Ichthyol.*) M. de Blainville a établi sous ce nom un sous-genre parmi les squales de Linnæus.

La Roussette (voyez ce mot) en est le type. (H. C.)

SCYLLIUM. (*Ichthyol.*) Voyez Roussette. (H. C.)

SCYMNUS. (*Entom.*) Herbst a réuni sous ce nom de genre plusieurs espèces de coccinelles, insectes coléoptères trimérés ou tridactyles. Ce sont de très-petites espèces. (C. D.)

SCYMNUS. (*Ichthyol.*) Voyez Leiche. (H. C.)

SCYNOPOULLOS. (*Ornith.*) Nom de la grive draine, *turdus viscivorus*, Linn., en grec moderne. (Ch. D.)

SCYPHIE, *Scyphia*. (*Amorph.*) Subdivision générique, établie par M. Oken dans son Manuel de zoologie, 1.re part., p. 77, pour les espèces d'éponges qui, étant creuses en forme de tuyau ou de coupe, sont composées d'un tissu feutré, comme les *S. fistularis*, *infundibuliformis*, *scyphiformis*, etc. Voyez Éponge et Spongiaires. (De B.)

SCYPHIPHORA. (*Bot.*) Voyez Sarissus. (J.)

SCYPHIPHORUS. (*Bot.*) C'est ainsi que Ventenat a écrit le nom du genre Scyphophorus. Voyez ci-après. (Lem.)

SCYPHOFILIX. (*Bot.*) Genre de la famille des fougères, voisin et peut-être le même que le *Darea*, Smith. M. Aubert du Petit-Thouars, qui l'a établi, donne seulement les caractères génériques que voici : Involucre calicinal cupuliforme, fixé sur le disque de la partie inférieure des frondes, contenant plusieurs capsules annulées. Dans ce genre, qui se rencontre à Madagascar, la fronde est décomposée. (Lem.)

SCYPHOIDÆ ou SCYPHOIDES. (*Foss.*) On a ainsi nommé autrefois les portions de tiges d'encrinites ou les bases qui ont la forme d'une coupe. (D. F.)

SCYPHOPHORES [Lichens]. (*Bot.*) On nomme ainsi ceux dont les organes de la reproduction sont portés par un podétion creusé en forme d'entonnoir. (Mass.)

SCYPHOPHORUS. (*Bot.*) Ventenat a donné le nom de *Scyphiphorus* à une division du genre Lichen de Linnæus, dont il a fait un genre distinct, établi cependant avant lui par Necker, qui le nommoit *Scyphophorum* ; il a été adopté et appelé *Scyphophorus* par MM. De Candolle, Acharius, et par la plupart des botanistes ; mais, depuis, M. Acharius lui a assigné le nom de Cénomyce, et l'a un peu modifié. (Voyez ce mot.) Le *Scyphophorus*, considéré tel que M. De Candolle l'a admis, et qui est le *Capitularia* de Flœrke, Eschweiller, etc., a pour type le *lichen pyxidatus*, espèce trèscommune. Il est caractérisé par l'expansion ou thallus membraneux, foliacé, découpé, imbriqué, portant des pédicules ou podétions de même nature, droits, fistuleux, de forme variable, cylindrique, subulés, évasés en entonnoir à leurs extrémités, et produisant sur les bords des apothéciums convexes, privés de rebord, sessiles ordinairement, d'un brun rouge, et recouverts d'une lame proligère gélatineuse (tu-

buleuse, Eschw.), dont le dessous est garni d'un tissu flo-
conneux, semblable à celui de la substance du thallus.

Les scyphophorus sont de belles espèces de lichens, qui
croissent dans les bois, sur la terre, sur les murs, au pied
des arbres, etc. Elles se font remarquer par leur expansion
étendue, découpée, libre, c'est-à-dire non adhérente par
toute leur surface inférieure, ordinairement grise ou cendrée,
quelquefois jaunâtre. Il naît de cette expansion des podétions
ou prolongemens creux, cylindriques, évasés ou difformes, solitaires ou groupés, communément simples, quelquefois prolifères ou rameux, dont les extrémités, évasées, closes par
des diaphragmes, se garnissent sur leur bord de scutelles très-
irrégulières, tuberculiformes ou fongueuses, rouge-foncé ou
brunes, quelquefois d'un beau rouge. Ces organes fructifères
sont ou solitaires ou réunis en assez grand nombre sur le
même podétion, dont le bord est aussi denté ou déchiqueté,
ou garni de découpures ou d'autres podétions également fructifères. Quelquefois les podétions sont simples, régulièrement
évasés au sommet en petites coupes, et imitant eux-mêmes
ainsi de petites scutelles.

Ce genre comprend une quarantaine d'espèces, presque toutes européennes; quelques-unes ont été observées en Afrique,
en Amérique, à la Nouvelle-Hollande, à l'île de Bourbon
et au cap de Bonne-Espérance. Les espèces suivantes méritent
d'être signalées.

§. 1.er *Apothéciums bruns ou pâles.*

1. Le Scyphophorus corne de daim : *Scyphophorus alcicornis*,
Ach., *Prodr.*; *Cenomyce alcicornis*, Ach., *Syn. lich.*; *Scyphophorus convolutus*, Decand., Fl. fr., n.° 913 ; Dill., *Hist. musc.*,
pl. 14. fig. 12; Vaill., Fl. par., pl. 21, fig. 5. Expansions nombreuses, étendues en gazon serré, d'un blanc jaunâtre, avec
teinte verte, à découpures palmées, déchiquetées, à lobules
obtus, redressés ou infléchis et recoquillés, garnis sur les bords
de petites houpes de poils: podétions alongés, turbinés, terminés chacun en un entonnoir lisse, régulier, crénelé, dont
le bord finit par se garnir de petites folioles, et par devenir
prolifère: les apothéciums sont bruns, placés sur le bord supérieur des podétions, et plus rarement sur les bords de l'ex-

pansion. Cette belle espèce se trouve dans les bois sablonneux, dans les bruyères, sur les pelouses pierreuses et montueuses: elle n'est point rare dans les environs de Paris. On la confond quelquefois avec le *scyphophorus* ou *cenomyce endiviæfolius*, Ach. (voyez Mich., *Gen.*, pl. 42, fig. 3), qui croît dans les mêmes lieux, et dont les frondes sont découpées à la manière des feuilles de chicorée, et comme frisées; les podétions presque simples, munis d'apothéciums d'un brun roussâtre.

2. Le *Scyphophorus cervicornis*, Decand., ou *Cenomyce cervicornis*, Achar., *Synops. lich.* (et *in Nov. act. Stockh.*, 22, p. 4, fig. 5, *Cenomyce*). Il est encore très-voisin du scyphophorus corne-de-daim, dont il diffère par les divisions de son expansion, plus redressées, recoquillées seulement au sommet, privées de poils noirs; par sa couleur d'un vert glauque ou nuancé d'un bleu grisâtre; par ses podétions plus terminés en entonnoir, plus petits, plus réguliers, dilatés, entiers et prolifères au centre. Les apothéciums sont d'un brun plus foncé, presque noir. On trouve cette espèce sur les rochers et parmi les mousses, particulièrement dans les pays de montagnes.

5. Le Scyphophorus entonnoir : *Scyphophorus pyxidatus*, Decand., Fl. fr., n.° 916 ; *Cenomyce pyxidata*, Ach., *Synops. lich.*, p. 252; *Lichen pyxidatus*, Linn. Expansion foliacée, d'un vert gris, découpée, à découpures crenelées ascendantes; podétions en forme d'entonnoir, réguliers, pédicellés, glabres, puis granuleux, verruqueux et scabres, également vert-grisâtre; podétions d'abord en entonnoir, s'étendant ensuite, donnant naissance à d'autres podétions, portant des apothéciums de couleur brune. Cette espèce, commune dans les bois, croît à terre parmi les pierres et les cailloux, quelquefois aussi au pied des troncs des vieux arbres. Elles présentent beaucoup de variétés, qui se nuancent entre elles. On peut les rapporter aux suivantes, données pour types par Flœrke et Acharius.

Dans la première, les podétions sont simples, courts, turbinés; le bord de l'entonnoir, très-peu dentelé, est garni de très-petits apothéciums bruns. (Voyez Dill., *Musc.*, pl. 14, fig. 4; Vaill., Fl. par., pl. 21, fig. 7.)

Dans la seconde, *cenom. pyxid. staphylea*, Ach. et Dill..

Musc., pl. 14, fig. 6, les podétions sont turbinés, scyphifor-
mes, simples, d'un blanc verdâtre, avec les apothéciums pédicellés, assez grands et presque bruns.

Dans une troisième, *cenom. pyxid. syntheta*, Ach. et Dill.,
Musc., pl. 14, fig. 6 I — M; *Fl. Dan.*, pl. 1355, fig. 2, les podétions sont en forme d'entonnoir, dont la base est cylin-
dracée, le bord simple ou plusieurs fois prolifère; les apothéciums grands, de couleur baie, et portés dans leur parfait développement sur des podétions particuliers.

Une quatrième, *cenom. pyxid. lophyra*, Ach., est figurée
dans l'Histoire des mousses de Dillenius, pl. 14, fig. 9 *A*.
Elle offre des podétions turbinés, terminés en entonnoir très-
ample, dilaté, dont le bord est foliacé, frisé, prolifère,
garnis d'apothéciums sessiles ou portés sur des podétions propres et entremêlés avec les écailles qui garnissent aussi le
bord.

Enfin une dernière variété, *cenom. pyxid. coralloidea*, Ach.,
est remarquable par son thallus lobé d'un gris-de-plomb verdâtre; par ses podétions rameux, flexueux, glabres, verruqueux, point terminés en entonnoir, de même couleur que
le thallus, garnis d'apothéciums bruns, terminaux, pédiculés,
agglomérés, turbinés, un peu concaves. Cette variété a été
trouvée seulement en Suède, sur la terre et dans les fentes
des rochers.

Le *scyphophorus pyxidatus* ou *lichen pyxidatus*, étoit employé
autrefois en médecine contre la coqueluche; il n'est plus en
usage.

4. Le Scyphophorus fimbrié : *Scyphophorus fimbriatus*, Ach.,
Cenomyce fimbriata, Ach., *Syn.*; Dill., *Musc.*, pl. 14, fig. 8. Expansions foliacées, découpées, à découpures petites, crénelées;
podétions alongés, cylindriques, terminés chacun par une petite coupe régulière, entière ou crénelée, prolifère avec l'âge,
munis d'apothéciums bruns; quelques podétions sont subulés,
blancs, légèrement poudreux. Cette espèce, qui croît partout
en Europe, a été confondue avec la précédente par beaucoup
d'auteurs; elle est aussi riche en variétés, qui ont été souvent
données pour des espèces. Acharius en décrit huit comme
types, presque toutes figurées dans Dillenius, *Hist. musc.*, et
dans Vaillant, *Botan. paris*. Nous signalerons celle figurée

dans Vaillant, pl. 21, fig. 6—8; Flœrke, *Berl. Mag.*, 2, pl. 4, fig. 1 *a*, 31—33. Elle se fait remarquer par ses podétions très-alongés, en forme de trompettes et stériles sur les bords. Il faut noter aussi la variété dont l'entonnoir qui termine les podétions est découpé en lanières rayonnantes, subulées et fructifères. (Voyez Dill., *Musc.*, pl. 15, fig. 16, *A, B, D, F, G; Fl. Dan.*, pl. 1336, fig. 1; Flœrke, *loc. cit.*, fig. 9—12 et 26.) On peut consulter sur les autres variétés le mémoire de Flœrke, inséré dans le Magasin de Berlin, tom. 4, et le *Synopsis lichenum* d'Acharius.

5. Le SCYPHOPHORUS ECMOCYNE; *Cenomyce ecmocyna*, Ach. Expansions foliacées, laciniées; découpures petites, crénelées; podétions alongés, subulés, stériles ou terminés chacun en petite coupe lisse ou brune, d'un brun livide, en forme de godet d'abord denté sur le bord, puis prolifère; apothéciums bruns, situés au bord des coupes ou au sommet des podétions. Cette espèce, qui se fait remarquer par la longueur des podétions, est encore extrêmement variable. Le *lichen cornutus* de Linnæus et de la plupart des auteurs, ainsi que le *lichen gracilis*, Linn., en font partie. Toutes se plaisent dans les bois montueux, et croissent à terre ou rarement sur les vieux troncs d'arbre. La variété la plus commune aux environs de Paris, se fait remarquer par ses podétions terminés en pointe aiguë comme une corne, et ne s'épanouissant pas en coupe.

§. 2. *Apothéciums d'un rouge de feu ou d'un noir rouge.*

6. Le SCYPHOPHORUS COCHENILLE : *Scyphophorus cocciferus*, Decand., Fl. fr., n.° 915; *Lichen cocciferus*, Linn.; Sowerb., *Engl. bot.*, pl. 2051; *Cenomyce coccifera*, Achar., *Synops.*, p. 269; Dill., *Hist. musc.*, pl. 14, fig. 7, *A—L*; Vaill., *Bot. par.*, pl. 21, fig. 4. Expansions très-petites, foliacées, cartilagineuses, à découpures arrondies, crénelées, nues en dessous, quelquefois fixées par des radicules; podétions alongés, turbinés, nus, verruqueux et scabres, d'un jaune très-pâle, nuancé de gris et de vert, tous terminés en petite coupe, dont le bord, dilaté, porte des apothéciums assez grands, fon-

gueux, d'un rouge vif, et qui dans leur vieillesse sont portés par des podétions particuliers. Cette espèce, très-remarquable par la couleur éclatante des apothéciums, croît à terre, dans les lieux montueux, les bois, les taillis et les bruyères.

Dans une variété, *cenomyce cocc. assotea*, Ach.; Dill., *Musc.*, pl. 14, fig. 7, *K*, *L*, *M*, les podétions sont terminés par un entonnoir, du centre duquel et de son diaphragme naissent d'autres entonnoirs rassemblés en un faisceau.

Dans une seconde variété, *cenomyce cocc. cornucopioides*, Achar., ou *lichen cornucopioides*, Linn., les podétions sont plus courts, terminés chacun en un entonnoir dilaté, qui porte, comme le précédent, plusieurs autres entonnoirs, mais dont le bord est foliacé et frisé; les apothéciums sont à peine pédicellés, et finissent par devenir prolifères.

Les genres Pycnothelia, Scyphophorus, Schasmaria, Helocodium et Cladonia ne sont que des divisions du genre Cenomyce d'Acharius, placés dans l'ordre même dans lequel nous les indiquons. Voyez ces divers mots. (Lem.)

SCYPHORUS. (*Bot.*) Rafinesque donne ce nom au genre Scyphiphorus. Voyez ce mot. (Lem.)

SCYRRIA. (*Bot.*) Mentzel cite ce nom africain de l'aneth, *anethum*. (J.)

SCYRTES. (*Entom.*) M. Latreille nomme ainsi quelques espèces de cyphons ou d'élodes, dont il a fait un genre. (C. D.)

SCYTALE. *Scytale*. (*Erpét.*) Nicandre a parlé, sous la dénomination de Σκυτάλη, d'un serpent qui paroît n'être que l'érix turc (voyez Érix). Latreille a pris ce mot grec pour désigner un genre de reptiles ophidiens de la famille des hétérodermes, genre qui a été adopté par Daudin et par plusieurs autres naturalistes, et que l'on peut ainsi caractériser :

Corps robuste, alongé, cylindrique; queue courte, épaisse, cylindrique aussi; tête grosse et obtuse; écailles carénées sur le dos et la queue, qui manque de grelots sonores; tout le ventre et le dessous de la queue garnis de plaques transversales entières; anus transversal et simple; des crochets à venin à la mâchoire supérieure; tête couverte d'écailles, semblables à celles du corps; point de fossettes derrière les narines.

Ce dernier caractère et l'absence des grelots à la queue suffisent pour distinguer les Scytales des Trigonocéphales et des Crotales, ou les séparer facilement aussi des Acanthophis, qui ont de doubles plaques sous l'extrémité de la queue; des Boas, qui n'ont pas de crochets à venin; des Bongares, dont la tête est couverte de grandes plaques; des Langahas, qui ont la base de la queue entourée de plaques annulaires; des Couleuvres et des Vipères, qui ont de doubles plaques sous la queue. (Voyez ces divers noms de genres.)

Parmi les scytales nous citerons :

Le Zigzag : *Scytale bizonatus*, Daud. ; *Boa horrata*, Shaw; *Horrata pam*, Russel; *Pseudoboa carinata*, Schn. Tête élargie, déprimée, ovale, obtuse; bouche petite; yeux un peu saillans; écailles dorsales carénées, ovales, imbriquées; écailles des flancs plus larges et lisses; queue pyramidale et pointue.

Ce serpent, qui parvient à la taille de dix-huit pouces, est d'un brun foncé, avec une ligne longitudinale en zigzag et jaunâtre, bordée de noir sur chaque côté du dos, qui porte en outre une rangée médiane de petites taches jaunes, bordées de noir. Le dessous de son corps est d'un blanc livide, avec trois ou quatre points obscurs sur chaque côté des plaques.

Le scytale zigzag, nommé *horrata pam* par les Indiens du Coromandel, passe dans ce pays pour très-venimeux. C'est Russel qui nous l'a fait connoître, d'après un individu qui lui fut envoyé, en 1778, d'Arni, par le major Bonniveaux.

Le Krait : *Scytale krait*, Daud. ; *Pseudoboa krait*, Schn. Dos d'un brun effacé; ventre blanc; deux cent huit plaques abdominales; quarante-six plaques sous-caudales.

C'est John Williams qui, le premier et dans le second volume des *Asiatik Researches*, nous a fait connoître cette espèce de scytale, qui a deux pieds et demi de longueur et que l'on regarde aux Indes comme extraordinairement dangereuse.

Scytale est aussi le nom spécifique d'un boa, de l'*anacondo*. Voyez Boa. (H. C.)

SCYTALE AMMODYTE. (*Erpét.*) Ce serpent paroît être le même que le *lachésis muet*. Voyez Lachésis. (H. C.)

SCYTALE A CHAINES. (*Erpét.*) Voyez Lachésis. (H. C.)

SCYTALE A GROIN. (*Erpét.*) Voyez Cenchris. (H. C.)

SCYTALE NOIR, *Scytale niger;* SCYTALE PISCIVORE, *Scytale piscivorus.* (*Erpét.*) Daudin a ainsi nommé deux serpens venimeux, à ce qu'il paroîtroit, mais non encore assez bien connus pour être définitivement classés. Le premier a été nommé par Shaw *coluber cacodæmon;* le second est le *coluber aquaticus* du même auteur. (H. C.)

SCYTALIA. (*Bot.*) Voyez Litchi. (Poir.)

SCYTALIA. (*Bot.*) Ce genre de Gærtner est le même que l'*euphoria* de Commerson, dans la famille des sapindées. Théophraste employoit le même nom, suivant Adanson, pour désigner le melon. (J.)

SCYTALION. (*Bot.*) Dioscoride nommoit ainsi le *cotyledon,* suivant Adanson. (J.)

SCYTHION. (*Bot.*) Nom grec de la réglisse, suivant Mentzel. (J.)

SCYTHROPS. (*Orn.*) L'oiseau que les naturalistes décrivent sous ce nom, tant en latin qu'en françois, a pour caractères génériques : Un bec robuste, plus long que la tête, plus haut que large, convexe en dessus, courbé à la pointe, cannelé sur les côtés, et dont les mandibules sont glabres et entières ; des narines arrondies, percées derrière la masse cornée, près de la base du bec, et bordées en dessus par une membrane nue ; la langue d'un tiers plus courte que le bec, cartilagineuse, plate à la base et bifide à son extrémité ; des tarses courts et forts ; deux doigts en avant et deux en arrière : ceux de devant réunis à leur base, et les internes plus longs que les externes ; les deux premières rémiges étagées, et la troisième la plus longue ; la queue cunéiforme et composée de dix rectrices.

On ne connoit encore qu'une espèce de ce genre, qui a d'abord été trouvée au port Jackson, dans la Nouvelle-Galles du Sud, où elle arrive en Octobre, et d'où elle se retire en Janvier. Le gouverneur Phillip et le chirurgien White sont les premiers qui aient fait connoître cet oiseau, l'un, sous le nom de perroquet à bec de corne, *psittaceous hornbill,* et l'autre, sous celui d'*anomalous hornbill.* Latham en a formé le huitième genre de sa méthode, sous le nom de *Scythrops, Index ornith.,* tom. 1, p. 141. L'espèce (*scythrops Novæ Hollandiæ*) a été décrite et figurée par Phillip et White, et ensuite par Latham, sous la dénomination de *channel-bill,* 2.ᶜ Supplément du *Synopsis,* pag. 96 et pl. 124. C'est le même oiseau que M. Virey a décrit, sous le nom de *perroquet calao*, dans le tome 64.ᵉ, p. 98, de l'édition de Buffon donnée par Sonnini, comme étant de la taille d'une corneille, et ayant 2 pieds 3 pouces anglois de longueur. Le tour de ses yeux est nu et garni d'une peau ridée, rouge. La tête, le cou et le dessous du corps, ont une teinte grisàtre ; le dos est d'une couleur plombée, ainsi que les ailes et la queue, qui est très-étagée, et dont les pennes sont marquées, vers l'extrémité, d'une bande noire, et terminées de blanc. Les pieds sont d'un noir bleuàtre, et le bec est de couleur de corne.

Cet oiseau porte, à la Nouvelle-Hollande, le nom de *goe-re-e-gang*, dont M. Vieillot a fait, par contraction, *goerang ;* et il résulte des renseignemens communiqués par M. Reinwardt à M. Temminck, que le même oiseau, qui se trouve aussi à l'île Célèbes, y est appelé *amearo*, nom qui probablement a la même signification que celui de *goe-re-e-gang*, chez les peuples de l'Océanie, lesquels le lui ont donné à cause des cris que jette cet oiseau et de ses mouvemens brusques et inquiets lorsque le temps doit changer ; circonstance pour laquelle le nom spécifique de *présageur* lui a été appliqué par M. Temminck, qui en a donné une bonne figure, planche 290 de ses Oiseaux coloriés. Ce naturaliste présume que les scythrops sont de passage dans quelques parties de la Grande-Terre, et qu'ils nichent vers le Nord de la Nouvelle-Hollande : ce qui lui paroît d'autant plus vraisemblable, qu'ils se reproduisent aussi à Célèbes. Leur naturel est sauvage, et ils se tiennent cachés lorsque le temps est beau ; mais ils font entendre des cris très-perçans à l'approche des orages, et ils étendent souvent la queue en éventail. Ils se nourrissent de piment et mangent aussi des insectes, surtout de gros scarabées. (Cʜ. D.)

SCYTHYMENIA. (*Bot.*) Agardh fait connoître sous ce nom générique une sorte de plantes byssoïdes ou confervoïdes, de la famille des algues ou de celles nommées plus récemment des zoocarpées ou psychodiaires, qu'on trouve sur les rochers humides et dans leurs fentes, au milieu des bois de la province de Smolande en Suède. Elle forme des membranes qui pénètrent dans les fentes des rochers sous forme de couches gélatineuses, fauves ou d'un vert obscur, étalées, qui, par la dessiccation, deviennent membraneuses et coriaces, en prenant l'aspect de l'*oscillatoria subfusca*. Elles pourroient même être la souche d'un oscillatoire, selon Fries, qui se demande encore si ce ne seroit pas le *palmella rupestris*. Les membranes ne sont qu'un tissu de filamens et de grains entrelacés et entremêlés. Cette plante paroît très-voisine du genre *Gloionema* d'Agardh, auquel l'a réunie Fries, et qui offre des plantes des eaux marécageuses, gélatineuses, filiformes, tenaces, contenant des petits grains ou globules elliptiques, disposées en séries. Ce genre *Glojonema* lui-même est très-voisin et à peine distinct de l'*Oscillatoria* ; aussi est-il regardé comme très-douteux. (Lem.)

SCYTINIUM. (*Bot.*) Nom imposé par Acharius à la troisième section du genre Collema. Voyez ce mot. (Lem.)

SCYTODES. (*Entom.*) Nom d'un genre formé par M. Latreille pour y placer une espèce d'araignée dont les yeux sont singulièrement disposés, et au nombre de six seulement. (C. D.)

SCYTONEMA. (*Bot.*) Genre de la famille des algues et de la division des algues articulées. Il a été établi par Agardh, dans son *Synopsis algarum*, adopté par Lyngbye, et a pour type le *Conferva comoides* de Dillwyn, qui, dans les derniers temps soumis à l'observation la plus rigoureuse par MM. Gaillon de Dieppe, de Bory de Saint-Vincent, appartient, comme les *Oscillatoires* et d'autres genres analogues, à une nouvelle classe d'êtres végétaux-animaux, remarquables par le mode de leur multiplication et de leur développement, et qu'on désigne par Zoocarpées, Psycodiaires et Némazoaires. M. Gaillon a nommé *girodella comoides* la plante de Dillwyn. C'est le *vaucheria appendiculata*, Decand.

Agardh caractérise ainsi le genre *Scytonema* : Des fils continus, libres, un peu coriaces, point gélatineux, remplis intérieurement de sporanges en forme d'anneaux parallèles et transversaux. Suivant Lyngbye, il faut considérer que les fils sont transversalement annulés ou moniliformes. Agardh convient que son *Scytonema* est très-difficile à distinguer de l'*Oscillatoria*. Dans ce dernier, et d'après Agardh, les filamens sont membraneux, gélatineux, et, du reste, contiennent des sporanges annuliformes transversaux, comme dans le *Scytonema*.

Fries pense mieux définir ce genre, en le caractérisant de la manière suivante: Thallus vertical formé de fils continus, membraneux, brillans, qui deviennent durs par la sécheresse, s'entrelaçant et s'enroulant de manière à former des pointes aiguës; des grains globuleux ou déprimés, disposés en série simple dans l'intérieur des fils. Ces caractères, différens de ceux assignés par Agardh et Lyngbye, font douter que ce soit le même genre. Fries annonce que son *Scytonema* demande à être revu; et, d'après les caractères qu'il assigne à son *Oscillatoria*, on y reconnoît le *Scytonema* d'Agardh.

Ce genre n'est pas conservé dans le *Species algarum* d'Agardh; mais il est rétabli et décrit dans son *Systema algarum*. Selon ce naturaliste, il comprend quinze espèces environ, divisées en deux sections; dans la première sont celles à fils couchés, et dans la seconde celles à fils droits. La connoissance de quelques-unes de ces espèces est due à Lyngbye. En général elles ont été prises autrefois pour des colléma et des conferves. Ces plantes croissent pour la plupart dans les eaux douces, sur les poutres humides, sur les pierres mouillées, dans les conduits de bois, sur les rouages des moulins. Ce genre ne paroissant pas devoir être conservé, nous nous dispenserons d'en décrire les espèces: seulement on peut voir, à l'article NÉMAZOAIRES, l'histoire de l'une d'elles, le *scytonema comoides* ou *conferva comoides* de Dillwyn, déjà cité plus haut. (LEM.)

SCYTOSIPHON. (*Bot.*) Genre de plantes marines de la famille des algues, et de l'ordre des confervoïdées-fucoïdes, dans la méthode d'Agardh, voisin du genre *Desmarestia*, Lamour., ou *Sporochnus*, Agardh. Il est caractérisé par ses frondes filiformes, presque fistuleuses, coriaces ou cartilagineuses, obscurément cloisonnées, d'un jaune olivâtre, et dont la surface est couverte de sporidies? pyriformes, nues.

Ce genre ne comprend que deux espèces d'après Agardh, qui l'a établi.

La première, le *scytosiphon filum*, est le *fucus filum*, Linn. Elle est le type du genre CHORDA de Lamouroux, et décrite à cet article. C'est aussi le genre *Chordaria*, Link, *Chamnia*, Desv., *Mertensia*, Thunb.; enfin, un *Ulva* pour beaucoup d'auteurs. Agardh en décrit beaucoup de variétés.

La seconde, mentionnée par Agardh, est le *scytosiphon fæ-*

uculaceus ou *ceramium fibrosum*, Roth. Elle est figurée dans la *Flora danica*. pl. 1595, fig. 1 , et diffère par sa fronde sétacée irrégulièrement. rameuse.

Lyngbye avoit augmenté ce genre d'une douzaine d'espèces déjà connues et placées dans les genres *Ulva, Gigartina, Desmarestia, Halymenia* et *Chondria*. Mais Agardh n'a pas admis cette réunion , qui en effet est susceptible d'un sévère examen. Il est vrai que ce botaniste excluoit de ce genre l'espèce principale. qui formoit seule le *Chorda* de Lamouroux, adopté par lui. (Lem.)

SCYTROPUS. (*Entom.*) C'est le nom donné par M. Schœnherr à un sous-genre de charanson , dans le genre 70. Voyez ce numéro à l'article Rhinocères. (C. D.)

SCZIGIL. (*Ornith.*) Ce nom polonois , qui s'écrit aussi *sczygiel*, est celui du chardonneret. *fringilla carduelis,* Linn. (Ch. D.)

SEA-ABORNE. (*Ichthyol.*) Nom anglois du Labre bergylte, décrit dans ce Dictionnaire, tom. XXV. pag. 21. (H. C.)

SEA-CABBAGE , SEA-KALE. (*Bot.*) Noms anglois du *crambe*, ou chou de mer, cités dans le Dictionnaire économique. (J.)

SEA-CROW. (*Ornith.*) C'est , en anglois , la corneille mantelée ou le nigaud , comme *sea-dotterel* est le tourne-pierre ; *sea-hen*. le guillemot ; *sea-lark*, l'ortolan de neige ou le pluvier à collier: *sea-phasant*, le pilet ; *sea-pie* , l'huîtrier ; *sea-swallow*, la glaréole ou perdrix de mer ; *sea-turtle*, le petit guillemot. (Ch. D.)

SEA-FOX. (*Ichthyol.*) Nom anglois du renard marin. Voyez Carcharias. (H. C.)

SEA-HEN. (*Orn.*) Dans la province angloise du Northumberland. ce nom est donné au guillemot. (Desm.)

SEA-JUNKERLIN. (*Ichthyol.*) Un des noms anglois de la Girelle. Voyez ce mot. (H. C.)

SEA-ROUGH. (*Ichthyol.*) Nom anglois du Pagel et du Denté. Voyez ces mots. (H. C.)

SEA-SCORPION. (*Ichthyol.*) Un des noms anglois du scorpion de mer . *cottus scorpius*. Voyez Cotte. (H. C.)

SEA-SWALLOW. (*Ornith.*) Hirondelle de mer en anglois. Ce nom est aussi donné à la glaréole. (Desm.)

SEA-WIFE. (*Ichthyol.*) Nom anglois de la Vieille. Voyez ce mot. (H. C.)

SÉAFORTHE (*Bot.*); *Seaforthia*, Rob. Brown, *Nov. Holl.*, 1, pag. 267. Arbre très-élégant que M. Rob. Brown a mentionné sous le nom de *seaforthia elegans*. Il est voisin du genre *Caryota*, de la famille des *palmiers*, dont il diffère par la structure de son ovaire et par la situation de l'embryon. Ses tiges supportent, à leur sommet, de très-grandes feuilles ailées; les folioles sont pliées et rongées à leur sommet. Les fleurs sont polygames, monoïques; le calice a six divisions: trois extérieures; trois intérieures très-profondes (ou trois pétales?). Dans les fleurs mâles et hermaphrodites les étamines sont nombreuses; l'ovaire a un seul ovule, un style, un stigmate obtus. Les fleurs femelles sont solitaires, placées entre deux fleurs mâles ou hermaphrodites: point d'étamines; l'ovaire, sans style, est surmonté de trois stigmates obtus. Le fruit est une baie ovale, renfermant une semence striée. L'embryon est situé à la base des semences. Cette plante croît à la Nouvelle-Hollande. (Poir.)

SEAL. (*Mamm.*) Nom des phoques, en anglois. (Desm.)

SEALA. (*Bot.*) Nom générique sous lequel Adanson désigne le *pectis* de Linnæus. (J.)

SEAR-WATER. (*Ornith.*) Cette dénomination, qui signifie rasant la superficie de l'eau, désigne le pétrel puffin, *procellaria puffinus*, Linn. (Ch. D.)

SEAU DE SALOMON. (*Bot.*) Nom vulgaire du *polygonatum*, genre de la famille des asparaginées, nommé plus anciennement signet de Salomon. Le seau Notre-Dame est la bryone ordinaire: le seau de la Vierge est le *tamnus*. Voyez Signet et Taminier. (J.)

SÉBACIQUE [Acide]. (*Chim.*) Acide organique obtenu par M. Thénard, en distillant le suif ou la graisse de porc. Son nom vient de *sebum*, suif.

Composition.

Il est formé d'oxigène, de carbone et d'hydrogène dans des proportions inconnues. Mais les propriétés qu'on lui connoît le font considérer comme un corps gras, c'est-à-dire comme une substance dans laquelle le carbone et l'hydrogène dominent sur l'oxigène.

Propriétés.

Il est solide, cristallisable en petites aiguilles incolores : sa densité est plus grande que celle de l'eau.

A la chaleur il se fond à la manière des corps gras.

Il est inodore; sa saveur est légèrement acide.

Il est peu soluble dans l'eau froide; il l'est davantage dans l'eau chaude. Une dissolution bouillante qui en est saturée, se prend en masse par le refroidissement.

La solution refroidie rougit légèrement la teinture de tournesol.

Elle précipite les solutions d'acétate et de nitrate de plomb, d'acétate et de nitrate de protoxide du mercure, de nitrate d'argent.

L'acide sébacique forme, avec la potasse, la soude et l'ammoniaque, des sébates solubles, dont les solutions concentrées se prennent en masse quand on y verse des acides sulfurique, nitrique, hydrochlorique, etc.

Préparation.

On distille 3 à 4 kilog. de suif ou d'axonge dans une cornue de grès de 7 à 8 litres, à laquelle on a adapté une alonge et un ballon tubulé. La tubulure du ballon est fermée par un bouchon traversé d'un long tube par lequel les gaz provenant de la distillation peuvent se dégager. Quand la distillation est achevée, on introduit les produits solides et liquides dans un grand flacon bouché à l'émeri, on y verse de l'eau chaude, et on agite le flacon afin de mettre les matières en contact. Quand l'eau commence à se refroidir et qu'elle est claire, on la sépare de la matière grasse et on fait un nouveau lavage; enfin, quand l'eau ne paroit plus dissoudre d'acide sébacique, on fait concentrer les derniers lavages, puis on les ajoute aux deux premiers, qu'on a fait concentrer. On abandonne la liqueur à elle-même, et on obtient l'acide sébacique cristallisé par le refroidissement. Si on ne le trouve pas assez pur, on le fait redissoudre dans l'eau bouillante.

On peut encore, comme l'a fait M. Thénard, précipiter les lavages qui contiennent l'acide sébacique par l'acétate de plomb, et décomposer à chaud le sébate précipité et bien lavé par l'acide sulfurique étendu d'eau. Quand l'oxide de plomb a été neutralisé par l'acide sulfurique, on filtre la liqueur ; l'acide sébacique cristallise par le refroidissement.

Histoire.

Avant M. Thénard, on avoit donné le nom d'acide sébacique au produit acide fortement odorant qu'on obtient de la distillation du suif et des corps gras en général. Mais, s'il est vrai que ce produit doive en partie son acidité à l'acide sébacique, il est certain que l'odeur qu'il manifeste est due à des corps qui en diffèrent beaucoup. (Cʜ.)

SEBADILLO. (*Bot.*) Voyez Cᴇᴠᴀᴅɪʟʟᴇ. (**J.**)

SEBÆA. (*Bot.*) Genre de plantes dicotylédones, à fleurs complètes, monopétalées, de la famille des *gentianées*, de la *pentandrie monogynie* de Linnæus, offrant pour caractère essentiel : Un calice à cinq divisions très-profondes ; une corolle tubulée : le limbe à cinq lobes ; cinq étamines saillantes ; les anthères calleuses, recourbées à leur sommet après la fécondation ; un ovaire supérieur ; le style droit, terminé par deux stigmates ; une capsule un peu comprimée, bivalve, à deux loges ; les semences nombreuses. Il n'y a quelquefois que quatre parties au lieu de cinq dans les fleurs.

Cette plante est un démembrement de celui des *exacum* de Linné, établi, par M. Rob. Brown, pour plusieurs espèces, qui s'en écartent par les caractères qui viennent d'être énoncés. Il faut y rapporter les espèces suivantes :

Sᴇʙæᴀ ᴏᴠᴀʟᴇ : *Sebæa ovata*, Rob. Brown, *Nov. Holl.; Exacum ovatum*, Labill., *Nov. Holl.*, 1, pag. 38, tab. 52. Plante herbacée, dont la tige est droite, haute de sept à huit pouces, glabre, dichotome. Les feuilles sont opposées, sessiles, glabres, ovales, un peu aiguës, longues d'environ trois lignes. Les pédoncules sont droits, terminaux, filiformes, opposés, très-longs, dichotomes, uniflores ; une fleur médiocrement pédicellée est dans le milieu de la dichotomie. Les divisions du calice sont profondes, ovales, lancéolées, aiguës ; le tube de la corolle est ventru, de la longueur du calice ; le limbe à cinq lobes ovales, aigus : les cinq étamines ont leurs filamens très-courts ; les anthères versatiles ; l'ovaire est ovale ; le style à peine de la longueur du tube ; le

stigmate en tête ; la capsule ovale, membraneuse, à deux
valves, à deux loges; les semences nombreuses, planes, striées.
Cette plante croit au cap Van-Diémen.

Sebæa blanchatre : *Sebæa albens*, Rob. Brown; *Exacum albens*, Linn., *Suppl.*, 207, tab. 74, fig. 4. Plante herbacée, qui
produit une tige glabre, tétragone, haute de quatre à cinq
pouces, dichotome et en cime au sommet. Les feuilles sont
un peu charnues, en cœur. lisses, embrassantes, un peu courantes sur la tige. Les fleurs sont blanches, et forment une
cime terminale, les unes à l'extrémité des derniers rameaux,
les autres dans leur dichotomie : elles ont un calice de quatre
folioles droites, ovales, aiguës, en carène, persistantes; la
corolle est hypocratériforme ; le tube un peu plus long que
le calice : le limbe à quatre lobes ovales, renfermant quatre
étamines, à filamens très-courts, terminés par des anthères
oblongues, saillantes. Cette plante croit au cap de Bonne-
Espérance.

Sebæa doré : *Sebæa aureum*, Rob. Brown ; *Exacum aureum*,
Linn. fils. *Suppl.*, 123. Cette espèce est pourvue d'une tige
haute de trois ou quatre pouces. glabre, droite, menue, un
peu anguleuse, rameuse et dichotome vers son sommet. Les
feuilles sont opposées, presque en cœur ou ovales, sessiles,
plus courtes que les entrenœuds. Les fleurs sont pédonculées,
disposées en cime, presque en corymbe bien garni. Le calice
se divise en quatre folioles droites, ovales, aiguës, concaves,
en carène sur le dos, un peu scarieuses sur les bords; la corolle est une fois plus grande que le calice : le limbe à quatre
découpures lancéolées, de la longueur du tube ; les étamines
sont saillantes. Cette plante croit au cap de Bonne-Espérance.

Sebæa en cœur : *Sebæa cordatum*, Rob. Brown; *Exacum cordatum*, Burm.. *Afr.*, tab. 74, fig. 5; Pluk., *Almag.*, tab. 275,
fig. 4 ; Séba, *Mus.*, 1, tab. 22, fig. 7. Sa tige est herbacée,
haute de cinq à six pouces, glabre, un peu anguleuse. dichotome à sa partie supérieure. Les feuilles sont sessiles, opposées. lisses, en cœur. aiguës, plus courtes que les entrenœuds;
les fleurs jaunes, assez grandes, portées sur des pedoncules
courts, disposées, au sommet de la plante, en une cime presque en corymbe, terminales ou solitaires dans la dichotomie.
Le calice est pentagone. à cinq folioles a demi en cœur,

droites, aiguës, en carène, striées obliquement, un peu concaves, offrant à leur angle dorsal une aile membraneuse, presque demi-circulaire, qui forme leur côté extérieur. La corolle est pourvue d'un tube grêle, plus long que le calice, un peu renflé sous le limbe, à cinq lobes ovales, oblongs, ouverts en rosette : les étamines, placées à l'orifice de la fleur, dans le petit renflement du sommet du tube, ne sont point saillantes. Cette plante croit au cap de Bonne-Espérance. (Poir.)

SEBANAKH. (*Bot.*) Nom arabe de l'épinard, suivant M. Delile. Forskal le nomme *esbanach*. (J.)

SÉBATES. (*Chim.*) Nom donné aux sels que l'acide sébacique forme avec les bases salifiables. Voyez l'article Sébacique [Acide]. (Ch.)

SEBEOKIA. (*Bot.*) Ce genre de Necker paroît devoir être réuni à l'*exacum*, dans la famille des gentianées, quoique, suivant cet auteur, il ait une capsule uniloculaire. Le *sebæa* de M. R. Brown ne diffère aussi de l'*exacum* que par ses anthères, s'ouvrant par le haut et non dans leur longueur, et par son stigmate bifide. (J.)

SEBESTENA. (*Bot.*) L'arbre que presque tous les anciens nommoient ainsi, est le sebestier, dont les fruits sont employés en médecine dans les tisanes béchiques : il a été réuni par Linnæus au genre *Cordia* de Plumier sous le nom de *cordia myxa*. Ce dernier nom est celui que lui donnoit Cordus. (J.)

SEBESTIER. (*Bot.*) Voyez Cordia. (Poir.)

SEBET. (*Bot.*) Voyez Jebet. (J.)

SEBIFERA. (*Bot.*) Ce genre de Loureiro a été réuni depuis long-temps au *litsea* de M. de Lamarck, dans la famille des laurinées. Voyez Litsé. (J.)

SEBIN. (*Bot.*) Voyez Scherbin. (J.)

SEBIO. (*Mamm.*) M. Bosc dit que c'est le nom de la plus grosse baleine qui vit dans les mers du Japon. (Desm.)

SEBO. (*Bot.*) Nom provençal, cité par Garidel, du petit oignon venu de graine (J.)

SEBOPHORA. (*Bot.*) Necker a voulu substituer ce nom à celui du *virola* d'Aublet, dont la graine fournit une espèce de suif, employé à Cayenne pour divers usages économiques, et qui est maintenant le *myristica sebifera*. (J.)

SECACUL. (*Bot.*) Il paroît que la plante ainsi nommée chez

les Arabes, et mentionnée par Rauwolf aux environs d'Alep, est le *tordylium syriacum* de Linnæus. (J.)

SECALE. (*Bot.*) Nom latin du seigle. (L. D.)

SECALINA. (*Foss.*) Luid a donné ce nom à une empreinte d'épi sur une pierre; Luid, *Lit. Brit.*, page 108. (D. F.)

SECAMONE. (*Bot.*) Ce genre a été séparé des *periploca* par M. Rob. Brown. Il paroit tenir le milieu entre les périploques et les asclépiades, distingué particulièrement par les paquets de pollen, dont M. Brown fait un grand usage dans l'établissement des genres de cette famille, les apocinées. Ici la corolle est en roue; l'appendice ou la couronne des étamines à cinq folioles; le stigmate resserré vers son sommet. Le *periploca scamone* est le type de ce genre. (Voyez Périploque.) Il faut y ajouter le *periploca emetica*, Retz, et les deux espèces suivantes :

Secamone elliptique; *Secamone elliptica*, Rob. Brown, *Nov. Holl.*, 1, pag. 464. Cette plante a des tiges droites, garnies de feuilles glabres, opposées, elliptiques, entières à leurs bords, acuminées au sommet. Les pédoncules sont rameux, tomenteux : ils supportent des fleurs pédicellées, en roue ; les pédicelles sont également tomenteux; les corolles nues, sans duvet. Le *Scamone ovata*, R. Brown, *loc. cit.*, est pourvu de tiges rameuses, à rameaux diffus, très-étalés, garnis de feuilles opposées, ovales, aiguës, glabres à leur deux faces; les pédoncules et les pédicelles sont presque glabres; la corolle est privée de duvet. Ces deux plantes croissent sur les côtes de la Nouvelle-Hollande. (Poir.)

SECAMONE. (*Bot.*) Voyez Scammonée et Périploque scammonée. (J.)

SECH. (*Bot.*) Un des noms arabes d'une ketmie, *hibiscus purpureus*, nommée aussi *chobœs*, suivant Forskal. (J.)

SÈCHE, *Sepia*. (*Malacoz.*) Genre d'animaux mollusques, établi par Linné dans les premières éditions du *Systema naturæ*, mais caractérisé de manière à comprendre tous les malacozoaires céphalés, que Poli rangeoit parmi ses *brachiata*, et qui constituent à eux seuls les céphalopodes de MM. Cuvier et de Lamarck, les cryptodibranches ou brachiocéphalés de M. de Blainville. Dans l'état actuel de la science on réserve, avec Schneider et M. de Lamarck, qui, les premiers, ont subdivisé le genre *Sepia* de Linné, le nom de Sèche aux espèces dont le corps, ovale, assez alongé, soutenu dans le dos par un corps protecteur, solide, calcaire, est bordé de chaque côté, dans toute sa longueur, par une nageoire étroite, et qui, du reste, ont quatre paires de tentacules courts, garnis de suçoirs à bords cornés, outre une paire de longs appendices ou bras, absolument comme dans les calmars ou loligos; en sorte que, s'il est aisé de distinguer les sèches des poulpes, dont le corps globuleux n'est jamais pourvu ni de pièce solide dans le dos, ni de nageoires, et qui n'ont toujours que quatre paires d'appendices tentaculaires généralement beaucoup plus longs que le corps, il n'en est pas de même des calmars, dont une espèce même a ses nageoires dans toute la longueur du corps, de manière que le seul caractère fixe se tire de la nature du corps protecteur cartilagineux dans les calmars, et tout-à-fait calcaire ou osseux dans les sèches.

Les anciens, et surtout Aristote, car Pline et tous les auteurs subséquens paroissent l'avoir presque entièrement copié, étoient à peu près arrivés aux mêmes résultats que les auteurs les plus récens de zoologie. En effet, ils réservoient le nom de μαλάχια ou de *mollia* aux animaux qui forment le genre Sèche de Linné, et ils les distinguoient parfaitement en poulpes, en sèches et en calmars. Nous devons même ajouter que le peu que nous connoissons sur les mœurs de ces singuliers animaux, leur est à peu près entièrement dû.

Aristote nous a également laissé quelques détails sur l'organisation des sèches; mais il faut convenir qu'ils sont extrêmement incomplets : aussi allons-nous y suppléer d'après les observateurs modernes, et surtout d'après ce que nous avons vu nous-mêmes. Nous sommes d'autant plus portés à nous livrer ici à quelques développemens, qu'aux articles Poulpe et Calmar nous avons renvoyé au mot Sèche, comme pouvant nous servir de point de départ pour tout ce groupe d'animaux.

Le corps des sèches est en général ovale, alongé, assez déprimé, presque également convexe en dessus comme en dessous, arrondi à l'extrémité postérieure et souvent atténué antérieurement par la disposition fasciculée et convergente en avant des appendices tentaculaires. Le tronc proprement dit

est en général une ou deux fois plus long que la tête en totalité ; ce qui est à peu près intermédiaire à ce qui existe dans
les poulpes et dans les calmars : en effet, dans ceux-là le
corps est sphéroïdal ou à peine plus long que large, et dans
ceux-ci il est presque cylindrique et beaucoup plus long que
large. La masse céphalique n'est pas moins distincte que dans
les deux genres que nous venons de citer : elle est très-grosse,
à peu près sphérique, et aussi renflée en dessus qu'en dessous. Comme dans tous les mollusques de cette famille, elle
est bordée antérieurement par quatre paires d'appendices servant à saisir la proie, et dont la proportion est tout-à-fait
semblable à ce qui a lieu dans les calmars. En effet, elles
décroissent insensiblement de la première inférieure à la dernière supérieure : généralement plus gros, même proportionnellement, que dans les calmars, ces appendices paroisent cependant plus longs, à cause de la brièveté du corps.
Du reste ils sont, comme dans ceux-ci, garnis à la face interne par une bande assez large de suçoirs fort petits, assez
irrégulièrement disposés, en forme de fleurs de muguet,
pédiculés et garnis à la circonférence de leur ouverture
par un rebord corné bien évident. Entre les racines de la
première et de la seconde paire se trouve un orifice par
lequel sort d'une cavité ou poche, située au-dessous de la
tête, une autre paire d'appendices beaucoup plus longs et
d'une tout autre forme que les autres, absolument encore
comme dans les calmars. C'est ce que l'on désigne ordinairement sous les noms de bras et quelquefois même de trompes,
tout-à-fait à tort, comme on le pense bien. Ils sont en effet
entièrement pleins, contractiles et formés par un long pédoncule cylindroïde, terminé par un épatement ou élargissement
dont la face interne est garnie de suçoirs entièrement semblables, quoique plus gros, à ceux dont sont pourvus les appendices marginaux. De chaque côté de la tête est un œil très-
considérable, comme dans les autres brachiocéphalés, et au
milieu de l'espèce de rose ou d'entonnoir, formée par la racine des appendices, est un grand orifice arrondi pour la bouche. Sous cette singulière espèce de tête, que nous avons nommée céphalothorax, parce qu'elle peut être considérée comme
composée de la tête elle-même et du thorax des autres ma-

lacozoaires céphalés, qui se seroit assez avancé pour la saisir dans son recourbement en avant, et dont les bords seroient digités en lanières appendiculaires, se trouve un large entonnoir, comme dans les poulpes et les calmars, dirigé d'arrière en avant, la grande ouverture communiquant postérieurement avec la cavité du manteau, et la petite se portant en avant jusqu'au niveau des yeux. L'abdomen, dont nous avons décrit la forme plus haut, est déprimé, un peu plus convexe en dessus qu'en dessous; il est bordé dans toute sa circonférence par un lobe cutané marginal, servant de nageoire, qui, commençant en arrière de la ligne médiane, se continue sans interruption jusqu'au bord antérieur. Cet abdomen est joint au céphalothorax, sans aucune trace d'étranglement; mais en dessous il semble y avoir une solution de continuité ou grande fente, qui est produite par le bord libre de l'espèce de sac que forme la cavité branchiale dont il va être question tout à l'heure. Dans ce genre d'animaux on ne voit à l'extérieur aucun des orifices servant à la terminaison des appareils digestif et reproducteur, tous se trouvant dans la cavité branchiale.

La peau des sèches est assez mince et beaucoup plus distincte du plan musculaire sous-posé que dans les autres malacozoaires; le derme est mou, presque muqueux; il est couvert d'un pigmentum variable pour sa coloration, et il offre la même singularité que nous avons déjà signalée dans les calmars et même dans les poulpes, c'est-à-dire, qu'outre la matière colorante ordinaire on trouve dans des aréoles indépendantes du système vasculaire un fluide coloré formant des taches circonscrites et offrant sur l'animal vivant des phases de systole et de diastole continuelles. L'épiderme qui recouvre cette peau est nul, ou du moins à peu près muqueux, quoique cependant quelquefois plus ou moins verruqueux ou granuleux.

A peine plus épaisse en dessus qu'en dessous, quoiqu'elle y soit plus vivement colorée, la peau présente, dans une vaste lacune occupant toute l'étendue du dos, un corps protecteur en grande partie calcaire ou crétacé, dont la forme et la structure sont tout-à-fait caractéristiques de ce genre d'animaux. C'est ce qu'on nomme l'os de sèche ou SÉPIOSTAIRE.

De forme en général ovale, assez alongée, bien régulière, bien symétrique, on peut y distinguer deux parties, l'une postérieure, plus ou moins concave, et l'autre antérieure, beaucoup plus grande et convexe sur ses deux faces. La première commence en arrière par une pointe ou sommet plus ou moins prolongé et complétement solide, à peine légèrement excavé en avant. La cavité est considérablement augmentée par une expansion calcaréo-membraneuse, à fibres radiées, qui, beaucoup plus large en arrière, où elle s'évase quelquefois jusqu'à dépasser le sommet de la coquille, se prolonge en avant, en se rétrécissant, et bordant toute la seconde partie du sépiostaire, de manière à sembler n'être qu'une continuation de sa lame dorsale : c'est cette expansion qui forme le péristome de l'ouverture de cette sorte de coquille. La seconde partie, beaucoup plus considérable que l'autre, forme pour ainsi dire une grande avance clypéiforme, tout-à-fait droite, ovale, et convexe sur ses deux faces. D'abord un peu excavée à sa partie postérieure, qui est assez atténuée et qui continue la partie solide, elle devient d'abord assez convexe, surtout en dessous, pour s'amincir ensuite de nouveau, en même temps qu'elle se rétrécit un peu jusqu'à son bord antérieur, qui est assez mince et arrondi. Toute la coquille proprement dite est formée, comme de coutume, de lames ou de couches appliquées les unes dans les autres, laissant, par la disposition des stries, les traces du mode d'accroissement ; c'est ce que l'on voit très-bien dans la cavité proprement dite de la coquille, en arrière. Toute la partie avancée est également composée de couches qui se débordent, en s'accroissant, la plus nouvelle en dedans ; mais, par une singularité, ces lames ne sont pas assez grandes pour se couvrir successivement les unes les autres ; en sorte qu'en même temps qu'on voit des traces ou lignes d'accroissement en dessus, à l'extrémité antérieure de chaque lame, on voit également en dessous, dans une espèce de large impression musculaire qui occupe la moitié postérieure au moins du bouclier, l'extrémité postérieure des lames qui se dépassent d'avant en arrière. Un autre point également remarquable du sépiostaire, c'est que ces lames sont très-peu serrées entre elles et réunies par de petites fibres ver-

ticales, qui lui donnent, quand on le coupe, un aspect po-
reux et une légèreté spécifique fort peu considérable. Quant
à l'expansion marginale, elle semble réellement composée de
fibres de longueur extrêmement différente, qui s'irradient
des bords de la cavité en arrière, de côté, et surtout en
avant, et qui sont recouvertes en dessus par une partie
comme membraneuse, qui en continue les bords, au contraire de l'avance, dont la face supérieure est recouverte
et comme encroûtée par une matière calcaire très-blanche,
comme éburnée et tuberculeuse.

Les organes des sens des sèches sont absolument ce qu'ils
sont dans les poulpes et surtout dans les calmars.

Nous venons de décrire le siége du sens du toucher. Nous
verrons, en traitant de l'appareil locomoteur, la structure
des appendices locomoteurs qui couronnent la tête, et qu'on
pourroit considérer comme des organes du tact, ainsi que
celle des ventouses dont ils sont armés.

Nous ne connoissons pas, et aucun auteur ne mentionne
d'organe de l'odoration dans ce genre d'animaux.

Celui de la vision ou l'œil, est fort considérable, situé de
chaque côté de la tête, dont il fait une grande partie : il est
mis à l'abri dans une sorte d'orbite, en forme de demi-enton-
noir, que lui présente une enveloppe cartilagineuse du cerveau, que nous allons voir tout à l'heure servir en même
temps de point d'appui aux muscles des appendices tentaculaires.

Quant à la structure de l'œil lui-même, elle est assez particulière, quoique fort semblable cependant à ce qui a lieu
dans les poulpes et dans les calmars. Le globe de l'œil, fort
grand, est à peu près hémisphérique, convexe en arrière
et aplati en avant. La première membrane qui l'enveloppe
est subcartilagineuse, blanche et un peu plus épaisse en
avant, plus mince et de couleur noirâtre en arrière, à cause
de sa demi-transparence qui laisse passer un peu de la teinte
foncée du pigmentum; percée en dedans pour laisser passer
les nerfs et les vaisseaux, elle offre en dehors un grand trou
qui permet de pénétrer dans la chambre antérieure de l'œil,
mais non pas au-delà, parce que cette membrane s'est bifur-
quée vers cet orifice. La circonférence de la lame antérieure

est libre, mais l'autre est adhérente au cristallin; en sorte
que, si cette première membrane peut être regardée comme
une sclérotique, cependant elle remplit l'office de la cho-
roïde et de l'iris de l'œil des ostéozoaires, et en effet la face
postérieure de sa lame adhérente à la capsule du cristallin
est tapissée en arrière par une couronne de véritables procès-
ciliaires, assez courts, mais bien évidens, et qui adhérent
aussi à la capsule du cristallin : tandis que sa face antérieure offre, comme l'iris des animaux vertébrés, une couleur bleuâtre ou vert de mer. En dedans de cette première
membrane collée contre elle, en est une seconde beaucoup plus
mince et beaucoup plus molle : elle est évidemment nerveuse :
parvenue à la circonférence de la lame interne de l'iris, elle
se termine à la racine des procès-ciliaires. C'est très-probablement la rétine, et cependant sa face interne est enduite
par une couche considérable d'un pigmentum de couleur
foncée. Enfin, on trouve en dedans de cet enduit une troisième membrane, beaucoup plus mince, une sorte d'hyaloïde
dans laquelle est contenue une grande quantité d'humeur
aqueuse, en même temps qu'une véritable vitrine ayant sa
membrane propre. Le cristallin, qui est à la partie antérieure de cette humeur vitrée, est très-gros, très-épais; il
est composé de deux calottes différentes en diamètre et
en courbure, séparées par une petite rainure circulaire
dans laquelle s'attache la circonférence interne de l'iris. En
avant du cristallin nous n'avons pas observé d'humeur aqueuse,
mais il est plus que probable qu'il en existe sur l'animal
vivant et qu'elle est peu considérable, puisque le cristallin, très-convexe, touche immédiatement la cornée transparente.

Cet œil, assez peu ou point mobile, n'est libre dans sa
cavité que dans sa moitié externe, et cette cavité est li-
mitée en dehors par une conjonctive, ou par la peau du
corps qui s'est d'abord seulement un peu amincie, vis-à-vis
de la masse de l'organe, mais qui devient parfaitement
transparente, et prend la disposition et la forme d'une cornée
transparente au-devant de l'iris. Cette cornée, plutôt plate
que convexe, est de forme ovale, oblique, avec un double
feston au bord supérieur. Il n'y a cependant pas de pau-

pières, mais seulement un petit repli semi-lunaire palpébral,
au bord inférieur.

L'organe de l'audition est beaucoup moins considérable et
moins compliqué que celui de la vue ; situé à la base de la
tête dans une excavation ovale, creusée dans la pièce cartilagineuse qui protége le système nerveux central, mais
sans communication à l'extérieur, il consiste en un petit sac
ovale ou pyriforme, membraneux, rempli d'un fluide sub-
gélatineux, avec quelques granulations amilacées, suivant
quelques anatomistes, mais que nous n'avons jamais vues.

Quant à l'organe du goût, on peut le supposer à la surface du renflement lingual dont nous parlerons plus tard :
toutefois nous ferons l'observation que cette surface est hérissée de petits crochets cornés, plutôt que de papilles véritablement gustatives.

L'appareil locomoteur est encore plus complet que dans
les calmars, et à plus forte raison que dans les poulpes :
d'abord, comme nous l'avons déjà dit, le dos est solidifié
par un corps protecteur ou par une sorte de coquille interne ; et, bien plus, les muscles des appendices tentaculaires
et ceux du tronc prennent leur point d'appui sur une partie
passive, cartilagineuse, qui a réellement quelques rapports
avec le crâne d'une seule pièce des poissons cartilagineux.

L'abdomen est, comme dans les poulpes et les calmars,
enveloppé dans toute son étendue par une couche musculaire qui, libre et épaisse dans la moitié inférieure et antérieure, constitue une cavité branchiale en forme de sac
ouvert antérieurement. Les fibres musculaires qui composent
ce sac sont à peu près toutes transversales en dessus comme
en dessous, et leur origine est dans un raphé latéral ; mais
en dessus elles forment une double couche fort mince, dans
l'intervalle de laquelle se loge le sépiostaire, ses bords membraneux recourbés pénétrant dans une gorge ou rainure profonde. En arrière, son extrémité est retenue par un muscle
transverse qui se porte d'une nageoire à l'autre. En avant,
même au-delà du corps mince, les nageoires sont, comme le
sac, entièrement formées par une couche épaisse de fibres
transverses, appliquées contre la ligne latérale ; mais chacune est pourvue en dessus et en dessous d'un muscle com-

posé de fibres obliques qui se portent du dos ou du ventre à la racine de toute la longueur de la nageoire, à peu près comme dans les nageoires du lophioderme des poissons.

La tête ou le céphalothorax ayant des mouvemens plus nombreux, présente aussi un appareil locomoteur plus compliqué. D'abord on remarque à l'intérieur une pièce solide, subcartilagineuse, de forme semi-lunaire, concave en avant, convexe en arrière, et percée dans son milieu par un orifice ovale, transverse, en sorte qu'on peut la considérer comme un grand anneau cartilagineux, de forme ovale ou sigmoïde, se dilatant à chacune des extrémités de son grand diamètre : c'est par le côté externe de cette dilatation que l'œil est mis à l'abri; c'est au bord et à la face concave que s'attachent les muscles des appendices tentaculaires ; c'est dans la branche inférieure qu'est logé l'appareil auditif, dans la supérieure qu'est le cerveau, et enfin dans l'anneau que passe l'œsophage.

Outre cette pièce principale et supérieure, il y en a une plus petite inférieure médiane, en forme de bec recourbé, qui donne attache à la paire de tentacules inférieurs, et qu'on peut regarder comme une pièce hyoïdienne.

Les muscles élévateurs de la tête ou du dos sont à peu près, comme dans les poulpes, au nombre de deux paires, qui toutes deux se fixent à la convexité du cartilage annulaire, et dont le plus long et le plus latéral prend son origine de chaque côté du milieu du dos.

L'entonnoir, formé par une couche épaisse de fibres circulaires, comme le dessous de l'enveloppe abdominale, a deux paires de petits muscles rétracteurs en avant, qui viennent du cartilage hyoïdien, l'un presque médian ou dorsal, et l'autre plus long et latéral.

Les appendices tentaculaires prennent leur attache, les trois paires supérieures à toute la face antérieure du cartilage céphalique, et la paire la plus inférieure au cartilage hyoïdien. Cette attache est très-puissante et se fait par un très-grand nombre de fibres longitudinales. Quant aux appendices brachioïdes, leur attache se fait par un raphé commun dans la ligne médiane, ainsi qu'à la base du cartilage hyoïdien.

Dans le reste de leur étendue, ces différentes espèces d'appendices sont entièrement contractiles et composées de fibres dirigées la plupart longitudinalement, et les superficielles transversalement.

Les suçoirs, dont la face interne est armée dans toute la longueur ou à l'extrémité seulement, sont pédiculés; le pédicule est entièrement musculaire et composé d'un faisceau de fibres qui, provenant de la couche transverse de l'appendice, se prolongent jusqu'à une sorte de tampon qui occupe le centre de la cupule du suçoir. Cette cupule, également contractile, est armée dans tout son bord par un petit cercle de matière cornée sans denticules.

L'appareil digestif présente une assez grande complication.

L'orifice buccal dont nous avons décrit plus haut la situation au fond de l'entonnoir incomplet, formé par les appendices, est ovale à son plus grand diamètre vertical, et est percé au milieu d'une double lèvre circulaire, dont l'interne, plus petite, est frangée dans sa circonférence.

Dans cet orifice se voit la partie antérieure de la masse buccale. Elle est ovale, un peu comprimée. On y remarque à son entrée deux dents cornées, très-fortes, très-grandes, recourbées en bec de perroquet; la supérieure, plus étroite, se place dans l'inaction dans l'excavation formée par l'autre. Elle est terminée en avant par une pointe recourbée, aiguë, et en arrière par une sorte d'apophyse assez longue, en gouttière, pour l'insertion des muscles qui font agir ces deux dents l'une sur l'autre.

La cavité buccale est elle-même assez étroite et plus haute que large : sa face inférieure est occupée par un renflement lingual peu considérable, et dont la surface est hérissée de crochets extrêmement fins, disposés sur plusieurs rangées et recourbés en arrière.

L'ouverture de l'œsophage est fort étroite, et occupe la partie tout-à-fait supérieure de la cavité buccale.

Celui-ci est également étroit et plissé dans sa longueur. Après avoir traversé l'anneau cartilagineux, il entre dans la cavité abdominale dont il occupe la ligne médio-dorsale, logé dans une rainure que lui offre le foie à sa partie supérieure. A son entrée dans cette cavité il est accompagné à droite et

à gauche par une masse glanduleuse salivaire, de forme ovale,
dont le canal excréteur, assez court, passe dans l'anneau
céphalique et vient s'ouvrir à la partie postérieure de la cavité buccale.

A la moitié au moins de la longueur totale de l'abdomen,
l'œsophage se dilate insensiblement et s'ouvre par un orifice
à peine rétréci dans un premier estomac membraneux, considérable, et assez semblable par la forme à une panse de
ruminant. Tout près du cardia, et un peu plus en arrière,
est un orifice pylorique ovale, très-grand, qui s'ouvre dans
un intestin collé et adhérent à l'estomac. Cet intestin offre
d'abord, en arrière, une sorte de cœcum enroulé en spirale, et ensuite, après une ou deux petites courbures, se
dirige directement en avant dans la ligne médio-ventrale, et
vient se terminer dans la cavité branchiale, assez près du
bord du manteau. L'anus est grand, béant, à l'extrémité
d'un tube court, flottant, et accompagné d'une paire de lobules
cutanés qui le dépassent un peu.

Le foie est extrêmement considérable : il occupe une
grande partie de la longueur du dos, et ne présente aucune
trace de divisions ou de lobes, comme dans les autres malacozoaires. Il offre la singularité de pouvoir être insufflé
par son canal excréteur, et alors on voit que ses parois sont
assez peu épaisses. Ce canal se termine par un seul orifice
dans l'intestin, à peu de distance de l'estomac.

L'appareil de la respiration est formé par une paire de
grandes branchies triangulaires, placées de chaque côté du
corps dans l'intérieur de la vaste cavité que forme le manteau, de figure à peu près triangulaire ; elles sont attachées,
la base en arrière et un peu en dedans, le sommet en avant
et un peu en dehors. Elles sont composées d'une double
membrane fort mince, dans laquelle, outre les vaisseaux
afférens et efférens formant des stries transverses, tombant
à angle droit sur les bords renflés par la veine et l'artère
branchiale principales, on remarque une masse comme glanduleuse, d'un blanc jaunâtre, dont je ne soupçonne pas même
l'usage, d'autant plus que je n'ai pu y découvrir de canal
excréteur.

Le système circulatoire des sèches est bien complet et composé, comme dans tous les animaux sans vertèbres, de veines et d'artères seulement.

Les veines ont des parois extrêmement minces, quoique parfaitement distinctes.

Les troncs principaux sont au nombre de trois : un antérieur et à peu près médian. le plus considérable de tous, et deux postérieurs.

Le premier commence dans les appendices tentaculaires par deux petites veines latérales pour chacun d'eux : elles débouchent toutes successivement dans un tronc qui suit circulairement la racine interne de ces organes et augmente de diamètre à mesure qu'il se rapproche davantage de la ligne médiane. Le tronc commun qui en résulte, avant de traverser l'anneau cartilagineux, reçoit les veines de la masse céphalique et des organes de la tête. Peu après son passage dans la cavité abdominale, cette veine, considérablement grossie, reçoit d'abord la veine de l'entonnoir, puis la veine hépatique, celle de l'estomac, et ainsi parvenue au tiers postérieur de la cavité, elle se divise en deux troncs similaires, qui s'écartent à droite et à gauche.

Ce sont ces troncs qui reçoivent chacun de son côté une veine assez grosse, qui ramène le sang de l'organe sécréteur de la génération, de la vessie à encre et des parties postérieures de l'abdomen : après quoi ils se dirigent vers la branchie, se transformant ainsi en artère branchiale. A l'endroit de cette transformation, à la racine même de la branchie, se trouve une sorte de sinus caverneux, ou mieux, peut-être, une espèce de ganglion ou de rate veineuse, que l'on a pris à tort pour un cœur : ce n'est pas même une oreillette.

Quoi qu'il en soit, l'artère pulmonaire suit le bord postérieur de la branchie, en fournissant successivement des branches nombreuses, qui en sortent à angle droit, jusqu'à ce qu'elle soit, pour ainsi dire, épuisée, et qu'elle soit arrivée au sommet. Le sang, qui revient de toutes les parties du corps, se rend aux branchies, et il en revient par un système de veines pulmonaires, tout-à-fait disposées comme les artères, mais en sens inverse. Arrivée à la racine du bord antérieur de la branchie qu'elle a suivi depuis son sommet,

en augmentant peu à peu de calibre et recevant successivement les veinules branchiales, la veine branchiale se dilate
en une véritable oreillette, à parois musculaires, qui, après
un rétrécissement en forme de canal plus ou moins long,
s'ouvre dans le ventricule. Celui-ci, d'une forme assez peu
régulière, cylindroïde, est situé transversalement au-dessous
de la masse viscérale et non contenu dans un péricarde. Ses
parois sont assez épaisses, complétement musculaires. A l'entrée des deux pédicules des oreillettes la membrane interne
forme deux petits replis valvulaires, semi-lunaires, entre lesquels passe le fluide.

De ce ventricule part un système artériel assez épais et
composé de deux aortes ; l'une antérieure, de beaucoup la
plus considérable, et l'autre postérieure, plus petite, et qui
toutes deux présentent un renflement bulboïde à leur origine.

L'artère aorte antérieure se porte d'arrière en avant dans
toute la longueur du corps, logée dans la scissure médiane
et inférieure du foie avec l'œsophage. La première branche,
qu'elle fournit presque à sa racine, est l'artère stomachique,
qui se porte transversalement aux différentes parties de cet
organe. Vers le milieu du foie elle donne à droite et à gauche
une grosse branchie, qui, après avoir fourni des rameaux
ascendans et descendans au foie, continue de se porter transversalement à l'enveloppe musculo-cutanée. Arrivée à l'anneau œsophagien, après avoir produit deux très-petites artères salivaires, l'aorte le traverse et se bifurque en deux
branches principales, qui donnent d'abord un rameau céré-
bral, puis, avant une inflexion considérable, qui fournit la
branche ophthalmique, et ensuite le tronc d'où naissent les
artères des appendices tentaculaires : la bifurcation aortique,
considérablement diminuée de diamètre, se prolonge directement jusqu'à la masse buccale, où elle se divise de nouveau
et fournit des branches à toutes ses parties. Chaque artère
tentaculaire est unique et se plonge dans l'intérieur de chaque
appendice, accompagnant ainsi le nerf correspondant jusqu'à
l'extrémité et fournissant des ramuscules aux suçoirs, à mesure qu'elle passe vis-à-vis.

L'aorte postérieure se porte directement d'avant en arrière, et fournit trois rameaux : le premier pour les parois

de l'abdomen et pour l'organe sécréteur de la génération, le second essentiellement pour cet organe, et enfin le plus gros, qui se recourbe à la racine du canal excréteur de l'organe de dépuration urinaire, pour passer sous sa vésicule, donne des rameaux à l'organe sécréteur lui-même, et d'autres à la fin du sac musculo-cutané, en suivant les ramifications des veines de cette partie.

L'appareil de décomposition consiste, dans ces animaux, dans les glandes salivaires du foie, dont nous avons déjà parlé, ensuite dans l'organe de dépuration urinaire, et, enfin, dans les organes de la reproduction, qu'il nous reste à décrire.

L'organe de dépuration urinaire est formé par une sorte de glande subcirculaire, peu épaisse, appliquée à la partie inférieure d'une grande poche ovalaire, située tout-à-fait en arrière du corps, au-dessous de l'organe sécréteur de la génération et qui, en s'atténuant en avant, se change en un long canal excréteur, un peu flexueux, adhérant au rectum et dont l'orifice vient se terminer à côté du sien, au bord antérieur de la cavité branchiale. Les parois du sac et de son canal sont très-peu épaisses et d'une belle couleur blanche, qui contraste beaucoup avec celle du produit de l'organe, qui est d'un brun-noir plus ou moins foncé et qui a reçu le nom d'encre de la sèche.

L'appareil de la génération est plus compliqué. Les sexes étant séparés sur des individus différens, nous aurons à décrire d'abord la partie femelle et ensuite la partie mâle.

L'ovaire, plus ou moins considérable suivant l'âge et surtout l'époque de l'année à laquelle on l'examine, occupe l'extrémité postérieure de l'abdomen, qu'il remplit entièrement, entre l'estomac en avant, la vessie à encre en dessous et la face inférieure du corps protecteur en dessus. On y distingue souvent avec la plus grande facilité les œufs fort gros qui s'y développent. De sa partie antérieure, et paroissant évidemment faire corps avec lui, se continue un oviducte large, assez court, et qui, après quelques inflexions, s'élargit fortement et comprend dans cet élargissement et entre ses parois une masse glanduleuse, ovale, un peu comprimée, qui a quelque ressemblance avec un testicule de mammifère. Cette masse est composée de deux parties; l'une, plus considérable, plus

nanche, est formée de lames très-serrées. qui convergent vers
le canal étroit qui continue celui de l'oviducte; l'autre. qui
semble être l'épididyme placé sur le testicule auquel nous
avons comparé la première, est d'une couleur beaucoup plus
foncée. Sa forme est beaucoup plus étroite; elle est placée
obliquement sur celle-ci : c'est à son extrémité libre et en
forme de mamelon que se voit l'orifice terminal de l'oviducte comme une fente percée entre deux lèvres. Cet orifice, qui se trouve dans la cavité branchiale à gauche et un
peu en arrière de l'anus. est, en effet, la terminaison d'une
grande fente qui sépare cette partie de l'organe en deux, et
dans laquelle communique en entonnoir le canal arrondi qui
a traversé l'autre.

Nous regardons aussi comme appartenant à l'appareil générateur dans le sexe femelle, deux organes similaires, peut-être
même symétriques, placés obliquement l'un de chaque côté
de la partie inférieure de la masse viscérale, entre les viscères
et la membrane qui l'enveloppe. Ils sont ovales, un peu
comprimés, arrondis en arrière, atténués, quoique obtus en
avant, où ils convergent vers la ligne médiane. Contenus
dans une membrane propre fibro-celluleuse, ils ont quelque
chose de la structure de la partie renflée de l'oviducte. et
sont, en effet, composés de deux rangs de lames, au nombre
de quatre-vingts environ de chaque côté, qui tombent toutes
presque à angle droit, surtout à la face supérieure. sur un
raphé longitudinal médian, formant, peut-être. une cavité
ouverte en fente à la pointe de l'organe.

Nous ignorons tout-à-fait l'usage de ces organes singuliers,
mais ils ne se trouvent que dans les individus femelles.

Nous trouvons encore dans nos notes et dans les figures
qui les accompagnent, l'indication d'un corps jaunâtre. subdivisé en trois lobes, un médian et deux latéraux, de structure
et d'apparence glanduleuses, ayant beaucoup d'analogie avec
les glandes salivaires, et qui est placé immédiatement au-
dessous de l'extrémité antérieure du rectum et du canal de
la vessie. en avant des organes précédens; mais nous en ignorons encore bien davantage l'usage.

La partie mâle de l'appareil générateur des sèches est disposée et à peu près composée comme la partie femelle.

L'organe sécréteur ou testicule occupe la place de l'ovaire, et est, par conséquent à la partie la plus reculée de la masse viscérale, un peu à droite, sous les muscles dorsaux et la membrane péritonéale. Il forme une masse blanche, irrégulièrement lobulée dans son contour. En enlevant l'enveloppe subfibreuse qui la circonscrit, on voit qu'elle est entièrement composée de petis grains irréguliers, ayant quelque ressemblance avec des œufs : ce sont sans doute les grains qui fournissent le fluide blanc, luisant, évidemment spermatique, qui sort de ce testicule quand on le coupe en travers. Le canal excréteur ou déférent nous a paru naître immédiatement de l'organe sécréteur sans divisions radiculaires : il est assez étroit, court et presque droit, c'est-à-dire qu'il ne présente d'abord presque aucune flexion. Dirigé d'arrière en avant, il atteint bientôt une espèce de glande prostate ou de vésicule séminale, et là il se replie un grand nombre de fois et forme une sorte d'épididyme. Cette glande, de forme ovale, de couleur blanche, un peu jaune-rougeâtre cependant, à laquelle il adhère fortement, est placée en avant et à côté du canal, et elle nous paroît s'ouvrir dans son intérieur élargi par une espèce de pénis ou de gros tube court, obtus, de couleur blanche, translucide, beaucoup plus développé à l'époque des amours que dans tout autre temps. Au-delà, le canal excréteur, après une forte double courbure en arrière, s'ouvre dans un large tube, un peu conique, à peine flexueux, qui diminuant un peu de diamètre, vient s'ouvrir à l'extérieur dans la cavité branchiale, à gauche et un peu en arrière de l'anus, par un orifice fort grand et arrondi. Ce tube, ou mieux, cette espèce de poche alongée, examiné sur un individu bien frais, transporté rapidement à Paris, étoit doublée par une membrane mince, comme transparente, plissée, et contenoit une humeur glaireuse, assez abondante, tandis que la prostate ou la vésicule séminale étoit gorgée d'un fluide blanc, fort analogue à celui que contenoit le testicule. Il nous a été impossible d'y distinguer rien de semblable aux singuliers corps auxquels on a donné le nom de pompes séminales dans le calmar, et que nous avons très-bien observé sur un individu également transporté frais à Paris.

Les individus mâles ne présentent, du reste, aucun des organes que nous avons décrits dans la femelle au-dessous du rectum.

Le système nerveux est composé d'une partie centrale ou d'un cerveau, et de ganglions.

Le cerveau, beaucoup plus gros que dans aucune autre espèce de malacozoaires, offre cette particularité, qui se retrouve dans les poulpes et dans les calmars, qu'il est contenu dans une sorte de crâne ou dans une enveloppe cartilagineuse, que nous avons décrite plus haut. Il est formé d'une masse supérieure, considérable, de forme ovale ou triangulaire, un peu déprimée et parfaitement symétrique, constituant la partie centrale du système nerveux ou le cerveau. Une commissure transverse, évidente, réunit en avant les deux parties similaires qui la composent. De sa pointe antérieure naît un double nerf qui se porte à la masse buccale et qui semble un nerf olfactif. Au-dessous et en avant est une masse nerveuse assez forte, en connexion immédiate avec le cerveau : c'est elle qui fournit cinq paires de filets nerveux, qui se dirigent en avant, un pour chaque appendice tentaculaire. Ces filets se placent dans le canal central de ces organes, se renflent en espèces de ganglions, d'espace en espace, et c'est d'eux que sortent les filamens qui animent les fibres contractiles et les suçoirs des appendices. Plus en dehors et en arrière se trouve le pédoncule de jonction avec le cerveau du ganglion optique. Celui-ci forme une masse considérable, logée entre les deux membranes externes de l'œil lui-même et de laquelle partent un grand nombre de filets, dont le rapprochement constitue la rétine. Plus en dessous, mais à peu près au même niveau, naît le nerf auditif, qui se dirige perpendiculairement dans l'espèce de vésicule qui se constitue cet organe : enfin, tout-à-fait en arrière est une masse latérale, unie à celle du côté opposé en dessous de l'œsophage par une bande transverse ; ce qui, avec le cerveau proprement dit, constitue un anneau qui embrasse celui-là. C'est de cette masse que naissent les filets nerveux qui vont à l'entonnoir et aux parties environnantes, les filets de communication avec le ganglion principal de la locomotion et avec le ganglion viscéral.

Le ganglion principal de la locomotion, fort gros, de forme arrondie et lenticulaire, est situé de chaque côté à la racine de la cavité branchiale, immédiatement au-dessous de la peau. Par sa partie antérieure il reçoit le filet de communication avec le cerveau, filet assez long, qui a traversé l'anneau œsophagien à côté et avec l'œsophage, et du reste de sa circonférence sortent les filets nombreux qui vont s'irradier dans toutes les parties de l'enveloppe musculo-cutanée.

Le ganglion viscéral est situé profondément dans l'abdomen, vers la fin de l'œsophage, entre les replis de l'estomac; il nous a paru assez petit et un peu semi-lunaire. Les filets de communication avec le cerveau sont fort longs et suivent assez bien l'œsophage, auquel ils donnent aussi quelques rameaux. Quant à ceux qui naissent de ce ganglion pour se distribuer à l'estomac, ils sont beaucoup plus courts et plus difficiles à apercevoir.

Les fonctions des organes dont nous venons de décrire la forme et la disposition, nous sont assez peu connues : tant il est difficile d'observer à l'état vivant les sèches, qui sont des animaux de pleine mer, et qui meurent presque aussitôt qu'on les a retirées de l'eau salée.

L'organisation des appendices tentaculaires, qui sont susceptibles de se fléchir dans tous les sens, peuvent s'appliquer à la fois sur tous les points d'un corps. La grande quantité de système nerveux qui les anime a fait supposer que les sèches pourroient avoir la conscience non-seulement de l'existence des corps par le contact, mais encore celle de leur forme, par le moyen d'un tact réfléchi; mais cela est encore moins probable que dans les poulpes, chez lesquels cette partie de l'organisation est encore plus parfaite, d'abord parce que la peau des tentacules n'est pas plus nerveuse que dans tout autre endroit du corps, et ensuite parce que le cerveau n'est pas proportionnellement développé.

La structure des organes de la vision et de l'audition nous paroit être assez bien en rapport avec ce qui a lieu chez les animaux vertébrés, pour supposer que ces deux fonctions s'exécutent de la même manière que dans ceux-ci. La grande convexité du cristallin de l'œil permet cependant de supposer que les sèches ne doivent voir qu'à une petite distance, et le peu de développement de l'oreille, sa non-communication à l'extérieur, portent aussi à penser que leur ouïe doit être fort peu délicate.

La locomotion, à cause de la forme ovale, alongée et déprimée du corps, de la nageoire circulaire marginale, et du bouclier dorsal, dont il est pourvu, ainsi que de la petitesse proportionnelle du céphalo-thorax et de ses appendices tentaculaires, doit s'exécuter tout différemment que dans les poulpes et même que dans les calmars. En effet, nous avons vu que dans ceux-là le corps proprement dit ou l'abdomen n'est presque pour rien dans la locomotion, au contraire de leurs longs tentacules, qui peuvent, jusqu'à un certain point, servir de pattes. C'est tout le contraire dans les calmars et dans les sèches; mais dans les premiers la forme cylindrique et atténuée en avant comme en arrière, la contraction subite des parois de la cavité branchiale sur le fluide qui y a pénétré, ainsi que l'action des nageoires situées tout-à-fait en arrière, donnent à l'animal une impulsion en avant ou en arrière, qu'on a pu comparer à celle d'une flèche chassée par un arc; tandis que dans les secondes, quoique ce mode d'impulsion puisse également avoir lieu, il est aidé par l'élévation et l'abaissement du corps en totalité, et surtout par les mouvemens analogues des nageoires.

Quant à la force de contractilité de la fibre musculaire, nous ignorons son degré d'intensité, et si elle conserve long-temps après la mort la faculté d'être irritée par la pile galvanique.

Nous ne connoissons pas davantage l'activité des forces digestives des sèches. Si, cependant, nous en jugeons d'après la grande étendue de l'estomac, le grand développement du foie et le peu de longueur de l'intestin proprement dit, nous supposerions volontiers qu'elle est considérable; ce qui seroit assez en rapport avec ce que nous apprend l'histoire naturelle de ces animaux.

La respiration, dont le mécanisme consiste à introduire et à expulser le fluide ambiant dans l'intérieur de la vaste cavité où sont logées les branchies, et qui sert en même temps à la locomotion générale, ne nous est pas bien connue dans ses phénomènes chimiques ou d'absorption. Il paroit cependant que, sous ce rapport, les sèches sont à peu près dans le cas des poissons, c'est-à-dire, qu'elles éprouvent un grand besoin de l'air contenu dans l'eau de mer qu'elles habitent; qu'elles meurent assez promptement si on ne renouvelle pas fréquemment celle dans laquelle on les a mises, et si même elle n'est pas en très-grande quantité, et que, cependant, elles meurent encore plus promptement si on les retire tout-à-fait de l'eau, probablement par une sorte d'asphyxie, du genre de celle qui tue les poissons placés dans la même circonstance.

Si la digestion et la respiration offrent très-probablement une grande intensité d'action chez les sèches, il faut presque nécessairement en conclure que l'absorption doit être également très-prononcée dans ce genre d'animaux, et qu'elle a lieu seulement par le système veineux et par les spongilles dont nous avons vu qu'il est pourvu dans la cavité viscérale.

Comme dans tous les animaux qui ont une circulation distincte, le mouvement circulatoire est commencé par la force d'absorption veineuse, sous forme d'oscillation, et il est changé en véritable circulation par l'action d'un organe contractile, composé d'une oreillette double et d'un ventricule unique. La grandeur proportionnelle de ces parties, la différence très-sensible de structure qu'il y a entre le système artériel et le système veineux, fait supposer que la circulation doit être assez active dans les sèches.

Quant au fluide recrémentitiel lui-même, mélange ou combinaison des diverses espèces de fluides absorbés, c'est-à-dire, quant au sang, on sait seulement qu'il n'est pas rouge, mais bien d'une couleur blanc-bleuâtre, et qu'il est extrêmement aqueux. J'ignore si l'on a pu distinguer quelques différences entre le sang veineux et le sang artériel.

Quoi qu'il en soit, il n'en doit pas moins contribuer à la nutrition, dont l'activité nous est aussi bien inconnue que son mode lui-même; au reste, il ne l'est pas davantage que dans tous les autres corps organisés, où cette fonction est encore enveloppée d'un voile bien obscur.

L'accroissement qui résulte de la nutrition des sèches, comme de celle de tous les autres animaux, est-il lent, est-il rapide, est-il continu ou intermittent? c'est ce que nous ne savons pas.

Les fonctions de décomposition, c'est-à-dire, de sécrétion et de reproduction, ont aussi été très-peu étudiées.

Il est probable que la sécrétion salivaire et hépatique sont considérables; ce qui nous a fait supposer une assez grande activité digestive.

On peut tirer la même conclusion de l'abondance de la sécrétion de l'organe de dépuration urinaire. En effet, c'est un des produits le plus remarquable par sa nature et par sa quantité, que cette matière à laquelle on a donné le nom d'encre de la sèche, et dont nous avons décrit plus haut la place dans l'animal. La disposition de cet organe sécréteur, ses rapports avec la terminaison du canal intestinal, l'inutilité du fluide sécrété, soit pour la digestion, c'est-à-dire pour l'individu, soit pour la génération, c'est-à-dire pour l'espèce, déterminent son identité avec la matière urinaire. Malheureusement les chimistes ne nous donnent aucune connoissance de sa nature chimique; nous savons seulement qu'elle est entièrement formée de grains excessivement fins, colorés en brun-foncé ou en noir, et suspendus dans un véhicule aqueux : ce seroit cependant un sujet de recherches tout-à-fait intéressant.

La fonction de la reproduction ne paroît avoir lieu que dans l'appareil générateur seulement; c'est-à-dire que dans ce genre d'animaux aucune partie coupée ne se reproduit. En effet, quoiqu'on n'ait pas d'expériences directes sur cette assertion, on trouve assez souvent des sèches, dont un ou deux appendices tentaculaires ont été enlevés, sans doute par la voracité de quelques poissons; mais sans aucune indication qu'ils fussent dans la disposition de repousser : ils offrent seulement un moignon de cicatrice.

Quant à la génération, les sexes étant séparés, le germe, produit dans l'ovaire de la femelle, a besoin de l'action du fluide séminal, produit dans le testicule du mâle, pour commencer sa vie individuelle. Ainsi nous avons deux choses à examiner.

Le germe est certainement du genre des œufs, c'est-à-dire que le fœtule, à quelque degré inférieur de développement qu'on le conçoive, est placé sur une masse vitelline qui en fait partie, le tout entouré de ses enveloppes propres ou particulières. Mais comment ce germe est-il produit ? à quel degré de développement arrive-t-il dans l'ovaire ? quand reçoit-il l'action du fluide séminal ? c'est ce qui est à peu près complétement ignoré. Il est cependant probable que le développement de l'œuf dans l'ovaire est assez grand, si l'on en juge du moins d'après le calibre de l'oviducte. Pour l'action du fluide séminal il est également probable qu'elle a lieu sur l'œuf encore contenu dans l'ovaire, avant que les membranes adventives ne se soient disposées dans le trajet de l'oviducte, et surtout dans l'espèce de glande qui précède un peu sa terminaison ; mais c'est ce que nous ne voudrions pas assurer.

Le fluide séminal est probablement composé de deux parties, l'une sécrétée dans le testicule, et, par conséquent, la plus importante, et l'autre dans la prostate, qui se joint au canal déférent avant sa terminaison. Elles nous ont paru cependant avoir à peu près le même aspect, et nous n'avons pu y distinguer rien de ces singulières parties qu'on a décrites sous le nom de pompes séminales dans le calmar. Il a déjà été dit que nous ignorions à quelle époque de la vie de l'œuf ce fluide séminal est absorbé et agit sur lui.

Enfin, la chaleur résultant des mouvemens continuels de composition et de décomposition du corps vivant, est-elle sensible ou supérieure au fluide ambiant dans lequel il se trouve ? et la vie, résultat de toutes les fonctions, peut-elle se prolonger à des degrés d'intensité différens, égaux ou intermittens, pendant un temps plus ou moins long, et quel est son mode de terminaison naturel ? Ce sont des questions auxquelles l'état actuel de la science ne nous permet pas de répondre même approximativement.

Histoire naturelle des sèches.

Quoique les espèces de ce genre paroissent avoir été assez négligées par les zoologistes, il paroît cependant que l'on trouve des sèches dans toutes les parties du monde, et également dans les différentes zones polaires ou glacées, tempérées et torrides.

Ce n'est que dans la mer qu'existent les sèches, mais à quelque distance des côtes, et, probablement, à toutes les profondeurs. Ce sont, en effet, avec les calmars, les seuls

animaux du type des mollusques que l'on peut regarder
comme non littoraux. On peut assurer qu'elles ne sortent jamais de l'eau : ce qu'on ne peut pas dire avec autant de certitude pour les poulpes.

Leurs mouvemens sont rapides et dans tous les sens, un
peu comme chez les poissons, à l'aide du sac branchial et de
la nageoire circulaire qui entoure le corps, les appendices
tentaculaires serrés les uns contre les autres en un paquet
pointu en avant, et les appendices brachiaux rentrés dans
leur cavité. Les premiers ne s'écartent que lorsqu'il s'agit de
saisir une proie qui se trouve à portée, et servent surtout
pour la retenir et la soumettre à l'action des dents puissantes dont la bouche est armée. Quant aux appendices
brachiaux, il est probable que la sèche peut les sortir avec
rapidité de leur cavité, et, pour ainsi dire, les lancer sur
un animal qui passe à quelque distance d'elle, pour ensuite
le ramener à la portée de l'action des appendices tentaculaires. On peut également concevoir qu'ils lui servent à se
cramponner aux rochers au fond de la mer, et à se mettre
ainsi à l'abri des tempêtes et des tourmentes dont la mer
est souvent agitée ; mais c'est ce qui n'est pas hors de
doute.

Les sèches sont évidemment carnassières : elles se nourrissent probablement de poissons et surtout de crustacés na-
geurs, qui vivent à quelque distance des côtes, et qu'elles
saisissent et atteignent après une poursuite plus ou moins
long-temps continuée, comme les calmars, et non en se mettant en embuscade comme les poulpes. Il faut cependant
ajouter qu'Aristote regarde la sèche comme un animal très-
rusé : il dit qu'elle ne jette pas seulement son encre quand
elle a peur, comme les poulpes et les calmars, mais qu'elle
se sert de cette liqueur, qui, il est vrai, est encore plus
abondante et plus colorée que dans ceux-ci, pour former
autour d'elle un nuage obscur, dans lequel elle s'enveloppe,
soit pour échapper à la main des pêcheurs, soit pour attraper
les poissons en se rendant invisible. Il ajoute qu'elle en saisit
alors d'assez gros et même des muges. Malheureusement cette
observation, quoique plusieurs auteurs l'aient adoptée, ce
qui a rendu la sèche encore plus célèbre que ses congénères,

n'a d'autres garans que le philosophe grec, et aucun naturaliste moderne ne l'a confirmée.

Les animaux de ce genre ne vivent probablement pas même en troupe et encore moins en société; mais il paroît qu'il n'en est pas de même entre les individus de sexe différent, et Aristote attribue au mâle un sentiment d'amitié pour sa femelle assez fort pour essayer de venir avec courage à son secours, si, par malheur, elle a été harponnée. Mais, comme ce sentiment n'est pas réciproque, il est probable qu'Aristote fait ici allusion au moyen de se procurer un grand nombre de sèches mâles, encore employé dans la Méditerranée, et dont nous parlerons plus loin.

Nous avons fait connoître plus haut les différences intérieures qui distinguent les sexes parmi les sèches et dont plusieurs avoient déjà été notées par Aristote. Il faut ajouter que les mâles sont plus vivement colorés et que les taches ou zébrures du dos sont beaucoup plus noires et plus nombreuses que dans les femelles.

C'est, à ce qu'il nous semble, à la fin du printemps ou au commencement de l'été que ces animaux entrent en amour et se fécondent, à en juger du moins par l'époque où l'on trouve les œufs contenant des petits vivans, sur les côtes de la Manche: car c'est en Août et Septembre que j'en ai rencontré le plus souvent. Aristote dit dans un endroit, cependant, que les sèches se reproduisent en toutes saisons, quoiqu'il ajoute plus loin qu'elles sont pleines au printemps.

On ignore la manière dont les individus se mettent en rapport, et si même il y a un véritable accouplement avant que la femelle ponde ses œufs. Aucun observateur moderne, du moins à notre connoissance, ne nous a donné de renseignemens à ce sujet, et il paroît que le texte d'Aristote, qui parle de cette particularité dans l'histoire naturelle des sèches, a été interprété d'une manière différente par les traducteurs et les commentateurs. Il semble cependant que la plupart sont portés à croire qu'il n'y a pas d'accouplement, puisqu'ils disent que le mâle arrose les œufs de sa semence quand ils ont été déposés par la femelle, et que c'est cette liqueur qui, étant visqueuse, les attache les uns aux autres et en forme une grappe; ce qui me paroît plus que douteux. Quoi qu'il en

soit, voici ce qu'Aristote dit de la femelle : « Quinze jours
« après qu'elle a été pleine, au printemps, elle jette ses œufs
« près de terre parmi les algues, les roseaux et les autres
« corps qui peuvent se trouver ainsi sur le rivage, dans ses an-
« fractuosités, et même autour des baguettes que les pêcheurs
« y auroient placées exprès. Elle ne les pond pas tous à la
« fois et le fait à plusieurs reprises, comme si elle souffroit.
« Cette opération dure quinze jours. Après la ponte, la fe-
« melle elle-même jette son encre sur ses œufs, ce qui les
« rend noirs, de blancs qu'ils étoient, et les fait grossir ;
« c'est alors que le mâle les arrose de sa semence : fait,
« ajoute-t-il, qui, quoique n'ayant été observé qu'à l'égard
« de la sèche, doit cependant, très-probablement, être
« étendu aux calmars et aux poulpes. » Nous venons de dire
que, suivant le même auteur, c'est cette matière qui réunit
les œufs et leur donne l'apparence d'une grappe de raisin. On
désigne en effet sur nos côtes les amas plus ou moins considérables d'œufs de sèche sous le nom de raisin de mer, à cause
de leur forme et de leur couleur le plus ordinairement noire.
Nous en avons cependant quelquefois rencontré de tout-à-fait
blancs et qui contenoient de jeunes sèches aussi avancées que
celles qui étoient dans des œufs du plus beau noir : aussi n'ose-
rions-nous assurer à quoi est due la coloration de ces œufs ; mais
il n'est pas probable que la cause que lui assigne Aristote soit
la véritable. Nous ne pensons pas davantage que leur agglu-
tination extrémement irrégulière et par le pédicule qui les
termine, soit due à la qualité visqueuse de la semence du
mâle qui auroit été jetée dessus, mais bien à la viscosité de la
membrane adventive de chaque œuf, et nous avouons que nous
sommes fort portés à penser qu'il y a accouplement dans ces
animaux, et que le sperme du mâle est introduit dans la femelle, comme cela a lieu dans tous les malacozoaires céphalés.
En adoptant encore l'opinion d'Aristote, la sèche femelle,
après s'être totalement débarrassée de ses œufs, les couvoit
dans le lieu où elle les a déposés. On la voit, dit-il, souvent
le corps posé contre terre et sur ses œufs.

   Les œufs de sèche ont une forme ovale, atténués aux deux
extrémités, l'une est libre, et l'autre prolongée en un pédicule ou cordon plus ou moins long, et entortillée autour d'un

corps étranger, ou même jointe à un plus ou moins grand nombre de pédicules d'autres œufs d'une manière complétement inextricable. C'est ainsi que sont produites les grappes. Leur grosseur, le nombre des œufs. qui les composent, sont extrêmement variables. Nous avons déja fait observer que. le plus souvent de couleur noire. ils sont quelquefois d'un blanc-jaunâtre assez transparent. En étudiant leur organisation, on voit aisément que l'enveloppe de l'œuf n'est rien autre chose qu'une matière gélatineuse plus ou moins épaisse. que l'on peut diviser en autant de lames que l'on veut, mais qui n'est réellement pas organisée. Dans l'intérieur est l'œuf proprement dit, composé du germe et de la masse vitelline en rapport inverse de développement, suivant l'époque à laquelle il a été pondu. La masse vitelline est de couleur presque blanche. Contenu dans son œuf, le petit animal a la tête et les yeux beaucoup plus gros qu'il les aura par la suite, comme Aristote l'a fait justement observer. A mesure qu'il se nourrit du vitellus, il acquiert de plus en plus la ressemblance avec sa mère, et, enfin, pendant quelque temps, il lui ressemble complétement et nage dans l'intérieur du fluide qui remplit l'œuf et qui a remplacé le vitellus ; aussi, lorsqu'accidentellement à cette époque on vient à rompre l'enveloppe de l'œuf, le petit animal en sort et nage de suite avec autant d'élégance et de facilité que sa mère. Ses yeux aperçoivent de même les obstacles ; en un mot, il jouit de toutes ses facultés. Dans l'état ordinaire il est probable que les parois de l'enveloppe, distendus par le fluide qui s'y est sans doute introduit par transsudation de l'extérieur à l'intérieur, finissent par crever ; ce qui donne issue à la jeune sèche. Nous ignorons combien de temps est nécessaire pour son développement complet depuis la sortie de l'œuf du sein de la mère ; mais il est probable qu'il ne doit pas être très-long, puisqu'on trouve souvent sur nos côtes des œufs de sèche à la fin de Juillet, dont les petits, extraits artificiellement, sont tout-à-fait complets.

Cette petite sèche a à peine alors cinq à six lignes de long, et elle doit parvenir à près d'un pied sur une largeur proportionnelle. Combien faut-il de temps pour cela ? C'est ce que l'on ignore assez complétement. Cependant, si nous ajou-

tons foi à ce que dit encore Aristote, que les sèches, comme
les calmars, vivent peu et parviennent rarement à leur seconde année, il faudroit admettre que leur accroissement
seroit extrêmement rapide, ce qui nous paroit peu probable.

Les sèches n'exercent aucune influence un peu marquée
sur le monde extérieur, si ce n'est sur le règne animal,
à cause des espèces de poissons et de crustacés dont elles se
nourrissent, et parce qu'elles servent elles-mêmes de nourriture à un grand nombre d'animaux marins, à des poissons,
des cétacés, etc.

L'espèce humaine elle-même s'en nourrit quelquefois,
comme des calmars, du moins sur les bords de la Méditerranée et de l'Océan, et encore sont-ce en général les gens
pauvres qui le font. D'après ce que nous dit Athénée (*Deipno-
soph.*, l. VII, p. 324), les anciens en mangeoient également.

Cependant ces animaux ne sont guère recherchés par les
pêcheurs que pour leur sépiostaire et pour leur encre.

Le premier, ou os de la sèche, est employé d'abord pour
être mis dans les cages des petits oiseaux granivores que l'on
élève en domesticité, probablement pour remplacer les petits
grains de silex ou calcaires, qu'ils ont l'habitude d'avaler en
liberté, ou pour user l'extrémité de leur bec, qui, sans cela,
pourroit acquérir une longueur nuisible. Mais plus souvent
encore il entre dans la composition de ces poudres décorées
du nom de poudre de corail, dont on se sert pour nettoyer
les dents et leur enlever la substance calcaréo-animale qui
se dépose à leur surface pendant la nuit.

Quant à l'encre de la sèche, elle compose presque à elle
seule la couleur agréable par son égalité de ton, sa chaleur
et même sa teinte, que l'on désigne sous la dénomination de
sepia; mais il est certain, malgré tout ce qui a été dit à ce sujet,
qu'elle n'entre pour rien dans la composition de l'encre de la
Chine. On sait en effet aujourd'hui, d'une manière à n'en
pas douter, que cette encre est formée de noir de fumée extrêmement divisé et mêlé avec une certaine quantité de
gomme, et aromatisé on ne sait pas au juste avec quelle
substance.

Nous avons dit plus haut qu'il existe des sèches dans toutes
les mers; cependant le nombre des espèces de ce genre dis-

tinguées et caractérisées dans nos catalogues, n'est pas encore
considérable. Linné et Gmelin n'en désignoient qu'une, *S. officinalis*. M. de Lamarck est le premier qui en ait décrit une
seconde espèce ; M. Rafinesque en a indiqué une troisième,
et M. Savigny une quatrième.

La Sèche officinale : *S. officinalis*, Linn., Gmel., p. 3149,
n.° 2 ; de Lamk., Anim. sans vert., tom. 7, p. 668 ; Encycl.
méthod., pl. 76, fig. 5, 6, 7. Corps ovale, large, déprimé,
bariolé en dessus de lignes onduleuses blanches, sur un fond
grisâtre ou plombé, tacheté de très-petits points pourprés ;
appendices brachiaux à peu près de la longueur du corps ;
les deux nageoires réunies en arrière ; sépiostaire grand, elliptique, arrondi en avant et fortement élargi en arrière.

Cette espèce de sèche atteint une assez grande taille, puisqu'on parle d'individus qui avoient plus d'un pied et demi
de long. Elle se trouve communément dans toutes nos mers
d'Europe. en admettant que l'espèce de la Méditerranée soit
bien la même que celle de l'Océan et de la Manche, ce qui
est probable, mais ce que nous ne voudrions pas assurer. Elle
est figurée dans tous les auteurs anciens d'histoire naturelle,
comme Belon, Rondelet, Gesner, Salviani, Aldrovande,
Jonston, Ruysch, Séba, et cependant il n'en existe pas encore
de bonne figure.

La S. bisériale : *S. biserialis*, Den. de Montf., Hist. natur.
des mollusq., tom. 1, p. 265 ; *S. officinalis*, var. 6, de Lamk.,
loc. cit. Corps de même forme que dans l'espèce précédente :
mais les suçoirs des appendices tentaculaires sur deux rangs
seulement.

Nous n'avons pas vu l'animal sur lequel est établi cette espèce ;
mais M. de Lamarck nous apprend qu'il existe dans la collection du Muséum au Jardin du Roi, et qu'il a les appendices
tentaculaires étroits antérieurement et munis seulement de
deux rangées de suçoirs ; ce qui indique une différence bien
spécifique avec la sèche officinale. Il paroît qu'il provient de
la Méditerranée.

La S. élégante ; *S. elegans*. Corps ovale, déprimé, terminé en
arrière par une très-petite pointe médiane, formée par la saillie
du sépiostaire ; membrane marginale ou nageoire plus étroite
en avant, s'élargissant en arrière et se terminant sans se réunir

à celle du côté opposé. Appendices tentaculaires décroissant de la paire supérieure à l'inférieure, qui est la plus forte et la plus grande, avec quatre rangées de ventouses pédiculées ; appendices brachiaux d'un cinquième plus longs que le corps et la tête pris ensemble. Tout le dessus du corps, de la tête et des tentacules, d'un brun bleuâtre ; le dessous d'un blanc sale, piqueté de rouge, violet sur les côtés.

Cette jolie espèce, qui nous a été envoyée des mers de Sicile, où elle porte le nom de *sepia mezzana*, et dont nous possédons plusieurs individus, est bien distincte de la sèche ordinaire, d'abord par les caractères comparatifs que je lui assigne, et par sa taille, qui ne paroît pas dépasser six pouces de long. Diffère-t-elle de la S. *mucronata* de M. Rafinesque ? C'est ce qu'il est difficile d'assurer.

La S. TUBERCULÉE : S. *tuberculata*, de Lamk., Mém. de la Soc. d'hist. nat., 4, p. 9, pl. 1, fig. 1, *a*, *b* ; et pl. 1, fig. 2 de mollusq. de ce Dictionnaire. Corps elliptique, un peu aplati, d'environ deux pouces de large sur trois et demi de long, parsemé de toutes parts, sur le dos et sur la tête, de tubercules verruqueux, serrés et inégaux ; nageoire fort étroite ; appendices tentaculaires fort courts, de neuf lignes environ, garnis de quatre rangées de ventouses sessiles à leur face interne, et de tubercules à l'externe ; appendices brachiaux égalant à peine la moitié de la longueur du corps : couleur d'un gris-brun dans l'esprit de vin.

Sépiostaire épais et dilaté en spatule en avant, rétréci en pointe en arrière, composé d'environ quarante lames. Quant à ce qu'ajoute M. de Lamarck sur la tunique demi-coriacée, mince, presque membraneuse, qui le déborde sur les côtés, à la partie postérieure, c'est un caractère qui appartient à tous les sépiostaires.

Cette petite espèce, qui existe dans la collection du Muséum, provient de la mer des Indes, et fait partie de la collection du Stadthouder.

La S. DE SAVIGNY : S. *Savignyi*, Ægypt. mollusq., pl. 1, fig. 3. Corps ovale, court, assez bombé, couvert en dessus de tubercules peu nombreux, mais gros, plus ou moins serrés, dont trois ou quatre, beaucoup plus considérables, occupent le milieu du dos.

Nous ne connoissons cette espèce, qui paroît bien distincte, que d'après les belles figures qu'en a données M. Savigny dans le grand ouvrage sur l'Égypte. Il est probable qu'elle provient de la mer Rouge ; mais cela n'est rien moins que certain.

On trouve encore dans Gmelin plusieurs espèces désignées sous la dénomination de *sepia*; mais, ou bien ce sont des espèces qui font maintenant partie des genres Poulpe et Calmar, ou bien qui sont trop incomplétement caractérisées pour qu'il soit possible de dire ce que c'est. Dans la première catégorie sont les *S. octopus*, type du genre Poulpe; *S. loligo*, *media* et *sepiola*, qui appartiennent au genre Calmar : dans la seconde sont les suivantes, dont nous ne parlerons ici que pour inviter les voyageurs à y faire attention.

La Sèche onguiculée; *S. unguiculata*, Linn., Gmel., p. 3150, n.° 6; d'après Molina, Hist. nat. du Chili, trad. fr., p. 173, *Sepia corpore caudato*, *brachiis unguiculatis*, qui, au lieu de suçoirs, a les appendices armés d'un double rang d'ongles pointus, comme ceux du chat, et que l'animal peut à volonté retirer dans une espèce de fourreau.

Cette espèce, que Molina dit avoir un goût délicat, et qui se trouve très-rarement dans les mers du Chili, appartient-elle aux sèches proprement dites, comme semble l'indiquer le caractère de *corpore caudato*, ou bien aux calmars, comme on pourroit le supposer d'après l'existence de suçoirs à crochets, que nous n'avons encore rencontrés que dans ce dernier genre. C'est ce qu'il est impossible de décider.

La S. a tunique (*S. tunicata*, Linn., Gmelin, *ibid.*, n.° 8 ; d'après Molina, *loc. cit.*, *S. corpore prorsùs vaginante*, *cauda alata*) appartient plus probablement aux calmars, d'après le caractère que son corps finit en deux petites ailes semi-circulaires, qui partent des côtés de la queue, comme dans la *S. sepiola*. Du reste, il est difficile de dire ce que c'est que la seconde peau transparente qui recouvre le corps de cet animal, depuis la tête jusqu'à la queue, en forme de tunique. Denys de Montfort, qui la nomme *S. noire*, en donne une figure très-probablement d'après son imagination. Molina dit que les individus qu'on prend dans les mers du Chili ne pèsent pas moins de cent cinquante livres, et que leur chair est excellente.

La Sèche a six pieds : *S. hexapus*, Linn., Gmel., *ibid.*, n.° 7 ;
d'après Molina, *loc. cit.*, *S. corpore caudato segmentato*, qui n'a,
dit-il, que six appendices et deux antennes ou trompes, avec
le corps divisé en quatre ou cinq articulations, est probablement quelque espèce de calmar mal observée ou le type d'un
nouveau genre. Il en a déjà été question à l'article Loligo.

Voilà tout ce que je sais sur la distinction des espèces de
véritables sèches ; d'où l'on voit que l'on en connoît deux
en Europe, une dans la mer Rouge, une de l'Inde, et qu'il
en existe dans la mer du Sud, sur la côte du Chili. Nous
n'en avons pas encore vu d'aucun point du littoral oriental
de toute l'Amérique. Les naturalistes des expéditions des ca-
pitaines Baudin, de Freycinet et Duperrey, n'en ont pas non
plus rapporté : mais nous trouvons dans une note manuscrite
de Péron qu'il en existe un grand nombre dans le golfe Géo-
graphe, en Australasie. En voici la traduction.

« Les sèches paroissent être très-communes dans ce golfe,
« car le rivage est partout couvert de sépiostaires, dont beau-
« coup, très-grands, indiquent une espéce d'une grande di-
« mension ; tandis que d'autres, plus petits et plus blancs,
« et qui sont pourvus en avant d'une pointe plus longue,
« annoncent quelques autres espèces plus petites et plus élé-
« gantes. Malgré ce grand nombre de sèches, je n'ai pu en
« voir qu'un seul individu, et encore à moitié pourri : ce
« qui m'a empêché d'en pouvoir analyser les caractères. Il
« m'a cependant paru constituer une espèce nouvelle. Les
« habitans s'en nourrissent sans doute, car il m'est arrivé de
« trouver des sépiostaires à moitié rôtis dans des lieux où l'on
« avoit allumé du feu. Leur chair paroit en effet être fort
« délicate ; et les matelots s'en montrent tellement avides,
« que je les ai vus manger avec délices des restes de ces ani-
« maux qu'ils avoient retirés, à moitié digérés, de l'estomac
« de requins ou de phoques. » (De B.)

SÈCHE. (*Foss.*) On trouve dans la couche du calcaire grossier de Grignon, département de Seine-et-Oise, et dans d'autres couches analogues, aux environs de Paris, des osselets
calcaires qui ont long-temps paru énigmatiques à ceux qui
étudient les corps qu'on trouve dans ces couches.

Leur substance est calcaire et analogue a celle des coquilles ;

mais elle est toujours en partie cassée, et l'on ne trouve aucun échantillon qui ne paroisse évidemment rompu par quelques-uns de ses bords.

On y remarque toujours une pointe, une sorte d'épine plus ou moins aiguë, plus ou moins comprimée.

D'un côté de sa base est une partie convexe, quelquefois taillée en coin, qui présente des aspérités fort marquées ; du côté opposé s'élève une lame mince, demi-circulaire, redressée dans le sens de l'épine, striée en dessus, et, quand elle est entière, régulièrement dentée à ses bords. Dans quelques-uns de ces osselets, cette lame, au lieu d'être demi-circulaire, est obovale.

Entre la base de cette lame redressée et la partie convexe, précisément sous la base de l'épine, est une concavité plus ou moins profonde, dont la face, qui répond sous la partie convexe, est marquée de stries concentriques, et a l'air de s'être prolongée au-delà de la cassure, d'une quantité dont il n'est pas possible de déterminer les limites.

Tels sont les caractères généraux de ces osselets à lames demi-circulaires, dont on voit des figures dans les Annales des sciences naturelles, pl. 22, fig. 1 et 2, du tome 2 ; mais il en est d'autres, dont nous parlerons ci-après, qui paroissent s'éloigner beaucoup de la forme de ceux que nous venons de décrire.

Dans ceux-ci l'épine est tantôt plus, tantôt moins aiguë ; tantôt plus ou moins comprimée ou tranchante, la convexité de sa base prend diverses courbures, etc. ; mais aucune de ses différences n'est assez grande pour qu'on ne reconnoisse pas la même structure fondamentale.

M. Cuvier, auquel nous avons communiqué de ces osselets, a été plus de dix ans à chercher quel pouvoit être ce corps, et a enfin trouvé que c'étoit l'extrémité inférieure mutilée de ce qu'on appelle communément l'*os de la sèche*.

L'os de la sèche, tel qu'on le voit dans le commerce, est ordinairement privé des lames minces qui forment ses rebords, parce qu'on n'a pas d'intérêt à préserver cette partie inutile des accidens auxquels l'expose sa fragilité.

Les anatomistes qui ont disséqué la sèche, se sont occupés de la structure de son os, qui est fort curieuse, et ont négligé les détails de sa configuration, dont ils n'apercevoient pas l'intérêt.

Mais, lorsqu'on le retire d'une sèche bien entière, on reconnoît qu'outre ce grand corps formé de lames minces réunies par de petites colonnes creuses, il y a des rebords qui achèvent de lui donner le caractère d'une coquille.

L'extrémité de ce corps de l'os, opposée à la tête, s'amincit et se rétrécit; sa pointe s'enfonce dans une concavité où les lames qui le composent se marquent par des stries transversales. Des côtés de cette pointe du corps et des rebords de la concavité où elle se termine, naît une lame osseuse, mince, qui se redresse et se relève un peu pour former en quelque sorte une poupe de bateau ou de chaloupe, et elle est striée en rayons sur toute sa surface antérieure.

Derrière son rebord on découvre une épine fort aiguë, implantée sur la partie la plus convexe de la face postérieure du corps de l'os, laquelle est tout entière hérissée d'aspérités.

D'après M. Cuvier, l'os de la sèche la plus commune présente, dans son extrémité opposée à la tête de l'animal, rigoureusement tous les caractères génériques de ces osselets. Les seules différences consistent dans les proportions.

Dans le fossile la convexité postérieure est plus saillante, la concavité antérieure est plus profonde: l'épine est courbée plus en arrière ou plutôt dans un sens contraire. Mais il n'est aucun naturaliste exercé qui ne reconnoisse que ce sont là de simples caractères spécifiques du même degré que ceux qui distinguent entre elles les diverses espèces de nos fossiles.

Par conséquent ces fossiles ne diffèrent de la sèche qu'autant qu'ils diffèrent entre eux. Ils appartiennent donc à des espèces de sèches, mais à des espèces différentes de celles qu'on connoit.

On trouve de ces osselets qui ont jusqu'à seize lignes de longueur, mais souvent ils n'ont que la moitié de cette mesure.

On rencontre dans les mêmes couches d'autres osselets, qui ont quelquefois jusqu'à seize lignes de longueur et qui se rapprochent moins des os de la sèche que ceux ci-dessus. En dessus ils présentent au milieu une partie convexe, longitudinale.

qui s'abaisse un peu aux deux extrémités. Des deux côtés sont deux sortes d'ailes qui s'abaissent aussi, sans s'étendre dans toute la longueur. Le dessous est concave au milieu; à l'un des bouts il se trouve une masse, de la grosseur du petit doigt, qui paroît composée de fibres rassemblées et qui ont pu laisser entre elles quelques petits vides. Au bout opposé il existe une sorte de tube ou une concavité conique, qui se prolonge à l'intérieur jusqu'au milieu de l'osselet et est marquée intérieurement de cercles concentriques comme celle des osselets déjà décrits. Ce tube a été brisé sur ses bords, et on ne peut apprécier la longueur qu'il a eue. Un de ces osselets se trouve figuré dans les Vélins du Muséum d'histoire naturelle, n.° 1, fig. 2.

La nature de ces fossiles, les couches dans lesquelles on les trouve, et la concavité marquée de stries concentriques, font croire qu'ils ont appartenu à quelque genre voisin de celui ci - dessus décrit et conséquemment de celui des sèches.

M. de Blainville (Manuel de malacologie, page 621) a pensé que ces osselets indiquoient un genre qui doit faire le passage entre le genre des Sèches et celui des Bélemnites. M. Deshayes a donné à ce genre le nom de Béloptère, et M. de Blainville lui a assigné les caractères suivans : *Animal entièrement inconnu, contenant dans le dos de son enveloppe musculaire une pièce calcaire symétrique, formée de deux parties, un sommet épais, solide, très-chargé en arrière, et en avant un tube conique plus ou moins complet, à cavité également conique, comme annelée en travers ; élargies au point de leur jonction par des appendices aliformes et sans prolongement clypéacé antérieur.* Il a reconnu deux espèces de ce genre : savoir : la béloptère sépioïde, *beloptera sepioidea*, dont les appendices aliformes se réunissent en dessous du sommet et dont la cavité est un peu en forme de hotte ; et la béloptère bélemnoïde, *beloptera belemnoidea*, dont les appendices aliformes sont distincts et dont la cavité est complétement conique, avec des indices de cloisons et de siphon.

M. Dessalines d'Orbigny (Tabl. méth. de la classe des Céphalopodes, pag. 66) n'a vu dans ces osselets que les restes d'os de sèches, et a donné le nom de *sepia Cuvieri* à l'espèce nommée *beloptera sepioidea*, et celui de *sepia parisiensis* à la *beloptera belemnoidea.*

Un autre osselet, qui a été trouvé dans une localité qui ne nous est pas connue, mais que nous soupçonnons être des environs d'Angers, est encore plus éloigné qu'aucun autre de la forme des os de sèche; mais la contexture d'une de ses parties est précisément celle de ces derniers.

Il a un pouce de longueur. D'un bout il est terminé par un tube creux de la grosseur d'une forte plume à écrire. Ce tube ne paroit pas brisé, et porte extérieurement quelques fortes stries longitudinales, placées irrégulièrement. L'autre bout, qui paroit avoir été brisé, se termine par un aplatissement, où il se trouve de chaque côté une échancrure, dont l'une est une brisure. C'est dans cette brisure qu'on voit évidemment la contexture de l'os des sèches. Le tube paroit avoir été isolé; mais la base aplatie paroit avoir adhéré sur un corps dont elle auroit été détachée.

Ce morceau est encore plus énigmatique que les autres; mais sa base, dont la contexture est formée de lames minces, réunies par de petites colonnes comme celle de l'os de la sèche, paroit devoir le rapprocher de ce genre.

On trouve à Rehainvillers près de Lunéville, dans un calcaire coquillier, très-probablement antérieur à la craie, où se rencontrent abondamment des térébratules, des moules et des ammonites ayant depuis six pouces de diamètre jusqu'à quinze pouces, des osselets qu'on a cru pouvoir rapporter à des becs de sèches. Les plus grands ont environ un pouce de longueur. Quelques-uns, dont on voit la figure dans l'atlas des Annales d'histoire naturelle, tom. 2, pl. 22, fig. 5 — 14, ont la forme d'un bec dont la pointe est recourbée; le dos présente trois lignes saillantes, qui sont réunies à la pointe, et dans leurs intervalles sont des lignes de communication disposées obliquement et alternativement. De chaque côté sont des expansions plus ou moins aplaties, avec une ou deux lignes saillantes et parallèles aux lignes-latérales du dos ou de la carène. La partie opposée à la pointe est très-mince, et on l'obtient difficilement. La pointe est épaisse; sa partie inférieure ou le dessous offre une lèvre épaisse, sillonnée obliquement et irrégulièrement; en arrière on voit une cavité triangulaire, formée par les deux ailes ou expansions latérales ; la surface en est unie.

Les deux ailes sont plus ou moins relevées ; il y en a qui sont tout-à-fait planes, et d'autres sont presque droites. La base du dos les déborde ordinairement, et il est rare de les trouver régulières. Une aile est presque toujours plus grande que l'autre, indistinctement.

On trouve toujours ces corps isolés dans la marne argileuse qui sépare les diverses couches de calcaire qui les contient. Ce qui a fait penser qu'ils pouvoient appartenir à quelque espèce de céphalopode, c'est qu'ils se trouvent constamment enveloppés d'une matière noire ressemblant à de la suie ou à du noir de fumée mélangé avec l'argile. Dans les petites cavités ou intervalles formés par les lignes du dos, on voit la matière noire plus pure, fendillée, un peu brillante. Dans la marne où les corps se trouvent, on voit quelquefois des espèces de nids ou amas de cette substance noire plus ou moins mélangée d'argile. On trouve encore, mais plus rarement, ces osselets tout-à-fait adhérens à la pierre.

D'autres osselets, qu'on a découverts dans les mêmes couches et dans les mêmes circonstances, et qui se trouvent figurés dans la planche ci-dessus citée, fig. 15 — 26, ont quelquefois un des bouts très-gros et le postérieur très-petit; d'autres, au contraire, ont la partie postérieure large et l'autre peu développée et comme recourbée : l'une ou l'autre semble même manquer quelquefois, ou est très-petite. La partie postérieure est aplatie et arrondie comme le bec d'un canard ; l'autre est épaisse et ressemble à un bec court et large, et se rapproche un peu de la partie antérieure et supérieure du bec du *sepia octopus*.

M. Faure-Biguet a donné le nom de *rhyncolite* à ces osselets, que Blumenbach avoit reconnu appartenir aux mandibules du bec de certains céphalopodes, sans pouvoir dire quel étoit la genre dont ils dépendoient.

M. d'Orbigny ne croit pas que ces osselets appartiennent au genre *Sepia*, dont les becs sont toujours cornés ; mais il pense qu'étant composés de matière calcaire, ils en diffèrent essentiellement sous ce rapport et sous celui de la forme de tous ceux des céphalopodes cryptodibranches connus.

Ayant constamment rencontré dans la même couche le *nau-tilus gigas* et une très-grande espèce de ces becs, il a cru pouvoir les rapprocher du genre *Nautilus*, sans autre motif que ce seul fait de leur réunion dans la même couche ; mais il n'assure d'aucune manière qu'ils appartiennent plutôt à ce genre, qu'à l'un de ceux qu'on ne retrouve plus à l'état vivant.

Il en a reconnu plusieurs espèces, qu'il divise en deux séries. La première comprend toutes celles qui sont munies d'un capuchon ou d'une partie supérieure distincte du bec, savoir :

Rhyncolites gigantea, d'Orb., Ann. des sc. nat., tom. 5, p. 515, pl. 6, fig. 1.

Rhyncolites hirundo, Faure-Biguet, *loc. cit.*, tom. 2, pl. 22, fig. 15 — 26.

Rhyncolites larus, Faure-Biguet, *loc. cit.*, tom. 5, pl. 6, fig. 2.

Rhyncolites emerici, d'Orb., Tab. méth. de la class. des céph., p. 72. Cette espèce a été découverte aux environs de Castellane, département des Basses-Alpes. Elle approche beaucoup du *rhyncolites larus*; mais elle est beaucoup plus alongée, et son capuchon est caréné sur la partie supérieure.

La deuxième série ne comprend jusqu'à présent qu'une espèce, qui est sans capuchon.

Rhyncolites Gaillardoti, d'Orb., Ann. des sc. nat., tom. 2, p. 485, tab. 22, fig. 5 — 14.

Il est difficile de rapporter ces osselets à des becs de nautiles, à moins de croire qu'ils n'appartenoient qu'à une espèce qu'on trouve rarement ; car il est bien plus rare d'en rencontrer que des coquilles de ce genre.

On voit des figures de ces osselets dans les planches de l'atlas de ce Dictionnaire. (D. F.)

SÈCHE-TRAPPE. (*Ornith.*) L'oiseau auquel on donne vulgairement ce nom et celui de *sèche-terrine*, est l'engoulevent d'Europe, *caprimulgus europæus*, Linn. (Ch. D.)

SÉCHIUM. (*Bot.*) Genre de plantes dicotylédones, à fleurs monoïques, de la famille des *cucurbitacées*, de la *monœcie monadelphie* de Linnæus, offrant pour caractère essentiel, Des fleurs monoïques ; dans les mâles, un calice à cinq divisions; une corolle monopétale, à cinq lobes; le limbe muni de dix fossettes; cinq étamines conniventes; dans les fleurs femelles, le calice et la corolle comme dans les fleurs mâles; un ovaire inférieur surmonté de cinq styles; une grosse baie monosperme, glabre ou hérissée de poils mous.

Sechium comestible : *Sechium edule*, Swartz, *Flor. Ind. occid.*, 2, pag. 1150; Brown, *Jam.*, 355; *Sicyois edulis*, Jacq., *Amer.*, 258, tab. 163; *Chocho*, Adans., fam. 2, pag. 5c .; vulgairement Chayote. Cette plante a des tiges grimpantes, garnies de vrilles. Les feuilles sont amples, alternes, pétiolées, échancrées en cœur à leur base, divisées à leur contour en lobes anguleux, un peu rudes à leurs deux faces; les angles aigus et dentés; les pétioles glabres. Les fleurs sont petites, inodores, de couleur jaune. Les fleurs mâles sont soutenues par des pédoncules axillaires, chargés d'une ou deux fleurs. Le fruit est de la grosseur d'un œuf d'oie, variable dans sa forme, vert et luisant en dehors, charnu, blanchâtre en dedans. Les semences sont vertes, solitaires, souvent longues d'un pouce, situées vers le sommet du fruit, qui s'entr'ouvre à cette partie pour livrer passage à une portion de la semence, qui pousse souvent de petites racines avant sa chute, et même une première feuille, à mesure que la partie du fruit se pourrit. Cette plante croît en Amérique, dans l'île de Cuba.

Les habitans du pays se servent du fruit de cette plante en le mêlant dans leurs ragoûts. On en distingue deux variétés : une, très-commune, dont les fruits sont longs de trois ou quatre pouces, armés de poils ou de pointes molles plus ou moins nombreuses; l'autre, bien moins commune, dont les fruits sont entièrement glabres et de la grosseur d'un œuf de poule : les fleurs et les fruits paroissent dans le mois de Décembre. (Poir.)

SECOB. (*Ornith.*) On donne, en Angleterre, ce nom et celui de *seegel* à la mouette rieuse, *larus cinerarius*, Gmel., et *larus ridibundus*, Leisler. (Ch. D.)

SECOUASCOU. (*Mamm.*) De Lery rapporte que ce nom est particulier à un cerf d'Amérique. (Desm.)

SECRETÆR. (*Ornith.*) Nom allemand du secrétaire, qu'on appelle en anglois *secretary*. (Ch. D.)

SECRÉTAIRE. (*Ornith.*) Cet oiseau est connu sous plusieurs noms. Les uns l'ont appelé *secrétaire*, à cause des
plumes alongées qu'il porte derrière la tête, et qu'on a com-
parées à celles que les écrivains sont dans l'usage de ficher
derrière l'oreille. D'autres lui ont donné le nom de *messager*,
parce qu'il a l'habitude de marcher à grands pas de côté et
d'autre à la poursuite des reptiles. Vosmaër lui appliquoit
la dénomination de *sagittaire*, d'après un jeu auquel on l'a vu
se livrer assez fréquemment, et qui consistoit à prendre une
paille avec le bec et à la lancer en l'air à plusieurs reprises.
Enfin, les serpens étant sa principale nourriture, Levaillant l'a décrit sous le nom de *mangeur de serpens*, dans le
tome 1.er de son Ornithologie d'Afrique.

Comme on a long-temps hésité sur la place qu'il étoit le
plus convenable de donner à cet oiseau dans une méthode
ornithologique, il en est aussi résulté divers noms latins.
Gmelin en a fait un *falco* ; Latham, un *vultur* ; Vosmaër
l'a appelé *sagittarius* ; Daudin, *secretarius* ; Illiger, *gypoge-
ranus* ; M. Cuvier, *serpentarius*, et M. Vieillot, *ophioteres*.
Presque tous les naturalistes sont actuellement d'accord pour
considérer cet oiseau comme appartenant à l'ordre des rapaces. M. Temminck croyoit d'abord qu'il seroit mieux placé
avec les alectorides, et près du *cariama* ou *saria* de l'Amérique méridionale ; mais ayant eu, depuis, occasion d'examiner des squelettes du secrétaire et de reconnoître que la
charpente osseuse, le tronc surtout, étoient formés comme
ceux des grandes espèces d'aigles, dont il se rapprochoit également par sa nourriture, cet auteur est resté convaincu
qu'on ne pouvoit le séparer des rapaces. M. Vieillot, cependant, l'a rangé dans l'ordre des échassiers, famille des un-
cirostres.

Au surplus, voici les caractères génériques du secrétaire.
Bec robuste, plus court que la tête, gros, fort, garni d'une
cire à sa base, courbé à peu près depuis son origine, comprimé et crochu à la pointe ; narines oblongues, situées près
du bord antérieur de la cire, et ouvertes ; occiput garni de
plumes fermes et inégales, présentant une sorte de crinière
susceptible de redressement ; lorum et orbite glabres ; langue
charnue ; bouche très-fendue, œil entouré d'une peau nue

et surmonté par des poils qui forment un véritable sourcil ; gorge extensible ; tibia emplumé ; tarse très-long, grêle et à réseaux : doigts courts et verruqueux en dessous ; ongles émoussés et peu courbés ; ailes armées de trois éperons obtus ; queue étagée, ayant deux pennes beaucoup plus longues que les autres.

Le secrétaire habite les lieux arides et découverts des environs du cap de Bonne-Espérance, où Levaillant a été à portée d'étudier ses mœurs ; et Sonnerat dit aussi l'avoir trouvé aux Philippines, mais il paroit ne l'y avoir vu qu'en domesticité.

Levaillant fait des observations très-justes sur l'organisation particulière du secrétaire. Destiné à combattre les serpens et à s'en nourrir, le vol lui étoit moins nécessaire que la course ; mais il avoit besoin de tarses très-longs pour élever son corps de terre et se garantir de la morsure des reptiles venimeux. Des serres lui étoient inutiles, puisqu'il ne devoit pas enlever sa proie ; et ses pieds, dont les ongles sont émoussés, ne lui servent qu'à poursuivre les serpens avec plus de vitesse. C'est à l'aide des proéminences osseuses de ses ailes qu'il leur porte des coups mortels, en couvrant avec l'une la partie antérieure de son corps, et leur détachant des coups vigoureux avec l'autre. Quand le reptile est étourdi et sans force, l'oiseau lui brise le crâne à coups de bec, le dépèce, en l'assujettissant avec les pieds, s'il est trop gros, ou l'avale tout entier. Cet oiseau mange aussi des lézards, et il ajoute à cette nourriture de petites tortues, des scarabées et des sauterelles. Un mâle, tué par Levaillant, avoit dans son ample jabot vingt-une petites tortues entières d'environ deux pouces de diamètre, onze lézards de sept à huit pouces de long, et trois serpens de la longueur du bras et d'un pouce d'épaisseur, avec une multitude de sauterelles et d'autres insectes. L'oiseau rejette les vertèbres, les écailles et tous les débris, par le bec.

L'unique espèce que l'on connoisse, et qui est figurée dans les planches enluminées de Buffon, n.° 721, et plus exactement dans les Oiseaux d'Afrique de Levaillant, n.° 25, est le *falco serpentarius*, Gmel. ; *vultur serpentarius*, Lath. ; *secretarius reptilivorus*, Daud. ; *ophioteres cristatus*, Vieill. Elle a trois pieds deux ou trois pouces de longueur. Son plumage, dans l'état parfait, est, sur la tête, le cou, le manteau et la poitrine, d'un gris bleuâtre, avec des nuances d'un brun roux sur les couvertures des ailes, dont les grandes pennes sont noires; la gorge et les plumes qui couvrent le sternum sont blanches: le bas-ventre est noir et mélangé de roussâtre; les plumes des jambes sont d'un beau noir, avec des raies brunes imperceptibles, qui blanchissent vers le talon; les pennes de la queue, très-étagées et noires en partie, sont terminées par du brun; les deux plus longues du milieu sont d'un gris bleuâtre vers le bout, où elles portent une tache noire, et ont aussi l'extrémité blanche, à moins qu'elle ne soit usée par le frottement contre terre; les plumes de la huppe, ébarbées à leur naissance, s'élargissent ensuite en forme de massue, et sont mélangées de gris et de noir.

Le plumage de la femelle est moins nuancé de brun que celui du mâle: sa huppe, d'un gris roussâtre, et les deux plumes du milieu de la queue, sont moins longues, les plumes des jambes sont traversées d'un plus grand nombre de raies brunes ou blanches.

Le gris est plus nuancé de roux dans le premier âge, et le bas ventre est entièrement blanc. La huppe, plus courte, est d'un gris roussâtre, et les deux plumes du milieu de la queue n'excèdent pas les autres. Les apophyses du métacarpe, qu'on ne peut voir, même dans l'adulte, qu'en soulevant l'aile, ne paroissent pas encore.

Ces oiseaux entrent en amour au mois de Juillet, et les mâles se livrent de rudes combats pour se disputer les femelles, qui sont fidèles aux vainqueurs et ne les quittent plus. Le nid qu'ils construisent ensemble est en forme d'aire, et ils le placent dans le buisson le plus haut et le plus touffu du canton. Ce nid, qui sert long-temps au même couple, et qui est garni intérieurement de laine et de plumes, a au moins trois pieds de diamètre. Dans les cantons où il y a des arbres, les secrétaires nichent sur les plus élevés, et s'y retirent le soir pour y passer la nuit. La ponte est de deux ou trois œufs blancs, avec des points roux, et de la grosseur de ceux d'une oie, mais un peu moins alongés. Les petits, étant long-temps avant de pouvoir se soutenir sur leurs tarses longs et frêles,

restent dans le nid, même après avoir acquis tout leur développement sous d'autres rapports, et ils ne peuvent bien courir
qu'à quatre ou cinq mois. Si, jusqu'à cette époque, ils sont
obligés de marcher souvent sur le tarse, en s'appuyant même
sur le talon, leur démarche est ensuite pleine de noblesse.
Quand ils sont poursuivis, ils préfèrent, pour fuir, la course
au vol, et leurs pas sont alors d'une grandeur démesurée. Ils
ne s'envolent que dans les circonstances où on les surprend
d'une manière brusque et inopinée; lors même qu'on les
poursuit à cheval, au grand galop, ils s'élèvent peu, et se
remettent à courir, dès qu'ils se voient hors de danger.

Comme le secrétaire ne fréquente ordinairement que les
plaines arides et découvertes, où il peut voir ce qui se passe
autour de lui, on l'approche très-difficilement; et, une fois
qu'on a été remarqué par lui, on ne peut parvenir à le tuer
qu'en ayant recours à la ruse, et se cachant, avant le jour,
dans un buisson, où on l'attend à l'affût.

Cet oiseau, pris jeune, s'apprivoise facilement, et s'ha-
bitue avec la volaille, si on a soin de le bien nourrir, soit
avec de la viande, soit avec des intestins ou des boyaux; mais
si on le laisse jeûner, il attaque les jeunes poulets et les petits
canards. Il n'est point toutefois d'un naturel méchant, et
beaucoup d'habitans du cap de Bonne-Espérance l'élèvent dans
les basse-cours, pour maintenir la paix parmi la volaille et
détruire les serpens, les lézards et les rats. (CH. D.)

SÉCRÉTIONS. (*Physiol. génér.*) Voyez SYSTÈME SÉCRÉTEUR.
(H. C.)

SÉCRÉTIONS [DANS LES INSECTES]. (*Entomol.*) On nomme
ainsi les opérations qui ont lieu dans les organes de ces animaux pour séparer de leur fluide nourricier des humeurs
particulières destinées à quelques fonctions, comme la salive,
la bile, le sperme, ou à d'autres usages, tels que les liquides
onctueux qui graissent le corps des insectes aquatiques, les
matières odorantes qui suintent de l'anus ou des articulations, etc.

Les manières dont ont lieu ces sécrétions paroissent fort différentes de celles qui s'opèrent chez les animaux qui sont
doués d'organes de la circulation ou de vaisseaux distincts.
Chez les insectes il n'existe pas de véritables glandes; les or-

ganes qui en tiennent lieu sont composés de filamens très-fins, qui ne sont liés par aucun tissu cellulaire, mais seulement par les vaisseaux à air ou par les trachées. Tels sont au moins les canaux salivaires de beaucoup de coléoptéres et d'orthoptères ; tels sont les vaisseaux soyeux qui aboutissent aux filières chez les bombyces et plusieurs autres chenilles et larves ; tels sont, enfin, les canaux hépatiques et spermatiques du plus grand nombre, et même, jusqu'à un certain point, les ovaires et les oviductes.

Nous avons indiqué à l'article INSECTES, tome XXIII de ce Dictionnaire, ces différens organes sécrétoires aux pages 459 et suivantes, auxquelles nous renvoyons le lecteur, pour ne pas faire un double emploi. (C. D.)

SECUDES, SECUDUS. (*Bot.*) Avicenne, au rapport de Rauwolf, nommoit ainsi un *tragium* de Dioscoride, qui est une espèce d'astragale, naturelle dans les environs d'Alep, mentionnée aussi dans le Corollaire de Tournefort, *astragalus densifolius* de Vahl. C. Bauhin rapportoit cette plante à son genre *Stœchas*. Voyez SECUDUS. (J.)

SECURIDACA. (*Bot.*) Genre de plantes dicotylédones, à fleurs complètes, polypétalées, irrégulières, de la famille des *polygalées,* de la *diadelphie octandrie* de Linnæus, offrant pour caractère essentiel : Un calice caduc, coloré, à cinq folioles irrégulières : trois petites, deux beaucoup plus grandes ; cinq pétales adhérens avec le tube des étamines par la base ; le pétale supérieur plus grand, en casque, renfermant les organes sexuels : les deux latéraux fort petits, en écailles, les deux inférieurs connivens ; huit étamines ascendantes ; les filamens réunis en un tube ouvert latéralement dans sa longueur, libres au sommet ; les anthères à une loge ; un ovaire supérieur, comprimé latéralement, échancré au sommet ; un style ascendant. Le fruit est oblong, comprimé, membraneux, à une seule loge, indéhiscent, terminé par une aile.

SECURIDACA GRIMPANT : *Securidaca volubilis,* Linn. ; Jacq., *Amer.,* tab. 165, fig. 55 ; Lamk., *Ill. gen.*, 599, fig. 1. Arbrisseau à tige grimpante, dont les rameaux sont cylindriques, striés, pubescens ; les feuilles alternes, pétiolées, oblongues, obtuses, arrondies à leur base, planes, entières à leurs bords, d'un vert gai, plus pâles en dessous, longues de trois pouces et demi , larges de quinze lignes, parsemées de quelques poils rares; les pétioles pubescens , articulés à leur base et munis de deux glandes ; les fleurs disposées en un épi solitaire, terminal, long de trois ou quatre pouces ; les pédicelles épars, solitaires ou géminés ; les bractées un peu pubescentes, linéaires, subulées et caduques ; le calice est coloré ; la corolle violette. Le fruit est médiocrement pédicellé, presque elliptique, pubescent, surmonté d'une grande aile membraneuse, amincie à ses bords, obtuse au sommet. Cette plante croît dans l'Amérique méridionale, sur le rivage de la mer des Antilles.

SECURIDACA MOU ; *Securidaca mollis*, Kunth *in* Humb. et Bonpl., *Nov. gen.*, 5, pag. 421. Espèce très-voisine de la précédente, dont la tige est grimpante, divisée en rameaux alternes, cylindriques, pubescens. Les feuilles sont alternes, pétiolées, ovales, arrondies, très-entières, obtuses au sommet, arrondies à leur base, veinées, réticulées, d'un vert gai et un peu pubescentes en dessus, plus pâles et couvertes en dessous d'un duvet mou, longues de deux pouces et demi, larges de vingt lignes : deux glandes à la base de chaque pétiole ; quatre ou cinq épis presque sessiles et comme paniculés au sommet de chaque rameau , munis de bractées pubescentes et caduques, beaucoup plus courtes que les pédicelles ; les fleurs violettes, semblables à celles de l'espèce précédente : les fruits offrent la même ressemblance. Cette plante croît sur les bords du fleuve des Amazones.

SECURIDACA PLISSÉ ; *Securidaca complicata*, Kunth *in* Humb. et Bonpl, *loc. cit.* Cet arbrisseau est pourvu d'une tige grimpante, divisée en rameaux un peu flexueux , hérissés de poils mous, garnis de feuilles alternes, pétiolées , ovales, elliptiques, très-entières, obtuses, arrondies à leur base , plissées, membraneuses, glabres en dessus , hérissées en dessous sur leurs veines ; longues d'un pouce et plus, larges de neuf à dix lignes ; les pétioles tors, hérissés, cylindriques , longs d'une ligne et demie, portant à leur base deux petites glandes brunes. Les épis sont axillaires, terminaux, solitaires, médiocrement pédonculés , garnis de fleurs éparses , pédicellées, solitaires ou géminées, de couleur purpurine ; les pédicelles tomenteux, munis à leur base de bractées linéaires, lancéolées, tomen-

teuses ; le calice est coloré ; ses deux grandes divisions sont en
forme de pétale, ovales, arrondies, pubescentes en dehors.
Cette plante croît sur les bords de l'Orénoque.

SECURIDACA A TIGE DROITE : *Securidaca erecta*, Linn. ; Jacq.,
Amer., tab. 183, fig. 39. Grand arbrisseau, dont les tiges sont
droites, non grimpantes, hautes d'environ douze pieds, divisées en rameaux foibles, grêles, alongés, peu nombreux.
Les feuilles sont alternes, médiocrement pétiolées, oblongues, glabres à leurs deux faces. Les fleurs sont disposées en
grappes latérales vers l'extrémité des rameaux, nombreuses,
purpurines ; les deux pétales, qui forment comme un étendard, sont obtus : ceux en forme d'ailes arrondies et celui en
carène est muni d'un appendice comprimé et réfléchi. Cette
plante croît aux lieux pierreux, dans la Nouvelle-Espagne.

SECURIDACA EFFILÉ : *Securidaca virgata*, Willd., *Spec.*, 3,
pag. 899 ; Swartz, *Prodr.* ; Plum., *Amer.*, tab. 248, fig. 1. La
tige de cet arbrisseau se divise en rameaux grêles, glabres,
effilés, striés, un peu cendrés. Les feuilles sont petites, nombreuses, médiocrement pétiolées, alternes, ovales ou presque
rondes, minces, entières, d'un vert tendre, très-obtuses,
arrondies à leur base, longues de cinq à six lignes et plus.
Les fleurs sont disposées en plusieurs épis courts, terminaux,
formant par leur ensemble une sorte de panicule : les pédicelles filiformes, presque de la longueur des fleurs ; le calice
est fort petit ; la corolle d'un blanc teint de bleu. Le fruit
est un peu pubescent dans sa jeunesse, surmonté d'une aile
très-mince, membraneuse. Cette plante croît à Saint-Domingue et à la Martinique.

SECURIDACA A PANICULES : *Securidaea paniculata*, Poir., Encycl. ; Lamk., *Ill. gen.*, tab. 599, fig. 2. Arbrisseau à tige
droite, divisée en rameaux glabres, striés, cylindriques. Les
feuilles sont coriaces, simples, entières, oblongues, un peu
échancrées en cœur à leur base, acuminées, glabres, luisantes
en dessus, longues de trois ou quatre pouces, sur deux de
large, à nervures réticulées ; les pétioles épais et courts. Les
fleurs sont disposées en panicules terminales, étalées : les pédoncules hérissés de petits tubercules après la chute des fleurs.
Le calice est fort petit ; la corolle d'un blanc jaunâtre. Le
fruit est une gousse dure, ovale, cannelée, à une seule loge,

terminée par une aile membraneuse, oblongue, très-obtuse. Cette plante croît à Cayenne. (Poir.)

SECURIDACA. (*Bot.*) La plante légumineuse que Tournefort nommoit ainsi d'après Matthiole et les auteurs anciens, avoit été réunie par Linnæus au genre *Coronilla*. Plus récemment il a été rétabli par M. Persoon, comme genre distinct, sous le nom de *securilla*, et par M. De Candolle sous celui de *securigera*, parce que dans l'intervalle le premier nom avoit été appliqué par Linnæus à un autre genre. Ce même nom avoit aussi été donné anciennement par Matthiole à l'*astragalus hamosus*, par Clusius au *biserrula*, par Plukenet à un *galega*. (J.)

SÉCURIDACA DES JARDINIERS. (*Bot.*) C'est l'Émérus. (L. D.)

SÉCURIFÈRES ou PORTE - SCIES. (*Entom.*) M. Latreille nomme ainsi la famille des hyménoptères que nous avons appelée des Uropristes ou Serricaudes. (C. D.)

SÉCURIFORME ou EN RONDACHE. (*Entom.*) On nomme ainsi chez les insectes certaines parties ou articulations qui ressemblent plus ou moins à la forme convexe d'une hache. Les derniers articles des antennes, quelquefois des palpes, offrent cette disposition dans certains genres. On a même employé ce nom pour indiquer certaines taches de même forme qui s'observent sur les élytres de quelques coléoptères ou sur les ailes de plusieurs lépidoptères. (C. D.)

SECURIGERA ; SECURILLA. (*Bot.*) Voyez Securidaca. (J.)

SÉCURIGÈRE , *Securigera*, Decand. (*Bot.*) Genre de plantes dicotylédones polypétales, de la famille des *légumineuses*, Juss., et de la *diadelphie décandrie*, Linn., qui a pour caractères : Un calice monophylle, court, à deux lèvres, dont la supérieure bidentée et l'inférieure à trois divisions ; une corolle papilionacée, dont les pétales ont leurs onglets un peu plus longs que le calice, et dont la carène est aiguë ; dix étamines, dont une est libre et les neuf autres réunies par leurs filamens ; un ovaire supère, à style et stigmate simples ; un légume comprimé, à sutures proéminentes, terminé par une longue corne en forme d'alène, contenant huit à dix graines parallélogrammiques, contenues une à une dans des loges placées bout à bout. Ce genre ne renferme que l'espèce suivante.

Sécurigère coronille : *Securigera coronilla*, Decand., Fl.
franç., 4, page 609; *Securidaca legitima*, Gærtn., *Fruct.*, 2,
page 357, t. 153. fig. 5 ; *Coronilla securidaca*, Linn., *Sp.*,
1048. Sa racine est annuelle ; elle produit une tige divisée
dès sa base en plusieurs rameaux couchés, glabres, longs de
huit pouces à un pied, garnis de feuilles ailées, munies, à
la base de leur pétiole, de petites stipules ovales, aiguës. Ces
feuilles sont composées de onze à quinze folioles cunéiformes,
tronquées, terminées par une petite pointe particulière. Les
fleurs sont jaunes, portées, au nombre de trois à huit, sur un
pédoncule axillaire, et disposées en ombelle. Les gousses sont
glabres, un peu courbées en faucille. Cette plante croît dans
les champs du Midi de l'Europe. (L. **D.**)

SECURINEGA. (*Bot.*) Genre de plantes dicotylédones, à
fleurs dioïques, de la famille des *euphorbiacées*, de la *dioécie
pentandrie* de Linnæus, offrant pour caractère essentiel : Des
fleurs dioïques ; dans les fleurs mâles, un calice à cinq divisions profondes : point de corolle ; cinq étamines opposées :
les filamens saillans, connivens à leur base ; les anthères
oblongues ; cinq glandes conniventes et alternes, formant un
disque glanduleux autour du rudiment d'un ovaire : dans les
fleurs femelles, un calice à quatre ou six divisions réfléchies ;
un ovaire placé sur un disque glanduleux à trois loges ; deux
ovules dans chaque loge ; trois stigmates presque sessiles, réfléchis, presque à deux lobes. Le fruit est une capsule à trois
coques bivalves ; les semences noires, très-lisses.

Securinega bois dur : *Securinega durissima* ; Thésé bois dur.
Poir., Encycl. ; *Securinega nitida*, Willd., *Sp.*; Adr. Juss., *De
euphorb.*, 14, tab. 2, fig. 4. Grand arbre, dont le bois est
très-dur et résiste presque à la hache ; il est couronné de
fortes branches, chargées de nombreux rameaux très-glabres,
de couleur cendrée. Les feuilles sont alternes, médiocrement
pétiolées, dures, très-coriaces, glabres à leurs deux faces,
entières, très-lisses, d'un vert pâle, finement veinées, réticulées en dessous, ovales, obtuses au sommet, arrondies à la
base : les pétioles courts, redressés. Les fleurs sont disposées,
dans l'aisselle des feuilles, en petits paquets agglomérés, presque sessiles, fort petites. Le fruit est une petite capsule globuleuse, très-glabre, à peine de la grosseur d'un grain de

poivre, couronnée par trois styles très-courts, réfléchis. Le calice persiste sous le fruit en cinq folioles arrondies. Cette plante a été découverte à l'Isle-de-France par Commerson. (Poir.)

SEDA. (*Ornith.*) Nom arabe du milan, *falco milvus*, Linn., qui s'écrit aussi *zeda*. (Ch. D.)

SEDAB. (*Bot.*) Voyez Sandeb. (J.)

SEDAH, WILDE RAUTE. (*Bot.*) Suivant Rauwolf, une espèce de rue, *ruta montana*, est ainsi nommée aux environs d'Alep. Daléchamps cite aussi le nom de sedah pour la rue ordinaire, *ruta graveolens*. (J.)

SEDAR. (*Bot.*) Un des noms arabes du micocoulier, *celtis*, cité par Daléchamps. (J.)

SÉDAT. (*Ichthyol.*) Nom polonois du sandat. Voyez Sandre. (H. C.)

SÉDÉNETTE. (*Mamm.*) Sonnini dit que ce nom est donné, en Saintonge, aux dauphins ou souffleurs. Ce mot n'est-il pas le même que celui de *sénédette* écrit incorrectement ? (Desm.)

SÉDENTAIRES. (*Entom.*) Épithéte donnée par M. Walckenaër, dans son Histoire des aranéides, à une tribu d'araignées qui se fixent dans certains lieux, par opposition à l'expression de chasseuses, de vagabondes ou de nageuses, qu'il a employée pour désigner une autre tribu du même groupe. (C. D.)

SÉDILIPÈDE. (*Ornith.*) Les oiseaux sédilipèdes, ou percheurs, sont ceux dont les doigts sont libres et au nombre de trois en devant et un en arrière, comme chez les rapaces et les passereaux. (Ch. D.)

SEDJE-BIRD. (*Ornith.*) C'est la fauvette de roseaux, chez Albin. (Ch. D.)

SEDOIDES. (*Bot.*) Hermann donnoit ce nom à des plantes qui ont reçu de Linnæus celui de *crassula*. (J.)

SÉDON. (*Bot.*) Voyez Orpin. (L. D.)

SEDUM. (*Bot.*) Sous ce nom latin, conservé maintenant au genre Orpin, Tournefort a réuni, soit les espèces qui avoient dans chaque fleur dix étamines et cinq ovaires, soit celles qui en avoient un plus grand nombre. Ces dernières constituent maintenant le genre Joubarbe, *Sempervivum* de Linnæus. C. Bauhin cite encore sous le nom de *sedum*, d'après les auteurs qui l'ont précédé, quelques saxifrages, des *androsace*, un *primula*, un *draba* et un *reaumuria*. (J.)

SEEBOLLE. (*Ichthyol.*) Un des noms allemands du cotte quadricorne. Voyez COTTE. (H. C.)

SEEBULLE. (*Ichthyol.*) Voyez SEEBOLLE. (H. C.)

SEEFRÆULEIN. (*Ichthyol.*) Un des noms allemands de la GIRELLE. Voyez ce mot. (H. C.)

SEEHAHN [CAROLINISCHER]. (*Ichthyol.*) Nom allemand de la trigle Caroline. Voyez TRIGLE. (H. C.)

SEEHAHN [LINEIRIER]. (*Ichthyol.*) Nom allemand de la trigle lastoviza. Voyez TRIGLE. (H. C.)

SEEHIRSCH. (*Ichthyol.*) Un des noms allemands du *gatlorugine* des Vénitiens. Voyez SALARIAS. (H. C.)

SEEKARPFE. (*Ichthyol.*) Nom allemand du LABRE BERGYLTE, décrit dans ce Dictionnaire, tom. XXV, pag. 21. (H. C.)

SEELEYER. (*Ichthyol.*) Un des noms allemands de la lyre, *trigla lyra*. Voyez TRIGLE. (H. C.)

SEEMURE. (*Ichthyol.*) En Poméranie on appelle ainsi le scorpion de mer, *cottus scorpius*. Voyez à l'article COTTE. (H. C.)

SEEPEET. (*Bot.*) Arbrisseau de Sumatra, à grandes feuilles, rudes au toucher, dont, suivant Marsden, on donne l'infusion dans l'affection iliaque. (J.)

SEEPFERD. (*Ornith.*) Nom allemand, suivant Buffon, du pétrel cendré, *procellaria cinerea*, Linn. (CH. D.)

SEERABE. (*Ornith.*) On appelle ainsi, en Silésie, le cormoran, *pelecanus carbo*, Linn.; et l'oiseau nommé, en allemand, *see-schwalbe*, est l'hirondelle de mer, *sterna hirundo*, Linn.; le *see-schwalm* est, dans Aldrovande, l'ictérocéphale ou guépier à tête jaune, *apiaster icterocephalus*, Briss.; le *seetaube* est, en allemand, le pluvier doré, *charadrius pluvialis*, Linn., et le *see-vogel* est, dans la même langue, le pilet, *anas acuta*, Linn. (CH. D.)

SEEREE. (*Bot.*) Marsden cite sous ce nom une plante rampante de Sumatra, dont la feuille, qui a une forte odeur aromatique, est mâchée avec le bétel et autres ingrédiens. Ce ne peut être le *serce* ou *ramassuem* de Java, *andropogon schœnantus*; c'est plutôt quelque espèce de poivre. (J.)

SEEREE-CAYO. (*Bot.*) Nom donné dans l'île de Sumatra, suivant Marsden, au fruit de la pomme de flan, ou cœur-de-bœuf, *anona reticulata*, dont la pulpe, blanche et abondante, est très-recherchée comme nourriture. (J.)

SEESTICHLING. (*Ichthyol.*) Un des noms livoniens de l'épinochette. Voyez GASTÉROSTÉE. (H. C.)

SEEUP. (*Bot.*) Plante de Sumatra, laquelle, suivant Marsden, a beaucoup de ressemblance avec le figuier par sa feuille et son fruit : on l'emploie dans la lèpre non invétérée. (J.)

SEEWEIB. (*Ichthyol.*) Nom allemand de la VIEILLE. Voyez ce mot. (H. C.)

SEF-OND ou SEFFOND. (*Ornith.*) Les Islandois nomment ainsi le grèbe cornu, *colymbus cornutus*, Linn. (CH. D.)

SEFARGEL. (*Bot.*) Voyez SAFFARGEL. (J.)

SEFEYRY. (*Bot.*) Voyez SPHÆRI. (J.)

SÉGAIROL. (*Ornith.*) Nom languedocien de la cresserelle *falco tinnunculus*, Linn. (CH. D.)

SÉGE. (*Ichthyol.*) Voyez DOBULE. (H. C.)

SEGELTEMAN. (*Bot.*) Voyez RIDJILE. (J.)

SEGESTRIA. (*Bot.*) Genre de la famille des lichens, récemment établi par Fries; il a pour types des espèces placées dans le *porina* d'Acharius, et voisines du *porodothion* d'Eschweiller. Il est caractérisé par ses conceptacles en forme de verrues colorées dues au développement de la partie médullaire du thallus, et ayant au sommet une petite ouverture papillaire; chaque conceptacle offre un noyau solitaire presque globuleux, d'une consistance souple et gélatineuse. Le thallus est crustacé, un peu cartilagineux; il adhère aux pierres ou à l'écorce. Fries remarque que la substance qui forme l'enveloppe de la verrue, est d'une nature et d'une couleur différente de celle du périthécium qu'on observe dans les genres voisins, et qu'on ne sauroit les considérer comme le même organe. Les *porina nucula*, *umbonata*, et plusieurs autres espèces, rentrent dans ce genre, dont Fries indique une espèce nouvelle sous le nom de *seiridium lectissima*, Fries, *Syst. orb. veg.*, 1, p. 263. (LEM.)

SÉGESTRIE, *Segestria*. (*Entom.*) M. Walckenaër nomme ainsi un genre d'araignées qui n'ont que six yeux et qui se filent des tuyaux alongés très-étroits, où elles se tiennent blotties les six pattes antérieures en avant, placées sur des fils qui aboutissent au dehors pour rentrer dans le tube comme dans un centre commun. Voyez le tome II de ce Dictionnaire, pag. 558, 9.ᵉ section, n.ᵒˢ 33 et 34. (C. D.)

SEGETALIS. (*Bot.*) Selon Daléchamps, les Romains nommoient ainsi le glayeul. (J.)

SEGETELLA. (*Bot.*) Sous ce nom M. Persoon désigne une section du genre *Alsine*, comprenant les espèces (*alsine segetalis* et autres) à feuilles stipulées, à pétales entiers et à étamines en nombre variable, quelquefois réduites à quatre ou trois : il proposa en même temps de reporter au *stellaria* les espèces à pétales fendus, et à l'*arenaria*, celles à pétales entiers. Le transport avoit déjà été exécuté pour ces dernières par M. De Candolle, dans la Flore françoise. (J.)

SEGLER. (*Ornith.*) Ce nom est donné, par les Allemands, aux martinets. (Ch. D.)

SEGMARIA. (*Bot.*) Ce genre de M. Persoon est le même que l'*afzelia* de Gmelin, qui est congénère du *gerardia*, dans la famille des scrophularinées. (J.)

SEGMENS. (*Entom.*) On nomme ainsi, dans les insectes, les articulations du tronc et particulièrement les anneaux de l'abdomen. Ainsi, le corps des chenilles, celui des scolopendres, est formé d'une suite de segmens. Les guêpes, les abeilles, ont l'abdomen terminé par des segmens coniques. Dans les staphylins les derniers segmens du ventre portent des vésicules protractiles odorantes. L'abdomen des labidoures ou perce-oreilles est formé de segmens articulés entre eux, comme ceux de plusieurs hyménoptères et particulièrement comme dans les urocères, etc. (C. D.)

SEGONIA. (*Orn.*) Les Catalans, suivant Barrère, nomment ainsi la cigogne blanche, *ardea ciconia*, Linn. (Ch. D.)

SÉGUASTER. (*Bot.*) Rumph décrit sous ce nom le *corypha* de Linnæus, genre de palmier. (J.)

SÉGUE. (*Bot.*) Nom provençal du seigle, cité par Garidel. (J.)

SEGUIERIA. (*Bot.*) Genre de plantes dicotylédones, à fleurs incomplètes, de la *polyandrie monogynie* de Linnæus, offrant pour caractère essentiel : Un calice à cinq folioles persistantes; point de corolle; un grand nombre d'étamines insérées sur le réceptacle; un ovaire supérieur; un style; une capsule terminée par une grande aile ; deux autres petites ailes latérales : une seule loge indéhiscente, monosperme.

Seguieria d'Amérique: *Seguieria americana*, Linn.; Jacq., *Amer.*, 170. Arbrisseau peu élevé, dont la tige se divise en rameaux alternes, un peu diffus, armés, à la base des feuilles, d'aiguillons recourbés, qui manquent assez souvent. Les feuilles sont alternes, pétiolées, elliptiques, glabres à leurs deux faces, entières, échancrées au sommet. Les fleurs sont disposées en grappes à l'extrémité des rameaux; leur calice est à cinq folioles ouvertes, oblongues, concaves, colorées : les deux extérieures un peu plus petites; point de corolle; les filamens des étamines capillaires étalés, plus longs que le calice ; les anthères oblongues, un peu comprimées; l'ovaire est oblong, comprimé, muni d'ailes membraneuses, à style court et un stigmate simple. Le fruit est une capsule oblongue, plus épaisse d'un côté, ailée de l'autre, munie, à sa base, de trois appendices en forme d'ailes, à une seule loge indéhiscente, renfermant une semence glabre, oblongue. Cette plante croît dans l'Amérique méridionale, le long des chemins, aux environs de Carthagène.

Seguieria d'Asie; *Seguieria asiatica*, Lour., *Flor. Coch.*, 2, pag. 417. Cet arbrisseau a des tiges grimpantes, cylindriques, rameuses, sans épines. Les feuilles sont alternes, médiocrement pétiolées, rudes, ovales, très-entières ; les fleurs inodores, d'un blanc verdâtre, disposées en longues grappes axillaires et terminales. Le calice est composé de cinq folioles concaves, arrondies, étalées; les étamines sont nombreuses, insérées sur le réceptacle ; plus courtes que le calice ; le style court ; le stigmate un peu épais. Le fruit est une capsule rouge, ovale, acuminée, monosperme (à deux valves, selon Loureiro); une grande aile à plusieurs découpures linéaires: point de petites ailes. Cette plante croît dans les forêts, à la Cochinchine. Ses tiges servent à faire des liens. (Poir.)

SEGUILLUDA. (*Bot.*) Voyez Coronilla de Frayles. (J.)

SEGUINE. (*Bot.*) Nom françois donné dans les Antilles, suivant Jacquin, à son *arum seguinum*, qui est maintenant le *caladium seguinum* de Ventenat. C'est la canne marone de Saint-Domingue, citée par Nicolson. (J.)

SEHE-HANEN. (*Ichthyol.*) Un des noms que, dans le Nord

de l'Europe, on donne au grondin. Voyez Trigle. (H. C.)

SEHIMA. (*Bot.*) Genre de plantes monocotylédones, à fleurs glumacées, de la famille des *graminées*, de la *triandrie digynie* de Linnæus, offrant pour caractère essentiel : Des épillets géminés ; l'un sessile, l'autre pédonculé ; un calice à deux valves, à deux fleurs : l'une mâle, l'autre hermaphrodite ; trois étamines ; point de style dans les fleurs mâles ; un ovaire dans les fleurs hermaphrodites, surmonté de deux styles grêles, terminés par des stigmates plumeux.

Séhime d'Yémen : *Sehima ischæmoides*, Forsk., *Flor. Ægypt.*, *Arab.*, 178 : an *Calamina* ? Pal. Beauv., *Agrost.*, 128. Cette plante a des tiges droites, glabres, filiformes, articulées, hautes d'un ou deux pieds, simples, quelquefois un peu rameuses. Les feuilles sont planes, alternes, glabres, linéaires, striées, rudes et un peu velues à leur base : les gaines plus longues que les feuilles, glabres, striées. Les fleurs sont disposées en un épi terminal, serré, long de six à sept pouces, composé d'épillets géminés, l'un sessile, l'autre pédonculé, pourvus chacun d'un calice à deux valves linéaires, biflores, plus longues que la corolle : l'extérieure terminée par deux cils ; l'intérieure aristée au sommet : la corolle a deux valves velues intérieurement, transparentes, linéaires, mutiques. Dans l'épillet pédonculé les deux fleurs sont mâles, et dans l'épillet sessile la fleur extérieure est mâle : l'intérieure hermaphrodite. Cette plante croit sur les montagnes de l'Yémen.

Ce genre de graminées, observé dans l'Arabie par Forskal, avoit été rapproché par Beauvois de son *calamina* ; mais MM. R. Brown et Trinnius le croient plus voisin de l'*ischæmum*, dont il a le port et les principaux caractères. (Poir.)

SEHLIE. (*Erpét.*) Nom arabe du *scinque ocellé*. Voyez Scinque. (H. C.)

SEICHE. (*Malacoz.*) Ce nom est synonyme de Sèche. Voyez ce mot. (Desm.)

SEIDENSCHWANZ. (*Ornith.*) Nom donné, en Allemagne, au jaseur, *ampelis garrulus*, Linn. (Ch. D.)

SEIGAC. (*Mamm.*) Synonyme de *saïga*, espèce de ruminant du genre des Antilopes. Voyez ce mot. (Desm.)

SEIGLE ; *Secale*, Linn. (*Bot.*) Genre de plantes monocotylédones, de la famille des *graminées*, Juss., et de la *triandrie monogynie*, Linn., dont les caractères sont les suivans : Calice glumacé, à deux écailles opposées, droites, linéaires, plus petites que les deux fleurs qu'elles contiennent ; corolle de deux valves, dont l'extérieure plus roide, ventrue, acuminée, ciliée sur ses bords. terminée par une longue arête, et dont l'intérieure plane, lancéolée, mutique ; trois étamines à filamens capillaires, saillans hors de la fleur, terminés par des anthères oblongues et fourchues; un ovaire supère, surmonté de deux styles velus, à stigmates simples; une seule graine oblongue, embrassée par les valves de la corolle.

Ce genre est peu nombreux en espèces ; Linnæus n'en a compris que quatre dans son *Species plantarum*, et depuis cet auteur on n'en a découvert que deux autres; mais, comme plusieurs botanistes ont reporté ces nouvelles espèces dans d'autres genres, et que le *secale villosum*, le *secale creticum* et le *secale orientale* ont même été séparés du genre dans lequel Linnæus les avoit primitivement placés, pour être rangés, les deux premiers parmi les *triticum* ou fromens, et le dernier parmi les *agropyrum*, il s'ensuit que le seigle commun se trouve maintenant resté seul.

Seigle ou Ségle commun; *Secale cereale*, Linn., *Sp.*, 124. Sa racine est fibreuse. annuelle; elle produit une ou plusieurs tiges grêles, hautes de quatre à six pieds, articulées, garnies, à leurs nœuds, de feuilles linéaires, glabres. Ses fleurs sont nombreuses, verdâtres, disposées, au sommet des tiges, en un épi simple, comprimé, long de quatre à cinq pouces. Cette plante passe pour être originaire du Levant : on la cultive depuis long-temps en Europe.

Le seigle réussit mieux dans le Nord et dans les pays froids que le froment : il vient bien dans les terres où ce dernier ne peut croître ; il résiste encore plus que lui aux fortes gelées, et il arrive plus promptement à maturité. Pourvu qu'un terrain ne soit pas trop humide. il pourra produire du seigle : ainsi des terres sèches, arides, sablonneuses, crayeuses, qui n'ont que fort peu de terre végétale. et qui seroient tout-à-fait impropres à la culture du froment, sont susceptibles d'être ensemencées en seigle, et de donner ainsi des récoltes plus ou moins avantageuses.

Le seigle se sème avant toutes les autres céréales. Dans le

Nord de la France ses semis se commencent ordinairement
vers le 15 Septembre, et se continuent pendant un mois. Il
faut en général semer plutôt dans les mauvais terrains que
dans les bons; dans ces derniers le seigle acquiert toujours
assez de force. La terre que l'on destine au seigle doit être
préalablement amendée par des engrais et préparée par des
labours; mais ce grain n'a pas besoin de fumier autant que
le froment, et il n'exige pas non plus autant de labours. Le
plus souvent on peut le semer sur une terre préparée par
deux labours, et même par un seul, lorsque dans un champ
on fait succéder le seigle à la culture de plantes telles que
pois, haricots, etc., pour lesquelles il a fallu pratiquer plusieurs binages à la fin du printemps et pendant l'été.

Dans notre climat les épis de seigle commencent ordinairement à paroître vers la fin d'Avril, et les fleurs se développent dans le courant de Mai; mais le temps de l'apparition
des épis et de la floraison peut être retardé lorsque l'hiver
s'est prolongé et que le commencement du printemps n'est
pas suffisamment chaud. Il en est de même de la maturité du
grain : elle varie, selon que la saison est plus ou moins chaude
et plus ou moins favorable, depuis les derniers jours de Juin
ou les premiers de Juillet jusqu'à la fin de ce mois; mais, en
général, elle précède toujours de quinze à vingt jours celle du
froment.

Tout ce qui concerne la récolte du seigle ne diffère pas
de la manière dont se fait celle du froment : il faut seulement faire remarquer que la graine du seigle, parvenue à
sa maturité parfaite, adhère peu à ses balles, et qu'elle s'en
détache avec beaucoup de facilité, ce qui fait qu'on ne
doit pas attendre que ses épis soient trop secs, parce qu'alors
ils s'égrèneroient, et qu'une plus ou moins grande partie de
la récolte pourroit être perdue.

Il y a des cantons dans lesquels on sème aussi des seigles
au mois de Mars; mais ces derniers sont rarement aussi beaux,
et produisent ordinairement moins que ceux semés avant
l'hiver, et ils ne mûrissent que quinze ou vingt jours après.

Dans beaucoup d'endroits on sème le seigle uniquement
pour le couper en vert et le donner à manger aux chevaux,
aux vaches, etc. Cette pratique est très-bonne; car au com-

mencement du printemps les bestiaux manquent souvent de nourriture fraîche, et le fourrage vert du seigle leur en fournit une excellente. Le semis de seigle, fait pour cet usage, peut être fauché deux fois dans l'espace d'un mois, et quinze jours après la dernière coupe on peut encore y mettre les bestiaux pour le leur faire paître sur place. Ensuite, par un seul labour donné au champ, celui-ci se trouve bien préparé pour toutes les espèces de culture qu'on ne commence que vers le milieu du printemps, comme celles des haricots, des pommes de terre, des raves, etc.

Le seigle est de toutes les plantes cultivées celle qui a été la moins altérée par suite de sa culture ; car on n'en connoît point de variété permanente, et M. Tessier s'est assuré par des expériences positives que ce qu'on appelle *petit seigle*, *seigle de printemps*, *seigle marsais*, *seigle tremois*, revient à la grosseur du seigle commun, lorsqu'on le sème plusieurs années de suite en automne.

Comme plante alimentaire le seigle tient une place importante, et, après le froment, il est en Europe la substance qui nourrit un plus grand nombre d'hommes.

En effet, le seigle est la principale nourriture des habitans du Nord, et la majeure partie des paysans dans plus de la moitié de la France ne mange aussi que du pain de seigle ou de méteil, qui est un mélange en quantité à peu près égale de ce dernier et de froment. Le pain dans lequel il n'entre que de la farine de seigle est moins nourrissant ; mais il est plus rafraîchissant et a plus de goût que celui de froment. Le pain de seigle se conserve long-temps frais ; mais il est moins agréable à manger à la sortie du four que celui de froment, parce qu'alors il est trop humide : il n'est bon que le lendemain et les jours suivans. C'est avec un mélange de farine de seigle, de farine d'orge et du miel qu'on fabrique le pain d'épice.

La farine de seigle diffère essentiellement de la farine de froment en ce qu'elle ne contient point de matière glutineuse : elle est plus riche que cette dernière en matière extractive ; mais elle est moins abondante en amidon.

Si le seigle tient comme aliment une place importante, son usage en médecine est très-circonscrit : son grain ne s'emploie qu'extérieurement, réduit en farine et délayé avec de l'eau, pour faire des cataplasmes auxquels on attribuoit autrefois une propriété résolutive et maturative, et qui ne sont probablement qu'émolliens.

Le seigle sert encore à faire du gruau pour bouillies et potages : on en fabrique de la bière; et, dans le Nord, la plus grande partie de l'eau-de-vie, connue sous le nom d'eau-de-vie de grain, est retirée de ses graines, que l'on fait préalablement fermenter, et qu'on mêle ordinairement avec une certaine quantité de graines de genièvre avant de les soumettre à la distillation.

La paille de seigle est longue, flexible; et pour lui conserver ces qualités on bat, en général, ses gerbes sans les délier, ou quelquefois en les prenant par grosses poignées et en frappant les épis sur la partie arrondie d'un tonneau. Cette paille sert à faire des liens pour attacher les gerbes ou les bottes de toutes les espèces de moissons, de légumes, de foin ou de fourrages, et la consommation qu'on en fait sous ce rapport dans les campagnes est très-considérable. On s'en sert aussi pour lier les sarmens de la vigne aux échalas, pour palisser les arbres fruitiers sur les espaliers. On l'emploie à couvrir les toits des chaumières, ce à quoi elle est plus propre que la paille des autres céréales, parce qu'elle se pourrit plus difficilement. Pour la même raison les jardiniers en font les paillassons qui leur servent pour abriter leurs jeunes semis des vents froids ou des ardeurs du soleil, pour préserver les arbres en espalier des gelées tardives, etc. C'est avec elle qu'on fait les sièges de la plus grande partie des chaises. Enfin, on en tresse des nattes, des corbeilles, des paniers, des chapeaux communs : car les plus beaux, ceux d'Italie, se fabriquent avec la paille d'une variété de froment qu'on cultive exprès pour cet usage.

Le seigle est sujet à plusieurs maladies, comme la rouille, le charbon, et particulièrement l'ergot. Cette dernière et singulière production, qui remplace le grain, a été regardée par les uns comme n'en étant qu'une altération morbifique, tandis que d'autres ont cru, au contraire, que c'étoit une espèce particulière de champignon. Voyez ERGOT. (L. D.)

SEIGLE BATARD. (*Bot.*) On a désigné sous ce nom certaines espèces des genres Brome et Fétuque. (L. D.)

SEIRIDIUM. (*Bot.*) Genre de la famille des champignons, institué par Nées et adopté par Fries et Link. Il est caractérisé par ses sporidies oblongues, opaques, unies les unes aux autres par de petits pédicelles filiformes, et groupées en petits tas nichés sous l'épiderme des plantes. Ce genre paroît avoir de l'affinité avec le *Stilbospora*; mais dans ce genre les sporidies sont cloisonnées. Selon Fries le *seiridium* commence la série des genres de la tribu des stilbospores, selon sa méthode. Link le place parmi les champignons qu'il désigne par *gymnomycetes*, qu'il divise en trois séries; la première comprend le *Stilbospora*, et la troisième le *Seiridium*, outre les genres *Coryneum* et *Phragmotrichum*. Ces divers arrangemens prouvent que les affinités du *seiridium* ne sont pas exactement connues.

Le *seiridium marginatum* (Nées, *Fung.*, fig. 19; Link *in* Willd., *Sp.*, 6, part. 1, pag. 126) est la seule espèce du genre; elle forme de petits amas qui déchirent l'épiderme, pour se mettre à jour. Ces amas sont noirs, entourés par les lambeaux de l'épiderme; leur stroma paroît comme formé d'un amas des petits pédicelles tombés et agglomérés.

Cette espèce a été observée en Franconie, sur les rameaux tombés du *rosa canina*. (L.EM.)

SEISEFUN. (*Bot.*) Les Maures et les Arabes nomment ainsi, suivant Rauwolf et C. Bauhin, le chalef ou olivier de Bohème, *elæagnus angustifolia*. (J.)

SEISOPYGIS. (*Ornith.*) Ce nom grec est donné, par quelques auteurs, à la sittelle ou torchepot, *sitta europæa*, Linn. (CH. D.)

SEJA-CANANGA. (*Bot.*) Nom de l'*uvaria odorata* à Ternate, suivant Rumph. (J.)

SEJAL. (*Bot.*) Voyez SEYAL. (J.)

SEJO. (*Bot.*) Palmier à feuilles pennées, vu par M. de Humboldt dans les pays voisins de l'Orénoque, dont le régime porte, selon son récit, plus de huit mille fruits, qui fournissent de l'huile, un sel et un lait particulier. C'est le *puperri* des habitans du Maypuri, le *guanamari* ou *chimu* dans la langue de Tamanaca. Ce pourroit être, suivant ce voyageur, une espèce de coco différente du *cocos butyracea*. (J.)

SEJTUN. (*Bot.*) L'olivier, *olea europæa*, est ainsi nommé dans l'Égypte, suivant Forskal. (J.)

SEKALI. (*Bot.*) Un des noms arabes du cornouiller sanguin, cité par Forskal. (J.)

SEKAMAR. (*Bot.*) Nom arabe du fenouil, *anethum fœniculum*, cité par Forskal. L'*anethum graveolens* est nommé *chibt*. (J.)

SEKI-INTORU. (*Bot.*) Nom japonois, cité par Kæmpfer, d'une gentiane, *gentiana aquatica* de Thunberg. (J.)

SEKI-JI. (*Bot.*) Nom que l'on donne au Japon, selon Kæmpfer et Thunberg, à une fougère dont ce dernier auteur a fait son *acrostichum lingua* (Thunb., *Jap.*, pl. 35), qui est le *polypodium lingua* de Swartz, Willdenow, etc. (LEM.)

SEKI-NAN. (*Bot.*) Voyez SAKU-NANGA. (J.)

SEKI-SAN, SIBITO-BANNA. (*Bot.*) Noms japonois de l'*amaryllis sarniensis*, connue en françois sous celui de grenésienne, qui lui a été donné parce qu'elle s'est naturalisée dans l'ile de Gernesey, où des bulbes de cette plante furent jetées sur ses rives par un vaisseau arrivant du Japon, qui échoua dans ce parage. (J.)

SEKIKA. (*Bot.*) Voyez SEKIKU. (J.)

SEKIKU. (*Bot.*) Nom japonois signifiant l'herbe du diable, donné, suivant Thunberg, à son *saxifraga sarmentosa*, dont Medicus et Mœnch font un genre distinct, qu'ils nomment *Sekika*, qui est le *diptera* de Borkhausen. (J.)

SEKITSIKS. (*Bot.*) Voyez NADESIKO. (J.)

SEKRA. (*Bot.*) Adanson forme sous ce nom un genre particulier du *fontinalis*. n.° 2, pl. 33, de l'*Historia muscorum* de Dilleuius. Cette mousse est rapportée au *fontinalis minor*, Linn., et au *trichostomum fontinaloides*, Hedw. Le sekra n'a pas été admis, à moins que l'on ne le regarde comme le *trichostomum* lui-même. (LEM.)

SEL D'ABSINTHE. (*Chim.*) Les anciens donnoient ce nom au résidu de l'évaporation de la lessive des cendres d'absinthe. Ce résidu contient du sous-carbonate, du sulfate de potasse et du chlorure de potassium. (CH.)

SEL ADMIRABLE PERLÉ. (*Chim.*) Ancien nom du surphosphate de soude. (CH.)

SEL ALCALIN. (*Chim.*) On a employé cette expression pour désigner un sel à base d'alcali, qui contient un excès de base. L'expression de *sels alcalins* ne signifie pas toujours des sels à base d'alcali qui contiennent un excès de base ; on l'emploie encore pour désigner des sels à base de potasse, de soude, d'ammoniaque, quel que soit leur degré de saturation. (Ch.)

SEL ALEMBROTH ou SEL DE LA SAGESSE. (*Chim.*) Combinaison du perchlorure de mercure avec l'hydrochlorate d'ammoniaque. Elle est plus soluble que le perchlorure. (Ch.)

SEL AMMONIAC ou SEL AMMONIAQUE. (*Chim.*) Ancien nom de l'hydrochlorate d'ammoniaque. (Ch.)

SEL AMMONIACAL CRAYEUX. (*Chim.*) Ancien nom du sous-carbonate d'ammoniaque. (Ch.)

SEL AMMONIACAL NITREUX. (*Chim.*) Ancien nom du nitrate d'ammoniaque. (Ch.)

SEL AMMONIACAL SECRET DE GLAUBER. (*Chim.*) Ancien nom du sulfate d'ammoniaque. (Ch.)

SEL AMMONIACAL SÉDATIF. (*Chim.*) Borate d'ammoniaque. (Ch.)

SEL AMMONIACAL VITRIOLIQUE. (*Chim.*) Sulfate d'ammoniaque. (Ch.)

SEL D'ANGLETERRE. (*Chim.*) Ancien nom du sous-carbonate d'ammoniaque. (Ch.)

SEL ARSENICAL DE MACQUER. (*Chim.*) C'est le surarseniate de potasse obtenu en faisant détoner parties égales de nitrate de potasse et d'acide arsenieux. Voyez tom. XXXV, pag. 44. (Ch.)

SEL DE CANAL. (*Chim.*) Un des anciens noms du sulfate de magnésie. (Ch.)

SEL CATARCTIQUE AMER. (*Chim.*) Un des anciens noms du sulfate de magnésie. (Ch.)

SEL DE CENTAURÉE. (*Chim.*) Partie soluble dans l'eau des cendres de centaurée : même composition que celle du sel d'absinthe. (Ch.)

SEL DE COLCOTHAR. (*Chim.*) Sel obtenu en lavant le résidu de la calcination du sulfate de fer. Il est probable que ce sel est du sulfate neutre de peroxide de fer. (Ch.)

SEL COMMUN. (*Chim.*) Un des anciens noms du chlorure de sodium. (Ch.)

SEL DE DUOBUS. (*Chim.*) Un des anciens noms du sulfate de potasse. (Ch.)

SEL D'ÉGRA. (*Chim.*) Un des anciens noms du sulfate de magnésie. (Сн.)

SEL D'EPSOM. (*Chim.*) Un des anciens noms du sulfate de magnésie. (Сн.)

SEL FÉBRIFUGE DE SYLVIUS. (*Chim.*) Un des anciens noms du chlorure de potassium. (Сн.)

SEL FIXE DE TARTRE. (*Chim.*) C'est le sous-carbonate de potasse obtenu avec le tartre par la combustion. (Сн.)

SEL FUSIBLE DE L'URINE. (*Chim.*) C'est l'ammoniaco-phosphate de soude retiré de l'urine. (Сн.)

SEL DE GABELLE. (*Chim.*) Un des anciens noms du chlorure de sodium. (Сн.)

SEL DE GLAUBER. (*Chim.*) Un des anciens noms du sulfate de soude. (Сн.)

SEL HALOTRIC. (*Chim.*) Scopoli a désigné par ce nom un sel qui se trouve dans les schistes d'Idria. Suivant Klaproth, il est formé de sulfate de magnésie et de sulfate de fer. (Сн.)

SEL DE JUPITER. (*Chim.*) On a donné ce nom à un hydrochlorate d'étain. (Сн.)

SEL DE LAIT. (*Chim.*) C'est le sucre de lait. (Сн.)

SEL MARIN. (*Chim.*) Un des anciens noms du chlorure de sodium. (Сн.)

SEL MARIN. (*Min.*) Voyez SELMARIN. (LEM.)

SEL MARIN ARGILEUX. (*Chim.*) Hydrochlorate d'alumine. (Сн.)

SEL MARIN BARYTIQUE. (*Chim.*) Chlorure de barium ou hydrochlorate de baryte. (Сн.)

SEL MARIN CALCAIRE. (*Chim.*) Hydrochlorate de chaux ou chlorure de calcium. (Сн.)

SEL MARIN MAGNÉSIEN. (*Chim.*) Hydrochlorate de magnésie ou chlorure de magnésium. (Сн.)

SEL MICROSCOMIQUE. (*Chim.*) C'est l'ammoniaco-phosphate de soude retiré de l'urine. (Сн.)

SEL D'OSEILLE. (*Chim.*) C'est le binoxalate de potasse. (Сн.)

SEL POLYCHRESTE DE GLASER. (*Chim.*) Un des anciens noms du sulfate de potasse. (Сн.)

SEL RÉGALIN D'ÉTAIN. (*Chim.*) Hydrochlorate de peroxide d'étain préparé avec l'eau régale. (Сн.)

SEL RÉGALIN D'OR. (*Chim.*) C'est le chlorure d'or préparé avec l'eau régale. (Cʜ.)

SEL DE SATURNE. (*Chim.*) On a appliqué ce nom à diverses préparations de plomb ; mais le plus souvent il désigne l'acétate de plomb. (Cʜ.)

SEL SÉDATIF. (*Chim.*) C'est l'acide borique. (Cʜ.)

SEL DE SEDLITZ. (*Chim.*) Un des anciens noms du sulfate de magnésie. (Cʜ.)

SEL DE SEIGNETTE. (*Chim.*) Tartrate double de potasse et de soude. (Cʜ.)

SEL DE SEYDSCHUTZ. (*Chim.*) Un des anciens noms du sulfate de magnésie. (Cʜ.)

SEL DE SOUDE. (*Chim.*) C'est le sous-carbonate de soude. (Cʜ.)

SEL STANNO-NITREUX. (*Chim.*) On a désigné par ce nom le nitrate d'ammoniaque qu'on obtient en faisant évaporer l'acide nitrique dans lequel on a mis de l'étain qui s'est oxidé au maximum. (Cʜ.)

SEL DE SUCCIN. (*Chim.*) C'est l'acide succinique. (Cʜ.)

SEL SULFUREUX DE STAHL. (*Chim.*) C'est le sulfite de potasse. (Cʜ.)

SEL DE TAKENIUS, SELS FIXES DE TAKENIUS. (*Chim.*) Ce sont les sels à base de potasse ou de soude, qu'on a obtenus d'une plante quelconque par le procédé de Takenius. Pour exécuter ce procédé, on met la plante dans une marmite de fer ; on fait chauffer le vaisseau jusqu'à en faire rougir le fond ; on remue la matière, lorsque la fumée, qui s'en dégage, s'enflamme ; on couvre la marmite de manière que la flamme s'éteigne, mais que les parties volatiles puissent se dégager. On remue encore de temps en temps ; et enfin, en lessivant le résidu fixe avec de l'eau, et faisant évaporer la liqueur à sec, on obtient les sels de Takenius, qui sont en général formés de sous-carbonate de potasse ou de soude, mêlé de chlorure de potassium ou de sodium, de sulfate ou d'hyposulfite, ou de sulfure de potasse ou de soude, et quelquefois de cyanure. Il y a en outre une quantité plus ou moins grande de matière huileuse empyreumatique. (Cʜ.)

SEL DE TARTRE. (*Chim.*) C'est le sous-carbonate de potasse obtenu en décomposant le tartre par le feu. (Cʜ.)

SEL VÉGÉTAL. (*Chim.*) Ancien nom du tartrate de potasse. (Ch.)

SEL DE VERRE ou FIEL DE VERRE. (*Chim.*) Lorsqu'on fond les matières destinées à faire le verre, il se sépare, à la surface de la matière liquéfiée, des sulfates de potasse ou de soude, des chlorures de potassium ou de sodium, suivant la nature de l'alcali employé dans le mélange vitrifiable : ce sont ces substances qu'on a désignées par le nom de sel ou fiel de verre. (Ch.)

SEL DE VINAIGRE. (*Chim.*) On a donné ce nom à des cristaux de sulfate de potasse concassés, qu'on a introduits dans des flacons bouchés à l'émeri, et qu'on a imprégnés ensuite d'acide acétique concentré. (Ch.)

SELACHE. (*Ichthyol.*) Voyez Pélerin. (H. C.)

SÉLACIENS. (*Ichthyol.*) M. Cuvier a donné ce nom à la seconde famille de ses poissons chondroptérygiens à branchies fixes. Elle répond entièrement à celle des Plagiostomes de M. Duméril. Voyez ce dernier mot. (H. C.)

SÉLAGINE, *Selago*. (*Bot.*) Genre de plantes dicotylédones, à fleurs complètes, monopétalées, de la famille des *sélaginées* (Juss., Ann.), de la *didynamie angiospermie* de Linnæus, caractérisé par un calice persistant, tubulé, à quatre ou cinq divisions; une corolle tubulée ; le tube filiforme; le limbe à trois ou cinq lobes; quatre étamines didynames : un ovaire supérieur; un style ; un stigmate simple; une ou deux semences enveloppées par le calice.

Sélagine a corymbes : Linn., *Sp.*; Commel., *Hort.*, 2, tab. 20. Petit arbrisseau, dont les tiges sont droites, grêles, hautes d'environ un pied, un peu pubescentes, simples ou rameuses à leur partie supérieure; les rameaux courts, alternes, ramassés; les feuilles sont éparses par paquets, simples, linéaires, très-étroites, presque filiformes, un peu pubescentes, obtuses, sessiles, longues de trois à quatre lignes, très-nombreuses. Les fleurs sont disposées en petits corymbes nombreux. Le calice est fort petit, à cinq divisions linéaires, droites, presque égales, de couleur brune, ciliées à leurs bords, accompagnées de bractées linéaires, concaves, ciliées. La corolle est blanchâtre; le tube grêle, un peu plus long que le calice; le limbe à cinq découpures inégales, oblongues, obtuses; le style courbé, presque aussi long que la corolle. Cette plante croit au Jardin du Roi, à Paris.

Sélagine a plusieurs épis : *Selago polystachia*, Linn., *Spec.;* Commel., *Hort.*, 2, tab. 3. Cette plante a des tiges droites, ligneuses, ramifiées, hautes d'un demi-pied. Les feuilles sont nombreuses, fasciculées, roides, linéaires, presque filiformes, nues à leurs deux faces. Les fleurs sont disposées, à l'extrémité des rameaux, en un corymbe composé de plusieurs épis fasciculés. Le calice est hispide ; la corolle blanche : le fruit ovale, partagé en deux semences appliquées l'une contre l'autre par une surface plane. Cette plante croit dans les campagnes sablonneuses, au cap de Bonne-Espérance.

Sélagine a feuilles de raiponce : *Selago rapunculoides*, Linn., *Amœn. acad.*, 4, pag. 319 ; Burm., *Afr.*, tab. 42, fig. 1. Ses tiges sont droites, cylindriques, épaisses, ligneuses, très-simples, hautes de deux pieds, garnies à leur partie inférieure de feuilles nombreuses, rapprochées, alternes, sessiles, un peu éparses, linéaires, très-étroites, entières, aiguës. Les calices sont très-courts, tubulés ; la corolle infundibuliforme ; le tube grêle, alongé ; le limbe à quatre découpures étalées, obtuses, inégales ; les deux extérieures plus grandes. Cette plante croit au cap de Bonne-Espérance.

Sélagine batarde : *Selago spuria*, Linn., *Spec.;* Burm., *Afr.*, tab. 42, fig. 3. Ses tiges sont droites, ligneuses, presque simples, de couleur purpurine, hautes d'environ deux pieds. Les feuilles sont nombreuses, sessiles, éparses, alongées, très-rapprochées, linéaires, très-étroites, denticulées, aiguës ; les supérieures plus courtes, moins serrées. Les fleurs sont disposées, à l'extrémité des tiges, en plusieurs épis presque fasciculés, simples, cylindriques, oblongs, obtus, fortement imbriqués de bractées nombreuses, oblongues, aiguës. Le calice est glabre ; le tube de la corolle très-grêle ; le limbe à cinq divisions courtes, inégales, obtuses ; le stigmate en tête. Cette plante croit au cap de Bonne-Espérance.

Sélagine en tête ; *Selago capitata*, Linn., *Mant.*, 563. Cette plante a des tiges ligneuses, divisées en rameaux cylindriques, de couleur cendrée ; les ramifications brunes et velues. Les feuilles sont fasciculées, sessiles, linéaires, charnues, un peu rétrécies à leur base, subulées au sommet, glabres à

leurs deux faces , longues d'environ un pouce. Les fleurs
sont disposées en épis courts, rapprochées en une tête arrondie à l'extrémité de chaque rameau , munies de bractées
rhomboïdales , glabres, aiguës , membraneuses , enveloppant
chacune une fleur. Le calice est tubulé, lâche , membraneux,
plus court que les bractées, à cinq découpures ovales, aiguës, ciliées et dentées à leurs bords : les deux inférieures
plus larges et plus longues ; la corolle infundibuliforme ; le
tube grêle, plus long que le calice ; le limbe à cinq découpures ovales , oblongues, presque égales, un peu réfléchies
en dehors. Cette plante croît naturellement au cap de Bonne-
Espérance.

Sélagine fasciculée : *Selago fasciculata*, Linn. , *Mant.; Jacq.,
Icon. rar.*, 3 , tab. 496 ; Lamk., *Ill. gen.*, tab. 521 , fig. 2. Ses
tiges sont droites, très-simples, glabres, hautes d'environ
deux pieds; les feuilles sont alternes, sessiles , ovales, assez
larges , un peu oblongues , lisses à leurs deux faces, fortement
dentées en scie à leurs bords, entières et un peu courantes
à leur base , aiguës au sommet. Les fleurs forment un corymbe épais, rameux, garni de bractées alternes , ovales ,
lancéolées, acuminées, de la longueur des pédoncules, placées sous un calice à cinq dents subulées ; la corolle de couleur purpurine ; le tube grêle, une fois plus long que le calice. Cette plante croit sur les montagnes, au cap de Bonne-
Espérance.

Sélagine a épi ovale : *Selago ovata*, Willd. . *Spec.*; Lamk. .
Ill., tab. 521 . fig. 1 : Curt. , *Mogaz.*, tab. 62. Petit arbrisseau ,
dont les tiges sont couchées . longues d'environ un pied, garnies çà et là de petits nœuds filiformes ; les rameaux cylindriques, pubescens. Les feuilles sont éparses , sessiles, linéaires, un peu grasses. lisses à leurs deux faces, entières, aiguës ,
rétrécies à leur base , longues d'environ un pouce. Les fleurs
sont disposées . à l'extrémité des rameaux , en cône ovale .
avec des bractées imbriquées, scarieuses, glabres , ovales ,
plus longues que les calices, réfléchies à leur sommet. Le calice est a cinq dents; le limbe de la corolle à cinq découpures
ovales. obtuses, de couleur violette foncée. Cette plante croît
au cap de Bonne-Espérance.

Sélagine écarlate : *Selago coccinea* . Willd.. *Spec.*; Linn..

Amœn., tom. 6. Ce petit arbrisseau est distingué par ses feuilles très-épaisses, très-glabres : les inférieures linéaires, très-entières, très-glabres ; les supérieures lancéolées, subulées, un peu dentées. Les fleurs sont disposées en épis, qui forment, par leur réunion, un corymbe terminal. La corolle est d'un pourpre foncé, à découpures du limbe inégales ; l'extérieure plus grande. Les racines produisent plusieurs tiges très-simples.

Sélagine a tige roide ; *Selago stricta*, Berg., *Pl. Cap.* Cette plante a des tiges ligneuses, un peu noueuses, roides, pubescentes, striées ; les rameaux épars, très-longs, simples, velus. Les feuilles sont fasciculées, filiformes, linéaires, velues, un peu aiguës, longues de trois ou quatre lignes, étalées, roulées à leurs bords, plus longues que les entrenœuds. Les fleurs sont disposées en plusieurs épis terminaux, paniculés, munis de bractées lancéolées, aiguës, planes, ovales, plus longues que le calice : celui-ci est d'une seule pièce, à cinq divisions égales, subulées ; la corolle de couleur rouge, infundibuliforme ; le tube une fois plus long que le calice, renflé vers son sommet ; les découpures du limbe sont ovales, oblongues, obtuses, arrondies, plus courtes que le tube, presque égales : une d'elles un peu plus grande. Cette plante croît au cap de Bonne-Espérance.

Sélagine luisante ; *Selago lucida*, Vent., Malm., 1, tab. 26. Arbrisseau élégant, dont le feuillage, d'un vert foncé et luisant, contraste agréablement avec les fleurs d'un beau blanc de lait, disposées en épis. Les tiges sont droites, nombreuses, hautes de deux pieds ; les rameaux alternes, un peu pubescens ; les feuilles alternes, pétiolées, en ovale renversé, entières, obtuses, à peine longues de six lignes, larges de quatre. Les épis sont droits, terminaux ; une bractée ovale, aiguë, persistante, est à la base de chaque fleur. Le calice est glabre, tubulé, à cinq sillons ; le tube de la corolle trois fois plus long que le calice ; le limbe presque à deux lèvres. Le fruit consiste en une semence elliptique, souvent accompagnée d'une autre avortée, munie d'une bractée. Cette plante croît au cap de Bonne-Espérance. (Poir.)

SÉLAGINÉES. (*Bot.*) Nous avions laissé à la fin des verbénacées le *Selago* et deux autres genres, que nous annoncions

comme différant en quelques points, et pouvant former dans la suite une famille distincte. M. Choisy a adopté cette idée et a établi la famille des sélaginées, fondée sur la réunion des caractères suivans :

Un calice d'une seule pièce, persistant, tantôt fendu d'un côté en forme de spathe, tantôt tubulé et divisé seulement par le haut en quelques dents, tantôt partagé jusqu'à sa base en deux parties. Une corolle hypogyne, monopétale, tubulée, divisée à son limbe en quatre ou cinq lobes égaux ou inégaux. Étamines insérées au tube, au nombre de deux ou plus, ordinairement quatre didynames ou égales; filets souvent élargis à leur partie supérieure sur laquelle est couchée l'anthère, ou plus rarement minces par le haut et portant l'anthère sur leur milieu. Un ovaire simple, supère, non adhérent au calice, surmonté d'un style simple. Fruit membraneux, à deux loges monospermes, dont une avorte quelquefois. Graines attachées au sommet de leur loge et contractant presque une adhérence avec elle. Embryon droit, à radicule montante et à lobes plus courts, placé dans l'axe d'un périsperme charnu. Tiges herbacées ou formant des petits sous-arbrisseaux. Feuilles simples, alternes, ou rarement presque opposées, souvent fasciculées et linéaires. Fleurs accompagnées de bractées, disposées en épis terminaux, simples ou rassemblés en grappe ou en corymbe.

Cette famille contient les genres *Polycenia* et *Dischisma*, séparés du suivant par M. Choisy; *Hebenstreitia*; *Selago*; *Microdon*, détaché du précédent par le même; *Agathalpis*, qu'il a détaché de l'*Eranthemum*, dont le reste du genre est reporté ailleurs.

Cette famille appartient à la classe des Hypocorollées, comme les Verbénacées, dont elle diffère par l'existence d'un périsperme et la radicule montante. Ces deux caractères la rapprochent davantage des Myoporinées (voyez ce mot), avec lesquelles on finira peut-être par les confondre. (J.)

SELAGINELLA. (*Bot.*) Genre établi par Palisot-Beauvois aux dépens du *lycopodium*, Linn., et qui a pour type le *lycopodium selaginoides*, Linn., espèce qui est le *selaginoides* de Dillenius, *Hist. musc.*, pl. 68, fig. 1. Palisot-Beauvois établit ainsi son caractère générique : Plante monoïque; *fleurs mâles* sessiles, réniformes, bivalves, mêlées avec les fleurs femelles à l'extrémité des rameaux, où elles forment un renflement en forme d'épi; *fleurs femelles* sessiles; capsules univalves, à plusieurs (trois ou quatre) semences; valves trilobées; semences rondes, lisses.

L'espèce citée par Beauvois est décrite à notre article Lycopodium : c'est le lycopodium faux sélago, tome XXVII, pag. 425. (Lem.)

SELAGO. (*Bot.*) Plusieurs auteurs anciens, cités par C. Bauhin, ont cru que la plante nommée ainsi par Pline, étoit la bruyère ordinaire, *erica vulgaris, calluna* des modernes, et ils ont donné le même nom à quelques autres bruyères. Daléchamps et C. Bauhin l'ont aussi cité pour la camphrée, *conphorosma*. On avoit encore cru que c'étoit un lycopode, *lycopodium selago;* et Dillenius l'avoit adopté pour un de ses genres détaché du lycopode et nommé *mirmau* par Adanson. Linnæus, n'adoptant pas cette séparation, a transporté ce nom à un genre très-différent, appartenant à la classe des Hypocorollées, et devenu récemment le type d'une famille des Sélaginées : c'est le *vormia* d'Adanson. Voyez Sélagine. (J.)

SELAGO. (*Bot.*) Dillenius a distingué sous ce nom les espèces du genre *Lycopodium* à feuilles imbriquées et capsules axillaires. Les espèces figurées par Dillenius sont les *lycopodium selago*, Linn.; *acerosum*, Swartz; *linifolium*, Linn., et *rigidum*, Linn., qui rentrent dans le genre *Plananthus* de Palisot-Beauvois. La première est décrite à notre article Lycopodium, tom. XXVII, pag. 417. (Lem.)

SELAGOERI. (*Bot.*) Nom indien de quelques espèces de corète, *corchorus*, selon Burmann; le *silagoeri-parum-paon* de l'île de Java est le *sida retusa* de Linnæus, nommé aussi *silagurium* par Rumph. (J.)

SÉLANDRIE, *Selandria.* (*Entom.*) M. Leach a établi sous ce nom un genre d'insectes hyménoptères de la famille des uropristes, pour y ranger quelques espèces de mouches à scie ou tenthrèdes, dont les antennes n'ont que neuf articles et dont les ailes présentent deux cellules radiales et quatre cubitales. (C. D.)

SÉLAQUES. (*Ichthyol.*) M. de Blainville appelle ainsi les

poissons que M. Cuvier désigne sous le nom de Sélaciens. Voyez ce mot. (H. C.)

SELCHE. (*Ornith.*) Nom de l'aigle, au Kamtschatka. (Ch. D.)

SELEIMA. (*Ichthyol.*) On appelle ainsi à Bona-Vista un poisson bon à manger, et dont feu Bowdich a fait, sous la même dénomination, le type d'un genre qui appartient à la seconde tribu ou à la quatrième famille des acanthoptérygiens de M. Cuvier.

Ce genre ne renferme encore qu'une seule espèce, le *seleima aurata*, reconnoissable au rang de petites dents qu'il porte à chaque mâchoire ; à ses opercules entières ; à l'épine libre de ses catopes ; aux huit raies orangées qui règnent sur son corps resplendissant de l'éclat de l'argent.

Le seleima est très-voisin de la saupe, peut-être même n'en est-il qu'une variété.

M. Cuvier pense que ce genre doit être supprimé et confondu avec celui des Boops. Voyez Bogue dans le Supplément du tome V de ce Dictionnaire. (H. C.)

SÉLÈNE, *Selene*. (*Ichthyol.*) De Lacépède a ainsi nommé un genre de poissons osseux holobranches, de l'ordre des thoraciques et de la famille des leptosomes.

Le nom de ce genre vient du grec Σελήνη, qui signifie *lune*, et indique l'éclat dont brillent les espèces qui le composent.

Quoi qu'il en soit, on reconnoit les sélènes aux caractères suivans :

Branchies complètes; catopes thoraciques courts ; corps très-mince ; yeux latéraux; dents larges, non crénelées ; bouche sans soupape ni membrane valvulaire; nageoires très-apparentes; deux nageoires dorsales : l'antérieure courte ; les premiers rayons de la seconde dorsale et de l'anale prolongés en faux.

Il devient, d'après ces signes, facile de séparer les Sélènes des Chrysostoses et des Capros, qui n'ont point de dents ; des Holacanthes, des Premnades, des Énoploses, des Pomacanthes, des Anabas, des Amphiprions, des Pomacentres, des Pomodasys, des Acanthinions, des Éphippus, des Chétodons, des Platax, des Chelmons et des Chétodiptères, qui ont les dents rondes et minces ; des Ashisures, des Prionures, des Acanthures, des Glyphisodons, des Archers, des Acantho-

PODES, dont les dents sont crénelées ; des NASONS, des SIDJANS, des ZÉES, des POULAINS , des ARGYRÉIOSES, des GALS et des CILIAIRES, qui ont une bouche à membrane ou à soupape ; des VOMERS, enfin, qui ont les nageoires courtes et sans prolongement. (Voyez ces divers noms de genres et LEPTOSOMES.)

La SÉLÈNE ARGENTÉE; *Selene argentea*, Lacép. Extrémité de la queue cylindrique et prolongée au-delà de la nageoire caudale, qui est très-fourchue ; corps ayant la forme générale d'un disque pentagonal ; partie antérieure du dos rectiligne ; ouverture de la bouche plus grande ; un seul orifice à chaque narine ; œil gros, à prunelle large ; première dorsale petite et triangulaire ; catopes petits ; pectorales grandes et falciformes : les premiers rayons de la nageoire du dos s'étendant au-delà de l'extrémité de la queue.

Ce poisson vient des mers de l'Amérique méridionale, où on le nomme vulgairement *la lune*. C'est le *guaperva* de Marcgrave.

La SÉLÈNE QUADRANGULAIRE de Lacépède, ou le *Zeus quadratus* de Linnæus, figuré par Sloane sous le nom de *faber marinus ferè quadratus*, et par Bonnaterre sous celui de *doré quadrangulaire*, n'est, comme l'a remarqué le judicieux Broussonnet, que le *chetodon faber* des auteurs, et appartient au genre *Ephippus*. Voyez ce mot. (H. C.)

SÉLÉNIATES. (*Chim.*) Combinaisons salines de l'acide sélénique avec les bases salifiables.

Composition.

Dans les séléniates neutres l'acide contient deux fois autant d'oxigène que la base : 100 parties d'acide sélénique neutralisent donc une quantité de base salifiable contenant 14,37 p. d'oxigène.

Il existe des biséléniates, qui sont tous très-solubles dans l'eau, et, à ce qu'il paroît, des quadroséléniates.

On ne connoît que quelques sous-séléniates.

Propriétés génériques.

Les séléniates à base d'alcalis fixes, chauffés au rouge avec du charbon, donnent du gaz acide carbonique, de l'oxide de carbone, un peu de sélénium et un séléniure à base d'oxide.

Les séléniates à base d'oxides de la première section des métaux, donnent, dans les mêmes circonstances, du gaz, du sélénium et la base salifiable à l'état de pureté.

Les séléniates à base d'oxides de la troisième et quatrième section, donnent des séléniures métalliques.

L'acide sélénique ne donne aucun goût particulier aux séléniates. Les séléniates alcalins solubles ont un goût salé foible, analogue à celui des chlorures et des phosphates alcalins ; les autres séléniates ont la saveur que les bases qui les constituent communiquent aux acides avec lesquels elles forment des combinaisons solubles.

SÉLÉNIATES D'ALUMINE.

Le *séléniate d'alumine neutre* se prépare en versant dans de l'hydrochlorate d'alumine neutre du biséléniate d'ammoniaque, ou dans de l'alun du séléniate neutre de potasse ou de soude. Le séléniate d'alumine se précipite : on le lave et on le fait sécher.

Il est en poudre blanche.

Il donne, lorsqu'on le chauffe, de l'eau, de l'acide sélénique et de l'alumine.

Le *biséléniate d'alumine* se prépare en faisant dissoudre l'alumine en gelée ou le séléniate neutre dans l'acide sélénique. La solution a un goût astringent ; quand on la soumet à l'évaporation, elle laisse une matière incolore, transparente, qui a l'aspect de la gomme.

SÉLÉNIATES D'AMMONIAQUE.

Le *séléniate d'ammoniaque neutre* se prépare en mettant dans de l'ammoniaque concentrée un léger excès d'acide sélénique : en abandonnant la liqueur à elle-même dans un lieu tempéré, le séléniate cristallise sous la forme de barbes de plume, ou de prismes tétraèdres, ou de tables tétraèdres obliques.

Ce sel est déliquescent.

Il donne à la distillation de l'eau ammoniacale ; ensuite du gaz azote et de l'eau provenant de la réaction des élémens de la base sur ceux de l'acide, du quadroséléniate d'ammoniaque et du sélénium fondu.

Le *biséléniate d'ammoniaque* s'obtient en laissant la solution de séléniate neutre s'évaporer spontanément. Le biséléniate se dépose sous la forme d'aiguilles qui sont inaltérables à l'air.

Le *quadroséléniate d'ammoniaque* s'obtient en faisant évaporer la solution de biséléniate au feu, ou en ajoutant à cette solution de l'acide sélénique.

Ce sel ne cristallise pas; il est déliquescent.

SÉLÉNIATES D'ARGENT.

Acide. 100
Oxide. . . . . 205,75.

On obtient ce sel neutre en versant de l'acide sélénique dans du nitrate d'argent; le séléniate se précipite.

Il est blanc, un peu soluble dans l'eau bouillante.

L'acide nitrique bouillant le dissout, la dissolution précipite par l'addition de l'eau froide; si l'on ajoute à la solution bouillante de l'eau bouillante, le séléniate cristallise, par le refroidissement, en petites aiguilles.

La lumière ne le noircit pas.

Au feu il se fond et devient transparent comme l'est le chlorure d'argent fondu; par le refroidissement il se prend en une masse blanche, opaque, friable, dont la cassure est cristalline.

Chauffé et exposé en même temps à un courant d'air, il dégage de l'oxigène, de l'acide sélénique, et se recouvre d'une pellicule d'argent métallique.

SÉLÉNIATES DE BARYTE.

	Séléniate neutre.	Biséléniate.
	Berzelius.	
Acide	100	100
Baryte	137	68

On obtient le *séléniate neutre* en mêlant le séléniate de potasse avec du chlorure de baryum. Le sel se précipite.

Il est incolore, insoluble dans l'eau.

A la température du verre fondant il ne se liquéfie pas; il ne semble pas perdre d'eau par l'action de la chaleur.

Il se dissout dans l'acide sélénique et les acides plus énergiques.

On prépare le *biséléniate de baryte* en ajoutant à une solution d'acide sélénique du sous-carbonate de baryte, jusqu'à ce qu'il n'y ait plus d'effervescence. La liqueur évaporée donne des cristaux en grains arrondis, translucides. Ces grains sont formés d'aiguilles radiées.

La solution de biséléniate de baryte, mêlée avec l'ammoniaque, donne un précipité de séléniate neutre.

SÉLÉNIATES DE CHAUX.

On se procure le *séléniate neutre de chaux* en mettant du sous-carbonate de chaux dans de l'acide sélénique liquide; l'acide carbonique se dégage, et peu à peu le séléniate neutre se dépose.

Ce sel est sous la forme d'une poudre cristalline, douce au toucher.

Chauffé au rouge dans une cornue de verre, il se liquéfie; à l'état liquide il attaque le verre, il se produit une effervescence, et le verre se remplit de petites bulles, qui se dilatent et finissent par percer la cornue; alors ce sel s'en échappe sans avoir éprouvé d'altération. M. Berzelius ignore la cause de ce phénomène, que présentent aussi les séléniates de magnésie et de manganèse.

On prépare le *biséléniate de chaux* en dissolvant le séléniate dans l'acide sélénique; la solution cristallise en petits prismes qui sont inaltérables à l'air, et desquels l'ammoniaque et la chaleur séparent l'excès de l'acide.

SÉLÉNIATES DE PROTOXIDE DE CÉRIUM.

Ce sel est en poudre blanche, insoluble; il se dissout dans l'acide sélénique et forme un biséléniate soluble.

SÉLÉNIATES DE PEROXIDE DE CÉRIUM.

Le séléniate neutre et le biséléniate ressemblent aux séléniates de peroxide d'urane.

SÉLÉNIATES DE COBALT.

Ce *sel*, à *l'état neutre*, est en poudre rouge, insoluble.

Le *biséléniate* est soluble; sa solution évaporée laisse un résidu rouge, luisant, ayant l'aspect d'un vernis.

SÉLÉNIATE DE PROTOXIDE DE CUIVRE.

On le prépare en faisant digérer le protoxide de cuivre hydraté dans l'acide sélénique.

Il est sous la forme d'une poudre blanche, insoluble.

SÉLÉNIATE DE DEUTOXIDE DE CUIVRE.

Le biséléniate d'ammoniaque, versé dans une solution de sulfate de deutoxide de cuivre chaud, donne des flocons jaunâtres très-volumineux, qui bientôt se changent en petites aiguilles soyeuses, verdâtres.

Ce sel n'est soluble ni dans l'eau ni dans l'acide sélénique.

Au feu il perd son eau de cristallisation, il devient d'un rouge brun, puis se fond et devient noir; enfin, l'acide se dégage et l'oxide reste.

SOUS-SÉLÉNIATE DE DEUTOXIDE DE CUIVRE.

Il est en poudre verte; on l'obtient en versant du séléniate d'ammoniaque avec excès de base dans du sulfate de cuivre.

SÉLÉNIATE DE PEROXIDE D'ÉTAIN.

Il est insoluble dans l'eau.

Il se dissout dans l'acide hydrochlorique; l'eau le précipite de cette solution.

Au feu il donne de l'eau, de l'acide sélénique et du peroxide d'étain.

SÉLÉNIATES DE PROTOXIDE DE FER.

L'acide sélénique n'a presque pas d'action sur le fer; celui-ci se recouvre d'une pellicule de sélénium qui a été réduit.

Le séléniate de potasse neutre, versé dans du sulfate de protoxide de fer, donne un précipité blanc qui passe bientôt au gris, et ensuite au jaune, à mesure que l'oxigène de l'air peut agir sur lui. Ce précipité, lavé et séché, est blanc-jaunâtre.

L'acide hydrochlorique, versé sur le séléniate de protoxide de fer récent, le décompose; le protoxide s'oxide aux dépens d'une partie de l'acide sélénique : il en résulte de l'hydrochlorate de peroxide de fer, de l'acide sélénique et du sélénium qui se dépose.

On obtient le *biséléniate de protoxide de fer* en faisant dissoudre le séléniate neutre dans l'acide sélénique, ou en mêlant à du sulfate de fer une solution de biséléniate. Comme le biséléniate de protoxide de fer est peu soluble, il se dépose. Si l'on fait chauffer la solution de biséléniate de protoxide de fer, il se précipite un séléniate de peroxide, mêlé de sélénium: une portion de l'acide se dépouille donc de son oxigène en faveur du protoxide de fer.

SÉLÉNIATES DE PEROXIDE DE FER.

On se procure le séléniate neutre de peroxide de fer par double décomposition.

Il est en poudre blanche, qui devient légèrement jaune en se desséchant.

Au feu il donne de l'eau, devient rouge, et l'acide peut être séparé en totalité.

Quand on fait dissoudre du fer dans un mélange bouillant d'acide sélénique et d'eau régale (ce mélange doit toujours contenir un excès d'acide nitrique), la dissolution, en refroidissant, donne des cristaux d'un vert pistache, que M. Berzelius considère comme étant du biséléniate de peroxide de fer. Ce sel est insoluble dans l'eau.

Distillé, il donne de l'eau et devient noir: mais, par le refroidissement, il paroit rouge. A une température plus élevée il laisse dégager de l'acide sélénique.

L'ammoniaque, digéré sur le séléniate de peroxide de fer, laisse un sous-séléniate dans lequel la base contient autant d'oxigène que l'acide.

SÉLÉNIATES DE GLUCINE.

Le sel neutre est blanc, insoluble.

Le biséléniate est soluble; sa solution évaporée laisse une masse qui a l'apparence de la gomme.

SÉLÉNIATES DE MANGANÈSE.

Le séléniate neutre est en poudre blanche, insoluble.

Il est très-fusible; fondu, il détruit le verre mieux que ne le fait le séléniate de chaux, et sans le colorer.

Tant que sa base ne peut s'oxider, il peut être fortement chauffé sans s'altérer.

Le *biséléniate* est très-soluble.

Il cristallise.

La chaleur le réduit en sel neutre.

SÉLÉNIATES DE MAGNÉSIE.

L'acide sélénique, neutralisé par un lait de sous-carbonate de magnésie, donne un sel en poudre cristalline.

Ce sel est légèrement soluble dans l'eau bouillante ; la solution évaporée donne des grains cristallins, qui ont la forme de prismes tétraèdres ou de tables.

Distillé dans une cornue de verre, il laisse dégager de l'eau, devient blanc d'émail. Il ne se liquéfie pas, ne perd pas d'acide et perce le verre.

Le *biséléniate* s'obtient en dissolvant le sel neutre dans l'acide sélénique, et en précipitant la solution par l'alcool. Le biséléniate se dépose en une masse pulpeuse, qui est déliquescente et incristallisable.

SÉLÉNIATE DE PROTOXIDE DE MERCURE.

L'acide sélénique précipite la solution des sels de protoxide de mercure en une poudre blanche, insoluble dans un excès de son acide.

Chauffé dans une cornue, il se fond en un liquide brun très-foncé, qui, par le refroidissement, se fige en une masse jaune de citron. A une température suffisamment élevée il bout et se distille.

La potasse en sépare l'oxide à l'état d'une poudre noire.

L'acide hydrochlorique le décompose ; l'oxigène d'une portion de l'acide sélénique se porte sur l'hydrogène de l'acide hydrochlorique ; il en résulte de l'eau, du sélénium et du perchlorure de mercure, qui se dissout avec la portion d'acide sélénique non décomposée.

SÉLÉNIATES DE PEROXIDE DE MERCURE.

Le *séléniate neutre* est blanc, insoluble. Lorsqu'on distille le séléniate neutre avec du peroxide de mercure, celui-ci se réduit en gaz oxigène et en mercure : ce métal convertit le peroxide du sel en séléniate de protoxide de mercure, qui se sublime.

Le *biséléniate* se forme lorsqu'on met du peroxide rouge dans de l'acide sélénique en excès; la liqueur, filtrée et évaporée, donne de très-gros prismes striés longitudinalement.

Ce sel contient beaucoup d'eau de cristallisation.

Il est très-peu soluble dans l'alcool.

La potasse caustique n'en sépare pas entièrement le peroxide.

L'ammoniaque et les sous-carbonates alcalins ne le précipitent pas.

Il se fond dans son eau de cristallisation; le séléniate anhydre se sublime sans altération.

L'acide sulfureux précipite de la solution de biséléniate, du séléniate de protoxide de mercure, qui devient rouge, parce que sa surface se recouvre d'une couche de sélénium réduit.

SÉLÉNIATES DE NICKEL.

Le *séléniate neutre* récemment précipité est blanc, insoluble; par la dessiccation il devient d'un vert-pomme pâle.

Le *biséléniate* est soluble; évaporé, il laisse un résidu vert, qui a l'aspect d'une gomme.

SÉLÉNIATES DE PLOMB.

	Berzelius.
Acide . . . . , ...	100
Protoxide de plomb	200.

On le prépare en précipitant une solution de chlorure de plomb par le séléniate d'ammoniaque en excès.

Ce sel est en poudre blanche, pesante, qui se dissout en très-petite quantité dans l'eau. Un excès de son acide n'augmente pas sensiblement sa solubilité.

Il est difficile de le décomposer complétement par l'acide sulfurique, et, pour que cela ait lieu, il faut que l'acide soit concentré et chaud.

L'ammoniaque ne l'altère pas.

Le séléniate de plomb se fond, comme le chlorure, en un liquide transparent et jaunâtre, qui se fige en une masse blanche, dont la cassure est cristalline. Au rouge-blanc le sé-léniate de plomb bout, de l'acide sélénique se sublime; il reste un sous-séléniate de plomb qui, par le refroidissement, se fige en une masse demi-transparente, d'une texture cristalline.

SÉLÉNIATES DE POTASSE.

Le *séléniate neutre* est très-soluble dans l'eau. La solution évaporée se recouvre d'une pellicule formée de petits grains. Elle ne cristallise pas par refroidissement.

Il est déliquescent.

Il est insoluble dans l'alcool.

Chauffé au rouge, il se fond, devient jaune; par le refroidissement il devient blanc.

Le *biséléniate de potasse* cristallise en barbes de plumes, lorsqu'on a fait concentrer la solution en consistance de sirop, et qu'on la laisse se refroidir lentement.

Il est déliquescent et peu soluble dans l'alcool.

Au feu il laisse dégager la moitié de son acide.

Le *quadroséléniate de potasse* ne cristallise pas; il est très-déliquescent.

SÉLÉNIATES DE SOUDE.

Le *séléniate neutre* est très-soluble; sa saveur est celle du borax.

Il cristallise par évaporation et non par refroidissement; ses cristaux sont grenus.

Il est inaltérable à l'air, et insoluble dans l'alcool.

Pour faire l'analyse du séléniate de soude, il faut chauffer le sel desséché avec deux fois son poids d'hydrochlorate d'ammoniaque, jusqu'à ce que le résidu soit du chlorure de sodium pur.

Le *biséléniate de soude* cristallise, par le refroidissement de sa solution, en aiguilles étoilées.

Il n'est pas efflorescent.

Au feu il se liquéfie et perd l'excès de son acide.

Le *quadroséléniate de soude* cristallise en aiguilles par l'évaporation spontanée.

Il est inaltérable à l'air.

SÉLÉNIATES DE STRONTIANE.

Le *séléniate neutre* est blanc, pulvérulent, insoluble.

Le *biséléniate* s'obtient en dissolvant du sous-carbonate de strontiane dans de l'acide sélénique. La dissolution, évaporée lentement, dépose une pellicule non-cristalline, qu'il est très-difficile de redissoudre, même dans l'eau bouillante.

Le biséléniate chauffé se fond, perd son eau de cristallisation, et se réduit en séléniate neutre.

SÉLÉNIATES DE PEROXIDE D'URANE.

Le *séléniate neutre* est en poudre d'un jaune de citron.

Au feu il donne de l'oxigène, de l'acide sélénique et un résidu vert.

Le *biséléniate* se prépare en dissolvant le sel neutre dans l'acide sélénique. Cette solution, évaporée, laisse un résidu transparent, d'un jaune pâle, ressemblant à un vernis. Ce sel, séché, est blanc, opaque et cristallin.

SÉLÉNIATE D'YTTRIA.

Ce sel est blanc, insoluble, même dans un excès de son acide.

Au feu il donne de l'eau, de l'acide sélénique et de l'yttria.

SÉLÉNIATE DE ZIRCONE.

Il est en poudre blanche, insoluble dans l'eau et un excès de son acide.

SÉLÉNIATES DE ZINC.

Le *séléniate neutre* est en poudre cristalline, insoluble dans l'eau.

Quand on le distille, il donne de l'eau, se fond en un liquide jaune, transparent, qui se fige en une masse blanche cristalline. Si on le chauffe au rouge presque blanc, il se réduit en acide sélénique qui se sublime, et en sous-séléniate indécomposable.

Le *biséléniate de zinc* est très-soluble dans l'eau. Cette solution, évaporée, laisse un résidu qui a l'aspect de la gomme.

Histoire.

Les séléniates ont été découverts par M. Berzelius : c'est
à lui que nous devons tout ce que nous savons de leurs propriétés. (Ch.)

SELENION. (*Bot.*) Nom grec donné par Dioscoride à la
pivoine, suivant Mentzel et Adanson. (J.)

SELENIPHYLLOS. (*Bot.*) Tabernæmontanus donne ce nom
à l'œnanthe *filipendaloides.* (Lem.)

SÉLÉNIQUE [Acide]. (*Chim.*) Combinaison acide du sélénium avec l'oxigène.

Composition.

Berzelius.

Oxigène . . . 28,739 . . . 40,33
Sélénium . . . 71,281 . . . 100.

Préparation.

L'acide sélénique peut être préparé par deux procédés.

1.° On met du sélénium dans une boule de verre d'un
pouce de diamètre, on l'y chauffe, et on dirige ensuite dans
la boule un courant d'oxigène ; le sélénium s'enflamme dès
qu'il commence à bouillir ; sa flamme est blanche à la base,
d'un vert bleuâtre au sommet. L'acide sélénique se condense
en cristaux dans les parties froides de l'appareil. L'oxigène,
qui est en excès, a une odeur d'oxide de sélénium.

2.° On peut acidifier dans une cornue de verre le sélénium
par l'acide nitrique, ou, ce qui est plus expéditif, par l'eau
régale. La liqueur dépose, par un refroidissement lent, de
grands cristaux striés d'acide sélénique hydraté, qui ressemblent au nitrate de potasse.

Propriétés.

L'acide sélénique hydraté cristallisé, chauffé dans une cornue, ne se fond pas, mais éprouve un léger retrait dans les
parties qui couvrent les parois de la cornue, et se réduit ensuite en une vapeur jaune-foncé, semblable au chlore, dont
l'odeur est acide. La vaporisation de l'acide sélénique se fait
à une température qui est sensiblement inférieure à celle né-

cessaire pour faire bouillir l'acide sulfurique. La vapeur d'a-
cide sélénique se condense en tétraèdres très-minces, dont la
longueur peut excéder deux pouces. Si les parois sur lesquelles
l'acide se condense ne sont pas suffisamment froides, l'acide
se réduit en une masse demi-transparente.

L'acide sélénique, ainsi sublimé, a un aspect et un éclat
qui lui sont propres; s'il reste exposé à l'air, les cristaux
s'attachent les uns aux autres, et ils se ternissent, sans cependant devenir humides, quoiqu'ils absorbent de l'eau atmosphérique.

Malgré cette affinité de l'acide sublimé pour l'eau, il est facile de l'en priver; il suffit pour cela de le chauffer, l'eau se
dégage avant que l'acide se sublime.

L'acide a une saveur acide franche et un arrière-goût
brûlant.

Il est très-soluble dans l'eau; ce liquide bouillant le dissout presque en toutes proportions. Cette solution cristallise par un refroidissement rapide en petits grains, et par
un refroidissement lent en prismes striés hydratés. Par l'évaporation spontanée elle cristallise en prismes aciculaires, disposés en étoiles.

Il est très-soluble dans l'alcool. Cette solution, distillée,
donne un produit dont l'odeur participe de celle de l'éther
nitrique et de celle de l'éther hydratique. M. Berzelius n'a pu
séparer d'éther de ce produit en le saturant par le chlorure de
calcium. Dans ces distillations une portion d'acide est réduite.
Le résidu de l'opération est de l'acide sélénique sec, coloré
par du sélénium.

L'alcool, chauffé avec les acides sélénique et sulfurique,
donne un produit dont l'odeur est insupportable; il y a beaucoup d'acide sélénique réduit.

Usage et Histoire.

Cet acide n'est d'aucun usage.

Il a été découvert par M. Berzelius, et c'est à lui que nous
devons tout ce que nous savons de ses propriétés. (CH.)

SÉLÉNIQUE [Acide chloro-]. (*Chim.*) Acide formé de
chlore et de sélénium.

Composition.

Berzelius.

Chlore 179
Sélénium . . . . . 100.

Préparation.

En faisant arriver du chlore sec en excès sur du sélénium, il se produit une masse blanche solide, qui est de l'acide chloro-sélénique.

Propriétés.

L'acide chloro-sélénique est blanc et solide ; par la chaleur il éprouve du retrait sans se fondre ; il se réduit ensuite en une vapeur jaune, qui est susceptible de se condenser en petits cristaux blancs.

L'acide chloro-sélénique dégage de la chaleur en s'unissant avec l'eau. La solution est incolore, limpide et très-acide.

L'acide chloro-sélénique, chauffé avec du sélénium, s'y unit. La combinaison est oléagineuse, d'un jaune brun, transparente, et moins volatile que l'acide pur. Cette combinaison va au fond de l'eau ; mais peu à peu elle s'y décompose en acides sélénique et hydrochlorique, qui sont dissous, et en sélénium, qui se dépose : celui-ci retient de l'acide hydrochlorique. M. Berzelius est porté à croire que l'acide chloro-sélénique peut s'unir avec une quantité de sélénium triple de celle qu'il contient.

Histoire.

Il a été découvert par M. Berzelius et examiné par lui seul. (Ch.)

SÉLÉNITE. (*Min.*) C'est le nom que les anciens minéralogistes ont donné au gypse laminaire ou chaux sulfatée, et que l'on peut conserver comme nom trivial pour désigner cette variété de gypse. Voyez Chaux sulfatée. (B.)

SÉLÉNITE BASALTINE. (*Min.*) C'est, dans les Lettres du docteur Demeste sur la minéralogie, la variété de gypse ou sulfate de chaux cristallisée qu'Haüy a décrite sous le nom de *chaux sulfatée mixtiligne*. Voyez Chaux sulfatée. (B.)

SÉLÉNIUM. (*Min.*) Ce métal, nouvellement découvert par M. Berzelius, ne s'est point encore trouvé pur, ni isolé, ni même jouant le rôle de base dans la nature ; il est toujours combiné avec d'autres métaux. D'abord on ne l'a connu que dans sa combinaison avec le cuivre, où M. Berzelius l'a découvert, et qu'il a nommé *eukaïrite*. Mais depuis peu on l'a trouvé au Harz, combiné avec le plomb, l'argent, le mercure, etc. (Voyez à l'article PLOMB, l'espèce *plomb séléniuré*.)

Nous rapporterons ici les différentes espèces minérales dans lesquelles on a reconnu la présence du sélénium à l'état de combinaison définie ou de simple mélange.

1.° Avec le soufre sublimé de Lipari et de Vulcano, d'après M. Stromeyer : il communique au soufre une couleur rouge orangée ;

2.° Avec le cuivre seul, dans le séléniure de cuivre de Skrickerum en Smalande ;

3.° Avec le cuivre et l'argent, dans l'eukaïrite du même lieu ;

4.° Avec le plomb seul, dans le séléniure de plomb de Lorenz et de Tilkerode au Harz ;

5.° Avec le plomb et le cuivre du même lieu ;

6.° Avec le plomb et le mercure du même lieu ;

7.° Dans plusieurs sulfures de plomb du Harz ;

8.° Dans des pyrites ou fer sulfuré de Fahlun en Suède, et dans celles de Krezliz en Bohême, suivant M. Gmelin. (B.)

SÉLÉNIUM. (*Chim.*) Corps simple, auquel M. Berzelius a donné le nom de sélénium, dérivé de *séléné* (lune en grec). Par cette dénomination le savant suédois a voulu indiquer l'analogie du sélénium avec le *tellure*, métal dont le nom vient de *tellus* (terre), autour de laquelle se meut la lune.

Le sélénium est solide, fusible et volatilisable.

Lorsqu'il est fondu et qu'il se refroidit promptement, sa surface prend un brillant métallique d'une couleur brune très-foncée. Sa cassure est conchoïde vitreuse.

S'il se refroidit très-lentement, sa surface est raboteuse, grenue. Sa cassure rappelle celle du cobalt.

Le sélénium qui se sépare d'une dissolution d'hydro-séléniate d'ammoniaque est sous la forme d'une pellicule qui

présente au microscope une texture cristalline. La surface inférieure semble être parsemée de cubes ou de parrallélipi-
pèdes. Dans le liquide il se dépose quelquefois des végétations
de sélénium qui paroissent formées de prismes terminés par
des pyramides.

Le sélénium très-divisé, comme celui qu'on vient de précipiter à froid d'une dissolution d'acide sélénique étendue,
est rouge de cinabre ; la chaleur le fait devenir presque noir.

En couche mince, le sélénium est translucide, et a la couleur du rubis.

A mesure qu'on l'échauffe, il devient mou ; à 100^d il est incomplétement liquide ; à quelques degrés au-dessus il l'est
parfaitement.

Le sélénium qui se solidifie conserve de la mollesse pendant
un certain temps.

L'acier le raie facilement ; il est cassant comme le verre.
Sa densité est entre 4,50 et 4,52.

Le sélénium se vaporise au-dessous de la chaleur rouge. Sa
vapeur est d'un jaune foncé, dont la nuance est intermédiaire
entre le jaune orangé de la vapeur du soufre et le jaune verdâtre du chlore. La vapeur du sélénium qu'on distille dans
une cornue se condense en gouttes noires.

La vapeur du sélénium n'a aucune odeur particulière, lorsqu'elle se condense en poudre rougeâtre par l'air froid, et
que, d'ailleurs, elle n'est point chauffée assez fortement pour
prendre feu.

Il est mauvais conducteur de la chaleur et de l'électricité.
M. Berzelius n'a pu l'électriser par le frottement.

Propriétés chimiques.

Le sélénium a peu d'affinité pour l'oxigène. Si on le chauffe
dans l'air sans le mettre en contact avec un corps en ignition,
il se volatilise le plus souvent sans altération ; mais si on le
chauffe avec une flamme, il colore les bords de celle-ci d'un
bleu d'azur, et s'évapore en répandant une forte odeur de
chou pourri, que M. Berzelius attribue à la formation d'un
oxide de sélénium gazeux. Il se produit en même temps un
peu d'acide sélénique.

Le sélénium se vaporise dans l'oxigène sans altération lorsque le vaisseau contenant l'oxigène a une grande capacité ; mais si le sélénium est chauffé dans une boule de verre d'un pouce de diamètre, dans laquelle on dirige un courant d'oxigène, il brûle avec une flamme d'un vert blanchâtre au sommet, et on obtient de l'acide sélénique, qui se condense en aiguilles sur la partie froide de l'appareil : il se produit en même temps de l'oxide de sélénium.

Le sélénium est insoluble dans l'eau ; il ne la décompose pas.

Le sélénium, mis dans une atmosphère de chlore, absorbe ce gaz, dégage de la chaleur, se fond en liquide brun ; et si le chlore est en excès, il se change en une masse blanche solide, qui est de l'acide chloro-sélénique.

Le sélénium s'unit, à l'aide de la chaleur, au soufre et au phosphore en toutes proportions.

Il est susceptible de se combiner à l'arsenic.

M. Berzelius pense qu'il peut s'unir au carbone.

Il est susceptible de former avec l'hydrogène un hydracide gazeux.

Enfin il se combine avec la plupart des métaux.

Le sélénium, traité à chaud par l'acide nitrique et l'eau régale, est converti en acide sélénique, qu'on obtient par le refroidissement de la liqueur à l'état d'hydrate cristallisé.

Le sélénium est dissous par l'acide chloro-sélénique.

Le sélénium n'a point été trouvé dans la nature à l'état de pureté.

Il existe dans la pyrite de Fahlun, et il paroît y être disséminé dans toute la masse.

Il forme avec le cuivre et l'argent un double séléniure qu'on trouve dans la nature, et dans lequel les métaux sont dans une telle proportion, que l'argent, pour s'oxider, absorbe autant d'oxigène qu'il en faut au cuivre pour passer au minimum, et que le sélénium a besoin, pour devenir acide sélénique, de deux fois plus d'oxigène que les métaux auxquels il est uni en absorbent pour s'oxider.

Enfin il se trouve à l'état de proto-séléniure de cuivre.

Préparation.

Pour extraire le sélénium du séléniure double de cuivre et d'argent, voici le procédé suivi par M. Berzelius.

a) On traite le minéral par l'acide nitrique bouillant; on étend la dissolution d'eau bouillante; on filtre et on reçoit la liqueur filtrée dans une solution de chlorure de sodium; on lave le filtre jusqu'à ce que le lavage ne se trouble plus par cette même solution. Le précipité est du chlorure d'argent. Ce qui reste sur le filtre est de la silice et des matières pierreuses.

b) On sépare le chlorure d'argent par la filtration, puis on fait passer dans la liqueur un courant d'acide hydro-sulfurique, et on filtre de nouveau. La liqueur filtrée retient de l'alumine et de l'oxide de fer.

c) On dissout le précipité dans l'eau régale; on fait rapprocher la liqueur de manière à en chasser tout l'acide nitrique; on étend le résidu d'eau; on y verse du sulfite d'ammoniaque. Après quelques heures on fait bouillir, et on ajoute de temps en temps quelques gouttes de sulfite; après deux heures d'ébullition, tout le sélénium est précipité, on le recueille sur un filtre.

d) La liqueur filtrée contient le cuivre: on y verse du sous-carbonate de potasse; mais comme celui-ci ne précipite pas tout le cuivre, on acidule la liqueur au moyen de l'acide hydrochlorique, et on y ajoute du fer.

Extraction du sélénium du soufre de Fahlun.

C'est dans le soufre de Fahlun que M. Berzelius a découvert le sélénium. Quand on brûle ce soufre dans une chambre de plomb, il se dépose au fond de la chambre une matière pulvérulente rougeâtre, qui est du soufre séléniuré mêlé de différentes substances. Dans l'opération où ce dépôt a lieu, on ne mêloit pas le soufre au nitrate de potasse, on le brûloit simplement, et l'acide sulfureux produit se trouvoit avoir le contact de l'acide nitrique contenu dans des vaisseaux plats.

a) On verse sur le soufre séléniuré assez d'eau régale pour en faire une masse pulpeuse. On fait digérer le tout à une chaleur modérée. Après 48 heures on ajoute de l'eau et de l'acide sulfurique. On filtre, et il reste sur le papier du soufre mêlé de sulfate de plomb, qu'on lave à grande eau.

b) La liqueur filtrée (*a*) est d'un jaune foncé. On la réunit aux lavages et on y fait passer un courant d'acide hydrosulfu-

rique. Il reste dans la liqueur des sulfates de fer, de zinc et de chaux.

c) On traite le précipité (*b*) par l'eau régale à plusieurs reprises jusqu'à ce qu'il soit tout dissous. On étend la liqueur d'eau jusqu'à ce qu'elle ne se trouble plus par une nouvelle addition de ce liquide. On recueille le précipité, qui est du séléniate d'étain ; on le lave, on le sèche et on le chauffe au rouge dans une petite cornue de verre. Il se sublime de l'acide sélénique, et il reste de l'oxide d'étain.

d) Le liquide (*c*), d'où le séléniate d'étain a été séparé, doit être mêlé à du chlorure de baryum jusqu'à ce qu'il ne se précipite plus rien. On filtre ou évapore jusqu'à ce qu'il se dégage beaucoup de gaz hydrochlorique. On distille dans une cornue la liqueur concentrée à ce point. On chauffe le résidu, qui donne un sublimé blanc, cristallisé, qui est un mélange d'acide sélénique et de séléniate de mercure ; il ne reste qu'une petite quantité de matière blanche tachetée de rouge, composée de séléniates de baryte, d'étain, de cuivre, et d'arséniate de baryte.

e) On dissout le sublimé d'acide sélénique mélangé de séléniure de mercure dans l'eau. On neutralise la liqueur par la potasse ; il se précipite du peroxide de mercure ; on filtre ; on fait évaporer la liqueur à siccité ; on fait rougir le résidu dans une cornue pour en séparer une portion du sel mercuriel qu'il retient.

f) On mêle le séléniate de potasse (*e*) réduit en poudre fine avec son volume d'hydrochlorate d'ammoniaque pulvérisé. On chauffe graduellement le mélange dans une cornue de verre : il se dégage de l'eau, de l'ammoniaque, de l'azote, des traces de sélénium : ensuite le sel ammoniac, qui étoit en excès, commence à se volatiliser. Quand la plus grande partie de l'excès est chassée, on arrête l'opération, et on traite le résidu par l'eau. Ce qui n'est pas dissous, est le sélénium, qu'on fait sécher et qu'on distille ensuite dans une petite cornue de verre. Dans cette opération il se produit de l'eau, du chlorure de potassium et du séléniate d'ammoniaque, qui, à une température suffisante, est réduit en eau, en sélénium, en azote et en ammoniaque.

Histoire.

Le sélénium a été découvert et parfaitement étudié par M. Berzelius en 1817. Sa place dans le système chimique n'est point équivoque : elle est auprès du soufre. Il est visible que le chlore, l'iode et le phtore ont entre eux de grandes analogies, surtout par leur plus grande tendance à s'unir avec l'hydrogène qu'avec l'oxigène, et par l'analogie qu'ont leurs combinaisons métalliques avec les sels d'oxacides saturés d'oxigène.

Le sélénium, le soufre, s'unissent à l'hydrogène comme les précédens ; mais ils se combinent immédiatement à l'oxigène, et le plus grand nombre de leurs combinaisons métalliques ont les propriétés physiques des métaux et une combustibilité remarquable, ce qui les distingue des trois corps précédens. Le tellure, par sa volatilité, sa combustibilité et les propriétés de son hydracide, vient se placer auprès du sélénium et du soufre.

M. Berzelius trouve que l'acide sélénique a plus de rapports avec les acides borique et carbonique, qu'avec le sulfurique ; car, comme les premiers, il contient deux atomes d'oxigène, tandis que l'acide sulfurique en contient trois, et comme les premiers, il donne des sels qui ont une réaction alcaline.

Enfin, M. Berzelius ne trouve aucune analogie entre le sélénium d'une part, et l'arsenic et le phosphore d'une autre part, sous le rapport des proportions suivant lesquelles ces corps s'unissent à l'oxigène, et, en outre, relativement aux propriétés des combinaisons hydrogénées, les hydrures d'arsenic et de phosphore n'ayant pas l'acidité qu'on remarque au composé de sélénium et d'hydrogène.

Combinaisons non acides du sélénium avec plusieurs corps.

OXIDE DE SÉLÉNIUM.

Si l'on met du sélénium dans une fiole fermée, remplie d'oxigène, et si on l'y chauffe jusqu'à ce qu'une grande partie soit évaporée, l'air de la fiole prend l'odeur du chou pourri.

Cet air, agité avec un peu d'eau, lui communique une partie de sa matière odorante et lui cède une petite quantité d'acide sélénique, que l'on reconnoît au moyen du tournesol et de l'acide hydrosulfurique qui précipite sa dissolution. L'air, après avoir été lavé une fois, agité avec de nouvelle eau, communique a ce liquide son odeur sans lui donner d'acidité. L'eau qui contient de l'oxide de sélénium, n'est donc point acide. Elle n'a pas de saveur sensible.

L'oxide de sélénium ne s'unit pas aux alcalis.

SULFURE DE SÉLÉNIUM.

Soufre............ 60,75
Sélénium.......... 100.

M. Berzelius dit qu'on obtient ce sulfure à proportion fixe en mêlant des solutions d'acides sélénique et hydrosulfurique. Les liqueurs se troublent, se colorent en jaune de citron; mais, pour aider le sulfure à se déposer, il faut ajouter quelques gouttes d'acide hydrochlorique et faire chauffer. Le précipité devient glutineux et prend une couleur orangé-foncé.

Ce sulfure est très-fusible.

A 100^d il est mou; à quelques degrés au-dessus il est liquide; à une température plus élevée, il bout et peut être distillé : quand il l'a été, il ressemble à l'orpiment fondu.

Le sulfure de sélénium est difficilement attaqué par l'acide nitrique.

L'eau régale le dissout et le convertit en acides sulfurique et sélénique; celui-ci se forme plus tôt que le premier; c'est pourquoi il arrive que, traitant le sulfure de sélénium par l'eau régale, on peut séparer du soufre à l'état de pureté. On juge que le soufre est pur, quand il a une couleur jaune qui tire un peu sur l'orangé.

Lorsqu'on chauffe le sulfure de sélénium au milieu de l'air, il se forme d'abord de l'acide sulfureux, et ensuite de l'oxide de sélénium. Si l'air ne se renouvelle pas librement sur le sulfure, il se sublime du sélénium.

Si l'on chauffe dans une cornue un mélange d'acide séléni-

que et de sulfure de sélénium, on obtient du gaz sulfureux
et du sélénium.

1 p. de soufre dans 100 p. de sélénium rend celui-ci plus
fusible, plus rouge; tant que les matières sont très-chaudes,
elles sont noires et ne coulent pas. En se refroidissant, elles
deviennent liquides, transparentes, d'un rouge foncé.

Le soufre pur se comporte d'une manière analogue.

SÉLÉNIURE DE PHOSPHORE.

On ne connoît pas de séléniure de phosphore défini dans la
proportion de ses élémens; on sait que, si l'on sature le phosphore de sélénium, la combinaison qui en résulte, est très-
fusible; après le refroidissement elle est brunâtre, et sa cassure est vitreuse : si on la fait chauffer dans une cornue, il se
volatilise un sous-séléniure de phosphore, qui se condense
en gouttes rouges, demi-transparentes et non métalliques.

Le séléniure de phosphore, mis dans l'eau, donne de l'acide
hydrosélénique et de l'acide phosphoreux ou phosphorique.

Si l'on fait bouillir le séléniure de phosphore avec la potasse,
on obtient du phosphate et de l'hydroséléniate de potasse.
(Ch.)

SÉLÉNIURES. (*Chim.*) Combinaisons non acides du sélénium avec les corps simples ou les bases salifiables.

I. SÉLÉNIURES MÉTALLIQUES.

Le sélénium, en s'unissant aux métaux, produit du feu avec
la plupart; s'il n'en produit pas avec tous, c'est que le sélénium se volatilise avant que la température soit assez élevée
pour effectuer l'union du métal avec le sélénium. Il est probable que le phénomène du feu se manifesteroit toujours, si
l'on dirigeoit la vapeur du sélénium sur les métaux chauffés
au rouge.

Les séléniures ressemblent aux sulfures; ils ont pour la
plupart l'aspect métallique; leur fusibilité est plus grande que
celle de leurs métaux respectifs.

Lorsqu'on les chauffe à l'air, le sélénium brûle avec une
flamme blanche et en répandant l'odeur du radis.

Les séléniures métalliques, excepté celui de mercure, sont
dissous par l'acide nitrique.

Le sélénium se combine aux métaux en proportions définies, soit qu'on chauffe ces corps dans une cornue avec un excès de sélénium, et qu'on chasse ensuite par la chaleur tout ce qui n'est pas combiné, soit qu'on précipite les dissolutions métalliques par l'acide hydrosélénique.

SÉLÉNIURE D'ANTIMOINE.

Ce composé est fusible. Il a l'aspect métallique, la cassure cristalline.

Il s'unit avec le protoxide d'antimoine et forme une masse d'un jaune brunâtre, transparente quand elle est en couches minces.

SÉLÉNIURE D'ARGENT.

L'argent est terni par la vapeur du sélénium.

Le séléniure d'argent obtenu par fusion est gris, fusible au-dessous de la chaleur rouge, légèrement ductile.

Au chalumeau, il se réduit en proto-séléniure; mais il n'éprouveroit pas de changemens s'il étoit chauffé sans le contact de l'air.

Il paroit que l'acide hydro-sélénique précipite le nitrate d'argent en proto-séléniure : car ce précipité, qui est gris, exige une chaleur rouge pour se fondre, et ne laisse point dégager de sélénium à cette température, lorsqu'on opère en vase clos.

L'argent ne perd pas son sélénium quand on le fond avec du borax, de la potasse ou du fer.

Il s'allie avec ce dernier.

L'acide nitrique convertit le séléniure d'argent en séléniate.

SÉLÉNIURE D'ARSENIC.

Le sélénium, liquéfié par la chaleur, dissout peu à peu l'arsenic. Si l'un des corps est en excès, il se volatilise et il reste un séléniure noir, très-fusible. Ce séléniure, chauffé au rouge, bout, et donne un sublimé qui a paru être à M. Berzelius du séléniure d'arsenic au maximum. Si on pousse le feu, le résidu se volatilise et se condense en gouttes, qui deviennent noires en se solidifiant.

SÉLÉNIURE DE BISMUTH.

Il est fusible au rouge. Quand il est refroidi, il a le bril-lant métallique, une couleur blanche et une texture cris-talline.

SÉLÉNIURE DE COBALT.

Quand il a été chauffé au rouge, il laisse une masse grise, à cassure feuilletée, fusible.

SÉLÉNIURES DE CUIVRE.

Perséléniure de cuivre. On le prépare en précipitant le sul-fate de cuivre par le gaz hydro-sélénique. Il est en flocons noirs, qui deviennent gris par la dessiccation.

Ce composé, chauffé dans une cornue, laisse dégager la moitié de son sélénium. Il reste un proto-séléniure.

Proto-séléniure de cuivre. On l'obtient en chauffant au rouge le sélénium et le cuivre.

Ce composé fond avant de rougir. Il se fige en une ma-tière d'un gris d'acier compacte, semblable au sulfure de cuivre gris.

SÉLÉNIURE D'ÉTAIN.

L'étain, par la chaleur, s'unit au sélénium; il se gonfle alors, mais il ne se fond pas.

Le séléniure est gris; il a un vif éclat métallique.

S'il est chauffé avec le contact de l'air, le sélénium s'en dégage aisément. Il reste du peroxide d'étain.

SÉLÉNIURES DE FER.

En faisant passer du sélénium en vapeur sur du fer chauffé au rouge, il y a incandescence, combinaison; mais le sélé-niure produit ne se fond pas, seulement ses particules s'ag-glutinent.

Ce séléniure a l'aspect métallique; il est d'un gris foncé, tirant sur le jaune; il est dur, cassant, grenu.

Chauffé au chalumeau, il se dégage de l'oxide de sélénium, et il reste une masse noire, vitreuse, qui paroît être du sé-léniate de protoxide de fer.

Le séléniure de fer, en se dissolvant dans l'acide sulfurique foible, donne du gaz hydro-sélénique.

Le séléniure de fer se dissout dans l'acide hydrochlorique en dégageant de l'acide hydro-sélénique et un autre gaz inflammable, insoluble dans l'eau et les alcalis.

Le séléniure de fer forme facilement un séléniure au maximum lorsqu'on le chauffe avec du sélénium. Ce séléniure est insoluble dans l'acide hydrochlorique. A une température rouge-blanche il perd son excès de sélénium.

SÉLÉNIURE DE MERCURE.

Le sélénium s'unit au mercure sans dégager de lumière. Si le mercure est en excès, la chaleur le sépare du séléniure, qui est blanc comme l'étain. Ce composé n'est pas fusible ; mais à une température suffisante il se sublime en feuilles blanches, douées de l'éclat métallique.

Si le séléniure est chauffé en excès avec le mercure, la chaleur volatilise cet excès, et le séléniure de mercure qui reste, se sublime, mais non en cristaux aussi prononcés que le premier. Est-ce un *séléniure au maximum ?* c'est ce qu'on ignore. Après ce sublimé on obtient les cristaux feuilletés.

Le séléniure de mercure n'est que très-peu attaqué par l'acide nitrique bouillant et concentré.

Il est promptement dissous par l'eau régale.

SÉLÉNIURE D'OR.

Si ce composé existe, ce n'est pas par la fusion qu'on peut le produire ; mais par l'acide hydro-sélénique.

SÉLÉNIURE DE PALLADIUM.

Ce composé, fait par la fusion, est gris, non fusible. Exposé au feu du chalumeau, il donne du sélénium et un bouton fragile de palladium séléniuré.

SÉLÉNIURE DE PLATINE.

En chauffant le sélénium avec du platine très-divisé, on obtient une poudre grise, non fondue, qui, étant calcinée, abandonne facilement son sélénium et laisse le platine; cela donne le moyen de purger un creuset de platine du sélénium qu'il a absorbé, quand on y a fait rougir quelque séléniate. En effet, il suffit pour cela de le chauffer au rouge sans le couvrir.

SÉLÉNIURE DE PLOMB.

Le plomb, chauffé avec le sélénium, se gonfle. Le séléniure produit est gris, infusible au rouge-cerise.

Au feu il donne du sélénium et se volatilise ensuite en partie.

SÉLÉNIURE DE POTASSIUM.

Le sélénium, en s'unissant au potassium, dégage assez de chaleur pour que la matière rougisse et qu'une petite portion du composé se sublime. Le séléniure est sous la forme d'un culot métallique; sa couleur est celle du fer; il est formé de fibres radiées. Il se dissout dans l'eau sans dégager de gaz. La solution est d'un rouge foncé. Les acides en précipitent du sélénium.

Si l'on chauffe du sélénium avec un excès de potassium, il se fait une explosion due à la volatilisation du potassium, qui n'entre point en combinaison. Le séléniure, résultant de cette opération, donne du gaz hydrogène quand on le dissout dans l'eau, et malgré cela la liqueur est colorée.

SÉLÉNIURE DE TELLURE.

Ce composé est très-fusible; il se sublime en une masse métallique de couleur brune.

SÉLÉNIURE DE ZINC.

L'union du sélénium avec le zinc est aussi difficile à effectuer que l'est celle du soufre avec le même métal.

Si l'on fait arriver le sélénium en vapeur sur du zinc rouge de feu, il se fait une explosion, et il se produit en même temps du séléniure de zinc, qui est jaune de citron.

II. Séléniures de bases salifiables.

Séléniure d'ammoniaque.

L'ammoniaque gazeux ou fluor ne dissout point le sélénium; mais si l'on distille du séléniure de chaux avec de l'hydrochlorate d'ammoniaque, il passe dans le récipient un séléniure d'ammoniaque, de couleur orangée, d'une odeur sulfureuse, et il reste dans la cornue du chlorure de calcium, du séléniate et du séléniure de chaux.

Ce séléniure, exposé à l'air, laisse évaporer son ammoniaque. Le sélénium, devenu libre, se dépose.

L'eau le décompose; peut-être que l'oxigène atmosphérique qu'elle tient en dissolution a de l'influence sur le résultat.

Séléniure de chaux.

Le sélénium et la chaux, réduits en poudre et chauffés jusqu'à une chaleur voisine du rouge obscur, entrent en combinaison. Le composé est en masse cohérente noire, insipide, inodore et insoluble dans l'eau.

Le séléniure de chaux pulvérisé est rouge-brun: traité par un acide, il laisse le sélénium sous la forme de flocons rouges, très-volumineux.

Le séléniure de chaux, chauffé au rouge, laisse dégager du sélénium et perd de sa couleur. Dans cet état il donne une poudre couleur de chair, insoluble dans l'eau. Le séléniure de potasse, versé dans de l'hydrochlorate de chaux, produit un précipité semblable au séléniure de chaux qui a été rougi au feu.

Une solution d'hydro-séléniate de chaux, conservée dans un vaisseau mal bouché, a déposé de petits cristaux bruns, opaques, que M. Berzelius considère comme du séléniure de chaux.

Séléniure de potasse.

Le sélénium, mis dans une lessive de potasse concentrée, qu'on fait bouillir, s'y dissout peu à peu. Le liquide devient

d'un orangé brun. Ce liquide a le goût du sulfure de potasse.
Les acides en précipitent du sélénium, mais il en reste dans
la liqueur filtrée à l'état d'acide sélénique que l'on peut en
précipiter par l'acide hydro - sulfurique. Par conséquent le
séléniure de potasse contient du séléniate et de l'hydro-séléniate de même base; par conséquent, il y a décomposition
d'une portion d'eau quand le sélénium est dissous par l'eau de
potasse.

Le sélénium, chauffé avec l'hydrate de potasse, forme un
composé fusible, qui peut être rougi sans perdre du sélénium.
Ce séléniure est rouge - brun et déliquescent.

Le sélénium, chauffé en quantité suffisante avec du sous-
carbonate de potasse, peut en expulser tout l'acide carbonique.

Le séléniure de potasse, versé dans des solutions de sels
à base de baryte, de strontiane, de magnésie, d'alumine, de
glucine, d'yttria, de zircone, donne des séléniures insolubles
de ces mêmes bases salifiables, d'une couleur de chair, décom-
posable par les acides. Parmi eux il n'y a que les séléniures de
baryte et de strontiane qui retiennent le sélénium à une
température rouge.

Histoire.

M. Berzelius a découvert les séléniures; et c'est lui qui en
a fait connoître les propriétés. (Cʜ.)

SÉLÉNOPS. (*Entom.*) M. Léon Dufour a décrit sous ce nom,
dérivé de deux mots grecs, Σελήνη et ἄοψ, *qui voit en croissant,*
un genre d'insectes de la famille des aranéides, pour y ranger
une espèce d'araignée qu'il a trouvée en Espagne. Son corps
est très-aplati, et les seconde et troisième paires de pattes
sont très-alongées. (C. **D.**)

SELEPSION. (*Bot.*) Adanson cite ce nom égyptien de
l'ortie. Mentzel la nomme *selephion.* (J.)

SELEUCIDES AVES. (*Ornith.*) Ces oiseaux, destructeurs
des sauterelles, sont, dit Pline, envoyés par Jupiter, a la
prière des habitans du mont Cassius, lorsque ces insectes dévorent leurs moissons. Il s'agit ici du merle couleur de rose,
comme on peut le voir tom. XX de ce Dictionnaire, p. 285.
(Cʜ. **D.**)

SELGAM. (*Bot.*) Nom arabe du *brassica napus oleifera*, suivant M. Delile. (J.)

SELGEM, SELIEM. (*Bot.*) Voyez à l'article Alsegiem. (J.)

SELICHA, SELICHE. (*Bot.*) Noms arabes de la cannelle, cités par Daléchamps. (J.)

SELIM. (*Ichthyol.*) Voyez Sellema. (H. C.)

SÉLIN; *Selinum*, Linn. (*Bot.*) Genre de plantes dicotylédones polypétales, de la famille des *ombellifères*, Juss., et de la *pentandrie digynie*, Linn., qui est fondé sur les caractères suivans : Collerette universelle et collerette partielle composées de plusieurs folioles ; un calice monophylle, à peine sensible ; une corolle de cinq pétales en cœur, égaux ; cinq étamines ; un ovaire infère, surmonté de deux styles réfléchis, terminés par des stigmates simples ; fruit ovale-oblong, formé de deux graines comprimées, planes, appliquées l'une contre l'autre, relevées en dehors de trois à cinq côtes plus ou moins saillantes.

Les sélins sont des plantes herbacées, à feuilles ailées ou plusieurs fois ailées, et à fleurs blanches, petites, disposées en ombelle au sommet de la tige et des rameaux. Une vingtaine d'espèces appartiennent à ce genre, et quelques-unes, qui s'en écartoient par leurs caractères, ont été reportées dans les angéliques et dans les impératoires. La plus grande partie de ces plantes croît naturellement en Europe.

Sélin sauvage; *Selinum sylvestre*, Linn., Sp., 350. Sa racine est fusiforme, charnue ; elle produit une ou plusieurs tiges droites, glabres, à peine striées, hautes de deux ou trois pieds, garnies de feuilles alternes, pétiolées, deux ou trois fois ailées, composées de folioles incisées, pinnatifides, à lobes pointus, divergens. Les ombelles générales sont composées de douze à quinze rayons courts et peu écartés. La collerette générale est composée de huit à dix folioles linéaires, membraneuses en leurs bords, étalées sans être réfléchies. Cette plante croît en France, dans les bois montueux de l'Auvergne, de l'Alsace, de l'Allemagne, de l'Italie, etc. Sa racine est un peu lactescente : on lui donne dans quelques cantons le nom de *faux turbith*. Les habitans des campagnes l'emploient pour se purger, et ils s'en servent aussi pour leurs bestiaux : elle est,

48. 23

dit-on, très-âcre, même caustique, et d'un usage dangereux à l'intérieur. Les Russes et les Lapons l'emploient comme masticatoire.

Sélin des marais; *Selinum palustre*, Linn., *Sp.* 350. Sa racine est presque simple, fusiforme; elle produit une tige droite, cannelée, haute de deux à trois pieds, simple ou peu rameuse, garnie de feuilles deux à trois fois ailées, composées de folioles opposées, glabres, comme toute la plante, pinnatifides, à divisions lancéolées-linéaires, aiguës. Les fleurs sont disposées sur des ombelles grandes, planes, formées de vingt à trente rayons. La collerette générale et la collerette des ombellules est formée de huit à dix folioles linéaires, un peu membraneuses en leurs bords, réfléchies en arrière. Les graines sont bordées d'une aile membraneuse et marquées de trois côtes sur le dos. Cette espèce croit dans les prés marécageux en France et dans le Nord de l'Europe. Ses racines passent pour être encore plus caustiques que celles du sélin sauvage.

Sélin d'Autriche; *Selinum austriacum*, Jacq., *Fl. Aust.*, t. 71. Sa racine est rameuse, un peu jaunàtre, vivace comme celle des deux espèces précédentes; elle produit une tige droite, haute de deux pieds ou environ, cannelée, à peine rameuse, garnie de deux à trois feuilles éloignées les unes des autres, deux fois ailées, à folioles élargies, d'un vert foncé ou noiràtre, divisées en trois lobes cunéiformes et incisés. Ses fleurs forment des ombelles planes, composées de vingt à trente rayons, munies à leur base d'une collerette de huit à douze folioles lancéolées, membraneuses, réfléchies. Cette plante croît dans les lieux stériles et pierreux du Midi de la France, de l'Italie, de l'Autriche, de la Hongrie.

Sélin du Caucase; *Selinum caucasicum*, Marsch., *Fl. Taur. Cauc.*, 1, p. 213. Ses tiges sont droites, rameuses, très-glabres, ainsi que toute la plante, hautes de deux à trois pieds, garnies de feuilles ailées, portées sur des pétioles dont la base est élargie en une gaîne large et amplexicaule, et dont les folioles sont ovales-lancéolées, dentées en scie. La plupart des feuilles supérieures sont avortées, et il n'en reste que la gaîne. Les fleurs sont disposées sur des ombelles à dix ou quinze rayons, munies à leur base d'une collerette de trois folioles

linéaires, réfléchies. Cette plante croît dans les forêts du Caucase et des bords du Wolga.

Sélin persillé : *Selinum oreoselinum*, Lam., Fl. Fr., 3, p. 420; *Athamanta oreoselinum*, Linn., Sp., 352. Sa racine est épaisse, dure, vivace ; elle produit une tige glabre, droite, cylindrique, rameuse, haute de deux à trois pieds, garnie de feuilles très-grandes, trois fois ailées, composées de folioles cunéiformes, incisées, trifides ou même pinnatifides. Ses fleurs sont disposées en ombelles amples, composées de rayons nombreux, presque égaux. Leur collerette générale est à dix ou douze folioles linéaires, réfléchies. Les graines sont arrondies, entourées d'un rebord particulier, et à trois côtes sur le dos. Cette plante croît sur les collines sèches et pierreuses en France, en Europe et sur le Caucase. Ses graines ont passé pour emménagogues et ses racines pour diurétiques.

Sélin glauque : *Selinum glaucum*, Lam., Fl. Fr., 3, p. 419; *Athamantha cervaria*, Linn., Sp., p. 352 (vulgairement Persil de montagne). Sa tige est droite, ferme, cylindrique, haute de deux à quatre pieds, rameuse, garnie de feuilles grandes, deux fois ailées, glauques, composées de folioles ovales-lancéolées, inégalement dentées en scie. Ses fleurs sont disposées sur des ombelles à dix ou douze rayons, munies à leur base d'une collerette de quatre à six folioles linéaires, un peu réfléchies. Les graines sont arrondies, à peine bordées, à trois côtes peu saillantes. Cette espèce croît sur les coteaux pierreux et exposés au soleil en France, en Suisse, en Allemagne, etc. Toutes ses parties, surtout ses racines, contiennent un suc résineux, âcre et aromatique. Les habitans de la Styrie emploient ces racines contre les fièvres intermittentes. (L. D.)

SELINITIS. (*Bot.*) Nom grec, cité par Ruellius, du lierre terrestre, *chanæcissus* de Dioscoride et de C. Bauhin, *glecoma* de Linnæus. (J.)

SELINO. (*Bot.*) On vend sous ce nom à Constantinople, suivant Belon, une variété de l'ache des marais, *apium graveolens*, que l'on est parvenu, par la culture, à rendre douce et bonne à manger crue. C'est probablement le céleri dont il veut parler. (J.)

SELINORITIUM. (*Bot.*) Un des noms anciens de la ronce, *rubus*, cité par Ruellius, Mentzel et Adanson. Ruellius men-

tionne encore ceux de *sentes* et *syntrophos* pour la même
plante. (J.)

SELINUM. (*Bot.*) Clusius donnoit à un séséli et à une
autre plante reportée au persil par C. Bauhin ce nom, qui
est maintenant celui d'un genre de Linnæus dans la même
famille que les deux précédentes. Voyez Sélin. (J.)

SELLE, *Amphiprion ephippium.* (*Ichthyol.*) Voyez Amphiprion, dans le Supplément du tome II de ce Dictionnaire.
(H. C.)

SELLE POLONOISE. (*Conchyl.*) Nom vulgaire et marchand
d'une belle espèce de placune, *P. sella, anomia sella,* Linn.,
dont la forme rappelle un peu celle d'une selle. Voyez Placune. (De B.)

SELLEMA. (*Ichthyol.*) Les Portugais du Brésil donnent ce
nom au spare salin. Voyez Spare. (H. C.)

SELLIERA. (*Bot.*) Genre de Cavanilles, réuni par M. R.
Brown au *goodenia* dans la famille des lobéliacées. Voyez
Goodenia. (J.)

SELLIGA. (*Bot.*) Le nard celtique, espèce de valériane,
est ainsi nommé dans le pays de Vaud, suivant l'auteur du
Dictionnaire économique. (J.)

SELLIGUEA. (*Bot.*) Genre de la famille des fougères, établi par Bory de Saint-Vincent dans la division des polypo-
diacées. Il se distingue par sa fructification en sores solitaires,
disposées sur une seule ligne épaisse, oblongue et parallèle
à deux nervures placées à une égale distance l'une de l'autre.
Une seule espèce compose ce genre, dédié à M. Selligues : elle
a la fronde simple et paroît venir de Java. (Lem.)

SELLOA. (*Bot.*) Genre de plantes dicotylédones, à fleurs
composées, de la famille des *Composées,* de l'ordre des radiées, de la *syngénésie polygamie superflue* de Linnæus, très-
voisin des *eclipta,* offrant pour caractère essentiel : Un calice
hémisphérique, composé d'un double rang de folioles ; les extérieures plus grandes ; les fleurs radiées ; les fleurons du
disque nombreux, hermaphrodites ; les demi-fleurons de la
circonférence, femelles, avec des filamens stériles ; le réceptacle garni de paillettes ; les semences pentagones, couronnées
de quelques soies caduques.

Ce genre, d'après l'exposition de ses caractères, ne diffère

des *eclipta* que par la présence de filamens stériles dans les demi-fleurons, et par l'aigrette qui couronne les semences. M. Kunth a consacré ce genre au voyageur Sello, naturaliste allemand, qui explore le Brésil. Si depuis quelque temps l'habitude de faire des genres nouveaux avec des caractères très-légers, n'eût été introduite dans la science, celui-ci seroit resté parmi les *eclipta*. A la vérité, ses semences supportent deux ou cinq petits poils caducs; mais celles des *eclipta* sont couronnées de quelques petites dents; les semences sont également pentagones; les feuilles opposées: il reste la différence des cinq filamens stériles dans les demi-fleurons.

Selloa a feuilles de plantain: *Selloa plantaginea*, Kunth, *in* Humb. et Bonpl., *Nov. gen.*, 4, page 266, tab. 395. Plante herbacée, pourvue d'une racine composée de fibres fasciculées, cylindriques, qui produisent plusieurs feuilles radicales, étalées, pétiolées, ovales, elliptiques, oblongues ou lancéolées, obtuses, rétrécies à leur base, entières ou à peine dentées, glabres, longues de deux ou trois pouces, presque larges d'un pouce, à trois nervures longitudinales; le pétiole hispide, de couleur purpurine. Du centre des feuilles une ou plusieurs tiges presque nues, simples ou à deux et trois rameaux, hispides, cylindriques, striés, munis de deux feuilles presque opposées, sessiles, linéaires. Les fleurs sont terminales, assez grandes; les pédoncules velus et pubescens, munis souvent vers leur sommet d'une bractée linéaire: le calice est conique, hémisphérique, composé d'environ dix folioles sur deux rangs; les extérieures plus grandes, planes, ovales, elliptiques, obtuses, glabres, membraneuses, un peu pileuses, purpurines; les inférieures oblongues, aiguës, scarieuses, glabres, diaphanes, purpurines au sommet. Le réceptacle est convexe, un peu conique, chargé de paillettes linéaires, très-fines, un peu hispides, plus courtes que les fleurs hermaphrodites; les fleurons nombreux, tous hermaphrodites; leur tube grêle et velu; le limbe campanulé, à cinq dents ovales, aiguës; dix ou quinze demi-fleurons femelles; les anthères conniventes, surmontées d'appendices diaphanes, ovales, arrondis, un peu obtus; le stigmate saillant, à deux divisions étalées, un peu pubescentes; les semences pentagones, en forme de coin, glabres, lisses, d'un brun noirâtre, couronnées par trois ou cinq soies hispides, inégales et caduques. Cette plante croît au Mexique, sur le revers des montagnes. (Poir.)

SELMARIN (*Min.*) ou MURIATE DE SOUDE, et depuis, CHLORURE DE SODIUM [1]. Il paroît que c'est ce dernier mode de composition que les chimistes admettent actuellement, après avoir proposé diverses théories, qui ont chaque fois modifié le nom de ce sel.

Ces variations, qui ne sont pas même encore complétement fixées pour quelques chimistes, ont laissé presque sans nom scientifique généralement reconnu, une des substances naturelles la plus abondamment répandue sur la terre et d'un usage qu'on peut appeler universel. Cette circonstance fort remarquable m'a confirmé plus que jamais dans l'opinion que les noms insignifians et univoques étoient les meilleurs qu'on puisse donner aux corps naturels comme noms constans et comme signe de reconnoissance. C'est pour ce motif que j'ai adopté le nom de *selmarin*, réduit en un seul mot de trois syllabes. Il n'y a dans ceci d'autre innovation que la réunion du substantif et de l'adjectif en un seul mot ; car le nom de sel marin est souvent employé dans les ouvrages des savans [2], et dans ceux des chimistes eux-mêmes. [3]

Le SELMARIN se fait reconnoître aisément et sûrement, quel que soit l'état sous lequel il se présente, par sa saveur *salée* agréable et connue de tous les hommes.

Il montre presque toujours une structure cristalline, conduisant au cube, qui est sa forme primitive.

Caractères physiques. Sa structure est souvent laminaire, et le clivage de ce sel est facile. Il a quelquefois une structure fibreuse et plus souvent encore une texture lamellaire,

---

1 Sel gemme, *Steinsalz.*

2 Beudant. — Thénard, édit. de 1824, tom. 3, pag. 33. — Berzelius, Nouv. syst. de min., 1825.

3 On a d'ailleurs des exemples de semblables réunions, adoptées depuis long-temps dans un assez grand nombre de mots, tels que salpêtre, vinaigre, ferblanc. Ces mots, doubles primitivement, ont si bien pris l'habitude de mots simples, qu'ils ont leur dérivé et leur verbe : salpêtrer, salpêtrier ; vinaigrer, vinaigrier ; ferblantier, etc.

rarement massive. Dans ce dernier cas il peut donner, par
la fracture, une surface de cassure vitreuse.

Il est moins fragile que le nitre, et à peu près solide comme
l'alun.

Il est un peu plus dur que le gypse et moins dur que le
calcaire spathique.

Sa pesanteur spécifique est de 2,25 à 2,3 au plus.

Il est parfaitement transparent et limpide lorsqu'il est pur.
Sa réfraction est simple ; son éclat vitreux.

Caractères chimiques. Exposé au feu, il décrépite et fond
sans altération ; il se volatilise à une haute température.

Il est dissoluble dans l'eau. L'eau chaude n'en dissout guère
qu'un centième de plus que l'eau froide. Il faut cent parties
de celle-ci à $+$ 10^{d} pour dissoudre environ 27 parties de
selmarin pur. (Berthier.) [1]

L'acide sulfurique en dégage une vapeur à odeur acide et
piquante d'acide muriatique ou hydrochlorique.

Le selmarin pur est composé de

Chlore. . . . 60
Sodium . . . 40 ;

composition exprimée en formule atomistique par Ch^4 Na.

Mais le selmarin naturel, soit qu'il tire son origine de l'eau
de la mer, de l'eau des lacs, de celle des sources ou des
masses solides qui sont enfouies dans la terre, n'est jamais
parfaitement pur. Les corps étrangers qu'il contient, suivant ses diverses origines et qualités, sont des sulfates de
chaux, de soude, de magnésie, des muriates de magnésie et
de potasse, du bitume, de l'oxide de fer, de l'argile interposée.

Le tableau suivant fera connoitre les résultats de l'analyse
de quelques-unes des qualités de sels qui ont offert l'une ou
plusieurs de ces substances.

---

[1] De l'eau à $+$ 13^{d} 89' Réaumur dissout 26,367 de selmarin pur,
suivant M. Gay-Lussac. Bergmann et d'autres observateurs de la même
époque avoient indiqué 35 p. ⅖ à environ 12^{d} Réaum.

ORIGINE DES DIFFÉRENTES SORTES DE SELMARIN.	Muriate de soude.	Muriate de magnés.	Muriate de chaux.	Sulfate de soude.	Sulfate de magnés.	Sulfate de chaux.	Oxide de fer.	Argile et autres corps insolubles.	Auteurs des Analyses.
Selmarin gemme de Vic... {blanc............	99,30	—	—	—	—	0,005	—	0,020	Berthier.
{rouge............	99,80	—	—	—	—	—	—	0,002	
de Cheshire, pilé............	98,33	0,02	—	—	—	0,65	0,002		
Selmarin des sources salées,									
— de Schönbeck, en Westphalie, par........	93,90	0,30	—	1,00	—	0,80			
— de Moutiers........ {des cordes...........	97,17	0,25	—	2,00	0,58				
{des chaudières.......	93,59	0,61	—	5,55	0,25				
— de Chateau-Salins.....................	97,82	2,12							
— blanc, de Sulz.....................	96,88	3,12							
— de Ludwigshall, à grains moyens.........	99,45	—	—	0,05	—	0,28	—	—	Patenstecker.
— de Kœnigsborn, en Westphalie...........	95,90	—	0,27	—	—	1,10	—	—	Klaproth.
Selmarin de mer, demi-blanc...............	97,20	0,004	—	—	0,050	0,120	—	0,070	
— de Marennes (Charente-Infér.) vert.......	96,27	0,027	—	—	0,080	0,109	—	0,157	
— de Saint-Malo......................	96	0,30	—	—	0,45	2,35			
— d'Écosse, commun....................	93,55	2,80	—	—	1,75	1,50			

Mais, pour compléter l'histoire des considérations chimiques que présente le selmarin, on fera remarquer, 1.º qu'il renferme quelquefois du muriate de potasse. M. Vogel dit en avoir trouvé dans le selmarin gemme de Berchtesgaden en Bavière, et de Hallein dans le pays de Salzbourg, et dans l'eau de la saline de Rosenheim.

2.º Que, d'après le docteur Henry, le selmarin rupestre ne renferme pas de sulfate de magnésie, tandis que le sel de mer en contient une assez grande quantité, accompagnée de sulfate de chaux, mais sans muriate de chaux.

3.º Plus le sel est pur, moins il s'en dissout dans l'eau : d'où il résulte que l'aréomètre peut indiquer à peu près la pureté du selmarin, en ayant la précaution de ne mettre dans l'eau employée que le tiers environ de son poids en sel. (Berthier.)

4.º On n'a pas encore reconnu l'iode dans la masse même du selmarin rupestre, mais plusieurs eaux salées naturelles ont fait connoître que cette substance existoit dans le terrain salifère ; telles sont les eaux des salines de Hall en Tyrol, de Sultz dans le pays de Mecklenbourg-Schwerin, de Sales en Piémont, etc.

5.º Les sels colorés en brun et les argiles que la dissolution sépare tant du selmarin rupestre que du selmarin de la mer, renferment toujours du bitume dans des quantités variables et quelquefois très-petites.

* *Variétés de formes.*

Elles sont très-peu nombreuses dans cette espèce, et elles se présentent en outre très-rarement.

1. Selmarin cubique.

C'est la plus commune et la plus abondante. On l'obtient par évaporation de l'eau de la mer et des sources salées. On la trouve aussi dans la cavité des masses du selmarin rupestre.

2. Selmarin octaèdre.

C'est l'octaèdre régulier, qu'on obtient en faisant cristalliser ce sel dans l'urine.

3. Selmarin cubo-octaèdre.

4. Selmarin dodécaèdre.

M. Kleinschrod dit avoir observé cette variété presque complète en cristaux très-parfaits, d'environ huit millimètres de diamètre, engagée dans des masses de selmarin rupestre à Berchtesgaden dans le pays de Salzbourg.

5. Selmarin infundibuliforme.

Sous forme de trémie, c'est-à-dire, de pyramides quadrangulaires creuses, résultant de l'agrégation de petits cubes réunis en lignes droites et parallèles, qui vont en décroissant.

Cette variété est donnée par l'évaporation des eaux salées. Elle se forme à la surface des dissolutions soumises à l'évaporation, par un petit cristal cubique qui surnage; des lignes de petits cubes viennent se placer sur les arêtes de la face supérieure, elles forment et augmentent en dimension les côtés d'une pyramide creuse, et enfoncent peu à peu dans la dissolution le petit cube qui fait le sommet de cette pyramide renversée.

** *Variétés de structure.*

1. Selmarin rupestre, vulgairement Sel gemme.
En masses d'un grand volume.
Selmarin rupestre laminaire.
Structure laminaire; clivage facile et net.
Selmarin rupestre lamellaire.
Selmarin rupestre fibreux.
Structure fibreuse, à fibres plus ou moins déliées, parallèles, droites ou sinueuses.

Cette variété, assez remarquable pour qu'on ait proposé de l'élever au rang de sous-espèces, se trouve particulièrement et presque uniquement en veines dans les marnes argileuses qui accompagnent le sel gemme, à Hallein et à Berchtesgaden en Salzbourg; au Salzberg près de Hall en Tyrol; à Sulz sur le Neckar; à Wieliczka en Pologne, etc.

Selmarin rupestre capillaire.
En filamens déliés et libres.
D'Aussée en Styrie.

*** *Variétés de couleurs.*

Le selmarin rupestre est quelquefois parfaitement *incolore* et *limpide.*

Ses couleurs sont :

Le *grisâtre*, dû à une quantité plus ou moins grande d'argile interposée.

Le *verdâtre*, d'un ton sale et incertain.

Le *jaunâtre pâle*.

Le *rosâtre*.

Le *rougeâtre*, assez intense.

Ces trois dernières couleurs sont dues, suivant M. John, à une petite quantité d'oxide de fer.

Le *bleu* : il est ordinairement fibreux. On a présumé que cette couleur lui étoit donnée par l'iode ; mais on n'est pas encore parvenu à en déterminer le principe.

Le *brun* presque noir, qui est produit ordinairement par une matière bitumineuse engagée dans le selmarin.

C'est à ces foibles modifications que se bornent les variétés de selmarin.

Mais si la partie minéralogique de l'histoire de ce corps présente peu de faits remarquables, il n'en est pas de même des parties géognostique, géographique, technique et économique de cette histoire ; elles sont très-étendues. Le nombre prodigieux d'ouvrages et de mémoires qu'on a publiés sur cette seule substance, prouve suffisamment son importance et l'intérêt qu'on a mis à la bien connoître.

Le selmarin se présente naturellement sous deux états différens.

1.° Sous forme solide, granuleuse, fibreuse ou massive ;

2.° tenu en dissolution ou dans les eaux continentales, soit courantes, soit stagnantes, ou dans les eaux marines.

La position géognostique dans ces différens états est nécessairement très-différente. Cependant, la position des sources d'eau salée ayant les plus grands rapports avec celle du selmarin rupestre, nous réunirons ici les circonstances de leur histoire géognostique.

Le selmarin rupestre a peut-être été déposé dans les couches de l'écorce du globe à trois époques différentes ; savoir :

Dans les terrains primordiaux de sédiment.

Dans les terrains de sédiment inférieurs ou moyens.

Dans les terrains de sédiment supérieurs.

Les deux positions extrêmes sont, et très-rares et très-incertaines. La moyenne est au contraire la plus commune, la plus généralement admise et la mieux connue.

Mais dans une question géognostique de cet intérêt, il ne suffit pas d'avoir reconnu la classe de terrain à laquelle le sel-marin appartient, il faut encore arriver à le placer avec toute la précision possible dans celui ou dans ceux des terrains de cette classe auquel il peut appartenir plus spécialement.

Or, en admettant dans la classe des terrains de sédiment inférieur de l'Europe, commençant au lias et se terminant par la houille filicifère, la série de formation suivante, en allant des plus nouvelles aux plus anciennes, on a, comme on le sait, au-dessous du calcaire oolithique jurassique et quelquefois avant le lias.

1. Le grès à carreau jurassique, marneux et ferrugineux (*Eisenlettiger Sandstein*, OYENHAUSEN).

2. Le lias, dont le calcaire à gryphé fait partie, avec ses marnes et son charbon de terre.

3. Le grès à carreau du lias avec ses marnes bigarrées (*Keupersandstein*) et son gypse.

4. Le calcaire conchidien (*Muschelkalk*).

5. Le grès bigarré (*Bunter Sandstein*), avec ses marnes et son gypse.

6. Le calcaire pénéen (calcaire alpin, *Zechstein*).

7. Les schistes bitumineux, les pséphites, etc.

C'est dans cet intervalle, et même seulement entre les n.ºs 2 et 6, que tous les géognostes placent le terrain ou plutôt la roche salifère. Ils ne diffèrent que sur trois circonstances : 1.° dans quelle position précise ou dans quelle roche de ces terrains se trouve la formation ou les formations salifères, s'il y en a deux ? 2.° y a-t-il dans cet intervalle deux dépôts ou formations de selmarin séparés par des roches de nature et d'origine différentes ? 3.° le selmarin rupestre et les marnes salifères qui produisent les sources salées, sont-ils dans des positions séparées, ou ne sont-ce que les parties sans position distincte et constante d'une même masse ?

Nous nous occuperons d'abord de la première question.

Je pense avec le plus grand nombre des géognostes qui se sont occupés de cette question, MM. Buckland, de Humboldt, Voltz, Kleinschrod, Oyenhausen, etc., que les roches

salifères sont placées dans la formation qui est entre le lias
et le grès bigarré, et qu'elles y sont comme roches subor-
données.

Les descriptions les plus détaillées, celles surtout qui ont
su caractériser les roches par les fossiles qu'elles renferment,
laissent peu de doutes sur cette position, et la question ne
devient embarrassante que quand les roches, qui font part
des séries supérieures et inférieures aux dépôts salifères, viennent à manquer ou sont inconnues. C'est dans ces circonstances qu'on enfonce ou qu'on relève plus ou moins le dépôt
de selmarin, suivant que ce sont les roches supérieures et
les roches inférieures qui sont réduites, et dans ce cas on
place ce dépôt beaucoup au-dessus ou au-dessous du calcaire
conchidien.

En prenant pour type ou point de comparaison des pays où
ce calcaire ait été bien déterminé au moyen des corps organisés
fossiles qu'il renferme, comme le département de la Meurthe,
le pays de Bade et le Wurtemberg, et où des fouilles et des
sondes ont pu faire reconnoître clairement la nature des roches
qui recouvrent le selmarin et la position de ce minéral par
rapport à ces roches, ainsi que cela s'est offert dans les travaux de recherche et d'exploitation des terrains salifères
qu'on vient de citer, on reconnoît que le dépôt de selmarin
est situé principalement dessus ou dedans les calcaires con-
chidiens.

Cette position est confirmée, 1.º par des observations
faites aux environs de Durrheim, dans le pays de Bade,
ainsi qu'à Sulz, Heilbronn et Wimpfen, sur le Neckar,
dans le royaume de Wurtemberg, par MM. Mérian, Kleinschrod, Steininger, Keferstein, Langsdorf, Boué, Oyenhausen, Schubler et d'Alberti ; 2.º par ce qu'on connoît
sur le selmarin de Norwich, comté de Chester en Angleterre, et par l'opinion de M. Buckland et des autres géognostes
anglois ; 3.º par ce qu'on sait sur la position et les circonstances géologiques de celui de Hallein en Salzbourg. Nous
pouvons même ajouter à ces autorités celle de M. de Charpentier ; car, quoique les dénominations que ce géognoste
donne aux roches qui supportent et recouvrent le dépôt salifère soient bien différentes de celles que nous venons de

rapporter et semblent indiquer un tout autre terrain, et par conséquent une position géognostique très-différente, on ne peut guère douter que la synonymie des roches désignées par ce géognoste, et autrefois à peu près de même par MM. de Buch, Mérian et Keferstein, ne puisse être établie de manière à faire coïncider les observations de M. de Charpentier et leur résultat avec ce que nous venons d'exposer sur la position du selmarin, soit dans les lits marneux et gypseux qui recouvrent le calcaire conchidien, soit dans ce calcaire même, soit quelquefois au-dessous de lui.

Ainsi le grès rouge de ces auteurs paroît être le *grès bigarré*. Leur calcaire ancien (*Zechstein*) ou calcaire alpin, seroit le *calcaire conchidien*.

Le gypse salifère, subordonné à cette roche, est le *terrain salifère* placé ou dans les lits qui forment le passage du lias au calcaire conchidien ou dans ce calcaire ou dans les premières assises du grès bigarré et du gypse qui lui est subordonné.

Enfin, le calcaire du Jura, qu'on a confondu avec le calcaire conchidien, est bien notre *calcaire jurassique*, placé, comme le dit M. de Charpentier, immédiatement sur son grès bigarré, c'est-à-dire, sur notre calcaire à gryphée; circonstance qui contribue à établir l'analogie des deux roches.

Cette apparente anomalie, qui, d'ailleurs, n'a pas été partagée par M. Boué, etc., n'offre donc aucune exception, et nous pouvons conclure avec la plus grande probabilité que « le terrain de selmarin principal et peut-être unique de « l'Europe occidentale, est placé dans la partie supérieure « du terrain de sédiment inférieur, dans les marnes bigar-« rées qui recouvrent immédiatement le calcaire conchidien, « et même assez souvent dans les lits moyens de ce calcaire. »

Les roches de grès, dit M. Kleinschrod, celles de marne bigarrée, renfermant du selmarin accompagné de gypse, sont des circonstances générales sur tout le globe, et cette association ne présente de différence que dans le rapport des quantités. Tantôt le selmarin est la roche dominante, tantôt c'est le gypse, tantôt, enfin, c'est la marne argileuse et le grès dans lesquels le selmarin n'est plus manifesté que par la saveur.

Maintenant, que la principale position géognostique du

selmarin rupestre est suffisamment établie, nous allons examiner toutes les circonstances qui appartiennent au selmarin du terrain de sédiment inférieur.

Il se présente dans ces terrains ou en bancs puissans, ou en lits, ou en amas, ou en veines, ou disséminé d'une manière peu visible dans les roches argileuses et marneuses qui en font partie.

Les bancs ou amas de selmarin ont souvent une très-grande puissance ou épaisseur, quelquefois même une puissance telle qu'on n'a pu les traverser en entier, telle est, par exemple, la masse immense de Wieliczka, dont l'épaisseur est encore inconnue. Dans les cas ordinaires, cette puissance varie depuis quelques centimètres jusqu'à 12 et 15 mètres. Lorsque les lits sont minces, ils sont multipliés : mais il paroît que dans aucun cas les lits, couches ou bancs, n'ont une très-grande étendue, que leurs deux surfaces n'offrent même qu'un parallélisme trompeur, et que, quand on peut les explorer sur plusieurs points, on y remarque des renflemens et de tels rétrécissemens, que le selmarin disparoît entièrement sur certains points ; cette circonstance semble indiquer que ce minéral n'est pas déposé en couche à surface parallèle, mais plutôt en masse à peu près lenticulaire, de grandeur et d'épaisseur très-variées et comme placées à côté les unes des autres à des distances inégales, entre les assises des terrains qui les renferment. Toutes les mines de selmarin rupestre qu'on a pu observer sur une certaine étendue, ont indiqué cette disposition.

Le selmarin est aussi, comme on l'a dit, répandu en petits amas ou petites veines dans les marnes calcaires ou argileuses qui accompagnent et précèdent les grandes masses. Quelquefois le terrain salifère ne le présente même que de cette manière, les grandes masses manquent. Enfin le selmarin est tellement disséminé dans ces roches, qu'il y est invisible. Cette disposition constitue le terrain de marne argileuse salifère (*Salzthon*), qui précède les amas de selmarin rupestre ou qui se montre quelquefois seul : on y place l'origine des sources d'eau salée, si communes dans des pays où on ne connoît encore aucune trace de selmarin, quoiqu'on l'y ait souvent cherché.

Le terrain salifère est souvent à peu près horizontal ou foiblement incliné. Non-seulement sa stratification n'est pas uniforme dans son épaisseur, mais elle est encore très-irrégulière dans son allure, offrant des amas puissans, purs et presque sphéroïdaux, à côté de dépôts brouillés, sinués même, où le selmarin ne se montre plus qu'en petites veines contournées. (Hallein près Salzbourg.)

Les roches et minéraux qui l'accompagnent, offrent un exemple remarquable de généralité et de constance. Ce sont, dans l'ordre de leur présence la plus habituelle :

1. La *marne argileuse* et quelquefois la marne calcaire brûnâtre. La première est susceptible de s'imprégner d'une grande quantité d'eau, lorsqu'elle est mise à découvert et en contact avec ce liquide. Alors elle se gonfle et augmente tellement de volume, qu'elle ferme en peu de temps les galeries et autres cavités qu'on a ouvertes dans les terrains de selmarin rupestre, et qu'elle exerce sur les parois verticales des grandes cavités une pression telle qu'elle peut former de vastes plafonds, qui se soutiennent d'eux-mêmes et sans aucune étaie. (Hallein près Salzbourg.)

Les marnes argileuses sont presque toujours colorées en brun ou en rougeàtre : elles présentent de nombreuses ondulations ; leurs lits mêmes sont très-fragmentaires et leurs fragmens offrent des surfaces comme polies par le frottement.

2. Le *gypse sélénite*, saccaroïde, fibreux ou compacte, pur ou mêlé d'argile, gris ou rougeàtre, et le plus souvent de cette dernière couleur, en lits ou continus, ce qui est assez rare, ou interrompus par des renflemens et des rétrécissemens, en petits amas, en veinules ou rognons, enfin, dans une disposition qui paroît représenter en petit la manière d'être du selmarin en grand.

3. La *karsténite*, rougeàtre, laminaire et lamellaire, mêlée plus ou moins abondamment avec le gypse ou avec le selmarin lui-même.

4. Le mélange de toutes sortes de sels, qu'on a nommé *polyhalite*.

5. Le *bitume*, peu visible, mais manifestant sa présence par son odeur et ses autres propriétés dans toutes les roches et dans presque tous les minéraux de la formation.

6. Le *lignite* en petits morceaux ou amas, répandant une odeur particulière, qu'il communique au selmarin et qui lui a fait donner le nom de lignite à odeur de truffe (Wieliczka.)

7. Le *soufre* en petits amas ou en cristaux.

On trouve encore associé au selmarin ou dans les roches, soit argileuses, soit gypseuses, qui l'accompagnent immédiatement, du *quarz sinople* (Almengranilla en Espagne), de l'*arragonite*, de l'*epsomite* capillaire ou cristalline , de la *glauberite* (Villarubia près d'Ocaña.)

8. Quant à la question des débris organiques qui accompagnent ce minéral dans son propre gisement, elle est beaucoup plus difficile à résoudre , parce qu'il faut distinguer ceux qui se trouvent dans les terrains qui recouvrent les mines de selmarin rupestre, et qui n'ont aucun rapport avec le terrain salifère , de ceux qui font partie des terrains au milieu desquels la formation de selmarin est placée et qui se présentent très-naturellement dans ce terrain , tels que les gryphés, les végétaux filiciformes et autres débris organiques, qui appartiennent au lias et au grès bigarré , et de ceux qu'on peut rencontrer dans les argiles salifères , interposées entre les dépôts de selmarin ou dans le selmarin lui-même. Or, la présence de corps organiques dans cette roche est très-incertaine , et l'espèce de ceux qu'on y indique n'est pas toujours clairement déterminée.

Ainsi, les os d'éléphant qu'on cite dans les terrains des mines de selmarin paroissent appartenir aux terrains de transport qui le recouvrent , et être sans relation géognostique avec la formation de selmarin.

Les coquilles marines qu'on cite dans d'autres mines, appartiennent probablement au lias ou au calcaire conchidien qui enveloppe le dépôt de selmarin.

Mais il n'est pas de même du lignite et des coquilles bivalves qu'on a trouvés dans les mines de selmarin de Wieliczka, etc.; ces corps étoient bien évidemment dans la masse même du sel ou au moins dans les marnes salifères qui alternent avec lui, et ils appartenoient directement à l'époque et aux circonstances de sa formation.

On a remarqué que les plantes qui croissent généralement

48.   24

sur les bords de la mer, et qui sont principalement le *triglo-chin maritimum*, le *salicornia*, le *salsola kali*, l'*aster tripolium*, le *glaux maritima*, le *chritmum maritimum*, etc., se trouvent aussi dans le voisinage des mines et des sources de selmarin, même de celles qui sont le plus enfoncées dans l'intérieur des terres.

L'intérieur des mines de selmarin, lorsqu'on est arrivé à une certaine profondeur, et qu'on a dépassé, en creusant, les lits de marne argileuse, se fait remarquer par l'absence, quelquefois complète, de toute eau souterraine, au point que les masses de selmarin sont tellement sèches, que la poussière qui résulte de leur abattage devient incommode pour les ouvriers. On a remarqué également que l'intérieur de ces mines n'avoit aucune mauvaise influence sur la santé des ouvriers ; elles passent même généralement pour être salubres.

Le Selmarin fontinal (ou les sources salées), se présente à très-peu de chose près de la même manière que le selmarin rupestre, et dans des terrains qui ne diffèrent pas géologiquement de ceux qui renferment ce sel.

On croit avoir remarqué que les sources salées sortoient en général des parties les plus supérieures des terrains sali-fères, principalement des marnes argileuses salées (*Salzthon*). Il est facile d'en attribuer la cause à l'obstacle que ces marnes mettent au passage des eaux souterraines dans les parties inférieures du terrain : il paroît qu'il y a réellement des cas où les sources salées ne sont ni accompagnées ni même suivies de selmarin rupestre, et où elles prennent tout le sel qu'elles contiennent dans les marnes salées, qui constituent alors les seules roches du terrain salifère.

Tantôt les eaux pluviales ont une assez grande influence sur l'abondance et la force des eaux salées, tantôt elles n'en exercent presque aucune. Ces sources tarissent par un grand froid et augmentent par la chaleur, sans que la pluie ou la sécheresse paroissent influer sur ces différences. La pression atmosphérique paroît aussi modifier l'abondance ou la rareté de ces eaux. (Struve.)

Tels sont les phénomènes généraux et les particularités de

la position du selmarin rupestre et fontinal, qui appartient
aux formations de calcaire conchidien et de grès bigarré des
terrains de sédiment inférieurs. Mais on croit avoir reconnu
deux autres époques de formation de selmarin : l'une seroit
beaucoup plus ancienne et appartiendroit aux terrains primordiaux de sédiment : l'autre seroit beaucoup plus nouvelle
et feroit partie du terrain de sédiment supérieur.

On rapporte à la première le selmarin de Bex, celui de
Cardonne, etc.

Le selmarin de Bex est en effet interposé dans des roches
qui ont tous les caractères minéralogiques des calcaires et
même des traumates des terrains primordiaux de sédiment,
et M. de Charpentier n'hésite pas à les rapporter avec le selmarin et la karsténite qu'elles renferment, à cette époque
géognostique. Mais si, comme cela paroît probable d'après
les observations et l'opinion de M. Keferstein, de M. Studer,
etc., et j'ose ajouter, d'après les observations que j'ai publiées
sur les terrains de Fis et des Diablerets, tous les terrains des
Alpes doivent être relevés, c'est-à-dire, rapportés à une
époque géognostique beaucoup plus récente qu'on ne le présumoit, les terrains de Bex rentreroient alors dans la série
des terrains de sédiment inférieurs et moyens.

Quant à ceux de Cardonne, ils nous semblent encore trop
peu connus pour qu'on puisse avoir une opinion plausible sur
leur époque de formation.

M. Beudant rapporte aux terrains de sédiment supérieurs,
mais à la partie la plus basse ou la plus ancienne de ces terrains, et par conséquent la plus voisine de la craie, le selmarin rupestre de Wieliczka et du pied des Carpathes : il le
place dans la formation d'argile plastique et de lignite, qui
appartient à ce terrain. Nous exposerons les faits qui font la
base de cette opinion, en décrivant ces mines célèbres.

Les mines de selmarin rupestre ne paroissent pas avoir de
position déterminée par rapport à leur élévation ou aux
chaînes de montagnes.

On connoit des couches puissantes de ce minéral à une assez
grande profondeur au-dessous du niveau de la mer (la mine
de Wieliczka est creusée à 260 mètres au-dessous du sol) ; on

en connoît d'autres à une élévation considérable (celle de Hallein près Salzbourg est à 1000 mètres au-dessus de la mer; le roc salé d'Arbonne en Savoie est à plus de 2000 mètres).

On avoit cru que ces dépôts étoient toujours situés au pied des chaînes de montagnes du terrain primordial, parce qu'en effet on connoît un bien plus grand nombre de terrains salifères dans cette position que dans les pays de plaine; mais ceux qu'on a découverts en Lorraine, dans le pays de Bade, dans le Wurtemberg, prouvent que leur position n'est point déterminée par un tel voisinage, et si on les trouve plus ordinairement près des hautes montagnes, cela vient de ce que le terrain qui les renferme est plus près de la surface de la terre, au pied des montagnes, que dans les plaines formées de terrains plus récens et recouverts quelquefois de terrain de transport très-épais.

Les généralités qu'on vient de présenter vont recevoir leur confirmation des détails de localités dans lesquels nous allons entrer.

Principales mines de selmarin rupestre et fontinal.

Nous confondrons dans cette énumération géographique les sources ou fontaines salées avec les mines de selmarin, la position géognostique de ces deux manières d'être du selmarin étant la même.

L'ESPAGNE présente un assez grand nombre de sources salées et quelques mines de selmarin rupestre. Bowles avoit déjà fait remarquer que ces terrains salifères étoient presque tous situés dans des lieux élevés et que les sources sortoient généralement du pied des chaînes de montagnes, et notamment des Pyrénées.

Une des mines de selmarin les plus célèbres de l'Espagne est celle de Cardonne ou Cardonna en Catalogne, près la montagne de Montserrat. On a entièrement ignoré pendant long-temps sa position géognostique; on l'a attribué d'abord à la formation primordiale cristalline, et ensuite à celle de sédiment, c'est-à-dire, aux terrains de transition. Cette opinion, qui étoit fondée sur la nature cristalline de la roche et des gypses qui l'accompagnent, et sur ses rapports appa-

rens avec les terrains de sédiment des environs, est celle, ou
du moins étoit celle de M. Cordier en 1816. Nous allons donner la description de ce gîte d'après lui; on examinera ensuite
s'il convient de le rapporter à la formation générale du selmarin des terrains de sédiment inférieurs ou moyens.

La surface du plateau sur lequel est bâtie la petite ville
de Cardonne est élevée, d'après les observations baromé-
triques faites par M. Cordier, de 411 mètres au-dessus de la
Méditerranée. La montagne de sel paroît comme isolée et in-
dépendante au milieu d'une vaste étendue de terrain calcaire
ou de grès de San-Miguel-del-Fay et du Montserrat. Ses
formes tranchantes et ses couleurs rouge et blanche la font
facilement distinguer du terrain de sédiment qui l'entoure
en forme de fer à cheval ouvert à l'orient dans la vallée du
Cardonero. Ce cirque, qui a environ 3 kilomètres de longueur sur un de large, présente presque partout des escarpemens. La montagne de sel qui occupe les deux tiers de
l'aire du cirque, surpasse à peine 100 mètres de hauteur.
Sa forme générale est celle d'une masse irrégulière alongée
en dedans, bordée d'escarpemens et hérissée de pointes et
de crêtes saillantes. Cette masse, presque dépourvue de végétation, est composée : 1.º de selmarin rupestre à structure
lamellaire ou laminaire, tantôt limpide, tantôt coloré en
rouge ou en brunâtre, tantôt mêlé de petits cristaux de
gypse, ou souillé d'argile grise ou bleuâtre; 2.º de gypse mêlé
de karsténite. Le selmarin limpide, qui est le plus pur, forme
à peine le dixième de la masse. Le selmarin et le gypse sont
disposés en couches verticales et parallèles courant de l'E. N.
E. à l'O. S. O., c'est-à-dire dans le sens de la plus grande
longueur du cirque. Quelques renflemens des couches et quelques sinuosités altèrent le parallélisme en petit, mais point
en grand. Les bancs de gypse ne se mêlent pas avec le selmarin.

Les bancs de calcaire de sédiment qui l'entourent se relèvent de toutes parts vers la masse saline, comme pour
s'appuyer sur elle; ils l'auroient enveloppée, s'ils eussent été
prolongés, et dans le vallon circulaire qui sépare les deux
terrains on voit sur quelques points le terrain salin s'enfoncer sous le terrain de sédiment.

Ce dernier terrain est composé des roches suivantes : 1.º de grès micacé ou grès à gros fragmens de quarz, et de roches granitiques ou rouges et à grains fins ; 2.º de schistes argileux ? rouges, verts ou gris, parsemés de paillettes de mica ; 3.º de calcaire compacte gris-foncé, mêlé de parties de schiste vert et de particules de mica dans lequel on ne découvre aucun vestige de corps marin ; 4.º de calcaire argileux gris-verdâtre, micacé, également sans coquilles, mais renfermant des débris végétaux charbonnés. Ces roches alternent différemment entre elles, mais néanmoins les grès paroissent dominer dans la partie inférieure du système.

Cette disposition semble indiquer le terrain de grès bigarré mêlé de ces poudingues qui l'accompagnent, comme dans les Vosges, et d'un calcaire qui pourroit être analogue soit au calcaire conchidien, soit au lias. Le mica, la marne et les végétaux charbonnés semblent indiquer de préférence ce dernier terrain, et ramener le terrain de selmarin à la formation générale de cette roche. C'est l'opinion de M. Kleinschrod, qui l'a appuyée de toutes les inductions et de toutes les preuves les plus puissantes. C'est aussi celle de M. Stewart-Trail, quoiqu'il rapporte le terrain environnant à la formation de transition ; mais il admet alors que le selmarin est sur le terrain et non pas dessous. L'opinion de M. Kleinschrod, sur l'époque géognostique du terrain environnant, et sur les rapports de la roche salifère avec ce terrain, nous paroît la plus vraisemblable.

En Espagne, on cite encore la mine de sel de Servato, dans les Pyrénées mêmes (BOWLES) ; et la source de Salinas, entre Vittoria et Mondragon, dans l'endroit le plus élevé du Guipuscoa.

On trouve dans la Manche, à Almengranilla, une masse semblable à celle de Cardonne ; elle a 70 mètres de diamètre, est mêlée de gypse, et recouverte de ce même sel pierreux qui renferme ici du quarz sinople cristallisé ; au-dessus sont des poudingues siliceux et une couche de calcaire.

Les mines de sel gemme qui s'exploitent à Poza, près de Burgos, en Castille, ont un gisement remarquable ; elles sont placées dans un immense cratère. M. Fernandès y a trouvé des pierres ponces, des pouzzolanes, etc. (PROUST.)

On trouve aussi du selmarin dans les collines qui sont entre la Sierra-Morena et Madrid, près d'Aranjuez et d'Ocaña. C'est à Villa - Rubia, près de ce dernier lieu, que se trouve la glaubérite disséminée dans le selmarin.

FRANCE. On ne connoissoit point en France de mine de selmarin avant la découverte de celle de Vic, mais on y indiquoit un assez grand nombre de sources salées, parmi lesquelles nous citerons celles : — De Sallies, au pied des Pyrénées, près d'Orthez, dans le département des Basses-Pyrénées. Le terrain est calcaire. On trouve du gypse aux environs de la source. — De Salies, au sud de Toulouse, dans le département de la Haute-Garonne. — De Salins et Montmorot, dans le département du Jura; dans le premier endroit l'eau tient environ 0,15 de sel. — De Dieuze, Moyenvic, Château-Salins, dans le département de la Meurthe. Ces sources tiennent environ 0,15 de sel l'une dans l'autre. On remarque que ces sources salées, au nombre de vingt environ, sont à peu de distance les unes des autres : les premières au pied de la chaîne du Jura ; les secondes au pied des Vosges. Le produit de ces salines sert à l'approvisionnement de la Suisse. — On trouve près Lampertsloch, dans le département du Bas-Rhin, les sources de Sultz.

On cite encore des sources salées, non exploitées, dans le département de la Côte-d'Or; un petit lac salé près de Courthezon, dans le département de Vaucluse, et des sources salées assez nombreuses, mais abandonnées, dans le département des Basses-Alpes, entre Castellane et Tallard. (J. d. M.) Il y en a dans celui de l'Yonne; aux Andreaux et à Camarade, dans celui de l'Arriége, etc.

Mais l'intérêt et l'importance de ces sources salées sont bien diminués depuis la découverte de la masse puissante de selmarin rupestre près de Vic, non loin de Lunéville, dans le département de la Meurthe. Cette découverte récente, dont les résultats sont si importans pour la géognosie et pour l'économie politique, demande que nous entrions dans quelques détails à son sujet.

Le gîte de selmarin de Vic a été découvert en Mai 1819, par un sondage qui avoit pour objet de rechercher de la houille. Il ne paroît pas qu'on pensât alors à la présence d'un gîte salifère dans ce canton, quoique deux choses eussent pu le faire présumer. Premièrement l'existence des nombreuses sources salées de cette partie du pied de la chaîne des Vosges; secondement l'analogie géologique que Guettard avoit fait remarquer, dès 1762, entre le terrain des salines de ce département et celui de Wieliczka en Pologne, analogie qu'il ne se contente pas d'indiquer comme en passant, mais qu'il développe de la manière la plus explicite.

Les sondages ont été assez multipliés pour qu'on ait pris une idée de l'étendue du terrain salifère.

Le banc de selmarin le plus voisin de la surface du sol est à environ 50 mètres de profondeur, et la plus grande profondeur à laquelle on ait reconnu cette substance, a été de 110 mètres, sans qu'on sache jusqu'où elle s'étend, puisqu'on n'est pas parvenu à l'extrémité inférieure du terrain salifère.

On a dû éviter de traverser tous les terrains qui recouvrent le gîte de selmarin, en sorte que ce n'est que par analogie géologique qu'on avoit présumé et même établi que ce gîte étoit inférieur au calcaire conchidien qui se montre aux environs de Lunéville et de Vic. Mais de nouvelles observations, dirigées principalement sur l'inclinaison des couches et sur leurs rapports de nature minéralogique avec celles qui, dans d'autres lieux, laissoient voir la superposition directe, ont forcé d'admettre que ce selmarin est supérieur au calcaire conchidien de ce terrain, et que, si ces deux roches se montroient ensemble dans le même point, comme cela s'est trouvé en Wurtemberg, le selmarin seroit placé au-dessus du calcaire conchidien.

Le dépôt de selmarin a été reconnu par différens trous de sonde, sur une étendue d'environ trente lieues carrées; il est recouvert de marne bigarrée et de grès coloré, mêlé de gypse et de lits de marne salifère, sur une épaisseur de 68 mètres. Au-dessous de ces roches, qui n'ont aucun caractère précis ni du calcaire conchidien ni du grès bigarré, se rencontrent les bancs de selmarin, au nombre de quatre principaux. Le troisième a 14 mètres de puissance; l'épaisseur du quatrième n'est pas connue, parce qu'aucun motif d'exploitation n'a encore engagé à traverser ce dernier lit.

La nature, la texture, la couleur et la disposition des roches de marne calcaire argileuse et sableuse, qui recouvrent le sel, présentant des caractères tout-à-fait semblables à ceux du grès bigarré, ont été la cause de l'erreur qui a été commise au sujet de ce grès et de la position trop enfoncée ou trop ancienne qu'on a attribuée au sel.

Ce sel est traversé de quelques veines de gypse et de karsténite, et mélé ça et là de polyhalite. Il a une structure cristalline très-nette ; il est tantôt limpide et tantôt coloré en rouge et en gris : le sel limpide et blanc, ne forme pas la dixième partie de la masse ; celui qui est parfaitement limpide est aussi absolument pur. Ce sel limpide, tacheté de points rouges et gris, ne renferme que 0,007 de substances étrangères. Le maximum de corps étrangers que renferme le sel demi-gris, le plus abondant des sels qu'on puisse employer directement aux usages économiques, ne renferme encore que 0,040 de corps étrangers et donne, étant pulvérisé, une poudre assez blanche. Les corps étrangers renfermés dans ce sel sont, en général, des sulfates de chaux, de soude et de magnésie, de l'argile bitumineuse et de l'oxide de fer. On n'y a reconnu aucun sel à base de potasse.

Le selmarin rupestre de Vic est beaucoup plus pur que le selmarin des marais salans qu'on considère comme le moins mélangé, et qui contient cependant 0,025 à 0,05 de matières étrangères, et, à plus forte raison, est-il plus pur que plusieurs sels gris des marais salans qui renferment jusqu'à 0,15 de corps étrangers.

Savoie. — On connoît en Savoie des sources salées et des roches salifères remarquables par leur position et par plusieurs particularités géologiques.

Les premières sont celles qui alimentent les salines de Moutiers et qui ont leur origine à 1 kilomètre de cette ville, dans la commune de Salins. Ce sont des sources gazeuses et thermales à +- 55^d. Le bouillonnement qu'elles font voir, à leur sortie des roches, est dû au dégagement de l'air et du gaz acide carbonique qu'elles renferment.

Le terrain des montagnes d'où elles sortent immédiatement est rapporté généralement au terrain primordial de sédiment, composé de schiste argileux et de phyllade pailleté, recouvert presque partout, et à une grande hauteur, de calcaire gris-grenu, quelquefois compacte, mais jamais coquillier. Les couches de ce terrain montrent un très-grand désordre. Des masses considérables de gypse sont adossées à ces montagnes; ce gypse est mêlé d'argile et renferme du cuivre gris, du quarz, quelquefois du selmarin. Il se couvre, dans les parties abritées de la pluie, d'une efflorescence blanche de sulfate de magnésie, mélangée d'une petite quantité de muriate de soude.

Ces eaux salées sont généralement composées,

sur . . . . 1,00000 parties:

De gaz acide carbonique libre .	0,00075
De muriate de soude	0,01058
— de magnésie	0,00050
De sulfate de chaux	0,00251
— de magnésie	0,00055
— de soude	0,00100
De carbonate de chaux.	0,00076
— de fer.	0,00012
De muriate de fer	0,00010.[1]

Elles déposent ces deux dernières substances en grande quantité, dès qu'elles ont le contact de l'air. Elles ne varient point, ni dans leur abondance, ni dans leur composition, ni dans leur température. (LELIVEC.)

On voit non loin du bourg Saint-Maurice, dans le même arrondissement, le roc salé d'Arbonne, qui est situé à une grande élévation = 2188 au-dessus du niveau de la mer, et par conséquent dans la région des neiges perpétuelles. Ce rocher est une masse de gypse saccaroïde et de karsténite pénétré de selmarin. Il est quelquefois entièrement lié au schiste. On extrait ce sel par dissolution. La partie gypseuse de la roche, qui est très-peu dissoluble, reste, après le lessivage, poreuse et légère.

ANGLETERRE. — Les seules mines de sel gemme d'Angleterre, sont celles des environs de Northwich, dans le comté de Chester. Ces mines ont été découvertes en 1670. La première couche de sel est à 40 mètres de profondeur. Les couches varient d'épaisseur : elles sont comme ondulées, et al-

---

1 Berthier, Journal des mines, vol. 22, pag. 170.

ternent avec les couches d'argile, sous lesquelles elles sont
placées. M. H. Holland, qui les a décrites, les considère
comme des amas couchés. Le sel en est tantôt rouge et tantôt
limpide. Le terrain qui les recouvre est composé de bancs
d'argile rouge, de grès grossier, d'argile bleue, de chaux
sulfatée et d'argile endurcie, toutes roches qui peuvent très-
bien se rapporter aux marnes bigarrées inférieures au lias;
mais on n'a vu, ni dans leur intérieur, ni au-dessus, aucun
débris de corps organisés. M. H. Holland le fait remarquer
expressément. Le produit annuel d'une seule de ces mines est
de 50 à 60 mille tonneaux de mer, du poids de 20 quintaux
chaque[1]. L'ensemble de leur produit est beaucoup plus considérable que celui des mines si renommées de Wieliczka.
Ces couches sont exploitées par galeries élevées. On laisse des
piliers de sel disposés symétriquement pour soutenir le toit,
ce qui donne à ces souterrains un aspect imposant.

Les sources salées du même pays sont connues plus anciennement que le sel gemme. Lorsque les mineurs, qui les cherchent, percent avec la sonde la couche d'argile qui les recouvre, ces sources jaillissent avec une grande force.

Le sel retiré des mines de Northwich a besoin d'être dissous pour être purifié. Cette opération se fait à Liverpool.
On le dissout dans l'eau de mer, et on le fait évaporer par
les moyens qu'on indiquera plus bas. Il ne se dépose point
de chaux sulfatée dans cette évaporation. Ce sel contient en
général beaucoup de magnésie.

On connoît aussi depuis bien long-temps des sources salées
à Droitwich, dans le Worcestershire. Leur position géologique paroit être la même que celle de Northwich.

ALLEMAGNE. — L'Allemagne est riche en mines de sel, et
surtout en sources salées. Il y en a presque partout, depuis
la Westphalie et le bord de la mer Baltique, dans la Poméranie, jusqu'en Souabe et en Autriche. On en compte environ soixante qui approvisionnent toute l'Allemagne. Nous
allons indiquer les salines principales, en allant du nord au
midi et de l'occident vers l'orient.

En Westphalie, les salines de Rheme, à peu de distance

---

[1] M. Pictet dit 4000 tonnes de sel par an.

de la rivière d'Ems; elles sont situées dans une plaine. On concentre l'eau par la graduation.

On remarque dans le pays d'Hanovre les salines de Lunebourg, situées dans la ville même. Elles viennent des sources qui sortent du pied d'une colline gypseuse qui est près de la ville. L'une de ces sources, nommée *Kraft* et *Kraftquelle*, sort immédiatement du gypse. Elle est à près de 3 degrés. La pesanteur de cette eau est de 1,194 à + 15,5 centigr. — Près de Brunswick est la saline de Salzdalen, dont la source est située à 70 mètres de profondeur.

On retrouve dans le Holstein, près de la ville de Ségéberg, une colline gypseuse, isolée au milieu du terrain de sable de transport qui compose la plus grande partie de ce pays. Elle ressemble à celle de Lunebourg; elle contient, comme elle, de la boracite et de la karsténite, et paroît placée sur le terrain salifère ou au moins lié avec lui; car, à 16 kilom. de distance, à Oldeshoë, sur les bords de la Trave, on voit une source d'eau salée sortir, au milieu des marais, du sable qui constitue la partie superficielle de ce terrain.

Quelques parties solides du sol qui se montrent au jour près Lunebourg et non loin de Ségéberg, indiquent assez clairement le terrain de craie; mais on ne peut dire si ce terrain est inférieur aux collines de gypse salifère, ou si celles-ci, faisant partie du terrain très-inférieur à la craie, ne s'élèvent pas au-dessus de cette roche, comme en la perçant. Ce qui paroît certain, d'après les observations de Deluc, de M. Steffens, et d'après ce que j'ai vu au Ségéberg, c'est le voisinage du terrain de gypse salifère et du terrain de craie déterminé par les silex et par ses corps organisés fossiles.

Les gîtes de selmarin nouvellement découverts dans le duché de Bade, près de Dürrheim, dans la forêt Noire, et dans le royaume de Wurtemberg, près de Jaxtfeld, de Wimpfen et de Rappenau, vallée du Necker, ont eu le double avantage de donner sur la position géologique de ce minéral des renseignemens nombreux et précis, et de confirmer les bonnes théories géologiques, c'est-à-dire les généralités qui se déduisent de faits bien observés, puisque ce n'est point par hazard qu'on a fait cette découverte, mais en se dirigeant d'après des principes de géognosie. On n'a connu

la succession des couches qu'au moyen du sondage ; mais les
trous de sondage ont été assez multipliés et assez exactement
faits et suivis , pour qu'on ait pu déterminer que le terrain
salifère étoit composé, comme dans la Meurthe, d'une suite
alternante de marnes argileuses et sableuses, diversement
colorées (que les mineurs du pays nomment *keuper*), de
gypse, de calcaire marneux fétide, de calcaire magnésien po-
reux, etc. ; que le selmarin étoit situé au-dessous du lias et des
marnes bigarrées sur le calcaire conchidien , et quelquefois
entre les couches de ce calcaire, très-bien caractérisé à Frie-
drichshall par les coquilles fossiles qu'il renferme.

Le terrain salifère paroît être recouvert , vers l'est de
Dürrheim, par une roche sableuse verdâtre , qui se lie avec
la molasse de Suisse, et qui est recouverte, comme elle, par
l'agrégat nommé gompholite (*nagelflue*). C'est à 126 mètres
de la surface du sol qu'on a rencontré les premières couches
de selmarin. (SELB.)

On n'a pas cherché à exploiter la masse même du sel ; on a
trouvé plus économique de recueillir les eaux saturées qui
sortent des trous de sonde, pour en obtenir le sel marin par
évaporation.

Parmi les salines du duché de Magdebourg nous remarquerons celles de Schönebeck, près de cette ville , et celles
de Halle. Ses eaux sont assez riches en sel pour qu'il ne soit
pas nécessaire de les concentrer par la graduation.

On trouve en Haute-Saxe, dans le comté de Mansfeld , les
salines d'Artern , à six lieues d'Eisleben. Elles donnent jusqu'à
40 mille quintaux par an, et laissent déposer beaucoup de
chaux sulfatée. — Celles de Kolberg et de Greifswald , sur
les bords de la mer Baltique, dans la Poméranie. — Dans le
Haut-Rhin , en Hesse, les salines d'Allendorf, sur la Werra.
L'eau de ces salines est de 4 à 6 degrés. — Celle de Nau-
heim, célèbre par la bonté et la pureté de son sel en gros
cristaux , qui renferme , d'après M. Wurzer, 1,3 de muriate
de chaux, et qui cependant n'attire pas l'humidité de l'air.
— Dans la Franconie , vers le nord de ce pays, celles de Kis-
singen et de Schmalkalde.

On doit remarquer que beaucoup de ces salines sont situées dans un arrondissement d'environ 15 myriamètres , en

prenant la ville d'Hanovre pour centre. Dans les plaines qui sont au pied des montagnes du Harz et du Thuringerwald , on ne connoît point de mines de sel gemme.

Il faut maintenant se transporter au midi de l'Allemagne, au sud des montagnes de la Bohême , des cercles de Haute-Saxe et du Haut-Rhin , pour retrouver du selmarin. Il y a , en effet, des mines de sel ou des sources salées en Souabe , en Bavière , dans le Tyrol , dans le Saltzbourg et dans la Haute-Autriche.

Les mines du Tyrol sont situées sur une montagne très-élevée, à deux lieues de la ville de Hall, sur l'Inn, près d'Inspruck. Le sel gemme y forme des amas irréguliers, renfermant des fragmens du schiste et de la marne argileuse salifère , qui est la base de la montagne. Le point le plus élevé du terrain salifère est à 1100 mètres au-dessus de la ville d'Inspruck , et par conséquent à environ 1600 mètres au-dessus de la mer. (L. DE BUCH.)

Ce sel est exploité d'une manière particulière. On pénètre dans la masse au moyen de galeries parallèles. On forme des digues dans ces galeries, et on y introduit de l'eau, qu'on laisse séjourner de cinq à douze mois. Lorsque l'eau est saturée , on la retire par des tuyaux, et on fait évaporer cette dissolution.

On trouve dans le pays de Saltzbourg la mine de selmarin de Durrenberg, à une lieue de Hallein, sur la Salza ; c'est une des plus riches de l'Allemagne ; la montagne qui la renferme est composée de schistes marno-argileux , salés, que l'on exploite absolument comme ceux de Halle, dans le Tyrol ; l'eau n'y séjourne que deux ou trois semaines : on ne laisse aucun pilier dans la caverne immense qu'ont formée les galeries successives qui ont été creusées. — La saline de Berchtesgaden, près des deux premières, est exploitée de la même manière ; mais elle contient plus de sel gemme en masse. — On citera encore celle de Reichenhall , qui a trente-quatre sources exploitées , contenant depuis une partie et demie jusqu'à trente parties de sel sur cent livres d'eau. (NEVEU, J. d. M.)

En général, la nature des terrains salifères en Tyrol et en Saltzbourg paroît être la même , et pourroit être facilement

rapportée aux règles de position géognostique reconnue.
Ainsi le terrain inférieur ou qui sert de base au dépôt des
marnes argileuses salées, au selmarin rupestre et au gypse,
peut être rapporté au calcaire pénéen (*zechstein*), et peut-
être même au calcaire conchidien. C'est une question qui
n'a pas encore été résolue. Des marnes bigarrées, analogues
à celles de la Lorraine, le recouvrent; et, à peu de distance
de ce même terrain, peut-être au-dessus (à Traunstein), se
présente la glauconie crayeuse (*Green-sand*) très-bien caractérisée.

Les mines de selmarin fontinal ou rupestre gisent généralement en Autriche, dans une chaîne calcaire qui
accompagne les Alpes au nord, et qui est beaucoup plus
escarpée du côté de la plaine que du côté des montagnes.
(L. de Buch.)

On trouve aussi du sel près d'Aussée dans la partie occidentale de la Styrie: et, tout près de ce lieu, mais dans la
Haute-Autriche, on en exploite à Gmünden, Ischel et Hall-
stadt. On vient de trouver dans ce dernier endroit la glaubérite rougeâtre dans le selmarin. (Gmelin.)

Les sources salées de Bex, en Suisse, faisant partie maintenant du canton de Vaud, sont célèbres par la beauté des
travaux souterrains que l'on a faits pour rechercher ces
sources profondes, les rassembler et les amener à la surface
de la terre. L'époque de formation du terrain dans lequel
elles sont situées, la manière dont elles y sont placées et les
rapports de ce terrain avec ceux qui l'avoisinent, ont été le
sujet d'opinions très-différentes.

On les a d'abord regardées comme sortant d'un terrain
schisteux qui contenoit quelques filets de sel gemme et
qui enveloppoit de gros blocs de calcaire. On présumoit que
le terrain salifère étoit encaissé dans du gypse mêlé de marne
argileuse. M. de Charpentier a fait voir que ce terrain étoit
composé de puissantes couches de gypse salifère et de calcaire,
alternant ensemble et disposées en forme de bassin. Il a cru
pouvoir regarder la masse ou les bancs de gypse comme
appartenant à la karsténite, et n'étant devenu gypse hydro-
sulfaté qu'à sa surface: il rapporte tout le terrain à la for-

mation de transition : ce qui établiroit pour le selmarin une époque de formation très-différente de celle des autres mines qu'on a décrites.

Mais, d'après de nouvelles observations sur les terrains alpins et leur époque de formation, d'après la description donnée par M. de Charpentier du terrain de Bex, inférieur au gypse, et de celui qui le renferme, description qui apprend que le calcaire argileux qui compose ce terrain, renferme des bélemnites, des ammonites et des échinites, on est porté à le regarder comme faisant partie des terrains de sédiment moyen ou des assises supérieures des terrains de sédiment inférieur; par conséquent, à le rapporter, soit à l'époque des grès bigarrés, soit à celle du calcaire conchidien, soit même à celle du lias, et à ramener ainsi le terrain salifère de Bex à la grande période des terrains salifères, qui seroit toujours la seule qu'on ait bien constatée.

Le terrain salifère de Bex renferme dans ses parties marneuses du soufre natif, qui est en petits amas ou en enduit dans les filons ou veines de calcaire spathique qui parcourent le calcaire marneux. Ce soufre a été, à Sublin près de la saline de Bexvieux, l'objet d'une petite exploitation. Les eaux salées sont à différens degrés de salure depuis 0,01 jusqu'à 0,27. On gradue toutes celles qui sont au-dessous de 0,17. On comptoit, en 1821, dix-sept sources, qui fournirent ou purent fournir, dans le courant de cette année, environ 6,800 quintaux métriques de selmarin.

Italie. — Il y a un terrain salifère en Toscane, dans les collines qui sont au sud de Volterra. Ces collines sont composées, à leur sommet, d'un terrain de transport marin et de marne argileuse appartenant au terrain de sédiment supérieur. Vers leur base et immédiatement au-dessous du terrain précédent, se montre le terrain gypseux et salifère, composé de calcaire compacte fin, de marnes argileuses, de macigno. Le gypse est blanc, cristallin, translucide, connu et recherché sous le nom d'albâtre de Volterra, et en gros nodules péponaires et même métriques, engagé dans le macigno. C'est de dessous ce terrain gypseux que sortent toutes les sources salées.

Il est assez difficile de dire à quelle formation on doit attribuer ce terrain salifère. Si on le rapporte aux couchés inférieures de lias, il faut admettre que tous les terrains et roches intermédiaires entre le calcaire grossier et le lias, manquent entièrement dans cette partie des Apennins.

Les sources sont recueillies et traitées pour en extraire le sel dans une fabrique qui est entre Volterra et Pomarance.

On cite pareillement des sources salées près de Naples et dans la Calabre citérieure, près d'Alta-Monte, au pied des Apennins; la chaux sulfatée accompagne aussi ces sources. — En Sicile, dans le milieu et vers l'ouest de cette île, près de Castro-Giovanni, Calatascibetta, Regalmuto, la Cattolica, etc. (Gmelin.)

Hongrie et Pologne. On vient de voir que le plus grand nombre des sources salées et des mines de sel gemme se trouvent au pied des chaines de montagnes. Les mines de Transylvanie, de la Haute-Hongrie, de Moldavie et de Pologne apportent de nouveaux exemples à l'appui de ce principe général. Ces mines, extrêmement nombreuses et très-importantes par leur étendue, par les masses de sel qu'elles renferment et par leur produit, se trouvent le long de la chaîne des monts Carpaths, disposées à peu près également des deux côtés de cette chaine. Elles l'accompagnent dans une étendue de plus de deux cents lieues, depuis Wieliczka en Pologne vers le nord, jusqu'auprès de Fokszian ou Rymnick en Moldavie, vers le sud.

La bande de terrain qui renferme les mines de sel ou les sources salées a près de quarante lieues de large dans certains points. On y compte environ seize mines de sel exploitées, quarante-trois indices d'autres mines non exploitées, et de quatre cent vingt à quatre cent trente sources salées. Les plus remarquables parmi ces mines ou ces sources sont : au nord-est de la chaîne et en allant du nord au sud, celles de Wieliczka, Bochnia, Sambor en Pologne, et quelques sources dans la Bukovine et la Moldavie, notamment près d'Ockna. Au sud-ouest de la chaîne, et en suivant la même marche, celles de Sowar, près d'Éperies, en Haute-Hongrie; de Marmarosch, en Hongrie; de Dees, de Torda, de Paraïd et de Visackna, près d'Hermansiadt, en Transylvanie, etc.

Les mines de sel gemme de Wieliczka, près de Cracovie, et celles de Bochnia, qui en paroissent une dépendance, sont célèbres par les relations souvent trop brillantes qu'en ont données presque tous les voyageurs. Elles sont très-anciennes, étant exploitées depuis l'an 1251. Elles n'ont d'ailleurs rien de plus remarquable que les autres, si ce n'est d'offrir une exploitation très-étendue dans des masses de sel gemme dont les dimensions sont encore inconnues.

Ce terrain salifère, situé dans une plaine, n'étant recouvert que par des terrains meubles qui n'offrent aucun caractère précis ni géologique, ni zoologique, n'ayant jamais été entièrement traversé, en sorte qu'on ignore sur quelle roche il est immédiatement placé, ne peut être rapporté avec certitude à aucune époque géologique déterminée.

Le terrain salifère proprement dit est recouvert par un terrain meuble, composé de sable, de cailloux roulés et de marne sableuse. C'est dans ce terrain, étranger à la formation salifère, qu'on a trouvé quelquefois des débris de grands mammifères.

Au-dessous paroît immédiatement la masse de marne argileuse salifère qui renferme le selmarin en blocs plus ou moins volumineux, disséminés dans la marne.

On y reconnoît trois dépôts principaux : le premier, en descendant, ne renferme que des masses de sel souillées d'argile et de sable, on l'appelle *sel vert;* le second est composé de masses de selmarin plus pur, qu'on nomme *spiza;* le troisième, qui n'a jamais été traversé complétement, est composé de masses de selmarin encore plus pur, à structure laminaire ; on le nomme *szibik.*

Les marnes argileuses placées entre les premier et deuxième dépôts, renferment en débris organiques des coquilles marines bivalves, qui ressemblent à des tellines, et des coquilles microscopiques, analogues aux genres Rotalite, Rénulite, etc.

Si le sel renferme des débris organiques d'animaux, ils doivent y être très-rares, puisque M. Beudant n'a pu avoir une connoissance précise d'aucun exemple authentique, mais il contient une très-grande quantité de fragmens de lignite ou bois bitumineux passant à l'état de jayet.

La masse de sel sur place, et les échantillons qu'on en a

extraits depuis peu de temps, répandent une odeur nauséabonde d'animaux mollusques que M. Beudant compare à celle des truffes.

Ce terrain salifère contient peu de minéraux étrangers; le gypse y est rare, la karsténite y est aussi assez rare et s'y montre sous une forme particulière, qui lui a fait donner le nom ridicule de *pierre de tripes :* elle est en plaques minces, à texture compacte et repliée sur elle-même en nombreuses sinuosités.

On ne trouve pas de soufre dans ces mines, mais on en cite à quelque distance, et on assure même qu'il est combiné avec la chaux, à l'état de sulfure dissoluble dans l'eau.

M. Beudant rapporte les grès des montagnes voisines au grès houillier, et comme leurs couches paroissent plonger sous le terrain salifère, il place ce terrain immédiatement au-dessus du terrain houillier. Il considère le terrain meuble supérieur comme analogue au macigno molasse des terrains de sédiment supérieur. Les coquilles bivalves, les coquilles microscopiques de la marne argileuse salifère, et les lignites du selmarin, semblent rappeler les débris organiques du calcaire grossier et de l'argile plastique, et il présume, d'après ces circonstances, que le terrain salifère de Wieliczka appartient aux assises inférieures du terrain de sédiment supérieur.

Ces circonstances sont en effet assez remarquables et d'une assez grande valeur pour appuyer l'opinion de M. Beudant; cependant je me permettrai de demander si la valeur de ces caractères est assez grande pour donner à cette immense formation de selmarin une position géologique tout-à-fait différente de celle qu'on lui a reconnu dans le reste de l'Europe. D'abord, rien ne paroît prouver évidemment que les grès des montagnes voisines appartiennent à la formation de houille filicifère; mais en admettant ce rapprochement, en admettant même que ce grès plonge sous la masse de selmarin, cela ne donne à cette masse aucun titre à une ancienneté différente de celle des autres terrains salifères. Les marnes argileuses supérieures, le gypse et la karsténite qui les accompagnent, le lignite du sel, peuvent être tout aussi bien rapportés aux marnes bigarrées et aux lignites du lias qu'aux argiles plastiques. Le lias renferme dans ses lits marneux des lignites en morceaux épars, comme ceux que l'on cite dans le selmarin de Wieliczka, et l'odeur de truffes a été retrouvé dans des roches calcaréo-charbonneuses qui appartiennent précisément aux terrains de cette grande époque géognostique, puisqu'ils font partie du terrain oolithique qui est de peu supérieur au lias.

Dans la mine de Bochnia, le sel se présente en couche dès le commencement, et non sous la forme de rognons. Les couches d'argile ou de sel sont ondulées, et ne sont pas d'une épaisseur égale. Le sel est tantôt brun, tantôt rougeâtre, et quelquefois limpide; ces couleurs ne sont pas non plus disposées en zones parallèles. On y trouve du selmarin fibreux en très-beaux échantillons. (Townson.)

A Thorda, la masse de sel est divisée en couches horizontales, mais ondulées. Ces couches ont de deux à trois centimètres d'épaisseur. Les plus inférieures sont aussi les plus sinueuses. (J. Esmark.)

On descend dans les mines de Wieliczka par six puits qui ont quatre à cinq mètres de diamètre. Ces puits ne vont que jusqu'à soixante-quatre mètres de profondeur; la mine a été approfondie jusqu'à trois cent douze mètres, ce qui établit son fond à cinquante mètres au-dessous du niveau actuel de la mer.

Le terrain est en général assez solide pour se soutenir sans boisage. On a pratiqué dans la masse même du sel des travaux nombreux. On voit dans ces mines une écurie, des chapelles, des chambres, dont toutes les parties, telles que colonnes, autels, statues, etc., sont en sel. Les puits et les galeries sont parfaitement secs, et on y trouve plutôt de la poussière que de la boue. Il y a cependant des sources d'eau douce et d'eau salée (Townson), et surtout des espèces de lacs résultant de l'accumulation des eaux souterraines; ces lacs sont assez grands pour qu'on puisse les parcourir en bateaux. Il paroît que l'air n'y est point aussi mauvais que dans la plupart des mines de sel; mais les ouvriers n'y demeurent pas, comme l'ont dit quelques personnes (Townson). Il s'amasse dans certaines parties de la mine du gaz hydrogène, qui s'y enflamme. (Guettard.)

Le sel s'exploite en gradins montans. On en forme des

parallélipipèdes du poids de quarante à quarante-cinq kilogrammes. ou des cylindres que l'on met dans des tonneaux (GUETTARD). Cette mine produit environ cent vingt mille quintaux de sel par an.

On cite près d'Okna, en Moldavie. une montagne de sel qui laisse voir ce minéral à nu dans plusieurs points.

Les mines du sud-ouest de la chaine des Carpaths paroissent plus multipliées et dispersées sur une plus grande surface de terrain que celles du nord-ouest. Elles sont en général très-superficielles; quelques-unes même de celles de la Transylvanie le sont tellement. que des gardes sont chargés de recouvrir le sel de gazon, lorsqu'il est mis à découvert par les pluies. Cependant ces masses sont si épaisses, qu'on n'en a jamais atteint le fond. Quand on cesse l'exploitation à cent soixante mètres, c'est que l'extraction du sel devient trop coûteuse. On a poussé l'exploitation jusqu'à cent quatre-vingt-dix mètres dans le comté de Marmarosch. Ces mines contiennent aussi beaucoup de pétrole; et le sol qui les renferme est sillonné de toutes parts de rivières : le limon qui est interposé entre l'eau et le sel s'oppose, dit-on, à la dissolution de ce dernier.

A Paraïde en Transylvanie. il y a une vallée dont les bords et le fond sont de sel pur. On y voit des murs de sel de soixante mètres et plus d'élévation. La mine d'Éperies a cent quatre-vingts brasses de profondeur, c'est-à-dire environ trois cents mètres. On a trouvé. dans les mines de sel de Marmarosch. de l'eau renfermée dans la masse même du sel.

Les mines au sud-ouest des Carpaths sont généralement exploitées par des puits. Il y en a toujours au moins deux dans chaque mine; l'un pour les ouvriers, l'autre pour l'extraction du sel. La masse de sel est exploitée en gradins montans; ce qui produit des cônes vides au milieu des couches. Les échelles se prolongent perpendiculairement jusqu'à la base de ces cônes. en sorte qu'elles sont dans cette partie absolument isolées. La plus grande partie de la masse s'extrait ainsi, en laissant des espaces vides qui sont coniques, et qui communiquent entre eux par des galeries. Le sel y est si abondant. qu'on ne paie aux mineurs que les masses de sel qui passent quarante kilogrammes ; les autres sont rejetées comme inutiles (De Born). Quand l'eau incommode les ouvriers, on l'extrait dans des sacs de cuir pour la jeter hors la mine.

Les Transylvaniens et les Moldaviens retirent le sel des fontaines salées, comme le faisoient autrefois les Gaulois et les Germains, en jetant l'eau de ces fontaines sur des brasiers ardens. (Townson.)

Scandinavie. On ne connoît aucune mine de sel, ni source salée, en Suède et en Norwége.

Russie. La Russie d'Europe et la Russie d'Asie renferment un grand nombre de sources salées, de mines de sel, et principalement de lacs salés. Ce dernier gisement est particulier au sel de ce pays, on ne l'observe pas dans les autres parties de l'Europe.

Nous citerons, dans la Russie d'Europe, les salines trèsriches de Balachna, sur les bords du Volga ; le lac salé de Tor, au nord et vers les limites de la petite Tartarie ; les lacs salés semblables dans la Crimée, et qui paroissent appartenir au même système.

Dans la Russie d'Asie, les salines très-nombreuses de Permie, au pied des monts Poyas ; une mine de sel gemme, à quatre-vingts kilomètres (environ quatre-vingts werstes) de Yena-Tayevska, dans le désert qui est entre le Volga et les monts Ourals.

Russie d'Asie et Sibérie. Dans le gouvernement d'Astracan, au nord de la mer Caspienne, aux environs d'Orenbourg et dans le pays des Baschkirs, les lacs salés sont très-communs ; l'eau, en s'évaporant pendant l'été, offre le sel cristallisé à leur surface et sur leurs bords. Lorsque cette eau est très-concentrée, elle a une couleur d'un rouge foncé. Le sel qui s'y forme a souvent cette couleur. Il répand alors une odeur de violette assez remarquable. Tel est le lac salé d'Elton, situé au-dessus d'Astracan, dans l'angle rentrant que fait le Volga. Les Kalmouks le nomment *lac doré*, parce qu'il paroît tout rouge lorsque le soleil frappe dessus. Le lac de Bogdo, situé à peu près dans le même lieu, donne un sel parfaitement blanc, qui ne contient point de sulfate de magnésie, et que l'on préfère à celui du lac d'Elton (Pallas). C'est aussi près d'Astracan qu'est la mine d'Iletzki, célèbre par la quantité de sel qu'elle fournit. Le sel est situé à peu de profondeur; l'argile sur laquelle il repose est très-dure. Le terrain qui le recouvre est sablonneux, et criblé de trous remplis d'une eau saturée de sel (Pallas). On trouve en Sibérie une mine de sel gemme sur la rive droite du Kaptendei, et quatorze salines sur celle du Kawda. On en trouve d'autres dans le gouvernement de Kolivan et aux environs d'Irkutsk, près le lac Baïkal, dans le milieu même de la Russie d'Asie. Enfin, les pays voisins de la mer Caspienne sont tellement imprégnés de selmarin, qu'aux environs de Gourief, les brouillards, la rosée qui s'attache aux habits et le suc des plantes sont salés. (Pallas.)

Tartarie. Chez les Tartares Mongols, le sol est pénétré de selmarin; ces peuples le lessivent, et font évaporer la dissolution pour en obtenir le sel.

Chine. La partie de la Chine qui avoisine la Tartarie, contient des mines de selmarin; le terrain est aussi fortement imprégné de cette substance.

On trouve du sel disposé de la même manière sur presque tout le plateau de la grande Tartarie, au Thibet, dans l'Inde, et surtout en Perse, où l'on voit des plaines très-étendues couvertes partout d'efflorescences salines, notamment auprès de Bender-Congoun.

Perse. L'île d'Ormus, à l'embouchure du golfe Persique, paroit être un rocher de sel. On trouve cette substance en masses solides, près de Balach, sur les frontières orientales de la Perse; dans la Médie, aux environs d'Ispahan; dans les montagnes qui environnent Komm, au nord d'Ispahan, etc.

Turquie d'Asie. Il y a encore du selmarin : en Géorgie, près de Teflis; on y exploite les carrières de sel comme celles de pierres de taille, et les blocs qu'on en retire se transportent sur le dos des buffles (Tournefort) en Arménie. En Caramanie : celui-ci est si dur, qu'on l'emploie dans la construction des maisons des pauvres gens (Chardin). En Natolie : le sel de ce dernier pays provient d'un lac qui se dessèche en certaines saisons.

Arabie. L'Arabie, comme toutes les plaines arides, ne manque pas de sel; on le trouve même, dit Pline, en masses si solides, près de Gerris, qu'on en bâtit des maisons, en humectant ces masses au moyen d'un peu d'eau, afin de les coller ensemble.

Afrique. Quoique le sel soit très-abondant dans les pays que nous venons de citer, on peut dire qu'il est encore plus répandu en Afrique; ce qui contribue à faire présumer que les plaines arides des pays chauds ont quelque influence sur la formation de cette substance.

Non-seulement toutes les plaines et les déserts sablonneux de l'Afrique sont imprégnés de selmarin, au point que la plupart des fontaines peu nombreuses que l'on y trouve donnent une eau saumâtre, qu'il n'est pas possible de boire, mais on le trouve encore en masses souvent considérables dans un grand nombre d'endroits, parmi lesquels nous cite-rons les suivans.

Abyssinie. Au sud de l'Abyssinie, et au pied des montagnes qui séparent ce pays de celui des Nègres Gallas, le sel est en masses solides et sèches.

Fezzan et Sahara. Le sommet des montagnes qui bordent le désert à l'ouest du Caire, présente un plateau immense couvert d'une masse de sel; les mottes de cette substance sont volumineuses, dures et entremêlées de sable (F. Hor-nemann). A l'ouest du désert de Sahara se trouvent les grandes salines de Tegaza, sur la frontière sud-est du dé-sert de Zuenziga, à peu de distance du cap Blanc. Elles sont exploitées par des Maures, auxquels on est obligé d'ap-porter à manger. Ces salines fournissent les sels blancs et co-lorés qui sont transportés par les caravanes à Casuah et à Tombouctou, pour l'approvisionnement des états nègres; car il paroît qu'on ne trouve pas de sel dans la Nigritie pro-prement dite. Les mines de sel répandues dans cette partie de l'Afrique que les anciens nommoient la Lybie, ont été fort bien indiquées par Hérodote[1]; et c'est dans cette con-trée qu'on trouvoit, suivant cet historien, des habitations construites en sel, comme celles de la Caramanie et de l'Arabie (Heeren). Outre ces salines, il paroît qu'il en existe encore d'autres sur les frontières méridionales du grand désert de Sahara. Leur produit est également vendu

---

[1] Liv. IV, §. 181.

aux Nègres des bords du Niger ou Joliba. (Mungo-Park.)

Barbarie. En Barbarie , dans le royaume de Tunis, le mont Had-Delfa , à l'extrémité orientale du lac des Marques , est entièrement composé de sel très-solide, rouge ou violet. Le lac des Marques et les plaines qui l'environnent, contiennent aussi beaucoup de sel. (Shaw.)

Les lacs entourés de montagnes, qui sont à Arzew, près d'Alger, sont salés ; ils se dessèchent en été , et laissent sur leur fond une grande masse de sel. (Shaw.)

Cap Vert. Plusieurs des îles du cap Vert ont des mines de sel ; telle est l'île de Bona-Vista : d'autres ont des marais salans naturels, telles sont celles de Mai et de Sal.

Côte occidentale d'Afrique. On trouve des marais salans naturels, et exploités par les Nègres, sur presque toute la côte occidentale d'Afrique ; et des mines de sel gemme dans le pays de Bamba, au royaume de Congo.

Cap de Bonne-Espérance. Le sel n'est pas moins commun auprès du cap de Bonne-Espérance et dans l'intérieur des terres, chez les Hottentots et chez les Cafres. Kolbe avoit déjà remarqué qu'il s'y formoit à la manière du nitre. On trouve des lacs salés à l'est du Cap , sur les frontières de la Cafrerie. Ces lacs ont, sur leur fond , des couches épaisses de sel gemme diversement coloré. Il y a dans le même lieu des sources d'eau salée. (Barrow.)

Amérique septentrionale. Les mines de selmarin de l'Amérique septentrionale, qui consistent presque uniquement en sources salées, commencent à être mieux connues. Ces sources sont, suivant M. Van Rensellaer, généralement plus riches en sel que celles d'Europe. Elles sortent d'une roche sableuse que l'auteur rapporte au grès rouge, et qui contient du gypse et un combustible charbonneux qu'on désigne sous le nom de houille.

On n'indique encore aucun gisement bien déterminé de selmarin rupestre. Le major Long a vu , dans son voyage aux montagnes rocheuses, des masses de sel de dix à quinze kilogrammes ; mais les sources salées se montrent en grand nombre dans diverses parties de ce continent. Ainsi dans le Kentucky, entre Limestone et Lexington , derrière les monts Alleghanys, des sources salées coulent naturellement à la surface du sol , mais plus ordinairement on a été les chercher en perçant des puits dans ces terrains, et surtout dans ces lieux marécageux nommés Licks, où les bisons et les élans venoient autrefois par centaines lécher le sol argileux imprégné de selmarin : en perçant ces puits au travers des couches, il se dégage quelquefois, et avec violence, une telle quantité de gaz hydrogène, que le travail en est interrompu. Du bitume pétrole accompagne quelquefois l'eau salée. A Liverpool, dans l'Ohio, un puits d'eau salée a donné en le perçant un demi-baril de pétrole par jour.

Dans le territoire d'Arkansas, près des sources septentrionales de la rivière de ce nom, il existe une véritable saline naturelle ; ce sel forme sur le sol des prairies des incrustations d'une épaisseur et d'une solidité remarquables. Il y a des sources salées dans le même lieu.

Dans le Missouri il y a des sources salées au lieu dit *Boon'-slick*, et sur les rives du Scioto, du Tennessée, de la Kenhawa, de Big-Sandy et de différentes autres rivières à l'ouest des Alleghanys. Le gypse et la marne argileuse rouge se montrent souvent dans le voisinage de ces sources.

En Virginie, sur le grand Kenhawa, à cinquante milles au sud de l'Ohio, il y a de grandes salines. On en cite également dans le Kentucky, dans le pays des Illinois, dans l'Ohio. Un puits près de Zanesville, sur le Muskingum, a deux cent treize pieds de profondeur et donne quatre-vingts tonnes (*Bushels*) de selmarin par jour. Dans la contrée de Jackson, sur le Scioto, il y a des puits d'eau salée qui ont trois cents pieds de profondeur.

Les sources salées ne sont ni moins nombreuses, ni moins productives dans les états de New-York. Les plus importantes sont les salines près du lac Onondaga et de Montezuma, dans le canton de Cayuga. Les sources sont dans le voisinage du canal qui lie la rivière d'Hudson au lac Érié.[1]

Amérique méridionale. En Californie, il est en masses très-pures et très-solides. Dans l'île de Cuba. Dans celle de Saint-Domingue, aux environs du Port-au-Prince, dans une mon-

---

1 Ces détails sont extraits de la minéralogie de Cleaveland, édition de 1822, pag. 130.

...agne voisine du lac Xaragua ; il y a aussi des salines très-productives dans la plaine de l'Artibonite. Derrière le cap d'Araya, vis-à-vis la pointe occidentale de l'île nommée la Marguerite.

Pérou. Au Pérou, il y a beaucoup de mines de sel gemme en masses fort dures. Ce qu'il y a de remarquable dans leur position, c'est qu'elles sont situées dans la partie la plus élevée de ce pays, telle que le Potosi. La couleur la plus ordinaire de ce sel est le violet jaspé (Ulloa). Il y a aussi des plaines salées en Amérique : on en cite une très-étendue, aux environs de Lépis, vers l'extrémité septentrionale du Pérou.

Chili. Au Chili, dans les provinces de Copiapo et de Coquimbo, qui sont les plus voisines du Pérou. Enfin, à la pointe même de l'Amérique, près le pays des Patagons, on trouve, vers le port de Saint-Julien, un marais salé de deux milles de long.

Tels sont les principaux lieux du globe où l'on trouve du selmarin. On le rencontre encore, mais en moindre quantité, dans des fontaines d'eaux minérales qui renferment en même temps d'autres sels. Nous donnerons pour exemple les sources de Balaruc, de Bourbonne, de Bourbon-Lancy, de Lamotte, etc.

Les mers, lacs et marais salés ont une position géologique, une origine et des particularités tout-à-fait différentes de celles que présentent les mines et les sources.

La mer est, comme le fait observer Kirwan, la mine la plus abondante de selmarin, puisque ce sel forme environ la trentième partie de cette masse immense de liquide ; il y est assez également répandu, lorsque d'ailleurs aucune cause locale ne peut troubler cet équilibre. La plus grande proportion de selmarin est de 0,058, et la plus foible d'environ 0,052 ; mais le développement de ces notions appartient plus à l'histoire de la mer qu'à celle du minéral dont il s'agit ici. (Voyez Océan, tom. XXXV, pag. 502 et 504.)

Les terrains salés, c'est-à-dire, qui renferment du selmarin disséminé dans leur masse et qui ne s'y manifeste que par la saveur ou par les propriétés chimiques, ont avec les lacs salés la plus grande analogie. Ces derniers semblent être le résultat du lessivage naturel des terrains salés; or, la présence constante du selmarin dans les mêmes lacs, lors même qu'on en exploite les eaux, semble indiquer que le selmarin n'a pas été entièrement enlevé de ces terres par le lessivage, ou bien qu'il s'y reforme successivement, ou bien enfin, qu'il se forme dans les lacs eux-mêmes. La seconde cause paroit et la plus vraisemblable et la plus ordinaire.

Les contrées dont le sol contient du selmarin, sont généralement situées dans les climats chauds. Elles renferment ordinairement de vastes plaines, tantôt peu élevées au-dessus du niveau de la mer (les environs de la mer Caspienne, la Perse, auprès de Bender-Congoun, les déserts d'Afrique, etc.), et tantôt situées sur des plateaux (le Mexique : la couche de terre salifère n'a que 8 centim.). Elles sont généralement composées de terrains meubles assez arides et presque dénués de végétation.

Le selmarin ne s'y trouve jamais seul; il est constamment accompagné de nitre, en sorte que l'histoire des terrains salpêtrés est inséparable de celle des terrains salés.

Les lacs salés se trouvent en général dans les mêmes contrées que les terrains salifères. Ils ont plusieurs caractères assez remarquables.

Ces lacs n'ont aucune communication avec la mer; ils reçoivent en général des cours d'eaux plus ou moins nombreux; mais aucun n'en sort, ni même ne les traverse : en sorte que, quelque petite que soit la quantité de selmarin que ces cours d'eaux puissent tenir en dissolution, comme ils se rendent constamment dans les lacs, et que l'eau n'y diminue que par évaporation, le sel qui y est amené s'y accumule au point de saturer les eaux et de cristalliser en plaques épaisses dans la saison où la chaleur réduit par évaporation la masse de ces eaux.

Les eaux ainsi réduites prennent en général une couleur rougeâtre; elles répandent souvent une odeur particulière, approchant de celle du bitume ou de la térébenthine; odeur qu'on reconnoît également dans presque toutes les usines où l'on évapore des eaux de sources salées.

Outre le selmarin, ces eaux renferment assez souvent du

gypse, du nitre, du natron, du sulfate de soude, des muriates terreux divers, etc.: tel est celui de Loonar, à 40 milles de Jauhreh, dans le district de Bérar aux Indes orientales. (J. E. ALEXANDER.)

Nous ne donnons point de nouveaux exemples de cette position du selmarin, parce que nous en avons rapporté déjà un assez grand nombre dans l'énumération géographique des pays qui fournissent ce sel, quelle que soit son origine.

Exploitation, fabrication et usages du selmarin.

Quoique le selmarin soit assez ordinairement employé par petites doses, son usage est si général et si habituel, qu'on fait pour l'assaisonnement seul une immense consommation de cette substance. On en emploie une quantité encore plus considérable pour les salaisons, c'est-à-dire pour conserver, par son moyen, différens alimens tirés des animaux et même quelques végétaux. Considéré sous ce dernier point de vue, il est d'une grande importance, puisque plusieurs genres d'industrie et de commerce en dépendent. On a donc dû chercher à l'extraire avec le plus d'économie possible de tous les lieux où la nature nous l'offre avec une bienfaisante profusion.

Les mines de sel gemme sont exploitées comme nous l'avons indiqué plus haut : lorsque le sel qu'elles produisent n'est pas pur, on est obligé de le faire dissoudre dans l'eau pour le purifier.

Si l'eau de la mer est, ainsi qu'on l'a dit, la mine la plus vaste de ce sel, elle n'est pas la plus riche, et s'il falloit employer uniquement la chaleur des combustibles pour en obtenir le sel, cette substance seroit portée à un prix trop élevé. On extrait donc le sel de l'eau de la mer de deux manières : 1.° par la seule évaporation naturelle ; 2.° par l'évaporation naturelle combinée avec l'évaporation artificielle.

Dans le premier cas on fait cette extraction au moyen des *marais salans :* ce sont des bassins très-étendus, mais très-peu profonds, dont le fond est argileux et fort uni ; ils sont pratiqués sur le rivage de la mer. Ces marais ou bassins consistent : 1.º en un vaste réservoir placé en avant des marais proprement dits et plus profond qu'eux ; ce réservoir communique avec la mer par un canal fermé d'une écluse : on peut, sur les bords de l'Océan, le remplir à marée haute, mais les marées sont plutôt un inconvénient qu'un avantage pour les marais salans ; 2.º en marais proprement dits, qui sont divisés en une multitude de compartimens au moyen de petites chaussées. Tous ces compartimens communiquent entre eux, mais de manière que l'eau n'arrive souvent d'une case dans la case voisine qu'après avoir fait un très-long circuit, en sorte qu'elle a parcouru une étendue quelquefois de 4 à 500 mètres avant d'arriver à l'extrémité de cette espèce de labyrinthe. Ces diverses parties ont des noms techniques très-nombreux, très-singuliers, et qui diffèrent dans chaque département. Ces marais doivent être exposés aux vents de N. O., de N. ou de N. E.

C'est en Mars que l'on fait entrer l'eau de la mer dans ces bassins étendus. Elle y présente une vaste surface à l'évaporation. Le réservoir antérieur est destiné à conserver l'eau, afin qu'elle y dépose ses impuretés et qu'elle y subisse un commencement d'évaporation ; cette eau doit remplacer celle des autres bassins à mesure qu'elle s'évapore. On juge que le sel va bientôt cristalliser, quand l'eau commence à rougir ; elle se couvre peu après d'une pellicule de sel qui se précipite sur le sol. Tantôt on lui laisse déposer son sel dans les premiers compartimens, tantôt on la fait passer dans des cases où elle présente encore une plus grande surface à l'air. Dans tous les cas on retire le sel sur les rebords des cases pour l'y faire égoutter et sécher. On le recueille ainsi deux ou trois fois par semaine vers la fin de l'opération.

Le sel obtenu par ce moyen participe de la couleur du sol sur lequel il est déposé, et, selon la nature du terrain, il est blanc, rouge ou gris : on appelle aussi ce dernier *sel vert*. Le sel de mer a l'inconvénient d'être amer si on l'emploie immédiatement après sa fabrication. Il doit ce goût au muriate de chaux et au sulfate de soude qu'il renferme. L'exposition à l'air pendant deux ou trois ans le débarrasse en partie de ces sels étrangers.

Les marais salans sont presque aussi multipliés que les mines

et que les sources salées. Ceux de Portugal passent pour donner le sel de meilleure qualité : il est en gros grains presque
transparens ; on le préfère en Irlande pour les salaisons de
bœuf. Les sels les plus estimés après celui - ci sont ceux de
Sicile , de Sardaigne et d'Espagne. Les sels de France sont
appropriés à d'autres usages, notamment à la salaison du poisson. Il y a des marais salans sur les bords de la Méditerranée , dans le département des Bouches-du-Rhône, et dans
celui de l'Hérault près d'Aiguemortes. C'est dans ce dernier
lieu que sont les marais de Peccaie. La suite des opérations
diffère un peu de celle que nous avons décrite ; mais les principes sont les mêmes. Sur les côtes de l'Océan on compte ceux
de la baie de Bourgneuf, ceux du Croisic, ceux de Brouage,
de la Tremblade et de Marenne, département de la Charente-
Inférieure.

Dans la seconde manière d'extraire le sel de l'eau de la
mer, on forme sur le rivage une esplanade de sable très-unie,
que la mer doit couvrir dans les hautes marées des nouvelles
et des pleines lunes. Dans l'intervalle de ces marées, ce sable,
en partie desséché, se couvre d'efflorescences de selmarin ;
on l'enlève et on le met en magasin. Lorsqu'on en a une
suffisante quantité , on le lave dans des fosses avec l'eau de
mer, qu'on sature ainsi de selmarin ; on porte cette eau dans
des bassins de plomb assez étendus, mais peu profonds ; on
évapore, par le moyen du feu, l'eau surabondante, et on
obtient le selmarin d'un beau blanc. Ce procédé est mis en
usage sur les côtes du département de la Manche, près d'A-
vranches.

On assure qu'on peut aussi concentrer l'eau de la mer par
la gelée : la partie qui se gèle contenant beaucoup moins de
sel que la partie qui n'est pas gelée ; mais on ne peut pas
l'amener par ce moyen à plus de 16 à 17 degrés (WALL),
ou 9 à 10 (LANGSDORF). Il faut, d'après les observations de
M. Bischoff, une température de — 5,5 degrés pour geler une
eau salée à 9 degrés de saturation, et — 17 degrés R. pour
la geler lorsqu'elle est à 27 degrés, c'est-à-dire, complète-
ment saturée ; mais ce moyen insuffisant, qui a été essayé à
la saline de Walloë en Norwége, a été abandonné à cause
de son peu d'efficacité et des manipulations dispendieuses

qu'il entraînoit. On ne pourroit pas employer le procédé de la congélation pour l'eau des fontaines salées qui renferment du sulfate de magnésie, parce que ce sel décompose, à la température de la glace, le muriate de soude. Il se forme du sulfate de soude et du muriate de magnésie : sel déliques-cent qui gêne la cristallisation du selmarin et en altère la qualité. (GREN.)

Les Romains ont employé un autre procédé dans leurs sa-lines de Cervia et d'Ostia. Ils accumuloient le sel en mon-ceaux et brûloient des roseaux à l'entour ; la surface du sel se durcissoit et sembloit se vitrifier, en sorte que l'eau des pluies glissoit dessus sans dissoudre le sel. L'eau de la masse, ne pouvant plus s'évaporer, entraînoit, en s'écoulant, tous les sels déliquescens : ce qui rendoit le sel plus pur et plus sec. (P. S. - Georgio.)

Enfin, à la saline de Walloë en Norwége, on se sert de bâtimens de graduation pour concentrer l'eau de la mer. On l'amène par ce moyen, et par l'addition d'un peu de sel de Norwich, au point de saturation, qui est de 26 degrés 8', lorsque le sel est pur, et qui monte jusqu'à 32 degrés lorsque le sel est impur, et on l'évapore dans des poëles. (Voyez plus bas la description de ce genre d'extraction.)

Lorsque l'eau des fontaines salées est assez chargée de sel pour contenir au moins 15 parties de sel sur 100 parties d'eau, c'est-à-dire, pour être à 15 degrés, on la soumet immédiate-ment à l'évaporation. Les poëles ou bassines dans lesquels on fait cette opération, sont quelquefois en plomb, mais plus ordinairement en fer. Elles sont très-grandes, mais peu pro-fondes. Il y a cependant certaines dimensions qu'on ne doit pas dépasser si l'on veut réunir l'avantage du travail en grand et de l'économie du combustible avec celui de la sû-reté du travail et du succès. Il paroît que le maximum de ces dimensions est pour des poëles rectangulaires de 7 mètres de large au plus, sur 13 à 14 mètres de long. Leur fond est plat et uni, quoique composé de plusieurs pièces ; mais dans plusieurs salines ces pièces de fer ont des rebords repliés à angles droits qui sont en sallie à l'extérieur de la poële. C'est au moyen de ces rebords que ces pièces sont réunies très-exactement et solidement par un ciment composé d'étoupe.

de chaux-vive et d'eau salée saturée, et par des écrous à vis.
Le fond des poëles est sujet à se courber; on le soutient,
ou avec des piliers, qui sont ou en terre cuite ou en fonte,
qui, montant du foyer, gênent, et le service et la vue, ou
au moyen de chaînes qui lient ce fond avec des pièces de
bois placées horizontalement au-dessus des poëles.

Les tôles qui composent ces poëles sont en fer ou battu
ou laminé. Les premières ont semblé avoir quelque avantage
sur les secondes, mais on ne sait pas s'ils sont réels, et s'ils ne
tiennent pas plutôt à la qualité du fer qu'à la manière dont
il a été étendu.

Pendant l'évaporation il se dépose du sulfate de chaux,
que les ouvriers appellent *schelot*. Il faut l'enlever avec soin;
on place sur les bords de la poële, pour le recevoir, des
petites poëles plates et en tôle nommées *augelots*: on retire
les augelots au moment où le sel commence à cristalliser;
mais ce moyen est insuffisant. Vers la fin du *salinage*, le
sel, mêlé de chaux sulfatée, s'attache fortement au fond
de la chaudière et forme une croûte ou écaille assez difficile
à enlever. M. Nicolas a proposé de la dissoudre avec des
eaux peu chargées de sel. Cette écaille, qui contient beaucoup de chaux sulfatée, est si dure, qu'on la jette souvent comme inutile. M. Unger en a tiré un parti très-avan-
tageux, en la pulvérisant sous des bocards, et en dissolvant
le sel qu'elle renferme dans l'eau même de la source salée,
qui devient par ce moyen beaucoup plus forte : ces écailles
sont produites par les sels que l'eau abandonne et qu'elle
dépose au fond de la chaudière, en passant dans cette partie
de la poële de l'état liquide à l'état gazeux. Si l'on évaporoit
sans ébullition, cet effet n'auroit pas lieu. (ROBINET, J. de Ph.)

M. Cleiss, inspecteur des salines de Bavière, a introduit
une méthode d'évaporation qui paroît prévenir la plupart de
ces inconvéniens. Un atelier d'évaporation est composé de six
poëles disposées sur deux rangs et ayant des usages différens.
La poële du milieu du rang de derrière est la plus petite ; elle
est échauffée par la réunion des cheminées des foyers des
autres poëles. Elle se nomme *poëlon*. L'eau salée, après y
avoir déposé ses impuretés, passe dans la *poële de graduation*,
plus basse que le poëlon et placée sur le rang de devant: elle

y est tenue dans un état constant d'ébullition. L'eau s'y concentre jusqu'à 20 degrés, et y dépose une partie de son schelot ou chaux sulfatée. De la poële de graduation l'eau salée passe dans les *poëles de préparation*, situées aux deux extrémités du rang de derrière ; elle y bout aussi constamment, se concentre complétement et laisse déposer tout son sulfate de chaux. Alors on la fait passer dans les *poëles de cristallisation* encore plus basses que les précédentes, et placées aux deux extrémités du rang de devant. L'eau y bout à peine et le sel y cristallise. Chaque poële, à l'exception du poëlon, a un foyer particulier, dont les tuyaux de fumée entourent les bords de la poële. Les poëles sont placées deux par deux dans des chambres en planches bien jointes, qui les enveloppent complétement. Ces chambres sont basses et leurs plafonds sont percés dans le milieu d'une ouverture terminée par un tuyau, au moyen duquel la vapeur aqueuse se dégage avec rapidité. On a remarqué qu'on trouvoit dans cette méthode d'évaporation une économie de plus du tiers du combustible. (*Bulletin des Sciences*, n.° 90.)

Tantôt on évapore l'eau jusqu'à siccité : cette circonstance est rare ; il faut, pour qu'elle ait lieu, que la fontaine salée ne contienne que du muriate de soude. Plus ordinairement on laisse des eaux-mères, nommées *muire*. Ces eaux-mères contiennent principalement des sels déliquescens, qui sont des muriates de chaux et de magnésie : ces sels, en augmentant la masse des eaux-mères, augmentent aussi l'emploi des combustibles, et rendent le selmarin amer et déliquescent. M. Gren propose de les décomposer en grand par l'addition de la chaux et du sulfate de soude. Il se précipite dans ce cas deux substances, dont l'une est insoluble, c'est de la magnésie ; et l'autre est peu soluble, c'est du sulfate de chaux. L'eau salée peut être alors entièrement évaporée ; le sel que l'on obtient est pur et sec.

Enfin, on cherche toujours dans ces opérations à économiser le combustible. La forme des fourneaux et la dimension des poëles sont calculées pour atteindre ce but important.

On remarque une odeur assez agréable dans la plupart des ateliers où se fait l'évaporation des eaux salées. Il paroît qu'elle

vient de la petite partie de bitume qui est presque toujours
mêlée au sel dans ses mines.

Lorsque l'eau des fontaines ne contient qu'une petite quantité de sel, l'évaporation artificielle coûteroit trop, s'il falloit
y soumettre la masse d'eau telle qu'elle est donnée par la
nature ; il faut donc la concentrer par un procédé moins
cher.

On sait que, pour favoriser et accélérer l'évaporation d'une
liqueur, il faut lui faire présenter beaucoup de surface à
l'air. Pour remplir cette indication, on élève par des pompes
l'eau salée à une hauteur de 9 mètres environ, et on la fait
tomber sur des murailles de fagots qui ont cette hauteur;
l'eau qui est distribuée avec égalité sur ces fagots par des conduits et par des robinets, s'y divise à l'infini, et éprouve dans
sa chute une évaporation considérable. La même eau est élevée souvent plus de vingt fois pour être amenée au degré de
concentration nécessaire. On appelle cette opération *graduer*
l'eau, et on nomme *bâtimens de graduation*, les murailles de
fagots d'épine dont nous venons de parler.

Ces murailles sont couvertes d'un toit qui les met à l'abri
de la pluie ; elles ont environ 5 mètres d'épaisseur, et quelquefois plus de 4oo mètres de longueur. Elles doivent présenter leur flanc aux vents dominans.

L'état de l'atmosphère influe considérablement sur la rapidité de la concentration ; un vent frais, sec et modéré, lui
est favorable ; tandis qu'un temps lourd, humide et bru-
meux, ajoute quelquefois de nouvelle eau à l'eau salée. Un
vent trop violent enlève beaucoup d'eau salée.

L'eau, en se concentrant, dépose sur les fagots une couche
de sélénite ou chaux sulfatée, qui devient à la longue si
épaisse, qu'il faut les renouveler.

L'eau, amenée à 26 ou 27 degrés par la graduation, est
évaporée complétement dans les poëles, comme nous venons
de le décrire.

On a employé à Moutier un procédé qui, diminuant encore
l'emploi du combustible, rend l'opération moins coûteuse.
Lorsque l'eau a été concentrée par la graduation, ensuite par
l'évaporation artificielle, au point d'être amenée à près de
5o degrés, qui est le terme voisin de celui de la saturation

pour les eaux salées impures, on la fait couler le long d'un grand nombre de cordes suspendues perpendiculairement. Ces cordes se couvrent d'une couche de sel, qu'on enlève lorsqu'elle a acquis environ 5 centimètres d'épaisseur. On peut faire une semblable récolte deux à trois fois par an.

Enfin, on a essayé à Artern, en Saxe, d'obtenir du sel des sources salées par la seule action du soleil, sans l'emploi d'aucun combustible. On concentre l'eau par la graduation ; on l'expose ensuite au soleil dans des caisses en bois, élevées au-dessus du sol et très-plates. Ces caisses sont recouvertes d'un toit de planches, qu'on ôte et qu'on remet à volonté.

On peut encore graduer jusqu'à un certain point les eaux foibles, en les laissant séjourner dans un réservoir profond. La masse inférieure d'eau est quelquefois portée par ce moyen de 0,01 à 0,14. (Struve, Robinet.)

Tels sont les principes des différentes méthodes d'extraction du selmarin. Ce sel est répandu dans le commerce, tantôt sous la forme de grains, tantôt sous celle de pains. On fait ces pains en pressant le sel en grain dans un moule, et en l'agglutinant au moyen d'un peu d'eau ; on les fait ensuite sécher à l'étuve : ils se transportent plus facilement sous cette forme. C'est ainsi que l'on façonne une partie du sel à Mont-morot, dans le département du Jura.

Nous avons déjà indiqué quelques-uns des usages du sel-marin : ce sont aussi les plus connus de tout le monde. Non-seulement ce sel est pour les hommes un assaisonnement agréable et sain, mais presque tous les animaux herbivores l'aiment, et il paroît leur être très-salutaire. Le sel a encore quelques autres usages particuliers et assez singuliers. Il rend le bois qu'on laisse séjourner dans ses dissolutions, presque incombustible : on croit même en Perse qu'il le garantit de l'attaque des vers, car on saupoudre de sel les pièces de charpente des édifices. (Chardin.)

Il sert de monnoie en Abyssinie ; il y passe de main en main sous la forme de briques, qui valent à peu près 1 fr. 25 cent. (Bruce.)

Il paroît très-probable que les colonnes de verre fossile, dans lesquelles les Abyssiniens renfermoient les momies de leurs parens, au rapport d'Hérodote, n'étoient autre chose que des masses de sel gemme, substance très-commune dans cette partie de l'Afrique, comme on l'a vu plus haut.

Le sel étoit regardé par les anciens comme absolument contraire à la végétation; on faisoit la cérémonie de semer du sel dans un champ qu'on vouloit frapper de stérilité. L'expérience journalière vient à l'appui de cette opinion. Cependant le sel est aussi regardé comme amendement, lorsqu'on ne l'emploie qu'à petites doses. Beaucoup d'agriculteurs enlèvent le sable salé des bords de la mer, ou bien achètent les résidus des salines, pour amender leurs terres. (Pictet.)

Le selmarin est employé directement dans quelques arts chimiques. Il sert à donner un vernis assez beau à certaines poteries de grès. On le jette dans le four au moment où les poteries sont cuites, et où le four est au plus haut degré d'incandescence. On ferme toutes les issues. Le sel, en se volatilisant, fait fondre la surface de toutes les pièces, et la couvre ainsi d'un vernis brillant, solide et inaltérable. (B.)

SELOSNI. (*Ornith.*) Kraschenninikow cite ce canard comme un de ceux qui passent l'hiver près des sources, dans les contrées boréales, sans en déterminer l'espèce. (Ch. D.)

SÉLOT. (*Conchyl.*) Adanson (Sénégal, p. 191, pl. 13) désigne sous ce nom vulgaire une coquille de la côte occidentale d'Afrique, dont Gmelin a fait sa *nerita tricolor.* Voyez Nérite. (De B.)

SELS. (*Min.*) Toutes les substances minérales qui sont dissolubles dans l'eau, qui ont une saveur particulière et qui sont susceptibles de cristalliser régulièrement ou d'une manière confuse, ont été nommées *sels;* mais le sel par excellence, celui qui a servi de type à cette espèce de famille, est le *sel de cuisine,* et ce nom de *sel* est tellement identifié avec la substance qu'il désigne, qu'il seroit impossible de lui en substituer un autre dans le langage familier; aussi, malgré tous les changemens qui sont survenus dans la science, malgré les différentes dénominations qui ont été imposées au *sel,* soit par les chimistes, soit par les minéralogistes, on lui a toujours conservé son nom, parce qu'il est de toute antiquité, et qu'il est à la fois clair, précis et abréviatif. Lorsque l'on parle *du sel,* on sait parfaitement ce dont il s'agit, il n'y a aucun équivoque, et lorsque l'on parle *d'un sel* sans le désigner autrement, on se forme de suite une première idée de la substance dont on veut parler, parce qu'on la rapporte involontairement à celle qui a donné son nom à tous les corps qui ont des caractères communs avec elle. Il en est du mot *sel* comme du mot métal, le premier entraîne avec lui l'idée d'une matière sapide et dissoluble, et le second, l'idée d'une substance brillante et pesante, et cela avant que l'on ait désigné l'espèce de sel ou de métal dont on veut parler.

La science ne pourroit se contenter d'une expression aussi vague que l'est le mot *sels;* aussi sont-ils déjà décrits sous les noms spécifiques qui leur ont été assignés dans la méthode, avec les épithètes de sels neutres, de sels acides, de sels triples, etc., suivant que la base et l'acide sont en équilibre, en excès, ou que la base est simple, double, etc.

Le nombre des substances qui ont reçu le nom *de sels* est énorme, il y a des sels minéraux, des sels végétaux et des sels qui appartiennent au règne animal, mais comme il ne s'agit ici que des sels minéraux qui se trouvent tout formés dans la nature, et que nous ne les rappelons sous leurs anciennes dénominations que pour les renvoyer aux espèces auxquelles ils appartiennent, la nomenclature en sera très-courte et peu fastidieuse, car tous les autres sont du domaine de la chimie.

Sel d'alun. Sel triple composé d'alumine, d'acide sulfurique de potasse ou d'ammoniaque et quelquefois des deux à la fois avec une forte proportion d'eau. (Voyez ALUMINE SULFATÉE.)

Sel amer. Magnésie, acide sulfurique et eau. (Voyez MAGNÉSIE SULFATÉE.)

Sel ammoniacal secret de Glauber. Ammoniaque, acide sulfurique et eau. (Voyez AMMONIAQUE SULFATÉE.)

Sel ammoniaque ou *Sel ammoniac.* Ammoniaque, acide hydrochlorique et eau. (Voyez AMMONIAQUE MURIATÉE.)

Sel d'Angleterre. (Voyez SEL AMER.)

Sel commun ou tout simplement *Sel.* (Voyez SELMARIN.)

Sel de cuisine. Soude, acide hydrochlorique et eau quand il est parfaitement pur. (Voyez SELMARIN.)

Sel d'epsum ou *d'epsom.* (Voyez SEL AMER.)

Sel gemme. (Voyez SELMARIN.)

Sel de Glauber natif. Soude, acide sulfurique et eau. (Voyez Soude sulfatée.)

Sel marin. (Voyez Selmarin.)

Sel de muraille. On nomme ainsi les sels qui effleurissent à la surface des vieux bâtimens, et particulièrement le nitrate de potasse et le sulfate de magnésie.

Sel de nitre ou *Nitre.* Potasse, acide nitrique et eau. (Voyez Potasse nitratée.)

Sel sédatif. (Voyez Acide borique ou boracique.)

Sel de Sedlitz. Voyez Sel amer.

Le *borax,* le *natron,* le *vitriol bleu, vert* et *blanc,* ou la couperose du commerce, ainsi que le salpêtre, font également partie des *sels,* et comme ils se trouvent tout formés dans la nature, nous les citons pour compléter la série des *sels minéraux naturels.*

La plupart de ces substances se trouvent en dissolution dans les eaux thermales, en efflorescence à la surface des vieux édifices, des parois des vieilles carrières ou des mines abandonnées, quelquefois aussi à la superficie de la terre, dans les crevasses des terrains brûlans, ou bien enfin en dissolution dans les eaux de la mer, dans quelques sources, ou formant des bancs épais dans le sein de la terre, mais ceci ne s'applique guère qu'au selmarin rupestre ou sel gemme. (Brard.)

SELS. (*Chim.*) On donne le nom de sel *à tout composé d'un acide et d'une base salifiable, dans lequel les propriétés caractéristiques de l'acide et de la base sont plus ou moins neutralisées.* Par extension on considère aujourd'hui comme des sels :

1.° Des combinaisons en proportions définies, formées de deux oxacides ou de deux oxides, dans lesquelles les propriétés caractéristiques des acides ou des oxides ne sont point neutralisées, mais qui ont de l'analogie avec les sels relativement aux quantités d'oxigène contenues dans les deux acides ou les deux oxides, principes immédiats de ces combinaisons.

2.° Des combinaisons en proportions définies d'un phtorure, d'un chlorure, d'un iodure, d'un azoture, d'un sulfure, etc., avec un oxide, dans lesquelles cet oxide est électropositif, tandis que l'autre corps qui lui est uni est électronégatif.

3.° **Des combinaisons** en proportions définies de deux phtorures, de deux chlorures, de deux iodures, de deux sulfures, etc., dans lesquelles un des composés est électro-négatif et l'autre est électro-positif.

4.° **Des combinaisons** en proportions définies d'un phtorure avec un chlorure, d'un chlorure avec un iodure, d'un
iodure avec un sulfure, etc., dans lesquelles on peut toujours considérer l'un des principes immédiats de la combinaison comme électro-négatif et l'autre comme électro-positif.

5.° **Enfin**, en voyant les probabilités qu'il y a pour que le
plus grand nombre des éthers, la stéarine, l'oléine, la pho-
cénine, la butirine, etc., soient formées d'un acide et d'un
composé binaire ou ternaire qui n'a point la propriété de
rougir le tournesol, j'ai proposé de considérer ces composés
comme *des sels*.

Les anciens chimistes employoient le mot *sel* suivant une
acception toute différente de celle qu'on lui donne aujour-
d'hui ; ils l'appliquoient aux *substances sapides solubles dans
l'eau, ayant une pesanteur, une fixité et une solidité moyennes
entre celles de la terre et de l'eau.* Ils faisoient abstraction de
la composition et de toutes les propriétés qui passent aujourd'hui pour être le plus caractéristiques des corps qui les
possèdent : ainsi, le sel commun, les acides les plus corrosifs,
les alcalis les plus caustiques, le nitre, le sucre, se trouvoient
confondus sous une dénomination commune.

Les chimistes modernes, en donnant une définition qui
repose sur une composition définie et sur la nature acide
et alcaline, ou plus généralement sur la propriété électro-
négative et la propriété électro-positive des principes immédiats qui constituent par leur union mutuelle les composés
auxquels ils réservent le nom de *sels*, ont été guidés par un
principe tout-à-fait rationnel, qui éloigne cette incertitude
que les anciens rencontroient toutes les fois qu'il falloit appliquer le mot *sel* à des substances qui n'avoient qu'à un foible
degré la saveur, la solubilité dans l'eau, et en un mot, ces
propriétés qu'ils considéroient comme essentielles aux sels et
qui étoient toutes excessivement variables d'intensité.

Dans tout sel il faut, pour le définir comme espèce, distinguer trois choses, l'espèce d'acide, l'espèce de base salifia-

ble , qui sont unies , et enfin les proportions suivant lesquelles
ces espèces sont susceptibles de se combiner. On peut voir ;
t. X , p. 5₂7 , par quel artifice de langage la nomenclature chimique. appliquée aux diverses espèces de sels, parvient à exprimer ces rapports , en posant en principe : 1.° que tous les
sels qui sont composés d'un même acide forment un groupe appelé genre , dont le nom est tiré de celui de l'acide ; 2.° qu'en
joignant au nom générique celui de la base salifiable et l'épithète neutre , on désigne la combinaison qui se rapproche
le plus de l'état neutre , c'est-à-dire de celui dans lequel l'acide
et la base du sel dont on parle, auroient éprouvé la disparition la plus complète de leurs propriétés caractéristiques ;
3.° qu'en faisant précéder le nom générique des prépositions
sur ou *hypo*, on désigne les combinaisons qui contiennent plus
ou moins d'acide que la proportion qui constitue la combinaison *neutre*. On sent d'après cela combien il importe de
fixer le sens qu'on doit attacher à l'expression de *sels neutres.*

Les acides les plus énergiques, c'est-à-dire ceux qui ont
les affinités les plus nombreuses et les plus puissantes, ont des
propriétés communes, telles qu'une saveur aigre , la propriété
de rougir la teinture de tournesol, de rougir ou de jaunir l'hématine. Les bases salifiables les plus énergiques ont également
un certain nombre de propriétés communes : elles ont une saveur différente de celle des acides ; elles forment des combinaisons bleues avec l'hématine et rétablissent la couleur bleue
du tournesol rougie par un acide. Maintenant, lorsque ces
acides, ces bases salifiables, se combinent en certaines proportions, ces substances perdent en général les propriétés
qui les caractérisoient comme acides et comme bases salifiables.
Ainsi les sels auxquels elles ont donné naissance, sont insipides, ou, s'ils sont sapides, leur saveur n'est plus celle de
l'acide ou de la base qui les forme ; ils n'ont plus d'action ni
sur le tournesol bleu , ni sur le tournesol rouge ; de là l'expression de *neutralité* pour exprimer cette disparition de certaines propriétés communes et caractéristiques ; de là l'épithète
de *neutres*, donnée aux sels qui n'ont plus les propriétés des
acides et celles des bases salifiables qui entrent dans leur
composition.

Si l'on étudie les acides ou les bases salifiables foibles sous le rapport des propriétés communes que possèdent les acides ou les bases salifiables énergiques, on en trouvera qui seront insipides et qui n'auront pas la faculté d'agir sur certains réactifs colorés, comme le font les corps congénères doués d'affinités puissantes. Cependant, vu les analogies des acides foibles avec les acides énergiques et celles des bases foibles avec les bases énergiques, lorsqu'on envisage les sels formés d'un acide foible et d'une base énergique, ou ceux qui le sont d'une base foible et d'un acide énergique, sous le rapport des proportions définies de leurs principes immédiats et élémentaires, sous celui de la décomposition qu'ils éprouvent de la part de l'électricité voltaïque, et sous celui de plusieurs autres propriétés, tant physiques que chimiques, on est conduit nécessairement à considérer les propriétés essentielles aux acides et aux bases salifiables, ou, en d'autres termes, l'*acidité* et l'*alcalinité*, d'une manière beaucoup plus générale qu'on ne le feroit si l'on s'en rapportoit à une certaine saveur et à une certaine action sur des réactifs colorés pour caractériser les corps auxquels on reconnoîtroit l'acidité et l'alcalinité.

Nous avons exposé aux mots Acides, Acidité, Alcalinité, et Corps, les motifs que l'on a eus pour considérer l'*acidité* et l'*alcalinité* non plus comme des *propriétés absolues*, c'est-à-dire, indépendantes l'une de l'autre, mais comme deux termes d'un même rapport, en un mot, comme *deux propriétés corrélatives*. Elles sont antagonistes l'une de l'autre, et, sous ce point de vue, elles tendent à se neutraliser; mais, s'il y a des combinaisons salines dans lesquelles on puisse dire avec quelque raison que les deux forces sont en équilibre, il faut convenir que dans la plupart des sels on trouve une réaction acide ou alcaline sensible, et c'est surtout en les mettant en contact avec les réactifs colorés, qu'il est facile de s'en apercevoir : quelques détails à ce sujet sont d'autant plus utiles, qu'on reconnoît en général avec ces réactifs la présence des acides et des bases, au moins de ceux qui ont quelque énergie, et en outre qu'en prenant en considération, dans les sels qu'ils constituent, la force élastique et la force de solidité qu'ils peuvent avoir, on arrive à se faire une idée juste des conséquences que l'on doit déduire de leur action sur le principe colorant, relativement à la manière dont il faut procéder pour *définir les sels neutres.*

Lorsqu'on met des sels qui, comme le sulfate et le nitrate de potasse ou de soude, sont formés d'un acide et d'une base salifiable énergique, en contact avec un principe colorant, celui des violettes, par exemple, qui n'éprouve aucune action de la part de ces sels, quoique leurs principes immédiats agissent à l'état libre sur lui, on en conclut que les *sels sont neutres;* ce qui signifie en d'autres termes, que l'affinité des principes immédiats du sel essayé ont plus d'affinité mutuelle que l'un des deux n'en a pour le principe colorant; car il est superflu de faire remarquer au lecteur que quand un principe colorant, comme celui des violettes, éprouve un changement de couleur de la part d'un acide ou d'un alcali, ce changement est le résultat de l'affinité des deux corps; affinité qui produit un composé d'une autre couleur que le principe colorant libre. Puisque dans l'exemple précité la neutralité est due au défaut d'action de la part du réactif employé sur les principes immédiats du sel, supposons maintenant que l'on employât au lieu de la couleur des violettes, un principe colorant doué d'une affinité pour l'acide ou pour la base plus puissante que celle qui réunit les principes immédiats des sels dont nous avons parlé, il s'ensuivroit que ces sels ne seroient plus neutres au nouveau réactif, mais acides ou alcalins, suivant que le réactif s'uniroit à leur acide ou à leur base. A la vérité, nous ne connoissons aucun principe colorant qui puisse enlever les acides sulfurique et nitrique à la potasse et à la soude : mais lorsque l'acide ou la base d'un sel est capable de former un composé insoluble avec un principe colorant, cette disposition peut être assez forte pour que la solution du sel dans l'eau cède au réactif celui de ses principes qui peut former avec lui un composé insoluble. C'est ce que fait l'hématine dissoute dans l'eau lorsqu'on la verse dans les solutions aqueuses d'un grand nombre de sels, par exemple dans la solution du sulfate de magnésie, qui est neutre à la teinture de violettes : c'est ce qu'elle fait encore, et à un degré plus marqué, avec les sels solubles à base d'alumine, de protoxide de plomb, etc., et pourtant ces sels sont acides au tournesol. On doit conclure *de ce qui précède que les réactifs colorans ne peuvent donner que des indications relatives et non absolues sur le point de neutralité des sels, et que, pour cet usage, on doit choisir le principe colorant qui d'une part est le plus sensible à l'action des acides et des bases salifiables, et qui d'une autre part a l'affinité la plus foible pour les acides et les bases, et le moins de disposition à former avec ces corps des composés insolubles.*

Nous avons dit au commencement de cet article comment l'idée attachée au mot *sel* avoit été généralisée dans ces derniers temps, lorsqu'on avoit aperçu les rapports de composition qu'ont entre eux et les sels formés d'un acide et d'une base salifiable énergique, et un grand nombre de combinaisons formées de deux principes immédiats, qui sont eux-mêmes composés. Eh bien, c'est en faisant concourir une considération tirée encore de la composition avec celles que nous avons émises au sujet de l'action que les réactifs colorés exercent sur les matières salines et leurs principes immédiats, que l'on parvient à définir les espèces d'un même genre de sels qui doivent être considérées comme neutres, et partant celles qui doivent l'être comme des sursels ou des soussels.

Les sels sont assujettis à la loi des combinaisons définies, exposées tome III, page 94, et de plus, la quantité d'oxigène de l'acide est toujours en rapport simple avec celui de la base (bien entendu que nous ne parlons ici que des sels formés d'un acide et d'un oxide métallique). Maintenant supposons que, dans un genre de sels, l'on ait reconnu, au moyen des réactifs colorés, le sel à base de potasse ou de soude le plus neutre possible, et qu'on ait déterminé en outre le rapport de l'oxigène de l'acide à celui de la potasse ou de la soude, on considérera comme *neutres* tous les sels dans lesquels l'oxigène de l'acide sera à celui de la base dans le rapport où sont entre elles les quantités d'oxigène contenues dans le sel à base de potasse ou de soude.

Quant aux sels formés d'un hydracide et d'un oxide, on considère comme neutres les combinaisons dans lesquelles l'oxigène de la base est à l'hydrogène de l'acide dans le rapport où ces élémens constituent l'eau.

Action réciproque des sels.

1. *Action des sels par la voie sèche.*

Lorsqu'on expose à la chaleur deux sels qui appartiennent à des genres différens et qui n'ont pas une même base, il peut y avoir décomposition ; malheureusement il n'existe point de règle certaine pour prévoir tous les résultats qu'on peut obtenir. Cependant on a étudié quelques cas, et l'on a vu, par exemple, que lorsque l'acide de l'un est susceptible de former avec la base de l'autre un sel fixe et un sel volatil, ou au moins plus volatil que ne le sont les sels qu'on expose à la chaleur, ceux-ci se décomposent réciproquement.

2. *Action des sels dissous dans un même liquide.*

Toutes les fois que l'on mêle deux sels de différens genres et de bases différentes, dissous dans un liquide, et que ces sels ne sont pas de nature à former un sel double, ils se décomposent réciproquement, s'ils peuvent produire deux sels insolubles, ou un sel insoluble et un sel soluble ; de sorte que les principes immédiats des sels se réunissent toujours dans l'ordre où ils forment le composé le moins soluble possible. C'est à Berthollet qu'on doit cette importante observation : il ne l'a faite que sur des solutions aqueuses.

3. *Action des sels solubles sur les sels insolubles.*

a) Lorsqu'un sel soluble et un sel insoluble sont susceptibles de former deux sels insolubles, la décomposition a toujours lieu.

b) *Sous-carbonate de potasse ou de soude et sels insolubles.* Le sous-carbonate de potasse ou de soude, dissous dans l'eau, décompose tous les sels insolubles : il en résulte un sous-carbonate insoluble et un sel à base de potasse ou de soude ; mais, pour décomposer complétement une quantité donnée d'un sel insoluble, il faut constamment une plus grande quantité de sous-carbonate soluble que celle qui est nécessaire pour convertir en sous-carbonate la base du sel insoluble, de telle sorte que la liqueur aqueuse contient toujours après l'opération un mélange de deux sels à base de potasse ou de soude.

c) *Sous-carbonates insolubles et sels à base de potasse ou de soude.* Tous les sous-carbonates insolubles sont décomposés par les sels à base de potasse ou de soude, lorsque l'acide uni à ces alcalis peut former avec la base des sous-carbonates un sel insoluble ; mais dans tous les cas la décomposition du sel soluble est incomplète.

Nous devons ces observations, ainsi que de nombreuses considérations théoriques qui s'y rattachent, à M. Dulong. (Cʜ.)

SELS ACÉTEUX. (*Chim.*) Ancienne dénomination des acétates. (Cʜ.)

SELS ACIDES. (*Chim.*) Dans la nouvelle nomenclature cette expression signifie toujours des sels qui contiennent plus d'acide qu'il n'en faut pour neutraliser la base à laquelle cet acide est uni. Les anciens auteurs ont employé cette expression pour désigner plusieurs acides. (Cʜ.)

SELS ALCALINS. (*Chim.*) Cette dénomination est employée dans deux sens différens : 1.° pour désigner des sels à base de potasse, de soude, en un mot, à base alcaline, quel que soit leur degré de saturation ; 2.° pour désigner des sels de ces mêmes bases qui contiennent un excès d'alcali. (Cʜ.)

SELS ALUMINEUX. (*Chim.*) Sels à base d'alumine. (Cʜ.)

SELS AMMONIACAUX. (*Chim.*) Sels à base d'ammoniaque. (Cʜ.)

SELS ANIMAUX EMPYREUMATIQUES. (*Chim.*) Sous-carbonate d'ammoniaque obtenu de la distillation des matières animales azotées. (Cʜ.)

SELS BARYTIQUES. (*Chim.*) Sels à base de baryte. (Cʜ.)

SELS BORACIQUES. (*Chim.*) Nom qu'on a donné anciennement aux borates. (Cʜ.)

SELS CALCAIRES. (*Chim.*) Sels à base de chaux. (Cʜ.)

SELS CONCRETS. (*Chim.*) Sels qui sont à l'état solide. (Cʜ.)

SELS CRISTALLISABLES. (*Chim.*) Sels susceptibles de cristalliser. (Cʜ.)

SELS CUIVREUX. (*Chim.*) Sels à base de protoxide et de deutoxide de cuivre. (Cʜ.)

SELS DÉLIQUESCENS. (*Chim.*) On nomme ainsi tous les sels qui se réduisent en liqueur, quand ils sont exposés à la température ordinaire dans l'atmosphère. (Cʜ.)

SELS EFFLORESCENS. (*Chim.*) Les sels qui ont la propriété de perdre leur transparence à l'air, sont appelés efflorescens; presque toujours l'efflorescence est produite parce que le sel perd de l'eau de cristallisation. (Cн.)

SELS ESSENTIELS. (*Chim.*) Les anciens donnoient ce nom à des substances concrètes qui avoient la saveur, l'odeur, en un mot, quelques-unes des propriétés remarquables des matières d'où on les avoit extraites. La plupart des anciens chimistes prétendoient que les matières organiques seules contenoient des sels essentiels. D'après cette manière de voir, ils refusoient le nom de *sels essentiels* au nitrate, au sulfate de potasse, obtenus des végétaux, puisqu'on les trouve dans le règne minéral. Ils pensoient que ces sels passoient du sol dans les plantes. (Cн.)

SELS FERRUGINEUX. (*Chim.*) Sels à base de protoxide et de tritoxide de fer. (Cн.)

SELS FIXES. (*Chim.*) Sels qui ne se volatilisent pas quand on les chauffe. Les anciens désignoient souvent par cette expression les sels à base de potasse qu'on obtient de la combustion de plusieurs végétaux. (Cн.)

SELS FLUORIQUES. (*Chim.*) Avant la nouvelle nomenclature on désignoit par cette expression les phtorures ou les hydrophtorates. (Cн.)

SELS FLUORS. (*Chim.*) Les anciens employoient cette expression pour désigner des corps qu'ils regardoient comme des sels qu'on ne peut faire cristalliser. L'expression de sels fluors étoit opposée à celle de sels cristallisables. (Cн.)

SELS FOSSILES. (*Chim.*) Les sels qu'on trouve tout formés dans la nature. (Cн.)

SELS LIXIVIELS. (*Chim.*) Sels retirés des cendres au moyen de l'eau. Ces sels sont presque toujours du sous-carbonate de potasse ou de soude, contenant plus ou moins de sulfate de potasse ou de soude, et de chlorure de potassium ou de sodium. (Cн.)

SELS MAGNÉSIENS. (*Chim.*) Sels à base de magnésie. (Cн.)

SELS MERCURIELS. (*Chim.*) Sels à base de protoxide ou de deutoxide de mercure. (Cн.)

SELS MÉTALLIQUES. (*Chim.*) Cette dénomination désigne tous les sels dont la base est un oxide métallique. (Cн.)

SELS MINÉRAUX. (*Chim.*) Les anciens désignoient par cette expression les substances qu'ils regardoient comme salines et qui se trouvent dans le règne minéral. (Ch.)

SELS MOYENS. (*Chim.*) Les anciens ont souvent employé cette expression pour désigner des combinaisons , particulièrement des sels , qu'ils regardoient comme ayant des propriétés moyennes entre celles de leurs principes constituans. (Ch.)

SELS MURIATIQUES. (*Chim.*) Ancien nom des hydrochlorates ou des chlorures (Ch.)

SELS NEUTRES. (*Chim.*) A proprement parler, cette expression s'applique à un sel dont les propriétés caractéristiques de l'acide et de la base sont complétement neutralisées par leur combinaison mutuelle ; et la neutralisation est démontrée lorsque le sel n'altère pas les réactifs colorés dont la couleur éprouve quelque changement par le contact de l'acide et de la base de ce sel. Mais aujourd'hui l'expression de sels neutres s'applique à tout sel dont l'oxigène de la base est à l'oxigène de l'acide dans le même rapport que celui qui existe dans un sel du même genre qui est neutre aux réactifs colorés , quelle que soit d'ailleurs l'action du premier sel sur ces mêmes réactifs. Voyez SELS [*Chim.*]. (Ch.)

SELS NITREUX. (*Chim.*) Ancien nom des nitrates et des hyponitrites. (Ch.)

SELS PHOSPHORIQUES. (*Chim.*) Ancienne dénomination des phosphates et des hypophosphites. (Ch.)

SELS POLYCHRESTES. (*Chim.*) Nom que les anciens appliquoient aux sels susceptibles d'être employés à plusieurs usages. Il n'étoit pas rare que ceux qui avoient découvert un sel , lui donnassent le nom de *sel polychreste*, afin de prévenir le public en faveur de leur découverte. (Ch.)

SELS STRONTIANIENS. (*Chim.*) Sels à base de strontiane. (Ch.)

SELS TARTAREUX. (*Chim.*) Ancien nom des tartrates. (Ch.)

SELS TERREUX. (*Chim.*) On donnoit ce nom aux sels dont la base étoit un oxide que l'on appeloit *terre*. (Ch.)

SELS TRIPLES. (*Chim.*) Lors de l'établissement de la nouvelle nomenclature chimique , on désigna par cette expression les sels formés d'un acide et de deux bases. Aujourd'hui, que l'on considère ces combinaisons comme formées de deux sels, on les désigne par l'expression de *sels doubles*. (Ch.)

SELS URINEUX. (*Chim.*) Sels obtenus de l'urine. (Ch.)

SELS VITRIOLIQUES. (*Chim.*) Ancien nom des sulfates. (Ch.)

SELS VOLATILES. (*Chim.*) Les sels qui ont la propriété de se sublimer. Cette expression est opposée à celle de sels fixes. (Ch.)

SELTERAYS. (*Bot.*) Ce nom a été donné par Paludanus, suivant C. Bauhin, à une plante que ce dernier cite comme une fumeterre. (J.)

SELUMIXIRA. (*Ichthyol.*) Au Brésil on donne ce nom au *spare salin*. Voyez Spare. (H. C.)

SELVAGO. (*Mamm.*) Ce nom, dont la traduction est notre mot *sauvage*, a été donné par des voyageurs portugais à de grands singes, qu'on a présumé, mais sans fondement, appartenir au genre des Orangs. (Desm.)

SEM EL FAR. (*Bot.*) Voyez Sækaran. (J.)

SEM-BAKU. (*Bot.*) Nom japonois d'un if, *taxus verticillata* de Thunberg, cité d'après Kæmpfer. (J.)

SEM-KIAN. (*Bot.*) Nom chinois du gingembre, cité par le jésuite Boym, missionnaire en Chine. (J.)

SEMAG. (*Ornith.*) Nom générique des plongeons, en Arabie. (Ch. D.)

SEMAISON, SÉMINATION. (*Bot.*) Dispersion naturelle des graines. Voyez Dissémination. (Mass.)

SEMARA. (*Bot.*) Le *casuarina* à feuilles de prêle porte ce nom à Java, suivant M. Leschenault. (Lem.)

SEMARILLARIA. (*Bot.*) Genre de plantes dicotylédones, à fleurs complètes, polypétalées, de la famille des *sapindées*, de l'*octandrie trigynie* de Linnæus, très-rapproché des *paullinia*, offrant pour caractère essentiel : Un calice à quatre folioles ; les deux latérales plus courtes ; quatre pétales ; huit étamines ; un ovaire supérieur ; trois styles ; une capsule uniloculaire, à trois valves, à trois semences ; les valves épaisses, concaves, ligneuses, charnues en dehors ; les semences ovales, à demi enveloppées par un arille charnu ; un réceptacle central et trigone.

MM. Ruiz et Pavon, dans leur *Syst. flor. per.*, ont établi ce genre pour quelques arbustes du Pérou, très-rapprochés des *paullinia*, et dont nous ne connoissons que quelques caractères spécifiques indiqués par ces auteurs.

Semarillaria a angles aigus; *Semarillaria acutangula*, Ruiz et Pavon, *Syst. veg. flor. per.*, 92. Arbrisseau dont la tige est grimpante, garnie de feuilles alternes, ailées, quinées, composées de folioles oblongues, ovales, acuminées, dentées en scie à leurs bords. Les capsules sont ovales, à trois angles en aile. Cette plante croît dans les grandes forêts au Pérou. Dans le *semarillaria obovata* la tige est grimpante; les feuilles sont alternes, ailées et quinées, composées de folioles lancéolées, dentées en scie à leur contour; les capsules en ovale renversé. Cette plante croît au Pérou. Le *semarillaria subrotunda* est un arbrisseau à tige grimpante, chargé de feuilles alternes, ailées et quinées, composées de folioles oblongues, dentées en scie seulement à leur partie supérieure. Les capsules sont arrondies. Cette plante croît dans les grandes forêts au Pérou. Son fruit est bon à manger. (Poir.)

SEMBEL, SIMIBIL, STRUMBEL. (*Bot.*) Mentzel cite ces noms arabes du Spicanard ou Nard indien. Voyez ce mot. (J.)

SEMBLI, SEMBULI. (*Bot.*) Noms japonois vulgaires de la verge d'or ordinaire, *solidago*, cités par Thunberg. (J.)

SEMBLIDE, *Semblis*. (*Entom.*) Fabricius a désigné sous ce nom un genre d'insectes névroptères à ailes en toit, planes à la base dans l'état de repos, dont la bouche est découverte, munie de parties très-distinctes et par conséquent de la famille des tectipennes ou stégoptérées. Ce genre est en outre caractérisé par la position de la tête, qui est portée horizontalement ou dans le même plan que l'axe du tronc; par les antennes en soie, l'abdomen arrondi et les tarses à cinq articles. Or, tous ces caractères, ainsi qu'on peut s'en assurer en consultant le tableau analytique placé à la fin de l'article Stégoptères, distinguent le genre des Semblides de tous ceux qui sont compris dans la même famille. D'ailleurs les planches 26 et 27 de l'atlas de ce Dictionnaire serviront à rappeler cette distinction des genres.

En effet, les raphidies n'ont que quatre articles aux tarses; les perles et les termites trois, les psoques deux articles seulement. Ainsi le nombre de ces articles aux tarses et plusieurs autres différences, distinguent ces quatre genres. Parmi les cinq genres qui ont aussi cinq articles aux tarses, les four-milions et les ascalaphes ont les antennes renflées soit au mi-lieu, soit à l'extrémité libre. Les hémérobes ont le corselet formé de deux pièces du côté du dos, dont l'antérieure est très-petite, tandis que dans les semblides le prothorax ou la première pièce est fort alongée.

Ce nom de semblis, employé d'abord par Fabricius, ne nous est pas connu par son étymologie. Linnæus et Degéer avoient laissé l'insecte qui fait particuliérement le sujet de ce genre avec les hémérobes, dont il diffère cependant par les mœurs et le mode du développement de sa larve et de sa nymphe. Geoffroy, tome 2, n.° 3, pag. 255, de son His-toire des insectes, l'avoit placé avec les perles. M. Latreille en avoit fait le genre *Sialis*. Rœsel a décrit ses métamorphoses avec celles des phryganes ou teignes aquatiques.

Nous avons fait figurer cette espéce dans l'atlas de ce Dic-tionnaire, pl. 27, n.° 9, malheureusement avec les ailes éten-dues, ce qui change beaucoup son port. C'est la

Semblide de la boue : *Semblis lutaria;* l'Hémérobe aquatique noir de Degéer, tome 2, 2.ᵉ partie, pag. 74, n.° 5, pl. 20, fig. 14 et 15.

Car. D'un noir mat; ailes d'un brun clair, à nervures plus noires; l'anus n'est pas terminé par des filets.

Cet insecte est fort commun sur les bords des riviéres aux environs de Paris. Les femelles pondent un très-grand nombre d'œufs, qui sont alongés, mais disposés par la mère comme des petites bouteilles et d'une manière très-régulière verti-calement sur les feuilles des plantes aquatiques ou des corps fixés dans l'eau. Les larves qui en éclosent tombent dans l'eau, où elles se meuvent et respirent à l'aide de branchies. Elles sont carnassières. Rœsel, qui les a observées, dit que, pour se métamorphoser en nymphes, elles s'enfoncent dans la terre mouillée des rivages. (C. D.)

SEMECARPUS. (*Bot.*) Genre établi par Linné fils, qui est le même que l'*Anacardium.* Voyez Anacarde. (Poir.)

SÉMELINE. (*Min.*) Nom donné par M. Fleuriau de Belle-vue à des petits cristaux ressemblant, par leur forme, leur couleur et leur grosseur, à la semence ou graine du lin, et qu'il a observés dans les cavités des laves des bords du Rhin ou dans les sables volcaniques des environs d'Andernach. On a reconnu depuis lors que ces petits cristaux appartenoient au titane calcaréo-siliceux ou SPHÈNE. Voyez ce mot. (B.)

SEMEN-CONTRA, SEMEN-SANCTUM. (*Bot.*) C'est sous ces noms que l'on désigne dans les pharmacies et les livres de matière médicale les têtes de fleurs de l'*artemisia judaica*, vendues comme graines contre les vers. (J.)

SEMENCE. (*Anatom.*) Voyez SPERME. (H. C.)

SEMENCE, ŒUF VÉGÉTAL. (*Bot.*) Voyez l'article GRAINE. (MASS.)

SEMENCE DE CHAMPIGNON. (*Bot.*) Nom d'un champignon, d'après Paulet. Voyez TÊTES BAIES ET BLANCHES. (LEM.)

SEMENCES NUES. (*Bot.*) Nom donné souvent à divers fruits simples, qui, restant toujours clos et ayant le péricarpe soudé avec la graine, ont l'apparence de graines privées de péricarpe. Exemples : fruits des graminées, des composées, des labiées, etc. (MASS.)

SEMENDA. (*Ornith.*) L'oiseau ainsi nommé par Aldrovande est le calao à casque rond, *buceros lineatus*, Linn. (CH. D.)

SEMENTINA. (*Bot.*) Gronovius, dans le *Flor. orient.* de Rauwolf, cite ce nom comme synonyme de l'*artemisia judaica* ou d'une espèce voisine, nommée en françois sementine, poudre à vers (voyez aussi BARBOTINE et SEMEN-CONTRA). La *sementina* de Dodoëns est du même genre ; C. Bauhin le cite comme synonyme de son *absinthium santonicum alexandrinum*. A la Guadeloupe on nomme sementine, le *chenopodium ambrosioides*. (J.)

SEMENZINI. (*Bot.*) On trouve sous ce nom en automne, à Pise et à Livourne, au rapport de Michéli, un champignon qu'on y mange et qu'on vend partout. Il croît en touffe rameuse ; son chapeau, voûté, est presque brun, avec les feuillets blancs, et porté sur un long stipe. Ce champignon paroît être le même que celui figuré pl. 24, fig. N, de l'ouvrage de Steerbeck et qu'il désigne par *fungi seminati* ou champignons semés, à raison de leur nombre, de leur petitesse et de leur origine. Suivant cet auteur ils naissent aux endroits où l'on jette l'eau dans laquelle on a fait bouillir les champignons ordinaires; et de plus, parce qu'à l'extrémité inférieure de leurs tiges naissent des granulations ou petits tubercules qui poussent lorsqu'ils sont en terre. (Lem.)

SEMEON. (*Bot.*) Nom égyptien, cité par Ruellius, du *gnaphalion* de Dioscoride, dont les feuilles tomenteuses étoient employées comme duvet de son temps. D'après cette indication, le nom de gnaphalion a été donné à plusieurs plantes. Tragus l'attribuoit à tort à l'*eriophorum polystachion*, dont le duvet est autour des graines et non sur les feuilles. Pona vouloit que ce fût un *pseudo-dictamnus* de C. Bauhin et de Tournefort, espèce de marrube dont les feuilles sont tomenteuses. D'autres l'ont assimilé au *filago*. Il paroît que l'opinion la plus accréditée est celle de Matthiole, Daléchamps et autres anciens, qui donnent la préférence au *gnaphalium maritimum* de C. Bauhin et Tournefort, *athanasia maritima* de Linnæus, maintenant *diotis maritima* de M. Desfontaines. (J.)

SEMETH. (*Bot.*) Nom égyptien du cresson alénois, *lepidium sativum*, cité par Ruellius et Adanson. (J.)

SEMETRO. (*Ornith.*) L'oiseau que, suivant Belon, on nomme ainsi dans les environs de Metz, est le traquet, *motacilla rubicola*, Linn. (Ch. D.)

SEMEUR. (*Ornith.*) On appelle ainsi, dans le département de la Somme, la lavandière ou hoche-queue, *motacilla alba* et *cinerea*, Linn. (Ch. D.)

SEMI-DOUBLES [Fleurs]. (*Bot.*) Les fleuristes nomment fleurs doubles, les fleurs dont les organes de la fructification (étamines, pistils) sont totalement convertis en corolles ou pétales; et ils nomment ces fleurs semi-doubles, lorsque, conservant une partie des organes sexuels, elles ne cessent pas d'être fécondes. (Mass.)

SEMI-FLOSCULEUSES ou LACTUCÉES. (*Bot.*) Beaucoup de botanistes désignent par le nom de Semi-flosculeuses la tribu naturelle que nous appelons Lactucées (*Lactuceæ*), et dont nous avons déjà exposé le tableau dans ce Dictionnaire (tom. XXV, pag. 59). Mais depuis l'année 1822, dans laquelle ce tableau a été publié, les progrès successifs de nos études y ont introduit beaucoup de changemens et d'additions, qu'il importe d'indiquer sommairement à nos lecteurs, et qui ne

pourraient leur être présentés nulle part aussi convenablement que dans le présent article.

Première section. Lactucées-Prototypes.

I. Scolymées : 1. *Scolymus*; 2. *Myscolus*.

II. Urospermées : 3. *Urospermum*.

III. Lactucées-Prototypes vraies : 4. *Picridium*; 5. *Lomatolepis*; 6. *Rhabdotheca*; 7. *Launœa*; 8. *Ætheorhiza*; 9. *Sonchus*;
10. *Mulgedium*; 11. *Lactuca*; 12. *Phœnixopus*; 13. *Mycelis*.

Seconde section. Lactucées-Crépidées.

I. Lampsanées : 14. *Lampsana*; 15. *Aposeris*; 16. *Rhaga-
diolus*; 17. *Koelpinia*.

II. Crépidées vraies : 18. *Chondrilla*; 19. *Willemetia*; 20.
Zacintha; 21. *Nemauchenes*; 22. *Gatyona*; 23. *Anisoderis*; 24.
Barkhausia; 25. *Palcya*; 26. *Catonia*; 27. *Crepis*; 28. *Brachyderea*; 29. *Phœcasium*; 30. *Intybellia*; 31. *Deloderium*; 32. *Pterotheca*; 33. *Ixeris*; 34. *Taraxacum*; 35. *Omalocline*.

III. Picridées : 36. *Helminthia*; 37. *Picris*; 38. *Medicusia*.

Troisième section. Lactucées-Hiéraciées.

39. *Prenanthes*; 40. *Nabalus*; 41. *Hieracium*; 42. *Schmidtia*;
43. *Drepania*; 44. *Krigia*; 45. *Arnoseris*; 46. *Hispidella*; 47.
Moscharia; 48. *Rothia*; 49. *Andryala*.

Quatrième section. Lactucées-Scorsonérées.

I. Hypochéridées : 50. *Robertia*; 51. *Piptopogon*; 52. *Seriola*;
53. *Porcellites*; 54. *Hypochœris*.

II. Scorsonérées vraies : 55. *Geropogon*; 56. *Tragopogon*;
57. *Millina*; 58. *Thrincia*; 59. *Leontodon*; 60. *Asterothrix*; 61.
Podospermum; 62. *Scorzonera*; 63. *Lasiospora*; 64. *Gelasia*.

III. Hyoséridées : 65. *Agoseris*; 66. *Troximon*; 67. *Hyoseris*;
68. *Hedypnois*.

IV. Catanancées : 69. *Hymenonema*; 70. *Catanance*; 71. *Ci-
chorium*.

5. Lomatolepis, H. Cass. Calathide incouronnée, radiatiforme, multiflore, fissiflore, androgyniflore. Péricline inférieur aux fleurs, un peu ambigu, double : l'extérieur plus

court, formé d'environ dix à douze squames subtrisériées, très-inégales, probablement inappliquées, très-larges, ovales-cordiformes, foliacées, un peu calleuses vers le sommet, munies d'une bordure distincte, très-large, scarieuse, blanchâtre, semi-diaphane, plus ou moins crépue ou ondulée; le péricline intérieur formé d'environ douze squames égales, bisériées, appliquées, larges, planes, ovales-oblongues, obtuses, foliacées, bordées comme les squames du péricline extérieur, mais à bordure non crépue. Clinanthe large, plan, absolument nu; anticlinanthe revêtu d'une couche épaisse, subéreuse, qui se prolonge et se divise en rayons sur la partie inférieure du dos des squames du péricline intérieur, chaque rayon formant une énorme côte médiaire. Fruits oblongs, comme tronqués aux deux bouts, très-aplatis, glabres, à quatre sillons séparant quatre bandes longitudinales, dont deux opposées simplement carénées, quelquefois un peu ailées, et les deux autres formant deux larges ailes opposées, linéaires, épaisses, subéreuses; petit col à peine visible, extrêmement court, très-étroit, très-fragile, supportant un grand bourrelet apicilaire, et se rompant après la maturité du fruit; aigrette très-adhérente au bourrelet, longue, très-blanche, composée de squamellules très-nombreuses, très-inégales, filiformes, très-fines, presque nues.

Lomatolepis glomerata, H. Cass. (*Chondrilla capitata*, Sieber.) Plante herbacée, toute glabre; tige cylindrique, striée, un peu rameuse, garnie de feuilles seulement vers sa base ou tout au plus sur sa partie inférieure, nue sur tout le reste; feuilles alternes, oblongues, un peu glauques, imitant les feuilles du Ceterach, à partie inférieure formant un large pétiole amplexicaule, le reste pinnatifide, à lobes entiers, un peu arrondis, séparés par des sinus obtus, et bordés de dents fort singulières, inégales, planes, cunéiformes, comme scarieuses, épaisses, très-roides, blanches, comme farineuses; calathides irrégulièrement paniculées, le plus souvent agglomérées au sommet de la tige; chacune d'elles courtement pédonculée; corolles probablement jaunes; la bordure des squames du péricline intérieur jaunâtre.

Nous avons fait cette description spécifique, et celle des caractères génériques exposés plus haut, sur un échantillon sec, recueilli dans le désert du Caire, et qui se trouve dans l'herbier de M. Gay.

Lomatolepis nudicaulis, H. Cass. (*Chondrilla nudicaulis*, Linn.) Cette seconde espèce, que nous avons observée dans le même herbier, sur un échantillon recueilli près des Pyramides, est certainement congénère de la précédente, bien qu'elle offre, dans ses caractères génériques, quelques différences assez notables, mais peu essentielles, qu'on reconnoîtra facilement dans la description suivante : la calathide est multiflore, à corolles jaunes; le péricline est inférieur aux fleurs, ambigu, mais plutôt double qu'imbriqué; l'extérieur, notablement plus court, est formé d'environ dix à douze squames subquadrisériées, très-inégales, imbriquées, ovales, subcordiformes, obtuses, foliacées, un peu épaissies et comme calleuses au sommet, pourvues d'une large bordure bien distincte, scarieuse, blanche, un peu diaphane; le péricline intérieur est formé d'environ huit squames égales, bisériées, appliquées, planes, oblongues, arrondies au sommet, foliacées, bordées tout comme les squames du péricline extérieur; le clinanthe est plan et nu; les fruits sont oblongs, un peu aplatis, un peu tétragones, glabres, à surface divisée par quatre sillons en quatre bandes carénées; l'aigrette est persistante, très-longue, très-blanche, composée de squamellules très-nombreuses, très-inégales, filiformes, extrêmement fines, nues ou pas sensiblement barbellulées.

Le nom de *Lomatolepis* fait allusion à la bordure très-remarquable des squames du péricline.

6. RHABDOTHECA, H. Cass. Calathide incouronnée, radiatiforme, multiflore, fissiflore, androgyniflore. Péricline inférieur aux fleurs extérieures, formé de squames imbriquées, foliacées; les extérieures plus courtes, larges, ovales, un peu acuminées au sommet, qui est probablement inappliqué; les intérieures oblongues-lancéolées, membraneuses-diaphanes sur les bords et au sommet. Clinanthe large, plan, parfaitement nu. Fruits oblongs, grêles, subcylindracés, à quatre faces linéaires, séparées par quatre sillons étroits et peu profonds; les intérieurs glabres, les extérieurs tout hérissés de papilles cylindriques, charnues, très-rapprochées, dont l'ensemble imite un duvet cotonneux; aréole basilaire large, con-

cave : aigrette caduque, longue, blanche, composée de squamellules nombreuses, inégales, filiformes, fines, foiblement barbellulées.

Nous avons fait cette description générique sur une plante sèche, recueillie en Égypte, auprès des Pyramides, et qui se trouve dans l'herbier de M. Gay, où elle est étiquetée : *Sonchus divaricatus*, Del.; Bocc., *sic.*, tab. 7, fig. *CA*. Elle a en effet le port des *Sonchus*, mais ne peut cependant pas leur être légitimement associée, ses fruits n'étant point ovales et aplatis. Les pédoncules sont garnis de petites bractées cordiformes, comme dans la plupart des *Lactuca*. La forme subcylindracée de son fruit semble faire exception au caractère que nous avons assigné à la section des Lactucées-Prototypes; mais cette exception apparente confirme réellement le caractère de la section; car le fruit en question, quoique subcylindracé, a sa surface divisée par quatre sillons en quatre bandes ou faces longitudinales; et ce qui distingue essentiellement les Prototypes des Crépidées, c'est que dans les premières le fruit n'offre jamais que deux ou quatre faces, tandis que dans les secondes il présente toujours au moins cinq faces, et souvent un si grand nombre que l'œil ne les distingue plus et ne voit qu'une surface arrondie.

Le nom du genre exprime que les fruits, ou *étuis* des graines, ressemblent à de petites *baguettes*. L'espèce sur laquelle nous l'établissons pourroit être nommée *Rhabd. sonchoides*.

8. ÆTHEORHIZA, H. Cass. Calathide incouronnée, radiatiforme, multiflore, fissiflore, androgyniflore. Péricline inférieur aux fleurs, irrégulier, ambigu, mais plutôt imbriqué que double : formé de squames très-inégales, paucisériées, irrégulièrement imbriquées, appliquées, planes, oblongues-lancéolées, obtuses, foliacées, les intérieures membraneuses sur les bords. Clinanthe large, plan, parfaitement nu. Fruit oblong, un peu comprimé, subtétragone, obscurément divisé à sa base en quatre bandes par quatre sillons, un peu aminci en sa partie supérieure, qui ne forme pourtant pas un col distinct; aigrette longue, blanche, composée de squamellules très-nombreuses, très-inégales, filiformes, très-fines, à peine barbellulées.

Ce nouveau genre est fondé sur le *Leontodon bulbosum* de Linné, que Willdenow associe aux *Hieracium*, et M. De Candolle aux *Prenanthes*. Ces trois attributions, également inadmissibles, ne sont conformes ni aux affinités naturelles, ni aux caractères techniques. Notre *Ætheorhiza bulbosa* est certainement une Lactucée-Prototype, très-voisine des *Launæa*, *Mulgedium*, etc., dont elle se distingue foiblement par ses caractères génériques, quoiqu'elle s'en éloigne beaucoup par son port, qui paroît étrange dans cette section. Ses *racines* offrent aussi une structure fort *insolite*, ce qu'exprime le nom d'*Ætheorhiza*.

10. Nous avons observé dans l'herbier de M. Gay une plante étiquetée : *Cicerbita corymbosa*, Wallroth, *Sched. crit.*, p. 435 ; *Lactuca stricta*, Waldst. et Kit. Elle nous a paru se rapporter à notre genre *Mulgedium*, et se rapprocher du *Lactuca* plus que les autres espèces, le col du fruit étant moins court et moins épais. D'après cela nous présumons que le genre *Cicerbita* de M. Wallroth, qui nous est d'ailleurs inconnu, se confond avec notre *Mulgedium*.

12. Notre genre *Phœnixopus*, fondé d'abord sur les *Prenanthes viminea*, Linn., et *ramosissima*, Alli., comprend aussi les *Prenanthes spinosa*, Vahl, et *acanthifolia*, Willd. Lorsque nous avons proposé ce genre (tom. XXXIX, pag. 391), nous ne connoissions pas les fruits mûrs ; mais depuis cette époque nous en avons observé : ils sont oblongs, glabres, striés, plus ou moins aplatis, insensiblement amincis et prolongés supérieurement en un col plus ou moins long, large à la base, étroit au sommet, de même substance que la partie séminifère, dont il ne se distingue point extérieurement à son origine. Le péricline est long, étroit, un peu ambigu, mais bien plutôt imbriqué que double, et même vraiment imbriqué.

13. La *Prenanthes deltoidea* de Marschall pourroit être nommée *Mycelis ambigua* : car elle se rapporte exactement au genre *Mycelis* par le fruit, le col et l'aigrette ; mais elle s'en éloigne pour se rapprocher du *Lactuca*, par la calathide composée d'environ dix fleurs, et par le péricline qui semble un peu imbriqué, les squames surnuméraires étant inégales et plus longues que dans le vrai *Mycelis*.

15. Aposeris. Neck., H. Cass. (*Leontodontoides*, Mich.) Calathide incouronnée, radiatiforme, submultiflore (environ quinze fleurs), fissiflore, androgyniflore. Péricline formé, 1.° de huit squames égales, subunisériées, se recouvrant par les bords, planes, oblongues, foliacées, submembraneuses, obscurément plurinervées; 2.° de quatre ou cinq squamules surnuméraires unisériées, égales, appliquées, larges, ovales-lancéolées, foliacées. Clinanthe assez large, plan, nu. Fruits grands, larges, épais, obovoïdes, subtomenteux ou hérissés d'un duvet très-court, terminés au sommet par une sorte de col extrêmement court et très-épais, peu distinct, formant un bourrelet saillant autour de l'aréole apicilaire; aigrette nulle. Corolles ayant la base du limbe garnie, sur le côté intérieur, de longs poils charnus.

Ce genre est fondé sur l'*Hyoseris fœtida*, Linn., qui, ayant le port du Pissenlit, sympathise mal avec les Lampsanes, auxquelles on l'associe maintenant. Cette plante nous semble d'ailleurs pouvoir être distinguée génériquement des vraies Lampsanes par ses fruits, quoique ceux observés par nous sur des échantillons desséchés avant leur maturité, fussent altérés par l'opération de la presse. Pour éviter de multiplier sans nécessité les nouveaux noms génériques, nous adoptons celui d'*Aposeris*, parce qu'il est probable que le genre ainsi nommé par Necker avoit pour objet la plante dont il s'agit. Cependant cet auteur paroît n'avoir connu ni les rapports de ce genre avec le *Lampsana*, ni son vrai caractère distinctif.

18. La *Prenanthes chondrilloides* de Linné, nommée par Scopoli *Lactuca prenanthoides*, est exactement congénère de la *Chondrilla juncea*; elle appartient par conséquent au vrai genre *Chondrilla*, tel que nous l'avons défini (tom. XXXIII, pag. 485), et doit être nommée *Chondrilla prenanthoides*.

19. Willemetia, Neck., H. Cass. Calathide incouronnée, radiatiforme, multiflore, fissiflore, androgyniflore. Péricline très-inférieur aux fleurs, squamulé: formé, 1.° de douze à dix-huit squames égales, unisériées, planiuscules, se recouvrant par les bords, oblongues-lancéolées, foliacées, la plupart ayant leur partie inférieure élargie et membraneuse sur les bords latéraux; 2.° de squamules surnuméraires peu nom-

breuses, unisériées, inégales, beaucoup plus courtes que les squames, linéaires-lancéolées, foliacées. Clinanthe large, plan, presque nu. Fruit oblong, anguleux, subpentagone, revêtu de cinq bandes longitudinales, épaisses, subéreuses, distinguées par cinq sillons; chaque bande subdivisée en trois côtes lisses, tronquée à sa base, et prolongée à son sommet en une excroissance laminée, tronquée, imitant une écaille; col très-long, très-grêle, très-distinct de la partie séminifère, né au centre des cinq excroissances, qui semblent former un petit calice autour de sa base; aigrette blanche, composée de squamellules nombreuses, inégales, filiformes, fines, très-peu barbellulées. Corolle glabre.

Ce genre est fondé sur l'*Hieracium stipitatum* de Jacquin et de Murray, beaucoup mieux nommé par Willdenow *Crepis apargioides*, car il a beaucoup d'affinité avec les *Barkhausia*. Nous le plaçons immédiatement auprès du vrai *Chondrilla*, dont il ne diffère que par sa calathide composée de fleurs très-nombreuses, son péricline formé de douze à dix-huit squames planes, son clinanthe large, ses fruits à côtes lisses. Il nous semble indubitable que cette plante a été le sujet du genre *Willemetia* de Necker, ce qui nous dispense de fabriquer un nouveau nom générique. Mais ce botaniste, peu attentif aux rapports naturels ou même purement techniques, a éloigné le plus possible le *Willemetia* du *Chondrilla*, en les plaçant presque aux deux extrémités opposées de sa série des Glossariphytes ou Lactucées.

25 et 24. La *Crepis vesicaria*, Linn., est très-remarquable par son péricline extérieur : il est plus court que l'intérieur, mais formé de cinq squames égales, unisériées, inappliquées, très-grandes, très-larges, ovales, arrondies, presque entièrement membraneuses-scarieuses, diaphanes. Toutefois cette plante ne peut pas être distraite du vrai genre *Barkhausia*, fondé par Mœnch principalement sur la *Crepis alpina*, et il faut la nommer *Bark. vesicaria*. Son clinanthe est tout hérissé de courtes fimbrilles ; mais tous ses fruits sont parfaitement uniformes, c'est-à-dire que les extérieurs sont, comme les intérieurs, insensiblement atténués et prolongés supérieurement en un long col grêle. Cette espèce offre donc une nouvelle preuve à l'appui de notre opinion, que la seule diffé-

rence qui puisse distinguer les *Hostia* des vrais *Barkhausia*, consiste en ce que, dans celles-ci, tous les fruits sont également et longuement collifères, tandis que, dans les *Hostia*, le col est d'autant plus court qu'il appartient à un fruit plus extérieur: d'où nous avons conclu (tom. XXI, pag. 443) que la *Crepis rubra* doit être attribuée à l'*Hostia*, si l'on juge que ce genre de Mœnch diffère assez de son *Barkhausia* pour mériter d'être conservé. Dans ce cas, nous proposerions de substituer le nom d'*Anisoderis* à celui d'*Hostia*, qui ne peut pas être maintenu à cause de l'*Hosta* de Jacquin.

26. Le vrai genre *Catonia*, fondé sur l'*Hieracium blattarioides* (tom. XXVI, pag. 11), ne pourroit-il pas être transféré de la section des Crépidées dans celle des Prototypes ? Son ovaire est subtétragone, formant quatre côtes larges, épaisses, arrondies, qui offrent beaucoup de lignes longitudinales parallèles. Mais cette structure tétragone, d'ailleurs fort peu manifeste, est peut-être plus apparente que réelle.

27. Nous avons observé dans l'herbier de M. Gay une plante étiquetée : *Berinia andryaloides*, Brign., *Fasc. forojul.*; *Andryala chondrilloides*, Scop. Il nous a paru impossible de distinguer génériquement cette plante des vraies *Crepis*; d'où nous concluons que le genre *Berinia* de M. Brignoli, qui nous est d'ailleurs inconnu, ne peut pas être admis.

28. BRACHYDEREA, H. Cass. Calathide incouronnée, radiatiforme, multiflore, fissiflore, androgyniflore. Péricline formé, 1.° de squames égales, unisériées, appliquées, oblongues-lancéolées, canaliculées, à dos convexe, épais et charnu, à bords membraneux, à partie supérieure foliacée; 2.° de squamules surnuméraires inégales, irrégulièrement disposées, appliquées, ovales-lancéolées, épaisses, charnues. Clinanthe large, plan, alvéolé, à cloisons charnues, hérissées de fimbrilles piliformes; anticlinanthe formant sous la base de chaque squame une grosse protubérance arrondie, charnue. Fruits tous égaux et uniformes, oblongs, subcylindracés, glabres, presque lisses, munis d'environ dix côtes, et amincis supérieurement en un col très-court, un peu épais, mais bien manifeste; aigrette longue, blanche, composée de squamellules nombreuses, inégales, filiformes, très-fines, à peine barbellulées.

Brachyderea rigida, H. Cass. (*Crepis rigida*, Willd.) Tige haute d'environ trois pieds, épaisse, anguleuse, paniculée supérieurement; feuilles sessiles, semi-amplexicaules, grandes, ovales, fermes, épaisses, scabres, très-échancrées à la base, bordées de grandes dents aiguës, inégales, séparées par des sinus arrondis; les feuilles inférieures plus grandes, oblongues, plus découpées sur les bords; panicule terminale, très-rameuse, nue, munie de petites feuilles squamiformes à la base des ramifications; rameaux pédonculiformes courts, épais, roides, divergens; fleurs jaunes.

Cette plante, que nous avons observée au Jardin du Roi, nous paroit pouvoir constituer un genre principalement caractérisé par le col court, épais, mais bien manifeste, de ses fruits. Ainsi, ce genre diffère du *Crepis*, qui n'a point de col distinct sur ses fruits, et du *Barkhausia*, qui a un long col grêle, comme le *Mulgedium* diffère du *Sonchus* et du *Lactuca*. Le nom de *Brachyderea* signifie *col court*.

31. Deloderium, H. Cass. Calathide incouronnée, radiatiforme, multiflore, fissiflore, androgyniflore. Péricline très-inférieur aux fleurs extérieures, campanulé, ambigu, double, presque imbriqué : l'intérieur formé de squames égales, unisériées, appliquées, se recouvrant par les bords, planes, oblongues-lancéolées, foliacées, membraneuses sur les bords latéraux, armées sur le dos de soies nombreuses, longues, fortes, charnues, subulées; le péricline extérieur à peine distinct de l'intérieur, irrégulier, formé de squames très-inégales, plus courtes, plus étroites, appliquées, oblongues-lancéolées, foliacées, presque nues. Clinanthe large, plan, garni d'appendices ambigus, c'est-à-dire de fimbrilles squamelliformes irrégulières, inégales, dissemblables, très-longues, très-largement laminées, membraneuses, diaphanes, linéaires-subulées, souvent bifides. Ovaires (extérieurs et intérieurs) tous uniformes, oblongs, glabres, amincis supérieurement en un col très-manifeste et très-distinct, qui porte une longue aigrette blanche, composée de squamellules inégales, filiformes, très-fines, hérissées de très-petites barbellules. Corolles un peu pubescentes sur leur partie moyenne, à poils très-fins.

Deloderium taraxacifolium, H. Cass. Feuilles radicales, ana-

logues à celles du pissenlit, longues de cinq à six pouces,
larges d'environ quinze lignes, membraneuses, glabres sur
les deux faces, presque lyrées, à partie inférieure étrécie
en forme de pétiole, à partie moyenne divisée sur les deux
côtés par de profonds sinus en lobes inégaux, irréguliers,
un peu runcinés, à partie supérieure plus large, presque
arrondie, un peu dentée ou anguleuse; plusieurs tiges scapiformes, presque nues, cylindriques, striées, glabriuscules,
divisées en quelques rameaux longs, grêles, pédonculiformes,
nés chacun dans l'aisselle d'une petite feuille bractéiforme,
longue, étroite, linéaire-subulée, munie à sa base de deux
grandes oreillettes profondément divisées en deux lanières
subulées; chaque pédoncule portant, à quelque distance de
son sommet, une ou deux petites bractées squamiformes,
linéaires-subulées, et terminé par une calathide large d'environ un pouce, composée de fleurs probablement purpurines.

Nous avons fait cette description sur une plante sèche,
recueillie aux environs de la Canée, dans l'ile de Candie,
et qui se trouve dans l'herbier de M. Gay, où elle est étiquetée *Apargia hyoseroides*, Sieber. Quoique très-analogue
à l'*Intybellia* et au *Pterotheca*, elle nous semble différer génériquement du premier en ce que ses fruits ont un col très-
manifeste et très-distinct, et du second en ce que ses fruits
sont tous uniformes, aigrettés et collifères. Elle est en outre
remarquable par son péricline ambigu, c'est-à-dire presque
autant imbriqué que double, et par les appendices de son
clinanthe, qui sont aussi très-ambigus, parce qu'ils ressemblent aux squamelles des *Hypochœris*, quoiqu'ils ne soient
point de véritables squamelles. Le nom de *Deloderium* signifie
col manifeste.

55. OMALOCLINE, H. Cass. Calathide incouronnée, radiatiforme, multiflore, fissiflore, androgyniflore. Péricline inférieur aux fleurs extérieures, ambigu, souvent presque imbriqué en apparence, mais vraiment double : l'intérieur formé
de squames égales, subbisériées, parfaitement planes, se recouvrant par les bords, souvent un peu entregreffées à la
base, ovales-lancéolées, foliacées, nullement épaissies, ni
charnues, ni coriaces; le péricline extérieur notablement

plus court que l'intérieur, mais peu distinct, très-irrégulier, très-variable, formé de squames très-inégales, irrégulièrement subtrisériées, lancéolées, foliacées. Clinanthe plan, absolument nu et parfaitement simple. Fruits oblongs, glabres, striés, sans col; aigrette longue, très-blanche, composée de squamellules nombreuses, peu inégales, filiformes, presque point barbellulées. Corolles glabriuscules.

Ce genre est fondé sur l'*Hieracium prunellæfolium* de Gouan, dont le péricline, légèrement examiné, paroît en effet analogue à celui des *Hieracium ;* mais un examen plus sérieux démontre que cette plante ne peut, sous aucun rapport, être légitimement associée au groupe naturel des Hiéraciées, et qu'elle appartient indubitablement à celui des Crépidées. Son clinanthe très-nu, très-simple, son péricline extérieur imbriqué, ses longs pédoncules scapiformes, nous semblent la rapprocher des *Taraxacum.* Le nom d'*Omalocline* exprime que le clinanthe offre une surface unie.

39. Le vrai genre *Prenanthes,* ayant pour type la *Pren. purpurea,* est fixé dans la section des Hiéraciées par les caractères du fruit et de l'aigrette. Cette attribution semble, au premier coup d'œil, contrarier les affinités naturelles : cependant considérez attentivement le port et les apparences extérieures des *Hieracium prenanthoides,* Vill., *elongatum,* Lapeyr., *cerinthoides,* Linn., *picroides,* Vill., etc., et vous reconnoîtrez que ces plantes s'allient fort bien avec le vrai *Prenanthes.*

41. Les botanistes attribuent au genre *Hieracium* beaucoup d'espèces qui appartiennent réellement au genre *Crepis :* cette confusion provient de ce qu'ils observent trop légèrement le caractère du péricline, qui est souvent ambigu, et de ce qu'ils négligent tout-à-fait ceux du fruit et de l'aigrette, qui sont les plus sûrs. L'habitude d'observer ces plantes nous a enseigné un moyen auxiliaire pour distinguer presque infailliblement des vrais *Hieracium* les *Crepis* qu'on y a confondus ; c'est de considérer les feuilles : si elles ont une certaine analogie, par la forme et la substance, avec celles du pissenlit, on peut prévoir, avant d'examiner le péricline, le fruit et l'aigrette, que la plante en question n'est point un *Hieracium,* mais une *Crepis.* Cette remarque prouve que

les *Hieracium* et les *Crepis* ont beaucoup moins d'affinité qu'on ne le croit communément, et que nous avons pu classer très-convenablement ces deux genres dans deux sections différentes.

4ᵉ. La plante décrite par M. De Candolle dans la Flore françoise (n.° 2945), sous le nom de *Crepis ambigua*, et qu'il a nommée plus récemment *Drepania ambigua*, dans son Catalogue du Jardin de Montpellier, appartient certainement au genre *Schmidtia* de Mœnch, car elle nous a présenté les caractères suivans :

Schmidtia ambigua. H. Cass. Calathide radiatiforme, multiflore. Péricline inférieur aux fleurs, squamulé, tomenteux; formé 1.° de squames à peu près égales, subunisériées, appliquées, linéaires, aiguës au sommet, fortement carénées sur le dos, caniculées en dedans, coriaces-foliacées, souvent membraneuses sur les bords; 2.° de squamules surnuméraires irrégulièrement subbisériées, analogues aux squames mais beaucoup plus petites. Clinanthe large, plan, alvéolé; anticlinanthe paroissant revêtu d'un épaississement subéreux à l'époque de la maturité. Fruits oblongs, un peu amincis vers la base, tronqués au sommet, anguleux, subpentagones, striés, glabres, munis d'un petit bourrelet apicilaire; aigrette longue, composée d'environ dix squamellules un peu inégales, filiformes, un peu élargies et laminées à la base, barbellulées supérieurement, alternant avec des rudimens de squamellules avortées. Corolles (vertes sur l'échantillon sec observé par nous) hérissées de poils articulés sur toute leur surface extérieure, comme veloutées sur la face interne. Stigmatophores extrêmement courts.

L'aigrette des fruits extérieurs est semblable à celle des fruits intérieurs, et les squamules surnuméraires du péricline sont beaucoup plus courtes que les squames et probablement appliquées : donc cette plante doit être rapportée au *Schmidtia*, quoique le port et les apparences extérieures l'attirent fortement vers le *Drepania*. Ayant ainsi le caractère du premier genre et le port du second, elle mérite l'épithète d'ambiguë, et confirme pleinement l'étroite affinité des deux genres que nous avions depuis long-temps rapprochés.

5ᵒ. Ayant récemment observé, sur un échantillon sec, le

Robertia, que nous n'avions point encore vu, nous nous sommes assuré que ce genre appartient, comme nous l'avions présumé, à la section des Scorsonérées, et qu'il est voisin du *Seriola*.

51. Notre nouveau genre *Piptopogon*, fondé sur la *seriola lœvigata*, Desf., sera décrit dans l'article Sériole.

55. Gærtner a toujours trouvé le clinanthe du *Geropogon* absolument nu; nous l'avons toujours trouvé squamellé. Donc cette plante ayant le clinanthe tantôt nu, tantôt squamellé, peut arbitrairement être rapportée, soit aux Hypochéridées, soit aux Scorsonérées vraies; et son intime affinité avec le *Tragopogon* nous décide à la transférer dans le second groupe, malgré les squamelles qu'on trouve souvent sur son clinanthe.

59. Nous avons vérifié, par nos propres observations, que l'*Hieracium taraxaci* de Linné appartient réellement au genre *Leontodon*.

60. Asterothrix, H. Cass. Péricline formé de squames imbriquées, oblongues-lancéolées, subfoliacées. Fruits extrêmement longs, grêles, striés, insensiblement amincis supérieurement en un long col hispide, peu distinct de la partie séminifère; aigrette longue, composée de squamellules nombreuses, plurisériées, un peu inégales, mais toutes semblables, entièrement filiformes, et très-garnies, d'un bout à l'autre, de longues barbes capillaires.

Ce genre est fondé sur la *Scorzonera asperrima* de Willdenow, que Marschall nomme *Apargia strigosa*, et que nous appelons *Asterothrix asperrima*. Exactement intermédiaire entre le *Leontodon* et le *Scorzonera*, l'*Asterothrix* nous paroît constituer un genre suffisamment distinct de l'un et de l'autre. Cette plante, très-remarquable par ses poils blancs, épais, scabres, étoilés au sommet, ressemble par ses feuilles à certains *Leontodon*, et par son péricline aux vraies *Scorzonera*. Elle diffère génériquement des *Leontodon* par son péricline régulièrement imbriqué, par ses fruits analogues à ceux des *Barkhausia*, c'est-à-dire extrêmement longs et pourvus d'un col très-manifeste, enfin par la structure de l'aigrette. Les *Leontodon* ont le péricline irrégulier, ambigu, plutôt imbriqué que double; leurs fruits, souvent plus ou moins alongés et plus ou moins amincis vers le sommet,

n'offrent jamais pourtant un véritable col suffisamment distinct et bien manifeste ; enfin, l'aigrette est composée de
squamellules bisériées, les intérieures longues, égales, plus
ou moins laminées vers la base et plus ou moins garnies de
barbes, les extérieures alternant avec les intérieures, courtes,
inégales, très-fines, simplement barbellulées. L'*Asterothrix*
diffère génériquement des *Scorzonera* par le fruit aminci et
prolongé supérieurement en un long col, et par les barbes
de l'aigrette qui ne sont point aranéeuses. Le nom d'*Astero-*
thrix fait allusion aux *poils* des feuilles, qui sont *étoilés* au
sommet.

63. La *Scorzonera tuberosa* de Pallas doit être nommée *La-*
siospora tuberosa, car ses ovaires sont hérissés de longs poils,
et son péricline est double ou squamulé.

64. Notre *Gelasia*, ayant l'aigrette tantôt simple, tantôt
plus ou moins plumeuse (tom. XLII, pag. 81), peut arbitrairement être rapporté, soit aux Hyoséridées, soit aux
Scorsonérées vraies : mais son intime affinité avec les *Scor-*
zonera nous détermine à le retirer du groupe des Hyoséridées, pour l'attribuer à l'autre groupe.

Nous ne devons pas terminer cet article, sans témoigner
notre reconnoissance à M. Gay, qui, en nous communiquant
libéralement les Lactucées de son riche herbier, nous a pro-
curé le moyen de faire la plupart des observations qu'on vient
de lire. (H. Cass.)

SEMI-FLOSCULEUSES [Synanthérées]. (*Bot.*) Dont les calathides n'ont que des demi-fleurons (fleurons ligulés), soit
au centre, soit à la circonférence. Exemples : chicorée, laitue, pissenlit, etc. (Mass.)

SEMI-PALMIPEDES. (*Ornith.*) Les oiseaux ainsi nommés
sont ceux dont les doigts antérieurs sont réunis dans une
demi-membrane, comme l'autruche, les gallinacés, etc.
(Ch. D.)

SEMI-VULPES. (*Mamm.*) Ce nom, qui signifie demi-re-
nard, a quelquefois été donné aux grandes espèces de sa-
rigues ou didelphes. (Desm.)

SÉMINALES [Feuilles]. (*Bot.*) Cotylédons transformés en
feuilles par la germination et élevés à la surface du sol : exemples : mirabilis, *faba*, conifères. On les nomme aussi cotylé-

dons épigés. Les cotylédons hypogés sont ceux qui ne sont pas transformés en feuilles par la germination, et qui restent cachés sous terre ; exemples : pois, marronier d'Inde, graminées, etc. (Mass.)

SEMINALIS. (*Bot.*) Un des noms latins anciens de la renouée, *polygonum aviculare*, cité par Daléchamps. (J.)

SÉMINIFÈRE. (*Bot.*) Portant les graines. L'axe du péricarpe dans l'*ixia chinensis*, les valves dans les gentianes, les cloisons dans le pavot, etc., sont, par exemple, séminifères. (Mass.)

SÉMINULES, Mirb. (*Bot.*) : *Spora*, Hedw. ; *Sporula*, Rich. ; *Gongylus*, Gærtn. ; *Besimen*, Neck. Corps reproducteurs des plantes agames et cryptogames, qui ne diffèrent peut-être des graines des plantes phénogames que par leur moindre volume. Les séminules des cryptogames (mousses, etc.) se développent dans des ovaires qui font partie de véritables pistils. Les séminules des agames se développent dans des conceptacles, sortes d'ovaires qui ne font point partie de pistils, et n'offrent point par conséquent des vestiges de styles et de stigmates. Les corps reproducteurs de plusieurs agames, différens en cela des séminules, ne sont même en aucun temps renfermés dans des ovaires : ils paroissent comme une simple poussière à la surface de la plante, et on leur donne le nom de propagules. Voyez Plantes agames et cryptogames. (Mass.)

SÉMIRAMIS. (*Entom.*) C'est le nom d'un bombyce de l'Amérique méridionale, figuré par Cramer. Il est remarquable par le prolongement de ses ailes en forme de queue. (C. D.)

SEMNOPITHÈQUE; *Semnopithecus*, F. Cuv. (*Mamm.*) Genre de mammifères de l'ordre des quadrumanes et de la famille qui comprend les singes de l'ancien continent, établi récemment par M. F. Cuvier, et renfermant plusieurs espèces nouvelles, ainsi que quelques singes jusqu'alors placés dans le genre des Guenons.

Les semnopithèques ressemblent beaucoup aux gibbons par la forme de leur corps, les proportions générales de leurs membres et les traits de leur face; mais ils sont pourvus d'une queue encore plus longue que celle des guenons, très-musculeuse et susceptible des mouvemens les plus variés. Ils n'ont que des rudimens d'abajoues ; leurs callosités sont petites ;

leur pelage présente ordinairement des couleurs variées et assez vives.

Le nombre des dents en totalité est de trente-deux, comme dans tous les singes de l'ancien continent ; les quatre incisives sont aplaties d'avant en arrière et tranchantes, égales entre elles à chaque mâchoire, mais les inférieures sont un peu plus étroites que les supérieures. Les deux canines, tant en haut qu'en bas, les dépassent plus ou moins et sont terminées en pointe. La première et la seconde mâchelières supérieures (fausses molaires) de chaque côté ne présentent ordinairement qu'une pointe à leur face externe et un plan oblique à leur face interne: les trois suivantes ou vraies molaires se composent chacune de quatre tubercules formés par un sillon transversal très-profond et un sillon longitudinal qui l'est moins et qui coupe le premier à angle droit. La première fausse molaire inférieure ne se compose ordinairement que d'une seule pointe épaisse et obtuse, mais quelquefois accompagnée d'un petit talon postérieur ; la seconde ne diffère de la première qu'en ce que la surface de sa couronne est plus plate ; des deux vraies molaires qui viennent après, la première est la plus petite, et l'une et l'autre se composent de quatre tubercules, comme celles d'en haut ; enfin, la dernière, qui est la plus grande, au lieu d'avoir, comme sa correspondante dans les gibbons, la couronne à peu près circulaire, l'a fort alongée et terminée par un talon.

M. F. Cuvier ajoute aux caractères que nous venons d'exposer quelques détails sur les habitudes naturelles de ces singes. Malgré leur adresse, leur agilité, les semnopithèques, dit-il, sont des singes sans pétulance, et qui paroissent habituellement calmes et circonspects. On les apprivoise avec une grande facilité quand ils sont jeunes. Vieux, ils deviennent tristes et quelquefois méchans. Tous ces traits de leur nature les rattachent encore aux gibbons et aux orangs.

Les espèces de semnopithèques connues sont au nombre de sept, qui toutes ont été trouvées dans les contrées méridionales et orientales de l'Asie et dans les îles de l'archipel Indien.

Quatre d'entre elles sont connues depuis long-temps, sous les noms de guenons nasique, douc, entelle et maure. Elles ont été décrites à l'article Guenon, dans le tom. XX, p. 32 et 33 de ce Dictionnaire, auquel nous renvoyons. La découverte de deux autres est due aux recherches de MM. Duvaucel et Diard, et M. Otto a donné la description de la dernière.

Le Semnopithèque cimepaye : *Semnopithecus melalophos*, F. Cuv., Hist. nat. des mamm., 2.ᵉ édit., 2.ᵉ livr., n.° 7, pl. 7; Desm.. Mamm., n.° 814 ou 813 *bis*; *Simia melalophos*, Raffl., Trans. linn., tom. 13. Il a un pied et demi de longueur, pour le corps et la tête ensemble, et sa queue a deux pieds huit pouces : lorsqu'il marche, la hauteur de son train de devant est d'environ treize pouces, et celle du train de derrière de seize pouces. Les membres de ce singe sont d'une longueur disproportionnée comparativement aux autres dimensions du corps; sa tête est arrondie, son crâne très-vaste, sa face plate, son nez très-saillant et ridé à la base; ses pommettes sont fort élevées, ses yeux et ses oreilles semblables à ceux des guenons. Son pelage est composé de poils soyeux, longs, d'un fauve roux brillant sur le dos, les côtés du corps, le cou, la queue, la face externe des membres, le dessus des mains, le devant du front et les joues, et blanchâtres sur la poitrine, le ventre et la face interne des membres. Un cercle ou plutôt une aigrette de poils noirs enveloppe la tête en passant sur le haut du front d'une oreille à l'autre; quelques poils de cette couleur se voient le long du dos et sur les épaules; la face est bleue jusqu'à la lèvre supérieure, qui est couleur de chair, ainsi que la lèvre inférieure et le menton; les yeux sont bruns, les oreilles de la couleur de la face, les mains en dessous noirâtres, ainsi que les callosités; les poils des joues sont dirigés en arrière et forment d'épais favoris; le ventre est presque nu. Il habite les forêts de l'île de Sumatra, où MM. Duvaucel et Diard l'ont observé.

Le Semnopithèque croo : *Semnopithecus comatus*, Desm., Mamm., esp. 816 (13 *quater*); F. Cuv., Hist. nat. des mamm., 2.ᵉ édit., 2.ᵉ livr., n.° 11, n.° 8, pl. 11. Cette espèce, dont la connoissance est due aux mêmes naturalistes voyageurs, vit dans la même contrée que la précédente. Sa taille est un peu plus considérable que celle de la guenon callitriche, et même elle égale celle du semnopithèque entelle.

L'individu que nous décrivons ressemble par sa face à celui de l'espèce du cimepaye, qui a été décrit précédemment ; ce qui peut être attribué à ce que l'un et l'autre n'étoient pas encore parvenus à l'état adulte. Cette face est brune, nue et parsemée de quelques poils gris, rares et courts ; les poils du sommet de la tête sont noirs, assez longs, et forment une espèce de crête relevée sur l'occiput : le dos, les flancs, la face externe des membres, sont couverts de grands poils, dont les internes sont blanchâtres et les externes, presque seuls apparens, d'un gris foncé : le bas des flancs, le ventre, la face interne des quatre membres, les fesses et le dessous de la queue, sont d'un blanc sale, nettement séparé de la couleur grise des parties supérieures ; les poils du menton et du dessous de la gorge sont blancs ; le dessus des mains et des pieds est un peu plus pâle que la face externe des membres, et présente quelques poils roussâtres ; la queue, plus longue que le corps, est terminée de blanc.

Semnopithèque a fesses blanches : *Semnopithecus leucoprymnus* ; *Cercopithecus? leucoprymnus*, Oth., Mém. de l'Acad. Cés. Léopol. Car. des curios. de la nature, tome 12, 1825, page 505. pl. 46 *bis*, et 47. Ce singe, dont l'ensemble des caractères porte à le faire considérer comme appartenant plutôt au genre Semnopithèque qu'à celui des guenons, a le museau très-peu prolongé ; le front largement bombé et assez relevé ; l'angle facial d'un peu plus de 60°. Son corps est grêle ; ses mains et ses pieds sont très-alongés et ont le pouce fort court et très-remonté. Son pelage, composé de poils fins et soyeux, est d'un brun obscur sur la tête et la nuque ; d'un noir assez également répandu sur le dos, les flancs et les quatre pieds ; d'un noir brunâtre sur la poitrine, le ventre et la face interne des extrémités, d'un gris blanc sur tout le dessous du cou et sur la partie postérieure des joues, dont les poils sont très-alongés ; mais ce qui distingue le mieux ce singe, c'est une tache d'un blanc grisâtre, qui commence sur la ligne médiane du dos, quelques pouces au-dessus de la racine de la queue, et s'étend sur les fesses et le haut de la cuisse ; les poils, qui garnissent le pourtour des organes sexuels, sont d'un rouge grisâtre et la queue est d'un gris jaune-clair.

Le système dentaire est celui des semnopithèques : les abajoues manquent totalement. L'estomac de ce singe est très-remarquable, en ce que, d'un volume très-considérable, au lieu d'être rond comme chez les guenons, il a de la ressemblance avec ceux des kanguroos et des potoroos, sa moitié gauche formant une large cavité, tandis que la droite est rétrécie, enroulée sur elle-même et représente un intestin, et tout l'organe est si considérable que sa grande courbure n'a pas moins de deux pieds et un pouce.

La patrie de ce semnopithèque, qui nous semble avoir quelques rapports extérieurs avec la guenon diane, est inconnue.

Telles sont les espèces de ce genre dont il n'avoit pas encore été fait mention dans ce Dictionnaire. Les articles de l'Histoire naturelle des mammifères, dans lesquels M. F. Cuvier décrit celles dont il a été traité, lui donnent, pour deux d'entre elles, l'occasion de publier des remarques nouvelles sur leurs caractères ou sur leurs mœurs.

Le Semnopithèque entelle, en particulier, a fourni l'observation de l'extrême différence qui existe entre les proportions et les formes de la tête, et surtout de l'étendue de la capacité cérébrale, dans les singes considérés dans leurs différens âges. Dans sa première jeunesse, ce semnopithèque a le museau très-peu saillant, le front assez large et presque sur la même ligne, le crâne élevé, arrondi, et la boîte cérébrale fort vaste ; tandis que dans l'adulte le front a disparu, le museau a acquis une proéminence considérable, et la convexité du crâne ne présente plus que l'arc d'un grand cercle, tant la capacité crânienne a diminué. Aussi ne retrouve-t-on plus en lui les qualités remarquables qu'il offroit auparavant. L'apathie a remplacé la pénétration ; le besoin de la solitude a succédé à la confiance, et la force supplée en grande partie à l'adresse. Cette espèce est, au rapport de M. Duvaucel, très-respectée des Indous, qui l'ont déifiée et qui lui donnent même une place distinguée parmi leur trente millions de divinités.

Le Semnopithèque maure est maintenant reconnu propre à l'île de Sumatra : c'est le même singe que M. Raffles a décrit sous le nom de Chingkou, *S. cristata*, et que M. Fréd.

Cuvier nomme Semnopithèque tchincou , *Semnopithecus maurus.*

Le Semnopithèque nasique et le Semnopithèque douc n'ont donné lieu à aucune observation nouvelle de quelque importance, si ce n'est que ce dernier a la face d'un beau jaune-citron. (Desm.)

SEMNOS. (*Bot.*) Nom grec du *vitex agnus castus*, cité par Mentzel. Voyez Lecrisiichum. (J.)

SEMP. (*Ornith.*) Ce nom, qui s'écrit aussi *sep*, est celui du vautour, en polonois. (Ch. D.)

SEMPERVIVUM. (*Bot.*) Voyez Joubarbe et Sedum. (L. D.)

SEMPHIGI. (*Bot.*) Nom de la violette dans la Mauritanie, suivant Mentzel; il cite le nom arabe *seneffigi* pour la même plante. (J.)

SEMPSEM. (*Bot.*) La plante citée sous ce nom par Prosper Alpin est le sésame, *sesamum orientale*, dont les graines fournissent, par expression, une huile employée à divers usages. Elle est citée dans Daléchamps et dans Forskal sous le nom de *semsem*, d'où dérive son nom latin. C'est le *schitelu* du Malabar. (J.)

SEMSEK. (*Bot.*) Nom arabe, cité par Forskal, d'une armoise cultivée dans les jardins du Caire, qui est son *artemisia semsek*. (J.)

SEMSEM. (*Bot.*) Voyez Sempsem. (J.)

SEMURION. (*Bot.*) Mentzel cite ce nom arabe du persil. (J.)

SEMYDA. (*Bot.*) Nom grec du bouleau, d'après Théophraste, cité par Mentzel et Adanson. (J.)

SEN-FUKU. (*Bot.*) Kœmpfer cite ce nom japonois de la grande aunée. *inula helenium.* Thunberg le cite aussi pour son *inula japonica.* (J.)

SEN-KARAMBOU. (*Bot.*) Ce nom. qui signifie canne rouge, est celui d'une variété de canne à sucre cultivée à Salem , dans l'Inde, et mentionnée par Leschenault, laquelle paroit être la même que le *kari-karambou* de l'île de Bourbon. (J.)

SEN-RIO. (*Bot.*) Thunberg cite ce nom japonois du fenouil . *anethum fœniculum.* (J.)

SENA. (*Bot.*) Nom arabe qu'en donne en Égypte à diverses espèces de casses. Il est l'origine de notre nom *séné*, qui désigne l'espèce la plus usitée en médecine. Suivant Delile, le *sena Saydy* (séné de la Thébaïde) ou *sena lesan el four* (séné langue - d'oiseau), est son *cassia acutifolia*, qui est connu sous le nom de séné d'Alexandrie. Le *cassia sena*, Linn., ou vrai séné, est désigné, aussi d'après Delile, par *sena gebely* (séné de montagne ou du désert), *sena Mekkeh* ou *Hegazy* (séné de la Mecque ou de la province de Hegaz). (Lem.)

SENABAR. (*Bot.*) Voyez Suobar. (J.)

SENACIA. (*Bot.*) Genre de plantes dicotylédones, à fleurs complètes, polypétalées, régulières, de la famille des *rhamnées*, de la *pentandrie monogynie* de Linnæus, offrant pour caractère essentiel : Un calice fort petit, à cinq divisions; cinq pétales plus grands que le calice; un ovaire supérieur; un style; un stigmate à deux lobes. Le fruit est une capsule uniloculaire, à deux valves, renfermant plusieurs semences.

Ce genre, établi par Commerson et admis par M. de Lamarck, est composé de quelques espèces de *celastrus* et autres espèces placées d'abord dans des genres particuliers.

Senacia mayten : *Senacia maytenus*, Poir., Enc.; *Maytenus*, Desr., *Enc.*; Molin., *Chil.*, ed. gall., 177; Feuill., Chil., 3, tab. 27. Bel arbre toujours vert, qui s'élève à la hauteur de trente pieds et plus, dont les branches sont rameuses, touffues, disposées en une cime élégante, et qui commencent à naître à la hauteur de huit ou dix pieds. Les feuilles sont à peine pétiolées, ovales ou ovales - oblongues, aiguës à leurs deux extrémités, luisantes, denticulées, d'un vert gai, longues d'environ deux pouces; les unes alternes, les autres opposées. Les fleurs naissent en grand nombre sur les jeunes rameaux. Elles sont éparses, purpurines, sessiles, extrêmement petites. Cet arbre croît au Chili. Feuillée dit qu'il croît partout où se trouve le *llithi* (*laurus caustica*, Willd.). Quand on abat celui-ci sans précautions, et qu'on reçoit sur le corps la liqueur qui en découle, il le fait enfler très-promptement. Le mayten, selon Feuillée, est l'antidote de ce poison. La meilleure manière de l'employer est d'en faire bouillir les rameaux dans de l'eau, et de se laver le corps avec cette décoction. Le bois du mayten est dur, de couleur orangée, avec des nuances de rouge et de vert. Les bêtes à cornes sont si avides des feuilles, qu'elles les préfèrent à tout autre four-

rage, et qu'elles parviendroient probablement à détruire l'espèce, si les haies et les précipices ne mettoient les jeunes
arbres à l'abri de leur voracité.

SENACIA ONDULÉ : *Senacia undulata*, Lamk., *Ill. gen.; Celastrus undulata*, Enc., vulgairement BOIS DE MERLE, BOIS DE
JOLI-CŒUR. Arbrisseau qui s'élève à la hauteur de huit à douze
pieds, sur une tige droite, garnie de rameaux alternes, munis de feuilles pétiolées, alternes, souvent rapprochées par
bouquets ou comme en étoile, glabres, lancéolées, entières,
ondulées à leurs bords, traversées par une nervure blanche
avec des veines finement réticulées à leur face inférieure. Les
fleurs sont blanchâtres ; elles terminent des rameaux courts
et latéraux, et sont disposées en bouquets ombelliformes,
dont les rayons soutiennent de petites ombellules de trois à
sept fleurs. Les pétales sont oblongs, obtus et à demi ouverts ; les étamines plus courtes que les pétales. Cet arbrisseau croit à Madagascar, aux iles de France et de Bourbon.
Il est très-odorant dans toutes ses parties. L'arille de ses semences produit une huile essentielle très-volatile.

SENACIA GLAUQUE : *Senacia glauca*, Lamk., *Ill. gen.; Celastrus glauca ;* Vahl, *Symb.*, 2, page 42 ; *Schrebera albens ,*
Willd., et Enc. ; *Mangifera glauca*, Rottb., *Nov. act. Hafn.*, 2,
page 534, tab. 4, fig. 1. Arbre dont les rameaux sont alternes, épars et diffus, garnis de feuilles opposées, ovales,
pétiolées, luisantes, d'un vert pâle, dentées en scie à leurs
bords ou légèrement sinuées, obtuses ou un peu aiguës au
sommet, longues de deux ou trois pouces et plus, larges
d'environ un pouce et demi, à nervures simples, latérales
et parallèles, soutenues par des pétioles grêles, longs d'un à
deux pouces. Les fleurs sont blanches, disposées en corymbes
latéraux et terminaux, dichotomes ; les ramifications tétragones, munies, à la base de leurs divisions, d'écailles opposées. Les pédoncules sont courts, inégaux, uniflores ; les calices glabres, verdâtres ; les corolles petites ; les pétales arrondis, chargés à leur moitié inférieure d'un duvet brun, tomenteux, blancs à leur moitié supérieure ; le rebord qui entoure
l'ovaire et qui supporte les étamines, est ridé et saillant.
Cette plante croit à l'île de Ceilan et à la côte du Coromandel. (POIR.)

SENAF. (*Bot.*) Nom arabe de l'*acanthus arboreus* de Fors-kal. (J.)

SENAGRUEL. (*Bot.*) Nom cité par Lemery pour la serpen-taire de Virginie, *aristolochia serpentaria*. (J.)

SENAPEA. (*Bot.*) Arbrisseau grimpant, découvert par Aublet aux environs de Cayenne, mais dont il n'a pas ob-servé la fructification. (Lem.)

SENAPOU. (*Bot.*) Voyez Sinapou. (J.)

SÉNATEUR. (*Ornith.*) Cet oiseau, nommé *ratscher* par Martens, est la mouette blanche, *larus eburneus*, Linn. (Ch. D.)

SENBAK. (*Bot.*) Forskal cite ce nom du *convolvulus hede-raceus* dans sa Flore d'Égypte. (J.)

SENDAN. (*Bot.*) Un des nom japonois de l'azederach, cité par Kæmpfer et Thunberg. (J.)

SENDAR. (*Bot.*) Nom arabe du taminier, *tamnus*, cité par Mentzel. (J.)

SENDEF. (*Bot.*) Nom turc de la rue, *ruta graveolens*, cité par Forskal dans sa Flore de Constantinople. (J.)

SENDERA-CLANDI. (*Bot.*) Nom malabare de l'*evolvulus tridentatus*. (J.)

SENDINOR, SENDIONOR. (*Bot.*) Noms égyptiens de la crapaudine, *sideritis*, cité d'après Tabernæmontanus par Mentzel, qui dit aussi, d'après Matthiole, que c'est le *sidri-chis* des Arabes. (J.)

SENDRIKKAN. (*Bot.*) Nom de la belle-de-nuit, *nyctago*, à Ceilan, suivant Hermann. (J.)

SÉNÉ. (*Bot.*) Voyez Casse lancéolée, Casse d'Italie. (J.)

SÉNÉ BATARD ou SAUVAGE. (*Bot.*) Nom vulgaire de l'émérus de Césalpin. (L. D.)

SÉNÉ DES PRÉS. (*Bot.*) C'est la gratiole officinale. (L. D.)

SÉNÉ DES PROVENÇAUX. (*Bot.*) La globulaire turbith a été désignée sous ce nom. (L. D.)

SENEBIERA. (*Bot.*) Necker nommoit ainsi l'*ocotea* d'Au-blet, genre de Laurinées. M. De Candolle a donné le même nom à un genre formé du *lepidium didymum* et de quelques autres crucifères, auquel il a joint le *coronopus* de Gærtner, *cochlearia coronopus* de Linnæus. (J.)

SENECILLIS. (*Bot.*) Genre de plantes dicotylédones, à

fleurs composées, établi par Gærtner pour quelques espèces de *cineraria* de Linnæus, de la famille des *composées*, de l'ordre des *radiées*, de la *syngénésie polygamie superflue* de Linnæus, offrant pour caractère essentiel : Un calice cylindrique, à plusieurs folioles égales, disposées sur un seul rang, renfermant des fleurs flosculeuses dans le disque et des demi-fleurons à la circonférence, environ au nombre de douze, tridentés au sommet, toutes les fleurs également fertiles; le réceptacle nu : les semences striées, ovales, turbinées, couronnées par une aigrette sessile et plumeuse.

On voit, d'après ces caractères, que la principale différence entre ce genre et les *cineraria* consiste dans l'aigrette des semences plumeuse et non capillaire.

Senecillis glauque : *Senecillis glauca*, Gærtn.. *De fruct.*, 2, page 455, tab. 173 ; *Cineraria glauca*, Linn., *Syst. veg.*; Gmel., *Sibir.*, 2, page 166, tab. 74. Cette plante a des tiges très-simples, fistuleuses, striées, hautes de trois ou cinq pieds, garnies de feuilles un peu charnues, de couleur glauque, glabres, spatulées, en cœur, entières à leurs bords; les inférieures portées par des pétioles élargis, membraneux à leurs bords, et qui embrassent la tige par leur base ; les autres sont sessiles, beaucoup plus petites, embrassantes, moins obtuses. Le calice est composé d'un seul rang de folioles très-simples, renfermant des fleurs radiées; le réceptacle plan et mamelonné avant sa maturité, denticulé sur les bords de chaque mamelon : il devient convexe à la maturité, couvert de très-petites papilles. Les semences sont petites, glabres, striées, d'un brun clair. Toutes ces fleurs sont pédicellées, disposées en un épi simple, terminal. Cette plante croît dans la Sibérie.

Senecillis pourpré : *Senecillis purpurata*, Gært., *De fruct. et sem.*, *loc. cit.*; *Cineraria purpurata*, Linn., *Mant.*, 285. Plante herbacée, à tige simple, cotonneuse, haute d'un pied, sillonnée vers sa base, terminée par deux longs pédoncules. Les feuilles sont alternes, rapprochées, pétiolées, ovales, obtuses, bordées de quelques dents, pubescentes en dessus, cotonneuses en dessous, à bords recourbés. Les deux pédoncules qui terminent la tige sont aussi longs qu'elle, droits, filiformes, cotonneux, chargés d'une seule fleur, de la grandeur de celle de l'aisselle. Les demi-fleurons sont de couleur pourpre; le réceptacle est nu; le calice à plusieurs folioles peu nombreuses, courtes, lancéolées, pubescentes; les semences sont couronnées par une aigrette plumeuse. Cette plante croît au cap de Bonne-Espérance. (Poir.)

SENECIO. (*Bot.*) Parmi les contes nombreux dont l'ouvrage de Pline est rempli, on trouve une opinion singulière émise sur les vertus de l'*erigeron*, qui est nommé *senecio.* Si on l'arrache de terre en coupant sa racine avec un fer tranchant, et qu'ensuite on applique la partie coupée sur une dent douloureuse, en répétant trois fois cette application et rejetant chaque fois la salive amassée dans la bouche, la dent ne sera plus douloureuse, pourvu toutefois que la plante remise en terre continue à vivre. Si on vouloit donner une traduction exacte de Pline, on présenteroit au public un ouvrage nuisible à la réputation d'un auteur auquel on comparoit assez mal à propos un des premiers naturalistes du dix-huitième siècle. Voyez Seneçon. (J.)

SÉNÉCIONÉES, *Senecioneæ*. (*Bot.*) C'est la quatorzième des vingt tribus naturelles dont se compose l'ordre des Synanthérées, suivant notre méthode de classification. Nous avons déjà présenté (tom. XX, pag. 377) la description complète des caractères de cette tribu. Mais nous n'avons point encore exposé méthodiquement la série et l'analyse de tous les genres ou sous-genres qui lui appartiennent. C'est l'objet du présent article.

XIV.ᵉ *Tribu.* Les Sénécionées (*Senecioneæ*).

Jacobearum et Conysarum genera. Adanson (1763) — *Chrysanthemorum pars minor.* H. Cassini (1812) — *Chrysanthemorum sectio secunda, dicta Seneciones.* H. Cass. (1813) — *Senecioneæ.* H. Cass. (1814 et seq.). — *Jacobearum genera.* Kunth (1820).

(Voyez les caractères de la tribu des Sénécionées, tome XX, page 377.)

Première Section.

Sénécionées-Doronicées (*Senecioneæ-Doroniceæ*).

Caractère : Péricline non cylindrique, plus ou moins évasé, ordinairement supérieur aux fleurs staminées; formé de squa-

mes nombreuses, paucisériées, un peu inégales, presque imbriquées, étrécies de bas en haut, presque subulées vers le
sommet, ordinairement privées de bordures distinctes. (Calathides ordinairement grandes, solitaires et peu nombreuses.)

1. *Doronicum. = *Doronici sp.* Tourn. — Vaill. (1720. benè)
— Lin. — *Doronicum.* H. Cass. Dict. v. 15. p. 454.

2. * Grammarthron. = *Doronici sp.* Tourn. — Vaill. — Michaux — *Arnicæ sp.* Lin. — Jacq. — *Aronici sp.* Neck. —
Grammarthron. H. Cass. Bull. févr. 1817. p. 32. Dict. v. 19.
p. 294.

3. * Culcitium. = *Gnaphalii sp.* Lam. — Willd. — Pers. —
Culcitium. Bonpl. — H. Cass. Dict. v. 12. p. 210 — Kunth
(1820).

4. * Eriotrix. = *Athanasiæ sp.* Commers. et Juss. (Mss. in
Herbar.) — *Conyzæ sp.* Lam. — *Baccharidis sp.* Pers. — *Eriotrix.* H. Cass. Bull. févr. 1817. p. 32. Dict. v. 15. p. 200.

5. * Aspelina. = *Gnaphalium niveum.* Lin. Sp. pl. ed. 2.
(auct. herb. Juss.) — *Aspelina.* H. Cass. (1826) Dict. v. 41.
p. 166.

6. † Dorobæa. = *Senecionis sp.* (*pimpinellæfolius et affines*)
Kunth — *Dorobæa.* H. Cass. Dict. (hic).

Seconde Section.

Sénécionées - Prototypes (*Senecioneæ - Archetypæ*).

Caractère : Péricline cylindrique, nullement évasé, ordinairement inférieur aux fleurs staminées; formé, 1.° de squames
peu nombreuses, unisériées, égales, oblongues, munies pour
la plupart d'une ou deux bordures latérales très-distinctes,
membraneuses, extrêmement minces, diaphanes, cachées
par superposition ; 2.° de squamules surnuméraires nées à la
base de son support. (Calathides ordinairement petites, associées et nombreuses.)

7. † ? Ætheolæna. = *Cacalia involucrata.* Kunth — *Ætheolæna.* H. Cass. Dict. (hic).

8. * Carderina. = *Senecio reclinatus.* Lin. fil. — *Chrysocoma
sphacelata.* Mœnch — *Carderina.* H. Cass. (1825) Dict. v. 55.
p. 272.

9. * Senecio. = *Senecio, excl. qu. sp.* Tourn. — Vaill. —

Adans. — Gærtn. — Neck. — Mœnch — *Senecionis sectio prima, excl. qu. sp.* Lin. *et cæteri botanici.* —*Senecio.* H. Cass. Dict. (hìc.)

10. * Obæjaca. = *Jacobææ sp.* Tourn. — Vaill. — Adans. — Gærtn. — Mœnch — *Senecionis sectio secunda.* Lin. *et cæteri botanici.* — *Anecionis sp.* Neck. — *Obæjaca.* H. Cass. (1822) Dict. v. 24. p. 113. v. 55. p. 270.

11. * Jacobæa. = *Jacobææ sp.* Tourn. — Adans. — Gærtn. — Mœnch — *Jacobææ et Solidaginis sp.* Vaill. — *Senecionis et Solidaginis sp.* Lin. (1737) — *Senecionis sectiones tertia et quarta, excl. qu. sp.* Lin. (1763) *et cæteri botanici* — *Anecionis sp.* Neck. — *Jacobæa.* H. Cass. Dict. v. 24. p. 110.

12. * Sclerobasis. = *Senecionis sp.* Lin. — *Sclerobasis.* H. Cass. Bull. mai 1818. p. 73. Dict. v. 48. p. 145.

13. * Synarthrum. = *Conyza appendiculata.* Lam. — *Synarthrum.* H. Cass. Dict. (hìc).

14. * Gynoxys. = *Senecionis sp.* Kunth — *Gynoxys.* H. Cass. Dict. (hìc).

15. † ? Scrobicaria. = *Stæhelina ilicifolia.* Lin. fil. — *Cacalia ilicifolia.* Kunth — *Scrobicaria.* H. Cass. Dict. (hìc).

16. * Hubertia. = *Hubertia.* Bory (1804) — H. Cass. Dict. v. 21. p. 506 — *Senecionis sp.* Pers. (1807).

17. * Faujasia. = *An ? Senecio pinifolius.* Pers. — *Faujasia.* H. Cass. Bull. mai 1819. p. 80. Dict. v. 16. p. 247.

18. * Neoceis. = *Senecionis sp.* Lin. — *Neoceis.* H. Cass. Bull. juin 1820. p. 90. Dict. v. 34. p. 386 — *An ? Ptileris.* Rafin.

19. * Cremocephalum. = *Senecio cernuus.* Lin. fil. — *Crassocephalum.* Mœnch (1794. malè) — *Cremocephalum.* H. Cass. (1825) Dict. v. 34. p. 390.

20. * Gynura. = *An ? Senecio pseudo-china.* Lin. (auct. herb. Juss.) — *Gynura.* H. Cass. (1825) Dict. v. 34. p. 591.

21. * Eudorus. = *Cacalia senecioides.* Desf. Tabl. p. 115. (non Kunth) — *Eudorus.* H. Cass. Bull. nov. 1818. p. 165. Dict. v. 15. p. 525.

22. † Pericalia. = *Cacalia cordifolia.* Kunth — *Pericalia.* H. Cass. Dict. (hìc).

23. * Cacalia. = *Cacalianthemum.* Dill. (1732) — *Kleinia.* Lin. (1737). (Non Jacq. nec Juss.) — *Cacaliæ sp.* Lin. (1763) — *Senecionis sp.* Adans. (1763) — *Cacalia.* H. Cass. Dict. (hìc)

— (Non *Cacalia*, Tourn., Vaill., Adans., quæ *Adenostyles*, H. Cass.)

24. † ? Pentacalia. = *Cacalia arborea*. Kunth — *Pentacalia*. H. Cass. Dict. (hic).

Troisième Section.

Sénécionées-Othonnées (*Senecioneæ-Othonneæ*).

Caractère · Péricline formé de squames peu nombreuses, unisériées, égales, oblongues, sans aucune squamule surnuméraire. (Calathides ordinairement portées sur des pédoncules dénués de bractées, au moins en leur partie apicilaire.)

25. † Erechtites. = *Erechtites*. Rafin. (1817) Fl. lud.

26. * Emilia. = *Cacaliæ sp*. Lin. — Willd. — *Emilia*. H. Cass. Bull. avr. 1817. p. 68. Dict. v. 14. p. 405. v. 34. p. 593. atl. cah. 5. pl. 5. Op. phyt. v. 1. p. lxiij. pl. 5.

27. * Pithosillum. = *Pithosillum*. H. Cass. (1826) Dict. v. 41. p. 164.

28. * Euryops. = *Jacobææ sp*. Tourn. — Commel. — *Jacobæastri sp*. Vaill. (1720) — *Othonnæ sp*. Lin. (1757) — Lin. fil. — Jacq. — Thunb. — Willd. — Pers. — *Euryops*. H. Cass. Bull. sept. 1818. p. 140. Dict. v. 16. p. 49 — *Werneria*. Kunth (1820).

29. * Othonna. = *Jacobææ sp*. Tourn. — Commel. — *Jacobæastri sp*. Vaill. (1720) — *Othonnæ sp*. Lin. (1757) — *Calthoides*. Bern. Juss. — *Aristotela*. Adans. (1765) — *Othonna et Hertia*. Neck. (1791) — *Othonna*. H. Cass. Dict. (hic).

30. † ? Doria. = *Cinerariæ sp*. Lin. — Lin. fil. — Willd. — Pers. — *Doria*. Thunb. (1800). (Non *Doria*. Adans.)

31. ˝ Cineraria. = *Jacobææ sp*. Tourn. — *Jacobæoidis sp*. Vaill. — *Solidaginis sp*. Lin. (1757) — *Othonnæ sp*. Lin. (1743) — *Cinerariæ sp*. Lin. (1764) — *Cineraria*. Neck. — H. Cass. Dict. v. 9. p. 257 (non sufficienter). Dict. (hic) — Kunth.

32. † ? Brachyglottis. = *Brachyglottis*. Forster (1776) — Scop. (1777) — Juss. (1789) — H. Cass. Dict. (hic) — *Cinerariæ sp*. Willd. — Pers.

Adanson a divisé l'ordre des Synanthérées en dix sections, dont la huitième porte le nom de Jacobées. Cette section, placée entre celle des Conises et celle des Soucis, est carac-

térisée par la calathide plus ou moins manifestement radiée,
les fruits surmontés d'une longue aigrette, le clinanthe nu
ou presque nu, et toutes les feuilles alternes. L'auteur y
rapporte treize genres, dont trois seulement (*Jacobœa, Aris-*
totela, Doronicum) appartiennent à notre tribu naturelle des
Sénécionées. Les autres sont des Astérées, des Tagétinées, des
Tussilaginées, des Inulées, des Mutisiées, des Nassauviées.
Remarquons aussi qu'Adanson, qui rapporte les genres *Ja-*
cobœa et *Tussilago* à sa section des Jacobées, attribue les
genres *Senecio* et *Petasites* à une autre section, celle des
Conises.

Dans notre premier Mémoire sur les Synanthérées, nous
avions confondu ensemble la tribu naturelle des Anthémi-
dées et celle des Sénécionées, en les réunissant sous le titre
commun de section des Chrysanthèmes, parce que la structure du style est la même dans ces deux tribus. Dans notre
second Mémoire, nous avons divisé la section des Chrysanthèmes en deux tribus, nommées alors tribu des Chrysanthèmes et tribu des Seneçons. Dans notre troisième Mémoire
nous avons abandonné la section des Chrysanthèmes, et conservé ses deux tribus, en les nommant tribu des Anthémi-
dées et tribu des Sénécionées, et en les éloignant l'une de
l'autre par l'interposition de la tribu des Inulées et de celle
des Astérées. Enfin, dans notre quatrième Mémoire, nous
avons fixé la place des Sénécionées entre les Astérées et les
Nassauviées. Les caractères de notre tribu naturelle des Sénécionées, et l'indication des principaux genres qui la composent, se trouvent dans nos quatre Mémoires sur le Style,
les Étamines, la Corolle et l'Ovaire des Synanthérées : ces
quatre Mémoires, lus à l'Institut en 1812, 1813, 1814 et
1816, ont été publiés successivement dans le Journal de
physique, depuis Février 1813 jusqu'à Juillet 1817.

M. Kunth a publié, en 1820, le tome quatrième des *Nova*
genera et species plantarum, dont l'impression auroit été, selon
lui, commencée en Septembre 1817 et terminée en Septembre 1818. Les Synanthérées décrites dans ce volume y sont
distribuées en six sections principales, dont la quatrième
porte le nom de Jacobées. Cette section est placée entre
celle des Eupatorées et celle des Hélianthées ; elle est, comme

toutes les autres, absolument dépourvue de caractères dis-
tinctifs ; et elle se compose des dix genres : *Perdicium*, *Dumerilia*, *Kleinia*, *Cacalia*, *Culcitium*, *Senecio*, *Cineraria*, *Werneria*, *Tagetes*, *Bœbera*. Nous reconnoissons pour de vraies
Sénécionées les cinq genres *Cacalia*, *Culcitium*, *Senecio*, *Cineraria*, *Werneria*; mais les cinq autres genres appartiennent,
selon nous, les uns à la tribu des Nassauviées, les autres à
celle des Tagétinées. Il n'est pas inutile de faire remarquer
ici que le genre *Werneria* de M. Kunth, publié en 1820,
est le même que notre genre *Euryops*, publié dans le Bulletin des sciences de Septembre 1818. (Voyez, dans le Journal
de physique de Juillet 1819, notre Analyse critique et rai-
sonnée du quatrième volume de l'ouvrage de M. Kunth.)

Notre tribu naturelle des Sénécionées nous semble se distribuer assez convenablement en trois sections distinguées
par la structure du péricline, d'après les considérations suivantes.

Une calathide de Sénécionée est un épi simple, dont l'axe
très-déprimé, c'est-à-dire, très-accourci et très-élargi, porte
les fleurs sur sa partie supérieure et les squames du péricline sur sa partie inférieure. La partie supérieure florifère,
ou le clinanthe, est ordinairement plane ; la partie inférieure
squamifère, que nous proposons de nommer *anticlinanthe*,
est ordinairement hémisphérique ou turbinée. Selon nous,
dans l'ordre des Synanthérées, l'état naturel ou ordinaire de
l'anticlinanthe est d'être entièrement couvert de squames,
nées de tous les points de sa surface, et par conséquent disposées sur plusieurs rangées circulaires concentriques immédiatement contiguës. C'est ce qui a lieu dans la section des
Doronicées, où le péricline est formé de squames disposées
sur deux ou trois rangs, rarement sur un plus grand nombre, parce que l'anticlinanthe est très-peu étendu. Dans la
section des Prototypes, l'anticlinanthe offre en général une
bien plus grande surface, et pourroit par conséquent porter
un péricline vraiment imbriqué, c'est-à-dire composé de
squames nombreuses, graduellement inégales, régulièrement
étagées sur plusieurs rangs : mais toutes les squames intermédiaires avortent constamment, en sorte que l'anticlinanthe,
ne portant de squames qu'à sa base et à son sommet, reste

presque nu. Enfin, dans la section des Othonnées, les squames de la base avortent complétement, aussi bien que les intermédiaires, et celles du sommet subsistent seules.

Ces différences pourroient paroître insuffisantes pour caractériser des sections naturelles, si elles ne se liaient pas à d'autres circonstances, dont quelques-unes sont indiquées dans le tableau qui précède, et dont les autres seroient ici développées si les limites qui nous sont imposées ne nous obligeoient pas de les passer sous silence.

1. Le genre *Doronicum* est convenablement placé au commencement de la tribu des Sénécionées, parce qu'il a beaucoup d'affinité avec notre genre *Bellidiastrum*, placé à la fin de la tribu des Astérées, qui précède immédiatement celle-ci.

2. Notre genre *Grammarthron*, qui se rapproche également du *Bellidiastrum*, a pour type l'*Arnica scorpioides* de Linné, et il ressemble beaucoup au *Doronicum*, dont il ne se distingue que par le clinanthe nu, par les ovaires de la couronne, qui sont aigrettés aussi bien que ceux du disque, et par la singulière structure de l'article anthérifère bordé de deux bourrelets longitudinaux, cartilagineux, jaunes, épais. Nous rapportons au même genre l'*Arnica doronicum* de Jacquin, remarquable par sa couronne biliguliflore, et le *Doronicum nudicaule* de Michaux, remarquable par ses feuilles opposées.

3. Quoique le genre *Culcitium* de M. Bonpland paroisse différer beaucoup des deux précédens, surtout parce que sa calathide n'a point de couronne, il a néanmoins des rapports très-intimes avec eux. Nous ne pouvons donc point partager l'opinion de M. Kunth, qui prétend (*Nov. gen. et sp.*, tom. 4, pag. 170) que ce genre est à peine distinct du *Cacalia* et devroit lui être réuni.

4. Notre *Eriotrix* semble s'éloigner du *Culcitium* par sa tige ligneuse et ses petites calathides : cependant ses rameaux, tout couverts jusqu'au sommet de petites feuilles coriaces, et terminés par une calathide solitaire, offrent une évidente analogie avec les tiges, également monocalathides et tout couvertes de petites feuilles coriaces, de certains *Culcitium*, tels que le *reflexum*. D'ailleurs, les caractères des deux genres diffèrent très-peu, l'*Eriotrix* ne pouvant être

distingué génériquement des *Culcitium* que par les squames
du péricline qui sont spinescentes, par le clinanthe qui est
nu , et par les squamellules de l'aigrette qui sont flexueuses,
contournées, emmêlées. Quoique ces différences soient légères, elles seront certainement jugées suffisantes, si l'on a
égard au port et aux considérations géographiques.

5. Notre genre *Aspelina* se distingue facilement des *Eriotrix* et *Culcitium*, par sa calathide radiée ; il se distingue aussi
des *Grammarthron* et *Doronicum* par sa couronne composée
seulement de trois fleurs, par ses ovaires tout hérissés de
longs poils, surtout au sommet , où ils forment une sorte de
petite aigrette extérieure , par la forme de son péricline ,
etc.

6. Il suffit de jeter les yeux sur la planche 564 des *Nova
genera et species* de M. Kunth , pour juger que le *Senecio
pimpinellæfolius*, qui y est figuré, se rapproche beaucoup
plus du *Doronicum* que du *Senecio* ou du *Jacobæa ;* c'est
pourquoi nous proposons le genre *Dorobæa*, comprenant le
Senecio pimpinellæfolius (que nous n'avons point vu) et les
autres espèces analogues. Ce genre, qui n'appartient pas à
la section des Prototypes, mais à celle des Doronicées, se
distingue de l'*Aspelina* par ses ovaires glabres et sa couronne
multiflore ; des *Eriotrix* et *Culcitium*, par sa calathide radiée ;
des *Grammarthron* et *Doronicum*, par son péricline, qui ,
d'après la figure et les descriptions, nous semble être formé
de squames paucisériées, irrégulièrement imbriquées, très-
inégales, les extérieures étant beaucoup plus courtes que
les intérieures.

7. M. Kunth (*loc. cit.*, pag. 166) dit que sa *Cacalia involu-
crata* est peut-être une espèce du genre *Kleinia* de M. de
Jussieu. Cela nous paroit impossible, d'après les observations
que nous avons faites sur ce genre, et qui sont consignées
dans notre article KLEINIE (tom. XXIV , pag. 459). Mais la
description de M. Kunth nous persuade que sa plante doit
constituer, dans la tribu des Sénécionées, et probablement
dans la section des Prototypes, un genre que nous proposons
de nommer *Ætheolæna*. Ce genre seroit caractérisé par le
péricline double ou involucré : l'extérieur presque aussi long
que l'intérieur, involucriforme, composé d'environ dix fo-

lioles imbriquées, ovales, membraneuses, munies de veines réticulées.

8. Notre genre *Carderina*, fondé sur le *Senecio reclinatus*, diffère du précédent en ce que les squames du péricline intérieur sont sphacélées au sommet, et que celles du péricline extérieur sont linéaires.

9. Le vrai genre *Senecio*, restreint dans les limites que nous lui assignons, a pour type le *Senecio vulgaris*, Linn., qui présente les caractères génériques suivans:

Senecio. Calathide cylindrique, incouronnée, équaliflore, multiflore, régulariflore, androgyniflore. Péricline cylindrique, égal aux fleurs au commencement de la fleuraison, très-inférieur aux fleurs à la fin de la fleuraison; formé 1.° de squames unisériées, égales, contiguës, appliquées, linéaires, à bordure membraneuse, à sommet aigu et sphacélé, c'est-à-dire scarieux et noirâtre; 2.° de squamules surnuméraires irrégulièrement disposées, subunisériées, appliquées, courtes, linéaires-lancéolées, sphacélées au sommet. Clinanthe plan, à réseau un peu saillant et denté. Ovaire cylindrique, à bandes alternativement glabres et papillées; aigrette longue, blanche, composée de squamellules nombreuses, inégales, filiformes, capillaires, à peine barbellulées. Corolle (jaune) à limbe bien distinct, infundibulé, long à peu près comme la moitié du tube. Étamines (quelquefois avortées dans les fleurs marginales) à filet libéré au sommet du tube de la corolle; article anthérifère long, épaissi inférieurement en forme de balustre et presque papillé; loges courtes, arrondies à la base; appendice apiciraire oblong, large, arrondi au sommet. Style à deux stigmatophores glabres, tronqués au sommet.

10. Notre genre *Obœjaca*, qui correspond à la seconde section du *Senecio* de Linné, a beaucoup plus d'affinité avec le vrai *Senecio* qu'avec le *Jacobœa*, quoiqu'il ait une couronne de fleurs ligulées, femelles; mais cette couronne est très-peu apparente, parce que les languettes sont petites, et jamais étalées horizontalement.

11. Le genre *Jacobœa*, tel que nous le concevons, se distingue du précédent, principalement par les corolles de la couronne, qui sont égales, uniformes, à languette large,

notablement plus longue que le tube, étalée horizontalement durant tout le cours de la fleuraison, ne se roulant en dessous qu'après cette époque.

12. Notre genre *Sclerobasis*, auquel se rapporte le *Senecio rigidus*, Linn., ne se distingue du *Jacobæa* que par la forme singulière de l'anticlinanthe, qui représente une calotte hémisphérique, épaisse, d'abord charnue, puis subéreuse, débordant la base du péricline, et se divisant à la circonférence, par des sillons rayonnans, en côtes qui alternent avec les squames de ce péricline.

13. La plante que nous avons observée dans l'herbier de M. Desfontaines, sous le nom de *Conyza appendiculata*, Lam., peut constituer un genre très-voisin du *Sclerobasis*, mais suffisamment distinct, et qui seroit convenablement nommé *Synarthrum.* La calathide est radiée, à languettes longues; le clinanthe est petit, convexe, nu; l'anticlinanthe est revêtu, comme dans le *Sclerobasis*, d'une écorce très-épaisse, subéreuse, mais qui, au lieu de se terminer brusquement sous la base des squames du péricline, s'élève bien plus haut et enveloppe toute la partie basilaire de ces squames, en sorte qu'elles se trouvent entregreffées et considérablement épaissies en dehors vers la base, tandis qu'elles demeurent libres et subfoliacées dans le reste de leur étendue; les squamules surnuméraires sont très-longues, très-étroites, linéaires; les fruits sont glabres et multistriés.

14. Nous proposons, sous le nom de *Gynoxys*, un genre ou sous-genre qui ne diffère essentiellement du *Jacobæa* que parce que les stigmatophores, au lieu d'être tronqués au sommet, sont surmontés d'un appendice collectifère. Ce petit caractère seroit sans doute insuffisant, s'il ne se trouvait pas lié à un port très-remarquable et fort différent de celui des autres *Jacobæa*. En effet, nous pouvons attribuer au *Gynoxys* les *Senecio laurifolius*, *baccharoides*, *fuliginosus*, *pulchellus*, *buxifolius*, de M. Kunth, qui sont de petits arbres à feuilles opposées, pétiolées, entières, coriaces, glabres en dessus, tomenteuses en dessous, à calathides corymbées. Nous rapportons au même genre une espèce étiquetée *Senecio scandens* dans l'herbier de M. de Jussieu, et sur laquelle nous avons observé les caractères suivans.

Gynoxys cordifolia, H. Cass. Feuilles pétiolées, cordiformes, à dents arrondies ; calathides radiées, disposées en corymbe ; disque multiflore, régulariflore, androgyniflore ; couronne unisériée, pauciflore, liguliflore, féminiflore ; péricline glabre, inférieur aux fleurs du disque, formé de squames égales, unisériées, contiguës, appliquées, oblongues, aiguës, subfoliacées, et de quelques squamules surnuméraires ovales ; clinanthe plan, alvéolé, à cloisons basses, membraneuses, irrégulièrement découpées ; ovaires cylindracés, hispidules ; aigrette composée de squamellules filiformes, capillaires, à peine barbellulées ; style à deux stigmatophores longs, et surmontés chacun d'un appendice très-manifeste, subulé, ou plutôt longuement semi-conique, aigu, hispide.

15. La *Cacalia ilicifolia* de M. Kunth, précédemment attribuée au genre *Stœhelina*, est, comme la plupart des *Gynoxys*, un arbre à feuilles opposées, pétiolées, indivises, coriaces, glabres en dessus, tomenteuses en dessous, et à calathides corymbées. Son aigrette est très-barbellulée, comme celle de plusieurs *Gynoxys*. Son clinanthe est alvéolé, à cloisons membraneuses, divisées en lanières subulées ; et ce caractère existe aussi, quoique moins manifestement, dans les *Gynoxys baccharoides* et *cordifolia*. D'ailleurs, nous avons acquis, comme M. Kunth, par une foule d'exemples, l'intime conviction que le caractère dont il s'agit a en général fort peu d'importance, surtout dans la tribu des Sénécionées. La description de ce botaniste ne nous apprend pas si les stigmatophores sont tronqués ou appendiculés. Quoi qu'il en soit, la plante en question nous paroît devoir constituer un genre voisin du *Gynoxys*, dont il se distingueroit principalement par la calathide incouronnée, et par le péricline, dont les squamules surnuméraires sont nombreuses, appliquées, et presque aussi longues que les vraies squames. Ce genre, que nous proposons de nommer *Scrobicaria*, n'appartiendrait-il pas plutôt, par la structure de son péricline, à la section des Doronicées ? Remarquez que cette section nous offre déjà la tige ligneuse dans l'*Eriotrix*, les feuilles opposées dans les *Grammarthron oppositifolium* et *Culcitium canescens*, les calathides associées dans cette dernière plante, l'aigrette très-barbellulée dans la précédente, la calathide

incouronnée dans les *Eriotrix* et *Culcitium*, et qu'enfin le clinanthe du *Culcitium* est très-analogue à celui du *Scrobicaria*.

16. Si la plante que nous avons observée dans l'herbier de M. Desfontaines, sous le nom d'*Hubertia ambavilla*, est bien celle de M. Bory, nous ne pouvons trouver aucun caractère propre à distinguer le genre *Hubertia* du *Jacobœa*. Il nous semble cependant que les fruits sont un peu comprimés et à cinq côtes : cela seroit-il un caractère suffisant? Les squames du péricline ne sont point sphacélées au sommet : mais. il en est de même chez beaucoup de *Jacobœa*. Les squamules surnuméraires semblent être plutôt des bractées nées au sommet du pédoncule, que de vraies squamules nées au bas de l'anticlinanthe : mais on en peut dire autant de beaucoup d'autres Sénécionées-Prototypes. Néanmoins nous n'osons pas supprimer le genre *Hubertia*, parce que le grand nombre de ceux que nous avons proposés, et qui, pour la plupart, ne sont peut-être pas meilleurs que celui-ci, nous ôte le droit d'exercer sous ce rapport une censure bien sévère contre les autres botanistes.

17. Notre genre *Faujasia* se distingue de tout autre par des caractères aussi notables que son port : la calathide est incouronnée, mais les étamines avortent dans les fleurs extérieures; les squames du péricline sont entregreffées inférieurement, et accompagnées de squamules surnuméraires, que nous avions oublié de mentionner dans notre description; l'aigrette n'a que quatre squamellules; la base de la corolle est très-dilatée et beaucoup plus large que le sommet de l'ovaire, qui est excessivement grêle, en sorte que les squamellules de l'aigrette sont arquées ou coudées à leur base.

18. Le *Senecio hieracifolius*, Linn., et quelques autres espèces composent notre genre *Neoceis*, principalement caractérisé par la calathide pourvue d'une couronne de fleurs femelles tubuleuses, non radiantes, disposées sur plusieurs rangs concentriques. Deux ans après la publication du *Neoceis*, M. de Jussieu nous a fait voir une note manuscrite de M. Rafinesque, où il est dit que ce botaniste a nommé *Pteris* un genre fondé sur le *Senecio hieracifolius* : mais nous

ignorons complétement s'il l'a publié, à quelle époque, dans quel recueil, et quels caractères il lui attribue. Il nous semble bien probable que le *Senecio quadridentatus* de M. Labillardière est une cinquième espèce de *Neoceis*, voisine de notre *Neoceis microcephala*, et qu'on pourroit nommer **Neoceis tomentosa**.

19. Le genre ou sous-genre *Cremocephalum*, fondé sur le *Senecio cernuus*, a la plus intime affinité avec les *Neoceis*, quoiqu'il s'en distingue nettement par sa calathide incouronnée. Il semble se confondre, par ses caractères techniques les plus apparens, avec le vrai genre *Senecio*, quoiqu'il s'en éloigne certainement par d'autres caractères moins manifestes, mais dignes d'être considérés par les botanistes exacts, et qui nous sont fournis par la singulière structure de la corolle, des étamines et du style. Les filets des étamines sont libérés vers le milieu de la hauteur du tube de la corolle, et la longueur de ce tube est au moins triple de celle du limbe : telles sont les apparences, qu'il convient d'admettre dans les descriptions techniques ; mais au fond nous pensons que, dans les Sénécionées, comme dans les Astérées et d'autres tribus, le filet de l'étamine est toujours libéré au sommet du tube de la corolle, quoique souvent le point de libération paroisse être situé beaucoup plus bas, parce que dans ce cas la partie inférieure du limbe est très-étroite et se confond entièrement par sa forme avec le tube. D'après cette théorie, dont nous avons déjà fait application au genre *Solidago* (tom. XXXVII, pag. 472), la corolle du *Cremocephalum* auroit un limbe fort extraordinaire, très-long, très-étroit, conforme au tube, excepté vers le sommet, où il s'élargit beaucoup et devient obconique. Remarquez que plusieurs autres Sénécionées offrent dans leur corolle des anomalies plus ou moins analogues à celle-ci, mais moins considérables.

20. Notre *Gynura*, qui a beaucoup d'affinité avec le *Cremocephalum*, est particulièrement remarquable par la grandeur et la forme des appendices qui surmontent les stigmatophores.

21. Notre genre *Eudorus* s'éloigne des précédens et pourroit être rapproché du *Jacobæa*, dont il se distingue aisé-

ment par sa calathide non radiée, mais discoïde, à couronne
de cinq ou six fleurs femelles contenant des rudimens d'é-
tamines demi-avortées, et dont le limbe de la corolle est
comme palmé, ou fendu en dedans jusqu'à la base, et profondément tri-quadrilobé, à lobes très-arqués en dehors.

22. La *Cacalia cordifolia* de M. Kunth nous paroît différer
génériquement des vraies *Cacalia*, en ce que son péricline
est réellement double, et que l'extérieur est involucriforme,
presque égal ou même supérieur au péricline intérieur, régulier, appliqué, composé d'environ huit folioles égales,
longues, linéaires. Ajoutons que les squamellules de l'aigrette
sont un peu épaissies au sommet, et hérissées de barbellules
rapprochées, nombreuses et longues. Ce nouveau genre ou
sous-genre, qui nous semble avoir de l'affinité avec le *Cineraria*, pourroit être nommé *Pericalia*.

23. Le vrai genre *Cacalia*, réduit dans les limites que
nous lui assignons, est principalement fondé sur les espèces
à tige ligneuse et à feuilles charnues, telles que la *Cacalia
ficoides*, qui nous a offert les caractères génériques suivans :

Calathide oblongue, incouronnée, équaliflore, subduodé-
cimflore, régulariflore. androgyniflore. Péricline cylindrique,
à peu près égal aux fleurs; formé de sept ou huit squames
égales, unisériées, appliquées, oblongues-aiguës, foliacées,
membraneuses sur les bords latéraux qui se recouvrent,
point du tout sphacélées au sommet; la base du péricline
accompagnée d'une, deux, ou trois squamules surnuméraires.
Clinanthe plan, petit, hérissé de lamelles ou de papilles.
Ovaires oblongs, cylindriques, striés, hispides; aigrette longue, composée de squamellules nombreuses, filiformes, très-
manifestement barbellulées, surtout vers le sommet. Corolles
à limbe bien distinct, infundibulé, aussi long ou plus long
que le tube. Étamines à loges longues. Stigmatophores tronqués au sommet.

Ce genre, bien différent du vrai *Senecio* par le port, semble
se confondre avec lui par les caractères techniques. Remarquez cependant que, dans le *Cacalia*, la calathide est composée de fleurs beaucoup moins nombreuses, que le péricline
a bien moins de squames et surtout de squamules, et qu'elles

ne sont point du tout sphacélées au sommet, que l'aigrette est très-manifestement barbellulée, qu'enfin le limbe de la corolle est au moins aussi long que le tube. Toutefois nous convenons qu'on ne peut guère éviter de rapporter au genre *Cacalia* des espèces qui s'écartent plus ou moins, sous quelques rapports, des caractéres que nous venons de présenter comme typiques.

La *Cacalia fimbrillifera*, H. Cass. (*Eupatorium auriculatum*, Lam.) a la calathide pauciflore, le péricline inférieur aux fleurs, formé de six squames et de quelques squamules surnuméraires, le clinanthe hérissé de fimbrilles filiformes. La *Cacalia penicillata*, H. Cass. (*Eupatorium tomentosum*, Lam.) offre à peu près les mêmes caractéres, si ce n'est que le clinanthe est alvéolé, non fimbrillé; l'aigrette est un peu pénicillée, les barbellules étant notablement alongées vers le sommet des squamellules; la partie inférieure du limbe de la corolle est étroite et peu distincte du tube.

La *Cacalia atriplicifolia*, Linn., ne seroit-elle pas une Tagétinée, voisine du genre *Porophyllum?* La plante cultivée sous ce nom au Jardin du Roi, nous a offert des particularités remarquables : le milieu du clinanthe porte une éminence pyramidale; la corolle est analogue à celle des Sénécionées; son limbe est très-distinct du tube; les étamines ont le filet libéré au sommet de ce tube, l'article anthérifére très-court, l'anthére noirâtre, l'appendice apicilaire subcordiforme et muni d'une grosse nervure médiaire, les appendices basilaires nuls, le pollen blanc, sphérique, échinulé; les stigmatophores sont analogues à ceux des Sénécionées, si ce n'est que leur face extérieure est hérissée de papilles cylindriques, et que les deux bourrelets stigmatiques, distancés dans le bas, sont confluens dans le reste de leur étendue. L'*Arnoglossum* de M. Rafinesque, que nous avons rapporté avec doute à la tribu des Eupatoriées, en le rapprochant du *Mikania*, ne seroit-il pas plutôt congénère de la *Cacalia atriplicifolia?* Nous avions dit (tome XXVI, page 252) que si les squames du péricline étoient entregreffées, comme nous le soupçonnions, l'*Arnoglossum* ne seroit certainement point une *Mikania*, ni peut-être même une Eupatoriée. Cet argument est fautif, car nous avons récemment observé des *Mikania* dont les squames du péricline sont vraiment entregreffées à la base.

24. En combinant la description et la figure de la *Cacalia arborea* de M. Kunth, il nous semble que cette espèce n'est pas exactement congénère des vraies *Cacalia*, et qu'elle pourroit former, sous le nom de *Pentacalia*, un genre ou sousgenre principalement caractérisé par les fruits pentagones. Si les stigmatophores, la corolle et l'ovaire sont exactement figurés, on peut conjecturer avec quelque vraisemblance que l'arbre en question appartient plutôt aux Adénostylées qu'aux Sénécionées.

25. Le genre *Erechtites* de M. Rafinesque se rapporte à la section des Othonnées, puisque l'auteur affirme que la base du péricline n'est accompagnée d'aucune squamule surnuméraire, et il est voisin des *Emilia* et *Pithosillum*, parce que sa calathide est incouronnée. Prenant en considération le port et la patrie de l'*Erechtites*, nous sommes persuadé qu'il est réellement distinct des deux genres suivans, quoique la description insuffisante de M. Rafinesque ne nous permette de l'en distinguer que par le péricline charnu.

26. Notre genre *Emilia*, précédemment confondu avec le *Cacalia*, en diffère par le péricline absolument privé de squamules surnuméraires, par l'ovaire pentagone, à cinq arêtes hispides, saillantes, presque en forme d'ailes, par les stigmatophores appendiculés au sommet, par la forme de la corolle, et par un port particulier. Les squames du péricline sont quelquefois entregreffées à la base, notamment dans l'*Emilia purpurea*. Nous avons observé, dans l'herbier de M. Gay, deux nouvelles espèces d'*Emilia*, qui s'éloignent des *flammea*, *purpurea*, *adenogyna*, en ce que le péricline est égal aux fleurs: les corolles sont purpurines, les stigmatophores pas sensiblement appendiculés au sommet : mais le péricline est très-simple, à base absolument nue, et les fruits sont pentagones, à angles hispides, très-saillans.

27. Notre genre *Pithosillum* diffère du précédent par la forme de ses ovaires, et par ses stigmatophores tronqués au sommet.

28. L'*Othonna pectinata* de Linné, et cinq autres espèces africaines, ont servi de fondement à notre genre *Euryops*.

auquel se rapporte évidemment le *Werneria* de M. Kunth, publié deux ans après l'*Euryops*, et fondé sur six espèces américaines, qui diffèrent beaucoup des africaines par le port. Le genre *Euryops* se distingue aisément des trois précédens par sa calathide radiée et son péricline plécolépide, du suivant par son disque androgyniflore, des trois derniers par son péricline plécolépide. Nous divisons ce genre en deux sections : la première, intitulée *Euryops* vrai, comprend les espèces africaines, à tige ligneuse, à calathides axillaires, supportées chacune par un pédoncule solitaire, grêle et nu, ordinairement long ; la seconde, intitulée *Werneria*, comprend les espèces américaines, à tige herbacée, à calathides terminales, solitaires, dont le pédoncule, épais et court, est formé par l'extrémité même de la tige ou du rameau, qui sont dénués de feuilles près du sommet.

29. Le vrai genre *Othonna*, étant débarrassé des espèces qui entrent dans la composition de l'*Euryops*, se distingue de tous les autres genres de Sénécionées par son disque masculiflore, et il présente les caractères suivans, que nous avons observés sur les *Oth. cheirifolia*, *coronopifolia*, etc.

Calathide radiée : disque multiflore, régulariflore, masculiflore ; couronne unisériée, liguliflore, féminiflore. Péricline cylindracé, inférieur, égal, ou supérieur aux fleurs du disque ; formé de squames unisériées, égales, appliquées, contiguës, tantôt libres, tantôt plus ou moins entregreffées vers la base, demi-embrassantes, oblongues-lancéolées, coriaces-charnues, souvent munies d'une bordure membraneuse, quelquefois sphacélées ou noirâtres au sommet. Clinanthe planiuscule, convexe, ou un peu conique, poncticulé, fovéolé, ou subalvéolé, à réseau papillé, presque fimbrillé, ou parsemé de quelques poils. Ovaires de la couronne courts, épais, cylindracés, striés, velus ou hérissés de papilles ; aigrette longue, droite, composée de squamellules plurisériées, très-nombreuses, inégales, filiformes, striées longitudinalement, courtement barbellulées. Faux-ovaires du disque longs, grêles, cylindriques, glabres, privés d'ovule, à aigrette de squamellules peu nombreuses. Styles masculins du disque portant, au-dessus des deux stigmatophores entregreffés, un appendice conoïdal échancré au sommet.

Les botanistes supposent que le caractère principal ou essentiellement distinctif du genre *Othonna* réside dans ce qu'ils
appellent le calice monophylle, c'est-à-dire le péricline plécolépide, ou formé de squames entregreffées. Cette opinion,
fondée sur les apparences extérieures, est peu exacte. La
vérité est que les squames du péricline de l'*Othonna* sont le
plus souvent complétement libres jusqu'à la base, c'est-à-dire
exemptes de toute continuité organique, bien qu'elles semblent à l'œil être réellement entregreffées, parce qu'elles
sont assemblées par les bords avec un art admirable, et comme
des planches jointes au moyen de rainures. Ceci mérite quelques mots d'explication.

Dans toutes les Sénécionées les squames du péricline se recouvrent plus ou moins par les bords ; mais, dans la section
des Doronicées, les squames étant subfoliacées et mollement
appliquées, les parties recouvertes n'éprouvent point d'altération sensible, et il ne s'opère ni greffe réelle, ni assemblage
imitant une greffe. Il en est autrement dans les deux autres
sections : les squames étant plus ou moins coriaces-charnues
et très-fortement appliquées, le bord d'une squame qui se
trouve couvert par le bord de la squame voisine, subit une
telle compression qu'il se réduit à une membrane diaphane
extrêmement mince, tandis que tout le reste de la squame
conserve son épaisseur primitive ; il en résulte une sorte de
feuillure ou de rainure, dans laquelle les deux squames contiguës s'emboîtent ou s'assemblent parfaitement, et quelque-
quefois même contractent une véritable adhérence ou continuité organique.

3o. Thunberg a décrit son genre *Doria* d'une manière tellement laconique que nous avons bien de la peine à deviner
ses vrais caractères. Les rapports que ce genre paroît avoir
avec le *Cineraria* nous font présumer que la base de son péricline est dénuée de squamules surnuméraires ; et nous devons croire que sa calathide a, comme celle du *Neoceis* ou
de l'*Eudorus*, une couronne de fleurs femelles tubuleuses non
radiantes, puisque nous lisons dans la description de Thunberg : *Corolla discoidea; polygamia superflua.* Nos conjectures
s'appuient encore sur les caractères attribués par l'auteur au
Jacobæa, qu'il rapporte aussi à la polygamie superflue, et

qu'il caractérise tout comme le *Doria*, si ce n'est qu'il ajoute *calyx calyculatus*, et qu'il dit *corolla radiata* au lieu de *corolla discoidea*.

31. Les botanistes ayant admis dans le genre *Cineraria* des espèces dont le péricline est muni de squamules surnuméraires, il faudroit, pour être conséquent, réunir ce genre au *Jacobæa* : car l'absence ou la présence des squamules est assurément le seul caractère qu'on puisse trouver pour distinguer les deux genres dont il s'agit; et nous ne pensons pas que les botanistes adoptent jamais l'idée de Gærtner, qui prétend fonder cette distinction sur les feuilles indivises ou découpées. Quant à nous, qui distribuons dans deux sections différentes les Sénécionées à péricline squamulé, et celles à péricline très-simple ou non squamulé, nous devons nécessairement conserver les deux genres *Jacobæa* et *Cineraria*, en les distinguant l'un de l'autre par le péricline squamulé dans le *Jacobæa*, parfaitement nu dans le *Cineraria*, et en excluant sévèrement de ce dernier toute espèce offrant quelques squamules surnuméraires à la base de son péricline. Le genre *Cineraria*, ainsi défini, ne peut plus se confondre avec aucun autre genre de Sénécionées.

32. Le genre *Brachyglottis* de Forster diffère du *Cineraria* par l'aigrette, qui est plumeuse, et par les languettes de la couronne, qui sont très-courtes. Ce genre étant très-peu connu, et n'ayant été qu'à peine indiqué dans ce Dictionnaire (tom. V, pag. 295), il est utile de donner ici la description d'une des deux espèces qui le composent. Cette description, qui n'a jamais été publiée, se trouve dans un manuscrit latin de J. R. Forster, que M. de Jussieu nous a communiqué, et dont nous traduisons littéralement le fragment suivant :

Brachyglottis rotundifolia. Tige ligneuse, haute d'environ deux toises, rameuse, à branches étalées, cylindriques, blanchâtres : les supérieures laineuses. Feuilles alternes ovales-arrondies, pétiolées, étalées, très-entières, obtuses, vertes et glabres en dessus, blanches et tomenteuses ou soyeuses en dessous, épaisses, coriaces, longues de trois pouces; à pétiole long comme la moitié de la feuille, canaliculé en dessus, blanc et laineux en dessous. Pédoncules terminaux, cylindriques, tomenteux ou laineux, irrégulièrement ramifiés en pa-

nicule composée de fleurs peu nombreuses, jaunes, supportées chacune par un pédicelle, qui est muni d'une bractée
linéaire, blanche et laineuse, située à sa base. Calice commun oblong, cylindrique, tomenteux, à folioles linéaires,
un peu obtuses, égales, dressées, épaisses, concaves, cohérentes à la base. Fleur radiée, composée de plusieurs fleurons
hermaphrodites, formant le disque, et de quelques demi-
fleurons femelles, longs comme les fleurons hermaphrodites,
et formant le rayon. Corolle hermaphrodite infundibuliforme, à limbe quinquéfide, dressé; corolle femelle ligulée,
à languette très-courte, longue comme le tube, aiguë.
Anthère tubuleuse, terminée au sommet par cinq pointes
longues comme les filets. Ovaires oblongs; style filiforme,
plus long que la corolle, à stigmate bifide, un peu réfléchi.
Graines oblongues, à aigrette longue, touffue, étalée, plumeuse. Réceptacle nu.

Nous plaçons les genres *Cineraria* et *Brachyglottis* à la fin
des Sénécionées, parce qu'ils nous semblent confiner assez
exactement aux premiers genres de la tribu des Nassauviées,
qui suit immédiatement. En effet, nous avons déjà remarqué
(tom. XXXIV, pag. 209) que les *Dumerilia* présentent dans
leur port des traits de ressemblance évidente avec plusieurs
Cineraria, dont le pétiole des feuilles est auriculé à la base;
et l'aigrette est barbée ou plumeuse dans le *Brachyglottis*,
comme dans les *Dumerilia*, *Jungia*, etc.

Les genres *Brachyglottis* et *Doria*, que nous rapportons aux
Sénécionées, sont peut-être des Adénostylées; et le *Senecillis*,
que nous avons attribué aux Adénostylées, est peut-être une
Sénécionée. Nos doutes subsisteront jusqu'à ce que nous ayons
pu observer nous-même ces trois genres, afin de bien connoître la vraie structure de leur style et de ses stigmatophores.

Avant de terminer ce long article, nous nous permettrons
encore de présenter à nos lecteurs une nouvelle distribution
des Sénécionées, un peu différente de celle que nous avons
proposée dans le tableau que nous venons d'analyser, et qui
pourra paroître préférable sous certains rapports.

Première section. SÉNÉCIONÉES-DORONICÉES. (Péricline bi-
trisérié.)

I. Calathide radiée.= 1. *Doronicum;* 2. *Grammarthron;* 5. *Dorobæa;* 4. *Aspelina.*

II. Calathide incouronnée. = 5. *Culcitium;* 6. *Eriotrix.*

Seconde section. Sénécionées-Prototypes. (Péricline uni-sérié, squamulé.)

I. Calathide radiée. = 7. *Hubertia;* 8. *Gynoxys;* 9. *Synarthrum;* 10. *Sclerobasis;* 11. *Jacobæa;* 12. *Obæjaca.*

II. Calathide discoïde.= 13. *Eudorus;* 14. *Neoceis.*

III. Calathide incouronnée. = 15. *Cremocephalum;* 16. *Gynura;* 17. *Ætheolœna;* 18. *Curderina;* 19. *Senecio;* 20. *Faujasia;* 21. *Scrobicaria;* 22. *Pentacalia;* 23. *Cacalia;* 24. *Pericalia.*

Troisième section. Sénécionées-Othonnées. (Péricline uni-sérié, très-simple , nu à la base.)

I. Calathide incouronnée. = 25. *Erechtites;* 26. *Emilia;* 27. *Pithosillum.*

II. Calathide discoïde. = 28. *Doria.*

III. Calathide radiée. = 29. *Brachyglottis;* 30. *Euryops;* 31. *Othonna;* 52. *Cineraria.* (H. Cass.)

SENEÇON , *Senecio.* (*Bot.*) Genre de plantes dicotylédones, à fleurs composées, de l'ordre des *radiées*, de la *syngénésie polygamie superflue* de Linnæus, offrant pour caractère essentiel : Un calice à plusieurs folioles disposées sur un seul rang, égales entre elles, souvent scarieuses et noirâtres au sommet, entourées à leur base de quelques petites écailles avortées. Les fleurs sont tantôt toutes flosculeuses et hermaphrodites , tantôt munies à leur circonférence de demi-fleurons femelles et fertiles. Le réceptacle est nu ; les semences couronnées par une aigrette simple, molle et sessile.

* *Fleurs flosculeuses.*

Seneçon commun : *Senecio vulgaris,* Linn., *Fl. Dan.,* tab. 513; Dod., *Pempl.,* 641. Cette plante est remarquable par la mollesse de toutes ses parties pulpeuses, presque charnues, parfaitement glabres. Ses tiges sont fistuleuses, hautes d'environ un pied : les feuilles sessiles, embrassantes, presque deux fois pinnatifides, sinuées ou dentées à leur contour. Les fleurs sont petites, toutes flosculeuses, disposées en une sorte de corymbe lâche ; les calices cylindriques, très-glabres ; les corolles jaunes à peine plus longues que le calice; les semences couronnées d'une aigrette blanche et soyeuse. Cette plante croit partout dans les champs : elle se reproduit presque toute l'année.

Ce seneçon passe pour émollient et un peu rafraîchissant. Il est d'une saveur herbacée, un peu acide ; il rougit le papier bleu. On ne l'emploie qu'à l'extérieur pour dissiper les inflammations, amollir les engorgemens. Les petits oiseaux, surtout les chardonnerets, sont très-friands de ses graines. Il est inutile dans les prairies, mais non dans les paturages. Les chèvres, les cochons le mangent ; les chevaux et les moutons n'en veulent point.

SENEÇON D'ARABIE : *Senecio arabicus*, Linn., *Mant.*; Vahl, *Symb.*, 1, page 72 ; *Senecio hieracifolius*, Forsk., *Flor. ægypt. arab.*, 75. Cette espèce a le port du seneçon commun. Ses tiges sont droites, lisses, cylindriques, hautes d'environ un pied et demi, médiocrement rameuses. Les feuilles sont alternes, pétiolées, pinnatifides ou presque deux fois ailées, sinuées, dentées, assez semblables à celles du *sisymbrium amphibium*. Les fleurs sont disposées en un corymbe terminal, supportées par des pédoncules rameux. La corolle est jaune et petite ; les fleurons sont tous hermaphrodites; les calices point membraneux à leur sommet. Cette plante croit dans l'Égypte.

SENEÇON A FEUILLES D'ÉPERVIÈRE : *Senecio hieracifolius*, Linn., *Syst. veg.*; Herm., *Parad.*, tab. 226 ; Pluken., *Phyt.*, tab. 112, fig. 1. Ses tiges sont herbacées, droites, roides, épaisses, hautes d'environ un pied et demi, peu ramifiées ; les rameaux droits, effilés ; les feuilles sont alternes, sessiles, embrassantes, oblongues, lancéolées : les inférieures déchiquetées ou profondément sinuées, les supérieures presque entières, dentées ou un peu sinuées, lisses, aiguës ; celles des rameaux plus étroites. Les fleurs sont réunies en une sorte de corymbe lâche, terminal ; le calice est composé de folioles glabres, très-étroites, presque de la longueur des fleurons, munies à leur base de quelques folioles très-courtes, sétacées ; la corolle est jaune, fort petite ; les fleurons de la circonférence sont blanchâtres. Cette plante croit dans l'Amérique septentrionale.

SENEÇON A FLEURS PENCHÉES : *Senecio cernuus*, Linn., *Suppl.*, 370 ; *Senecio rubens*, Jacq., *Hort.*, 5, tab. 93 ; *Senecio uni-*

florus, **Retz**, *Obs.*, 3, page 42. Cette espèce a des tiges droites, herbacées, hautes d'environ un pied. Les feuilles sont alternes, pétiolées, rudes, elliptiques, un peu pileuses, comme rongées et dentées en scie à leurs bords, souvent munies à leur base de deux oreillettes anguleuses, presque semblables à des stipules. Les fleurs sont terminales; les pédoncules solitaires, uniflores, pendans à l'époque de la floraison, puis redressés. La corolle est violette, uniquement composée de fleurons; le calice cylindrique, un peu renflé à sa base et environné de quelques folioles subulées. Cette plante croît dans les Indes orientales. On la cultive au Jardin du Roi.

Seneçon a fleurs purpurines : *Senecio purpureus*, Linn., *Spec.*; Jacq., *Ic. rar.*, 3, tab. 580; Breyn., *Centur.*, p. 139, tab. 67. Cette plante a des tiges droites, simples ou à peine rameuses, striées, anguleuses, hautes d'environ un pied, munies de quelques poils rares. Les feuilles sont alternes, sessiles, oblongues, lancéolées, obtuses, rongées ou en lyre, un peu visqueuses, velues; les feuilles supérieures lancéolées, dentées, sagittées. Les fleurs sont disposées en corymbes terminaux; les pédoncules velus; les pédicelles très-courts, uniflores, munis de bractées linéaires, velues, aiguës. Le calice est ovale, couvert de poils visqueux, composé d'écailles étroites, linéaires, aiguës, un peu réfléchies au sommet. La corolle est purpurine, un peu plus longue que le calice; les aigrettes sont de la longueur des fleurons. Cette plante croît dans les gazons au cap de Bonne-Espérance.

Seneçon biflore : *Senecio biflorus*, Vahl, *Symb.*, 1, p. 72; Forsk., *Flor. ægypt. arab.*, 119. La tige de cette plante est un peu ligneuse, droite, cannelée; les rameaux alternes, striés. Les feuilles sont alternes, amplexicaules, distantes, très-ouvertes, linéaires, légèrement denticulées à leurs bords ou très-entières, glabres à leurs deux faces, planes, un peu épaisses, ciliées à leur contour. Les fleurs sont terminales, peu nombreuses; les pédoncules supportent deux, quelquefois quatre fleurs; une petite foliole à la base de chaque pédoncule. Le calice est droit, cylindrique, muni à sa base de quelques petites folioles très-courtes. La corolle est jaune, de la grandeur de celle du seneçon commun. Cette plante croît dans les plaines de l'Arabie heureuse.

Seneçon a feuilles recourbées : *Senecio reclinatus*, Linn.,
Suppl.; l'Hérit., *Stirp. nov.*, 9, tab. 5 ; *Senecio graminifolia*,
Jacq., *Icon. rar.*, 1, tab. 174 ; *Senecio chrysocoma*, Meerb.,
Icon., 156. Cette plante s'élève à la hauteur de trois pieds
sur une tige cylindrique, herbacée, un peu ligneuse à sa
base, garnie inférieurement de quelques rameaux alternes.
Les feuilles sont glabres, éparses, sessiles, rudes, très-longues, linéaires, entières, bordées à leur contour, courbées,
longues de six à sept pouces ; les supérieures munies vers
leur base de quelques dents courtes. Les fleurs sont disposées
en panicules terminales ; les pédoncules inclinés, garnis de
quelques bractées éparses ; les calices cylindriques, composés
d'écailles droites, égales, linéaires, scarieuses à leur sommet,
accompagnées à leur base de petites écailles aiguës et courbées. La corolle est jaune. Cette plante croît au cap de
Bonne-Espérance.

****** *Fleurs radiées, demi-fleurons roulés en dehors.*

Seneçon des bois : *Senecio sylvaticus*, Linn., *Spec.;* Dill.,
Elth., tab. 258, fig. 557 ; Tabern., *Ic.*, 169. Cette plante est
pourvue d'une tige ferme, cylindrique, point visqueuse,
haute de trois ou quatre pieds, fortement striée. Ses feuilles
sont sessiles, alternes, pinnatifides, à lobes obtus, d'un vert
foncé, rongés et comme froncés à leurs bords ; les feuilles
radicales oblongues, presque entières. Les fleurs sont jaunes,
nombreuses, disposées en un corymbe terminal ; les pédoncules rameux, glabres ou à peine pubescens ; les calices cylindriques, à folioles glabres, linéaires, aiguës ; la corolle est
radiée, à demi-fleurons fort petits, roulés en dehors après
la floraison. Cette plante croît dans les bois des plaines et des
basses montagnes.

Seneçon d'Égypte ; *Senecio ægyptius*, Linn., *Syst. veg. hort.*
Ups., 261, n.° 6. Cette espèce a l'aspect du seneçon commun ;
mais ses feuilles sont bien moins découpées. Sa tige est glabre,
striée, médiocrement rameuse ; les feuilles sont alternes, sessiles, amplexicaules, linéaires, lancéolées, sinuées, presque
pinnatifides. Les fleurs sont terminales ; les pédoncules nus,
très-longs, à deux ou trois divisions, quelquefois munis d'une

ou deux petites écailles. Les calices sont courts, coniques, striés, à peine scarieux au sommet; la corolle est jaune, petite, radiée; les demi-fleurons courts, rabattus en dehors. Cette plante croît dans l'Égypte.

SENEÇON VISQUEUX : *Senecio viscosus*, Linn., *Spec.;* Dill., *Elth.*, tab. 258, fig. 356; Lob., *Icon.*, 226. Cette plante est distinguée par la partie supérieure de ses tiges couverte d'une humeur visqueuse et légèrement odorante. Ces tiges sont légèrement pubescentes, plus ou moins rameuses. Les feuilles sont molles, d'un vert blanchâtre, pinnatifides, presque glabres, un peu visqueuses, molles, assez semblables à celles du seneçon commun. Les fleurs sont d'un jaune pâle, nombreuses, disposées en un corymbe lâche; les pédoncules pubescens et visqueux, ainsi que les calices; les demi-fleurons très-petits, réfléchis, quelquefois nuls. Cette plante croît en Europe, dans les bois, aux lieux montueux.

SENEÇON GÉANT; *Senecio giganteus*, Desf., *Fl. atlant.*, 2, tab. 254. Très-belle espèce, remarquable par la hauteur de ses tiges, par l'ampleur de ses feuilles, par ses fleurs nombreuses, réunies en un corymbe très-ample, étalé. Ses tiges sont de l'épaisseur du doigt, hautes de cinq à six pieds; les feuilles alternes, pétiolées, glabres ou légèrement cotonneuses; les inférieures longues d'environ un pied et demi, larges de huit à dix pouces, pinnatifides ou lobées; les lobes ovales, oblongs, inégalement dentés; les feuilles supérieures oblongues, lancéolées; les folioles du calice linéaires; la corolle jaune, de la grandeur de celle du *Senecio jacobæa*. Cette plante a été découverte par M. Desfontaines dans le royaume d'Alger, sur le bord des ruisseaux aux environs de Bélide.

SENEÇON AURICULÉ; *Senecio auriculatus*, Desf., *Flor. atlan.*, 2, page 272. Ses tiges sont velues, hautes d'un ou deux pieds; les feuilles sessiles, distantes, embrassantes, un peu velues, munies de deux oreillettes à leur base, longues de deux ou trois pouces, pinnatifides; les pinnules écartées, inégalement dentées. Les fleurs sont jaunes, disposées en un corymbe serré; le calice est cylindrique, à folioles subulées, point scarieuses; la corolle à peine radiée; les demi-fleurons sont capillaires, peu sensibles, de la longueur du calice. Cette plante a été découverte par M. Desfontaines dans les déserts de la Barbarie.

SENEÇON EN CORNE DE CERF ; *Senecio coronopifolius*, Desf., *Flor atl.*, 2, page 273. Ses tiges sont glabres, hautes de deux ou trois pieds ; ses feuilles sessiles, embrassantes, charnues, à demi cylindriques, subulées, longues de trois ou quatre pouces, pinnatifides à leur moitié supérieure ; les découpures distantes, linéaires, entières ou incisées. Les fleurs, peu nombreuses, sont disposées en corymbe ; le calice est glabre, à folioles linéaires ; la corolle semblable à celle du *senecio jacobæa*. Cette espèce est cultivée au Jardin du Roi. Elle a été rapportée de Barbarie par M. Desfontaines.

*** *Fleurs radiées ; demi-fleurons étalés ; feuilles pinnatifides.*

SENEÇON ÉLÉGANT : *Senecio elegans*, Linn., *Syst. veg.* ; Commel., *Hort.*, 2, tab. 50 ; Wolkam., *Norib.*, pag. et tab. 225, var. Cette plante, qui fait aujourd'hui l'ornement de tous les jardins, est une des plus belles de ce genre. Elle y brille par ses fleurs d'un jaune doré dans le centre, d'une belle couleur pourpre à sa circonférence. Sa tige est herbacée, presque glabre ; ses feuilles, un peu charnues, planes, pinnatifides, ont les lobes linéaires, obtus, munis de quelques dents courtes. Les fleurs forment un beau corymbe étalé ; les pédoncules sont presque simples, munis de quelques petites folioles courtes, aiguës ; le calice est un peu élargi, scarieuses et noirâtres au sommet. Dans une variété les tiges sont plus élevées, presque ligneuses ; les corolles plus grandes. Cette plante croit au cap de Bonne-Espérance.

SENEÇON RUSTIQUE : *Senecio squalidus*, Linn., *Sp.* ; *Senecio gallicus*, Vill., *Dauph.*, 3, page 230 ; Bocc., *Sic.*, tab. 41, fig. 1 ; *Senecio sylvaticus*, var. α ; Gouan, *Illustr.*, 67. Sa tige est droite, tendre, rameuse, presque glabre ; les feuilles sessiles, glabres, lisses, pinnatifides, à lobes plans, linéaires, un peu dentés, inégaux. Les feuilles sont jaunes, peu nombreuses, disposées en corymbes lâches ; le calice glabre, presque hémisphérique. Cette plante croit au milieu des champs, dans les départemens méridionaux de la France.

SENEÇON A FEUILLES DE ROQUETTE : *Senecio erucifolius*, Linn.,

Sp.; Barrel., Ic. rar., tab. 153. D'une racine rampante s'élèvent des tiges droites, un peu cotonneuses, hautes de deux ou trois pieds, garnies de feuilles sessiles, ovales, oblongues, pinnatifides, légèrement pubescentes; les lobes oblongs, un peu dentés. Les fleurs sont assez nombreuses, disposées en un corymbe, assez semblable à celui de la jacobée: l'involucre est hémisphérique; les corolles sont jaunes; les semences velues. Cette plante croît dans les bois taillis, aux lieux montagneux, sur le bord des fossés.

Seneçon jacobée : *Senecio jacobæa*, Linn., *Spec.*; Fuchs, 742, vulgairement la Jacobée ou Herbe de Saint-Jacques. Sa racine est fibreuse; ses tiges sont rameuses, presque glabres, un peu anguleuses, hautes de deux ou trois pieds; les feuilles un peu pétiolées, pinnatifides, presque glabres, d'un vert foncé, à lobes plans, dentés, obtus. Les fleurs sont jaunes, nombreuses, disposées en un corymbe terminal; les ramifications un peu pubescentes, munies de quelques folioles subulées; les calices courts, glabres, striés, cylindriques, scarieux au sommet; les demi-fleurons oblongs, terminés par trois dents; les semences petites, hérissées de quelques poils épars. Cette plante est commune dans les prés, aux lieux pierreux, le long des chemins. Les feuilles sont vulnéraires, expectorantes, détersives, mais peu employées.

Seneçon a feuilles menues : *Senecio tenuifolius*, Linn., *Syst. veg.*; Curt., *Lond.*, fasc., 5, tab. 64. Cette plante a des tiges presque glabres, striées, rougeâtres à leur base, hautes d'un pied et demi, un peu rameuses au sommet. Les feuilles sont pétiolées, assez amples, ailées, à folioles glabres, linéaires; les lobes fort menus, subulés, aigus; les feuilles supérieures presque sessiles, plus petites. Les fleurs sont d'un jaune doré, disposées en un corymbe terminal; les demi-fleurons entiers. Cette plante croît aux lieux montueux et boisés en Allemagne, dans différentes contrées de la France. Je l'ai recueillie à Belle-James et à Marcoussis dans les environs de Paris. Dans le *senecio abrotanifolius*, Linn., le haut de la tige est presque nu et ne porte que deux ou trois fleurs pédonculées; les demi-fleurons ont cinq petites dents.

Seneçon a feuilles de chrysanthème : *Senecio chrysanthemifolius*, Poir., Encycl.; Bocc., *Sic.*, page 66, tab. 67. Ses tiges sont glabres, très-rameuses, hautes de trois ou quatre pieds; les rameaux diffus; les feuilles alternes, pétiolées, pinnatifides ou profondément laciniées, très-amples, glabres, un peu charnues; les découpures très-longues, linéaires, laciniées, dentées; les supérieures sessiles. Les fleurs sont jaunes, assez semblables à celles du *senecio jacobæa*, disposées en un corymbe étalé; les calices glabres; les semences rudes, anguleuses. Cette plante croît en Sicile.

Seneçon blanchâtre : *Senecio incanus*, Linn., Sp.; Barrel., *Icon. rar.*, tab. 262, fig. 1, vulgairement Génipi jaune. Petite espèce élégante, distinguée par ses feuilles couvertes d'un duvet cotonneux et blanchâtre, en contraste avec un corymbe très-serré de fleurs jaunes. Ses racines sont épaisses, alongées, d'où partent plusieurs tiges longues de deux ou trois pouces; les feuilles radicales sont nombreuses, pinnatifides; les découpures courtes, linéaires, obtuses; les feuilles supérieures plus étroites, leurs découpures plus fines, aiguës; les corymbes sont presque globuleux; les calices courts et velus; les corolles un peu plus longues. Cette plante croît dans les Alpes et les Pyrénées.

Seneçon uniflore : *Senecio uniflorus*, All., *Fl. Pedem.*, n.° 728, tab. 17, fig. 3; Pluken., tab. 59, fig. 7. Cette plante a le port de la précédente, ainsi que son duvet blanchâtre; mais elle en est bien distinguée par sa tige, qui ne porte qu'une seule fleur d'un jaune doré et beaucoup plus grande. Les feuilles sont oblongues, presque entières, ou quelquefois fortement dentées, mais non pinnatifides. Cette plante croît sur les rochers des hautes Alpes du Piémont, entre le mont Saint-Bernard et le mont Cenis.

Fleurs radiées; demi-fleurons étalés, feuilles entières ou dentées.

Seneçon des marais : *Senecio paludosus*, Linn., *Spec.*; *Flor. Dan.*, tab. 385; Tabern., *Icon.*, 555. Cette plante a un très-beau port : elle s'élève à la hauteur de trois à quatre pieds sur une tige un peu fistuleuse, légèrement lanugineuse. Ses feuilles sont sessiles, à demi embrassantes, étroites, oblongues, lancéolées, aiguës, fortement dentées en scie, un peu cotonneuses en dessous, longues de quatre à cinq pouces larges d'un et plus. Les fleurs sont jaunes, disposées en un corymbe terminal, un peu lâche ; les pédoncules cotonneux ; le calice est un peu globuleux, presque glabre ; la corolle d'une grandeur médiocre. Cette plante croît en Europe, sur le bord des rivières et des étangs.

Seneçon de Tournefort : *Senecio Tournefortii*, Lapeyr., Pyrén., 516 ; Dec., Fl. fr., Suppl., 473 ; *Senecio persicæfolius*, Ramond, Bull. phil., n.° 43, page 146, tab. 11. Sa tige est simple, anguleuse, parfaitement glabre, ainsi que toutes les autres parties de cette plante, haute d'environ un pied et demi. Les feuilles sont un peu épaisses, fermes, cassantes, sessiles, oblongues, rétrécies à leurs deux extrémités ; celles du bas pétiolées, ovales, obtuses. Les fleurs sont assez grandes, d'un jaune orangé, pédicellées, au nombre de cinq à huit au sommet de la tige. Le calice est court, strié, un peu noirâtre. Cette plante croît dans les hautes Pyrénées, aux lieux froids et humides, au pied des rochers.

Seneçon des bois : *Senecio nemorensis*, Linn., *Spec.* ; Jacq., *Austr.*, tab. 184 ; J. Bauh., *Hist.*, 2, p. 1065, fig. 1, *bona*. Cette espèce se distingue des deux précédentes par ses feuilles plus larges et plus courtes, par ses tiges rameuses, cannelées ; par ses fleurs en corymbe rameux, presque en cime. Elle s'élève à la hauteur d'environ deux pieds ; les feuilles sont sessiles, d'un vert noirâtre, ovales, lancéolées, aiguës, dentées en scie, longues de trois ou quatre pouces, larges de deux et plus ; les inférieures un peu pétiolées ; les fleurs jaunes, terminales, presque en ombelle ; leur calice est cylindrique, à folioles linéaires, lancéolées, aiguës, garni sur les pédoncules de quelques bractées sétacées ; la corolle radiée, à demi-fleurons étalés. Cette plante croît sur les montagnes, dans les contrées méridionales de la France, dans les Pyrénées, en Allemagne, en Autriche.

Seneçon sarrazin : *Senecio sarracenicus*, Linn., *Spec.* ; Fuchs, *Hist.*, 728. La racine de cette plante est dure et rampante ; sa tige simple ou munie de quelques rameaux effilés, glabre, haute de deux ou trois pieds ; les feuilles sont lancéolées, sessiles, glabres, aiguës, à dentelures très-fines ; les inférieures un peu pétiolées. Les fleurs sont d'un jaune très-pâle, petites, disposées en un corymbe terminal ; les calices glabres, petits ; les demi-fleurons peu nombreux ; les fleurons à peine plus

longs que le calice ; l'aigrette des semences est d'un blanc
roussâtre. Cette plante croît aux lieux humides, couverts et
montueux dans les départemens méridionaux de la France.

SENEÇON DORIA : *Senecio doria*, Linn., *Spec.;* Jacq., *Austr.*,
tab. 185 ; J. Bauh., *Hist.*, 2. page 1064, fig. 1. Grande et
belle espèce, qui s'élève à la hauteur de quatre ou cinq pieds
sur une tige épaisse, très-simple, garnie de feuilles alternes ;
les inférieures ou radicales sont fort longues, pétiolées, lancéolées, courantes sur le pétiole ; celles des tiges à demi amplexicaules, acuminées, toutes glabres, charnues et non coriaces, légèrement denticulées. Les fleurs sont très-nombreuses,
disposées en un corymbe lâche, étalé ; le calice est cylindrique,
un peu roussâtre ; la corolle d'un beau jaune doré ; les semences sont striées, surmontées d'une aigrette blanche et sessile. Cette plante croît dans les départemens méridionaux de la
France, en Allemagne, en Autriche, le long des ruisseaux
et dans les lieux humides. On emploie ses feuilles fraîches
pour déterger les vieux ulcères et les plaies. Le *senecio co-
riaceus*, Ait., *Hort. Kew.*, et Dill., *Eltham.*, tab. 105, fig. 125,
n'est guère distingué du précédent que par ses feuilles fermes,
coriaces et non charnues, garnies en dessous de quelques
poils rares et courts. Il croît dans le Levant.

SENEÇON DORONIC : *Senecio doronicum*, Linn., *Spec.;* Gé-
rard, *Fl. gall. prov.*, 196, tab. 7 ; Clus., *Hist.*, 2, page 17,
fig. 1. Cette espèce est une des plus belles de ce genre, remarquable par ses grandes et belles fleurs, par le duvet cotonneux qui la recouvre et qui la fait toujours distinguer au
milieu de ses variétés. Sa tige est droite, très-simple, revêtue
d'un duvet blanc, striée, herbacée, garnie de feuilles alternes,
distantes, dont les radicales sont pétiolées, ovales-oblongues,
un peu épaisses, d'un vert glauque en dessus, blanches et
cotonneuses en dessous, obtuses, dentées en scie ; les feuilles
des tiges sessiles, plus petites, à demi embrassantes, étroites,
lancéolées, les dernières rétrécies en une longue pointe subulée. Les fleurs sont solitaires, terminales, quelquefois au
nombre de deux ou trois au plus, d'un beau jaune doré, de
la grandeur de celles du doronic. Le calice est ample, ovale,
cotonneux, muni à sa base de quelques folioles sétacées ;
les semences sont brunes, oblongues, un peu comprimées

Cette plante croît dans les Alpes, les Pyrénées, en Suisse, en Italie, en Autriche, etc., aux lieux montueux.

Seneçon du mont Baldo : *Senecio baldensis*, Poir., Encycl.; J. Bauh., *Hist.*, 2, page 1056, fig. 1, *bona*; C. Bauh., *Prodr.*, 69, fig. 2. Cette plante, jusqu'alors peu connue, a été recueillie par M. Bosc sur le mont Baldo. Elle est très-bien décrite et figurée dans J. Bauhin. Ses tiges sont simples, hautes d'environ un pied; les feuilles pétiolées, ovales, assez larges, en cœur à leur base, fortement dentées, pubescentes et blanchâtres en dessous, longues de deux pouces; les pétioles longs d'un pouce, élargis et cotonneux à leur insertion; les jeunes feuilles cotonneuses, très-blanches, axillaires. Les fleurs sont d'une belle couleur jaune foncée, assez grandes, disposées en un corymbe ample, terminal. Le calice est glabre, presque ovale, accompagné de quelques folioles sétacées. Cette plante croît dans les Alpes et sur le mont Baldo.

Seneçon a longues feuilles : *Senecio longifolius*, Linn., *Sp.*; Commel., *Hort.*, 2, tab. 61. Ses tiges sont droites, striées; les rameaux simples, grêles, un peu cotonneux, garnis de feuilles éparses, linéaires, très-étroites, longues d'environ deux pouces et plus, glabres ou un peu cotonneuses dans leur jeunesse, munies de quelques dents rares. Les fleurs sont petites et forment un corymbe terminal, dont les ramifications sont munies à leur base de bractées subulées. Le calice est turbiné; ses folioles linéaires; la corolle jaune; les semences couronnées par une aigrette simple, pileuse; celles des demi-fleurons n'en ont point. Cette espèce croît au cap de Bonne-Espérance.

Seneçon a feuilles d'arroche : *Senecio halimifolius*, Linn., *Spec.*; Dill., *Eltham.*, tab. 104, fig. 124. Arbrisseau de médiocre grandeur, qui s'élève à sept ou huit pieds sur une tige droite, glabre, chargée dans presque toute sa longueur de rameaux diffus. Les feuilles sont sessiles, épaisses, charnues, en ovale renversé, glabres à leurs deux faces, crénelées ou un peu dentées, un peu blanchâtres, longues de deux pouces et demi. Les fleurs sont réunies en un corymbe lâche, terminal; les pédoncules divisés à leur sommet en rameaux presque en ombelle; les fleurs sont d'un jaune pâle. Cette plante croît au cap de Bonne-Espérance.

Séneçon à feuilles roides : *Senecio rigidus*, Linn., *Syst. veg.*; Commel., *Hort.*, 2, tab. 75. Cette plante a des tiges roides, ligneuses, très-rameuses, rudes, difformes, hautes de six à sept pieds, chargées de rameaux diffus. Les feuilles sont alternes, sessiles, très-nombreuses, roides, embrassantes, spatulées, un peu sinuées et comme rongées à leurs bords, très-rudes, luisantes, blanchâtres et légèrement velues en dessous; les feuilles supérieures beaucoup plus étroites, longues d'environ quatre pouces sur un pouce et demi de large. Les fleurs sont petites, d'un beau jaune brillant, disposées en un corymbe terminal; les demi-fleurons sont au nombre de cinq. Cette plante croît au cap de Bonne-Espérance. (Poir.)

SÉNEDETTE. (*Mamm.*) Nom d'un cétacé de la Méditerranée, dont l'existence est plus que douteuse, ainsi que M. Cuvier l'a remarqué. De Lacépède le plaçoit dans son genre Delphinaptère à côté du *Beluga*. (Desm.)

SÉNEFFIGI. SONOFFRIG, BENEFEFIGI. (*Bot.*) Noms arabes, cités par Daléchamps et Mentzel, de la violette de Mars, *viola odorata*, qui est nommée *beneffidi* par Forskal. (J.)

SÉNÉGA. (*Bot.*) Voyez Sénéka. (L. D.)

SÉNÉGALI. (*Ornith.*) Les bengalis et les sénégalis forment la seconde section du mot Moineau, tom. XXXI de ce Dictionnaire, pag. 552 et suiv. (Ch. D.)

SÉNEGRÉ. (*Bot.*) C'est le fenu-grec, *trigonella fœnu-græcum*, qui est ainsi nommé dans le Languedoc, selon Gouan. C'est le senigré des Provençaux, cité par Garidel. (J.)

SÉNÉKA, SÉNÉGA. (*Bot.*) Racine d'une espèce de polygala (voyez Polygala sénéka) qui croît dans la Virginie et la Pensylvanie. Michaux, qui l'a trouvé aussi dans le Canada, la Caroline et la Géorgie, en indique deux variétés à fleurs blanches et à fleurs roses. Dans quelques lieux elle est aussi nommée *seroca*. (J.)

SÉNELLE. (*Bot.*) Nom du fruit de l'aubépine dans quelques provinces du Midi. (J.)

SÉNEMBRI. (*Erpét.*) Un des noms de pays de l'iguane commun. Voyez Iguane. (H. C.)

SÉNEVÉ. (*Bot.*) Un des noms françois de la moutarde noire, *sinapis arvensis*, Linn. (J.)

SENGAN. (*Ichthyol.*) Nom que , dans la Sibérie , on donne à l'anguille de moyenne taille. Voyez Anguille. (H. C.)

SENGO. (*Ornith.*) Ce nom et celui de *mook* sont cités par Blumenbach (Traduction françoise de son Manuel d'histoire naturelle, tom. 1 , pag. 218) comme des synonymes du coucou indicateur, *cuculus indicator*, Gmel. (Ch. D.)

SÉNICLE. (*Bot.*) Nom qu'on donne en Languedoc à l'arroche puante. (Lem.)

SÉNICLE. (*Ornith.*) Ce nom, qui s'écrit aussi *scenicle*, est un de ceux du serin d'Italie ou venturon, *fringilla citrinella*, Linn. (Ch. D.)

SENIL. (*Bot.*) Voyez Bois de senil. (J.)

SÉNIL. (*Ornith.*) Nom languedocien du serin commun, *fringilla serinus*. (Ch. D.)

SÉNILLE. (*Bot.*) Un des noms vulgaires de la patte-d'oie ou ansérine, *chenopodium*, cité dans le Dictionnaire économique. La renouée, *polygonum aviculare*, est nommée fausse-senille. (J.)

SENISSON. (*Bot.*) Garidel cite ce nom provençal du seneçon. (J.)

SENITES. (*Bot.*) Adanson nommoit ainsi le *zeugites* de P. Browne, genre de graminées, réuni par Linnæus à son *apluda* et rétabli plus récemment par Beauvois et Willdenow. (J.)

SENKENBERGIA. (*Bot.*) Sous ce nom Necker fait un genre du *besleria bivalvis* de Linnæus fils. Dans la *Fl. œet.* on donne le nom de *senkenbergia* au *lepidium ruderale* de Linnæus. (J.)

SENNA. (*Bot.*) Ce genre, qui n'est plus adopté, avoit été distingué du *Cassia* par Tournefort, à cause de son légume membraneux. Il renfermoit le *cassia senna*, Linn. (Lem.)

SENNAL. (*Ichthyol.*) Voyez Anabas dans le Supplément du tome II de ce Dictionnaire. (H. C.)

SENNEFFIGI. (*Bot.*) Voyez Beneffefigi et Seneffigi. (J.)

SENNINSSO. (*Bot.*) Nom japonois, cité par Thunberg de son *clematis japonica*. (J.)

SENNITSKO. (*Bot.*) Thunberg cite ce nom japonois du *gomphrena globosa*, espèce d'immortelle. (J.)

SÉNOCLITE, *Senoclites*. (*Malent.*) Dénomination employée par M. Schumacher pour désigner le même genre d'Anatifes que celui que le docteur Leach a nommé Cineras.

Voyez ces différens mots et l'article MOLLUSQUES. (DE B.)

SENRA. (*Bot.*) Genre de plantes dicotylédones, à fleurs complètes, polypétalées, de la famille des *malvacées*, de la *monadelphie décandrie* de Linnæus, offrant pour caractère essentiel : Un calice double : l'extérieur à trois grandes folioles; l'intérieur en forme de coupe, à cinq divisions; une corolle composée de cinq pétales connivens à leur base; dix étamines monadelphes; un ovaire supérieur enveloppé par le tube des étamines, et entouré à sa base d'une membrane à quatre lobes; un style; cinq stigmates globuleux au sommet; une capsule à cinq loges; deux semences ? dans chaque loge.

SENRA BLANCHATRE : *Senra incana*, Cav., *Diss.*, 2, tab. 55 ; *Senræa incana*, Willd., *Spec.* Petite plante à tige basse, haute de trois ou quatre pouces, simple, blanchâtre, tomenteuse, garnie de feuilles alternes, pétiolées, ovales, en cœur, tronquées, couvertes d'un duvet blanchâtre et tomenteux, divisées au sommet en trois lobes courts, presque obtus, celui du milieu plus grand ; les pétioles plus courts que les feuilles. Les fleurs sont solitaires, axillaires, très-grandes, presque sessiles; le calice extérieur est composé de trois grandes folioles assez semblables aux feuilles des tiges, en cœur, un peu arrondies, rétrécies et obtuses à leur sommet; le calice intérieur fort petit, d'une seule pièce, à cinq découpures aiguës et ciliées; la corolle jaunâtre, au moins une fois plus grande que le calice, divisée en cinq pétales arrondis, faisant corps, par leur base, avec le tube des étamines, marquées de veines plus foncées; les filamens sont de couleur purpurine, réunis en un tube qui supporte vers son sommet dix anthères réniformes. L'ovaire est ovale, tomenteux; le style, terminé par cinq stigmates rougeâtres, plus long que le tube des étamines. Le fruit est une capsule ovale, tomenteuse, qui paroît être divisée en cinq loges, renfermant dix semences. Cette plante croît dans l'Arabie, en face de l'île de Socotara. (POIR.)

SENRÆA de Willdenow. (*Bot.*) Voyez SENRA. (LEM.)

SENS, *Sensus.* (*Physiol. générale.*) Distinguer le plaisir et la douleur, et, par suite, *vouloir* ou *ne pas vouloir*, c'est-à-dire, après avoir été averti de la présence des objets, les attirer ou les repousser, s'en approcher ou s'en éloigner et les fuir, suivant les dangers qu'ils annoncent ou les jouissances qu'ils promettent, voilà ce qui caractérise spécialement les *êtres animés*, ce qui les différencie essentiellement de tout le *peuple des végétaux*, qui, comme eux, néanmoins, jouissent de la vie pendant un espace de temps limité; voilà à quoi se réduit, comme nous l'avons dit autre part, en dernière analyse, la somme de nos propres affections: tels sont les pivots sur lesquels roulent toutes nos passions.

Or, ces deux facultés, qui ont pour but la conservation de l'individu, trouvent évidemment leur source dans les *sensations* ou dans l'action continuelle des corps extérieurs sur les organes des êtres animés; aussi, en se confondant, par des nuances plus ou moins tranchées, dans ces deux modes élémentaires de la sensibilité, les sensations deviennent-elles véritablement la cause de la partie la plus importante de l'existence de ces êtres; c'est par elles qu'ils vivent; c'est par leur concours qu'ils acquièrent des connoissances (*nihil est in intellectu quod non priùs fuerit in sensu, nisi ipse intellectus*), et que, par suite, ils se mettent à même, le plus souvent, d'avoir des idées et des volontés.

Les Sens ne sont donc autre chose que la faculté par laquelle un animal reçoit l'impression des qualités des corps qui l'environnent.

Les sens sont au nombre de cinq, chez l'homme et chez les animaux les plus parfaits, la *vision*, l'*audition*, l'*olfaction*, la *gustation* et la *taction*, qu'on appeloit naguères encore la *vue*, l'*ouïe*, l'*odorat*, le *goût* et le *toucher*.

Nous ne connoissons aucun animal qui puisse être regardé comme possédant un plus grand nombre de sens que ceux dont il vient d'être question; mais beaucoup en ont moins et sont privés ou de la vision, ou de l'audition, ou de la gustation, telle que nous la concevons, etc. L'énumération des particularités sans nombre de structure, d'étendue, de finesse, de délicatesse, des organes des sens dans les diverses classes du règne animal, deviendroit facilement la matière d'un ouvrage complet, et, en nous rattachant au plan général de celui auquel nous participons ici, nous indiquerons au lecteur curieux de les connoître, les articles ANIMAL, INSECTES, HOMME, MOLLUSQUES, POISSONS, REPTILES, OISEAUX, ZOOLOGIE,

Zoophytes, Malacostracés, où ce sujet est traité à fond par nos savans collaborateurs. Il pourra consulter aussi ce qui est dit aux mots Lumière, Odeurs, Odorat, Ouïe, Son, Taction, Vision, Système nerveux. (H. C.)

SENS, SENSATIONS, SENSIBILITÉ [dans les insectes]. (*Entom.*) Pour ne pas nous répéter, nous renverrons le lecteur aux détails que nous avons présentés à ce sujet dans le tome XXIII de ce Dictionnaire, à la page 443, pour la sensibilité en général; il y trouvera des considérations générales à ce sujet, et ensuite, pour chacune des sensations il pourra consulter les articles suivans : pour le Goût, pag. 451 ; pour l'Odorat, pages 446 à 451 ; pour l'Ouïe, l'article de la page 446; pour la Vue, page 444; pour le Toucher, page 452. (C. D.)

SENSATION , *Sensatio.* (*Physiologie générale.*) Impression causée par les objets sur les organes des sens des animaux, et transmise ensuite à l'encéphale, qui la perçoit. (H. C.)

SENSIBILITÉ, *Sensibilitas.* (*Physiol. générale.*) On appelle ainsi la propriété qu'ont toutes les parties vivantes de recevoir des impressions, soit que l'être chez lequel cette propriété est en exercice en ait la conscience ou non.

Dans le premier cas, Bichat et les physiologistes modernes ont donné à la sensibilité l'épithète d'*animale;* dans le second, ils l'ont appelée *organique.*

Cette dernière est commune aux végétaux et aux animaux, et préside à la nutrition , à l'exhalation , à l'absorption, aux sécrétions, etc.

L'autre n'existe pas dans les animaux ; c'est d'elle que dérivent les sensations spéciales, l'olfaction, la gustation , la vision, l'audition, la taction, et les sentimens internes, la faim , la soif, tous les genres de douleurs , etc. (H. C.)

SENSITIVE. (*Bot.*) Plante du genre Acacie. Voyez ce mot, tome Ier, pag. 86, de ce Dictionnaire. (Poir.)

SENSIUMKA. (*Bot.*) Nom japonois cité par Kæmpfer de la coquelourde des jardins, *lychnis coronaria.* (J.)

SENTE, SENTI. (*Bot.*) Voyez Bois de sente. (J.)

SENTIS. (*Bot.*) Suivant C. Bauhin, les Latins donnoient anciennement ce nom à la ronce ordinaire, qui étoit le *batos* des Grecs. Le rosier sauvage, *rosa canina,* est cité sous le nom de *sent* par Daléchamps. Voyez aussi Selinoritium. (J.)

SENTUS. (*Bot.*) Nom arabe du marrube, selon Mentzel. (J.)

SEO, SANSJO. (*Bot.*) Noms japonois du *fagara piperita* de Linnæus, cités par Thunberg. Kæmpfer, qui en parle aussi, dit qu'il a une saveur de poivre très-intense, répandue dans toutes ses parties. Ses feuilles et ses fruits aromatiques sont employés au Japon pour assaisonner les apprêts de cuisine. Les cataplasmes de riz, auxquels on ajoute ces feuilles pulvérisées, sont appliqués avec succès sur les parties affectées de rhumatisme. Son écorce est appelée *sooko*, et son fruit *joomeus*. Dans plusieurs lieux il tient lieu de poivre. Cet arbrisseau est encore nommé *sjo* et *jamma-sansjo* par Thunberg. (J.)

SEO-KUSITS. (*Bot.*) Voyez Kusaggi. (J.)

SEOSI. (*Bot.*) Nom japonois du mélèze, cité par Kæmpfer. (J.)

SEP. (*Ornith.*) Nom polonois du vautour. (Desm.)

SÉPALE. (*Bot.*) Chacune des pièces qui composent la corolle est un pétale; chacune des pièces qui composent le calice est un sépale. On donne ordinairement aux sépales le nom de phylles ou de folioles du calice, comme on nomme vulgairement les pétales feuilles de la fleur. (Mass.)

SÈPE. (*Bot.*) Voyez Cèpe. (Lem.)

SÉPÉDON. (*Entom.*) Nom de genre donné par M. Latreille à quelques espèces d'insectes diptères sarcostomes, de la famille des chétoloxes et confondus d'abord avec les syrphes, puis avec les mulions, et enfin réunis sous le nom de *Baccha* par Fabricius, dans son Système des antliates, page 199. Ce sont des syrphes à corps mince, alongé, à ventre très-grêle à la base et en masse à l'extrémité libre. Leurs antennes sont plus longues que la tête, et leur dernier article, plus long, est linéaire. Ils ressemblent à des ichneumons ou à des sphèges; tels sont les *syrphus sphegeus*, *cylindricus*, *clavatus*, *vesiculosus*, etc., de l'Entomologie systématique de Fabricius. Le nom de sépédon, tiré du grec Σηπεδώ, signifie *pourriture*, *carie*. C'est aussi dans Ælien le nom d'un saurien ou lézard, Σηπηδόν. (C. D.)

SEPEDONIUM. (*Bot.*) Genre de la famille des champignons , de l'ordre des *hyphomycetes* de Link , et établi par lui. Il comprend des moisissures formées de filamens couchés. rameux , entrelacés , tous cloisonnés; les sporidies sont nues, privées d'appendices. point cloisonnées, accumulées au centre des touffes. Selon Link, ce centre est privé de filamens par suite de leur destruction, ce qui fait que les sporidies seules s'y observent et y adhèrent fortement. Ce caractère est commun aux genres *Sepedonium*, *Mycogone*, *Epochnium* et *Fusisporium*, qui constituent ainsi un groupe particulier.

Deux espèces rentrent dans ce genre.

1. Le *Sepedonium mycophyllum*, Link, *Obs.*, 1, pag. 16; *Ejusd. in* Willd., *Spec. pl.*, 6, 1, p. 29; Nées, *Fung.*, p. 44, fig. 38; *Uredo mycophylla*, Pers.. Decand.; *Mycobanche chrysosperma*, Pers., *Mycol. eur.* Il croît sur les bolets, les agarics et les hydnums; dans sa jeunesse il ressemble à de petits flocons de laine blanche, qui couvre abondamment la surface des champignons cités. Les sporidies apparoissent bientôt; elles sont petites, presque globuleuses, jaunes, et se multiplient tellement qu'elles finissent par couvrir les champignons d'une poussière jaune. Enfin les filamens s'évanouissent et il ne reste que la poussière.

2. Le *Sepedonium caseorum* (Link *in* Willd. , *Sp.*, *loc. cit.*) croît sur les fromages de Suisse et de Hollande. Ses filamens sont à peine sensibles dans leur jeunesse ; ils forment un thallus étendu , d'une grande ténuité et blanc; les sporidies sont persistantes , rouges et forment la poussière couleur de rouille ou rouge, qui recouvre si abondamment la croûte, les fentes et les cavités des fromages ci-dessus nommés. Cette plante a été décrite par Bulliard , bien avant Link. C'est son *mucor crustaceus*, Bull., *Champ.*, pl. 504, fig. 2. C'est encore l'*ægerita crustacea*, Decand., *Fl. fr.*; enfin, l'*oidium rubens*, Link. *Obs.*, 2, p. 57. (LEM.)

SEPHA. (*Bot.*) Nom persan. cité par Rauwolf, d'un arbre qui paroît être le *persea* de Matthiole et C. Bauhin , *laurus persea* de Linnæus : cependant l'origine américaine attribuée à cet arbre ne s'accorde pas avec le nom persan, qui paroît plutôt faire présumer que le sepha est un arbre de Perse, et que ce seroit plutôt un pêcher. Voy. PERSÉA et PERSICA. (J.)

SEPHEN. (*Ichthyol.*) Voyez Galuchat et Pastenague. (H. C.)

SEPIA. (*Malac.*) Nom latin du genre Sèche. Voyez ce mot. (De B.)

SÉPIDIE, *Sepidium.* (*Entom.*) Genre d'insectes coléoptères hétéromérés à élytres durs, soudés, sans ailes, de la famille des photophyges ou lucifuges, caractérisé par la disposition des antennes, dont les articles sont presque égaux en longueur et de forme grenue ; par un corselet dilaté, qui est, ainsi que les élytres, garni de crêtes ou de lignes saillantes.

Ce genre, établi par Fabricius, paroît avoir tiré son nom du grec ; c'est le nom d'une petite sèche, *sepiola*, employé par Aristote. On ne connoît pas l'histoire de ces insectes, qui ont beaucoup de rapports avec les pimélies. On ne les a encore observés que dans les pays de sables de l'Afrique ; leur couleur est d'un gris terne ou verdâtre. Fabricius n'en a décrit que six espèces : celle que nous avons fait représenter dans l'atlas de ce Dictionnaire, pl. 14, fig. 6, est

La Sépidie trois-pointes ; *S. tricuspidatum.*

Car. D'un gris verdâtre ; corselet dilaté, à trois crêtes prolongées en avant, comme trois cornes ; les élytres ont deux stries crénelées.

Elle a été décrite par Herbst et figurée pl. 126, fig. 1. Le professeur Forskal l'avoit rapportée d'Arabie. (C. D.)

SÉPIOLE, *Sepiola.* (*Malacoz.*) Subdivision générique établie par M. le docteur Leach pour les petites espèces de calmars, dont le corps est globuleux et dont les nageoires circulaires sont comme pédiculées, et essentiellement pour le calmar sépiole de M. de Lamarck, *sepia sepiola*, Linn. Voyez l'article Loligo, où toutes les espèces de calmars ont été décrites, et l'article Mollusques, pour leur disposition systématique. (De B.)

SÉPIOTHEUTHYS ou CALMAR SÈCHE. (*Malacoz.*) Dénomination employée par M. de Blainville pour désigner une division de calmars dans lesquels les nageoires occupent toute la longueur du sac, comme dans les sèches ; mais dont la pièce dorsale et les appendices tentaculaires sont comme dans les véritables calmars. Voyez Loligo et Mollusques. (De B.)

SEPITABUMEN. (*Bot.*) Nom arabe du sorbier, cité par Mentzel. (J.)

SÉPITE. (*Foss.*) Aldrovande a donné ce nom à une pierre

qui ressemble à l'os de la sèche. Mus. métall., p. 452. (D. F.)

SEPPIE. (*Malacoz.*) Ancien nom employé pour désigner les sèches. (Desm.)

SEPS, *Seps*. (*Erpét.*) D'après le mot grec σηπεῖν, corrompre, les anciens avoient désigné sous le nom de *seps* un animal représenté par les uns comme un lézard, par les autres comme un serpent. Aujourd'hui, et d'après Daudin, les seps forment, dans la famille des sauriens urobènes, un genre distinct et reconnoissable aux caractères suivans :

Pieds très-courts, au nombre de quatre ; écailles imbriquées; corps des plus alongés, tout-à-fait semblable à celui d'un orvet ; tête petite, peu obtuse, recouverte de plaques.

L'anatomie rapproche les Seps des Scinques, mais les mœurs, les mouvemens, les habitudes, la manière d'être, enfin, de ces reptiles les font ressembler considérablement aux orvets.

Parmi les espèces qui composent ce genre, nous décrirons à part :

Le Seps pentadactyle : *Seps pentadactylus*, Daudin ; *Anguis quadrupes*, Linn. ; *Lacerta serpens*, Gmel. ; *Scincus brachypus*, Schneider. Tête petite, ovale, un peu pointue en devant ; mâchoires égales; yeux au-dessus des joues; queue beaucoup plus longue que le corps ; les deux paires de pieds très-distantes l'une de l'autre ; cinq doigts à chaque pied ; ongles pointus et courbés. Taille de sept pouces.

Ce reptile habite l'Afrique. Il est d'une couleur luisante et grisâtre, et il rampe à la manière des serpens. En Barbarie, mais à tort sans doute, on regarde sa morsure comme très-dangereuse.

Le Seps tétradactyle ; *Seps tetradactylus*, Lacép. Écailles du ventre, comme chez l'ophisaure, séparées de celles du dos par un sillon; quatre doigts à tous les pieds.

De Lacépède a décrit ce seps dans le tome 2 des Annales du Muséum, d'après un individu conservé dans les Galeries du cabinet de Paris, et sur lequel on ne paroît pas avoir eu de renseignemens. M. Cuvier pense qu'il pourroit bien être confondu avec le *lacerta seps* de Linnæus.

Le Cicigna ou Cecella : *Seps tridactylus*, Daudin ; *Chamœsaura chalcis*, Schneider. Trois doigts à tous les pieds, qui sont d'une excessive petitesse : corps long et menu : yeux très-petits; queue terminée par une pointe aiguë; teinte générale de l'acier poli; une bande longitudinale pâle et bordée de points bruns de chaque côté du dos; une ligne pâle, très-étroite, au-dessus de chaque flanc; taille variant de six à huit et de douze à quinze pouces.

Ce reptile habite les contrées méridionales de la France, la Provence, l'Italie, la Sardaigne, et plusieurs contrées de l'Afrique. Ray l'a trouvé sur le sable du rivage non loin de Livourne; Nicander signale son existence en Lybie, en Syrie et dans l'île de Chypre, et Imperati dans les prés marécageux de la Campanie. Les anciens croyoient que sa morsure étoit mortelle, surtout pour les jumens, et ce faux préjugé s'est conservé chez les Sardes, qui lui donnent le nom de *cicigna*. Sauvages a démontré que c'étoit un animal tout-à-fait innocent, ce qu'ont confirmé également les observations de Fr. Cetti.

Au rapport de Columna et d'Imperati, il paroît vivipare. Il s'engourdit dans la mauvaise saison et s'enfonce en terre aux approches de l'hiver.

Le Seps monodactyle, *Seps monodactylus*, Daudin; *Lacerta anguina*, Linn.; *Lacerta monodactyla*, Lacép.; *Chalcides pinnata*, Laurenti. Tous les pieds sans division; écailles pointues et carénées. Taille d'environ dix-huit pouces.

On le croit d'Afrique. (H. C.)

SEPS DE SURINAM, *Seps surinamensis*. (*Erpét.*) Nom donné par Laurenti à l'améiva. Voyez Sauve-gardes. (H. C.)

SEPTAIRE, *Septaria*. (*Conchyl.*) Dénomination sous laquelle a été établie, par M. de Férussac, le genre de Coquilles que M. de Lamarck a nommé depuis Navicelle. Voyez ce mot. (De B.)

SEPTARIA. (*Bot.*) Genre de la famille des hypoxylées de M. De Candolle, ou de celle des champignons, d'après les auteurs qui unissent ces deux familles. Il a été établi par Fries, puis adopté et décrit par Kunze, enfin admis par Greville. Il est voisin des genres *Sphæronema* et *Cytispora* de Fries. Il est caractérisé par ses sporidies cylindriques, pellucides, cloisonnées, agglutinées par une espèce de gélatine, et s'échappant de dessous l'épiderme des feuilles mortes, sous forme de cirrhe ou d'excroissance alongée, subcylindrique et rude.

Ces sporidies étoient contenues dans l'orgine dans un périthéchium enfoncé dans la plante, qui s'ouvre par un petit
trou simple. Deux espèces principales composent ce genre.

1. Le *Septaria ulmi*, Fries, Kunze. *Mycol.*, 2, pag. 106;
Link *in* Willd., *Sp. pl.* 6, 7, p. 89. Ses sporidies sont droites,
très-courtes et divisées par deux, trois ou quatre cloisons.
On le rencontre sur les feuilles de l'orme ordinaire et sur
l'orme liége. Cette plante y forme des taches brunâtres. Elle
a d'abord été le *fusidium septatum* de Kunze et Schmidt, c'est
le *sphæria ulmicola* de Bivona Bernardi, et peut-être le *stilbospora uredo*, Decand.

Le *Septaria oxyacanthæ*, Kunze, *loc. cit.*; Link, *loc. cit.*,
p. 88. Ses sporidies sont très-longues, arquées, divisées en
huit à douze cloisons courbes. On le trouve en été sur les
feuilles de l'aubépine; il y forme des taches purpurines bordées de blanc.

Link pense qu'on doit rapporter au genre *Septaria* le *stilbospora epiphylla*, Schw.

Fries place dans sa Nouvelle méthode le *Septaria*, dont
il change le nom en celui de *Septoria*, attendu qu'en zoologie il existe déjà un genre *Septaria*, placé entre deux genres
nouveaux de sa création, savoir, l'*Hercospora* et le *Ceutospora*, dont nous allons donner les caractères en peu de mots.

HERCOSPORA : Périthéciums enfoncés et innés, avec une
ouverture simple; sporidies cloisonnées, opaques, s'échappant sous forme d'une excroissance globuleuse. Fries donne
pour types du genre les *sphæria tiliæ*, *atrovirens*, et y ramène
beaucoup d'espèces voisines. Ce genre est très-voisin du *Septaria*.

CEUTOSPORA : Périthéciums celluleux, solitaires ou rapprochés plusieurs, sans ouvertures, contenus dans un tubercule
vésiculeux et charnu. Le noyau intérieur est noir, d'abord
étalé, puis il se dissout. Les types de ce genre sont les *sclerotium
inclusum*, Fries; le *sphæria phæcomes* (*S. capillata*, Greville,
Crypt. scot., pl. 69), et plusieurs autres *sphæria* de même
structure. Les caractères de ce genre demandent à être examinés de nouveau sur le vivant, la plupart des espèces qu'on
veut y ramener n'ayant pas encore été étudiées. Il n'est pas
assuré que le périthécium soit privé d'ouverture. Ces plantes

rappellent entièrement les tubercules que forment les *sclerotium*. (Lem.)

SEPTARIA. (*Min.*) Les minéralogistes anglois ont donné ce nom à des concrétions ellipsoïdes de calcaire compacte et ferrugineux, dont la masse semble être partagée par retrait en prismes irréguliers. Les espaces laissés entre ces prismes par le retrait sont souvent remplis de calcaire spathique blanchâtre, ce qui donne à ces pierres, coupées perpendiculairement aux prismes, l'aspect d'une mosaïque à parties à peu près hexaèdres. Ces dispositions semblent destinées à être désignées par des mots latins qui passent ensuite dans les autres langues sans traduction. Les septaria des Anglois sont les *ludus Helmontii* des anciens minéralogistes ; ils sont fréquens dans le dépôt d'argile plastique de l'île de Sheppy à l'embouchure de la Tamise. Voyez Concrétions. (B.)

SEPTAS. (*Bot.*) Genre de plantes dicotylédones, à fleurs complètes, polypétalées, de la famille des *crassulées*, de l'heptandrie *heptagynie* de Linnæus, offrant pour caractère essentiel : Un calice persistant, à sept découpures profondes ; sept pétales ; autant d'étamines ; sept ovaires , autant de styles et de stigmates ; sept capsules oblongues , parallèles , aiguës , à une seule loge univalve , renfermant plusieurs semences.

Ce genre ne doit pas être confondu avec un autre du même nom , établi par Loureiro dans sa Flore de la Cochinchine , voisin du *thunbergia*.

Septas du Cap : *Septas capensis*, Linn. ; Jacq., *Fragm.*, tab. 2, fig. 5 ; Pluken., *Mant.*, tab. 340, fig. 9 ; Lamk., *Ill. gen.*, tab. 276, fig. 1. Petite plante herbacée, pourvue de racines grêles, fibreuses, chargées de petits tubercules. Il s'en élève une tige menue, glabre, filiforme , cylindrique , presque nue : elle porte à sa base quelques feuilles opposées, réunies par leur base, ovales, glabres, charnues, un peu arrondies, rétrécies à leur base en un pétiole court, crénelées à leur contour. Les fleurs sont terminales, disposées en une sorte d'ombelle simple , dont les pédoncules sont inégaux, uniflores , accompagnés à leur base d'un involucre composé de quatre ou cinq petites folioles très-courtes, subulées. Le calice est glabre ; la corolle droite , à sept pétales étroits, presque obtus, une fois plus longs que le calice. Les fruits sont composés de sept petites capsules ovales, subulées, conniventes à leur base. Cette plante croît au cap de Bonne-Espérance.

SEPTAS TRICHOTOME; *Septas trichotoma*, Lamk., *Ill. gen.*, tab. 276, fig. 2. Cette plante est distinguée de la précédente par la disposition de ses fleurs. Ses tiges sont grêles, simples, terminées par une sorte d'ombelle composée. Les pédoncules communs sont simples, au nombre de trois, munis à leur base d'un involucre composé de quatre ou cinq petites folioles très-courtes, égales, subulées; chaque pédoncule est divisé au sommet en trois pédicelles simples, uniflores, munis d'un involucre semblable au premier. Les fleurs ressemblent à celles de l'espèce précédente. Cette plante croît au cap de Bonne-Espérance. (POIR.)

SEPTAS. (*Bot.*) Ce genre de Loureiro, qui, selon Willdenow, paroît appartenir au genre *Barleria* dans les acanthées, est très-différent du *Septas* de Linnæus, genre admis, qui appartient à la famille des crassulées. (J.)

SEPTICOLOR. (*Ornith.*) Cette espèce de tangara est le *tanagra tatao*, Linn. (CH. D.)

SEPTIFÈRE. (*Bot.*) Portant les cloisons; exemple : les valves du fruit du *ruellia*. (MASS.)

SEPTIFORME. (*Bot.*) Élargi en cloison; exemple : placentaire des plantaginées, des crucifères, du grenadier, des cucurbitacées. Dans le châtaignier, l'*annona triloba*, etc., le tegmen (tégument propre de l'amande) est aussi septiforme; il jette des appendices en forme de cloisons incomplètes, qui partagent l'amande en plusieurs lobes. (MASS.)

SEPTILE. (*Bot.*) Attaché aux cloisons; tel est, par exemple, le placentaire du pavot, du *ruellia*, etc. (MASS.)

SEPTŒIL. (*Ichthyol.*) Un des noms vulgaires du lamproyon. Voyez AMMOCÈTE dans le Supplément du tome II de ce Dictionnaire. (H. C.)

SEPTŒIL ROUGE. (*Ichthyol.*) Nom vulgaire de l'ammocète rouge. Voyez AMMOCÈTE dans le Supplément du tome II de ce Dictionnaire. (H. C.)

SEPTON. (*Chim.*) Nom par lequel plusieurs chimistes ont désigné l'azote. (CH.)

SEPTORIA de Iris. (*Bot.*) Voyez SEPTARIA. (LEM.)

SEPUDDAY. (*Bot.*) Nom du gingembre à Sumatra, suivant

Marsden, qui remarque que dans la langue du pays le mot *pudday* exprime la qualité âcre et piquante du poivre. (J.)

SEPULVEDA. (*Bot.*) Voyez Satiach. (J.)

SEQUITA ROMANA. (*Bot.*) Clusius cite, d'après Impérato. ce nom italien de la dentaire. (J.)

SER. (*Erpét.*) Un des noms languedociens des serpens en général. (H. C.)

SERA. (*Ichthyol.*) A Nice on appelle ainsi le labre louche. Voyez Labre. (H. C.)

SERANXIA. (*Bot.*) Genre établi par Necker sur des espèces de lichens, et qui n'a été adopté par aucun botaniste. (Lem.)

SERAP. (*Bot.*) Nom du vin dans la Turquie, suivant Belon. Les Turcs, auxquels le vin est interdit, lui substituent une autre boisson, nommée chorbet ou sorbet, faite avec des figues, des prunes, des poires, du miel et autres substances. (J.)

SÉRAPHE, *Seraps.* (*Conchyl.*) Denys de Montfort (Conch. syst., tom. 2, pag. 574) a séparé sous ce nom générique deux espèces de coquilles fossiles que M. de Lamarck place dans son genre Tarrière, et qui en différent parce que la spire est entièrement cachée par l'enroulement des tours de spire, d'où il résulte que l'ouverture est aussi longue que la coquille. Voyez le mot Tarrière. (De B.)

SÉRAPHE. (*Foss.*) M. de Lamarck a placé les coquilles de ce genre dans celui des tarrières; mais dans sa Conchyliologie systématique, Denys de Montfort en a fait un genre particulier, qui diffère de celui des tarrières en ce que dans ces dernières la spire est apparente et l'ouverture moins longue que le têt, tandis que dans les autres la spire est interne et l'ouverture aussi longue que la coquille; caractères bien plus que suffisans pour établir un genre, vu le défaut de règles sûres pour cet établissement et l'usage où nous sommes arrivés d'en créer peut-être trop facilement.

On ne rencontre que dans la couche du calcaire grossier les coquilles de ce genre, dont on ne connoît qu'une espèce.

Séraphe oublie : *Seraphs convolutus*, Montf., *loc. cit.*, tom. 2, pag. 375 ; Tarrière en oublie, *Terebellum convolutum*, Lamk., Ann. du Mus., vol. 1, pag. 390, et tom. 6, pl. 44, fig. 3 ;

Bulla sopita, Brand., *Foss. Hant.*, n.º 29, tab. 1, fig. 29, et *Bulla volutata*, ejusd., tab. 6, fig. 75; TARRIERE OUBLIE, Félix de Roissy, Moll. édit. de Sonnini, tom. 5, pag. 425: Sow., Min. conch., tom. 3, pag. 155, fig. 286. Coquille mince, subcylindrique, un peu obtuse, qui n'offre point de spire extérieure, et à ouverture aussi longue que la coquille. Longueur quelquefois plus de deux pouces. Fossile de Grignon, département de Seine-et-Oise, des couches des environs de Paris, et du Hampshire en Angleterre.

Quoique ces coquilles soient très-fragiles et aussi minces que du papier, elles se sont bien conservées dans la couche de Grignon, où elles sont fort communes. La forme de leur ouverture, qui s'étend jusqu'au sommet, fait croire qu'elles étaient recouvertes en entier par l'animal; cependant on en voit des individus qui portent de ces trous, qu'on attribue à des mollusques qui se nourrissent des animaux qui habitent les coquilles, et qu'ils attaquent très-probablement sur les parties non recouvertes. (D. F.)

SERAPIAS. (*Bot.*) Suivant C. Bauhin, ce nom étoit donné par Dioscoride à l'orchis *pyramidalis* de Linnæus. On le donnoit aussi à d'autres *orchis*, dont la fleur présentoit la figure d'un insecte. Linnæus s'en est emparé pour dénommer un autre genre de la même famille. Voyez l'article ELLÉBORINE. (J.)

SERAPINUM. (*Bot.*) Suivant C. Bauhin, on donnoit quelquefois dans les pharmacies ce nom au SAGAPENUM. Voyez ce mot. (J.)

SERARDIA. (*Bot.*) Ce nom avoit été donné d'abord par Vaillant et adopté ensuite par Adanson pour un genre que Linnæus a réuni au *verbena*, et qui maintenant fait partie du *zapania* dans les verbénacées. Le genre *Galenia* avoit aussi été nommé *sherardia* par Pontedera. Linnæus a employé le même nom pour un genre de Rubiacées, qui l'a conservé. (J.)

SERAS WHALE. (*Mamm.*) Feu de Lacépède a donné ce nom comme l'un de ceux par lesquels les Anglois désignent la baleine bossue. (DESM.)

SERATONE. (*Bot.*) Voyez CROTONOPSIS. (POIR.)

SERAUT. (*Ornith.*) C'est l'un des noms qui ont été donnés vulgairement au bruant commun. (DESM.)

SERBAK. (*Ornith.*) Ce nom groënlandois, qui s'écrit aussi *sergvak*, est celui du petit guillemot noir, *colymbus grylle*, Linn. (Cʜ. D.)

SERBIN. (*Bot.*) Daléchamps cite et figure sous ce nom françois un arbre qu'il nomme *thuya Massiliensium*, mais qui diffère du *thuya* et paroît être plutôt le *cedrus lycia* des anciens, comme le pensoit Belon, c'est-à-dire un genévrier, *juniperus lycia*, ou une espèce très-voisine. On ne la confondra point avec le *zerbin* de Daléchamps ou *scherbin* de Celsius, qui est le cèdre du Liban. (J.)

SERBIO. (*Mamm.*) D'après feu de Lacépède, c'est le nom japonois de la baleine franche. (Dᴇsᴍ.)

SERCANDA. (*Bot.*) Le bois de santal est ainsi nommé dans la presqu'île de l'Inde, à Canara, au Décan et à Guzarate, suivant Clusius. Il est aussi cité par Mentzel sous le nom de *sarcanda*. (J.)

SERCÉ. (*Ornith.*) Nom turc du roitelet commun, *motacilla regulus*, Linn. (Cʜ. D.)

SERCELLE. (*Ornith.*) Un des noms vulgaires de la sarcelle commune, *anas querquedula*, Linn. (Cʜ. D.)

SERDA d'Adanson. (*Bot.*) Voyez Sᴇsɪᴀ. (Lᴇᴍ.)

SÉRÉE. (*Bot.*) Voyez les articles Rᴀᴍᴀᴄᴄɪᴀᴍ et Sᴇᴇʀᴇᴇ. (J.)

SÉRÈNE. (*Ornith.*) Nom provençal du guépier commun, *merops apiaster*, Linn. (Cʜ. D.)

SERENTO. (*Bot.*) Suivant Garidel, les Provençaux nomment ainsi l'espèce de sapin appelée aussi pesse à fruit pendant, qui est le *pinus abies* de Linnæus, le *pinus picea* de quelques autres, l'*abies excelsa* de M. Poiret, dont on tire une résine liquide roussàtre, d'une odeur assez agréable; c'est aussi le *serento* du Dauphiné et d'autres pays méridionaux. (J.)

SÉRÉVAN. (*Ornith.*) Cet oiseau, qui, selon Latham, est une variété du sénégali astrild, *loxia astrild*, Linn., est nommé *fringilla serevan* par M. Vieillot. (Cʜ. D.)

SÉRÉZIN. (*Ornith.*) Nom languedocien du serin, selon l'abbé de Sauvages. (Cʜ. D.)

SERGEANT. (*Bot.*) Ce nom est donné à Cayenne au *pachira aquatica* d'Aublet. (Lᴇᴍ.)

SERGENT. (*Entom.*) Nom vulgaire sous lequel on désigne

le carabe ou tachype doré, très-commun dans nos jardins.
(C. D.)

SERGILUS. (*Bot.*) Voyez, dans l'analyse de notre tableau des Astérées (tom. XXXVII , pag. 479), nos observations sur ce genre de Gærtner. (H. Cass.)

SERI , KIN. (*Bot.*) Noms japonois du persil, cités par Kæmpfer. L'anis , *pimpinella anisum* , est nommé *seri-nisi*. (J.)

SÉRIALAIRE, *Serialaria*. (*Polyp.*) C'est le nom sous lequel M. de Lamarck, dans la nouvelle édition de ses Animaux sans vertèbres, tome 2, page 129, a séparé génériquement un petit nombre d'espèces de sertulaires, dont M. Lamouroux avoit aussi fait un genre distinct sous le nom d'*Amathia*, et qui diffèrent en effet un peu des autres, parce que les cellules ou loges des polypes sont saillantes, subcylindriques, alongées, parallèles, cohérentes, et forment une série unique ou partagée en petites masses. C'est du reste, à ce qu'il paroit, la même organisation et les mêmes habitudes que dans les véritables sertulaires. M. Lamouroux définit six espèces d'amathies et M. de Lamarck quatre sérialaires. Une seule espèce est de nos mers.

** Espèces dont les cellules sont groupées par petites masses. (G. A*MATHIE*.)*

La Sérialaire lendigère : *S. lendigera*, Lamk., *l. c.*, p. 130; *Amathia lendigera*, Lamx., Polyp. flex.; *Sert. lendigera*, Linn., Gmel.. p. 3854, n.° 20; Ellis, *Corall.*, tab. 15, n.° 24, fig. *b*B. Polypier très-rameux, très-diffus, à ramifications extrémement fines, subdichotomes, pourvues de groupes plus ou moins distans; cellules sériales, à bord uni.

Des mers d'Europe, où elle est commune.

La S. cornue : *S. cornuta*, de Lamk., *ibid.*, n.° 3 ; *Amathia cornuta*, Lamx., *ibid.*, page 159, pl. 4, fig. 1, *a*B. Polypier très-rameux, articulé, diffus, à rameaux alternes, portant des groupes de cellules sériales dont la plus grande est pourvue de soies à son bord libre.

Cette espèce, qui est un peu plus forte que la précédente, a été observée sur des fucus de l'Australasie.

** *Espèces dont les groupes de cellules sont très-rapprochés et forment presqu'une série continue, alterne ou sur un seul côté.*

La Sérialaire unilatérale ; *S. unilateralis, Am. unilateralis,* Lamx., *ibid.,* n.° 267, p. 160. Polypier à rameaux courbés en dedans, portant des groupes de cellules très-rapprochés, se touchant presque tous et placés sur le même côté.

De la mer Méditerranée.

La S. alterne; *S. alternata, Am. alternata,* Lamx., *ibid.,* n.° 268, p. 160. Polypier très-rameux, portant des cellules nombreuses, presque égales, distribuées alternativement en groupes très-longs et très-rapprochés.

Des mers d'Amérique.

*** *Espèces dont les cellules forment une série spirale et continue.* (G. Sérialaire.)

La Sérialaire convolute : *S. convoluta,* Lamk., *ibid.,* n.° 3 ; *Am. convoluta,* Lamx., *ibid.,* n.° 269, p. 160. Polypier peu rameux, à rameaux alternes, simples, filiformes, entourés par une série étroite, spirale de cellules cohérentes. Cinq à six pouces de haut.

Cette jolie espèce a été rapportée des mers de la Nouvelle-Hollande par MM. Péron et Lesueur.

La S. spirale; *S. spiralis, Am. spiralis,* Lamx., *ibid.,* n.° 270, p. 160, pl. 4, fig. 2, *a B.* Polypier rameux, dichotome, portant sur ses tiges et ses ramifications une série continue en spirale de cellules adhérentes à l'axe par leur face intérieure.

Cette espèce, qui provient aussi des mêmes mers que la précédente, en diffère-t-elle réellement ? M. de Lamarck n'en fait pas mention, quoique M. Lamouroux dise qu'elle existe au Muséum. Seroit-ce par hasard la suivante ?

La S. crépue; *S. crispa,* de Lamk., *loc. cit.,* p. 131, n.° 4. Polypier rameux, paniculé ; cellules formant une spirale moins régulière, moins étroite, plissée, presque frangée et quelquefois interrompue.

Elle vient aussi des mers de la Nouvelle-Hollande. (De B.)

SERIANA. (*Bot.*) Willdenow nomme ainsi le genre *Serjania*

de l'iumier, réuni au *Paullinia* par Linnæus, séparé plus récemment par Schumacher, ainsi que par les botanistes modernes. (J.)

SÉRIATOPORE, *Seriatopora*. (*Polyp.*) M. de Lamarck, Anim. sans vert., tom. 2, p. 282, a séparé sous ce nom de genre un petit nombre d'espèces de polypiers dont la seule espèce connue à l'époque où Pallas écrivoit étoit placée parmi les madrépores, et dont Esper a fait un millépore. En effet, avec l'aspect général des madrépores rameux, les cellules polypifères qui se remarquent sur les rameaux sont très-petites et ne sont pas divisées à l'intérieur par des lames disposées en étoiles; en sorte que ce petit groupe est intermédiaire aux madrépores proprement dits qui constituent la famille des polypiers lamellifères de M. de Lamarck, et aux millépores ou polypiers foraminés. En outre les cellules sont disposées latéralement par séries transverses ou longitudinales. Les trois espèces que M. de Lamarck définit dans ce genre, sont des mers de l'Inde.

Le Sériatopore piquant : *S. subulata*, *Mad. seriata*, Pallas, Zooph., p. 336 ; *Millepora lineata*, Esper. Suppl., 1, tab. 19, vulgairement le Buisson épineux. Polypier très-rameux, très-diffus, formé de ramifications atténuées, presque subulées, portant des cellules ciliées sur le bord proéminent et disposées en séries longitudinales.

De l'océan des grandes Indes.

Le S. annelé; *S. annulata*, de Lamk., *loc. cit.*, p. 283, n.° 2. Polypier fort petit, de deux à trois pouces de hauteur, grêle, à rameaux peu serrés, cylindriques, scabres, annelés, portant des cellules subproéminentes et en séries transverses.

De l'océan Austral, d'où il a été rapporté par MM. Péron et Lesueur.

Le S. nu, *S. nuda*, de Lamk., *ibid.*, n.° 3. Petit polypier du même aspect que le précédent, mais offrant ses rameaux obtus au sommet, et nus à cause des cellules non saillantes, en forme de points et disposées en séries transverses.

Cette espèce, rapportée des mêmes lieux par les mêmes voyageurs, ne seroit-elle pas une simple variété de la précédente ? (De B.)

SÉRIATOPORE. (*Foss.*) On trouve des débris de plusieurs espèces de ce genre dans la craie et dans le calcaire grossier, mais on ne peut que les signaler, vu que les échantillons sont trop petits.

SÉRIATOPORE ANTIQUE; *Seriatopora antiqua*, Def. On trouve dans la montagne de Saint-Pierre de Maëstricht, et à Nehou, département de la Manche, dans des couches crayeuses des débris de cette espèce qui n'ont que deux à trois lignes de longueur sur une ligne environ de largeur. Ils sont aplatis et leur surface est couverte de séries transverses de petits pores. Quelques-uns de ceux qu'on trouve à Maëstricht sont cylindriques, et les séries de pores sont plus distantes les unes des autres; mais il est difficile d'être assuré qu'ils dépendent d'une espèce particulière.

SÉRIATOPORE DES CRAIES; *Seriatopora cretacea*, Def. On trouve dans la craie de Meudon près de Paris, des débris de cette espèce qui sont cylindriques et dont la surface est couverte de très-petits pores peu apparens, disposés par rangées anguleuses ou quelquefois obliques.

SÉRIATOPORE DE GRIGNON; *Seriatopora grignonensis*, Def., Vélins du Mus., n.° 48, fig. 4. J'ai trouvé dans la couche du calcaire grossier de Grignon trois portions de la tige de ce polypier, qui ont environ trois lignes de longueur. Ils sont cylindriques et portent des rangées de petits pores assez écartés les uns des autres et verticillés. Ils ont beaucoup de rapports avec ceux qu'on trouve à Maëstricht et qui sont cylindriques, et on n'est pas très-assuré qu'ils constituent une espèce différente.

SÉRIATOPORE CRIBLE; *Seriatopora cribaria*, Def. Cette espèce est un peu plus distincte. Sa tige est cylindrique et couverte de rangées nombreuses et serrées de petits pores. Fossile de Grignon, où je n'en ai trouvé qu'un seul morceau, qui n'a que deux lignes de longueur et moins d'une demi-ligne de diamètre. (D. F.)

SÉRICOMYE. (*Entom.*) M. Latreille désigne ainsi un genre de diptères, d'après Meigen. C'est le *Syrphus Lapponum* de Fabricius, *Musca Lapponum* de Linnæus, Faune suédoise, n.° 1794, dont Degéer a donné l'histoire dans le tome 6 de ses Mémoires, p. 141, n.° 6, et la figure planche 8, n.° 14. (C. D.)

SÉRICULE : *Sericulus*, Swainson. (*Ornith.*) L'oiseau sur lequel M. Swainson a proposé l'établissement de ce nouveau genre, étoit d'abord considéré comme un loriot, *oriolus*, Linn., dont il a plusieurs caractères ; mais M. Léwin, qui l'a fait figurer au port Jackson, où il est fort rare et où on le nomme *prince régent*, lui trouvant la langue terminée en pinceau, le regardoit, non comme un frugivore, mais comme un sucefleurs ou melliphage ; et cet oiseau porte, en effet, le nom de *melliphaga chrysocephala* dans l'ouvrage publié depuis par ce naturaliste sur les Oiseaux de la Nouvelle-Hollande, pl. 1. Le but de M. Swainson, en créant le mot *sericulus*, a été de séparer des loriots ce bel oiseau, dont le mâle a été décrit par MM. Quoy et Gaimard, dans la zoologie du Voyage autour du monde des corvettes *l'Uranie* et *la Physicienne*, 1817 — 1820. M. Swainson n'a cependant pas tranché nettement la question, et n'a caractérisé le nouveau genre que par cette phrase : « Bec semblable à celui du loriot ; tarses alongés, « robustes ; queue un peu fourchue. » L'auteur ne parle pas même, dans cette description si courte, du pinceau de fibres cartilagineuses qui termine la langue de l'oiseau comme celle des philédons. Mais cette circonstance a été vérifiée par M. Tonton, chirurgien anglois de la garnison du port Macquarie ; et l'on peut ajouter que la pointe de la mandibule inférieure présente, comme la supérieure, une petite échancrure de chaque côté.

On ne connoissoit originairement que le mâle du *sericulus regens*, et il a été décrit, sous le nom de *loriot prince régent*, par MM. Gaimard et Quoy, dans le Voyage déjà cité, p. 105 ; on y trouve même le mâle figuré planche 22, et il l'est aussi dans les planches coloriées de MM. Temminck et Laugier, n.° 320. La taille de cet oiseau est d'un peu plus de huit pouces. Les plumes du dessus de la tête, qui ressemblent à du velours, sont courtes, très-serrées et d'un très-beau jaune, ainsi que celles du cou et des épaules et les moyennes pennes alaires. L'œil est rougeâtre ; les paupières sont noires, et tout le reste du plumage est d'un noir pur. Le bec est d'un jaune clair ; les pieds sont noirs et les ongles forts et crochus. C'est le *sericulus chrysocephalus*, Swains., *Zool. Journ.*, 1825, n.° 4, pag. 465.

La femelle a été tuée, avec des mâles, près du port Macquarie, par M. Fonton, qui s'est assuré de son sexe et a reconnu la forme de sa langue. On verra par la figure que M. Lesson vient d'en donner, pl. 20 de la partie zoologique du Voyage autour du monde de la Coquille, qu'elle est loin de présenter le plumage éclatant du mâle. L'occiput est recouvert d'une plaque noire ; le front est grisâtre, et elle a sous la gorge un demi-collier noir, qui se prolonge légèrement sur la nuque. Le dos est d'un gris brun, plus foncé sur le bord des plumes, dont le centre est blanc et forme de nombreuses taches ovales. La poitrine, le ventre, les cuisses, sont d'un blanc grisâtre. La queue est composée de douze pennes presque égales. Les ailes sont d'un fauve-blond uniforme ; le dessus de la queue est d'un blanc sale. Les pieds et le bec sont bruns ; l'iris est rougeâtre.

Cette espèce habite les forêts qui environnent New-Castle et le port Macquarie, à la Nouvelle-Galles du sud. (Ch. D.)

SÉRIDIE, *Seridia*. (*Bot.*) Ce genre de plantes appartient à l'ordre des Synanthérées, à la tribu naturelle des Centauriées, à la section des Centauriées-Prototypes, à la sous-section des Calcitrapées, et au groupe des Séridiées, dans lequel nous l'avons placé entre les deux genres *Philostizus* et *Pectinastrum*. (Voyez notre tableau des Centauriées, tom. XLIV, pag. 35 et 38.)

Voici les caractères du genre *Seridia*.

Calathide radiée, quasiradiée, ou discoïde : disque plurimultiflore, subrégulariflore, androgyniflore ; couronne unisériée, anomaliflore, neutriflore. Péricline ovoïde, inférieur aux fleurs du disque, formé de squames régulièrement imbriquées, appliquées, coriaces, interdilatées ; les intermédiaires ovales, surmontées d'un appendice plus ou moins abaissé ou réfléchi, parsemé de glandes dans sa jeunesse, corné, demi-circulaire, divisé presque jusqu'à sa base en plusieurs épines longues, rayonnantes, divergeant d'un centre commun sur un seul et même plan horizontal, et dont l'une, occupant le milieu, est notablement plus grande. Clinanthe planiuscule, garni de fimbrilles nombreuses, libres, inégales, subfiliformes. Ovaires pubescens ou glabriuscules, aigrettés ou inaigrettés. Corolles du disque subrégulières, ou quelque-

fois obringentes. Corolles de la couronne à limbe obconique ,
souvent amplifié, plus ou moins profondément divisé en cinq
(quelquefois trois) lanières lancéolées, ordinairement inégales. Étamines à filets velus. Stigmatophores ordinairement
longs et entregreffés, quelquefois courts et libres.

SÉRIDIE A GRANDES CALATHIDES : *Seridia megacephala* , H. Cass.;
Centaurea seridis, Linn., *Sp. pl.,* pag. 1294. C'est une plante
herbacée , vivace, tomenteuse, haute d'environ un pied , à
tiges un peu rameuses , à feuilles décurrentes, embrassantes.
lancéolées. blanchâtres, munies de dents un peu épineuses ;
les calathides sont grandes, terminales , à disque blanchâtre
et à couronne purpurine ; l'appendice des squames du péricline est divisé en neuf ou onze épines longues de quatre à
cinq lignes : les fruits extérieurs sont inaigrettés. On trouve
cette plante dans les champs du Languedoc , de la Provence,
du Dauphiné : elle habite aussi l'Espagne.

SÉRIDIE A FEUILLES DE LAITRON : *Seridia sonchifolia* , H. Cass.;
Centaurea sonchifolia , Linn., *Sp. pl.* , pag. 1294. Cette espèce
ressemble à la précédente, mais s'en distingue suffisamment
par ses calathides moins grandes et moins épineuses, ses fruits
tous aigrettés, ses feuilles non cotonneuses, presque glabres,
beaucoup moins prolongées sur la tige. Elle se trouve en Provence , sur les bords de la Méditerranée.

SÉRIDIE A PETITES CALATHIDES : *Seridia microcephala,* H. Cass.;
Centaurea aspera , Linn., *Sp. pl.* , pag. 1296. Les tiges sont
hautes d'un à deux pieds, cannelées, rougeâtres ; les feuilles
sont sessiles, un peu étroites, lancéolées, dentées ou sinuées,
rudes au toucher : les calathides, composées de fleurs purpurines, sont petites. et l'appendice des squames de leur péricline est divisé en trois ou cinq épines très-petites et souvent rougeâtres : les fruits sont tous aigrettés. Cette plante
habite les lieux secs et stériles de nos provinces méridionales.

SÉRIDIE AGGLOMÉRÉE : *Seridia glomerata* , H. Cass. ; *Centaurea
prolifera,* Vent. Plante d'Égypte, annuelle, sans tige (dans
son état naturel), à feuilles pétiolées, pinnatifides, profondément dentées, à calathides terminales, sessiles, agglomérées,
composées de fleurs jaunes.

Vaillant est le fondateur de ce genre, qu'il nommoit *Cal-*

citrapoides, et qu'il distinguoit du *Calcitrapa*, en ce que, dit-il, « le pureau des écailles est terminé par plusieurs ai- « guillons disposés en rayons qui forment ensemble comme « un demi-cercle ou une main ouverte. » Linné a considéré ce genre de Vaillant comme une section du genre *Centaurea*, et l'a intitulée *Stœbe*. M. de Jussieu a rétabli comme un vrai genre le *Calcitrapoides* de Vaillant, et l'a nommé *Seridia*, pro- bablement parce que la *Centaurea seridis*, Linn., est une de ses espèces les plus remarquables, et qu'elle peut être considérée comme le type du genre. Cependant M. Persoon a imaginé, on ne sait pourquoi, d'employer le nom de *Seridia* pour dé- signer un sous-genre tout différent, qui ne comprend point la *Cent. seridis*, de même qu'il désigne par le nom de *Calci- trapa* un autre sous-genre qui ne comprend point la *Cent. cal- citrapa*, et par le nom de *Verutum* un autre groupe, qui ne comprend point la *Cent. verutum*. Un tel système de nomen- clature semble fait à plaisir pour produire une inextricable confusion. Quoi qu'il en soit, l'auteur réunit sous le titre de *Stœbe*, les vrais *Calcitrapa* et les *Seridia*. M. De Candolle, dans son premier Mémoire sur les Composées, les réunit aussi, mais sous le nom plus convenable de *Calcitrapa*. Necker avoit nommé *Podia* le genre précédemment nommé par M. de Jussieu *Seridia*.

Ce genre est, pour nous, un petit groupe, intitulé Séri- diées, caractérisé par les appendices du péricline palmés, et composé de trois genres ou sous-genres, nommés *Philostizus*, *Seridia*, *Pectinastrum*. Le *Philostizus*, décrit dans ce Diction- naire (tom. XXXIX, pag. 498), est fondé sur la *Cent. ferox*, et ne diffère du vrai *Seridia* que par un groupe d'épines situé sur la face supérieure de la base de l'appendice. Quant au *Pectinastrum*, voici ses caractères :

PECTINASTRUM, H. Cass. Calathide très-radiée : disque plu- riflore, obringentiflore, androgyniflore : couronne unisériée, biliguliflore, neutriflore. Péricline ovoïde, inférieur aux fleurs du disque, formé de squames régulièrement imbriquées, appliquées, coriaces, interdilatées ; les intermédiaires ovales, surmontées d'un appendice redressé, nu dès sa jeunesse, large, concave, épais, coriace-scarieux, découpé jusqu'à moitié en plusieurs lanières courtes, subulées, roides, spinescentes. presque spiniformes. régulièrement disposées en peigne, parallèles, non divergentes, à peu près égales, celle du milieu n'étant pas notablement plus longue et plus forte que les autres. Clinanthe plan, épais, charnu, garni de fimbrilles nombreuses, libres, longues. inégales, filiformeslaminées. *Fleurs du disque:* Ovaire comprimé, garni de poils capillaires, et portant une aigrette parfaite. Corolle un peu obringente. Étamines à filets velus ; appendices apicilaires des anthères longs. Style à deux stigmatophores courts, mais entregreffés. *Fleurs de la couronne:* Faux-ovaire grêle, stérile, glabre. inaigretté. Corolle à deux languettes, l'extérieure plus longue et plus large, profondément trifide, l'intérieure bipartie jusqu'à sa base.

Ce genre est fondé sur la *Cent. napifolia*, Linn., que nous nommons *Pectinastrum napifolium*.

Notons ici quelques particularités propres à certaines espèces du vrai genre *Seridia*. Dans la *Ser. sonchifolia* la calathide est vraiment radiée ; les corolles de la couronne sont à peu près comme dans le *Pectinastrum* ; celles du disque sont subrégulières : les appendices du péricline sont divisés en neuf ou onze épines : les ovaires sont munis de poils capillaires, et portent une aigrette imparfaite, c'est-à-dire, très-courte, presque avortée ; les stigmatophores sont longs et entregreffés. Dans la *Ser. microcephala* la calathide est quasiradiée ; les corolles de la couronne, analogues à celles du *Cyanus*, ont le limbe amplifié, obconique, ordinairement divisé en cinq lanières inégales ; celles du disque sont subrégulières ; les appendices du péricline sont divisés en cinq épines : les ovaires sont pubescens, aigrettés ; les stigmatophores sont entregreffés ; le faux-ovaire des fleurs neutres porte un faux-nectaire blanc, élevé, grêle, comme fongueux, imparfait, qui ne sécrète aucune liqueur et ne porte point de style. Dans la *Ser. glomerata* la calathide est discoïde, à corolles jaunes ; celles de la couronne ont le limbe obconique, divisé jusqu'à moitié en trois lanières égales ; celles du disque (au nombre d'environ dix-huit) sont obringentes ; les appendices du péricline sont divisés en cinq épines ; les ovaires sont glabriuscules et privés d'aigrette ; les stigmatophores sont libres et peu longs. (H. Cass.)

SERIEMA. (*Ornith.*) Voyez Cariama. (Ch. D.)

SÉRIÉS. (*Bot.*) En série; exemples : graines de la tulipe, étamines du *lithrum*, poils caulinaires du *veronica chamædrys*, de l'*anagallis arvensis*, etc. (Mass.)

SERIFOLIA. (*Bot.*) Le tappier, *cratuva marmelos*, Linn., a été mentionné sous ce nom de *scrifolia* par J. Fragoso, médecin espagnol, auquel on doit une histoire des aromates et des simples qu'on trouve dans les deux Indes. (Lem.)

SERIN. (*Ornith.*) Voyez, pour le venturon, le cini, le serin des Canaries, etc., l'article Linotte, tom. XXVI de ce Dictionnaire, pag. 546 et suiv. (Ch. D.)

SERINCADE. (*Bot.*) Nom turc du narcisse, suivant Mentzel et Clusius. (J.)

SERINGAT; *Philadelphus*, Linn. (*Bot.*) Genre de plantes dicotylédones polypétales, de la famille des *myrtées*, Juss., et de l'*icosandrie monogynie*, Linn., qui a pour caractères : Un calice monophylle, turbiné, campanulé, persistant, quadrifide; une corolle de quatre pétales arrondis, insérés sur le calice; vingt à trente étamines ayant la même insertion; un ovaire infère, surmonté de quatre styles distincts ou réunis en un seul; quatre stigmates simples; une capsule ovoïde, à quatre valves et à quatre loges, contenant des graines nombreuses, petites, oblongues.

Les seringats sont des arbrisseaux à rameaux et à feuilles opposées, dont les fleurs sont disposées en grappe ou en corymbe au sommet des rameaux : on en connoît cinq à six espèces, dont une seule appartient à l'ancien continent; les autres sont originaires de l'Amérique septentrionale.

Ce genre avoit d'abord porté le nom de *Syringa*; et c'est ainsi que Clusius, Dodonœus et Lobel l'ont désigné; mais Gaspard Bauhin, croyant reconnoître, dans la seule espèce qui fut alors connue, un arbrisseau appelé par les anciens *philadelphus*, donna la préférence à cette dernière dénomination, que le genre a toujours conservée depuis, quoique rien ne soit moins certain que l'identité de notre seringat avec le *philadelphus* dont parlent Athénée et Apollodore. Le premier dit seulement qu'on employoit ses fleurs à faire des bouquets et des couronnes : le second en parle plus longuement; et, selon lui, lorsque les rameaux éloignés de cet arbrisseau viennent à se rencontrer, ils s'unissent en s'embrassant, comme s'ils étoient animés, et restent en cet état, de sorte qu'ils paroissent venir d'une même racine, et ils continuent alors à s'étendre et à propager ensemble. On en fait des haies pour les endroits cultivés, en en plantant les brins les plus minces, qu'on entrelace les uns dans les autres, et, en croissant ainsi entrelacés, ils forment par la suite une enceinte difficile à pénétrer.

SERINGAT ODORANT; *Philadelphus coronarius*. Linn., *Sp.*, 671. Ses tiges se divisent en rameaux nombreux, d'un gris cendré : elles s'élèvent à la hauteur de six à dix pieds, en formant un buisson plus ou moins épais, parce qu'elles croissent toujours plusieurs ensemble sur la même racine. Ses feuilles sont ovales, aiguës, portées sur de courts pétioles, glabres et d'un vert gai en dessus, plus pâles en dessous, bordées, surtout dans leur partie supérieure, de quelques dents écartées. Ses fleurs sont blanches, douées d'une odeur agréable, mais un peu forte, opposées sur des pédoncules simples à l'extrémité des rameaux, et rapprochées, au nombre de cinq à neuf, en une petite grappe simple et droite : elles ont vingt étamines et quatre styles distincts. Cette espèce croit naturellement dans les vallées de la Suisse, de la Savoie et du Piémont, et elle a été retrouvée, dans ces derniers temps, dans les montagnes du Caucase. On la cultive depuis long-temps dans les jardins, où on en distingue une variété à fleurs semi-doubles, une variété à feuilles panachées, et enfin une variété naine, très-rameuse, qui ne s'élève pas à plus de deux pieds : cette dernière a l'inconvénient de fleurir très-rarement. Les fleurs de seringat sont du nombre de celles qu'on ne doit mettre qu'en petite quantité dans les appartemens, parce que leur odeur forte peut causer des maux de tête et même des accidens plus graves. Le seringat et ses différentes variétés se multiplient facilement de rejets qui viennent autour des vieux pieds, ou de marcottes, qui reprennent facilement.

SERINGAT INODORE; *Philadelphus inodorus*, Linn., *Sp.*, 672. Ses tiges s'élèvent à douze ou quinze pieds et plus ; ses feuilles sont ovales, arrondies à leur base, aiguës à leur sommet, entières ou à peine dentées en leurs bords, glabres des deux côtés. Ses fleurs sont blanches, moitié plus grandes que dans l'espèce précédente, inodores, peu nombreuses, les unes solitaires au sommet des rameaux, les autres disposées deux a trois ensemble, et portées sur des pédoncules grêles. Le style est épais, simple dans la plus grande partie de sa longueur, quadrifide à son sommet, et terminé par quatre stigmates alongés. Cet arbrisseau est originaire de la Caroline.

SERINGAT PUBESCENT; *Philadelphus pubescens*, Lois., *Herb. amat.*, n.° et t. 268. Cette espèce est un arbrisseau de cinq à huit pieds de hauteur, dont les feuilles sont ovales, aiguës, brièvement pétiolées, d'un vert un peu foncé en dessus, d'un vert plus pâle et pubescentes en dessous, bordées ou non de quelques dentelures. Ses fleurs sont blanches, inodores, assez grandes, opposées pour la plupart sur des pédoncules courts, pubescens, ainsi que les calices, et disposées au nombre de cinq à neuf, au sommet des rameaux, en petites grappes interrompues. Les étamines sont au nombre de trente, et le style est simple dans sa partie inférieure, terminé par quatre stigmates. Cet arbrisseau est originaire de l'Amérique septentrionale. M. Noisette l'a reçu d'Angleterre, il y a environ douze ans. On le cultive en pleine terre, ainsi que le précédent, et on les multiplie tous deux, comme le premier, de drageons et de marcottes. (L. D.)

SÉRINGAT. (*Bot.*) Nom, dans quelques colonies de l'Amérique, de l'arbre qui produit la gomme élastique, *hevea* d'Aublet, *siphonia* de Schreber et Richard, qui est, suivant Aublet, le *siringa* des Garipous, le *pao-seringa* des Portugais du Para, le *caout-chouc* des Maïnas. Il ajoute qu'on fait avec cette gomme élastique plusieurs instrumens, tels que seringues, bouteilles, bottes, souliers. Elle est très-employée maintenant par la chirurgie pour la composition des sondes. (J.)

SERIOLA, SÉRIS. (*Bot.*) Noms donnés par des auteurs anciens à quelques espèces de chicorée. On a donné aussi le second à une laitue. Le premier a été transporté par Linnæus à un genre voisin. (J.)

SERIOLA. (*Ichthyol.*) A Nice, on appelle ainsi le *caranx Dumerili* de M. Risso, lequel appartient au genre SÉRIOLE de M. Cuvier. Voyez ce mot. (H. C.)

SÉRIOLE, *Seriola*. (*Bot.*) Ce genre de plantes appartient à l'ordre des Synanthérées, à la tribu naturelle des Lactucées, à la section des Lactucées-Scorsonérées, et au groupe des Hypochéridées, dans lequel nous l'avons placé entre les deux genres *Piptopogon* et *Porcellites*. (Voyez notre tableau des Lactucées, tom. XXV, pag. 64, et notre article SEMI FLOSCULEUSES, ci-dessus, page 421.) Le genre *Seriola* a pour type la *Seriola æthnensis*, sur laquelle nous avons observé les caractères génériques suivans :

Calathide incouronnée, radiatiforme, multiflore, fissiflore, androgyniflore. Péricline inférieur aux fleurs, formé : 1.° de grandes squames presque égales, subunisériées, oblongues, embrassantes et charnues inférieurement, foliacées supérieurement, membraneuses sur les bords, subcarénées et hérissées de longs poils roides sur le dos, concaves ou canaliculées en dedans : 2.° de quelques squamules surnuméraires inégales, irrégulièrement disposées, appliquées, étroites, linéaires, hispides. Clinanthe large, plan, garni de squamelles caduques, très-longues, étroites, linéaires, filiformes supérieurement, embrassantes, canaliculées, membraneuses, uninervées. Ovaires intérieurs pédicellulés, oblongs, cylindracés, striés transversalement, prolongés et atténués supérieurement en un long col grêle; aigrette composée de vingt squamellules bisériées : les dix intérieures très-longues, élargies et laminées inférieurement, filiformes et barbées supérieurement; les dix extérieures alternes avec les intérieures, inégales, trèscourtes, très-fines, filiformes, à peine barbellulées. Ovaires marginaux privés de col et d'aigrette. Corolles hérissées de longs poils autour du sommet du tube et de la base du limbe.

SÉRIOLE DE L'ETNA : *Seriola æthnensis*, Linn., *Sp. pl.*, p. 1159. C'est une plante herbacée, toute hérissée de poils, à tige rameuse, haute de plus d'un pied : les feuilles sont alternes, larges, molles, obovales, étrécies inférieurement, arrondies au sommet, un peu dentées ou sinuées irrégulièrement sur les bords; les calathides, composées de fleurs jaunes, sont terminales, paniculées, presque corymbées, portées sur de longs rameaux nus, pédonculiformes.

Nous avons fait cette description spécifique, et celle des caractères génériques, sur des individus vivans, cultivés au Jardin du Roi. Cette plante, qui est annuelle, habite l'Italie, la Corse, la Barbarie.

Vaillant est le fondateur de ce genre, qu'il nommoit *Achy-*

rophorus, et qu'il caractérisoit ainsi : « Calice strié en long et
« garni d'un chaton ou de quelques languettes à sa base ;
« placenta à baies ; ovaires fusiformes, terminés par une
« couronne de poils. » Il y rapportoit sept espèces, dont la
première est la *Seriola æthnensis*, qu'il considéroit sans doute
comme le type du genre. Il distinguoit ce genre de l'*Hypochæris*, 1.° par le péricline squamulé dans l'*Achyrophorus*, imbriqué dans l'*Hypochæris* ; 2.° par l'aigrette simple (selon lui)
dans l'*Achyrophorus*, plumeuse dans l'*Hypochæris*.

Le nom très-convenable d'*Achyrophorus* a été changé sans
aucun motif par Linné, qui lui a substitué celui de *Seriola*,
dérivé du mot *seris*, par lequel les anciens désignoient diverses Lactucées.

Gærtner a observé la même espèce que nous, et pourtant
sa description n'est pas entièrement d'accord avec la nôtre.
Suivant lui, le péricline seroit simple, les fruits seroient tous
uniformes, et leur aigrette n'auroit que dix squamellules
grandes, plumeuses, paléacées vers la base. Selon nous, le
péricline est squamulé, c'est-à-dire, muni de squamules surnuméraires ; les fruits marginaux diffèrent des autres en ce
qu'ils sont privés de col et d'aigrette ; l'aigrette offre, outre
les dix grandes squamellules décrites par Gærtner, un second
rang extérieur de squamellules alternes avec les autres, fort
petites et très-différentes. Vaillant avoit remarqué, comme
nous, que le péricline est squamulé : mais il avoit mal observé l'aigrette, que Gærtner a décrite beaucoup mieux que
lui.

Les botanistes attribuent maintenant au genre *Seriola* quatre
espèces, nommées *lævigata*, *æthnensis*, *cretensis*, *urens*. L'*æthnensis*, qui est le type du genre, est peut-être aussi la seule
espèce qui lui appartienne bien légitimement. La *cretensis*
appartient certainement au genre *Porcellites*, comme nous
l'avions annoncé dans l'article Porcellite (tom. XLIII, p. 45) ;
car son péricline est vraiment imbriqué, et tous ses ovaires
ont un long col grêle, portant une aigrette d'environ trente
squamellules unisériées, à peu près égales, entièrement filiformes et barbées d'un bout à l'autre. L'*urens*, que nous n'a-
vons point vue, est peut-être aussi une espèce de *Porcellites*.
Enfin, la *lævigata* constitue un nouveau genre, indiqué seu-

lement dans notre article Semi-flosculeuses, et dont il faut décrire ici les caractères.

Piptopogon, H. Cass. Calathide incouronnée, radiatiforme, multiflore, fissiflore, androgyniflore. Péricline très-inférieur aux fleurs, un peu ambigu, mais plutôt squamulé qu'imbriqué, formé: 1.° de squames à peu près égales, subunisériées, oblongues, foliacées, membraneuses sur les bords; 2.° de squamules surnuméraires très-inégales, irrégulièrement disposées. Clinanthe plan, garni de squamelles caduques, très-longues, étroites, linéaires-subulées, membraneuses-diaphanes, uninervées. Fruits extérieurs et intérieurs uniformes, oblongs, à cinq côtes striées transversalement, tous amincis et prolongés supérieurement en un col beaucoup plus court que la partie séminifère, peu distinct à sa base, grêle au sommet; aigrette composée de dix grandes squamellules à peu près égales, unisériées, un peu entregreffées à la base, ayant la partie basilaire très-élargie, laminée, paléacée, nue, et le reste filiforme, très-barbellulé, et muni en outre de barbes longues et fines, peu nombreuses, très-caduques, qui disparoissent à l'époque de la maturité.

Nous avons fait cette description sur des échantillons secs, recueillis en Barbarie par M. Desfontaines.

Le genre *Piptopogon*, que nous avons interposé entre le *Robertia* et le *Seriola*, se distingue du premier par ses fruits collifères, et du second en ce que ses fruits sont tous uniformes, les extérieurs étant collifères et aigrettés comme les intérieurs, que le col de tous ces fruits est beaucoup plus court que la partie séminifère, que l'aigrette n'a que dix grandes squamellules, sans aucun vestige sensible des dix petites extérieures, et que les barbes de cette aigrette sont caduques. Le nom de *Piptopogon*, composé de deux mots grecs, qui signifient *barbe tombante*, fait allusion à ce dernier caractère, qui est très-remarquable : car il en résulte que l'aigrette est plumeuse pendant la floraison, et simple à l'époque de la maturité des fruits. M. Desfontaines ne l'ayant observée qu'à cette dernière époque, a été nécessairement trompé par les apparences, qui lui ont fait dire (*Fl. atl.*, tom. 2. p. 257), que l'aigrette étoit simple. On pourroit donc nommer sa plante *Piptopogon decipiens*. L'illustre auteur a dit aussi que les aigrettes extérieures étoient sessiles, et les intérieures stipitées : mais il nous a semblé que tous les fruits, extérieurs et intérieurs, avoient un col, et que ce col étoit à peu près également court sur les uns et les autres.

La variabilité de l'aigrette du *Gelasia*, qui nous a offert (tom. XLII, pag. 81) tantôt des aigrettes très-simples, tantôt des aigrettes plus ou moins plumeuses, tantôt des aigrettes très-plumeuses, provient-elle de la même cause que la variabilité de l'aigrette du *Piptopogon?* (H. Cass.)

SÉRIOLE, *Seriola.* (*Ichthyol.*) M. Cuvier a ainsi nommé un genre de poissons osseux holobranches, de sa famille des Scombéroïdes et de celle des Atractosomes de M. Duméril. (Voyez ces mots.)

Ce genre est très-voisin de celui des Caranx, et il n'en diffère que parce que les écailles de la ligne latérale sont si petites qu'elles forment à peine une carène.

La Sériole Duméril, *Scriola Dumerili*, N.; *Caranx Dumerili*, Risso. Corps comprimé, d'un gris argenté, nuancé de violet sur le dos, et d'un blanc mat avec une légère teinte dorée sur le ventre; museau arrondi; bouche ample; mâchoires égales, garnies de petites dents; yeux dorés; ligne latérale courbe; nageoires colorées de jaune, de bleu et de gris; deux aiguillons au-devant de l'anale; caudale fourchue.

Ce poisson parvient au poids remarquable de cent soixante à deux cents livres, et habite les lieux inaccessibles de la mer de Nice, où il a été vu d'abord par M. Risso. Il ne s'approche des rivages que quand il semble y être attiré par la faim. Sa chair est rougeâtre, ferme, et d'une saveur exquise.

M. Cuvier pense que le *scomber fasciatus* de Bloch (541), qui pourroit bien être le même que le *scomber speciosus* de Lacépède, doit être rapporté au genre Sériole. (H. C.)

SÉRIPHE, *Seriphium.* (*Bot.*) Ce genre de plantes appartient à l'ordre des Synanthérées, à notre tribu naturelle des Inulées, à la section des Inulées-Gnaphaliées, à la sous-section des Sériphiées, et au groupe des Sériphiées vraies, dans lequel nous l'avons placé entre les deux genres *Perotriche* et *Stœbe.* (Voyez notre tableau des Inulées, tom. XXIII, p. 565.)

Le *Seriphium prostratum*, seule espèce que nous ayons pu

observer suffisamment, nous a offert les caractères génériques suivans :

Calathide uniflore, régulariflore, androgyniflore. Péricline double : l'extérieur plus court, formé d'environ cinq squames égales, oblongues, coriaces inférieurement, subfoliacées et un peu laineuses en dehors supérieurement, membraneuses sur les bords, mucronées au sommet; l'intérieur supérieur à la fleur, formé d'environ cinq squames égales, unisériées, oblongues, à partie supérieure scarieuse et roussàtre. Clinanthe petit, nu. Ovaire oblong, grêle, glabre, muni d'un petit bourrelet basilaire; aigrette longue, *caduque*, composée de squamellules unisériées, à peu près égales, arquées en dehors, *entregreffées à la base, laminées et nues inférieurement, filiformes et barbées supérieurement*, à barbes longues et très-fines. Corolle longue, à cinq divisions oblongues-lancéolées. Anthères pourvues de longs appendices basilaires subulés, membraneux. Style d'inulée-gnaphaliée. = Capitule terminal, solitaire, subglobuleux, involucré, composé de calathides très-nombreuses, immédiatement rapprochées et sessiles sur un calathiphore peu convexe, entièrement nu ou muni seulement de quelques bractées éparses; involucre de plusieurs bractées foliiformes, verticillées, subunisériées.

Nous divisons ce genre en deux sections.

I. Acrocéphale, *Acrocephalum.*

Capitule terminal, solitaire, subglobuleux, involucré.

Stœbe couché : *Seriphium prostratum*, Pers., *Syn. pl.*, vol. 2, p. 500; *Stœbe prostrata*, Linn., *Mant.*, 271. C'est une plante ligneuse, étalée sur la terre, qui habite le cap de Bonne-Espérance : ses tiges ou rameaux sont longs, très-grêles, simples, cylindriques, un peu striés, légèrement laineux, uniformément garnis de feuilles dans toute leur longueur, presque jusqu'au sommet, à mérithalles beaucoup plus courts que les feuilles; celles-ci, longues de plus de trois lignes, larges de deux tiers de ligne, sont alternes, sessiles, oblongues-lancéolées, très-entières, mucronées au sommet, un peu arquées en faux, c'est-à-dire, ayant un bord latéral très-convexe et l'autre presque concave; elles sont très-étalées ou réfléchies, un peu tordues à la base, planes du reste, à face supérieure tomenteuse et blanchâtre, à face inférieure glabre, verte, luisante, uninervée; les capitules sont subglobuleux, larges d'environ trois lignes, involucrés, solitaires au sommet des tiges ou rameaux; chacun d'eux est composé de calathides très-nombreuses, immédiatement rapprochées et sessiles sur un calathiphore peu convexe, qui nous a paru muni de quelques bractées éparses, analogues à celles de l'involucre, moins nombreuses que les calathides, et plus longues que les squames des périclines extérieurs; l'involucre est bien distinct des feuilles, parce qu'il est distant de la feuille la plus élevée; il est composé de plusieurs bractées foliiformes, verticillées, subunisériées, oblongues-lancéolées, vertes et un peu laineuses en dehors, blanches et tomenteuses en dedans; les divisions de la corolle sont de couleur rose.

Nous avons fait cette description spécifique, et celle des caractères génériques, sur un échantillon sec de l'herbier de M. de Jussieu. Un autre échantillon, de l'herbier de M. Desfontaines, nous a semblé constituer une variété, qui se distingue par ses feuilles plus distantes, plus coriaces, plus piquantes au sommet, tordues en hélice, par son calathiphore absolument nu, sans aucune bractée, enfin par ses corolles jaunes.

Remarquons que le sériphe couché offre un nouvel exemple de la singulière disposition observée par M. Brown dans les feuilles des *Metalasia*, et qu'il croyoit exclusivement propre à ce genre (voyez notre article Métalasie, tom. XXX, p. 225).

II. Pleurocéphale, *Pleurocephalum*.

Capitules latéraux, agrégés, irréguliers, sans involucre distinct.

Sériphe cendré : *Seriphium cinereum*, Linn., *Sp. pl.*, p. 1316; Gærtn., *De fruct. et sem. pl.*, vol. 2, p. 416, tab. 167, fig. 2. Arbuste du cap de Bonne-Espérance, à rameaux verticillés, à feuilles rapprochées, petites, obliques, étalées, recourbées, lancéolées ou linéaires-subulées, blanchâtres, gibbeuses à la base; capitules ferrugineux, comme verticillés et rapprochés sur la partie supérieure des tiges ou rameaux, de manière à former ensemble un épi oblong, cylindrique, solitaire, terminal.

N'ayant point vu cette plante, nous ne l'attribuons au vrai genre *Seriphium* et au sous-genre *Pleurocephalum*, que sur la foi de Gœrtner, c'est-à-dire, d'après la description et la figure données par cet habile botaniste.

Tournefort confondoit les *seriphium* et les *stœbe* dans le genre *Absinthium* ou dans le genre *Conyza*. Vaillant les en retira pour former, sous le nom d'*Helichrysoides*, un genre distinct, composé de trois espèces, qu'il plaça entre le *Filago* et le *Conyza* et qu'il caractérisa ainsi : « Les fleurs sont de petits disques conglobés ou ramassés par pelotons; chaque disque ordinairement d'un seul fleuron hermaphrodite, régulier; ovaire oblong, couronné de plumes, sur placenta ras; calice écailleux, arrondi, sans éclat ni couleur; feuilles entières et sans queue. » Le style de cette description n'est pas élégant; mais au fond elle est fort exacte. Adanson étoit donc mal inspiré par ses injustes préventions contre Vaillant, lorsqu'il disoit (Fam. des pl., tom. 2, p. 121) que l'*Helichrysoides* est un genre fort douteux, inintelligible, et qui doit être réuni au *Filago*. Cette réunion, témérairement opérée par Adanson, d'après les apparences extérieures, se dissout nécessairement dès qu'on examine les caractères. La critique d'Adanson eût été mieux fondée, si elle se fût adressée à Linné, qui avoit divisé l'*Helichrysoides* de Vaillant en deux genres, nommés *Seriphium* et *Stœbe*, en les distinguant d'une manière qui nous semble tellement obscure et inexacte, que nous renonçons à en présenter ici l'analyse. La dernière édition du *Species plantarum* n'a qu'un seul *Stœbe* et trois *Seriphium*. On trouve huit *Stœbe* et quatre *Seriphium* dans le *Systema vegetabilium* : mais nous croyons qu'il seroit impossible d'assigner un seul caractère générique vraiment distinctif, d'après lequel ces douze espèces auroient été distribuées dans les deux genres, et il semble évident que le caprice a seul présidé pour la plupart à leur classification. C'est pourquoi quelques botanistes modernes ont réuni de nouveau, comme Vaillant, les *Seriphium* et *Stœbe* en un seul et même genre.

Cependant M. de Jussieu avoit essayé d'éclaircir et de préciser la distinction des deux genres linnéens. En comparant les descriptions qu'il en a tracées dans son *Genera plantarum* (pag. 180), on reconnoît qu'il les distingue, 1.º par la disposition des calathides, qui, dans le *Seriphium*, seroient axillaires ou terminales, souvent agglomérées, sans être jamais vraiment capitulées; tandis que, dans le *Stæbe*, elles seroient rassemblées en un vrai capitule terminal, involucré, sur un calathiphore garni de bractées; 2.° par le péricline, qui seroit double dans le *Seriphium*, simple dans le *Stæbe*. Du reste M. de Jussieu admet, dans les deux genres, la calathide uniflore et l'aigrette plumeuse, en remarquant que cette aigrette est quelquefois nulle dans le *Seriphium*, parce qu'il y comprenoit notre *Perotriche*.

Deux ans après M. de Jussieu, Gærtner a établi d'une autre manière la distinction des deux genres dont il s'agit, en prenant pour type du *Seriphium* le *Ser. cinereum*, et pour type du *Stæbe* la *St. æthiopica*. Suivant lui, ces deux genres diffèrent, 1.° par le péricline qui, dans le *Seriphium*, est double, et dont l'intérieur est bien distinct des bractées du calathiphore; tandis que, dans le *Stæbe*, le péricline est simple et confondu avec les bractées du calathiphore, ou même nul et remplacé par ces bractées; 2.° par l'aigrette caduque et plumeuse en sa partie supérieure seulement, dans le *Seriphium*, persistante et plumeuse d'un bout à l'autre, dans le *Stæbe*. Du reste, Gærtner admet que, dans les deux genres, les calathides sont uniflores, et rassemblées en capitule sur un calathiphore garni de bractées, mais sans involucre distinct; et il établit le genre *Disparago* pour une espèce linnéenne de *stæbe*, dont la calathide contient une fleur neutre ligulée, à côté de la fleur hermaphrodite régulière.

Maintenant nous avons deux questions à résoudre : les deux genres doivent-ils être réunis en un seul? et s'ils doivent être conservés tous les deux, comment faut-il les distinguer?

Sur la première question, le système général que nous avons adopté en faveur de la multiplicité des genres, considérée par nous comme infiniment utile au progrès et au perfectionnement de la science, nous détermine à conserver les deux genres de Linné, s'il y a possibilité de les distinguer solidement.

Sur la seconde question, nous avons à choisir entre la disposition des calathides, la structure du péricline, et celle de l'aigrette, pour fonder le caractère essentiellement dis-

tinctif des deux genres sur l'une de ces trois considérations;
car elles ne concourent pas toujours ensemble.

La disposition des calathides fournit souvent de bons
caractères auxiliaires : mais, en général, elle ne peut suffire pour caractériser essentiellement les genres ; et dans
le cas particulier elle n'est évidemment propre qu'à constituer des sections de genres; car les *Seriphium* et *Stœbe* offrent,
sous ce rapport, toutes les nuances, savoir, des calathides absolument solitaires et terminales, des calathides axillaires,
sessiles, rapprochées, groupées ou fasciculées, au nombre de
trois ou quatre, des calathides rassemblées en grand nombre,
de manière à former de vrais capitules tantôt latéraux, tantôt
terminaux, avec ou sans involucre.

Quant au péricline, il offre également ici des nuances entre
lesquelles on ne peut pas établir une distinction suffisamment
exacte. Toutes les observations que nous avons pu faire sur
les *Seriphium*, *Stœbe*, *Perotriche*, *Disparago*, nous persuadent
que les botanistes se sont trompés en attribuant à ces plantes
un réceptacle commun paléacé, c'est-à-dire, un calathiphore bractéifère, ou garni de bractées interposées entre les
calathides. Quoique ces observations soient fort difficiles à
faire exactement sur les échantillons secs, à cause de la ca-
ducité des parties, qui se détachent, se mêlent et se confondent, dès qu'on les touche, cependant nous sommes à peu
près certain que le calathiphore est toujours nu ou presque
nu, et que les botanistes n'ont attribué un péricline simple
au *Stœbe* que parce qu'ils ont faussement considéré les squames
extérieures du péricline comme des bractées appartenant au
calathiphore. Au surplus, la distinction des deux périclines,
extérieur et intérieur, est tantôt bien tranchée, tantôt fort
équivoque : les squames sont égales ou inégales, semblables ou
dissemblables, etc.

Reste donc la structure de l'aigrette, sur laquelle il nous
semble qu'on peut établir une bonne distinction générique
entre les *Seriphium* et les *Stœbe*. En effet, la *Stœbe æthiopica*
est, sans aucun doute, le vrai type du genre *Stœbe*, puisque
c'étoit la seule espèce primitivement attribuée à ce genre
par son auteur; et le *Seriphium cinereum* doit être considéré
comme type du genre *Seriphium*, parce que cette espèce étoit

placée à la tête du genre. Or, si l'on observe attentivement l'aigrette dans ces deux plantes, on trouve entre elles cette différence que l'aigrette du *Seriphium cinereum* est caduque, composée de squamellules entregreffées à la base, laminées et nues inférieurement, filiformes et barbées supérieurement; tandis que celle de la *Stœbe œthiopica* est persistante, composée de squamellules libres à la base, entièrement filiformes, fines et barbées d'un bout à l'autre.

Cette distinction, foiblement entrevue et imparfaitement signalée par Gærtner, a été proposée dans notre article Pérotriche (tome XXXVIII, page 527) comme la seule qu'on puisse établir entre les deux genres *Seriphium* et *Stœbe*.

Chacun de ces deux genres pourra être divisé en sections, d'après la disposition des calathides ou la structure du péricline. (H. Cass.)

SERIPHIUM. (*Bot.*) Fuchsius donnoit ce nom au *Sisymbrium sophia*; Lobel et d'autres, à diverses espèces d'*Artemisia*; Linnæus l'a transporté à un genre plus nouveau, voisin de ce dernier. (J.)

SÉRIS. (*Bot.*) Voyez Seriola. (J.)

SERIS. (*Ornith.*) Ce terme désigne, dans Schwenckfeld, le tarin commun, *fringilla spinus*, Linn. (Ch. D.)

SERISSA. (*Bot.*) Genre de plantes dicotylédones, à fleurs complètes, monopétalées, de la famille des *rubiacées*, de la *pentandrie monogynie* de Linnæus, offrant pour caractère essentiel : Un calice persistant, à cinq divisions; une corolle infundibuliforme; le tube court, cilié à son orifice; le limbe à cinq lobes; cinq étamines; les filamens très-courts; les anthères non saillantes; un ovaire inférieur; un style bifide; une baie à deux loges, à deux semences. Les fleurs ont quelquefois une division de moins.

Sérisse fétide : *Serissa fetida*, Willd., *Spec.*; Lamk., *Ill. gen.*, tab. 151; *Buchozia coprosmoides*, L'Hérit., Monogr.; *Dysoda fasciculata*, Lour., *Cochin.*, 181; *Lycium fœtidum*, Linn., *Suppl.*; *Lycium japonicum*, Thunb., *Flor. Jap.*, tab. 17; *Lycium indicum*, Retz., *Obs.*, 2, pag. 12; *Manteers*, Kæmpf., *Amœn.*, 5, pag. 780. Petit arbrisseau, dont la tige est droite, glabre, rameuse; les rameaux opposés; les feuilles sessiles, opposées, petites, ovales, oblongues ou lancéolées, glabres, entières, aiguës à leurs deux extrémités, marquées de quelques veines simples, peu saillantes, réunies à leur base par une stipule vaginale, ciliée à ses bords. Les feuilles, broyées entre les doigts, ont une odeur forte et désagréable. Les fleurs sont petites, sessiles, axillaires, presque solitaires. Leur calice est glabre, verdâtre, un peu alongé, divisé en cinq, quelquefois en quatre découpures ovales, aiguës. La corolle est en forme d'entonnoir; le tube est court, muni à son orifice de poils très-fins; le limbe partagé en cinq, quelquefois en quatre lobes ovales, obtus; l'ovaire un peu arrondi, surmonté d'un style bifide. Le fruit consiste en une baie inférieure, divisée en deux loges; deux semences. Cette plante croit dans les Indes orientales, à la Chine, au Japon, etc. On la cultive au Jardin du Roi. (Poir.)

SERIVAN. (*Ornith.*) C'est, en Piémont, le nom de l'ortolan de roseaux, *emberiza schœniclus*, Linn. (Ch. D.)

SERJANIA. (*Bot.*) Genre de plantes dicotylédones, à fleurs complètes, polypétalées, de la famille des *sapindées*, de l'*octandrie trigynie* de Linnæus, offrant pour caractère essentiel: Un calice persistant, à cinq folioles un peu inégales; quatre pétales onguiculés: une écaille à leur base; une glande entre chaque pétale; huit étamines; un ovaire supérieur; trois styles; une capsule à trois loges, à trois lobes distincts, munis de larges membranes. Ce genre est très-voisin des *paullinia*, dont il faisoit d'abord partie. (Voyez Paulinie.)

Serjania sinuée: *Serjania sinuata*, Willd., *Spec.*, 2, p. 464; Plum., *Gener.*, 34, et *Ic.*, 115, fig. 2; Schum., *Act. hist. nat. Hafn.*, 5. tab. 12, fig. 1; *Paullinia sinuata*, Linn.. *Sp.* Cette plante a des tiges ligneuses, velues, flexibles et grimpantes. Les feuilles sont alternes, pétiolées, ternées; les folioles épaisses, coriaces, glabres, ovales, oblongues, échancrées, sinuées en lobes arrondis ou aigus, mucronées, rétrécies à leur base. Les fleurs sont disposées en longues grappes, portées sur un très-long pédoncule nu jusqu'à l'insertion de deux vrilles opposées; les pédicelles courts, rameux, chargés de petites fleurs blanchâtres, auxquelles succèdent des fruits capsulaires, munis inférieurement de grandes ailes membraneuses, dilatées à leur base, où elles forment des lobes arrondis. Cette plante croit dans l'Amérique méridionale.

Serjania étalée : *Serjania divaricata*, Willd., *Spec.*; Schum., *loc. cit.*, tab. 12, fig. 2; *Paullinia divaricata*, Swartz, *Fl. Ind. occid.*, 696. Plante grimpante et sarmenteuse, glabre, un peu épineuse. Les feuilles sont ailées, pétiolées, composées de folioles deux fois ternées, assez grandes, ovales, entières, aiguës, médiocrement pédicellées. De l'aisselle des feuilles sortent des vrilles solitaires, anguleuses, bifides au sommet. Les fleurs sont disposées en panicules axillaires. Le pédoncule commun est très-long, garni de deux vrilles opposées; les ramifications très-étalées. Ces fleurs sont blanches, un peu pédicellées; leur calice est à cinq folioles inégales, concaves, oblongues, colorées : deux plus petites. Les fruits sont garnis, à leur partie inférieure, de trois ailes membraneuses. Cette plante croit à la Jamaïque.

Serjania paniculée; *Serjania paniculata*, Kunth, *in* Humb. et Bonpl., *Nov. gen.*, 5, pag. 111, tab. 441. Ses tiges sont grimpantes; ses rameaux anguleux, cannelés et pubescens; les feuilles alternes, pétiolées, deux fois ternées; les folioles sessiles, à grosses crénelures, entières vers leur base, membraneuses, presque glabres, oblongues, aiguës à leurs deux extrémités; l'intermédiaire plus grande, elliptique; les pétioles un peu pubescens; les panicules solitaires, axillaires, ramifiées en épis; le calice un peu tomenteux, à cinq folioles concaves; les deux extérieures plus petites, oblongues; quatre pétales alternes avec les folioles du calice; quatre glandes entre les pétales et les étamines. Le fruit est une capsule à trois coques, à trois grandes ailes pubescentes, d'un brun noirâtre. Cette plante croit dans la province de Caracas.

Serjania a grappes : *Serjania racemosa*, Willd., *Spec.*; Schum., *loc. cit.*, tab. 12, fig. 3. Cette plante a des tiges grimpantes et sarmenteuses. Les feuilles sont alternes, pétiolées, deux fois ternées, à folioles inégales : les deux latérales de moitié plus petites que l'intermédiaire; toutes ovales, aiguës, profondément divisées à leurs bords en dents aiguës; le pétiole commun un peu membraneux à ses bords. Les fleurs sont disposées, à l'extrémité d'un long pédoncule, en une grappe garnie à sa base de deux vrilles opposées. Le fruit est muni à sa partie inférieure de trois ailes minces, arrondies, dilatées à leur base. Cette plante croît à la Vera-Cruz.

SERJANIA ÉLÉGANTE : *Serjania spectabilis*, Willd., *Sp.*; Schum., *loc. cit.*, tab. 12, fig. 4. Cette espèce a des tiges souples, flexibles et ligneuses, garnies de feuilles deux fois ternées, alternes, pétiolées, à folioles entières, inégales, les latérales un peu aiguës, l'intermédiaire plus grande, obtuse, souvent échancrée au sommet. Les pétioles et les pédicelles tous dilatés à leurs bords en une aile élargie dans son milieu, plus étroite à ses deux extrémités. Les fleurs sont presque sessiles, réunies en une grappe simple ou presque simple sur un long pédoncule axillaire, muni, à son insertion, de deux vrilles opposées. Les fruits sont munis, à leur partie inférieure, d'une triple membrane en aile, élargie à sa base. Cette plante croît en Amérique.

SERJANIA A FEUILLES ÉTROITES : *Serjania angustifolia*, Willd., *Sp.*; Plum., *Gen.*, 54, *Ic.*, 115 : *Paullinia mexicana*, Jacq., *Obs.*, 5, tab. 6, fig. 5. Cette plante a ses tiges garnies de feuilles pétiolées, alternes, deux fois ternées : les folioles sont linéaires, lancéolées, aiguës, échancrées au sommet; les pétioles articulés, membraneux à leurs bords : les grappes très-simples, les fruits à trois coques, ailés à leur partie inférieure. Cette plante croît dans l'Amérique méridionale.

SERJANIA LUPULINE : *Serjania lupulina*, Willd., *Spec.*; Schum., *loc. cit.*, tab. 12, fig. 5. La tige est garnie de feuilles alternes, pétiolées, deux fois ternées, composées de folioles inégales, ferrugineuses en dessous, simples à leur base, crénelées en dents de scie à leur partie supérieure; les folioles latérales ovales, plus petites : l'intermédiaire plus grande, de forme rhomboïdale : les pétioles médiocrement ailées, surtout sur la partie comprise entre les folioles. Les fleurs sont disposées en une grappe presque simple, munie de deux vrilles opposées. Les fruits sont ailés à leur base par l'épanouissement d'une triple membrane à demi ovale.

SERJANIA MOLLE; *Serjania mollis*, Kunth, *in* Humb. et Bonpl., *Nov. gen.*, 5, pag. 108. Ses tiges grimpantes produisent des rameaux anguleux, profondément cannelés, hérissés de poils tomenteux et ferrugineux. Les feuilles sont pétiolées, ternées : les folioles pédicellées, ovales, un peu obtuses, arrondies à leur base, crénelées et dentées, soyeuses en dessus, douces, tomenteuses et blanchâtres en dessous : les deux latérales inégales à leur base, longues de deux pouces et plus, larges d'un pouce et demi ; l'intermédiaire plus grande, à trois lobes ; à la base des pétioles, des stipules hérissées, lancéolées avec des vrilles solitaires, axillaires, brunes, tomenteuses. Les fleurs sont en grappes paniculées, à longs pédoncules ; les fruits épars, pédicellés, à trois ailes. Cette plante croît dans les Andes du Pérou.

Serjania d'Acapulco ; *Serjania acapulcensis*, Kunth, *in* Humb. et Bonpl., *loc. cit.* Ses rameaux sont verts, glabres, anguleux ; les feuilles alternes, pétiolées, ternées ; les folioles oblongues, pédicellées, arrondies à leur base, glabres, vertes, plus pâles en dessous ; une dent de chaque côté de leur base ; l'intermédiaire plus longue, mucronée au sommet. Les fleurs sont disposées en grappes, presque en épis axillaires, solitaires, portés sur de longs pédoncules, accompagnés de deux vrilles. Les calices sont pubescens, à cinq folioles concaves, elliptiques, obtuses, imbriquées, presque égales ; quatre pétales plus courts que le calice : deux plus écartés, en ovale renversé, un peu onguiculés, munis à leur base d'une écaille ciliée ; huit étamines placées autour de l'ovaire ; les filamens pubescens ; quatre glandes entre les pétales et les étamines. Cette plante croît dans les environs d'Acapulco.

Serjania pubescente ; *Serjania pubescens*, Kunth, *loc. cit.* Ses tiges sont grimpantes ; ses rameaux anguleux, velus et pubescens ; les feuilles deux fois ternées ; les folioles sessiles, ovales-oblongues, obtuses, un peu mucronées, entières ou à grosses dentelures, membraneuses, un peu glabres en dessus, pubescentes en dessous ; les latérales longues d'un ou deux pouces ; la terminale plus grande, un peu pédicellée ; les stipules ovales, lancéolées, pubescentes, serrées contre le pétiole. Les grappes sont ramifiées, solitaires, axillaires, fort grêles, une fois plus longues que les feuilles, munies de deux vrilles pubescentes. Les fleurs sont pédicellées, réunies trois ou quatre par petits paquets, presque en épis le long des rameaux. Le calice est couvert d'un duvet blanchâtre, à cinq folioles ovales, elliptiques, arrondies au sommet, égales, concaves, colorées ; les pétales presque égaux, plus courts que le calice, avec une écaille membraneuse à leur base; les filamens pubescens; quatre glandes vertes et charnues entre les pétales et les étamines. Le fruit est pourvu de trois ailes ovales-oblongues à sa partie inférieure, et terminé par trois coques. Cette plante croit dans les vallées d'Aragna , proche la ville de Victoria, dans la province de Caracas.

Serjania luisante : *Serjania lucida*, Willd., *Spec. ;* Schum., *loc. cit.* Cette plante a des tiges flexibles et grimpantes, garnies de feuilles alternes, pétiolées, deux fois ternées, composées de folioles ovales, aiguës, inégales, luisantes, dentées en scie. Les pétioles sont nus , ou garnis au plus d'une membrane très-étroite. Les fleurs sont disposées en une grappe paniculée , accompagnée de deux vrilles opposées, à la base des pédoncules. Aux fleurs succèdent des fruits capsulaires, ailés et membraneux à leur partie inférieure , terminés par trois coques. Cette plante croît dans l'Amérique , à l'île de Sainte-Croix.

Serjania triternée : *Serjania triternata*, Willd., *Sp.;* Plum., *Gen.*, 54, et *Ic.*, 112; Pluken., *Almag.*, tab. 168 , fig. 5 ; *Paullinia triternata*, Linn. , *Mant.;* Jacq., *Amer.*, 110, tab. 180, fig. 52 , et *Obs.*, 5, 62, fig. 11. Cette plante s'élève jusqu'à la hauteur de vingt pieds, en grimpant aux arbres. Sa tige est glabre, profondément cannelée , presque cylindrique. Les feuilles sont alternes, trois fois ternées, luisantes, très-nombreuses ; les pétioles canaliculés. Les folioles sont sessiles, très-variables dans leur forme: les unes aiguës, les autres obtuses, arrondies à leur sommet , ovales, plus ou moins élargies, dentées inégalement vers leur sommet, rétrécies en pétiole à leur base : les latérales presque rondes; chaque feuille ternée et munie d'un pétiole particulier médiocrement ailé. Les fleurs naissent en très-grand nombre sur des grappes axillaires, souvent divisées en deux ou trois rameaux, avec des vrilles opposées. Ces fleurs sont blanchâtres, petites; les folioles du calice concaves, très-ouvertes, ovales, obtuses; la corolle un peu plus grande. Les fruits forment une capsule à trois coques bien distinctes , garnies à leur base de trois ailes larges, membraneuses, transparentes. Le réceptacle est velu. Cette plante croit dans les forêts, à Saint-Domingue, où elle porte le nom de *liane à persil.*

On a prétendu que les sauvages s'en servoient pour empoisonner leurs flèches : cette assertion paroît dénuée de fondement. Les Nègres l'emploient aujourd'hui pour engourdir les poissons, et ce moyen leur procure une pêche abondante. Le poisson pris de cette manière n'occasionne aucune incommodité. (Poir.)

SERKIS ou SERQUIS. (*Bot.*) Nom donné en Turquie à une espèce de pied-de-chat ou de gnaphale, que l'on prend en guise de thé et que l'on appelle thé des Sultanes. Paul Lucas, qui en avoit apporté en France, dit que cette boisson est agréable. On lui attribue la vertu de conserver la fraîcheur du teint et de prolonger l'état apparent de la jeunesse. L'auteur du Dictionnaire économique dit que le serkis croît au pied d'une montagne voisine de la Mecque, qui est gardée avec soin. (J.)

SERLIK. (*Bot.*) Les Bouriats, peuple qui habite les environs du lac Baïcal, donnent ce nom au *polypodium fragrans*, Linn. (*aspidium fragrans*, Swartz). Ils vont le cueillir dans les fentes des rochers les plus élevés, où il croît. Cette plante est pour eux d'une grande utilité : ils la prennent en infusion dans les maladies arthritiques et scorbutiques. Cette espèce de thé est, suivant Pallas, si agréable, qu'on pourroit en faire usage par goût. Une feuille ou deux de cette fougère, infusées avec du thé vert, le rend délicieux au point qu'on le prendroit pour du thé de la première qualité. Son odeur est tellement forte que, si l'on en renferme un sachet dans un ballot, dans des herbages ou dans une caisse de papier, elle la leur communique de manière à la conserver long-temps (Pall., Voy., 4, pag. 416). Ammann compare l'odeur de cette fougère à celle de la framboise. (Lem.)

SERMONTAIN. (*Bot.*) Nom françois de la plante que Césalpin nomme *sermontanum*, rapportée par C. Bauhin à son *ligusticum seseli*, qui est le *laserpitium siler* de Linnæus. (J.)

SERO. (*Ichthyol.*) Nom nicéen du labre paon. Voyez Labre. (H. C.)

SÉRO. (*Ornith.*) Ce nom, qui s'écrit aussi *seiro*, désigne, en Provence, la grive draine, *turdus viscivorus*, Linn. (Ch. D.)

SEROCA. (*Bot.*) Voyez Seneka. (J.)

SERŒN-JAYER. (*Bot.*) Nom javanois du *jussiæa erecta*, dans la famille des onagraires. (J.)

SEROLA. (*Ichthyol.*) Nom que les Grecs modernes donnent à la Mendole. Voyez ce mot. (H. C.)

SEROLIS. (*Crust.*) Genre de crustacés édriophthalmes de l'ordre des isopodes, fondé par M. Leach, décrit dans ce Dictionnaire tome XII, page 359, et tome XXVIII, pag. 376. (Desm.)

SÉROTINE. (*Mamm.*) Le nom italien *scrotina*, employé pour désigner les chauve-souris en général, a été appliqué particulièrement à un vespertilion de notre pays par Daubenton.

Le même naturaliste a nommé aussi *sérotine de la Guiane* une autre espèce du même genre, qui est propre au continent américain. Voyez Vespertilion. (Desm.)

SEROUNI-LAUT. (*Bot.*) Nom indien du *volkamaria inermis*, cité par Burmann. (J.)

SEROUPADDIE. (*Bot.*) Nom sous lequel le *Coldenia procumbens*, genre de la famille des borraginées, est connu à Java, à Ceilan et sur la côte de Coromandel, suivant Burmann. (J.)

SERP. (*Erpét.*) Voyez Ser. (H. C.)

SERPE. (*Ichthyol.*) Voyez Gastéroplèque, Microstome, Scopèle, Sternicle. (H. C.)

SERPE CROCODILE et SERPE HUMBOLDT. (*Ichthyol.*) Voyez Scopèle. (H. C.)

SERPE PETITE-BOUCHE. (*Ichthyol.*) Voyez Microstome. (H. C.)

SERPE STERNICLE. (*Ichthyol.*) Voyez Sternicle. (H. C.)

SERPENS : *Serpentes, Angues.* (*Erpét.*) Dans notre article Ophidiens nous avons fait connoître précédemment tout ce qui a rapport à la nature et à l'organisation des Serpens, animaux qui, de tous les temps, ont inspiré à l'homme et à la plupart des autres êtres animés, des craintes justement fondées et une horreur presque insurmontable ; horreur tellement innée, tellement préconçue, que les espèces même qui ne connoissent point le danger ou qui n'ont guère à le redouter, sont effrayées à la vue de ces bêtes rampantes, comme on voit les rongeurs s'enfuir à l'aspect du loup, et la souris trembler en apercevant le chat. C'est l'effet d'un instinct inconnu qui met tout être animé à même de conserver son existence, en lui signalant ses ennemis naturels : instinct qui le porte à étudier leurs mœurs, leur caractère, leurs armes, leurs moyens de nuire en général, leurs habitudes, enfin.

C'est sous ce rapport que nous allons examiner les serpens, qui ne sont pas tous dangereux, et qui souvent, sans effroi comme sans péril, sont contemplés par le naturaliste qui sait apprécier leur puissance et leurs armes, alors même que, l'œil étincelant, la gueule enflammée, la dent dressée pour la mort, ils se lèvent en sifflant et stupéfient le vulgaire qui fuit leur regard glacial.

Nous nous sommes attachés à faire connoître la source du mal (voyez tome XXXVI, pag. 186 et suivante); nous tâcherons maintenant, en indiquant le remède ou plutôt en enseignant à prévenir son emploi par un examen approfondi des habitudes des serpens, de mettre tel de nos lecteurs à même de parcourir sans risque imminent mainte et mainte solitude, de franchir maint et maint désert, dont les serpens semblent interdire l'entrée, de se reposer sous l'ombrage des forêts que ces reptiles paroissent avoir dépeuplées; de surprendre les secrets de la nature, de s'emparer de ses richesses dans les cavernes confiées à leur garde.

Dans ce but, décrivons leurs habitudes générales; signalons les espèces qui méritent notre animadversion, indiquons les accidens que la plupart d'entre elles déterminent, et cherchons à enseigner l'art de combattre les terribles effets de leurs piqûres.

Dans tous les siècles, chez tous les peuples, le serpent a servi d'emblême à la Prudence, à la Timidité, à la Ruse, à la Fraude, et de symbole à l'Éternité, qui n'a ni commencement ni fin, comme le cercle parfait que formeroit cet animal en se mordant la queue. La puissance musculaire dont il est doué, puissance vraiment prodigieuse, et telle que le boa devin, en se roulant autour d'eux, étouffe de fort gros quadrupèdes entre ses replis, qu'on peut comparer à des nœuds serrés, nous explique en partie pourquoi les anciens, dans leurs traditions mythologiques, si souvent fondées sur des observations exactes, ont fait de la force l'attribut de ce reptile; pourquoi ils ont supposé qu'Achélaüs, afin de com-

battre Hercule , avoit emprunté sa figure. Son agilité , la
promptitude de ses mouvemens , l'ont , dès les premiers
temps de la civilisation des Égyptiens, des Mexicains et des
Grecs , fait choisir pour le symbole de la vitesse du Temps
et de la rapidité avec laquelle les années roulent à la suite
les unes des autres, en même temps que sa marche insi-
nuante, image vivante d'une douce et persuasive, mais trop
souvent hypocrite éloquence , l'a placé sur le caducée de
Mercure, et l'a fait, par le vrai Dieu, désigner, entre tous,
pour séduire et tromper la compagne du premier homme.
Comme le remord pénètre et se glisse dans la poitrine du
criminel pour le tourmenter, on a encore par une fable ingénieuse , changé en serpens les cheveux des Euménides et le
fouet des Furies. Le Serpent python, né dans la fange du
déluge de Deucalion et tué par Apollon , est devenu l'allé-
gorie de la contagion qui se développe au sein des marais et
qu'anéantissent les chaleurs d'un été sec , comme, en Égypte,
on voit la peste cesser au solstice d'été ; celui qui déchire le
cœur de l'Envie ou qui arme les mains sanglantes de la Dis-
corde , n'est de même qu'une ingénieuse vérité cachée sous
le charme de la fiction.

De pareils mystères, qui semblent avoir précédé les siècles
nommés héroïques, qui ont fourni à la poésie tant de méta-
phores brillantes qui enrichissent les fastes de la littéra-
ture grecque et romaine , quoique altérés par l'ignorance ,
embellis par l'imagination, falsifiés par la superstition et par
la crainte, prouvent que les anciens connoissoient fort bien
les mœurs des serpens; aussi, pour désigner la circonspection
indispensable au médecin , avoient-ils entouré d'un de ces
reptiles le bâton d'Esculape, adoré lui-même à Épidaure
sous la forme d'un serpent ; en avoient-ils confié un autre aux
soins d'Hygie , déesse de la Santé, comme pour montrer que
la tempérance est la source d'une longue vie, et en avoient-
ils orné le miroir de la déesse de la prudence, en signe d'in-
telligence , de prévoyance, de divination même.

Par des motifs bien différens, par suite, sans doute, de la
frayeur extrême dont nous avons parlé en commençant ,

*Esse deos fecit timor , quâ nempè remotâ
Templa ruent . . . .*

les serpens sont devenus un objet de vénération chez plusieurs peuplades grossières et non civilisées de l'Afrique et de l'Amérique ; et c'est là ce qui leur a valu, au royaume de Juida, des temples, des prêtres et des victimes. Selon Desmarchais, en effet, le Devin et la Daboie (voyez ces mots) sont les fétiches, les dieux familiers de ce pays superstitieux, et chaque année on leur consacre quelques belles filles, de riches offrandes, des étoffes de soie, des bijoux, des mets délicats et même des troupeaux : ce qui fait que les prêtres s'enrichissent à leur service et possèdent d'immenses revenus. Au Malabar on vénère le naja à lunettes et l'on ne tue aucune couleuvre.

Tous les serpens vivent de matières animales, et digèrent lentement à cause de la foiblesse de leur estomac membraneux ; aussi mangent-ils rarement, surtout dans la saison du froid : un repas leur suffit souvent pour plusieurs semaines, et ils ne boivent jamais, leur peau épaisse et écailleuse ne leur permettant que difficilement de transpirer.

Ils demeurent engourdis durant tout l'hiver dans nos climats, en sorte que leur vie est alors, pour ainsi dire, suspendue. Dans les mois rigoureux de la mauvaise saison, et tandis qu'ils sont accablés par le sommeil dont nous parlons, ils demeurent cachés dans des trous, en terre, où ils se roulent sur eux-mêmes et où fréquemment ils sont entortillés plusieurs ensemble, jusqu'à ce que la douce température du printemps vienne les réveiller et l'aspect du soleil les ranimer.

Alors ils changent d'épiderme, car chaque année ces animaux éprouvent une mue, par l'effet de laquelle le plus extérieur de leurs tégumens se dessèche, se fend, se détache en lambeaux, ou même, d'une seule pièce et sous la figure d'un fourreau, abandonne le corps, dont il conserve la forme. Un phénomène particulier caractérise, chez les serpens à sonnettes, cette période de la vie (voyez Crotale), et dans presque toutes les autres espèces les yeux se développent comme le reste du corps.

Il est rare que les serpens attaquent l'homme sans que celui-ci les ait provoqués ; communément même ils semblent redouter sa présence. Quoique rusés, ils sont timides et craintifs, de mœurs douces en apparence, et patiens à l'excès.

Leur transport spontané d'un lieu à un autre est assez lent, à cause de leur défaut absolu de membres; mais, en se roulant sur eux-mêmes, la tête élevée au-dessus du sol, et en se débandant subitement à la manière d'un ressort, ils sont lancés assez loin et avec force du lieu qu'occupoient leurs circonvolutions. D'ailleurs, les espèces gigantesques, les boas, les pythons et plusieurs autres, qui atteignent de vingt à vingt-cinq pieds de longueur, ont une force prodigieuse, comme nous l'avons dit. Entortillées autour d'un arbre, elles y attendent, en embuscade, l'arrivée de quelque animal, qu'elles enveloppent et qu'elles étouffent dans leurs replis tortueux, le couvrant d'une bave écumeuse pour en faciliter la déglutition, qu'elles opèrent à leur aise et sans aucune sorte de mastication. Les petits serpens, au lieu de se conduire ainsi, grimpent sur les arbres, y vont chercher les oiseaux jusque dans leur nid et les dévorent avec rage.

On croit aussi universellement, à peu près, que, par un moyen quelconque, par des émanations spéciales, par l'épouvante qu'ils inspirent, ou même par une sorte de pouvoir magnétique ou magique, les serpens ont la faculté de stupéfier, de fasciner, de charmer la proie dont ils veulent s'emparer. D'après le philosophe Métrodore, Pline avoit déjà signalé ce *mode d'asphyxie*, qu'il attribuoit à une vapeur nauséabonde; opinion qui sembleroit confirmée par la facilité avec laquelle, à l'aide de l'odorat seulement, les Nègres et les Sauvages découvrent les serpens dans les savanes, et que le comte de Lacépède semble porté à adopter dans l'excellente Histoire des serpens, dont il a enrichi la science.

P. Kalm nous assure que, regardés fixément par un serpent qui siffle, en dardant sa langue fourchue hors de sa bouche, les écureuils sont comme contraints à tomber du haut des arbres dans la gorge du reptile, qui les engloutit. Au rapport de beaucoup de voyageurs, on diroit que, par l'effet magique de quelque charme, le durissus et le boïquira, par exemple, ces redoutables dominateurs des steppes de l'Amérique, ont la puissance de contraindre leur proie à tomber dans leur gueule. A leur aspect, dit-on, les lièvres, les rats, les grenouilles et les autres reptiles semblent pétrifiés de terreur, et, loin de chercher à fuir, paroissent se précipiter au-devant du sort qui les attend; ils sont stupéfiés à distance et d'une manière presque surnaturelle.

Mais ce fait, qui intéresse vivement la physiologie animale, est loin d'être non-seulement clairement expliqué, mais même suffisamment démontré. Malgré les conjectures émises à ce sujet par le célébre et savant anglois Hans Sloane; malgré les observations de P. Kalm, dont le récit a été sans difficulté adopté par son maître, l'illustre Linnæus; malgré celles de Lewson, de Catesby, de Brickel, de Colden, de Berverley, de Bancroft, de Bartram; malgré un ouvrage publié en anglois, *ex professo*, sur le même objet, en 1796, par M. Benj. Smith Barton, naturaliste américain et professeur à Philadelphie; malgré les exemples de ce pouvoir stupéfiant des serpens sur l'homme lui-même, consignés dans un mémoire lu tout récemment à la Société d'histoire naturelle de New-York par le major Alexandre Garden, qui attribue une telle influence à la terreur que ces reptiles inspirent et à des émanations narcotiques qui s'échappent de leur corps, sinon constamment, du moins à certaines époques; cette matière, dans la discussion de laquelle Vosmaër, Stedmann et Pennant, entre autres, se sont déclarés pour la négative, a été fréquemment l'occasion de vives contestations, et, il faut l'avouer, est encore assez obscure.

D'un autre côté, comme le regard du chien tient la perdrix en arrêt, on diroit, au contraire, que la présence de l'homme suspend la fureur, abat les forces, stupéfie les facultés de certains serpens justement redoutés, et les oblige à l'obéissance par une véritable sorte de fascination également. Dès les temps anciens, des peuplades de l'Arabie, les Psylles et les Marses, entre autres, savoient charmer ces reptiles[1], et Kæmpfer, ainsi qu'une foule d'autres voyageurs, nous ont transmis des détails sur *la danse* que les Indiens font exécuter au terrible NAJA (voyez ce mot). On sait encore, à n'en

---

1 *Ad quorum cantus mites jacuére cerastæ,*

Frigidus in pratis cantando rumpitur anguis.

point douter, que les bateleurs égyptiens forcent le célébre aspic des anciens, l'*Haje* des Arabes modernes, à faire plusieurs sortes de tours à leur commandement (voyez Naja), et semblent imiter les magiciens des Pharaons, qui changeoient leurs verges en serpens. La musique a , d'ailleurs, le fait est notoire, une grande influence sur des êtres auxquels on est si justement porté à refuser de la sensibilité. M. le vicomte de Chateaubriant rapporte qu'en 1791 , au mois de Juillet , dans le Haut-Canada et au bord de la rivière Génésie , il vit un indigène apaiser la colère d'un durissus ou serpent à sonnettes à l'aide des sons qu'il tiroit de sa flûte , et même se faire suivre par lui , sans avoir recours à aucun autre moyen.

On sait , enfin , que le serpent corail est fort doux, susceptible d'une sorte de domesticité , et recherché des Floridiennes, qui le portent en collier, à cause de sa jolie couleur de feu.

On a vu, chez nous aussi, des femmes rendre domestique la couleuvre à collier, la porter en bracelets, la réchauffer dans leur sein, s'en faire suivre dans leurs promenades : preuve évidente que les serpens sont susceptibles de s'apprivoiser, de s'affectionner, de s'attacher par une sorte d'amitié aux personnes qui en prennent soin.

Nous avons déjà eu occasion de dire comment la langue des serpens, fendue en deux languettes aiguës, ressemble à deux javelots que ces reptiles brandissent dans leur gueule ; comment elle ne sauroit piquer et manque de venin, en sorte que celle de la vipère ne pourroit être l'emblême de la Calomnie , à laquelle on la compare vulgairement ; comment leur trachée-artére , composée d'anneaux entièrement cartilagineux, résiste à la pression ; conséquence nécessaire d'une déglutition laborieuse, qui n'est point précédée de mastication et qui s'exerce sur des corps d'un volume considérable qui remplissent toute la gorge et qui exigent, pour être avalés , un espace de temps si long, que souvent la partie qui est arrivée dans l'estomac est digérée avant que les portions qui sont encore au-dehors de la gueule soient entamées ; comment ce même conduit, en vertu même de sa solidité , donne plus de force et d'intensité à leur voix , ou plutôt à leur sifflement[1], souvent effrayant; comment ils s'accouplent au printemps, par un beau soleil et sur un terrain nu; comment ils peuvent véritablement exercer l'acte du coït, et comment le mâle a une double verge qui féconde à la fois chacun des deux ovaires de la femelle; comment beaucoup d'espéces, surtout parmi les ophidiens venimeux, sont vivipares et donnent le jour à de jeunes serpens tout formés[2], qui traînent après eux un rudiment de cordon ombilical et cherchent eux-mêmes leur nourriture, privés qu'ils sont des soins maternels et guidés uniquement par leur instinct personnel; comment l'accroissement de ces reptiles est lent, parce qu'ils vivent longuement; comment ils demeurent, dans nos climats, engourdis pendant tout l'hiver, pour ne s'éveiller qu'aux beaux jours du printemps, qui semble les ramener à la vie; comment, chaque année, ils changent d'épiderme et éprouvent une véritable mue, à la suite de laquelle le corps est comme rajeuni et les couleurs deviennent plus éclatantes; comment les serpens à sonnettes, en conséquence même de cette mue, possèdent un organe spécial (voyez Crotale); etc. Mais c'est assez nous occuper des habitudes, des mœurs particulières qui distinguent certains serpens; examinons maintenant les motifs justement fondés que nous avons pour les craindre: avouons que plusieurs ne sont nullement dangereux, et reconnoissons que parmi ceux qu'il faut redouter, il en est qui le sont moins que d'autres.

Rarement, sans être provoqués, nous le répétons, les serpens attaquent l'homme, et leur venin est d'autant plus subtil et plus actif, qu'ils rampent sur un sol plus échauffé par les feux du ciel. C'est, en effet, le climat chaud et humide des steppes de l'Amérique et de l'Asie, le ciel ardent des déserts de l'Afrique, qui paroissent le mieux convenir à la multiplication, au développement de ces reptiles. Quinze à seize de leurs espèces seulement habitent l'Europe; et Russel en a décrit quarante-trois, rien que pour les côtes du Bengale et du Coromandel.

---

1 *Sibila lambebant linguis vibrantibus ora.*

2 La *Vipère* a, par syncope grammaticale, tiré son nom de cette particularité, que présentent aussi d'ailleurs l'aspic, le prester ou vipère noire, quelques boas, l'orvet, l'anacondo, des couleuvres, etc.

L'Amérique équatoriale, brûlée par les rayons du soleil le plus vif, et sans cesse humectée par l'eau de ces fleuves immenses qui roulent le tribut de leurs flots vers ses bords orientaux, fournit, à elle seule, comme l'a noté le baron de Humboldt, cent quinze espèces des trois cent vingt qui ont été décrites dans l'ordre des ophidiens. Dans les provinces qu'elle renferme, la terre, prodigue de végétaux vénéneux et d'animaux nuisibles, a peuplé de serpens impurs des savanes noyées, des forêts encore vierges. Ces reptiles fourmillent à Surinam, à la Guiane françoise, au Pérou, au Brésil, au Bas-Orénoque, à Nicaragua, à Panama, au Cassiquiare, où, deux fois par an, ils pondent un grand nombre d'œufs, et où ils paroissent tellement bien établis, que quand les indigènes mettent le feu à des broussailles, il en sort, suivant l'expression d'un de nos estimables écrivains, des armées formidables de serpens, qui s'échappent, en toutes directions, par rangs pressés, au nombre de trente à quarante mille à la fois, et qui mettent tout en fuite devant eux. Mais dans les contrées froides on n'en trouve plus que quelques individus disséminés sur un grand espace de terrain : assez rares en Allemagne et en Russie, ils le sont encore davantage vers la Sibérie, et il n'en existe plus dans les régions polaires. Ils ne s'élèvent point non plus sur les hautes montagnes au-delà de 1300 à 1400 toises, ainsi qu'on l'a observé sur le dos des Cordillères, dans les plateaux de Santa-Fé de Bogota, sur les Andes, à Antisana et au Pichincha.

Mais, parmi tous les serpens connus, il n'y en a guère qu'un sixième ou un cinquième qui soient armés de traits dangereux. Parmi les quarante-trois espèces des Indes, décrites par Russel, sept seulement sont à craindre ; et, dans le dénombrement des ophidiens connus de son temps par Daudin, il existe quatre-vingts espèces venimeuses et deux cent trente-trois non venimeuses. En Amérique, une race seulement sur cinq, et une sur quatre, en Europe, sont redoutables par leur venin. Les autres sont d'innocentes créatures qui rampent tranquillement à la surface de la terre.

De tous les reptiles venimeux de l'Europe, il n'en est point dont la morsure soit aussi dangereuse que celle de la vipère (*coluber berus*, Linn.; *berus vulgaris*, N.). Ce n'est point ici le lieu de donner une description de ce serpent et de faire connoitre le mécanisme à l'aide duquel il insinue son venin dans les plaies qu'il produit; ce n'est point celui non plus de rappeler l'erreur dans laquelle étoit tombé Ulysse Aldrovandi, en croyant que ce venin siégeoit dans la vésicule du fiel de l'animal, et que, de là, il étoit porté aux gencives; de dire comment F. Redi, le premier, détruisit cette erreur par des observations exactes, et comment Van Helmont, Charas, Fontana et tous ceux qui sont venus depuis lui, ont adopté son opinion. Nous traitons en détail de chacun de ces points à notre article Vipère, que le lecteur peut consulter, et nous nous contentons de rapporter les faits suivans, au sujet du venin des serpens considéré d'une manière générale.

Ce venin n'est ni acide, ni alcalin; celui de la vipère, qu'on a le plus étudié, ne rougit point la teinture de tournesol et ne verdit point le sirop de violettes. Il n'est ni âcre ni brûlant; il ne produit sur la langue qu'une sensation analogue à celle de la graisse fraîche des animaux; il a une légère odeur semblable à celle de la graisse de la vipère elle-même, mais beaucoup moins nauséabonde; il ne fait point effervescence avec les acides; mis sur l'eau, il s'enfonce dans le liquide; mêlé avec elle, il la trouble et la blanchit légèrement; il ne brûle point lorsqu'on l'expose à la flamme d'une bougie ou qu'on le projette sur des charbons ardens. Lorsqu'il est frais, il est un peu visqueux, et quand il est desséché, il s'attache comme de la poix. Il participe grandement à la nature du mucus.

Ce poison conserve sa puissance après la mort de l'animal qui l'a sécrété, et se fixe dans le linge avec assez d'énergie, dit-on, pour que celui des crotales, en particulier, ne puisse être détruit par la lixiviation. Il garde également ses propriétés dans les crochets après la mort du reptile. Un homme fut mordu à travers ses bottes par un crotale et ne tarda point à succomber; ces bottes furent successivement vendues à deux autres personnes, qui moururent pareillement, parce que l'extrémité d'un des crochets à venin étoit restée engagée dans le cuir. Quelque extraordinaire que paroisse un semblable fait, il est confirmé par des expériences dont j'ai rendu compte à la Société philomatique, dans une de ses premières séances de cette année 1827, et qui ont été entreprises par le docteur Emmanuel Rousseau, prosecteur d'anatomie comparée au Jardin du Roi, lequel, ayant eu à sa disposition un serpent à sonnettes mort depuis deux jours, s'est assuré que le venin de cet animal, même dans nos climats et à une époque très-avancée de l'année, conserve encore toutes ses propriétés malfaisantes. Un pigeon, dans les muscles pectoraux duquel il a enfoncé les crochets venimeux de cet animal, est mort en peu de temps.

Le venin de la vipère et de quelques autres serpens qui vivent loin de la zone torride perd de sa force pendant l'hiver et dans les contrées septentrionales. Son énergie augmente, au contraire, pendant l'été et dans les pays chauds.

Le danger de la morsure des serpens est relatif à la colère dont le reptile est animé; car, serrant avec plus de force, il exprime mieux le venin et en distille une plus grande quantité dans la plaie.

Il est aussi plus ou moins grand, suivant le laps de temps qui s'est écoulé depuis que les vésicules à venin ont été vidées par une dernière morsure.

La grosseur de l'animal mordu et le degré de frayeur que lui cause cette blessure, la rendent aussi plus ou moins grave. Les expériences de Fontana, qui ont été faites au nombre de plus de six mille, ont appris que la morsure d'une seule vipère suffit pour tuer une souris, un pigeon, etc. Il en faudroit plusieurs réunies pour causer la mort d'un bœuf ou d'un cheval.

Le danger de cette morsure dépend évidemment, au reste, de l'espèce d'inoculation vénéneuse dont elle est accompagnée. Et cependant, malgré le fait rapporté par le commentateur Matthioli d'un paysan qui mourut sur-le-champ pour avoir sucé le sang qui s'écouloit d'une blessure que lui avoit faite une vipère; malgré l'assertion du célèbre Fontana, on peut, je pense, assurer que, pris à l'intérieur, ce venin, au moins celui de la vipère, n'est nullement nuisible. Charas et Rédi ont fait à ce sujet des expériences concluantes, dont le professeur Mangili a récemment confirmé les résultats. La chose étoit même déjà connue du temps de Celse , puisque cet auteur dit : *Neque Hercules scientiam præcipuam habent hi qui Psylli nominantur, sed audaciam usu ipso confirmatam; nam venenum serpentis non gustu, sed in vulnere nocet. Ergò quisquis exemplum Psylli secutus , id vulnus exsuxerit, et ipse tutus erit, et tutum hominem præstabit. Sed antè*, ajoute avec une sagacité merveilleuse cet excellent observateur, *debebit attendere ne quod in gengivis palatove, aliàve parte oris, ulcus habeat.*

La même doctrine se trouve professée dans la Pharsale de Lucain, où l'on entend dire à Caton :

> *Noxia serpentum est admisto sanguine pestis ,*
> *Morsu virus habent, et fatum dente minantur :*
> *Pocula morte carent . . . .*

On n'a point de très-fréquentes occasions d'observer les effets de la piqûre des serpens sur l'homme ; la terreur qu'ils inspirent les fait éviter avec un trop grand soin pour que les accidens de ce genre se multiplient. Il est peu de médecins, néanmoins, même en Europe, qui n'aient été témoins des accidens causés par celle de la vipère, et j'ai eu moi-même plusieurs fois occasion de vérifier les assertions avancées à ce sujet par les auteurs. Dans les Transactions philosophiques de 1810, Sir Éverard Home rapporte un exemple des funestes effets de la morsure d'un crotale, qu'il a été à même d'étudier au sein de la Grande-Bretagne ; et les journaux ont fait connoître un événement déplorable de ce genre, arrivé dans une auberge de Rouen, le 8 Février dernier (1827), où un Anglois, apportant de Londres trois serpens à sonnettes et plusieurs jeunes crocodiles, malgré des précautions multipliées contre le froid, reconnut à son arrivée que le plus beau des trois serpens étoit mort, et fut piqué à la main par un des deux autres qu'il cherchoit à ranimer ; accident qui eut, en huit heures de temps, une terminaison fatale, et sur lequel M. le docteur Pihorel a communiqué à l'Académie royale des sciences et à l'Académie royale de médecine (Avril 1827), les détails les plus circonstanciés et les plus intéressans.

Les symptômes morbides, qui suivent l'inoculation vénéneuse faite par la dent des ophidiens dont nous parlons, se développent avec une excessive rapidité; dans beaucoup d'animaux les effets en sont déjà sensibles au bout de quinze ou vingt secondes, suivant Fontana. Chez l'homme ils se manifestent de la manière suivante, à la suite de la piqûre de la vipère spécialement.

Une douleur vive et piquante se fait sentir dans le lieu de la blessure, qui devient bientôt le siége d'un gonflement inflammatoire avec tendance à la gangrène, laquelle est annoncée par des taches livides et des espèces de phlyctènes. En même temps le blessé éprouve des nausées, de la foiblesse, des vertiges, des syncopes, de la dyspnée, des éblouissemens, du trouble dans les facultés intellectuelles, des vomissemens de matières bilieuses et jaunâtres, des mouvemens convulsifs, des douleurs dans la région ombilicale, tous signes de l'impression générale opérée sur l'économie entière par le virus, non pas que celui-ci coagule le sang dans les vaisseaux, comme l'établit Fontana, sur des expériences illusoires, mais parce qu'il exerce une action spéciale sur le principe de la sensibilité.

Le sang, qui s'écoule d'abord par la plaie, est souvent noirâtre; quelque temps après il est remplacé par de la sanie, et la gangrène se déclare lorsque la maladie doit se terminer par la mort.

Cette terminaison heureusement n'est point la plus ordinaire, pour les vipères du moins; elle n'est même pas aussi commune qu'on le croit universellement au sujet des autres espèces de reptiles venimeux. Dans la séance que l'Académie royale des sciences de Paris a tenue, le 9 Avril 1827, le professeur Bosc a affirmé avoir vu plus de trente personnes mordues par des serpens à sonnettes, sans qu'aucune ait succombé.

Fontana, ayant reconnu qu'un centième de grain du venin de la vipère, introduit dans un muscle, suffit pour tuer un moineau, et qu'il en faut six fois davantage pour faire périr un pigeon, a calculé qu'il en faudroit à peu près trois grains pour tuer un homme. Or, comme une vipère n'offre dans ses vésicules qu'environ deux grains de venin, qu'elle n'épuise même qu'après plusieurs morsures, il seroit évident que l'homme peut recevoir, sans en mourir, la piqûre de cinq ou six vipères. Mais il n'en est point tout-à-fait ainsi : les expériences du savant italien ont eu le sort de toutes les expériences de physiologie fondées sur le calcul; des faits ultérieurs ont détruit les conséquences qu'il en avoit déduites. Le docteur Paulet, dans ses *Observations sur la vipère de Fontainebleau*, publiées en 1805, dit qu'un enfant de sept ans et demi, mordu au-dessous de la malléole interne du pied droit par un reptile de cette espèce, mourut au bout de dix-sept heures; un autre enfant de deux ans expira deux jours après avoir été mordu à la joue. Plus récemment encore, le docteur Hervez de Chegoin a vu à Entrains, petite ville du département de la Nièvre, une femme de soixante-quatre ans, bien constituée et d'une bonne santé, succomber, au milieu des accidens les plus graves, trente-sept heures après avoir été mordue à la cuisse une seule fois par une seule vipère.

L'opinion émise par Fontana et soutenue aujourd'hui par beaucoup de personnes, ne nous paroît donc pas bien fondée. Les médecins qui la partagent ne se rappellent sans doute pas qu'ici, comme dans la plupart des affections pathologiques, les climats, les saisons, l'âge, le tempérament des individus, etc., sont autant de causes qui influent singulièrement sur la nature et la marche plus ou moins rapide des symptômes occasionés par la morsure des ophidiens venimeux. La structure de l'organe blessé et ses connexions méritent également une grande attention sous ce rapport. C'est ainsi que M. Bosc rapporte que, pendant son séjour en Amérique, deux chevaux, le même jour, furent mordus dans une enceinte par une vipère noire, l'un à la jambe de derrière, et l'autre à la langue : ce dernier mourut en moins d'une heure, et l'autre en fut quitte pour une enflure de quelques jours et une foiblesse de quelques semaines. La perte du premier fut causée par une vive inflammation qui avoit fermé la glotte et déterminé une asphyxie.

Ce venin, d'ailleurs, au moins pour la vipère, paroît ne pas être mortel s'il ne pénètre que dans le tissu cellulaire, et est tout-à-fait innocent s'il n'est appliqué que sur les fibres charnues. Injecté dans les veines, au contraire, il donne lieu à une prompte mort, ainsi que l'ont démontré plusieurs expérimentateurs, Fontana en particulier.

Ajoutons ici que, quoique la piqûre de la vipère soit rarement mortelle pour l'homme, elle donne lieu à des suites graves et durables, lorsqu'on néglige de la traiter. Une jaunisse universelle peut en être la conséquence : on lui a vu aussi produire une inflammation vive des gencives, la sécheresse de la bouche, une soif insatiable, des tranchées, de la dysurie, des frissons, des hoquets, des lypothymies, des sueurs froides et colliquatives, et tous ces symptômes durent pendant un temps assez long.

Quelque terribles, au reste, que paroissent les accidens causés par la vipère, ils sont bien loin d'égaler ceux que produisent les serpens des contrées brûlantes de l'Asie, de l'Afrique et de l'Amérique (voyez CÉRASTE, CROTALE, NAJA). En peu d'heures et même au bout de quelques instans, la partie blessée est frappée de stupeur et de lividité, et bientôt le froid de la mort, s'étendant de proche en proche, se fait sentir dans la région du cœur.

Amis zélés du merveilleux, les anciens ont admis avec confiance toutes les fables les plus absurdes, débitées sur les effets du venin des serpens. Lucain, dans sa Pharsale, et Nicandre, dans son poëme *De Theriacis*, nous ont laissé une nomenclature des serpens[1] et un tableau des effets de leur venin, vraiment admirable pour le temps de leurs auteurs, quoique empreint du cachet de l'époque, puisqu'on y voit se transformer en serpens redoutables les gouttes de sang tombées sur le sol de la Lybie, de la tête de Méduse tranchée par Persée.

Pausanias rapporte l'histoire d'un roi d'Arcadie, qui, mordu par un de ces serpens venimeux dont nous parlons, mourut

---

[1] *Aspida somniferam tumidâ cervice levavit . . .*
Squamiferos ingens hæmorrhois explicat orbes :
Vatus et ambiguæ coloret qui syrtidos arca
Chersydros, tractique viâ fumante chelydri :
Et semper recto lapsurus limite cenchris :

d'une gangrène générale. Ambroise Paré, le père de la chirurgie françoise. qui signale ce reptile d'après l'historien
grec que nous venons de citer, le nomme le *pourrisseur* et
l'accole à un autre serpent, qu'il appelle le *coule-sang*,
parce que, suivant Avicenne, sa piqûre, suivie de gangrène
subite et de vomissemens, donne lieu à un écoulement de
sang par les narines, la bouche, les yeux, l'anus, la vulve,
etc., ce qui se rapporte entièrement à l'*hæmorrhois* des anciens.

Suivant ceux-ci encore, l'hypnale faisoit périr dans un
sommeil prolongé, et Solin, d'après Nicandre, lui attribue
la mort de Cléopatre; les chélydres répandoient des vapeurs
nauséabondes; l'ammodyte se cachoit dans le sable; la dipsade
causoit une soif inextinguible; l'*acontias* ou javelot (*jaculus*)
tomboit comme un trait du haut des arbres où il étoit
monté; le prester étoit dans le même cas; le seps sphaceloit
les membres de ceux qu'il avoit piqués, etc.

Mais parmi ces fables, la plus extraordinaire, la plus incroyable sans doute, est celle du Basilic, de ce serpent auquel
Avicenne, Pline, Solin, Nicandre et une foule d'autres, ont
vu une couronne sur la tête, faisant fuir tous les autres à son
aspect, et se montrant véritablement leur *roi*, dit le médecin-
poëte Nicandre. On attribuoit à son sifflement sinistre la faculté de faire mourir tous les animaux, et son regard horrible suffisoit pour tuer, assure Galien de Pergame. C'est
sa peau qui, au rapport de Solin, étoit pendue dans le temple
de cette ville, dont les habitans l'avoient payée fort cher,
et empêchoit les oiseaux d'y faire leur nid et les araignées
d'y tisser leur toile. Pline en parle également, et Aétius,
l'Amydéen, n'indique aucun remède contre sa morsure, dont
les suites sont trop promptes et qui, d'après Érasistrate, fait
tomber les muscles presque subitement par lambeaux.

Nous n'essaierons point de passer en revue tous les rêves
que l'on a débités au sujet du venin des serpens; nous aurions
assez à dire en nous bornant aux faits avérés, et ces faits sont
consignés dans nos articles Crotale, Naja, Trigonocéphale,
Venin et Vipère, pour la plupart.

C'est là aussi que le lecteur pourra trouver des détails sur
le traitement qu'il convient d'appliquer aux accidens déter-

minés par la morsure des serpens venimeux, traitement en général identique pour toutes les espèces.

Les serpens ne sont point seulement nuisibles; plus d'une fois l'homme a retiré quelque avantage de l'emploi de leur chair ou de tel ou tel de leurs organes : je ne prétends point parler ici des vertus singulières qu'on a attribuées jadis au produit de leur mue. mais je ne saurois taire que les vipères et les couleuvres ont été, et seroient encore conseillées avec quelque succès en bouillon, contre beaucoup de maladies cutanées ; que l'anaconde et quelques autres boas servent de nourriture aux indigènes, comme nos couleuvres sont mangées dans le Lyonnois, la Provence et le Dauphiné, ainsi qu'on peut le voir avec plus de détails en consultant notre *Faune des Médecins*.

On sait aussi que la vipère d'Égypte étoit jadis un objet de commerce assez important pour la confection de la thériaque de Venise. (H. C.)

SERPENS. (*Foss.*) Dans la brèche osseuse de Cette, M. Cuvier a reconnu des vertèbres de serpens qui ont la forme et la grandeur de celles de notre couleuvre à collier (*Coluber natrix*, Linn.); mais les vertèbres des différentes espèces de serpens ont tant de ressemblance entre elles qu'on ne peut être assuré qu'elles dépendent de cette espèce. (Rech. sur les ossem. foss., tom. 4. Mém. sur les brèches osseuses.)

Gesner assure qu'on a trouvé des serpens fossiles dans les ardoises de Glaris.

On a autrefois donné le nom de langues de serpens aux dents de squales qu'on trouve à l'état fossile.

On a aussi appelé œil de serpent, celles de ces dents fossiles qu'on croit avoir appartenu à des poissons du genre de la Dorade. (Voyez au mot GLOSSOPÈTRE.)

On a cru autrefois que les ammonites étoient des serpens pétrifiés, et on les a nommées serpens ou couleuvres de pierre. (D. F.)

SERPENT. (*Ichthyol.*) Un des noms vulgaires du syngnathe ophidion. Voyez SYNGNATHE. (H. C.)

SERPENT AGILE. (*Erpétol.*) On a ainsi appelé la Couleuvre agile, dont il est question à la page 215 du tom. XI de ce Dictionnaire. (H. C.)

SERPENT AILÉ. (*Erpétol.*) Voyez Dragon. (H. C.)

SERPENT ANGULEUX. (*Erpét.*) Voyez Couleuvre angu-leuse, page 214 du tome XI de ce Dictionnaire. (H. C.)

SERPENT ANNELÉ. (*Erpét.*) Voyez Couleuvre annelée, page 194 du tome XI de ce Dictionnaire. (H. C.)

SERPENT ARDOISÉ. (*Erpét.*) Voyez Schisteuse. (H. C.)

SERPENT ARGENTÉ (*Erpét.*) Voyez Couleuvre argentée, tom. XI, pag. 183. (H. C.)

SERPENT ATROCE. (*Erpét.*) Voyez Vipère. (H. C.)

SERPENT AURORE. (*Erpét.*) Voyez Couleuvre aurore, pag. 199 du tome XI de ce Dictionnaire. (H. C.)

SERPENT AVEUGLE. (*Erpét.*) Voyez Orvet et Typhlops. (H. C.)

SERPENT AZURÉ. (*Erpétol.*) Voyez Couleuvre azurée, pag. 201 du tome XI de ce Dictionnaire. (H. C.)

SERPENT BAI-ROUGE. (*Erpét.*) Voyez Serpent annelé. (H. C.)

SERPENT BLANC. (*Erpét.*) On a donné ce nom à la Cou-leuvre blanche, dont il est question à la page 200 et à la page 205 du tome XI de ce Dictionnaire. Voyez aussi Cécilie. (H. C.)

SERPENT BLANCHATRE. (*Erpét.*) Voyez ce que nous disons de la Couleuvre blanchatre à la pag. 216 du tom. XI de ce Dictionnaire. (H. C.)

SERPENT BLANCHET. (*Erpét.*) Voyez Amphisbène. (H. C.)

SERPENT BLEUATRE. (*Erpét.*) Voyez Couleuvre bleuatre, tom. XI, pag. 189, de ce Dictionnaire. (H. C.)

SERPENT BLUET. (*Erpét.*) Voyez Couleuvre bluet, page 203 du tome XI de ce Dictionnaire. (H. C.)

SERPENT CAMUS. (*Erpét.*) C'est le même reptile que la Couleuvre camuse, dont il est parlé à la page 216 du tome XI de ce Dictionnaire. (H. C.)

SERPENT CARÉNÉ. (*Erpét.*) Voyez Couleuvre carénée, tome XI, pag. 206, de ce Dictionnaire. (H. C.)

SERPENT CASSANT. (*Erpét.*) Voyez Orvet. (H. C.)

SERPENT CATÉNULAIRE. (*Erpét.*) Voyez Couleuvre ca-ténulaire, tom. XI, pag. 178, de ce Dictionnaire. (H. C.)

SERPENT A CENT YEUX. (*Erpét.*) Voyez Boa et Devin. (H. C.)

SERPENT CHAINE. (*Erpét.*) Voyez SERPENT CATÉNULAIRE et COULEUVRE CHAÎNE, tom. XI, pag. 178 et 190, de ce Dictionnaire. (H. C.)

SERPENT CHAPELET. (*Erpét.*) Voyez COULEUVRE-CHAPELET, tom. XI. pag. 202. de ce Dictionnaire. (H. C.)

SERPENT CHATOYANT. (*Erpét.*) Voyez COULEUVRE CHATOYANTE. tom. XI, pag. 204, de ce Dictionnaire. (H. C.)

SERPENT CHEVELU. (*Erpét.*) Kolbe appelle ainsi le naja du cap de Bonne-Espérance. Voyez NAJA. (H. C.)

SERPENT A COLLIER. (*Erpét.*) Voyez COULEUVRE A COLLIER, tom. XI. pag. 172 et suivantes. (H. C.)

SERPENT COMMUN. (*Erpét.*) Voyez COULEUVRE VERTE ET JAUNE, tom. XI. pag. 174. de ce Dictionnaire. (H. C.)

SERPENT CONSTRICTEUR. (*Erpét.*) Voyez BOA et SERPENT LIEN. (H. C.)

SERPENT CORNU. (*Erpét.*) Voyez AMMODYTE, CÉRASTE, ÉRIX. (H. C.)

SERPENT COURONNÉ. (*Erpét.*) On a ainsi appelé le naja à lunettes. Voyez NAJA. (H. C.)

SERPENT A CRESSERELLE. (*Erpét.*) Voyez SERPENT A SONNETTES. (H. C.)

SERPENT DES DAMES. (*Erpétol.*) Voyez COULEUVRE DES DAMES. tom. XI, pag. 215, de ce Dictionnaire. (H. C.)

SERPENT DARD. (*Erpét.*) Voyez ACONTIAS et COULEUVRE RAYÉE, tom. XI. pag. 199, de ce Dictionnaire. (H. C.)

SERPENT DÉCOLORÉ. (*Erpét.*) Voyez COULEUVRE DÉCOLORÉE. tom. XI, pag. 216, de ce Dictionnaire. (H. C.)

SERPENT DEMI-COLLIER. (*Erpét.*) Voyez COULEUVRE A COLLIER DE VIPÈRE. tome XI, page 185, de ce Dictionnaire. (H. C.)

SERPENT A DEUX TÊTES. (*Erpét.*) Voyez AMPHISBÈNE. (H. C.)

SERPENT DOUBLE-MARCHEUR. (*Erpét.*) Voyez AMPHISBÈNE. (H. C.)

SERPENT D'EAU. (*Erpét.*) Un des noms vulgaires de la COULEUVRE A COLLIER, décrite dans ce Dictionnaire. tom. XI, pag. 172. (H. C.)

SERPENT ENFUMÉ. (*Erpét.*) On a ainsi appelé l'amphisbène enfumée. Voyez AMPHISBÈNE. (H. C.)

SERPENT D'ESCULAPE. (*Erpét.*) Nom spécifique d'une couleuvre décrite dans ce Dictionnaire, tom. XI, pag. 177. (H. C.)

SERPENT FAMILIER. (*Erpét.*) Voyez Couleuvre verte et jaune et Serpent commun. (H. C.)

SERPENT FÉTICHE. (*Erpét.*) C'est le devin que, dans son Voyage en Guinée, Paul Isert a ainsi appelé. Voyez Boa et Daboie. (H. C.)

SERPENT FIL. (*Erpét.*) Voyez Couleuvre fil, tom. XI, pag. 202, de ce Dictionnaire. (H. C.)

SERPENT FOUET. (*Erpétol.*) Voyez Couleuvre fouet-de-cocher, tom. XI, pag. 180, de ce Dictionnaire. (H. C.)

SERPENT GÉANT. (*Erpét.*) Adanson a désigné le devin par ce nom. Voyez Boa. (H. C.)

SERPENT A GRAGE. (*Erpét.*) A Cayenne on donne vulgairement ce nom à un ophidien encore mal connu des naturalistes. (H. C.)

SERPENT A GRELOTS. (*Erpét.*) Voyez Crotale et Serpent a sonnettes. (H. C.)

SERPENT GRISON. (*Erpét.*) Voyez Couleuvre grison, tome XI, pag. 194, de ce Dictionnaire. (H. C.)

SERPENT HÉBRAÏQUE. (*Erpét.*) Voyez Vipère. (H. C.)

SERPENT HÉRISSON. (*Erpét.*) Voyez Serpent a grage. (H. C.)

SERPENT IMPÉRIAL. (*Erpét.*) On a quelquefois ainsi appelé le boa aboma. Voyez Boa. (H. C.)

SERPENT INFLAMMATEUR. (*Erpétol.*) Voyez Dipsade. (H. C.)

SERPENT JAUNE. (*Erpét.*) Un des noms de l'anacondo. Voyez Boa. (H. C.)

SERPENT JAVELOT. (*Erpét.*) Voyez Acontias. (H. C.)

SERPENT JOUFFLU. (*Erpét.*) Voyez Serpent d'Esculape. (H. C.)

SERPENT LACTÉ. (*Erpétol.*) Voyez Couleuvre blanche, tom. XI, pag. 215, de ce Dictionnaire. (H. C.)

SERPENT A LARGE QUEUE. (*Erpét.*) Voyez Enhydre, Hydrophis, Pélamide et Plature. (H. C.)

SERPENT LÉZARD. (*Erpét.*) Voyez Chalcide. (H. C.)

SERPENT A LIANE. (*Erpét.*) Un des noms vulgaires de

la Couleuvre fil, décrite dans ce Dictionnaire, tom. XI, pag. 202. (H. C.)

SERPENT LIEN. (*Erpét.*) Voyez Couleuvre lien, tom. XI, pag. 181. de ce Dictionnaire. (H. C.)

SERPENT LISSE. (*Erpét.*) Voyez Couleuvre lisse, tom. XI. pag. 175. de ce Dictionnaire. (H. C.)

SERPENT LOSANGE. (*Erpét.*) Voyez Couleuvre laphiati, tom. XI. pag. 197, de ce Dictionnaire. (H. C.)

SERPENT A LUNETTES. (*Erpét.*) Voyez Naja. (H. C.)

SERPENT MARIN. (*Ichthyol.*) Voyez Anarhique, Murène et Ophisure. (H. C.)

SERPENT DE MER ou SCARCINE PONCTUÉE. (*Ichthyol.*) Voyez Scarcine. (H. C.)

SERPENT MILIAIRE. (*Erpétol.*) Voyez Couleuvre miliaire. tom. XI, pag. 205, de ce Dictionnaire. (H. C.)

SERPENT MILLET. (*Erpét.*) Voyez Crotale millet, tom. XII. pag. 46, de ce Dictionnaire. (H. C.)

SERPENT MINIME. (*Erpét.*) Voyez Couleuvre minime, tom. XI. pag. 189. de ce Dictionnaire. (H. C.)

SERPENT MOQUEUR. (*Erpét.*) Voyez Couleuvre rubanée. tom. XI. pag. 207, de ce Dictionnaire. (H. C.)

SERPENT MUET. (*Erpét.*) Voyez Lachésis. (H. C.)

SERPENT MUQUEUX. (*Erpétol.*) Voyez Couleuvre muqueuse. tom. XI, pag. 215, de ce Dictionnaire. (H. C.)

SERPENT NAGEUR. (*Erpét.*) Voyez Serpent d'eau. (H. C.)

SERPENT NÉBULEUX. (*Erpét.*) Voyez Couleuvre nébuleuse. tom. XI, pag. 215, de ce Dictionnaire. (H. C.)

SERPENT NEZ-RETROUSSÉ. (*Erpét.*) Couleuvre nasique. tom. XI. pag. 179. de ce Dictionnaire. (H. C.)

SERPENT NOIR. (*Erpét.*) Voyez Serpent lien. (H. C.)

SERPENT OVIVORE. (*Erpét.*) Voyez Couleuvre ovivore, tom. XI. pag. 193, de ce Dictionnaire. (H. C.)

SERPENT PLICATILE. (*Erpétol.*) Voyez Couleuvre bali, tom. XI. pag. 212. de ce Dictionnaire. (H. C.)

SERPENT PORTE-CROIX. (*Erpét.*) Voyez Couleuvre porte-croix, tom. XI, pag. 212. (H. C.)

SERPENT POULET. (*Erpét.*) Un des noms de la Couleuvre lien, décrite dans ce Dictionnaire, tome XI, page 181. (H. C.)

SERPENT PYTHON. (*Erpét.*) Voyez Python. (H. C.)

SERPENT A QUEUE LANCÉOLÉE. (*Erpétol.*) Voyez Hydrophis. (H. C.)

SERPENT A QUEUE PLATE. (*Erpétol.*) Voyez Plature. (H. C.)

SERPENT RAYÉ. (*Erpét.*) Voyez Couleuvre rayée, tom. XI, pag. 199, de ce Dictionnaire. (H. C.)

SERPENT RHOMBOÏDAL. (*Erpét.*) Voyez Couleuvre rhomboïdale. tom. XI, pag. 206, de ce Dictionnaire. (H. C.)

SERPENT DE ROCHER. (*Erpétol.*) Dans les Indes, les hommes qui font le métier de montrer des serpens pour de l'argent, appellent ainsi, *rock-snakes*, la plupart des pythons. (H. C.)

SERPENT ROUGE-GORGE. (*Erpétol.*) Voyez Couleuvre rouge-gorge, tom. XI, pag. 215, de ce Dictionnaire. (H. C.)

SERPENT RUBAN. (*Erpét.*) Voyez Couleuvre verdatre, tom. XI, pag. 204, de ce Dictionnaire. (H. C.)

SERPENT RUDE. (*Erpét.*) Voyez Couleuvre rude, tom. XI, pag. 186, de ce Dictionnaire. (H. C.)

SERPENT SANS TACHES ou VIPÈRE BLANCHE. (*Erpét.*) Voyez Vipère. (H. C.)

SERPENT SERINGUE. (*Erpétol.*) Voyez Serpent aurore. (H. C.)

SERPENT SOMBRE. (*Erpétol.*) Voyez Couleuvre sombre, tom. XI, pag. 205, de ce Dictionnaire. (H. C.)

SERPENT A SONNETTES. (*Erpét.*) Voyez Crotale. (H. C.)

SERPENT SOUFFLEUR. (*Erpét.*) Voyez Devin. (H. C.)

SERPENT TRIANGLE. (*Erpét.*) Voyez Couleuvre triangle, tom. XI, pag. 191, de ce Dictionnaire. (H. C.)

SERPENT TRISTE. (*Erpét.*) Voyez Couleuvre triste, tom. XI, pag. 198, de ce Dictionnaire. (H. C.)

SERPENT TUBERCULEUX. (*Erpét.*) Voyez Acrochorde. (H. C.)

SERPENT VERDATRE. (*Erpétol.*) Voyez Couleuvre verdatre, tom. XI, pag. 204, de ce Dictionnaire. (H. C.)

SERPENT VERT et BLEU. (*Erpét.*) Voyez Couleuvre verte et bleue, tom. XI, pag. 214, de ce Dictionnaire. (H. C.)

SERPENT VISQUEUX. (*Erpét.*) Voyez Cécilie. (H. C.)

SERPENT VOLANT. (*Erpét.*) Voyez Acontias. (H. C.)

SERPENTAIRE. (*Bot.*) Nom spécifique et vulgaire d'un gouët, *arum*. (L. D.)

SERPENTAIRE, SERPENTARIUS. (*Ornith.*) Ces noms ont été donnés à l'oiseau de proie, qui est aussi désigné par ceux de messager ou de secrétaire. (DESM.)

SERPENTARIA. (*Bot.*) Les anciens ont donné ce nom à des plantes dont la tige trace, comme au *lysimachia nummularia*, ou dont la racine forme divers replis, comme à la bistorte, *polygonum bistorta*; à un gouët, *arum dracunculus*, dont la tige est tachetée comme la peau d'un serpent (d'où lui vient aussi le nom françois ancien *serpentine*); à une aristoloche, *aristolochia serpentaria*, très-connue et employée sous le nom de serpentaire de Virginie, à laquelle on attribue en Amérique la propriété de combattre le venin des serpens. On trouve encore dans Rauwolf le même nom pour une espèce de scorsonère. (J.)

SERPENTELLE, *Diotostephus*. (*Bot.*) Ce nouveau genre de plantes, que nous proposons, appartient à l'ordre des Synanthérées, à la tribu naturelle des Hélianthées, à notre section des Hélianthées-Rudbéckiées, et au groupe des Baltimorées, dans lequel il faut le placer à la suite du genre *Fougeria*. (Voyez notre tableau des Rudbéckiées, tom. XLVI, p. 397.)

Nous caractérisons le genre *Diotostephus* de la manière suivante :

Calathide radiée : disque multiflore, régulariflore, masculiflore; couronne unisériée, interrompue, quinquéflore, liguliflore, féminiflore. Péricline subcampanulé, à peu près égal aux fleurs du disque, formé d'environ dix squames bisériées, à peu près égales : les cinq extérieures oblongues, larges, obtuses, appliquées et subcoriaces inférieurement, inappliquées et foliacées supérieurement; les cinq intérieures un peu plus courtes, un peu plus larges, presque arrondies, membraneuses-foliacées. Clinanthe convexe, subhémisphérique ou un peu conique, garni de squamelles inférieures aux fleurs, demi-embrassantes à la base, élargies de bas en haut, arrondies ou presque tronquées au sommet, membraneuses-foliacées, velues. *Fleurs du disque :* Faux ovaire oblong, subtétragone, privé d'aigrette. Corolle articulée sur le faux ovaire, glabriuscule, à tube très-court et peu distinct, à limbe subcylindracé, découpé au sommet en cinq divisions très-courtes. Cinq étamines à anthères noirâtres. Style masculin, indivis, à partie supérieure hérissée de collecteurs. *Fleurs de la couronne :* Ovaire obovale, obcomprimé, hispidule, subtriquètre ou caréné sur le milieu de la face extérieure; aigrette stéphanoïde, très-courte, persistante, très-adhérente, coriace, roide, divisée presque jusqu'à sa base en deux parties imitant deux squamellules paléiformes, opposées, latérales, divergentes, lancéolées, denticulées. Corolle articulée sur l'ovaire, un peu poilue, à tube court et large, à languette très-large, plurinervée, tridentée au sommet. Style profondément divisé en deux longs stigmatophores glabres.

Serpentelle rampante; *Diotostephus repens*, H. Cass. C'est une petite plante herbacée, à tige couchée sur la terre, peu épaisse, cylindrique, dure, comme desséchée extérieurement et dépouillée de poils; son extrémité, considérablement épaissie, produit de longues racines simples, qui s'enfoncent dans la terre, et une touffe d'environ dix ou douze feuilles rapprochées, très-inégales, qui s'élèvent au-dessus du sol; ces feuilles ont un pétiole ordinairement moins long que le limbe, large, linéaire, foliacé, velu, et un limbe ovale, très-obtus au sommet, hispide sur les deux faces, bordé de crénelures ou dents arrondies; l'aisselle de quelques feuilles extérieures de cette touffe donne naissance à un rameau-stolon couché horizontalement sur la terre, et destiné à produire de son sommet une nouvelle touffe enracinée; ces rameaux-stolons sont simples, grêles, herbacés, très-velus, à poils blancs, très-longs, articulés; leurs mérithalles sont très-longs: leurs feuilles sont peu nombreuses, petites, opposées, très-velues, à pétiole très-long, large, foliacé, à limbe très-petit; au centre de la touffe de feuilles ci-dessus décrite naissent deux pédoncules inégaux, qui paroissent être terminaux et immédiatement rapprochés, quoique d'âges différens; ils sont très-simples, très-courts, très-velus, dénués de bractées, et chacun d'eux porte sur son sommet une calathide composée de fleurs jaunes, à péricline velu; les deux calathides ne fleurissent que l'une après l'autre.

Nous avons fait cette description, générique et spécifique,

sur un très-petit échantillon sec, incomplet, en mauvais état,
et dont nous ignorons l'origine. Il n'avoit que deux calathides, dont l'une étoit trop jeune pour être analysée, et
dont l'autre, quoique plus avancée, n'étoit pas encore épa-
nouie; en sorte qu'il peut rester quelques doutes sur certains
caractères, malgré le soin scrupuleux avec lequel nous les
avons étudiés. Si, comme nous l'espérons, notre description
est exacte, le *Diotostephus* est certainement un nouveau genre,
qui appartient au petit groupe des Baltimorées, et qui a tant
de rapports avec le *Chrysogonum* qu'il attire nécessairement
celui-ci dans le même groupe. Ce genre *Chrysogonum*, que
nous n'avons point vu, et que nous n'avons pu étudier que
dans la description de Gærtner, et sur la figure qui accompagne cette description, a été attribué par nous avec doute
(tom. XXXVIII, pag. 17) à la section des Millériées; et nous
avions précédemment indiqué (tom. IX, pag. 162) ses rapports avec le *Parthenium* : mais aujourd'hui nous sommes persuadé qu'il faut le rapporter aux Baltimorées, en le mettant
à la suite de notre *Diotostephus*. Le *Chrysogonum* se trouvera
ainsi sur la limite qui sépare les Rudbéckiées des Millériées,
et il établira un lien très-naturel entre ces deux sections.
D'après ces nouvelles dispositions, le groupe des Baltimorées, précédemment formé des deux genres *Baltimora* et *Fougeria*, aura désormais quatre genres : 1.° *Baltimora*, 2.° *Fougeria*, 3.° *Diotostephus*, 4.° *Chrysogonum*.

Le *Diotostephus* a quelques rapports avec le *Ferdinanda*, et
avec certaines Coréopsidées, telles que le *Parthenium*.

Le nom de *Diotostephus*, composé de trois mots grecs, qui
signifient *couronne à deux oreilles*, fait allusion à l'aigrette
stéphanoïde, profondément divisée en deux parties, imitant
assez bien les oreilles de certains quadrupèdes. (H. Cass.)

SERPENTIFORME. (*Ichthyol.*) Nom spécifique d'une Cé-
pole. Voyez ce mot. (H. C.)

SERPENTIN. (*Chim.*) Tuyau qu'on adapte au chapiteau
d'un alambic ou au bec d'une cornue, dans la vue de condenser les vapeurs qui se dégagent d'une distillation. Ce tuyau
plonge dans l'eau froide, dans de la glace pilée ou de la neige;
on le dispose en spirale, afin que, touchant la matière réfri-
gérante par plus de points, la vapeur, qu'il est destiné à

condenser, le soit plus facilement. C'est cette forme spirale, qui rappelle celle du serpent enroulé sur un arbre, qui a fait imaginer le nom de *serpentin*. (Ch.)

SERPENTIN. (*Min.*) C'est le nom qu'on donne quelquefois, à cause de sa couleur vert-tacheté, à une roche dure qu'on appelle aussi porphyre vert et Ophite. Voyez ce dernier mot. (B.)

SERPENTINA. (*Bot.*) Dodoëns nommoit ainsi un plantain, *plantago subulata*. (J.)

SERPENTINE. (*Bot.*) Dans le Dictionnaire économique on trouve ce synonyme françois cité pour le salsifis et pour la serpentaire pied-de-veau. (J.)

SERPENTINE. (*Erpét.*) Nom spécifique d'une couleuvre décrite dans ce Dictionnaire, tom. XI, pag. 205.

C'est aussi le nom d'une tortue à boîte. Voyez Émyde. (H. C.)

SERPENTINE. (*Min.*) Quoique la pierre homogène, mais non cristallisée, qu'on nomme serpentine, ne soit pas un talc, cependant la nécessité de faire ressortir ses différences d'avec cette espèce, nous engage à en traiter à la suite de cet article. Voyez Talc. (B.)

SERPENTINS. (*Bot.*) Paulet forme sous ce nom deux familles dans le genre *Agaricus*, Linn., qu'il caractérise par leur tige ou stipe, lequel, au lieu d'être droit, est serpentant.

1. Les Serpentins solitaires croissent isolément; ils ont le chapeau régulier et hémisphérique : ils sont suspects. On les distingue en deux espèces, le Noisette noir et le Sang des marais. (Voyez ces mots.)

2. Les Serpentins en familles naissent plusieurs sur le même pied. Ils sont d'une substance sèche et ferme; ils se divisent en plusieurs espèces; savoir : les *têtes de soufre*, les *têtes de feu olivâtres*, les *têtes de feu soufrées*, les *têtes fauves*, les *têtes baies et blanches*, les *têtes blanches et noires*, les *boutons d'or*, les *petits chapeaux d'argent*, et les *petits timbres violets*. Voyez Têtes. (Lem.)

SERPICULE, *Serpicula*. (*Bot.*) Genre de plantes dicotylédones, à fleurs incomplètes, monoïques, de la famille des onagraires, de la *monoécie tetrandrie* de Linnæus, offrant pour caractère essentiel : Des fleurs monoïques; dans les fleurs

mâles, un calice d'une seule pièce, à quatre lobes très-courts;
une corolle à quatre pétales caducs; quatre étamines; les filamens très-courts; dans les fleurs femelles, un ovaire infère,
fort petit; une corolle nulle ou caduque; un style très-court,
épais, persistant; un stigmate obtus; une noix cylindrique,
toruleuse, à huit côtes, à une loge monosperme.

Serpicule rampante : *Serpicula reptans*, Linn., *Suppl.*, 416;
Lamk., *Ill. gen.*, tab. 758 ; *Laurembergia repens*, Berg., *Pl.
cap.*, 350, tab. 5. fig. 10. Petite plante herbacée, rampante,
qui, par la forme de ses feuilles et son port, a l'aspect du
veronica serpillifolia. Ses tiges sont glabres, filiformes, cylindriques, médiocrement rameuses, longues de quelques pouces, couchées, rampantes, radicantes à leur partie inférieure.
Les feuilles sont nombreuses, alternes, ovales, fort petites,
glabres, lancéolées, entières, rétrécies à leur base en un pétiole très-court, longues de cinq ou six lignes, munies, dans
leur aisselle, de plusieurs autres petites feuilles. Les fleurs
sont monoïques, toutes axillaires : les fleurs mâles sont pédonculées, situées dans l'aisselle des feuilles supérieures, réunies ordinairement au nombre de deux ou quatre, rarement
solitaires. Les pédoncules sont droits, très-longs, capillaires,
velus, uniflores; le calice également velu, fort petit, à quatre
lobes courts, droits, linéaires; quatre pétales beaucoup plus
longs que le calice, concaves, linéaires, pubescens, caducs;
les filamens très-courts; les anthères droites, tétragones, très-
longues. Les fleurs femelles sont sessiles ou à peine pédonculées, situées dans l'aisselle des feuilles inférieures, souvent
solitaires, quelquefois réunies deux ou trois, dépourvues de
corolle et même de calice, selon Bergius; l'ovaire ovale; le
style un peu pubescent; le fruit est une noix cylindrique,
marquée extérieurement de huit côtes cartilagineuses, à une
seule loge, une seule semence. Cette plante croît au cap de
Bonne-Espérance.

Quoique Bergius ait séparé cette plante du *serpicula*, Linn.,
qu'il en ait fait un genre particulier sous le nom de *Laurembergia*, il est à croire que ces deux plantes sont identiques. Dans
la plante de Linné les fleurs femelles sont munies d'un calice
persistant, à quatre lobes : cet organe manque dans la plante
de Bergius; mais cet auteur reconnoît à sa place une sorte de

croûte anguleuse, presque charnue, persistante, qui enveloppe l'ovaire. N'y a-t-il pas lieu de soupçonner qu'il s'agit ici du même organe sous deux dénominations différentes ?

SERPICULE A FEUILLES DE VÉRONIQUE : *Serpicula veronicæfolia*, Bory, Itin., 3, pag. 174; Willd., *Spec.*, 4, p. 330. Cette espèce ressemble beaucoup, par la forme de ses feuilles, au *veronica agrestis*. Ses tiges sont grêles, rampantes, rougeâtres; ses feuilles opposées, un peu épaisses, ovales, longues d'une ligne ou d'une ligne et demie, munies de trois à cinq dents à leur sommet. Les fleurs sont monoïques, rougeâtres, fort petites, renfermant quatre étamines. Cette plante croît sur les rochers, à l'île de Bourbon.

D'après les observations de Richard, le *serpicula verticillata*, Roxb., *Corom.*, 2, t. 164, n'appartient ni au même genre, ni à la même famille. Il doit entrer dans celle des *hydrocharidées*, et former un genre que Richard devoit nommer *Hydroilla*; mais il n'a point été publié. Pursh pense que ce genre *Serpicula* doit être supprimé; il en a appliqué le nom à l'*elodea canadensis* de Michaux, qu'il nomme *serpicula occidentalis*. Le mot d'*elodea* avoit déjà été employé par Adanson pour quelques espèces de millepertuis, qu'il a retranchées de genre *Hypericum*. (POIR.)

SERPILIÈRE. (*Entom.*) Nom vulgaire de la courtilière ou taupe-gryllon, que nous avons fait figurer dans l'atlas de ce Dictionnaire, pl. 25, sous le n.° 7. (C. D.)

SERPILLIFOLIA. (*Bot.*) Voyez SERPILLUM. (J.)

SERPILLUM. (*Bot.*) Ce nom latin étoit donné par tous les anciens au serpolet, qui se distingue du thym par ses tiges non droites, mais couchées. Tournefort en faisoit un genre distinct, que Linnæus a réuni avec raison au Thym. C'est le *serpoul* des Languedociens, le *serpao* des Portugais. La canneberge, *vaccinium oxycoccus*, semblable par son port au serpolet, avoit aussi été nommée *serpillum* par Gesner. Burmann nommoit *serpillifolia* une plante de la Laponie, ayant le même port et formant gazon, devenue dans la suite plus célèbre sous le nom de *linnæa*, donné par Gronovius. (J.)

SERPOLET. (*Bot.*) Voyez SERPILLUM, THYM. (J.)

SERPULA. (*Bot.*) Division du genre *Merulius*, d'après Persoon; il comprend les espèces acaules, étalées et fixées par leurs parties supérieures. Cette division constitue seule maintenant le genre *Merulius* des botanistes. (Lem.)

SERPULE, *Serpula*. (*Chétopodes.*) Sous cette dénomination, provenant sans doute du mot latin *serpere*, qui signifie ramper, Linné a distingué de bonne heure un assez grand nombre de tuyaux marins, qui, adhérens aux corps immergés, semblent en effet ramper à leur surface, par le grand nombre d'inflexions qu'ils y forment. N'envisageant ainsi que les tubes, il les plaça dans sa classe des vers testacés, quoiqu'il connût fort bien que l'animal avoit des rapports avec les térébelles, rangées convenablement parmi les vers, à côté des néréides. Toutefois, n'ayant pas même analysé d'une manière suffisante la structure et la nature des tuyaux marins, qu'il rangeoit parmi ses serpules, il en est résulté que ce genre est devenu, dans Gmelin, par les travaux sans critique des conchyliologues, comme Klein, d'Argenville, Martini, Chemnitz, Schrœter, etc., un amas d'êtres hétérogènes, provenant d'animaux de différentes classes, comme de mollusques subcéphalés, acéphalés, de véritables chétopodes, et auxquels ne convient certainement plus la qualification de *serpules*; car un grand nombre sont toujours, au contraire, dans une position verticale. Adanson, long-temps avant la dernière édition du *Systema naturæ* de Linné, avoit cependant déjà réclamé une partie des tuyaux marins des conchyliologues vulgaires, pour le genre Vermet, qu'il avoit établi parmi ses coquillages univalves; et Guettard, dans son grand travail sur les tuyaux marins, avoit proposé parmi eux un assez bon nombre de genres fort naturels, bien avant aussi que Gmelin publiât la dernière édition du grand Catalogue de Linné, et sans que celui-là s'en soit servi autrement que pour augmenter le nombre des espèces de serpules. Ce n'est donc que depuis l'introduction de la considération de l'animal dans la disposition systématique des coquilles et des têts en général, considération que nous devons à Pallas, à Poli, et depuis à MM. G. Cuvier et de Lamarck, mais surtout, dans le sujet qui nous occupe, à Mazeas, à Guettard et à Daudin, que l'on a pu mettre un certain ordre dans le grand genre Serpule de Gmelin. M. de Lamarck est le zoologiste que la nature de ses travaux a dû plus nécessairement y porter, et c'est en effet à lui que l'on doit l'établissement définitif des genres Vermet, Cloisonaire, Siliquaire, Arrosoir, Mugile, qui ont passé dans le type des malacozoaires et des genres Spirorbe, Vermilie et Galéolaire, qui sont restés parmi les chétopodes, à côté des véritables serpules. Malgré cela, je ne crois pas que la science possédât encore un caractère pour distinguer les tubes qui ont appartenu à des malacozoaires de ceux qui proviennent d'entomozoaires de la classe des chétopodes, avant ceux que j'ai donnés et fait connoître à MM. de Roissy, Defrance et Deshaies, dans des entretiens particuliers, et que je répéterai ici. Un tube ou tuyau d'un animal mollusque, ordinairement libre dans une grande partie de son étendue, n'est jamais percé à son extrémité ou à son sommet, et souvent sa cavité présente une série de calottes ou de cloisons, qui se sont formées à mesure que l'animal, grossissant, a été obligé d'en abandonner la partie la plus étroite ; quelquefois même cette partie de la coquille est entièrement remplie et solide, comme dans le magile. Le têt d'un chétopode, quelque solide qu'il soit, est, au contraire, constamment, du moins à son origine, fixe, appliqué, par sa face ventrale, sur un corps étranger, et il ne se relève plus ou moins que vers sa terminaison ; ce qui varie suivant la forme et l'étendue du corps sous-posé. Il est toujours percé obliquement à son origine ou à son sommet, et jamais il n'y a de cloisons dans quelque partie que ce soit de sa cavité ; ce qui est, au reste, en rapport avec l'organisation de l'animal, dont l'anus est toujours terminal et postérieur, et qui d'ailleurs n'a aucune espèce d'adhérence avec son tube. Comme malheureusement je suis bien loin d'avoir examiné moi-même tous les tubes qui constituent les espèces de serpules établies par Gmelin et même par M. de Lamarck, je vais être obligé de les décrire comme telles, sans pouvoir cependant l'affirmer. Quoi qu'il en soit, on peut caractériser ainsi le genre Serpule : Animal médiocrement alongé, un peu déprimé, composé d'un très-grand nombre d'articulations très-serrées, constituant un abdomen et un céphalo-thorax assez distincts ; tête ou premier segment plus grand que les autres, et portant pour appendices, en dessus, une paire de tentacules alongés, dilatés en disque operculiforme, radié à l'extrémité, et dont un

seul se développe complétement; de chaque côté, une branchie assez grande, en forme de peigne unilatéral, composée
d'un nombre variable de longs cirrhes, garnis d'un double
rang interne de barbes mobiles; thorax court, avec une sorte
de plaque sternale membraneuse inférieurement; appendices
des anneaux thoraciques et abdominaux divisés en deux
rames: la supérieure pourvue d'un faisceau de soies subulées,
retournées vers le dos; l'inférieure d'une rangée de soies à
crochets, pour les premiers, au contraire de ce qui a lieu pour
les seconds. Têt en forme de tube conique, solide, entièrement calcaire, irrégulièrement contourné, libre dans une
partie de sa terminaison et fixé à son sommet; ouverture
arrondie.

Les caractères que nous venons d'assigner au genre des
Serpules, d'après l'espèce la plus commune de nos mers,
suffiront pour faire connoître la forme générale de l'animal
et tout ce qui s'offre à l'extérieur, en ajoutant cependant
qu'il est contenu dans une enveloppe membraneuse, comme
tous les chétopodes à tuyaux; enveloppe qui produit sans
doute la coquille, toujours beaucoup plus grande que lui.
Quant à l'organisation de ces animaux, elle a été assez peu
étudiée. Le canal intestinal commence par un orifice buccal
tout-à-fait antérieur, pourvu de deux lèvres, sans aucune
trace de dents ni de trompe; il conduit dans un canal intestinal qui se porte directement à l'anus, toujours membraneux et même sans offrir un renflement stomachal bien
distinct. Quant à celui-là, il est tout-à-fait terminal et fort
petit.

Les mœurs et les habitudes des serpules sont extrêmement
simples. Constamment fixées par leur tube sur les corps sub-
mergés dans la mer, à d'assez grandes profondeurs, tous leurs
mouvemens se bornent à s'avancer plus ou moins hors de leur
tube, de manière à sortir le thorax, rarement au-delà, et surtout leurs branchies, qu'elles développent en éventail et
qu'elles agitent çà et là. Cette sortie partielle hors du tube
est sans doute exécutée au moyen des appendices en crochets, dirigés en arrière, prenant leur point d'appui sur les
parois du têt, un peu comme les ramoneurs montent dans
nos cheminées. Au moindre danger, indiqué sans doute par

les mouvemens trop rapides de l'eau, l'animal s'enfonce dans son tube, et assez profondément pour que son tentacule, dilaté, en ferme complétement l'ouverture, et serve ainsi d'opercule. Nous ne connoissons pas grand'chose sur l'espèce de nourriture des serpules, et rien du tout sur leur mode de reproduction. On dit cependant qu'elles se nourrissent d'animalcules aquatiques, qu'elles saisissent à l'aide de leurs tentacules branchiaux. Et l'origine du tube par une partie ouverte obliquement, porte à supposer que le jeune animal est tout-à-fait nu, et qu'il ne se fait une enveloppe calcaire que quelque temps après sa naissance.

On sait qu'il existe des espèces de ce genre dans toutes les mers. Cependant il seroit assez difficile de faire connoître positivement leur distribution géographique, parce qu'il se pourroit qu'on eût confondu avec les serpules des vermets ou d'autres animaux à tube. Nous voyons cependant, par le travail de M. Savigny sur les espèces de ce genre, le seul dans lequel on ait fait attention à la fois à l'animal et à son têt, qu'il y a des serpules dans toutes nos mers, dans celles de l'Inde et dans celles d'Amérique, et que les plus grosses viennent des mers des pays chauds.

Nous avons déjà dit que M. de Lamarck partage les serpules de Linné en quatre genres: les Serpules proprement dites, les Spirorbes, les Vermilies et les Galéolaires. Les spirorbes ne diffèrent des serpules que parce que le têt s'applique constamment tout entier et s'enroule discoïdalement; les vermilies, parce que le tentacule operculiforme de l'animal est surmonté d'une petite pièce testacée; et, enfin, les galéolaires ne diffèrent de celles-ci que parce que cette pièce testacée, operculiforme, n'est pas simple, et est au contraire fort compliquée. Cependant M. Savigny n'a pas adopté cette division: il est vrai qu'il n'a fait mention d'aucune espèce à opercule calcaire. Nous croyons cependant devoir suivre à peu près sa disposition des espèces, parce qu'il s'est occupé à la fois de l'animal et de son têt. Nous y joindrons la caractéristique de toutes les espèces de M. de Lamarck et de Gmelin, mais établie sur le tube seul, et par conséquent sans garantir que ces tubes n'aient pas appartenu à des vermets.

A. *Espèces dont les branchies sont flabelliformes ; l'un des tentacules élargi en opercule, et la première paire des appendices très-écartée et à l'angle supérieur de l'écusson sternal.* (Serpules simples.)

La Serpule vermiculaire : *Serpula vermicularis*, Linn., *Syst. nat.*, p. 2, 1267, n.° 805 ; Muller, *Zool. Dan.*, part. 3, pag. 9. tab. 86. fig. 7 et 8. Branchie composée de sept à huit digitations ; opercule en massue, avec deux petites cornes ; tube grêle, conique, presque lisse.

Suivant M. Savigny, Linné et les zoologistes subséquens ont rapporté à tort à cette espèce, qui se trouve dans les mers d'Europe, l'animal qu'Ellis et Skene ont figuré. Le tube, qui est étiqueté *S. vermicularis* dans la collection de M. de Lamarck, est conique, entièrement adhérent sur un bâton de cidaris. Son ouverture, arrondie, est un peu évasée, et les stries d'accroissement sont très-marquées. Mais une autre petite masse vient de la Méditerranée, a ses tubes ascendans, subfasciculés, libres dans une partie de leur étendue, et assez rugueux par la grande saillie des stries d'accroissement.

La S. contournée : *S. contortuplicata*, Linn., Gmel., pag. 3741, n.° 10 ; Ver a coquille tubuleuse, Ellis, *Corallin.*, p. 117, pl. 38, fig. 2. Corps de douze à quinze lignes de long, composé de quatre-vingt-dix à quatre-vingt quinze anneaux ; branchies presque égales et composées de trente-deux à trente-quatre cirrhes ; opercule en massue simple ; tube demi-cylindrique, irrégulièrement fléchi et contourné dans tous les sens, strié et ridé en travers, subcaréné et rampant sur les corps sous-marins.

C'est l'espèce la plus commune dans toutes nos mers. Le diamètre de son tube est d'une à une ligne et demie. Elle se fascicule quelquefois un peu.

La S. étendue : *S. porrecta*, Linn., Gmel., p. 3746, n.° 55 ; d'après Othon Fabricius, *Faun. Groenl.*, p. 378. n.° 375. Corps très-court, portant un opercule orbiculaire, pétiolé, et trois paires seulement de cirrhes branchiaux : tube très-grêle, d'une demi-ligne de diamètre, lisse, luisant, cylindrique, commençant par quelques tours de spire, d'où il s'élève ensuite en se fléchissant un peu dans le reste de son étendue.

Cette petite espéce, qui se trouve dans les mers de Norwége, a le tube beaucoup plus long que son corps, de manière à ce qu'elle peut s'y enfoncer profondément. Oth. Fabricius dit qu'elle est extrêmement rapprochée de la S. spirorbe.

La Serpule granulée : *S. granulata*, Linn., Gmel., p. 3741, n.° 9; d'après Othon Fabricius, *l. c.*, n.° 375. Corps à peu près comme dans l'espèce précédente ; le tentacule operculiforme, à pédicule extrêmement court ; tube cylindrique, d'une à deux lignes de diamètre, épais, glabre, pellucide, avec trois sillons élevés dorsaux, se terminant par trois dents proéminentes à l'ouverture, et s'agglomérant en spirale.

La S. fasciculaire ; *S. fascicularis*, de Lamarck, Anim. sans vert., tom. 5, pag. 362, n.° 2. Tubes assez longs, cylindriques, rugueux en travers, ondulés, érigés et agrégés en faisceaux assez touffus.

Patrie inconnue.

L'échantillon de la collection de M. de Lamarck indique une simple variété de l'espèce commune sur nos côtes, la S. vermiculaire. Il est teinté de rose.

La S. intestin ; *S. intestinum*, de Lamarck, *loc. cit.*, n.° 3. Tubes assez gros, de trois à quatre lignes de diamètre, cylindriques, alongés, lisses, tordus et ondulés en tours lâches, tantôt rampans et tantôt érigés un peu à l'extrémité.

Des mers d'Europe.

C'est bien une véritable serpule, peut-être peu distincte de la précédente.

La S. plicaire ; *S. plicaria*, de Lamarck, *ibid.*, n.° 5. Tubes cylindriques, traversés de plis inégaux, contournés d'une manière variable, et agrégés implicitement.

De l'océan Indien, sur la coquille d'une pintadine.

La S. glomérulée : *S. glomerata*, Linn., Gmel., pag. 3742, n.° 11; Gualtieri, *Conch.*, tab. 10, fig. *T*. Tubes cylindriques, rugueux et treillissés, un peu lisses en avant, se contournant dans tous les sens, s'agglomérant de manière à constituer une masse souvent considérable.

M. de Lamarck, en caractérisant cette espéce, ajoute qu'elle est des mers de l'Isle-de-France, tandis que Linné et

Gmelin disent qu'elle provient des mers de Norwége, de Sicile. de la Caspienne et de l'Atlantique; et comme ces auteurs ne citent pas les mêmes figures, je soupçonne que, sous ce même nom de *S. glomerata*, on confond deux espèces, l'une, qui est un véritable vermet, figuré par Gualtieri et même par Bonnani, et l'autre, une serpule, est celle dont parle Linné dans sa Faune de Suède, et Othon Fabricius, dans la Faune du Groënland. Je pense que le tube défini par M. de Lamarck est un vermet. En effet, il donne comme une variété des tubes subsolitaires, commençant au sommet par une spire atténuée et se prolongeant en ligne droite en avant : caractères qui appartiennent aux vermets.

La Serpule treillissée: *S. decussata*, Linn., Gmel., p.5744, n.° 21; Gualt., *Conch.*, tab. 10, fig. Z. Tube cylindrique, un peu aplati en dessous, subrugueux, treillissé et strié dans sa longueur, contourné et formant plusieurs cercles obliquement appliqués les uns sur les autres. Couleur d'un rouge brun.

De l'océan des Antilles. C'est un véritable vermet.

La S. avancée : *S. protensa*, Linn., Gmel., page 5744, n.° 20. et de Lamarck, *loc. cit.*, page 564, n.° 8; Rumph., *Mus.*. tab. 41, fig. 5. Tube cylindrique, solitaire, droit ou subflexueux, subplissé par des rugosités transverses et un peu atténué vers sa terminaison.

De la mer des Indes, de celle d'Amérique et de la Méditerranée.

La figure de Rumph représente très-probablement un vermet: mais les portions du tube de la collection de M. de Lamarck proviennent certainement d'une serpule. Elles indiquent un tube cylindrique, assez épais, légèrement flexueux, à stries d'accroissement très-fines, sans indice de carène, ni adhérence. Il se pourroit qu'elles ne fussent que des extrémités libres de la *S. fascicularis*. Elles proviennent du golfe de Tarente.

La S. entonnoir : *S. infundibulum*, Linn., Gmel., p. 5745; Martin., *Beschr. Berl. naturf. Fr. 2.* page 357, tome 12, fig. 1. Tube cylindrique, strié en travers, subcaréné, rampant en ondulant ou contourné en cercles et comme formé à l'extrémité antérieure de plusieurs entonnoirs les uns dans les autres. Couleur blanche.

Des mers de l'Inde.

Une variété citée par M. de Lamarck, et qui a cinq carènes fort basses et interrompues, a été trouvée à l'île King
par MM. Péron et Lesueur.

La disposition en entonnoir est due à l'évasement de l'ouverture, qui s'est conservée plusieurs fois dans la longueur
du tube vers sa terminaison. Cette disposition a quelquefois
lieu dans notre serpule vermiculaire et n'est probablement
pas un caractère. Aussi, dans la collection de M. de Lamarck,
conserve-t-on un échantillon qui appartient à cette espèce,
sous le nom de S. entonnoir, et un autre contourné un peu
en disque et dont l'ouverture est beaucoup plus évasée.

La Serpule annelée; *S. annulata*, de Lamk., *l. c.*, p. 364,
n.° 10. Tube cylindrique, grêle, plissé en anneaux formant
des flexuosités assez longues, de manière à ressembler à un
paquet de petits intestins. Couleur blanche.

Patrie inconnue.

La S. pain de bougie : *S. cereolus*, Linn., Gmel., p. 3745,
n.° 24; Davila, *Catalog.*, 1, pl. 4, fig. *F*. Tube très-grêle,
cylindrique, traversé par de très-petites stries, hérissées de
tubercules ponctiformes, s'enroulant un grand nombre de
fois et formant une masse ovale, aplatie. Couleur jaunâtre.

Des côtes d'Amérique.

La S. filograne : *S. filograna*, Linn., Gmel., page 3741,
n.° 8; *Tubercularia filograna*, Plancus, *Conch. append.*, tab. 19,
fig. *A*, *B*. Tube presque capillaire, cylindrique, se groupant
en faisceaux rameux et anastomosés.

De la mer Méditerranée, et pour une variété citée par M.
de Lamarck, dont les fascicules forment des touffes et sont
divergens au sommet, des mers de la Nouvelle-Hollande,
au port du roi George. M. de Gerville nous apprend qu'elle
existe aussi sur les côtes de la presqu'île du Cotentin, et que
même elle n'y est pas très-rare.

Plancus dit que cette serpule sert de nourriture aux grandes
espèces d'oursins.

La S. vermicelle : *S. vermicella*, de Lamk., *loc. cit.*, p. 365,
n.° 13; *Lispe*, Adanson, Sénég., pag. 164, pl. 11, fig. 2. Tubes
filiformes, d'une ligne au plus de diamètre, cylindriques,
rugueux, transversalement flexueux, spirés au sommet et formant par leur réunion une masse épaisse, de couleur jaunâtre.

Adanson, qui a observé fréquemment cette espèce sur les rochers qui entourent l'île de Gorée, la range parmi ses vermets. Il dit qu'elle forme des masses très-compactes, d'un à deux pieds de diamètre et de cinq à six pouces d'épaisseur.

M. de Lamarck regarde comme une variété de cette espèce un tube plus court, contourné diversement et qui s'agglomère d'une manière beaucoup moins serrée. Je répéterai ici la remarque que j'ai déjà faite plus haut pour la *S. glomerata*; c'est que M. de Lamarck réunit ici une espèce de vermet, le lispe d'Adanson et probablement une véritable serpule. En effet, l'échantillon de sa collection, quoique très-incomplet, paroît en être une : ce sont des tubes très-petits, cylindriques, contournés et réunis dans tous les sens, partout adhérens entre eux, très-rugueux par la grande saillie des stries d'accroissement, qui sont assez sinueuses.

La Serpule filaire : *S. filaria*, de Lamk., *l. c.*, page 365, n.° 14. Tubes très-fins, filiformes, avec des rugosités transverses, distantes, formant des flexuosités extrêmement nombreuses sur les pierres qu'ils couvrent.

Des côtes de l'île King dans la Nouvelle-Hollande, d'où elle a été rapportée par MM. Péron et Lesueur.

La S. transparente : *S. pellucida*, de Lamk., *loc. cit.*, n.° 15. Tube cylindrique, rugueux, transparent, contourné en spire irrégulière dans une partie de son étendue et portée verticalement en haut à l'extrémité antérieure.

Des mers de l'Australasie, probablement. Une variété qui vient des mers de la Chine, est plus lisse, et ses tours sont irrégulièrement agglomérés.

La S. très-petite; *S. minima*, de Lamk., *loc. cit.*, n.° 20. Tubes capillaires, extrêmement petits, entremêlés et agglomérés en une masse simple.

De la Méditerranée, près Civita-Vecchia.

La S. hérissée; *S. echinata*, Linn., Gmel., page 3744, n.° 16; Gualt., *Test.*, tab. 10, fig. R. Tube simple, subcylindrique, flexueux, sillonné dans sa longueur par plusieurs petites côtes, dont la dorsale, plus saillante, est hérissée de petits aiguillons.

De la mer Méditerranée.

L'individu de la collection de M. de Lamarck offre un

tube adhérent et appliqué dans toute sa longueur, en suivant les sinuosités du corps sous-posé sans se relever vers l'ouverture, à stries longitudinales, élevées et crénelées.

La SERPULE SILLONNÉE; *S. sulcata*, de Lamk., *l. c.*, p. 367, n.° 22. Tubes cylindriques, contournés au sommet, érigés à la base, garnis de petites côtes longitudinales, nombreuses, subdentées et se subagglomérant.

Des mers de la Nouvelle-Hollande.

La S. COSTALE ; *S. costalis*, de Lamk., *loc. cit.*, n.° 23. Tube solitaire, anguleux, subspiré au sommet, lâchement contourné, garni de petites côtes et de stries longitudinales, inégales et mutiques.

Patrie inconnue.

La S. DENTIFÈRE, *S. dentifera*, id., *ibid.*, n.° 24. Tube assez grand, à coupe circulaire, contournée irrégulièrement, à stries d'accroissement grossières, rugueuses, et d'autres fois pourvu de deux à trois petites côtes ou carènes longitudinales, dentifères, ou mieux, tuberculeuses. Couleur d'un rouge brun, mais quelquefois blanche.

Cette espèce, qui offre une première variété, dont les tubes sont subsolitaires, et une autre où ils sont subanguleux et agglomérés, vient des mers de l'Asie australe. Elle n'est peut-être pas distincte de la *S. arenaria*, qui, comme elle, n'est qu'un vermet. Un individu de la collection de M. de Lamarck m'a même offert son opercule corné.

La S. SIPHON : *S. sipho*, de Lamk., *ibid.*, n.° 25; *Masier*, Adanson, *Seneg.*, pl. 11, fig. 5. Tube long, circulaire, un peu aplati en dessous, subcannelé au sommet, a spire courbée et entassée.

De l'océan des Indes et à Timor, et de la côte occidentale d'Afrique.

La S. GRAND TUBE : *S. arenaria*, Linn., Gmel., page 3743, n.° 14; Bonnani, *Recreat. mentis*, 1, tab. 30, fig. C. Tube fort grand, à peu près droit et circulaire en avant, subanguleux, contourné en spirale, très-irrégulier, aplati en dessous et en arrière. Couleur blanche et quelquefois avec quelques rayons d'un blanc pâle.

De la mer des Indes.

Cette espèce, qui varie considérablement de forme, est cerfainement un tube de vermet. Sur l'échantillon de la collection de M. de Lamarck on voit aisément les cloisons postérieures.

B. *Espèces dont les tentacules et la première paire d'appendices sont comme dans la section précédente, mais dont les branchies sont contournées en spirale.* (Les S. Cymospires, Savigny.)

La Serpule géante: *S. gigantea*, Linn., Gmel., p. 3747, n.°37, d'après Pallas, *Misc. zool.*, page 139, pl. 10, fig. 2 — 10. Corps de cinq à six pouces de long, formé de cent quarante anneaux; tentacules très-inégaux, l'un presque nul, l'autre très-gros, en forme de trompette, terminé par un disque elliptique, aplati, ou écaille roide, dont le bord postérieur porte sur un tubercule deux petites cornes rameuses et hérissées à l'extrémité de petits crochets: branchies médiocres, décurrentes en six ou sept tours de spire, et composées d'un très-grand nombre de cirrhes, terminées par un filet crochu. Couleur blanchâtre, avec des teintes de violet ou d'incarnat sur les branchies; tube mince, d'un demi-pied de long sur quatre à cinq lignes de diamètre, irrégulièrement contourné, subtriquètre à cause de l'aplatissement de son adhérence dans toute sa face inférieure et une côte peu marquée sur la ligne dorsale, se terminant par une grosse dent au-dessus de l'ouverture parfaitement ronde.

Cette grande espèce, qui se trouve communément sur les côtes de différentes îles de l'archipel américain, où elle porte le nom de Fleur animale, vit appliquée sur les madrépores et souvent enveloppée par eux dans leur accroissement. Son tube varie beaucoup de couleur: mais, le plus ordinairement, il est violet à l'entrée et même dans sa partie externe, le dedans étant comme vitré. Les branchies de l'animal, quand il les développe, sont d'une couleur violacée, avec l'extrémité blanche. Quand il les retire, elles sont comprimées en cylindre.

Séba, Pallas et M. Everard Home ont déjà figuré, et les deux derniers décrit cette grande espèce de serpule; l'un, sous le nom de *penicillus marinus* (*Thesaur.*, tome 3, p. 39, tab. 16, fig. 7. *a*, *b*); l'autre, à l'endroit cité de ses Mélanges zoologiques, et enfin, le dernier, dans les Transactions philosophiques de Londres.

La Serpule bicorne : *S. bicornis*, Savigny, *loc. cit.*, page 75, n.° 7 ; *Terebella bicornis*, Linn., Gmel., page 3114, n.° 10, d'après Abildgard, *Sch. der Berl. Naturf. Fr.*, tome 9, p. 158, tab. 5, fig. 4. Le disque terminal du tentacule développé, plus orbiculaire et porté sur un pédicule plus grêle que dans la S. géante.

Des mers de l'Amérique.

La S. étoilée : *S. stellata*, Savigny, *ibid.*, n.° 8 ; *Tereb. stellata*, Linn., Gmel., *ibid.*, n.° 11, d'après Abildgard, *loc. cit.*, fig. 5. Le disque terminal du tentacule développé, formé de trois pièces perfoliées, dont la supérieure est pourvue d'une petite corne tronquée, hérissée d'aiguillons en étoiles.

Des mers d'Amérique.

C. *Espèces à branchies spirales, avec les deux tentacules également courts et pointus, et la première paire d'appendices formant avec les six autres du thorax deux lignes presque parallèles.* (Les S. spirameles, Savigny.)

La S. bispirale : *S. bispiralis*, Cuv., Savigny, *ibid.*, n.° 9 ; *Urtica marina singularis*, Séba, *Thes.*, tome 1, page 45, tab. 29, fig. 1., 2. Corps de trois pouces et demi de long, composé de cent trente-quatre articulations, dont les sept qui suivent la première trilobées, constituant un thorax, égalant au moins la moitié de l'abdomen. Branchies très-grandes, formant une spire de neuf tours et portant plus de quatre cents cirrhes barbulés ; point de rames à soie à crochets aux deux premiers anneaux de l'abdomen. Couleur gris-blanchâtre, avec une teinte d'incarnat.

Cette belle espèce, rapportée par Péron et Lesueur de la mer des Indes, et dont on ne connoît pas le tube, n'ayant pas les caractères essentiels des sabelles, devra former un genre intermédiaire à celles-ci et aux amphitrites.

Je vais maintenant reprendre les espèces de Gmelin, qui ne l'ont été ni par M. de Lamarck, ni par M. Savigny.

Les *Serpula nautiloides, seminulum, planorbis, spirellum, spirorbis, stellaris, vitrea*, appartiennent au genre Spirorbe de M. de Lamarck et seront décrites à ce mot.

La *S. triquetra* est le type du genre Vermilie du même zoologiste.

La *S. lumbricalis* est le type du genre Vermet, et il faut lui rapporter, suivant moi, les *S. atra, goreensis.*

La *S. polythalamia* du genre Furcelle.

La *S. anguina* du genre Siliquaire.

La *S. penis* du genre *Penicillus* ou Arrosoir.

Il ne reste donc à noter que les espèces suivantes :

La SERPULE MÊLÉE : *S. intricata*, Linn., Gmel., p. 3741, n.° 7 ; Guettard, *Mineral. Belust.*, 3, tab. 6, fig. 12 et 13. Tube filiforme, rond, rude et très-scabre, flexueux, de couleur blanche cendrée.

Des mers Méditerranée, Atlantique, de l'Inde, appliquée sur les coquilles bivalves, et, entre autres, sur les jambonneaux.

La S. BOTTE : *S. ocrea*, Linn., Gmel., page 3744, n.° 19 ; Rumph, *Mus.*, tab. 41, fig. K. Tube subarrondi, court, vertical. élargi en pied de botte à sa partie adhérente, strié et de couleur brune.

De la mer des Indes, où il se trouve adhérent aux madrépores.

C'est le type du genre *Ocrea* de M. Oken.

La S. PROBOSCIDALE : *S. proboscidea*, Linn., Gmel., p. 3745, n.° 22 ; Mart., *Conch.*, 1, t. 2, fig. 18, *B* et *A*. Tube lisse, de quatre pouces de long sur un demi de diamètre à la fin de la partie la plus large, qui est droite et plissée en travers ; couleur blanche.

Patrie inconnue.

La S. CORNE D'ABONDANCE : *S. cornucopiæ*, Linn., Gmel, n.° 25 ; Born., *Mus.*, tab. 13, fig. 10. Tube conique, turriculé, obtus au sommet, tordu au milieu, de couleur jaunâtre fasciée de brun ; ouverture orbiculaire.

Patrie inconnue.

La S. INTESTINALE : *S. intestinalis*, Linn., Gmel., n.° 27 ; JELIN, Adans., Sénég., pag. 166, tab. 11, fig. 7. Tube mince, fragile, réticulé à sa surface externe, irrégulièrement contourné en une masse triangulaire, aplatie et adhérente en dessous, composée de trois tours ou circonvolutions, également triangulaires, ombiliquées, et dont les deux supérieures sont pourvues chacune d'une ouverture à l'extrémité d'un tube court et vertical.

48.   56

Ce tube singulier, dont Adanson n'a pas observé suffisamment l'animal, et qu'il place avec ses vermets sans garantir ce rapprochement, ressemble, dit-il, à un boyau inégal, replié sur lui-même, long de huit à neuf pouces et large de cinq à six lignes. Il en a vu deux individus foiblement attachés aux rochers et dans les sables autour du cap Manuel au Sénégal. Quoiqu'on ne puisse trop dire ce que c'est, il est plus que certain que ce tube n'est pas l'ouvrage d'un chétopode.

La SERPULE PYRAMIDALE : *S. pyramidalis*, L., Gmel., p. 3746, n.° 29 ; Spreng., *Beschr. Berl. naturf. Fr.*, 2, p. 569, tab. 9, fig. 3 — 5. Tube ouvert à son extrémité étroite, quelquefois droite ou subflexueuse, formant par ses nombreuses circonvolutions, décroissantes au centre, une masse pyramidale convexe en dessus et plate en dessous : couleur grisâtre.

De la mer des Indes, adhérant à différentes coquilles.

La S. DENTICULÉE : *S. denticulata*, Linn., Gmel., *ibid.*, n.° 30 ; Schröter, *Einl. in die Conchyl.*, 2, p. 259, t. 6, fig. 18. Tube arrondi, subulé, droit, courbé au sommet, denté sur les côtés, avec une côte longitudinale médiane : couleur blanche.

Sur le *Lepas tintinnabulum*.

La S. DE NORWÈGE : *S. norwegica*, Linn., Gmel., *ibid.*, n.° 32 ; *Acta nidros.*, 4, p. 51, t. 2, fig. 11 — 13. Tube arrondi, lisse, courbé, anfractueux à sa base, tronqué obliquement au sommet.

Des mers de Norwége.

La S. CANCELLAIRE : *S. cancellata*, Linn., Gmel., *ibid.*, n.° 34 ; d'après Oth. Fabr., *Faun. Groenl.*, p. 383, n.° 339. Tube spiral, glomérulé, trisillonné ; le sillon inférieur interrompu par des côtes transverses ; ouverture bidentée ; les dents aiguës terminant les carènes dorsales : couleur blanche, cendrée ou verdâtre.

Cette espèce, très-voisine à ce qu'il paroît de la S. granulée, se trouve assez fréquemment avec elle, fortement adhérente aux coquilles et aux pierres marines.

Dans les mers du Nord.

La S. CENDRÉE : *S. cinerea*, Linn., Gmel., p. 3747, n.° 38 ; d'après Forskal, *Faun. Arab.*, p. 128, n.° 77. Tube filiforme, glabre, congloméré, d'un blanc grisâtre.

De la côte de Marseille.

Depuis la publication du grand Catalogue de Gmelin, plusieurs auteurs ont décrit des espèces de serpules qu'ils regar-

dent comme nouvelles, et dont MM. de Lamarck et Savigny
n'ont pas fait mention.

D'abord Daudin, dans une petite dissertation intitulée :
Recueil de mémoires et de notes, avec figures, Paris 1800,
en a fait connoitre plusieurs qu'il range dans ses genres
SPIRORBE et SPIROGLYPHE. (Voyez ces mots.)

Mais ce sont surtout les naturalistes anglois qui en ont davantage accru le nombre. Malheureusement, comme leur but
en général est de faire croire à une grande richesse zoologique de l'empire britannique, il est plus que probable qu'ils
ont établi plusieurs espèces nominales, ce qu'il est cependant
impossible d'assurer, parce que leurs descriptions et leurs
figures sont presque toujours fort incomplètes. C'est Montagu
et Donovan qui paroissent avoir établi le plus de nouvelles
espèces de serpules, que Maton et Rakett divisent en trois
sections.

La première contient les serpules adhérentes et régulièrement enroulées en spirale, c'est-à-dire correspondant au genre
SPIRORBE de Daudin et de M. de Lamarck. (Voyez ce mot.)

La seconde, qui renferme les serpules adhérentes et irrégulièrement contournées, correspond aux véritables serpules
et vermilies de M. de Lamarck.

Enfin, la troisième est composée des espèces non adhérentes
ou libres, dont elles y forment un genre nouveau sous la
dénomination de VERMICULE (voyez ce mot), *Vermiculum*,
qui a pour type le *S. seminulum* de Linné et qui ressemble
beaucoup à une milliole.

En général, pour assurer la distinction des espèces de serpules, il faudroit avoir recours à l'examen des animaux, et
surtout étudier le nombre des cirrhes branchiaux et la forme
des cirrhes tentaculaires, sans avoir égard à leur place à droite
ou à gauche; car elle varie certainement dans la même espèce.
Les tubes paroissent extrêmement peu varier dans les espèces bien connues, quoique dans la même, la manière dont
ils se groupent, dont ils se réunissent, suivant qu'ils sont plus
ou moins nombreux, suivant la forme et le corps sur lequel
ils s'appliquent, paroissent offrir un grand nombre de différences, que le langage linnéen ne peut rendre qu'avec une
très-grande difficulté, (DE B.)

SERPULE. (*Foss.*) Le têt des serpulées étant en général mince et fragile, il n'est presque jamais entier quand on le rencontre à l'état fossile ; et comme les caractères qui distinguent les serpules des vermilies ne se tirent que de l'ouverture et de l'opercule calcaire de ces dernières, qu'à ma connoissance on n'a jamais rencontré à l'état fossile, il est extrêmement difficile de distinguer entre eux ces deux genres quand ils sont passés à cet état. Nous allons pourtant présenter sous le nom de serpules les espèces que nous croyons pouvoir rapporter à ce genre et qu'on trouve dans toutes les couches, mais avec doute pour celles qui ne nous auront pas montré tous leurs caractères.

Serpule a crête : *Serpula cristata*, Lamk., Vélins du Mus., n.º 20, fig. 1 ; Anim. sans vert., tom. 5, pag. 365, n.º 17. Ce tuyau est couvert de côtes longitudinales dentelées, dont l'une d'elles, placée sur le dos, est plus élevée que les autres. Cette espèce s'attachoit le plus ordinairement sur des tuyaux cylindriques et même sur des fistulanes en les entourant ; car on la trouve presque toujours roulée sur elle-même, avec un vide au centre, où étoient les tuyaux ou les fistulanes. Diamètre extérieur du tuyau de la serpule, une ligne à une ligne et demie. Fossile de Grignon, département de Seine-et-Oise.

On trouve au même lieu une variété de cette espèce dont les côtes sont moins nombreuses et sans dentelures.

Serpule? quadrangulaire ; *Serpula? quadrangularis*, Lamk., *loc. cit.*, p. 366, n.º 19. C'est l'espèce que nous avons placée dans le genre Rotulaire et à laquelle nous avons donné le nom de rotulaire lituite. Comme elle porte des traces d'adhérence à son sommet, elle pourroit dépendre du genre des Serpules.

Serpule hérissée ; *Serpula echinata*, Lamk., *loc. cit.*, n.º 17. M. de Lamarck dit qu'une serpule à côtes serrées, petites et un peu épineuses, qu'on rencontre à Grignon et qui se trouve représentée dans les Vélins du Muséum, n.º 47, fig. 17 et 18, et une autre, à côtes rares, qu'on trouve fossile en Italie, et dont il existe une figure dans la Conchyliologie subappennine, tom. 2, tab. 15, fig. 24, sont des variétés de la serpule hérissée. Nous n'avons pas vu l'espèce qui vit dans la Méditerranée ; mais cet estimable savant a dû penser que celles qu'on rencontre fossiles sont des variétés de l'espèce vivante, après qu'il a dit que les corps de la nature ne sont que des variétés les uns des autres. Ce principe peut être vrai pour un grand nombre de circonstances, mais il est difficile de l'admettre dans beaucoup d'autres, quoique la ligne de démarcation ne soit pas souvent bien tracée entre l'espèce et la variété, et même entre les genres.

M. Risso a trouvé la serpule hérissée à l'état subfossile dans les environs de Nice. (Hist. natur. des princip. product. de l'Europe mérid.)

Serpule étendue : *Serpula protensa*, Brand., *Foss. Hant.*, fig. 12 ; Rumph., *Mus.*, tom. 41, fig. 5. M. de Lamarck annonce (*loc. cit.*, pag. 564, n.° 8) que cette espèce, qui vit dans les mers de l'Inde, de l'Amérique et dans la Méditerranée, se trouve fossile en Italie. La figure donnée par Brander indique un tuyau à larges anneaux qu'on trouve dans le Hampshire en Angleterre et que nous n'avons jamais vu fossile. On trouve aux environs de Sienne des tuyaux à peu près analogues, mais ils sont sans anneaux. On rencontre dans la couche du calcaire grossier de Hauteville, département de la Manche, et dans celle de Mouchy-le-Châtel, département de l'Oise, des tuyaux unis et chambrés qui paroissent avoir des rapports avec celui figuré par Brander, mais il ne sont pas annelés.

Serpule? tricotée; *Serpula? texta*, Def. Ce tuyau, de trois lignes de diamètre, est rond, presque droit et couvert de petites côtes longitudinales peu élevées et interrompues par des stries d'accroissement irrégulières. Fossile de Hauteville, de deux pouces de longueur, mais brisé aux deux bouts.

Serpule? de Grignon; *Serpula? grignonensis*, Def. On trouve à Grignon des bouts de tuyaux plus ou moins couchés, qui ont une ligne à une ligne et demie de diamètre et qui sont couverts d'anneaux peu marqués et irréguliers. Les débris que nous en avons vus ne sont pas chambrés.

Serpule? fragile; *Serpula? fragilis*, Def. Tuyau mince, rond, uni, plus ou moins droit, d'une ligne de diamètre au plus. Fossile de Grignon. Les débris de cette espèce fragile ont au plus un pouce de longueur.

Serpule? variable; *Serpula? variabilis*, Def. Ce tuyau commence par s'entortiller autour de quelque corps souvent cylindrique; ensuite il se dirige en ligne à peu près droite jusqu'à la longueur d'un pouce et demi ou deux pouces. L'extérieur est uni ou garni de très-légers anneaux. Diamètre du plus gros bout, trois quarts de ligne. Fossile de Grignon. On trouve au même lieu des portions de tuyaux qui ne diffèrent de ceux-ci que parce que l'extérieur est couvert de petits anneaux assez réguliers.

SERPULE? CAPILLAIRE; *Serpularia? capillaris*, **Def.**, Vélins du Mus., n.° 21, fig. 28. Ces tuyaux sont très-remarquables en ce qu'ils sont droits et à peine de la grosseur d'un crin de cheval. Fossile de Grignon.

SERPULE? SABELLAIRE; *Serpula? sabellaria*, **Def.**, Vélins du Mus., n.° 21, fig. 5. Ces tuyaux, dont on trouve des portions de trois à six lignes de longueur, sont à peu près droits et ont jusqu'à une ligne de diamètre. Leur extérieur est couvert de très-petits grains de sable coquillier. Fossile de Grignon.

SERPULE GROSSIÈRE; *Serpula rustica*, Vélins du Mus., n.° 20, fig. 9? **Def.** Il n'y a presque pas de doute que les débris de cette espèce ne dépendent d'une serpule, puisque le hasard nous en a fait trouver l'ouverture entière qui est évasée en entonnoir et qui ne peut se rapporter aux vermilies. Ces débris sont extérieurement raboteux et plus ou moins droits. Fossile de Grignon.

SERPULE? STRIÉE; *Serpula? striata*, **Def.**, Vélins du Mus., n.° 21, fig. 3. Les débris de cette espèce ont quelquefois plus d'un pouce de longueur, sur deux lignes de diamètre. Ils sont plus ou moins courbés et couverts de petites côtes longitudinales assez régulières. Fossile de Grignon.

SERPULE? RUDE; *Serpula? aspera*, **Def.**, Vél. du Mus., n.° 21, fig. 2. On rencontre des débris de cette espèce qui ont de six à onze lignes de longueur, et qui sont plus ou moins courbés. Ils sont chambrés et couverts de vingt-cinq à trente côtes longitudinales dentelées. **Des** débris, qu'on rencontre dans le grès supérieur, ont jusqu'à trois lignes de diamètre. Fossile de Grignon, de Hauteville et de la Chapelle près de Paris.

On trouve à Grignon des débris qui ont été figurés, même vélin, fig. 7, et qui ne diffèrent de ceux ci-dessus que parce que les côtes sont moins serrées.

Serpule? apre; *Serpula? scabrosa*, Def. Cette espèce est remarquable par les petites aspérités ou plutôt les petits points élevés dont elle est couverte. Ses tuyaux sont ronds, plus ou moins contournés et ont environ une ligne de diamètre. Fossile de Mouchy-le-Châtel.

Serpule? poreuse; *Serpula? porosa*, Def. Le seul débris de cette espèce que nous connoissions et qui a été trouvé à Hauteville, a quatre lignes de longueur, sur une ligne de diamètre. Il ne ressemble à aucune autre en ce que son extérieur est couvert d'un réseau de pores irréguliers, comme certains polypiers.

Serpule? interrompue; *Serpula? interrupta*, Def., Vél. du Mus., n.° 20, fig. 12. Les débris de cette espèce sont en général contournés et couverts de petites côtes longitudinales, qui sont interrompues par des évasemens en entonnoir, qui ont formé l'ouverture et qui ont été peut-être un temps de repos pour l'animal, qui, sur un calibre moins gros que les bords de l'évasement, a ensuite continué à alonger sa coquille. Ces évasemens feroient croire que ces tuyaux appartiendroient au genre Serpule. Diamètre une ligne. Fossile de Grignon.

Serpule? petit-anneau : *Serpula? annellus*, Def.; *Serpula cristata*, Lamk., Vélins du Mus., n.° 20? fig. 14. Ces petits tuyaux, qui ont à peine une demi-ligne de diamètre, se présentent roulés sur eux-mêmes avec un vide à leur centre, ou ayant en cet endroit un tuyau ou quelquefois une ovulite sur lequel ils se sont attachés. Ils portent sur le dos une crête qui n'est point dentelée, et les côtés sont couverts de stries sinueuses et transverses; l'ouverture présente à sa partie supérieure une petite corne formée par la crête. Quelques-uns de ces tuyaux portent de chaque côté deux côtes longitudinales qui coupent les stries. Fossile de Grignon.

Serpule? tête de serpent; *Serpula? caput serpentis*, Def., Vélins du Mus., n.° 20, fig. 15. L'ouverture de cette espèce est si singulière qu'elle pourroit constituer un genre particulier. Au lieu de se terminer par un évasement, comme dans les serpules, ou par des dents, comme dans les vermiculaires, elle finit par un renflement. Les différens débris que nous en avons pu recueillir, nous ont démontré que cette serpulée porte sur son dos une carène unie. Toute sa surface est couverte de stries transverses régulières, et, comme nous l'avons dit, elle se termine à l'ouverture par un renflement. Ce dernier a quelques rapports avec la tête de certaines chenilles, où l'on voit de chaque côté une proéminence, et se termine par une ouverture plus ou moins évasée et plus ou moins arrondie, mais plus étroite que le renflement. Un de ces derniers, qui a été brisé, montre que les proéminences sont vides et indépendantes du tuyau où se trouvoit le corps de l'animal. Elles sont situées un peu en dessus et séparées par une ligne longitudinale enfoncée, qui coupe les stries transverses qui les couvrent. Ce singulier fossile se trouve à Grignon, et n'est pas commun. Il a une ligne de diamètre à l'ouverture. On en voit la figure dans l'atlas de ce Dictionnaire.

SERPULE? BOA; *Serpula? boa*, Def. Cette espèce, que nous avons trouvée entière et collée dans l'intérieur d'une coquille univalve, a un pouce de longueur; elle porte une carène aiguë sur son dos, qui est couvert de très-fines stries sinueuses et transverses. Sa partie antérieure étoit relevée dans une longueur de cinq à six lignes. Diamètre, trois quarts de lignes. Fossile de Grignon.

SERPULE? COR-DE-CHASSE; *Serpula? venatorium cornu*, Def., Vélins du Mus., n.° 21, fig. 9, atlas de ce Dictonnaire, planches des Fossiles. Cette jolie petite espèce, qui dépend probablement du genre Serpule, est de la grosseur d'un gros crin de cheval; elle a la forme d'un cor-de-chasse et est terminée, comme cet instrument, par un évasement en pavillon. Fossile de Grignon.

SERPULE? PETITE COULEUVRE; *Serpula? colubrella*, Def. On trouve à Fontenai Saints-Pères près de Mantes, et à Hauteville, de petites coquilles bivalves dans lesquelles sont attachés avec des spirorbes des petits tuyaux de la grosseur d'un crin de cheval : ils ont une petite carène sur le dos et ils sont couverts de petits anneaux circulaires assez marqués. Nous les avons signalés sous le nom de serpule petite couleuvre, mais nous ne sommes pas certains si ce ne sont pas de très-jeunes serpules qui prendroient une autre forme en grandissant, comme on le remarque pour certaines espèces.

SERPULE TRÈS-PETITE; *Serpula minima*, Lamk., *loc. cit.*, n.° 20. M. de Lamarck annonce que la serpule qu'on trouve agglomérée en paquet, à Grignon, est une variété de celle qui vit dans la Méditerranée près de Civita-Vecchia.

On trouve deux variétés de tuyaux fossiles agglomérés qui peuvent se rapporter à la serpule très-petite : l'une, qui a ses tuyaux de la grosseur d'un gros fil et qu'on trouve à Grignon, ainsi qu'à l'Ebisey près de Caen, a été figurée dans les Vélins du Mus., n.° 20, fig. 10; et l'autre, qu'on rencontre à Grignon, est de la grosseur d'un crin de cheval. On trouve dans la couche à polypiers des environs de Caen des paquets de vermisseaux fossiles qui sont encore un peu moins gros que ces derniers. Toutes ces espèces ou variétés ont beaucoup de rapports avec une espèce qu'on trouve à l'état vivant sur les côtes d'Angleterre, et à laquelle Turton a donné le nom de *serpula complexa*. (Dict. conchyl. pour les îles britanniques.)

SERPULE? ANTIQUE; *Serpula? antiqua*, Def., On trouve à Carentan, département de la Manche, dans des couches très-anciennes, une espèce à laquelle nous avons donné ce nom. Les débris qu'on en recueille sont plus ou moins contournés et souvent droits, leur extérieur est raboteux et l'ouverture est un peu rétrécie. Diamètre, une ligne.

SERPULE? DE VALLOT; *Serpula? Vallotina*, Def., atlas de ce Dictionnaire, planches des Fossiles. M. Vallot, secrétaire de l'Académie des sciences de Dijon, a découvert, dans les couches anciennes près de cette ville, des débris de cette singulière espèce. Ils ont deux pouces et demi de longueur sur trois lignes de diamètre. Leur courbure indiqueroit qu'après s'être élevés et séparés du corps sur lequel ils étoient attachés, leur extrémité se seroit abaissée en s'évasant en une sorte de patte d'oie. Cet évasement paroît provenir de ce que le tuyau est ouvert en dessous et peut-être un peu aplati. Si ces tuyaux étoient connus par un plus grand nombre de caractères, il est extrêmement probable qu'ils constitueroient un genre particulier.

SERPULE? DE WARNE; *Serpula? Warnii*, Def. Cette espèce porte des tuyaux cylindriques qui ont quatre à cinq lignes de diamètre; quelquefois on les trouve collés les uns aux autres; mais il paroît qu'en se terminant du côté de l'ouverture, ils n'adhéroient pas; car quelques-uns ne portent aucune marque qui puisse le faire croire. Ils n'ont à l'extérieur que des stries circulaires et irrégulières provenant de leurs accroissemens. On trouve cette espèce dans des couches plus anciennes que la craie, à Weymouth en Angleterre.

SERPULE? CERCLÉE; *Serpula? circinata*, Def. Les tuyaux de cette espèce ont trois à quatre lignes de diamètre. Après avoir adhéré dans une partie de leur longueur et avoir tourné sur eux - mêmes, ils s'étendent en ligne droite sans adhérer et portent des bourrelets circulaires du côté de l'ouverture, qui paroît se rétrécir au lieu de s'évaser. On trouve cette espèce à Dancevoir, département de la Haute-Marne, dans une couche ancienne à oolithes brunes. Elle paroît avoir des rapports avec l'espèce qui précède immédiatement.

SERPULE? LIMACE; *Serpula? limax*, Def. Cette espèce, qu'on trouve dans la craie de l'Angleterre (à Gravesend?), attachée sur des débris d'inocérame, est couverte de très-petits points élevés et de légères stries, qui s'étendent sur les côtés jusqu'aux bords, qui adhèrent. Sur le dos il se trouve une légère carène. Diamètre, une ligne et demie.

SERPULE? PAIN DE BOUGIE; *Serpula? cereolus*, Lamk., *loc. cit.*, n.º 11. On trouve à Bärschevyl, canton de Soleure, dans des couches très-anciennes, des tuyaux qui paroissent avoir de très-grands rapports avec cette espèce, qui vit aujourd'hui sur les côtes de l'Amérique.

SERPULE? TREILLISSÉE; *Serpula? decussata*, Lamk., *loc. cit.*, n.º 7. Nous rapportons avec doute les variétés que nous trouvons fossiles dans différentes localités avec l'espèce qui vit aujourd'hui dans l'océan des Antilles. Celle qu'on trouve dans le calcaire grossier de Hauteville est chambrée et a quelquefois plus d'un pouce de diamètre; son extérieur est couvert de stries longitudinales de grosseurs différentes, et d'autres qui sont transversales. On trouve aussi à Betz, département de l'Oise, une serpulée qui a de très-grands rapports avec celle de Hauteville. La variété qu'on rencontre aux environs de Sienne en Italie est striée plus finement et moins régulièrement. Celle qu'on trouve dans les faluns de la Touraine porte des stries longitudinales fines et granulées; enfin, une autre, qu'on trouve dans le Piémont et aux environs de Bordeaux, et qui a été figurée dans l'ouvrage de Knorr sur

les pétrifications, vol. 2, tab. 1 *a*, fig. 12, est striée très-irré-
gulièrement et ses cloisons intérieures sont fort nombreuses.

SERPULE? CHAMBRÉE; *Serpula? cubiculata*, Def. Nous possédons un morceau de cette espèce qui a trois pouces de longueur sur un pouce de diamètre. Elle est chambrée et son
têt a trois lignes d'épaisseur. Fossile de Hauteville.

SERPULE DENTIFÈRE; *Serpula dentifera*, Lamk., *loc. cit.*, n.° 24.
Une serpulée qu'on trouve fossile dans le Plaisantin et à
Asti, val d'Andone en Italie, a été rapportée par M. de Lamarck à l'espèce qui vit dans les mers de l'Asie australe. Elle
est assez irrégulièrement striée et couverte de tubercules
alongés, disposés par lignes longitudinales. Cette espèce est
chambrée et a quelquefois plus de six lignes de diamètre. On
trouve à Thorigné, près d'Angers, une variété de cette espèce
qui porte des côtes longitudinales avec des crêtes et non des
tubercules.

SERPULE? ENTORTILLÉE; *Serpula? intorta*, Lamk., *loc. cit.*,
n.° 16. Cette espèce, en s'attachant sur les corps, alonge son
tuyau en le plaçant circulairement sur lui-même, et ménage
à cet effet un aplatissement sur lequel elle l'applique en sorte
que ces tuyaux, qui n'ont qu'une ligne et demie de diamètre,
présentent des cylindres de la grosseur du petit doigt et d'un
pouce et demi de longueur. Avant leur entier accroissement
ils ne portent qu'une ou deux côtes longitudinales; mais,
en le terminant, ils sont couverts de six à sept de ces côtes,
qui sont coupées, ainsi que le reste du tuyau, par de nombreuses côtes transverses. Fossile du Plaisantin. On trouve
aussi cette espèce à Dax, dans la Touraine, et dans les environs d'Angers; mais les tuyaux en sont beaucoup plus petits.

SERPULE? FRANGÉE; *Serpula? fimbriata*, Def., Vél. du Mus.,
n.° 20, fig. 4 et 5. Cette espèce, qui alonge son tuyau en en
plaçant les circonvolutions les unes au-dessus des autres et
le termine par une ouverture rétrécie, qui se présente perpendiculairement, est couverte de petites côtes transverses
qui forment de petites franges à l'extérieur des tours. Fossile
de Grignon et de Hauteville.

SERPULE? LOMBRIC; *Serpula? lombricus*, Def. Cette espèce
se trouve dans la couche de craie à Beauvais et à Meudon.
Ses tuyaux, qui n'ont qu'une demi-ligne de diamètre, sont

lisses et entortillés sur eux-mêmes, comme dans le temps de la sécheresse, on trouve dans la terre certains petits lombrics qui se mettent en peloton pour ne pas être desséchés.

Dans la Conchyliologie subappennine, M. Brocchi annonce que dans l'Italie on trouve à l'état fossile le *serpula lumbricalis*, var. *B?* Linn., qui vit dans la mer Adriatique et dans les Indes; le *serpula arenaria*, Linn., qui se trouve à l'état vivant dans la mer des Indes et dans l'Afrique occidentale; et le *serpula glomerata?* Linn., qui vit dans l'Océan septentrional, dans l'Atlantique, dans la mer Caspienne et sur les côtes de la Sicile.

On trouve dans la craie en Angleterre, dans une couche quarzeuse près de Beauvais, dans celle de Grignon et dans d'autres endroits, des tuyaux de différentes grosseurs qui paroissent indiquer d'autres espèces que celles ci-dessus décrites; mais leur mauvais état de conservation ne permet pas de savoir précisément à quel genre ils ont pu appartenir.

Dans son ouvrage sur la Conchyliologie fossile de l'Angleterre, M. Sowerby a donné la description et la figure (tom. 1, p. 73 *bis*, fig. 30) d'une serpulée qui a été trouvée à Highgate, près de Londres, et à laquelle il a donné le nom de *serpula crassa*; mais la crête qu'elle porte sur le dos nous fait croire qu'elle dépend plutôt du genre Vermilie que du genre Serpule. (D. F.)

SERPULÉS, *Serpulea*. (*Chétopod.*) Famille de la classe des chétopodes, de M. de Blainville, de celle des annélides de M. de Lamarck, des vers à sang rouge de M. Cuvier, et qui renferme les genres Serpule, Spirorbe, Vermilie et Galéolaire, c'est-à-dire, les véritables Serpules de Linnæus. Voyez Vers a sang rouge, où tout le système de la classe des chétopodes sera exposé. (De B.)

SERPYLLUM. (*Bot.*) Voyez Serpillum. (Lem.)

SERQUIS. (*Bot.*) Voyez Serkis. (J.)

FIN DU QUARANTE-HUITIÈME VOLUME.

STRASBOURG, de l'imprimerie de F. G. Levrault, impr. du Roi.